VOYAGES AÉRIENS

IMPRIMERIE GÉNÉRALE DE CH. LAHURE

Rue de Fleurus, 9, à Paris

J. GLAISHER,

DIRECTEUR DE LA DIVISION MAGNÉTIQUE ET MÉTÉOROLOGIQUE
DE L'OBSERVATOIRE ROYAL DE GREENWICH

VOYAGES AÉRIENS

PAR

J. GLAISHER

CAMILLE FLAMMARION, W. DE FONVIELLE

ET GASTON TISSANDIER

OUVRAGE CONTENANT

117 GRAVURES SUR BOIS ET 6 CHROMOLITHOGRAPHIES

DESSINÉES D'APRÉS LES CROQUIS

D'ALBERT TISSANDIER

PAR EUGÈNE CICÉRI ET ADRIEN MARIE

ET 15 DIAGRAMMES OU CARTES

PARIS

LIBRAIRIE DE L. HACHETTE ET Cie

BOULEVARD SAINT-GERMAIN, No 77

—

1870.

PREMIÈRE PARTIE

VOYAGES DE M. J. GLAISHER

Ascension du mont Blanc.

INTRODUCTION.

J'ai écrit quelque part que les aérostats doivent être considérés comme l'origine d'un appareil aérien qu'il nous reste à découvrir, et dont les principes ne seront révélés que par de nouveaux progrès dans l'étude de l'atmosphère. Tels qu'on les construit de nos jours, les ballons sont incapables d'être employés dans les entreprises commerciales; ils sont si peu adaptés à nos besoins quotidiens, qu'ils pourraient être oubliés demain sans que notre vie devînt plus difficile. Mais nous pouvons affirmer qu'ils entreront dans l'actif indispensable de la civilisation future, car ils ont déjà fait pour nous ce qu'aucune puissance n'aurait pu réaliser. Ils nous ont permis de satisfaire un désir inné de voir la terre sous un nouvel aspect, de nous soutenir dans un élément qui a été jusqu'ici le domaine exclusif des oiseaux et des insectes. Grâce aux ballons, nous avons plané au milieu des phénomènes célestes, et nous avons rapporté sans peine des observations recueillies à une hauteur que les Titans n'auraient pu atteindre en entassant Pélion sur Ossa.

Un voyage au milieu des airs donne des ailes à l'intelligence et ouvre à l'esprit des horizons infinis. Il ne faut donc point s'étonner que les premiers aéronautes se soient montrés si disposés à exagérer l'importance des facultés nouvelles que nous avons conquises. Ne leur reprochons point d'avoir trop oublié que notre pouvoir d'explorer l'atmosphère est restreint par des difficultés innombrables, tellement grandes, qu'un siècle entier de progrès peut à peine les diminuer. Aurons-nous même la force de blâmer cette compagne aérienne de Lunardi, qui écrit à une de ses amies en lui racontant ses impressions de voyage : « Lorsque je me renferme en moi-même, et que je réfléchis sur ce que j'ai fait, je suis frappée d'une espèce de terreur, en songeant que j'ai été assez audacieuse pour me placer moi-même en face de l'Éternel, avant qu'il ne m'y ait appelée. » Ne faut-il point pardonner à ces premiers explorateurs de s'être laissé séduire par l'absence de toute frontière visible, d'avoir oublié que les hauteurs auxquelles nous pouvons nous enlever et vivre, disparaissent devant l'immensité qu'habite l'esprit divin?

On ne peut imaginer aucune méthode aussi simple que celle qu'emploie l'aéronaute pour exécuter des ascensions, car elle laisse à l'observateur l'entière liberté d'appliquer tous ses sens aux phénomènes dont il se trouve entouré. Il monte aussi aisément qu'une vapeur sort de terre, il s'élève dans l'atmosphère porté par un fluide emprisonné dans une enveloppe presque diaphane, qui répond à ses désirs avec l'empressement d'un être animé qui, docile à sa voix, obéit à la plus légère ondulation du vent, et cède à la pression de la plus impalpable rosée. Le ballon à terre semble impatient de se plonger dans son élément; quand le vent agite l'océan aérien, il devient indomptable. Bien des fois il rompt lui-même les liens qui l'attachent encore au sol, où, sans lui, nous serions à jamais enchaînés.

Je crois que les esprits les plus timides oublieront leurs craintes quand la terre qui a disparu se trouve remplacée sous la nacelle par une plaine de nuages. J'attribue cette confiance à une sorte d'instinct, qui apprend au voyageur aérien, qu'il est isolé dans les plages de l'air et qu'il appartient plus au ballon qu'à la terre elle-même! Il est impossible qu'il n'oublie point les imperfections de la machine à laquelle il a confié sa fortune, en voyant avec quelle merveilleuse précision elle suit tous les mouvements de l'air qui l'entraîne. Le gaz emprisonné ne cherche qu'à s'unir à la couche de même densité spécifique, le lest et la soupape servent à accélérer le moment où cet équilibre s'établit. Leur usage si simple et si parfait ne donnerait prise à aucune objection s'ils n'offraient l'inconvénient d'abréger la vie si courte, hélas! de l'aérostat dont ne tarde point à triompher l'impitoyable pesanteur.

Jusqu'au moment de l'invention des ballons, nous ne possédions pas de moyen de déterminer les conditions atmosphériques, même à une distance d'un mille de la surface de la terre, car les plus pénibles ascensions en montagne ne nous écartaient jamais de l'enveloppe solide. Quand Charles et Robert ont fait leur première expérience aérienne et raconté l'histoire de leurs sensations, quand ils ont rapporté des indications sur l'état de l'atmosphère à différents niveaux, ils ont spontanément révélé au monde savant l'existence d'un nouveau mode d'investigation. Avant que Gay-Lussac n'eût sollicité du gouvernement français les moyens d'exécuter son voyage aérien, M. de Saussure était le seul savant qui fût parvenu à faire des observations à une hauteur de 4800 mètres. Il avait conquis cet honneur dans la grande ascension exécutée au sommet du mont Blanc, expédition à laquelle il avait songé pendant de longues années. Mais il n'accomplit ce travail mémorable que dans l'été de 1789, c'est-à-dire quatre ans seulement après la première ascension de Charles et Robert dans un ballon à gaz. C'est à ces deux aéronautes qu'appartient l'honneur d'avoir vu deux fois le soleil se coucher dans la même journée.

Le savant génevois n'aurait certainement point réussi à se traîner sur les pas de son guide s'il n'avait rencontré un vent favorable et une neige complaisante, assez compacte, assez dure, pour ne point s'effondrer sous ses pieds. De combien de difficultés inconnues aux aéronautes n'eut-il point cependant à triompher! La première partie de l'ascension était la plus facile, car il s'agissait de grimper sur des roches, ou le long de prairies fortement inclinées. Toutefois il fallut à la caravane six heures de travail incessant pour parvenir à 600 mètres au-dessus du village de Chamouny. Les voyageurs se trouvaient alors à un peu plus de 3000 mètres du niveau de la mer; c'était environ la hauteur que Charles et Robert avaient conquise dans leur premier bond aérien. De Saussure et ses compagnons furent obligés de s'arrêter à cet étage et de passer la nuit sous une tente qu'ils dressèrent sur la frontière du glacier de la montagne de la Côte. Le lendemain à midi ils n'étaient encore qu'à 600 mètres au-dessus des glaces éternelles. Il leur fallut huit heures de travail pour s'élever encore de 600 mètres, et quand la nuit vint les surprendre, ils

étaient arrêtés au pied du second de ces trois étages gigantesques,
hauts de 200 à 300 mètres chacun, qui se trouvent entre les
Grands-Mulets et le sommet du mont Blanc. De Saussure se vit
obligé de passer sa deuxième nuit sur le second des Mulets. Les
guides creusèrent la neige pour s'y faire un abri. Dans le fond de
ce trou ils jetèrent de la paille sur laquelle ils dressèrent péniblement une tente avec leurs mains engourdies. Leur provision d'eau
se glaça, et quoiqu'ils se fussent pourvus d'un brasier, ils ne
purent parvenir à fondre l'eau dont vingt personnes avaient besoin. La caravane traversa ensuite la grande plaine de glace, connue sous le nom de Grand-Plateau; mais à partir de ce moment
la raréfaction de l'air commença à affecter les poumons des voyageurs. Ils n'avaient point fait une douzaine de pas qu'ils étaient
obligés de s'arrêter pour « souffler », et c'est seulement après
d'effroyables souffrances qu'ils atteignaient le dernier sommet.

« Enfin », écrit de Saussure, « j'étais arrivé au but de mes désirs, mais comme j'avais eu devant les yeux les principaux objets
du paysage pendant les deux heures qu'avait duré cette course
exténuante, je n'éprouvai point du tout le plaisir que l'on pourrait
imaginer. Mon impression la plus vive était la joie d'être parvenu à la fin de mes troubles et de mes anxiétés, car la prolongation de la lutte et le souvenir des souffrances que cette victoire
m'avait coûtées produisit un sentiment d'irritation. Au moment
où j'arrivai au sommet le plus élevé de la montagne, je posai le
pied plutôt avec un mouvement de colère qu'avec un sentiment
de plaisir sur cette roche tant désirée. En outre mon objet n'était
point seulement d'atteindre le sommet de la montagne. J'avais à
faire les observations et les expériences qui seules pouvaient donner une valeur à l'entreprise, et j'éprouvais véritablement la
crainte de ne pas me trouver à même d'accomplir mes intentions.
J'avais déjà trouvé que même sur le plateau où nous dormions,
la raréfaction de l'air rendait toute observation soigneuse fatigante, car il est impossible de s'y livrer sans retenir involontairement sa respiration; la ténuité de l'air est si grande qu'on
est obligé de chercher une compensation dans la fréquence des
mouvements respiratoires, de sorte que cette suspension de la
respiration produit un malaise sensible. J'étais obligé de m'arrêter et de respirer après avoir regardé mes instruments, comme
si je venais de gravir une des pentes les plus escarpées. »

De Saussure ne put consacrer que trois heures et demie à ses
observations; après avoir passé quatre heures sur le sommet, il

commença à descendre et il passa aux Mulets la troisième nuit écoulée depuis son départ de Chamouny. Le récit des impressions de voyage de cet homme éminent semble avoir été écrit pour montrer la nécessité d'employer les ballons pour s'élever au-dessus du niveau de la mer. L'aéronaute n'est point assujetti comme le grimpeur à se traîner péniblement le long des pentes glacées; il peut se faire remorquer jusqu'aux limites de l'air respirable avec une vitesse dont il est le maître, qu'il peut faire varier depuis cinquante jusqu'à trois cents mètres par minute. Rien ne l'empêche de monter aussi lentement qu'un flâneur se promenant le long de nos pelouses, et de dépasser, s'il le désire, la vitesse d'un cheval au galop! L'aéronaute choisit à son gré les différentes heures du jour et les différentes saisons de l'année. Il peut répéter le lendemain ce qu'il a fait la veille, tandis que l'ascension de Saussure préparée par dix-sept années de labeur a été la grande affaire de sa vie. Je ne crois pas que le professeur Piazzi Smith pense à remonter sur le pic de Ténériffe. N'est-on point obligé de se demander, tout en admirant ces immortels travaux, quelle est après tout la valeur de quelques observations isolées?

La vue qui s'offre à l'aéronaute assis commodément dans la nacelle d'un ballon, est infiniment plus étendue que l'horizon d'une montagne élevée; il est vrai qu'on ne rencontre point sur la route cette multitude de paysages, qui dédommage le voyageur de la peine qu'il prend à s'éloigner du niveau des océans.

Le voyageur aérien est privé de toute communion avec le terre, dont la surface s'aplatit en même temps qu'ellë se contracte et finit par offrir l'apparence d'une carte prodigieuse étendue à ses pieds. L'aspect des paysages célestes lui offre une magnifique compensation, quand l'aérostat se joue au milieu des nuages, étincelants de lumière, colorés de toutes les teintes qu'un poëte peut rêver. Affranchi de tout travail musculaire, si pénible, si formidable en haute région, il peut sûrement étudier ses fonctions vitales en même temps qu'il observe les éléments de l'atmosphère.

En examinant les annales de la navigation aérienne, il ne semble pas que les aéronautes se soient préoccupés beaucoup de surpasser la hauteur que de Saussure avait atteinte sur le mont Blanc. Presque toutes les ascensions ont été renfermées dans ces limites. La plupart des observateurs aériens paraissent avoir été jaloux d'apprécier la vitesse de leur mouvement de translation. Bien peu ont eu le courage de renoncer à la contemplation des paysages terrestres, pour se lancer à de grandes hauteurs; et dans ces cas

assez rares, toutes les observations ne sont point de nature à mériter la confiance des physiciens. Trop souvent ces bonds célèbres
ont été accomplis par des aéronautes de profession, dont le seul
but était d'exciter la sympathie publique. Des voyages dans des
ballons illuminés furent exécutés, quelquefois même pendant des
temps défavorables, par M. Blanchard et par M. Garnerin, ces prédécesseurs du célèbre Green, notre contemporain. Mais, si l'on
en excepte la sensation fugitive d'un instant, dont les journaux
du temps ont dépeint l'énergie, aucune de ces tentatives n'a
laissé de traces permanentes dans l'histoire des ballons. Si nous
ne nous trompons, l'ascension faite par M. Charles, dans la seconde partie de l'expédition dont nous avons déjà parlé, est la
première qui nous fournisse des résultats scientifiques sérieux.

M. Meusnier fit différents calculs pour déterminer la hauteur
que Charles avait atteinte et s'assura qu'elle avait été au moins
de 3000 mètres. La température au départ était de 8° centigrades
sur la terre; mais en moins de dix minutes elle tomba à 7° au-
dessous de zéro. L'altitude à laquelle Charles était parvenu fut
considérée comme énorme; car personne ne s'était encore élevé
aussi haut. De Saussure qui, vingt-deux mois plus tard, essaya
de dépasser ce niveau, ne put y parvenir. Il fut réduit à se
consoler de son échec provisoire en songeant que ses observations barométriques avaient été faites plus loin du niveau de la
mer que celles de tous les autres voyageurs qui l'avaient précédé.

De Saussure échoua dans sa première tentative et Charles réussit au delà de ce qu'il devait espérer. Cependant de Saussure re-
commença son expédition et parvint à trouver le passage qu'il
avait cherché. Au contraire, Charles, qui vécut quarante ans après
sa première ascension, n'essaya jamais de renouveler la belle
expérience qui l'avait immortalisé. Le récit de Charles respire
l'enthousiasme; de Saussure insiste longuement sur les dangers
qu'il avait courus, et sur les souffrances qu'il avait eues à supporter. Quelles sont les causes de ces contrastes? C'est ce que
nous devons chercher à pénétrer.

Le voyageur qui s'éloigne du niveau des mers, que ce soit en
ballon, que ce soit sur la croupe des montagnes, a toujours à
lutter contre deux ennemis éprouvant l'un et l'autre sa constance.
Le premier, c'est le refroidissement provenant de la perte progressive de la chaleur du corps; le second, c'est le manque d'air,
qui fait que l'on étouffe au milieu de l'océan aérien. Nous avons
essayé de faire comprendre combien étaient sérieux les avantages

du voyageur aérien; mais ils ne sont réels que si l'aéronaute résiste à la majesté du spectacle qui l'entoure, et s'il ose de nouveau se lancer dans les sphères infinies! En effet, il y a dans la facilité avec laquelle le ballon s'élève une sorte de danger. En une heure l'aéronaute pénètre dans un milieu que le grimpeur ne peut atteindre qu'après deux jours de travail. L'aéronaute peut arriver par surprise dans les hautes régions, tandis que le grimpeur a gagné, étape par étape, son élévation.

L'infériorité du navigateur en ballon est comparable à celle du fils de famille qui reçoit sa fortune de ses ancêtres sans l'avoir gagnée, et sans connaître le prix de l'argent. Le grimpeur doit véritablement être considéré, non comme un parvenu, mais comme un *arrivé*. Il ne peut atteindre le sommet sans avoir développé une force musculaire plus qu'ordinaire et un homme mal trempé est forcé de rester en route avant de parvenir au sommet du mont Blanc, dans cette Corinthe de neige, où il n'est pas donné à tous de pénétrer.

L'aéronaute entre dans la nacelle sans avoir besoin de se préparer à son ascension, et il atteint une élévation tout à fait indépendante de sa force physique. C'est probablement ce qui fait que les voyages en ballon dans des conditions analogues produisent souvent des résultats différents. Cette circonstance a provoqué des critiques sévères, et a été considérée comme une preuve de la vanité des narrateurs.

Certes, je ne me chargerai point de défendre toutes les histoires merveilleuses que l'on a racontées à propos des ballons. Toutefois je ne peux feuilleter une collection renfermant le récit des principales excursions aériennes faites depuis 1783 jusqu'en 1835 sans me figurer qu'en général les auteurs n'ont point falsifié la vérité. Il est possible que les aéronautes de profession aient été plusieurs fois coupables d'exagération; quant au simple passager qui fait une ascension isolée, et qui ne retournera jamais dans les hautes régions, il est évidemment peu digne de nous inspirer de la confiance. En effet, la diminution rapide de la pression et les autres circonstances nouvelles d'une situation extraordinaire doivent agir d'une façon toute particulière sur les personnes qui voyagent dans l'air pour la première fois. Je peux affirmer ce fait par suite de mon expérience personnelle, qui a certainement quelque valeur, car je n'ai pas toujours été capable de m'élever sans inconvénient à une hauteur qui produit ordinairement un grand malaise, qui amène le plus souvent la décoloration des mains et de la face. Je me rappelle avoir plongé dans la plus vive surprise une assemblée de savants en affirmant que je m'étais habitué à pénétrer dans des régions très-élevées sans *tourner au bleu*. Je suis réellement persuadé que je me suis acclimaté aux effets de l'air raréfié qui se trouve à six kilomètres de la surface de la terre, et je me flatte de pouvoir respirer librement dans ces couches éloignées des rivages océaniques. Je n'ai même aucun doute que cette *acclimatation* ne puisse se développer assez pour exercer une influence notable sur l'usage scientifique des ballons. A huit ou dix kilomètres, j'ai expérimenté sur moi et sur M. Coxwell les limites de notre faculté de vivre dans un air raréfié. Des expériences fréquentes augmenteraient cette hauteur, et je suis certain qu'on pourrait la prolonger encore si l'on venait en aide à la respiration par des moyens artificiels. Certainement, les poitrines humaines doivent trouver là-haut leurs colonnes d'Hercule, mais je n'hésite point à déclarer que ces frontières infranchissables sont encore très-éloignées de celles que j'ai atteintes. Je dois me hâter d'ajouter qu'il est inutile de s'adonner à ce genre d'expériences si l'on n'est point doué d'une grande force physique, et si l'on n'est incapable de supporter la souffrance.

Le voyageur terrestre voit dans l'abaissement de la température et dans la raréfaction de l'air des phénomènes qui se rapportent plus à l'influence de la surface du globe qu'à la physique de l'océan aérien lui-même. Obligé de se traîner péniblement à la surface de la terre, il ne peut faire abstraction de l'influence de la masse, sur laquelle il est condamné à ramper. Comment, par exemple, concevrait-on qu'il puisse arriver à déterminer la loi qui lie la diminution normale de la température avec la transparence de l'air? Serait-ce en montant sur le dernier pic de l'Himalaya lui-même qu'il se ferait une idée de l'effet des nuages, splendide écran de vapeurs bienfaisantes destinées à conserver dans les limites inférieures de l'atmosphère la chaleur qu'a développée l'action du soleil? A peine s'il peut étudier convenablement les fluctuations de la température troublées par la présence des nuages. Quel moyen aurait-il de comparer ces alternatives de chaud et de froid avec la décroissance normale qui doit se produire seulement par un ciel sans nuages, quand aucune cause perturbatrice ne vient cacher la loi établie par la nature? Ces beaux problèmes ne peuvent être résolus que par les voyageurs aériens, dans leur excursions verticales.

On peut dire qu'en général le travail mécanique nécessaire

pour les ascensions en montagne a restreint la limite des excursions. Le plus robuste grimpeur est suffoqué par une couche dans laquelle l'aéronaute pourrait vivre sans inconvénient, presque à son aise. Ainsi M. Bouret, l'ami de M. de Saussure, ne put franchir la hauteur où Charles éprouva les sensations les plus agréables, à peine troublées par de légères douleurs musculaires et quelques bourdonnements dans les oreilles.

« Je m'élançai, dit l'illustre Charles, comme un oiseau auquel on rend sa liberté. En vingt minutes je me trouvai à 3000 mètres, privé de la vue de la terre qui s'était dérobée. Le globe, qui était flasque au moment du départ, se gonflait lentement, et de temps en temps j'ouvrais la soupape pour tempérer l'ascension. Cependant je continuai à monter toujours. J'étais parti au milieu d'un beau jour de printemps; dix minutes après avoir quitté la température généreuse, je me trouvai plongé au milieu du froid de l'hiver. C'était un froid dur et sec, mais que je ne trouvai point insupportable. Je dirai même que dans les premiers moments je ne trouvai rien de désagréable dans un changement si soudain; mais mes doigts ne tardèrent point à se roidir de telle sorte que la plume échappait de mes mains. En ce moment j'avais cessé de monter, et je suivais une ligne horizontale. Je me dressai au milieu de la nacelle pour contempler la scène qui m'entourait. J'admirai ce soleil qui se levait pour moi seul et qui dorait les vapeurs sortant des fleuves et des vallées. Bientôt l'astre disparaît et les nuages semblent monter de terre vers moi. Ils s'empilent l'un sur l'autre avec la forme qu'on leur connaît. Ils sont teints d'une couleur grise, monotones comme s'ils portaient le deuil du soleil, et la lune, noyée dans le crépuscule, ne les éclaire encore que des rayons d'autrui! »

Les dangers des voyages aériens sont réels, mais sont-ils plus grands que ceux des excursions en montagne? Si on se rappelle Pilâtre, pourquoi oublierait-on la fatale expédition du docteur Hamel qui escalada les Alpes dans le commencement de ce siècle pour le compte de l'empereur de Russie, et qui ne put parvenir jusqu'au sommet. Il avait été frappé de terreur par la chute d'une avalanche précipitant à la fois trois de ses guides dans les gouffres du mont Maudit! Que de cadavres enfouis sous les masses de neige depuis cette catastrophe jusqu'à la mort tragique de lord Douglas au mont Cervin!

Comparons encore le récit de Charles avec celui de sir Francis Talfour, qui se trouvait avec son fils au pied du grand plateau.

« Devant nous se dressaient de grandes plaines de neige, fortement inclinées. Nous n'avions rien pour nous distraire d'un effort incessant si ce n'était la fatigue qui grandissait à chaque pas, et contre laquelle nous étions obligés de lutter. La nature commençait à tracer une démarcation entre les forts et les faibles. Notre ligne, qui jusqu'à ce moment avait été continue, s'était brisée en petits groupes. La raréfaction de l'air qui commençait à faire sentir ses effets d'une façon générale, nous rendit tous égaux, c'est-à-dire tous également épuisés. Il y avait de petites différences, et quelques-uns de nous étaient plus particulièrement favorisés. Ainsi B.... sentait de violentes nausées et un terrible mal de tête, tandis qu'il me semblait que le sang me remplissait la bouche, et que par mes narines il allait s'échapper. »

Jusqu'à ce que les aéronautes aient franchi les limites actuelles de leurs ascensions, je doute qu'ils aient à craindre d'éprouver une sensation de froid aussi pénible que celle du voyageur alpin. A l'extrême hauteur de 11 000 mètres que nous avons atteinte dans un de nos voyages en ballon, le thermomètre était descendu à 25 degrés au-dessous de zéro. Mais, quoique si intense, ce froid n'était point excessivement pénible à supporter. La souffrance que j'eus à endurer n'avait rien de véritablement extraordinaire.... Cependant je m'évanouis et un des pigeons que nous avions emportés étouffa. La raison de cette immunité relative des aéronautes est assez facile à expliquer. En effet, tous les observateurs admettent qu'un froid de quelque nature qu'il soit se supporte toujours facilement tant que l'air reste calme. Au contraire, un froid modéré, pour peu que l'air soit agité, produit la sensation d'une très-basse température et agit d'une façon subite sur l'organisme. Le voyageur aérien est sous ce rapport dans une position très-avantageuse, car il ne sent pas le moindre courant d'air, quand même il parcourrait l'espace avec la vitesse d'un train express, puisqu'il se déplace avec l'air ambiant, au lieu d'être forcé comme le grimpeur de lutter contre un vent d'autant plus violent qu'il s'écarte davantage de la surface de la terre.

C'est seulement dans un plan perpendiculaire que l'on peut diriger le ballon, mais en prenant une capacité convenable, en calculant la force ascensionnelle, l'aéronaute peut braver les accidents auxquels il serait exposé en haute région; s'il est habitué aux observations, rien ne l'empêche de faire de chacune de ses ascensions une époque dans l'histoire des découvertes.

Nous n'avons pas encore trouvé le moyen de guider un ballon

dans une direction horizontale. Toutes les fois que nous emmenons des passagers dans les airs, ils doivent se préparer à descendre où le hasard les enverra. S'ils emportent avec eux une boussole, ce n'est point qu'ils aient l'intention d'imiter les marins. Leur seule prétention, beaucoup plus modeste, est de se rendre compte de la route qu'ils ont involontairement parcourue.

L'aéronaute, condamné à rester à peu près immobile dans sa nacelle, doit supporter sans changer de place les atteintes d'un froid alternativement sec ou humide suivant les vicissitudes de l'état hygrométrique de l'air, et dont les effets organoleptiques varient par conséquent d'un moment à un autre ; car, froid ou chaud, l'air sec provoque l'évaporation de la peau, il excite ainsi une sécrétion gazeuse fort active, importante dans l'économie animale, et qui est complétement paralysée quand l'organisme est plongé dans une mer de vapeurs voisine de la saturation. Heureusement pendant toute la durée de son voyage l'aéronaute peut prendre des précautions énergiques pour se soustraire aux influences hostiles du milieu ambiant.

Toutefois il ne faut pas croire que la grande fréquence des inspirations faites avec un air raréfié soit suffisante pour permettre aux poumons de retrouver la quantité d'oxygène qui leur manque. Ceux qui ont éprouvé les effets du desséchement de la gorge poussé au point qu'on ne peut rien avaler sans douleur, ne commettront jamais la faute de supposer qu'il puisse en être ainsi. Heureusement la mort qui doit résulter de la prolongation de cet état est sans douleur. L'asphyxie s'empare paisiblement, à la sourdine, de cet être humain qui est suspendu dans les airs. C'est ainsi qu'elle s'approche du grimpeur qui, évanoui, insensible, cède à la léthargie et s'endort dans les bras d'un sommeil sans réveil ! Le froid et la sécheresse semblent donc deux puissances qui régissent les régions supérieures de l'atmosphère. Nous ne pouvons échapper à l'une que pour avoir à nous mesurer contre l'autre. Soit que nous nous servions de la cime orgueilleuse des rochers, soit que nous nous confiions à la nacelle d'un aérostat, nous sommes ramenés par les éléments qui nous rappellent à la surface de la terre. Le plus intrépide explorateur est averti qu'il ne saurait dépasser les limites tracées à la vie humaine et aux efforts dont l'organisme humain est susceptible.

Les sensations que nous avons éprouvées dans nos excursions aériennes ne font que confirmer les remarques faites par M. Charles Martin dans son beau travail *sur le froid thermométrique et sur ses*

relations avec le froid physiologique. Supposez un pauvre voyageur
aérien égaré à bord d'un ballon échappé, aéronaute involontaire
peut-être, dont le bec d'une ancre a accroché les vêtements, il ne
sera pas moins torturé que ces malheureux touristes égarés dans
les solitudes neigeuses dont ce savant décrit si éloquemment les
angoisses. Accroupi dans le fond de la nacelle, il s'engourdira
comme le grimpeur assis sur une pente de roches noirâtres. Il
oubliera que le lest et la soupape sont à la portée de sa main déjà
froide. La lenteur de la circulation diminuera encore les effets de
la petite quantité d'oxygène introduite dans ses poumons de plus
en plus paresseux. Peut-être le gaz sortant de l'enveloppe par l'appendice viendra-t-il achever l'asphyxie! Un cadavre descendra,
comme un poids inerte, d'une hauteur que l'on peut explorer sans
danger, presque à son aise, quand on est soutenu par la beauté du
spectacle qui vous entoure, quand on se sent en quelque sorte ré-
chauffé par l'énergie morale, soutenu par la conviction d'être utile
à la science, à l'humanité !

Qui sait si l'aérostat ne revient point sur ses pas, traçant une
courbe immense dans l'espace aérien? Nous allons et nous venons,
nous reculons pour marcher de nouveau en avant, notre route
s'accélère ou se retarde; tantôt nous suivons un zéphyr, tantôt
nous obéissons à un vent d'orage suivant les caprices du Léviathan
suspendu au-dessus de nos têtes. Nous sommes tranquillement
assis dans la nacelle, sans pouvoir jeter le moindre coup d'œil sur
les paysages cachés par un épais rideau de vapeurs ! Le voyage
dure généralement quelques heures, si tout est favorable, et pourrait durer quelques jours, quelques semaines peut-être ! On nous
demandera à quels usages peut servir une machine aussi indocile? Nous répondrons en montrant comme échantillon ce que
nous sommes parvenus à en faire. Nous mettrons sous les yeux
du lecteur quelques-uns des résultats obtenus par plusieurs années d'expériences.

Peut-être avons-nous raison de dire que le ballon est l'embryon
d'un organe plus parfait; mais supposons qu'il reste ce qu'il est,
il n'en possédera pas moins le droit d'être considéré comme une
des inventions les plus glorieuses. Son importance, pour être pro-
clamée par tous les bons esprits, n'a pas besoin d'attendre qu'il
soit fécondé par l'application de mécanismes encore à découvrir.
L'emploi que nous pouvons en faire, comme sonde atmosphérique,
est capital, car il nous permet d'étudier sous une multitude d'aspects nouveaux les propriétés du milieu dans lequel nous vivons.

Nous pouvons nous en servir pour déterminer la proportion des éléments gazeux que nous respirons. Est-ce que les flots de l'Océan aérien ne renferment point, dans leurs plages innommées, mille découvertes destinées à se développer devant les chimistes, les météorologistes et les physiciens? Est-ce que nous n'avons pas à étudier la manière dont les fonctions vitales s'accomplissent à différentes hauteurs et la manière dont la mort s'empare des êtres que nous transportons dans des régions éloignées? Est-ce que nous n'avons point à comparer les différences de la diminution de pression sur des individus placés dans des conditions identiques dans la nacelle du même aérostat?

Lorsque les ballons furent inventés, le grand Lavoisier fut chargé par l'Académie des sciences de rédiger un rapport pour apprécier la valeur de cette découverte inattendue. Après avoir minutieusement décrit les ascensions auxquelles il assista, l'illustre chimiste s'arrêta épouvanté, en quelque sorte, par l'immensité de la tâche, dès qu'il fut arrivé au moment de décrire la multitude des problèmes que les ballons pourraient servir à résoudre, la série des usages dont ils paraissaient susceptibles. Nous imiterons sa réserve, car nous croyons avoir justifié nos efforts pour faire du ballon un instrument philosophique au lieu d'un objet d'exhibition, d'un véhicule destiné à entraîner dans les hautes régions les coureurs d'aventures, les batteurs de buissons aériens.

Charles et de Saussure.

M. Glaisher dans sa nacelle.

CHAPITRE I.

LES PREMIÈRES EXCURSIONS SCIENTIFIQUES EN ANGLETERRE.

Il n'y a point de frontière dans le règne de l'idée, et les conquêtes de l'esprit humain appartiennent à tous les peuples du monde : cependant chaque nation civilisée est appelée à donner son contingent dans le grand œuvre de l'étude de la nature et à choisir les branches qui appartiennent à son génie.

C'est la France qui a donné au monde les ballons. — C'est à la France qu'il appartient de compléter son œuvre et de développer la conquête de Charles et de Montgolfier. Aussi l'auteur de ces pages n'a point la prétention de tracer la ligne à suivre aux compatriotes de Pilâtre. Obéissant à l'invitation qui lui a été faite par un éminent éditeur, et par des personnes adonnées à l'étude des questions aériennes, il vient raconter les principaux résultats de ses excursions aéronautiques. Puisse le fruit de son expérience être utile au progrès d'un art à l'avenir duquel il croit fermement, et son vœu le plus cher aura été exaucé. Puissent de nouveaux procédés faire oublier les instruments actuels ; puis-

sent de nouveaux aéronautes faire oublier ceux qui les ont précédés.

Puisse enfin ce récit sommaire permettre de fixer l'histoire d'une
série de travaux qui ont occupé une large place dans les souvenirs
de l'auteur, et que, pour sa part, il ne se rappellera jamais sans
émotion.

Les premières personnes qui, en Angleterre, s'occupèrent de
navigation aérienne furent des étrangers. Le physicien Tiberius
Cavallo et le diplomate Vincent Lunardi étaient tous les deux des
Italiens. Mais depuis le moment où Vincent Lunardi inaugura les
ascensions jusqu'à nos jours, on peut dire que les ballons sont
restés populaires parmi nous ; non-seulement la noblesse et la gentry montrèrent le goût des promenades aériennes, mais les hommes
de science suivirent avidement les grandes expériences faites sur
le continent, et tentèrent, à plusieurs reprises, de les répéter et
d'appliquer d'une façon régulière les ascensions captives à l'étude
des phénomènes atmosphériques. Dès 1843 l'Association britannique consacra à cet objet une somme de quelque importance, eu
égard à la modicité de ses ressources. Des expériences furent
faites, car l'on dépensa, dès la première année, une somme de
quatre-vingt-une livres ; mais le résultat fut loin d'être satisfai-
sant, et l'année suivante le budget des ballons captifs ne s'éleva
qu'à huit livres sterling. Les comptes même paraissent avoir été
réglés avec une certaine négligence, comme il arrive généralement
pour les entreprises avortées. En effet, c'est seulement en 1859
que l'on voit figurer dans les comptes de l'Association le solde de
ces tentatives, lequel s'élevait à treize livres.

L'insuccès ne doit ni nous décourager ni nous étonner ; les
ascensions captives, quoique faciles à réaliser quand elles sont dirigées par des aéronautes expérimentés, offrent des difficultés
inextricables entre les mains de débutants étrangers aux ressources et aux difficultés de la navigation aérienne.

C'est, je crois, en Angleterre que l'on eut, pour la première
fois, l'idée de publier un journal spécial de navigation aérienne. Ce recueil parut à Londres en 1845, sous la direction
de Henri Well. Il était appelé *Magasin aérostatique*, et n'eut,
comme un grand nombre de choses nouvelles, qu'une existence de
courte durée, qu'un succès tout à fait nul. C'est à grand'peine si
je suis parvenu à découvrir un numéro, le seul peut-être qui ait
paru, oublié dans un coin de la collection du British Museum.
Cependant cette publication paraissait rédigée dans un excellent

esprit, et elle était accompagnée de planches d'une exécution fort soignée. Quelques extraits de l'introduction ne seront pas sans utilité pour nos lecteurs, car ils renferment des conseils excellents, qui n'ont rien perdu de leur actualité.

« C'est une habitude très-fréquente pour les ennemis de la navigation aérienne que d'invoquer les échecs précédents pour légitimer leur incrédulité. Voyez, disent-ils, le Léviathan, le grand aigle du Français, la machine à voler de l'Anglais, toutes ces tentatives n'ont pas réussi à mettre en évidence un seul point utile. » Ces remarques sont excessivement judicieuses, il faut en convenir, mais elles portent à faux, parce que les constructions auxquelles on fait allusion n'étaient point sorties de la cervelle d'hommes ayant les qualités nécessaires pour faire progresser la navigation aérienne. Si un homme d'expérience, connu et de véritable talent, avait essayé une tâche qu'il aurait été incapable d'accomplir, l'échec aurait été beaucoup plus grave que celui de simples visionnaires. Il faut toutefois reconnaître que l'usage des ballons a été fort compromis par les tours qu'ont joués des habiles spéculateurs et d'impudents charlatans. L'auteur ajoute que la création d'un organe scientifique permettra de relever l'aéronautique en quelque sorte à ses propres yeux. L'usage des ballons est du reste beaucoup plus utile déjà qu'une multitude de gens ne l'imaginent, comme nous nous attacherons à le montrer dans nos différents articles. Le grand tort, « cela est encore vrai de nos jours, » c'est que l'on n'a pas fait usage des informations que nous possédons et que l'on s'est trop occupé de choses qui n'avaient aucune importance. Que les vrais aéronautes, sans tenir compte des railleries de la foule, restent inébranlables et persévérants, qu'ils continuent à travailler à une œuvre que des milliers de critiques déclarent folle et inepte, et qui n'en est pas moins gigantesque et sublime.... »

Quelque temps après eurent lieu les trois ascensions de M. Rush avec M. Green pour déterminer une liaison entre les pressions barométriques et les hauteurs. Ces ascensions excitèrent jusqu'à un certain point l'attention publique, surtout, il faut bien le dire, à cause des accidents dramatiques qui les signalèrent. Une fois Green fit sa descente dans la mer avec le fameux ballon le *Nassau*, qui avait transporté Monck Mason et ses compagnons, de Cremorne Gardens dans cette principauté allemande. La nacelle plongée dans les flots fut remorquée par le ballon que le vent poussait avec une force assez grande. L'expédition, commencée par une ascension, se termina comme une partie de canotage.

L'Association britannique, institution qui paraît propre au génie anglais, établit il y a de longues années un observatoire météorologique près du jardin botanique de Kew, école pratique de haute culture, sans rivale peut-être jusqu'à ce jour malgré les merveilles du Jardin des Plantes. Cet établissement est dirigé par un comité permanent dont j'ai fait plusieurs fois partie, et qui, recruté par l'Association, est toujours nommé dans son sein. Ce comité porta de bonne heure son attention sur la question des ascensions scientifiques, et chargea M. John Welsh, directeur de son observatoire, de les exécuter avec l'aide du célèbre aéronaute Green et d'un attaché à l'observatoire de Kew, nommé M. Vicklin. Le départ eut toujours lieu du jardin du Vauxhall près de Londres, avec le fameux ballon le *Nassau*. La première ascension eut lieu le 17 août 1852, à 4 heures du soir; une heure après, c'est-à-dire vers 5 heures, les aéronautes étaient dans le comté de Cambridge et avaient parcouru 57 milles en ligne droite à partir de leur lieu d'ascension; ils s'étaient élevés à une hauteur assez médiocre. Ils furent plus heureux les fois suivantes, sans cependant parvenir à dépasser la hauteur que, s'il faut en croire leurs calculs, MM. Barral et Bixio venaient d'atteindre. Les résultats de leurs observations furent consignés dans les *Transactions philosophiques*, le plus ancien journal scientifique du monde (volume CXLIII, 1853), recueil dont la Société royale dirige la publication depuis sa création. Plus tard ils furent insérés dans les *Annales de Petermann*, journal consacré aux recherches géographiques, et analogue au *Tour du Monde* que publie la maison Hachette de Paris, quoique rédigé dans une forme plus sévère, plus scientifique et moins luxueuse. Le savant géographe, qui a toujours attaché une grande importance aux études atmosphériques, publia même des diagrammes coloriés très-curieux et dignes d'être imités. Les figures permettaient de voir d'un seul coup d'œil la constitution thermique et hygrométrique des couches que les aéronautes avaient traversées, indépendamment de la route qu'ils avaient suivie.

Lorsque ces ascensions, qui excitèrent à un haut degré l'attention publique, eurent lieu, j'étais attaché à l'observatoire de Greenwich; j'eus l'idée de regarder avec un bon télescope le ballon de John Welsh pendant une ascension qui se termina à Folkstone. Les belles et claires journées ne sont pas rares en Angleterre pen-

Green tombé dans la mer.

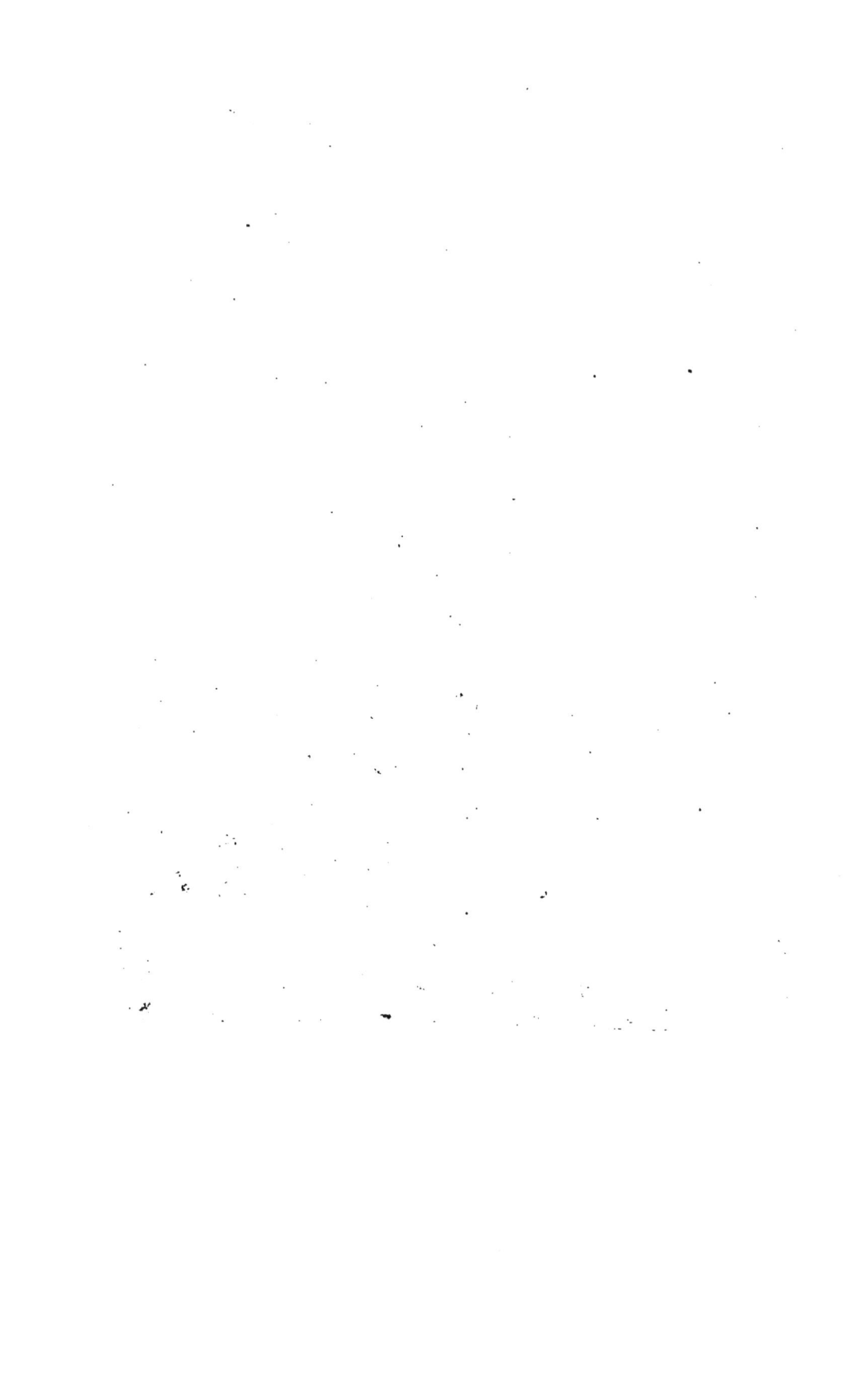

dant l'été, car notre climat, quoique brumeux, est loin d'être aussi mauvais qu'on se l'imagine sur le continent. Je fus étonné de la facilité avec laquelle je pus suivre dans presque toutes leurs évolutions les voyageurs aériens depuis leur point de départ jusqu'à leur point d'arrivée. Pendant près de $1^h 20^m$, le ballon ne fit pas moins de 57 milles dans la direction E. S. E.; je ne le perdis pas de vue un seul instant. Je le vis s'élever aux jardins du Vauxhall à $2^h 2^m$ et descendre à $3^h 40^m$, dans un lieu qui, comme je l'ai appris plus tard, n'était autre que Folkstone. C'est je dois le dire, cette circonstance qui me fit comprendre la possibilité de combiner les observations terrestres avec les observations aériennes, et qui, par conséquent, influa notablement sur ma vocation aérostatique. Mais jusqu'à ce jour je n'ai pas été assez heureux pour organiser d'une façon satisfaisante les observations télescopiques de terre, ce complément obligatoire de toute ascension scientifique.

Ce n'était pas la première fois que je songeais à la physique aérienne. Le goût de l'étude des nuages se développa très-vif chez moi pendant la campagne que je fis en Irlande en 1829 et 1830. Je restai pendant des semaines entières au milieu du brouillard, presque isolé sur le sommet du Bencor, près de Galway, et sur la montagne Keeper, près de Limerick, où j'exécutais les observations astronomiques et géodésiques nécessaires à la construction de la carte de cette partie du Royaume-Uni. J'étais alors employé dans cette grande administration scientifique connue sous le nom de *Trigonometrical Survey*. Presque toujours environné de vapeurs dont j'appris à apprécier les formes et à étudier les propriétés, je compris vivement ce que l'on peut appeler la poésie scientifique de la nature, ou, comme le disent les philosophes allemands, le réveil des hautes régions. Dès lors je m'attachai à l'étude des teintes du ciel, de la couleur des masses opaques, de la forme des cristaux de neige. Mon entrée à l'observatoire de Greenwich, quand j'eus quitté le service trigonométrique, ne changea point mes goûts; bien souvent je cessai d'observer les astres pour reporter mes regards sur cette couche intermédiaire si aérienne, si mystérieuse, qui nous cache tant de fois la lumière des cieux.

La maladie de John Welsh, absorbé du reste par le soin d'organiser les instruments magnétiques de Kew, et par d'autres causes dans le détail desquelles il est inutile d'entrer, interrompirent cette série d'ascensions, et les expériences scientifiques cessèrent de préoccuper le public. Mais l'Association britannique est

une sorte de parlement dans le sein duquel se réunissent annuellement tous les citoyens de la république des sciences, et
où toutes les idées utiles ont leurs apôtres. La navigation aérienne,
oubliée pendant un temps, ne pouvait être définitivement écon-
duite; en 1858 la question des ballons fut de nouveau agitée par
l'Association britannique à son meeting de Leeds. La proposition
fut faite par le colonel Sykes, membre de la Société royale et ancien officier de l'armée anglaise dans l'Inde. Le colonel Sykes est
un personnage politique influent; il appartient au parti libéral et
représente depuis de longues années avec un certain éclat la ville
d'Aberdeen au sein du Parlement britannique. Son initiative eut
un plein succès et accéléra un événement que je considère comme
des plus heureux et des plus graves : la constitution d'un comité
permanent composé de membres influents de l'Association britannique, sous la surveillance duquel les ballons furent placés pendant un grand nombre d'années. C'est la première et même la
seule fois qu'une assemblée d'hommes distingués dans la science
prêta le concours de ses lumières, de son influence et de son patronage aux aéronautes. Les ressources de l'Association britannique, qui se composent exclusivement de la contribution annuelle
des membres qui la composent, sont très-limitées; toutes celles
dont elle dispose sont absorbées par un grand nombre de recherches dont elle a pris l'initiative, mais qu'elle ne se donne jamais
la mission de compléter; ce n'est point elle qui, dans l'étude des
tremblements de terre, des météores lumineux, de la détermination des unités électriques, suivra les voies nouvelles : sa gloire
est de les ouvrir; à d'autres de s'y lancer. C'est au moment où
son œuvre est terminée que commence celle de l'État et des savants
spéciaux qui tiennent à se distinguer dans la branche des connaissances humaines dont l'Association britannique est parvenue
à démontrer l'importance. Noble rôle, que d'étendre ainsi progressivement les bornes de la science !

La plupart des membres du Comité des ballons avaient exécuté
des promenades aériennes avec Green ou avec quelques-uns des
aéronautes si nombreux qui explorent l'atmosphère. Ils avaient pu
apprécier par eux-mêmes l'importance des renseignements de toute
nature que l'on peut recueillir au milieu des nuages. Leurs noms,
populaires, non-seulement en Angleterre, mais aussi en France,
étaient la plus énergique protestation contre l'indifférence avec
laquelle la navigation aérienne était traitée alors par les princes de
la science. Je fus appelé presque dès l'origine à faire partie de ce

comité, et je ne puis m'empêcher de saisir cette occasion pour rendre hommage à mes illustres collègues. Que d'avis, que de secours n'ai-je pas trouvés dans les discussions si lumineuses auxquelles j'ai assisté depuis le jour où la question des ballons a été mise à l'ordre du jour de la science.

Je citerai, parmi les membres du Comité, sir John Herschel, le plus habile des astronomes vivants, le digne continuateur des merveilleux travaux de son illustre père; M. Airy, qui a apporté dans la pratique des observations astronomiques une ponctualité toute militaire et qui est parvenu à faire du dernier assistant de Greenwich un observateur dont Flamsteed n'aurait pas désavoué l'exactitude. Le professeur Tyndall, l'élève chéri, le successeur désigné de Faraday, faisait également partie du Comité des ballons, auquel sa qualité de grimpeur émérite et de membre de l'Alpine Club l'appelait depuis de longues années. Le savant qui allait camper pendant de longues heures au pied du Matterhorn pour conquérir cette croupe encore vierge des pas de l'homme, devait suivre avec intérêt les campagnes aériennes des explorateurs de l'atmosphère.

Le Comité des ballons ne tarda pas à s'adjoindre M. Gassiot, l'électricien connu par d'importants travaux sur le pôle, l'amiral Fitzroy, directeur du service météorologique du Board of Trade; les autres membres étaient le colonel Sykes, lord Wrottesley, sir David Brewster, le docteur Lloyd, le docteur Lee, le docteur Robinson, M. Fairbairn et le docteur W. A. Miller; M. Herschel enfin me fit l'honneur de songer à utiliser mon expérience et ma bonne volonté. Il fut convenu que les ascensions seraient dirigées par le doyen des aéronautes Green, assisté de quelques jeunes savants. Né en 1784, l'année même de l'introduction des ballons en Angleterre, il n'avait pas moins de 74 ans.

Je fis tous mes efforts pour donner à ces volontaires de la science les mille instructions que suggère une longue pratique et qui sont nécessaires pour obtenir des résultats comparables. En effet, le maniement du thermomètre et du baromètre est aussi délicate que l'usage des instruments de haute physique et d'astronomie quand on ne veut pas se borner à des résultats inexacts, qui embrouillent souvent les questions plus qu'ils ne les éclaircissent.

Ce fut le 15 août 1859 que le Comité des ballons se réunit dans l'usine à gaz de Wolverhampton pour assister au premier départ. Cette ville avait été choisie à cause de sa situation centrale et des ressources particulières qu'offraient les gazomètres de la Compagnie. Elle fut le point de départ d'un grand nombre d'ascensions heureuses, et qui n'auraient point eu à beaucoup près le même succès si on n'avait pris la précaution de préparer pour mon usage du gaz léger.

Le temps était beau quand on commença à gonfler le vénérable ballon de M. Green, qui n'était autre que le *Nassau;* mais le vent se mit bientôt à souffler par rafales, et mille incidents retardèrent l'opération toujours délicate du gonflement. On avait déjà introduit plus de deux mille mètres cubes de gaz dans le ballon; mais la nuit approchait et l'on craignit de livrer les voyageurs aériens aux ténèbres; aussi prit-on la résolution, qui devint fatale, de reculer le départ jusqu'au lendemain.

Le Comité se rendit de bonne heure le 16 août à son poste, mais il n'arriva dans la cour que pour assister à un naufrage aérien. Une rafale arrivant à l'improviste saisit l'appendice du ballon avec tant de violence qu'elle détermina, en quelques instants, une ouverture de plusieurs mètres par laquelle le gaz s'échappa à flots.

De tels accidents seraient impossibles ou au moins très rares si on employait des procédés moins barbares pour gonfler les ballons; mais, dans l'état actuel de la navigation aérienne, il faudra se résigner sans doute pendant longtemps encore à de pareils contretemps. Green, ayant examiné avec soin la blessure que le vent avait faite dans son aérostat, déclara qu'il fallait plusieurs jours pour le réparer. Comme l'Association britannique devait se réunir prochainement, on résolut de ne s'occuper des ascensions qu'après la prochaine session.

Heureusement le meeting d'Oxford avait lieu sous la présidence de lord Wrottesley, membre du Comité des ballons, et de plus éminent astronome. Ce grand seigneur, à qui l'on doit la construction d'un excellent catalogue d'étoiles et dont le zèle pour les études aériennes était extrême, ne se laissa pas décourager par ce contre-temps; il fit allusion de la façon la plus heureuse aux ballons dans son discours d'ouverture. De son côté, le révérend Walker, professeur de philosophie expérimentale à l'université d'Oxford, fit un rapport très-favorable à la continuation d'expériences qui, par le fait, n'avaient pour ainsi dire point encore commencé.

Le pauvre Green fut humilié plus que de raison d'un accident que nulle puissance humaine n'aurait pu empêcher, et qu'il mit en quelque sorte volontairement sur son propre compte. Son dépit se concevait, car cet accident interrompait une série d'expériences sur laquelle le vieil aéronaute comptait pour tirer la navigation aérienne de la situation d'infériorité dans laquelle elle se trouvait. Ayant eu à lutter pendant toute sa vie contre les difficultés d'ascensions exécutées dans les hippodromes, il était mieux que personne à même de comprendre l'importance d'expériences sérieuses, faites dans des conditions irréprochables, et placées sous le patronage d'hommes savants et éclairés.

La carrière aérostatique de Green commença en 1824, lors du couronnement de Georges IV. Elle dura près de trente-six ans, pendant lesquels Green n'exécuta pas moins de 1400 ascensions. Trois fois il traversa la Manche, deux fois il tomba dans la mer; il éprouva une multitude d'accidents qui offriraient un intérêt scientifique s'ils étaient racontés avec quelques détails, et surtout s'ils avaient été accompagnés d'expériences dignes de foi. Malheureusement Green, quoique pourvu d'une instruction supérieure à celle du commun des aéronautes, n'avait point de connaissances scientifiques suffisantes pour qu'il puisse être considéré comme un véritable observateur de hautes régions. Cependant il perfectionna dans plusieurs points essentiels la manœuvre des aérostats, et son *Guide rope* est dans la navigation aérienne ce que les ressorts sont dans la carrosserie! Son nom vivra attaché à l'invention du seul organe qui constitue un progrès sensible sur le ballon tel qu'il sortit du cerveau de Charles, qui le créa d'un seul jet avec son ancre, son appendice, sa nacelle et son filet[1]. J'ai communiqué à l'Association britannique au nom de Green certains résultats scientifiques recueillis dans ses 1400 ascensions qui, tout incomplets qu'ils sont, n'en ont pas moins contribué à jeter quelque lumière sur l'aéronautique. La moyenne générale de la vitesse des ascensions, d'après les voyages de Green, doit être considérée comme étant de 40 kilomètres par heure, abstraction faite de l'époque de l'année et de la saison. Cette remarque fournit une première approximation assez utile aux aéronautes pour déterminer la distance à laquelle ils se trouvent de leur point de départ dans un voyage de quelque durée.

Le Comité des ballons, loin de se décourager de ces premiers retards, résolut d'organiser quatre ascensions à Wolverhampton,

1. On conserve dans le musée de Calais le ballon qui servit à Blanchard en 1784 pour la traversée de la mer, et qui est pareil aux ballons modernes. La nacelle, représentée page 30, est beaucoup plus ornée que les nôtres.

que sa situation centrale désigna naturellement aux aéronautes
anglais. On décida que ces ascensions auraient lieu avec un ballon
qui pourrait au moins atteindre une hauteur de cinq milles, c'est-à-
dire propre à vérifier les faits annoncés par Gay-Lussac et MM. Bixio
et Barral. Un aérostat pareil devait, pour porter deux voyageurs,
avoir un volume de 1500 mètres cubes de gaz, et le Comité
s'adressa aux propriétaires de Cremorne, qui faisaient alors un
très-grand usage des ballons. On reconnut qu'il était impossible
de trouver dans toute l'Angleterre le ballon que l'on désirait
et qu'il fallait se contenter d'un aérostat qui ne jaugeait que
1000 mètres cubes. Le *Royal Cremorne* (c'était le nom de ce ballon) fut mis à la disposition du Comité. Il était conduit par
M. Lithgoe, aéronaute qui avait fait 96 ascensions, presque toutes
partant de Cremorne. La science était donc dans ce cas mise
aux ordres de spéculateurs, non-seulement pour le choix du ballon, mais encore pour celui de son capitaine. Le Comité des ballons décida que les observations seraient faites par un assistant
de l'observatoire de Greenwich. Malgré le désir que j'avais déjà
de m'élancer dans l'atmosphère, je ne m'étais point encore décidé à offrir mes services : j'étais retenu par ce que l'on pourrait
appeler le préjugé scientifique, et je me bornais encore à prodiguer mes soins et à prêter le concours de mon expérience aux
explorateurs de hautes régions. Une heure avant le départ, la
grande cour de l'usine était remplie d'une foule considérable,
parmi laquelle on remarquait lord Wrottesley, M. Fairbairn, président actuel de l'Association britannique, et un grand nombre de
personnes appartenant à la noblesse et à la gentry des environs.

Le 25 mars, à une heure quarante minutes, le ballon s'enleva,
emportant lentement les deux voyageurs vers le nord, après
être resté quelque temps à planer à une faible hauteur; on vit
l'aéronaute jeter du lest, et bientôt le ballon s'éleva à une hauteur d'un mille, inclinant sensiblement vers l'ouest. Un puissant
télescope dont on fit usage permit de suivre pendant longtemps
les voyageurs. M. Creswick, de Greenwich, lisait son thermomètre avec une grande attention; quant à M. Lithgoe, il restait assis
sur le cercle, situation qui lui paraissait familière. On s'était proposé de déterminer la loi de décroissance de la température à mesure que l'on s'élève, loi que l'on croyait alors susceptible d'être
évaluée numériquement. On devait en outre déterminer la distribution de la vapeur d'eau dans l'atmosphère, mais à minuit on
vit revenir le physicien de Greenwich. Le ballon avait été tout à

fait insuffisant, car l'on n'avait pas pu atteindre une hauteur de
plus d'un mille, parce que le gaz s'échappait par une multitude
de trous. Pendant le gonflement on avait découvert un grand
nombre de fentes que l'on avait réparées à la hâte avec de la baudruche et du vernis à l'alcool; mais quand le nombre de ces fentes, de ces petits trous imperceptibles, se compte par légions, il
est impossible de tout voir, de tout réparer. La machine était
tombée d'inanition à une distance de Wolverhampton qui n'était
pas de plus de sept milles et les voyageurs étaient descendus malgré eux dans un champ près de Chellington. Les observations de
M. Creswick ne purent être mises d'accord les unes avec les autres et paraissaient se contredire entre elles. Il était donc inutile
de chercher à les comparer avec celles que nous avions faites à
terre, et que d'autres aéronautes avaient pu faire également.

Le district dans lequel la descente avait eu lieu était tellement
dépourvu de moyens de transport et de voies de communication,
que les voyageurs mirent trois heures à trouver un véhicule qui
les ramena piteusement à Wolverhampton. Cet échec était fort
désagréable, car on avait pris des mesures pour faire des observations météorologiques de dix minutes en dix minutes, pendant
toute la durée probable de l'ascension. Les membres de l'Association météorologique avaient organisé des stations à Bristol, à
Pembroke, Llandudno, Bangor, Llampeter Harwarden, Manchester,
Wakefield, Belvoir Castle, Grantham, Norwich, Diss, Oakham,
Cambridge, Oxford, Hartwell, Gloucester, Worcester, Wolverhampton, etc.

Comme on le voit, l'échec était sérieux et de nature à dégoûter
des expériences aérostatiques. Aussi le dimanche suivant, les
membres du Comité des ballons se réunirent en conseil dans le
château de lord Wrottesley. M. Lithgoe avoua alors que le *Royal
Cremorne* servait depuis *treize ans* à faire des ascensions dans
les bals publics et dans les foires. Il conseilla de s'adresser à
M. Coxwell, un de ses confrères qui possédait un ballon nommé
le *Mars*. M. Coxwell, fils d'un officier de marine qui avait com-
mandé les pontons de Portsmouth, avait commencé sa carrière
comme chirurgien dentiste à Bruxelles et s'était subitement adonné
à l'aéronautique : il s'était acquis une certaine réputation par des
ascensions faites sur le continent, et depuis quelque temps il exerçait sa profession en Angleterre avec le ballon le *Mars* que recommandait chaleureusement M. Lithgoe.

Nous demandons pardon à nos lecteurs d'insister sur tous ces détails, mais ils leur permettront de comprendre la gravité des obstacles contre lesquels les savants qui désirent exécuter des ascensions aériennes ont trop souvent à se heurter. On pourrait croire que les difficultés commencent en l'air : c'est tout le contraire; c'est lorsque l'on a quitté la terre qu'elles semblent le plus souvent levées.

Le *Mars* avait été endommagé quelque temps auparavant par un transport en chemin de fer; on fit venir des tailleurs pour le réparer à la hâte, mais on trouva que, malgré toute leur activité et leur nombre, ces ouvriers ne pourraient jamais remettre à neuf une étoffe véritablement en lambeaux. Le Comité des ballons se réunit de nouveau pour aviser aux moyens de sortir de ces inextricables difficultés, pour mettre fin à ces mésaventures qui semblaient poursuivre chacune de ses opérations. On prit la résolution de construire un nouveau ballon beaucoup plus grand que ceux dont on faisait usage dans les fêtes publiques. C'est dans la nacelle de cet aérostat que j'allais exécuter mes voyages aériens.

La nacelle de Blanchard.

Le ballon formant parachute.

CHAPITRE II.

MA PREMIÈRE ASCENSION. — WOLVERHAMPTON.

En présence de toutes ces difficultés accumulées et des efforts que j'avais dû faire pour en triompher, je m'étais trouvé engagé malgré moi vis-à-vis du public et de l'Association britannique. Je proposai donc à mes collègues de faire moi-même les observations, ce qu'ils acceptèrent avec un empressement dont, pour ma part, je fus excessivement touché, et je me mis en demeure de répondre à l'opinion avantageuse qu'ils avaient de mon sang-froid. Les trois ou quatre mois qui s'écoulèrent entre la tentative avortée du *Mars* et ma première ascension furent une période d'études et d'expériences préparatoires, car je m'occupai de la construction et de la graduation des appareils que je devais emporter avec moi. Je m'habituai en outre à leur lecture et à leur manœuvre dans un espace limité. Je m'étudiai de plus à les grouper sur une planche pareille à celle qui devait me servir de table à bord de la nacelle du grand ballon. Aussi quand le jour de l'ascension fut arrivé, je pus m'imaginer que je n'en étais point à mes débuts aériens. Malgré l'habitude que j'avais des observations météorologiques à terre, et malgré le temps que je consacrai à cette initiation, je négligeai un grand nombre de précautions utiles, je m'encombrai d'appareils superflus; bref, je pus perfectionner sans relâche mon matériel dans chacune de mes trente ascensions! Puisse l'expérience que j'ai acquise quelquefois à mes dépens montrer combien sont à blâmer les physiciens qui pensent que les observations de haute région peuvent être faites en quelque sorte par les premiers observateurs venus.

La nouveauté de la situation dans laquelle on se trouve, la rapidité avec laquelle toutes les observations doivent être faites, l'exiguïté de la place dont on dispose, le danger de se livrer à des mouvements brusques, et la multitude des indications que l'on doit recueillir, tout cela exige le concours d'observateurs consommés. J'ajouterai même que j'éprouvai une émotion très-vive en songeant qu'à chaque instant je pouvais manquer des phénomènes très-curieux, et j'étais excessivement fatigué par l'attention extraordinaire à laquelle je me trouvais condamné par la crainte d'être en défaut quand viendrait le moment de voir un spectacle qu'aucun œil humain n'aurait contemplé.

D'après les explications que j'ai données dans l'introduction, on peut déjà comprendre quelle était la nature des observations auxquelles j'avais l'intention de me livrer. La hauteur à laquelle l'aéronaute se trouve aux différentes époques de son voyage est une base d'opération indispensable. Il n'en est pas de même de la situation géographique de sa projection sur la sphère céleste qui, quoique fort utile, est cependant d'un intérêt moins puissant.

La température de l'air et la quantité d'eau qu'il renferme sont les deux éléments principaux à déterminer, en même temps que la pression barométrique qui permet de calculer les altitudes où l'aérostat a plané. Les mêmes éléments doivent être constatés, observés d'une façon scientifique dans la période décroissante où la pesanteur reprend progressivement ses droits. Les instruments divers employés pour observer ces beaux problèmes doivent être comparés entre eux, avec un soin extrême. Non-seulement il faut apprendre à les lire, mais il faut surtout apprendre ce qu'indiquent les chiffres qu'ils rapportent des hautes régions.

Qu'on nous permette donc d'entrer dans quelques détails sommaires sur les principes en vertu desquels sont construits les instruments que j'ai cru devoir interroger pour accomplir ma mission.

Tout le monde sait que la pression de l'air se mesure à l'aide du baromètre à mercure. Le poids d'une colonne d'air s'étendant jusqu'aux limites du milieu atmosphérique, et d'une section égale à celle du tube, est tenu en équilibre par une colonne d'une hauteur déterminée. Si la section du tube est égale à un centimètre carré, le poids de la colonne mercurielle donnera celui de l'atmosphère pesant sur un centimètre carré. La hauteur absolue de la colonne est donc le seul élément à déterminer. La pression normale sur les bords de la mer peut être considérée comme égale à celle d'une colonne de 30 pouces anglais ou de 760 centimètres français. Si on exprime en livres et en pouces anglais ces pressions et ces hauteurs, on peut dire que l'effort résultant est de 15 livres par pouce carré. En général, il suffit de prendre la moitié du nombre de pouces qu'indique le baromètre pour avoir en livres l'effort exercé sur un pouce carré. Ce moyen mnémonique, quoique ne donnant qu'une approximation, mérite certainement d'être signalé.

Si on monte dans l'air, une partie de l'atmosphère est au-dessous de la nacelle, et le poids de cette masse se trouve naturellement supprimé. Le baromètre n'a plus à tenir en équilibre que le poids de la masse supérieure, qui va en diminuant à mesure que l'on parvient à un niveau plus élevé.

C'est à la hauteur de 3 milles 3/4 que la pression tombe à 15 pouces et que par conséquent l'aéronaute se trouve au milieu de la masse de l'océan aérien. Dans ce cas, la pression sur un pouce carré de surface est réduite à 7 livres 1/2 ; c'est à une hauteur de 5 à 6 milles que la pression tombe à 10 pouces, c'est-à-dire au tiers de la pression au niveau de la mer. Dans cette station, l'aéronaute a deux fois plus d'air au-dessous de sa nacelle qu'au-dessus de sa tête.

J'ai calculé la petite table suivante qui donnera en pouces et en milles le rapport entre les hauteurs et les pressions.

A 1 mille, la pression barométrique est de 25 pouces ; à 2 milles, de 20 pouces ; à 3 milles, de 17 pouces ; à 4 milles, de 14 ; à 5 milles, de 11 ; à 10 milles, de 4 ; à 15 milles, de 2 ; à 20 milles, de 1, si nous laissons de côté les fractions.

Le baromètre n'est pas seulement un instrument scientifique, c'est en quelque sorte la vraie boussole de l'aéronaute qui, grâce à ses indications, s'aperçoit de l'approche de la terre qu'un brouillard peut lui dérober jusqu'au dernier moment. Il est, du reste, indispensable qu'il connaisse d'une façon exacte la longueur du

3

chemin qu'il est obligé de faire pour regagner la terre lorsqu'il aura erré dans les airs pendant assez de temps.

La recherche de la quantité de vapeur d'eau contenue dans l'air demande aussi quelques explications. L'air contient toujours une certaine quantité d'eau, soit à l'état de vapeur, soit en dissolution. Cette quantité d'eau est très-variable suivant les circonstances de température, mais il y a pour tout état calorique un *maximum* que l'air ne peut pas dépasser. Un poids déterminé d'air à un certain degré de chaleur ne peut dissoudre qu'une certaine quantité d'eau. Dans ce cas, on dit que cet air est saturé, et cette saturation varie très-rapidement avec la température. Un mètre cube d'air peut renfermer 2 grammes d'eau à 1 degré centigrade au-dessous de zéro, et cette quantité est double pour une différence de 11 degrés centigrades à partir de cette température jusqu'à la limite de celles que l'on a constatées sous l'équateur dans les étés les plus chauds. Elle est environ quadruple, c'est-à-dire de 8 grammes, vers 33 degrés.

La température du point de rosée est celle à laquelle il faut ramener l'air, pour que la quantité d'eau qu'il renferme ne puisse plus y être dissoute, pour qu'elle se sépare par conséquent sous forme d'humidité. D'après ce qui précède, il est facile de voir que l'air renferme la moitié de la quantité de vapeur d'eau qui convient à sa température, s'il faut le refroidir de 10 degrés avant de voir apparaître la rosée. Il n'en renferme que le quart s'il faut le refroidir de 22 degrés. La température du point de rosée est donc toujours inférieure à celle de l'air, et la différence est d'autant plus grande que l'air contient une fraction moindre de la quantité d'eau qu'il est capable de supporter à l'état de dissolution dans les conditions de température auxquelles il se trouve exposé.

On sépare l'eau de l'air à l'aide d'un appareil imaginé par Daniell et perfectionné par M. Regnault; cet appareil est disposé pour produire un froid progressif dans l'intérieur d'une coupe métallique polie. Le refroidissement de la partie métallique se communique à l'air en contact qui dépose des gouttes d'eau. Un thermomètre est placé dans la coupe et en indique la température. Quant au refroidissement de la partie métallique, il est obtenu de la façon la plus simple. L'opérateur accélère, avec un aspirateur, l'évaporation de l'éther renfermé dans l'intérieur. Cette opération fait tomber la température d'une façon très-rapide et très-simple, en vertu de la loi naturelle qui veut que toute évaporation quelconque soit une cause de froid.

La méthode de l'observation du thermomètre humide est plus simple et conduit au même résultat, mais par une voie différente, car elle repose sur la puissance absorbante de l'air au lieu de procéder à la mesure directe de son point de rosée. Plus l'air est sec, plus il possède la faculté d'absorber de la vapeur d'eau, c'est-à-dire de faciliter l'évaporation. Comme l'évaporation est une cause de froid, l'abaissement de température d'un thermomètre humide doit être considéré comme la mesure directe de l'énergie de l'évaporation, et cette énergie de l'évaporation est une mesure indirecte de l'état d'humidité de l'air.

Les indications du thermomètre humide comparées à celles du thermomètre sec indiquent l'état hygrométrique de l'air, au moyen de tables spéciales que j'ai construites pour le thermomètre Fahrenheit de degré en degré, et dont je vais donner un aperçu en nombres ronds.

Quand l'air à zéro contient les deux tiers de la quantité d'eau qu'il est susceptible de dissoudre, c'est à-dire $1^{gr},2$, le thermomètre humide tombe à 2 degrés au-dessous de zéro. Quand l'air est à 33 degrés, l'évaporation fait descendre le thermomètre humide de 5 degrés; elle le ramène à 28 degrés. Toutes les fois que l'on constate cet écart, on peut donc dire que l'air à 33 degrés retient $6^{gr},2$ de vapeur d'eau à l'état de suspension. Si la température augmentait, l'écart thermométrique augmenterait naturellement pour la même fraction de la saturation. Si la quantité de saturation diminuait, c'est-à-dire si l'air devenait de plus en plus *sec* relativement à la quantité d'eau qu'il peut renfermer au maximum, l'écart augmenterait également. Si, par exemple, l'air contenait la moitié de l'eau qu'il peut supporter à 33 degrés, l'écart du thermomètre humide au thermomètre sec serait de 8 degrés au lieu de 5 degrés. Il serait *deux fois et demie plus grand* que l'écart relatif à zéro. Cependant même dans ce cas l'air garderait 4 grammes par mètre cube, c'est-à-dire deux fois plus d'eau encore qu'il ne peut en retenir à zéro.

J'avais deux paires de thermomètres à boule sèche et à boule humide. La première n'offrait rien de remarquable, si ce n'est que la boule des thermomètres était protégée contre les rayons solaires par un cône en argent poli. L'autre, plus compliquée, était soumise à l'influence d'un courant d'air entretenu avec un aspirateur mis en mouvement par le pied. Les thermomètres sensibles devaient prendre la température du courant d'air qui traversait les tubes dans lesquels ils étaient confinés.

J'ajouterai que mes thermomètres avaient été pourvus d'échelles d'ivoire sur lesquelles les divisions étaient marquées en noir d'une manière bien distincte. Les réservoirs à mercure, très-étroits, avaient à peu près un centimètre de longueur, et leur sensibilité était très-grande. En 20 ou 30 secondes, ils prenaient à moins d'un quart de degré près la température d'un appartement à 11 ou 12 degrés au-dessus de l'air ambiant. Je pense cette vitesse d'impression suffisante pour qu'il ne soit pas nécessaire d'avoir recours à des corrections spéciales pour la lenteur de mise en équilibre. L'accord trouvé entre la partie ascendante et la partie descendante de nos expériences aériennes est assez grand pour que je n'aie aucune inquiétude à ce sujet.

Le 30 juin 1862, M. Coxwell amena son nouveau ballon à Wolverhampton; ce ballon n'avait pas été construit avec de la soie, mais avec une étoffe douée d'une grande force de résistance et appelée *american cloth;* il aurait pu rendre de longs services à la science s'il ne devait être usé dans un grand nombre d'ascensions particulières. Sa capacité était de 90 000 pieds cubes ou 2500 mètres cubes environ; il dépassait le fameux ballon le *Nassau,* et n'avait coûté que 12 500 francs, somme peu considérable certainement en comparaison des résultats qu'il nous a permis d'obtenir.

La mauvaise chance poursuivait les expériences du Comité des ballons, car à peine un tiers ou un quart du gaz nécessaire à l'ascension se trouvait-il dans le ballon quand il s'éleva un vent violent; l'aérostat ne tarda pas à être endommagé d'une façon si grave, qu'il devint évident qu'il faudrait plus d'une semaine pour le raccommoder. Ces accidents si fâcheux n'arriveraient jamais ou seraient bien moins graves si l'on prenait la précaution bien simple et peu coûteuse de faire partir les ballons d'une enceinte fermée.

Heureusement la compagnie du gaz de Wolverhampton, grâce à l'activité de son ingénieur M. Proud, consentit à prendre, en notre faveur, des dispositions fort simples qui nous assurèrent du gaz léger, et qui nous permirent de nous acquitter de notre mission. On sait que les produits de la distillation de la houille en vase clos sont plus riches en gaz éclairant au commencement de l'opération; leur valeur va même diminuant jusqu'à la quatrième et la cinquième heure de feu. Ces produits de la dernière distillation sont composés d'un gaz léger excellent pour les aéronautes. On aurait donc avantage à mettre de côté dans un gazomètre spécial les résidus de distillation, car la valeur éclairante du gaz des premières parties ne serait point obtenue par le mélange avec le gaz léger dont les aéronautes peuvent se servir si avantageusement. Je ne serais certainement point parvenu à faire mes grandes ascensions sans ces précautions fort simples, et d'ailleurs profitables pour les compagnies. En effet, elles peuvent pousser leur feu un peu plus longtemps et donner aux aéronautes, pour gonfler leurs ballons, un gaz *qu'elles n'auraient pas produit*. Il ne faut pas pourtant exagérer cette distillation et la prolonger au delà de la sixième heure, car la quantité de gaz produite qui diminue sans cesse, commencerait à ne plus être en rapport avec la quantité de charbon que l'on devrait brûler pour l'obtenir par distillation. En outre, les dernières parties contiendraient de l'oxyde de carbone en proportion notable, et ce gaz éminemment toxique pourrait produire l'empoisonnement des aéronautes dans le cas où ils respireraient par mégarde quelques bouffées du fluide élastique rejeté par l'orifice de leur aérostat.

Green avait fait construire un appareil spécial pour produire la décarburation du gaz hydrogène carboné et son dédoublement. Il faisait passer le gaz dans un long tube chauffé au rouge intercalé sur le passage de la cornue au gazomètre, et rempli de tournure de fer. L'affinité du fer pour le charbon étant très-grande, il se formait un carbure de fer. En même temps il se déposait une grande quantité de charbon sous forme de noir de cheminée. D'après les détails que cet aéronaute m'a donnés, il pouvait avec cet appareil décarburer tout le gaz produit par sept cornues fonctionnant pour le gonflement de son ballon le *Nassau*. Il évalue à plus d'un quintal le poids du charbon qu'il recueillait. Bien entendu, les cornues étaient chargées avec un charbon pauvre et donnant naturellement du gaz léger.

Le système du fractionnement des produits tel qu'il était pratiqué à Wolverhampton me donna du gaz dont la densité spécifique était comprise entre 0,350 et 0,380, la densité de l'air étant prise pour unité. Je n'ai aucun doute que l'on ne fût parvenu à tomber au-dessous de cette dernière limite si on avait adopté simultanément le système de décarburation indiqué par Green et le système de fonctionnement tel qu'il avait été pratiqué à Wolverhampton. Je fais ces remarques pour l'avenir, mais sans esprit de regret vis-à-vis du passé, heureux d'avoir pu obtenir des résultats qui auraient été inaccessibles si la Compagnie de Wolverhampton n'avait mis un gazomètre à notre disposition.

Dès cinq heures et demie du matin on commence le gonflement en présence de lord Wrottesley, par un temps assez menaçant et que certes je n'aurais jamais eu l'idée de choisir si j'avais
été maître de déterminer l'époque de mon premier voyage aérien ;
mais depuis longtemps le départ avait été retardé à cause des vents
ou des pluies. J'avais usé à regarder les nuages et la girouette les
quinze jours de congé que j'étais parvenu à me ménager. Il fallait
tenter l'aventure en narguant ce terrible vent d'ouest-sud-ouest
qui soufflait sans interruption.

On éprouva de grandes difficultés quand on voulut poursuivre
le gonflement du ballon. Je crus bien que jamais on ne parvien-
drait à terminer l'opération, tant ce maudit aérostat bondissait. Les
mouvements étaient si rapides qu'il me fut impossible de fixer
un seul instrument avant de quitter terre. C'était médiocrement
rassurant pour un novice. La nacelle oscilla avec force avant que
M. Coxwell se résolût à crier le *lâchez tout*. Quoique le ballon parût
impatient de partir, il ne quitta la terre qu'après avoir parcouru
en manière d'adieu un arc presque horizontal, ce qui eût été
funeste si la moindre cheminée s'était trouvée devant nous. Il
était alors 9^{h}42^m du matin, je ne perdis pas un seul instant, et
nous étions à peine en l'air que je travaillai à disposer les instruments dont j'avais besoin pour procéder à mes observations. Le
lecteur pourra en juger par le dessin d'ensemble qui représente
ma table d'expériences telle qu'elle a été conçue et réalisée.

A l'extrémité gauche, n° 1, on aperçoit le thermomètre à boule
sèche et le thermomètre à boule humide conjugués. Le cône du
thermomètre humide a été enlevé pour montrer la manière dont la
boule était humectée à l'aide de la capillarité.

2 Hygromètre de Daniell ;

3 Baromètre à mercure ;

4 Thermomètre à boule noircie exposée à l'action des rayons
solaires ;

5 Couple de thermomètre sec et de thermomètre humide en
connexion avec l'aspirateur dont nous indiquerons tout à l'heure
la place ;

6 Thermomètre à boule noircie renfermé dans un tube en cristal privé d'air et exposé aux rayons du soleil ;

7 Baromètre métallique ;

8 Thermomètre excessivement sensible avec sa boule en forme
de gril. Cette disposition a été adoptée afin d'augmenter la sensibilité de l'instrument et la délicatesse des observations ;

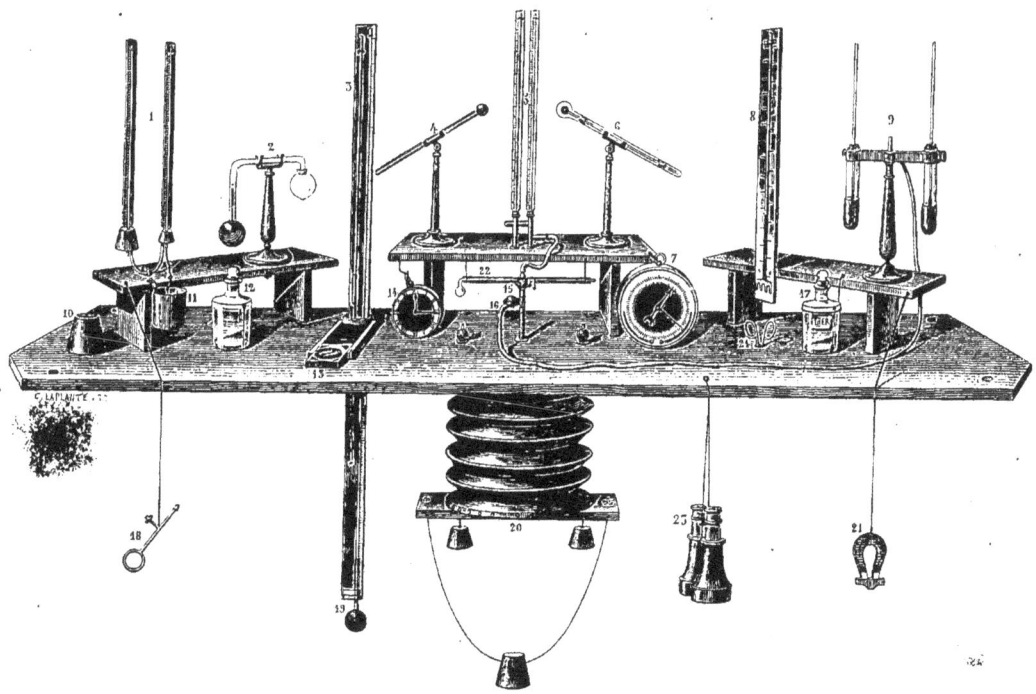

Les instruments de M. Glaisher.

9 Hygromètre de Regnault;

Chaque thermomètre du couple 1 possède un abri conique. Celui du thermomètre sec est à sa place; mais celui du thermomètre humide est placé sur la table (n° 10) afin de montrer sa forme et de permettre de voir le fil conducteur aboutissant à l'eau du vase n° 11;

12 Petite bouteille d'eau pour réserve;

13 Boussole;

14 Chronomètre;

15 Robinet appartenant au n° 5, et 16 un autre robinet appartenant au n° 9. Ces deux robinets font partie de l'aspirateur dont il a été question plus haut;

17 Bouteille d'éther pour l'usage de l'hygromètre Regnault;

18 Loupe pour lire les instruments;

19 Partie inférieure du baromètre à mercure. On voit qu'elle est pourvue d'un contre-poids pour obtenir la station verticale de cet instrument;

20 Aspirateur ou soufflet, disposé de manière à pouvoir marcher avec le pied;

21 Aimant qui sert à mettre en mouvement l'aiguille de boussole n° 13. Quand on ne s'en sert pas, on le met à une distance assez grande de la boussole pour qu'il ne puisse point vicier ses indications;

22 Indice thermométrique;

23 Jumelle.

Tous les instruments sont attachés avec des ficelles que l'on peut couper immédiatement, à moins qu'ils ne soient fixés par des écrous comme on peut en voir quelques-uns débordant la partie inférieure de la table. La table elle-même est attachée à une corde très-solide et on la jette par-dessus le bord, aussitôt que l'on approche de terre, pour éviter qu'elle ne blesse les passagers dans les chocs dont l'atterrissage est trop souvent accompagné. A mesure que j'enlève mes instruments de la table, je les jette pêle-mêle dans un panier garni de matières d'emballage, et où, à moins de circonstances extraordinaires, ils ne sauraient être brisés.

Souvent j'ai écrit moi-même toutes mes observations à mesure que je les faisais; mais quelquefois j'ai pu me faire accompagner d'un secrétaire, et dans ce cas j'ai éprouvé un excessif soulagement, car les lectures doivent être plus rapides qu'il n'est possible de le faire quand on est obligé de s'interrompre chaque fois qu'un chiffre doit être enregistré. Le nombre des ascensions que j'ai faites jusqu'à ce jour est de trente, et je voudrais pouvoir toutes les raconter en détail ; mais, craignant d'excéder les limites que je devais m'imposer pour ne pas grossir démesurément ce volume, je me suis borné à en choisir un petit nombre que je traiterai avec quelques développements. Je ferai suivre les études d'une discussion sur les résultats que j'ai obtenus, et que je tâcherai de rendre dignes des compatriotes de Charles, de Pilâtre et de Montgolfier.

Le tableau suivant donnera une idée de la manière dont j'instituai mes expériences.

HEURES.	BAROMÈTRE.	BAROMÈTRE anéroïde.	HAUTEUR atteinte.	THERMOMÈTRES				TRÈS-SENSIBLE.	THERMOMÈTRES ASPIRÉS.				HYGROMÈTRE de	
				Sec.	Humide.	Différence.	Point de rosée.		Sec.	Humide.	Différence.	Point de rosée.	Daniell.	Regnault.
1	**2**	**3**	**4**	**5**	**6**	**7**	**8**	**9**	**10**	**11**	**12**	**13**	**14**	**15**
h. m.	mill.	mill	mètr.	0	0	0	0	0	0	0	0	0	0	0
9.42	741.5	.....	1499	+15.0	+12.8	2.2	+10.8	...	...	...	...	...	...	...
9.47	660.5	.....	1166	7.2	4.7	2.5	1.8	...	...	...	...	...	...	...
9.49	640.5	643.1	1·62	6.1	3.3	2.8	0.0	+6.1	...	...	...	...	...	...
9.51	613.1	617.2	1768	2.1	1.2	0.9	1 0	1.6	...	...	...	...	— 0.8	...
9.53	569.5	575.3	2432	...	...	...	...	0.3	...	...	...	...	...	...
9.54	559.4	563.9	2458	0.3	0.0	0.3	— 2.3	...	...	...	...	...	...	...
9.55	548.0	553.7	2685	— 1.0	— 2.4	1.4	— 6.8	—1.2	...	...	...	...	...	— 4.4
9.56	531.5	535.9	2925	— 2.1	— 3.3	1.2	— 8.0	—3.2	...	...	...	...	...	...
9.58	498.6	510.3	3448	...	...	...	...	—3.3	...	...	...	...	— 4.2	...
10..2	489.7	497 8	3594	— 2.1	— 2.7	0.6	— 4.5	—3.3	...	...	...	...	...	— 3.9
10. 3	480.1	480.1	3874	...	...	...	...	—3.3	...	...	...	...	— 6.9	— 6.1
10. 4	.....	.....	....	— 2.7	— 3.8	1.1	— 8.4	—3.2	...	...	...	...	— 6 1	— 5.6
10. 5	467.5	467.4	4104	— 1.7	— 2.2	0.5	— 3.9	...	...	...	...	...	...	— 5.3
10. 8	444.6	449.6	4433	+ 0.6	— 1.1	1.7	— 4 4	—0.6	0.0	— 0.9	0.9	— 2.9	— 6 4	— 4.4
10.11	431.9	434.3	4787	0.6	— 1.0	1.6	— 4.1	—0.2	0.0	— 1.6	1.6	— 5.2	— 5 6	— 5.8
10.15	414.2	424.2	5155	0.6	— 1.1	1.7	— 4.3	0.0	—0.6	— 2.2	1.6	— 6.8	— 5.0	— 6.2
10.25	386.3	393.2	5744	1.7	— 0.3	2.0	— 3.9	+2.9	+1.7	— 0.4	2.1	— 4.2	— 3.8	— 4.3
10.27	378.6	388.6	5905	1.2	— 0.5	1.7	— 3.6	2.3	2.5	— 0.4	2.9	— 4.9	— 5.2	— 6 1
10.29	378.6	388.6	5918	3.1	— 1.1	4.8	— 6.9	3.4	2.8	— 0.8	3.6	— 5.9	...	— 5.4
10.30	378.6	388.6	5918	3.4	— 0.4	3.2	— 5.7	3.4	3.1	— 1.4	4.5	— 7.6	— 5.8	— 5.4
10.35	378.6	381.0	5924	...	— 0.6	...	— 8.6	...	...	...	...	...	— 7.2	— 6.7
10.39	378.6	.....	(5907)	2.8	— 0.3	3.1	— 4.6	2.5	1.4	...	...	...	— 6.7	— 6.1
10.44	378.5	383.5	5894	2.3	— 0.8	3.1	— 5 5	1.1	2.3	— 0.8	3.1	— 5.5	— 6.4	— 6.4
10.47	365.9	373.4	6168	0 0	— 3.1	3.1	—10.1	—0.3	—0.7	— 3.3	2.6	—10.5	8.9	— 9.2
10.48	.....	.....	....	...	...	...	...	—0.6	...	...	...	...	...	...
10.50	353.2	350 7	6419	— 4.2	— 8.2	4.0	—32.6	...	—5.0	— 8.3	3.3	—29.2	—24.4	—25.0
10.54	340.5	345.4	6642	— 7.1	—11.6	4.5	—44.2	...	...	...	...	...	—22.3	...
10.57	315.2	320.0	7300	— 8.6	—12.5	3.9	—42.3	—8.1	—7.5	—13.3	5.8	—56.6	...	—22.8
11. 0	307.4	.....	7542	...	...	...	...	—8.9	...	...	...	...	...	—22.2
11. 1	292.2	.....	7979	...	...	...	...	—8.9	...	...	...	...	—22.8	...
11. 3	304.8	307.3	7628	...	...	...	...	—8.9	...	...	...	...	...	—22.5
11. 5	304.9	.....	7628	...	...	...	...	...	—7.7	—11.1	3.4	—36.9	...	...
11. 7	304.9	307.3	7643	— 7.2	—12.8	5.6	—55.2	...	...	...	...	...	...	...
11.12	312.5	315.0	7482	...	...	...	...	—4.6	...	...	...	...	...	...
11.20	330.3	335.3	7275	— 3.3	— 7.1	3.8	—32.1	—2.8	...	...	...	...	...	...
11.25	343.0	345.4	6814	— 2.2	— 8.1	5.9	—31.3	—2.7	...	— 8.8	...	...	...	...
11.37	426.9	....	4963	— 1.3	— 4.0	2.7	—12.6	...	...	...	...	...	...	...
11.38	490.3	482.6	3772	+ 1.2	+ 2.2	3.4	—13.7	...	...	...	...	...	...	...
11.39	509.1	518.2	3212	2.8	...	...	...	...	...	...	...	...	...	...
11.40	521.8	528.3	3012	3.2	...	4.2	— 6.7	...	+3.2	— 1.1	4.3	— 6.8	...	...
11.42	.....	.....	....	...	...	...	...	...	...	...	...	...	...	...
11.44	595.4	.....	1929	...	...	...	...	...	...	...	...	...	...	...
11.45	615.6	.....	1656	...	...	...	...	...	...	...	...	...	...	...

La première colonne indique les heures, la seconde la pression évaluée directement en millimètres, à l'aide du baromètre à siphon. Une colonne que je n'ai pas cru devoir reproduire indiquait la température du mercure à l'aide d'un thermomètre dont la boule a précisément le même diamètre que le baromètre lui-même. La troisième colonne indique la pression marquee par le baromètre anéroïde. Comme on le voit, les différences entre les hauteurs indiquées par le baromètre à mercure et le baromètre anéroïde sont assez faibles pour justifier les observateurs qui, dans beaucoup de cas, se contentent du second de ces deux instruments. La quatrième colonne donne la hauteur au-dessus du niveau de la mer, déduite des indications précédentes.

Les colonnes suivantes sont consacrées à la thermométrie : la colonne 5 donne le thermomètre sec, la sixième le thermomètre humide, la septième contient la différence et la huitième le point de rosée déduit des tables que j'ai calculées. La neuvième colonne donne la température observée avec le thermomètre très sensible dont la boule est en forme de gril. En comparant avec la colonne n° 6 on peut voir l'influence que les différences de construction introduisent dans l'évaluation des températures faites avec différents instruments. Les dixième, onzième, douzième, treizième colonnes sont consacrées au thermomètre soumis à l'action d'un aspirateur dont l'effet est de montrer que la température indiquée par le thermomètre est bien celle de l'air extérieur. La dixième donne le thermomètre sec, la onzième le thermomètre humide, la douzième donne la différence, la treizième le point de rosée qui a été conclu de la comparaison de ces deux instruments.

Si on compare cette treizième colonne avec la huitième, on trouve facilement que les différences sont assez faibles, et qu'elles varient tantôt dans un sens, tantôt dans un autre. Cette circonstance, qui s'est constamment vérifiée dans toutes mes ascensions, m'a conduit à supprimer ces quatre colonnes dans tous les tableaux suivants. La quatorzième colonne donne les résultats de l'hygromètre de Daniell, et la quinzième colonne ceux de l'hygromètre Regnault.

Nous entrons à 1365 mètres dans des nuages qui nous dérobent la vue de la terre d'une façon complète, absolue, beaucoup plus poétique, beaucoup plus soudaine que sur les sommets des montagnes où j'avais erré dans ma jeunesse. A 1726 mètres nous sortons des ténèbres au milieu desquelles nous voguions ; mais la terre s'est évanouie sans que par compensation le ciel se soit montré. Nous avons à nos pieds une véritable nuée de vapeurs, que le Dante aurait peuplée d'anges plutôt que de damnés ; car nous constatons une température qui, sans être trop rigoureuse, n'a rien du tout d'infernal ; en effet, le thermomètre marque 7 degrés. Nous n'en avons pas fini avec les nuages : quand il n'y en a plus, il y en a encore, car à 2680 mètres d'élévation nous entrons dans une seconde couche d'un millier de mètres plus élevée. Après avoir traversé ce second rideau, nous jouissons d'un coup d'œil véritablement féerique. C'est à partir de cette seconde étape que mon œil, habitué jusqu'à ce jour à admirer les paysages terrestres, a pu goûter le charme de l'infini. Le soleil brillait avec un éclat éblouissant, et le ballon, qui ne contenait que les deux tiers de son gaz en quittant la terre, avait cessé de présenter les rides qui le défiguraient. C'est un globe d'une parfaite régularité, semi-diaphane et presque perlé. On voyait son image noire se dessiner sur les nuages qui ressemblaient à des rochers couverts de glaces. Malheureusement je ne pouvais disposer que de peu de temps pour admirer ces scènes grandioses, car je n'avais point encore placé tous les instruments dans la position qu'ils devaient occuper, et l'Association britannique ne m'envoyait pas au-dessus des nuages pour y rêver. Nous arrivâmes à 3500 mètres avant que, ces distractions aidant, j'eusse pu mettre en parfait état mon observatoire flottant.

Comment décrire la vue qui s'offre au spectateur planant à une pareille hauteur, quand son regard s'étend sur un manteau de nuages auxquels les caprices de la nature donnent toutes les formes que l'imagination peut rêver ! Les uns se terminent en pyramides, les autres sont globulaires comme d'immenses pagodes, quelques-uns font rêver à des profils humains. On dirait des géants ensevelis à moitié dans cet océan sans bornes, sans rivages ! Dieu que le soleil brille ! De quel éclat divin ses rayons sont-ils susceptibles ! Ce nuage lance des rayons si vifs que mon œil ne peut le regarder fixement. Le voilà qui étincelle encore et l'ombre qu'il jette derrière lui le change en un mont de lumière que je pourrais croire incréée ! Le ciel est d'un bleu pur, aucune tache sombre ne vient en ternir l'azur virginal.

La surprise m'empêche de sentir que le thermomètre tombe à 3 degrés au-dessous de zéro. Si mon thermomètre fidèle ne m'en avertissait, je serais loin de me douter qu'il gèle autour de moi. Mais en montant encore la température continue à décroître, et je

On voyait son image noire se dessiner sur les nuages.

jette un paletot sur mes épaules pour me défendre contre la rigueur du climat où je rêve, et où jamais peut-être homme n'a
pénétré. Le silence est absolu, pareil à celui qui régnait sur l'abîme
quand la terre fut séparée des eaux ! Tout à coup j'entends une
harmonie souterraine. Ce n'est point un écho de la voix des anges,
c'est une musique humaine qui pénètre jusque dans ces régions
où l'air, déjà moins dense, ne paraît demander qu'à vibrer.

Mon attention se trouve distraite par mon thermomètre qui
semble hésiter à baisser. Pendant plus de mille mètres, il se
maintient invariable, malgré l'affirmation des physiciens qui prétendent que par cent mètres il doit baisser d'un degré. Je n'étais
point encore de retour à terre, que déjà je mettais en doute un des
articles de ma foi scientifique.

Mais ne me suis-je point trompé, mes sens ne sont-ils point le
jouet de quelque illusion grossière malgré le soin que je mets à
lire les chiffres marqués sur l'ivoire ? Pas du tout, car le mercure
qui avait commencé par devenir stationnaire ne se contente pas
de s'arrêter en route : il monte à mesure que le ballon s'élève, et
le voilà qui dépasse zéro. Il ne reste même point au terme de la
glace fondante, il monte encore; entre les hauteurs de 4700 mètres
et de 5900 il marque 6 degrés au-dessus de zéro; le degré d'humidité de l'air n'éprouve aucune fluctuation. Quand nous sortons
des nuages, il reste stationnaire jusqu'au sommet de mon excursion.

Les palpitations de mon cœur commencent à devenir sensibles,
et ma respiration n'est pas moins perturbée, mes mains bleuissent
et mon pouls, devenant fébrile, bat 100 pulsations par minute.
Comment demeurer insensible quand la nature vous ordonne de
vous émouvoir? Mais au moment où peut-être je songeais à for-
muler une loi générale, une nouvelle surprise m'attendait.

Le thermomètre se met à baisser plus rapidement encore qu'il
n'est monté. A 6168 mètres nous nous trouvons dans une couche
d'air à 0 degré. C'est la température qui règne à 2000 mètres
de la surface de la terre, c'est-à-dire à 4168 mètres plus bas. La
rapidité si remarquable de cette chute thermométrique indique
peut-être un beau problème à résoudre; mais mon pouls s'accélère
encore; et c'est avec une difficulté croissante que je parviens à lire
les instruments. J'éprouve un malaise général analogue au mal de
mer, quoiqu'il n'y ait ni roulis ni tangage dans le ballon.

Nous sommes si loin des nuages qu'ils offrent l'aspect d'une
surface complétement plane sans aucune aspérité. Tous les détails

que j'admirais ont disparu. Le bleu du ciel est devenu plus pur.
Je ne peux plus me servir de l'hygromètre de Daniell, qui est frappé
d'impuissance ainsi que celui de Regnault. Le métal résiste et ne
peut prendre une température assez basse pour obtenir un dépôt
de rosée. Cependant des thermomètres intérieurs marquent déjà
20° centigrades au-dessous de zéro. On doit en conclure que l'air
possède une sécheresse extrême, car les thermomètres extérieurs
marquent 9 degrés seulement au-dessous de zéro. Grâce à l'évaporation de l'éther, j'ai abaissé la température de ma coupe de
11 degrés, mais cela est inutile, la rosée ne peut point se déposer !

Bientôt après ces expériences nous commençons à descendre ou
plutôt à tomber. Il ne faut point songer à errer longtemps dans
ces régions sublimes; le vent nous a poussés vers la côte orientale
de l'Angleterre, et notre ballon n'est pas en état de se risquer
sur la mer du Nord, même sur la Manche, puisqu'il a perdu un
tiers de son gaz pour parvenir à cette hauteur, et que presque
tout notre lest se trouve dépensé. Nous nous approchons donc
rapidement des nuages dont les profondeurs nous sont inconnues.
Nous voyons apparaître l'image du ballon et de la nacelle. Mais
c'est un éclair, et nous disparaissons à 11ʰ 18ᵐ dans la nuée
qui règne à 3772 mètres de l'Océan. Une minute après nous en
sortons et nous nous trouvons 1300 mètres plus bas.

Nous nous rapprochons de terre avec une vitesse dont nous ne
restons pas maîtres, car l'eau s'accumulait sur des toiles et dans
les mailles du filet, et notre poids augmentait prodigieusement,
à mesure que notre hauteur diminuait. La rapidité de notre descente devint graduellement si effroyable que nous jetâmes 250 kilos
de lest sans pouvoir l'arrêter. Lorsque nous fûmes sortis de ces
nuages qui avaient une épaisseur de 2500 mètres, nous n'avions plus
de sable à bord de notre nacelle, nous étions abandonnés comme
un corps qui tombe sous l'action impitoyable de la gravité. Cette
puissance qui veille sur l'aréonaute ne permet aucune négligence,
car sa force s'accumule à mesure que l'on s'abandonne à son action. Le seul moyen qui nous restait pour la combattre était de
rentrer l'appendice et de lui donner la forme d'un parachute; mais
malgré cette précaution il nous fut impossible de modérer notre
marche, et notre nacelle frappa la terre avec tant de violence que
presque tous mes instruments furent brisés, quoique j'aie eu le
temps de procéder à l'emballage que j'ai décrit plus haut. Ce
choc fut suivi d'un bond terrible, suivi à son tour d'un autre choc

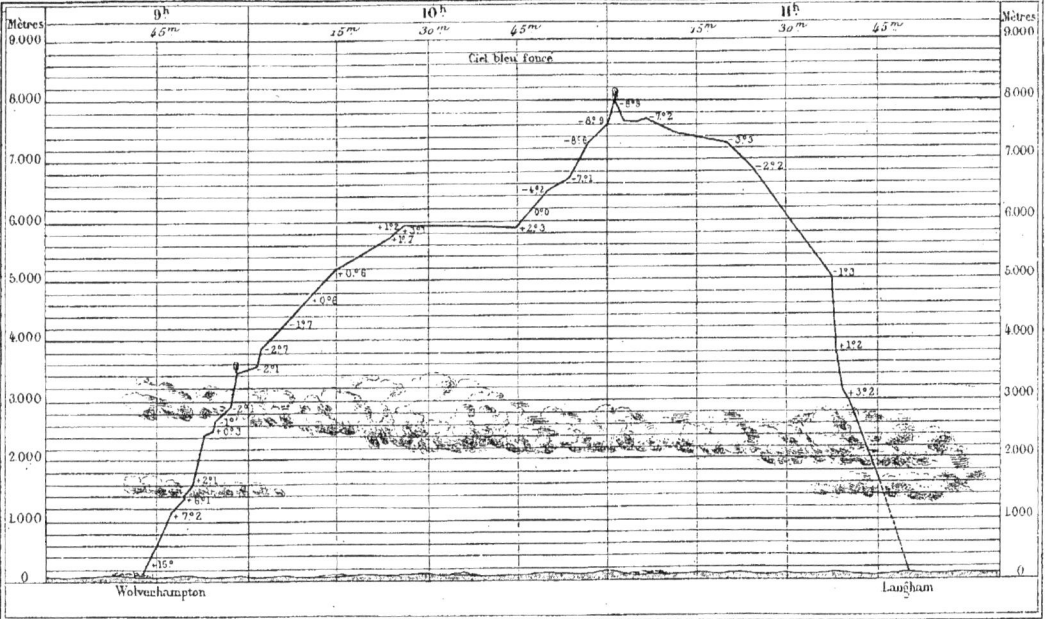

Ciel bleu foncé

+8°8
−6°9 −7°2
−8°8
5°5
−7°1 −2°2
−6°2
0°0
+1°8 3°1 +2°3
1°7
+0°6
−0°0
−1°7
−2°7
2°1 +1°2
+3°2
+2°4
−1°7
+0°3

+2°1
+6°1
+7°2

+16°

Wolverhampton

Langham

Gravé par Erhard.

Paris. Imp. Fradtory.

Voyage du 3o Juin 1862 _ de Wolverhampton à Langham.

un peu moins violent. Nous oscillons ainsi comme une sorte de balle élastique jusqu'au moment où notre ancre saisit des troncs d'arbres par lesquels nous sommes brusquement arrêtés. Ce nouveau choc a encore quelque force, mais il est moins à craindre, parce qu'on y est préparé par les chocs précédents.

Il faut bien se garder lorsque l'on arrive à terre de s'asseoir sur les bancs de la nacelle, comme le recommandent à leurs passagers quelques aéronautes. Dans ce moment intéressant les personnes qui se trouvent dans la nacelle doivent soigneusement conserver l'élasticité de leurs mouvements, et se préparer à tous les événements! La descente est une sorte de liquidation dans laquelle brille le talent de l'aéronaute. Nous parlons des descentes de haute région et non de l'issue de ces ascensions de foires où l'aéronaute est satisfait quand il a fait imiter par son ballon le vol du chapon. La grande affaire pour un spéculateur aérien de cette espèce est de s'éloigner assez de son public pour pouvoir compter sa recette sans avoir l'air de le braver.

Dans ce cas, l'aéronaute d'amphithéâtre dépasse rarement quatre ou cinq cents mètres. Il a le temps de se laisser couler jusqu'au contact de la terre dont il peut observer tous les détails. Il peut se laisser traîner par le vent jusqu'au milieu d'une plaine voisine des habitations. S'il a quelque obstacle imprévu devant lui, un sac de lest lui suffira pour bondir au-dessus du danger soudain qui le menace. Celui qui a vraiment quelque chose à craindre, c'est l'explorateur qui s'est lancé à la poursuite d'une idée, d'une expérience, qui a usé son lest pour compléter une mesure!

Je ne cacherai point que c'est dans ces grandes expéditions hasardeuses que l'intérêt réel commence, au moins à mes yeux. Mais combien peu de voyageurs aériens sont parvenus jusqu'à ce jour à se lancer tête baissée dans les profondeurs inconnues de l'atmosphère!

Ces derniers bonds du ballon expirant sont susceptibles d'être calculés, réglés comme tout ce qui tient à la manœuvre des aérostats. Ils proviennent, comme j'ai à peine besoin de le dire, de la suppression du poids de la nacelle et des agrès que la terre a reçus. Aussitôt que ces objets touchent terre, le ballon délesté reprend haleine et cherche à remonter dans les hautes régions. C'est le moment de cette oscillation que l'aéronaute doit saisir pour ouvrir sa soupape béante et établir par l'orifice un vigoureux courant de gaz.

Tous ces détails, dont chacun possède une véritable importance

scientifique, seront expliqués au fur et à mesure que des descentes
pittoresques, animées, se succéderont sous les yeux du lecteur.

J'espère que l'art trop négligé de diriger les ballons tirera
un parti notable du rapprochement d'expéditions faites dans des
circonstances différentes et dans des pays éloignés. Avant de
quitter ce sujet, je ne peux m'empêcher d'engager les inventeurs à
se préoccuper du soin de fabriquer des ancres spéciales pour les
aéronautes; car jusqu'à ce jour celles dont ils se servent sont, à
mon sens, trop semblables à celles des navigateurs.

Je ne dois point oublier d'ajouter que, lorsque nous fûmes à
terre, nous apprîmes que nous étions descendus à Langham, près
d'Oatham. C'est un joli village situé dans le Rutlandshire, un des
plus pittoresques comtés de la vieille Angleterre.

Nous voyons à nos pieds une mer de vapeurs.

Nous traversions un magnifique cumulus.

CHAPITRE III.

ASCENSIONS DE WOLVERHAMPTON.

Au lieu de gros nuages tourmentés par un vent violent, comme dans l'ascension que nous venons de décrire, nous sentions un léger zéphyr qui se dirigeait vers Birmingham. A midi (le 18 août 1862) le ballon était presque gonflé, et il s'agitait à peine tant le souffle du vent était encore insensible. Aussi, avant de quitter la terre, j'étais parvenu à fixer tous les instruments dans la nacelle. Il était un peu plus d'une heure lorsque nous procédâmes à cette opération, extrêmement facile quand le ballon est retenu non point par des hommes, mais par une pince à ressort avec une force ascensionnelle notable. Le départ est, dans ce cas, beaucoup plus prompt que lorsque l'on est obligé de crier *Lâchez tout!* et on peut, en quelque sorte, le rendre aussi calme qu'on le veut. Le poids disponible avait été bien calculé et l'aérostat s'éleva régulièrement. Il y eut comme un moment d'hésitation, il sembla se recueillir avant de prendre sa course verticale vers les hautes régions. Dix minutes seulement après notre départ nous traversions un magnifique cumulus, et nous nous lancions dans un espace clair avec un beau ciel d'un bleu foncé parsemé de quelques taches blanchâtres provenant de cirrus éloignés. De la hauteur où nous nous trouvions alors, nous apercevions des nuages éclairés avec une vigueur inouïe, et qui voguaient à différentes altitudes, isolés les uns des autres. Les plus voisins de notre niveau étaient les plus brillants, et les ombres qu'ils portaient sur les nuées de l'étage inférieur étaient rendues d'une grande vivacité par la situation du soleil qui, très-élevé au-dessus de l'horizon, rapprochait l'ombre de l'objet éclairé. Nous marchions rondement vers Birmingham, et à 1 h. 15 min.; moins d'un quart d'heure après notre départ, nous apercevions cette grande cité. Mais nous n'interrompons en aucune façon la course du ballon, qui monte toujours jusqu'à une altitude de 3000 mètres que nous atteignons après 70 minutes environ d'ascension. La moyenne de notre course n'est pas de 5 mètres par seconde, mais elle tend à s'accélérer; en une minute nous venons de nous élever de 400 mètres.

Nous comprenons que nous avons jeté trop de lest, nous cessons de nous alléger et l'aérostat éprouve une sorte d'hésitation; il se rapproche un peu de terre, mais pour repartir aussitôt. A 3600 mètres de hauteur nous trouvons une température de 3°3 centigrades au-dessous de zéro. C'est une différence de 17 degrés trois quarts que nous avons perdue. Ce refroidissement est moins sensible sur l'organisme qu'on ne le croirait au premier abord. En effet, l'air est d'une grande sécheresse et le point de rosée est descendu à 7 degrés au-dessus. Nous nous décidons à ouvrir la soupape, et nous imprimons à l'aérostat une oscillation descendante d'une rapidité vraiment surprenante; en moins de temps qu'il n'en faut pour le dire, nous nous trouvons ramenés à 2600 mètres. La vue était véritablement merveilleuse : notre œil initié au spectacle des hautes régions était en état de profiter du grossissement correspondant à ce léger rapprochement et d'apprécier la merveilleuse limpidité de l'air. A travers une multitude de cumulus voguant bien au-dessous de nous, nous apercevons Wolverhampton, la ville que nous avons quittée depuis une heure et demie. Elle offre l'aspect des modèles de South Kensington, ou de ceux de l'Hôtel des Invalides de Paris.

Depuis notre départ on nous suivait avec des télescopes, mais on n'avait pas tardé à nous voir disparaître dans les premiers nuages que nous avons traversés. Le lieu de l'ascension avait déjà été déserté par la plupart des spectateurs, désespérant de nous

Nous apercevions des nuages éclairés avec une vigueur inouïe.

voir surgir dans un nouveau lointain. Heureusement quelques personnes plus persévérantes que les autres étaient restées à leur poste et purent nous indiquer plus tard les heures où elles aperçurent le ballon. Quant à nous, malgré nos jumelles, nous étions hors d'état de distinguer autre chose que les maisons et les édifices. Ces petits points noirs que l'on nomme les hommes n'existaient plus pour nous.

Cette ascension est une de celles où j'ai le plus admiré les nuages. Jamais je n'ai vu de masses aussi semblables à des véritables montagnes flottantes, couvertes d'un côté de lumière, et de ténèbres du côté opposé! Quand les uns avaient disparu dans le lointain du Sud-Ouest, d'autres surgissaient des profondeurs du Nord-Est. C'était une interminable procession dans laquelle de nouveaux comparses venaient à chaque instant remplacer ceux qui avaient disparu.

A 1 h. 33 min. nous ouvrîmes de nouveau la soupape, et pour la seconde fois nous laissâmes le gaz se perdre dans l'atmosphère.

En s'échappant, l'hydrogène ne produit aucun bruit, mais lorsqu'on ferme les valves de la soupape, on entend un beau son musical d'une nature étrange. Bientôt nous éprouvons une autre sensation qui ne nous cause point une moins vive surprise, mais qui était certainement bien moins difficile à expliquer. En descendant assez rapidement, la température de l'air augmenta de telle sorte que l'on aurait pu croire que nous entrions dans un appartement chauffé. Nous planions entre Birmingham et une ville nommée Walsall, que nous reconnûmes parfaitement. Le ballon descendait avec une vitesse très-grande. De toutes parts nous entendions des voix qui parvenaient jusqu'à nous. Ces braves gens s'imaginaient que le ballon allait descendre, et nous souhaitaient ainsi la bienvenue. Mais il suffit de jeter une faible quantité de lest pour que le ballon reprît son mouvement ascendant.

Je me trouvai de nouveau au-dessus des nuages, et j'aperçus pour la première fois l'ombre du ballon entourée de couleurs analogues à celles de l'arc-en-ciel. Au-dessous de nos pieds, la couche de nuages était moins épaisse, et nous pouvions facilement reconnaître notre situation sur la carte. Nous planions précisément au-dessus de la grande route qui mène de Walsall à Birmingham. En Angleterre les points de repère sont si nombreux que l'on pourrait déterminer avec une précision inouïe la route de l'aérostat, si quelque vigie, toujours en éveil, ne perdait

jamais de vue la terre, s'il y avait un œil pour examiner son con-
tour, toutes les fois qu'elle se montre au milieu des éclaircies si
fréquentes dans le nadir du ballon. Je demanderai la permission
d'insister sur un détail qui ne manque point d'intérêt, car il
montrera avec quelle netteté on peut voir ce qui se passe à une
grande distance au-dessous du niveau. Je voyais très-distinctement les rides de l'eau qui venait battre les rives d'un canal,
et, par suite d'une circonstance dont je n'ai point l'explication, le
papier sensibilisé donnait une teinte indiquant que l'air était très-
chargé d'ozone. Le ballon montait, montait toujours, et nous ne
cessions de jeter du lest en quantité notable, pour nous élever
par étages à un niveau plus élevé. A gauche nous avions vers
l'orient une grande masse de nuages, à droite du côté de l'occident une grande ville. D'un côté toutes les splendeurs de la nature, et de l'autre un de ces ateliers intellectuels, de ces centres
d'où jaillit le génie humain qui s'élance à la conquête de l'infini,
de l'éternité.

Nous jetons du lest, nous montons encore, et à mesure que
nous montons, les rides du ballon s'effacent. Il se gonflait toujours, et à 2 h. 31 m. il était plus plein qu'il ne l'avait jamais été.
La quantité d'ozone avait encore augmenté. Le papier de Moffatt
marquait 10 degrés : c'est le nombre le plus grand qui ait été
adopté.

A trois heures nous entendons le bruit du tonnerre dont la
voix produit toujours un singulier effet en haute région; cependant, en regardant autour de nous, nous ne voyons aucun nuage
dont ce tonnerre peut sortir. D'où provient-il? Nous ne sommes
pas longtemps sans nous rendre compte de ce qui est arrivé. Car
un second coup aussi violent que le premier nous apprend que la
foudre gronde bien loin, à nos pieds.

Je tâtai le pouls de M. Coxwell qui ne donnait que 90 pulsations à la seconde, tandis que le mien s'accélérait rapidement. De
100 il passa à 107, et de là à 110, sans que celui de mon compagnon fût sensiblement modifié.

A 7300 mètres nous tenons conseil, M. Coxwell et moi, sur
l'opportunité de jeter du lest pour monter plus haut encore, mais il
est décidé que nous garderons la provision qui nous reste pour
faciliter la descente. Nous nous déclarerons satisfaits pour cette
fois d'avoir plané à une hauteur à peu près égale à celle du mont
Blanc, sur lequel on aurait dressé le pic du Midi. Malgré nos oscillations nous nous sommes élevés dans les airs avec une vitesse

Mètres
8.000

15ᵐ 1ʰ 30ᵐ 45ᵐ 2ʰ 15ᵐ 30ᵐ 45ᵐ 3ʰ 15ᵐ 30ᵐ 45ᵐ

Mètres
8.000

Ciel bleu foncé

7.000

6.000

5.000

4.000

3.000

2.000

1.000

0

Wolverhampton

Solihull

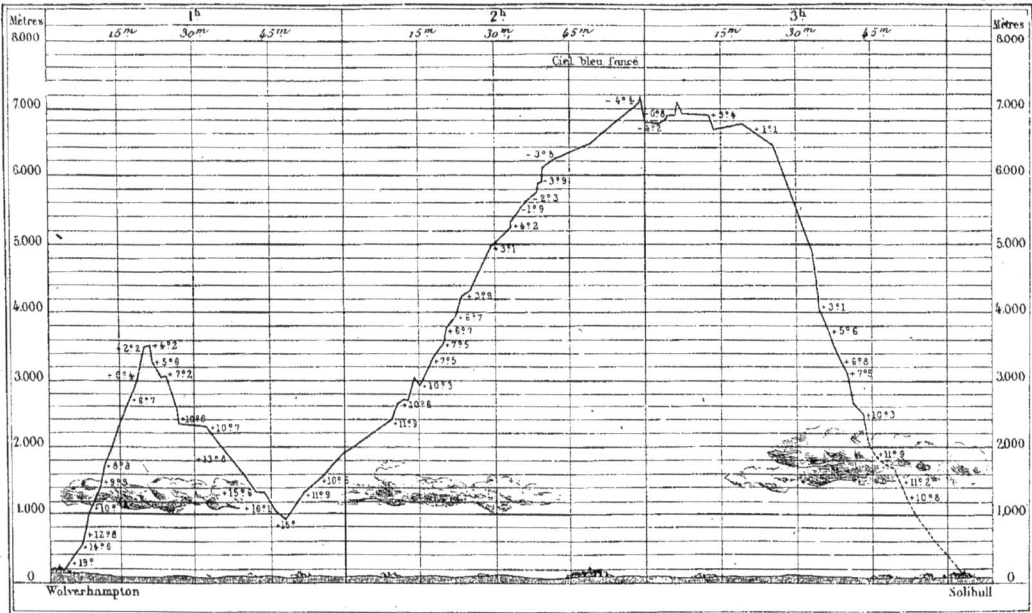

Gravé par Erhard. Paris._Imp. Fr. Delory

Voyage du 28 Août 1862._de Wolverhampton à Solihull.

moyenne égale à celle d'un pas de promenade sur les gazons de Hyde-Park, ou sur les trottoirs de Piccadilly. En descendant nous entendons un nouveau coup de tonnerre gronder dans les nuages dont nous nous rapprochons rapidement. Est-ce la vitesse croissante de notre mouvement descendant qui m'oppresse? Est-ce la tension électrique qui en grandissant porte le trouble dans les sources cachées de la vie? Je l'ignore, mais j'éprouve un malaise soudain, une espèce de tremblement nerveux. Heureusement, après une minute d'angoisses, un admirable spectacle vient m'aider à triompher de cette défaillance passagère.

La voûte céleste était d'un bleu foncé taché de cirrus. En même temps la terre apparaissait au milieu de trous pratiqués dans de vastes cumulus. Les champs que l'on apercevait dans le lointain profond semblaient la contre-partie des taches qui décoraient le firmament. Les plaques de terre encadrées par ces vapeurs brillantes, lumineuses, étaient couvertes comme d'un brouillard, véritable glacis d'un étrange effet, d'autant plus fantastique que les nuages qui couvraient tout l'horizon, sauf ces lacunes, ressemblaient à autant de montagnes superposées.

A mesure que nous descendions, les espaces vides qui séparaient ces différentes montagnes augmentaient à la fois en nombre et en étendue. Bientôt isolées les unes des autres, ces masses de vapeurs paraissaient nager dans l'espace comme une multitude de gigantesques bâtiments naviguant de conserve, couverts d'or et d'émeraudes, du côté où se trouvait le soleil, qui depuis midi avait déjà notablement descendu vers le couchant. Je n'oublierai jamais un énorme cumulus que j'appelai le roi des nuages, et dans le sein duquel nous avions passé en quittant Wolverhampton; il nous suivit pour ainsi dire pendant toute la durée de notre ascension. Ses formes étaient si massives, si extravagantes, que je suis sûr de ne point m'être trompé en le saluant.

Ce qui me frappa encore dans cette ascension, c'est que l'horizon était à la hauteur de l'œil quand on regardait sur le bordage de la nacelle. Cet effet de perspective aérienne a été depuis longtemps signalé par les aéronautes qui l'expriment, en disant que la terre fait la cuvette. Il est certainement dû à un effet de réfraction. Quand nous fûmes un peu au-dessous des nuages, nous pûmes revoir l'image du ballon, mais les couleurs prismatiques avaient disparu. Un brouillard mit un terme à mes réflexions et je perdis pendant cinq minutes la vue du soleil. La vapeur était si blanche, si compacte, que je pouvais à peine lire mes instruments.

A 3 h. 50 m. nous en sortions et nous opérions la descente à 7 milles de Birmingham, dans un village qui se nomme Sollihul[1].

VOYAGE DU 5 SEPTEMBRE 1862.

Cette ascension a été longtemps retardée à cause de l'état défavorable du temps. Nous avons quitté terre à 1 h. 3 m. après midi. La température de l'air était de 15 degrés, et celle du point de rosée de 10 degrés. La transparence de l'atmosphère était diminuée par des vapeurs légères qui allèrent en s'augmentant en même temps que la température s'abaissait, car à 1609 mètres nous n'avions plus qu'une température de 5 degrés, et la température du point de rosée, au lieu de descendre dans la même proportion, ne s'était abaissée qu'à 3°3. Dix minutes après notre départ nous nagions dans un nuage excessivement dense.

L'air est à l'état de saturation absolue. — L'épaisseur de la nuée est telle que nous sommes enveloppés dans les ténèbres, — et, circonstance singulière, dans ce moment critique nous entendons un coup de canon, dont il nous fut plus tard impossible de connaître l'origine. — Peu à peu le nuage s'éclaircit à mesure que nous atteignons sa partie supérieure, et à 1 h. 17 m. nous en sortons rapidement.

Peu d'instants après, nous étions véritablement baignés dans des flots de lumière. Un soleil d'une vigueur extraordinaire nous inondait et augmentait l'éclat de la teinte bleue du ciel. Nous n'avions au-dessus de nos têtes rien que l'azur du firmament. La surface des nuages s'étendait à perte de vue, et notre œil dominait une variété infinie de collines, de chaînes de montagnes, de pics isolés couverts de neige plus blanche, plus diaphane, plus aérienne que celle des glaciers. J'essayai de prendre une vue de ce paysage avec un appareil photographique que j'avais emporté; mais nous nous élevions avec une rapidité beaucoup trop grande pour que l'opération pût réussir : le ballon n'était jamais en repos, il oscillait alternativement de gauche à droite, et de droite à gauche. Si nous avions pu attendre que le ballon devînt stationnaire, j'aurais rapporté à terre ce merveilleux paysage céleste, car j'avais une plaque très-sensible qui m'avait été confiée par le docteur Hill Norris, et avec laquelle j'étais certain, au milieu d'une pa-

---

1. Voir l'Appendice pour les observations scientifiques.

reille exubérance de lumière, d'obtenir un cliché instantané. Ces plaques sensibilisées étaient couvertes de collodion sec.

À 1 h. 24 m. nous avions atteint l'altitude de 3218 mètres. Nous nous étions donc élevés avec une vitesse moyenne de près de 200 mètres par minute. Nous commençâmes à apercevoir de nouveau la terre à travers des percées qui s'étaient ouvertes dans les nuages à mesure que nous nous élevions et que notre horizon s'étendait. Peut-être l'éblouissement produit par la lumière réfléchie de la nuée est-il comme un écran d'intensité variable qui ne cache efficacement la vue de la terre que lorsqu'on en est rapproché. Son énergie peut décroître plus rapidement peut-être que l'éclat de la lumière envoyée à la rétine par le fond de l'océan aérien.

La température était réduite à zéro, et l'air était excessivement sec, car le point de rosée était tombé à 3 degrés plus bas[1]; à 1 h. 28 m. nous étions à 4800 mètres, à peu près au même niveau que le mont Blanc. Cette ascension qui, en montagne, eût été longue, et qui pour nous n'était que préliminaire, avait été faite en 25 minutes; nous n'avions éprouvé aucune incommodité, nous aurions pu flotter pendant des heures à ce niveau si nous n'avions senti l'ambition de pénétrer à un étage encore plus élevé. Quand je lus le thermomètre, quelques instants après, la température était de 7°8, et il fallut soustraire à l'hygromètre jusqu'à 10°6 de chaleur pour obtenir l'apparition des gouttes de rosée. Depuis quelque temps le thermomètre à boule humide donnait des indications mauvaises, et qui ne correspondaient pas à l'état hygrométrique de l'air. En effet la glace était en train de se former sur mon thermomètre humide, et l'on sait que ce dépôt est toujours accompagné d'un certain dégagement de chaleur. Une fois la glace formée, elle émet des vapeurs comme si l'eau était encore restée liquide, et par conséquent les observations deviennent comparables à ce qu'elles étaient précédemment. Nous n'avions qu'une faible quantité d'ozone autour de nous. Le papier réactif de Schœnbein indiquait même zéro. À 1 h. 34 m. je m'aperçus que M. Coxwell commençait à être essoufflé, ce qui n'est point étonnant puisqu'il était sans relâche occupé aux manœuvres du ballon. Le mercure de l'hygromètre de Daniell est rentré dans sa coquille et ne se montre plus. À 1 h. 39 m. nous atteignons la hauteur de 6437 mètres : c'est la hauteur du Chimborazo. La tem-

1. Voir l'Appendice.

pérature est de 13°3 au-dessous de zéro, et la quantité de vapeur
d'eau est si faible que la température du point de rosée est de
20°1, c'est-à-dire 6°8 plus bas. Nous jetons le sable avec grande
rapidité. Dix minutes nous suffisent pour bondir à la hauteur du
Daulagiri. La température était tombée à 18°9 au-dessous de zéro,
et il m'était impossible d'obtenir la moindre trace d'humidité sur
l'hygromètre Regnault; cependant je l'avais refroidi jusqu'à 34°4
au-dessous de zéro. Nous étions arrivés au zéro du thermomètre
Fahrenheit, température adoptée par les physiciens anglais comme
étant au-dessous des limites des excursions thermométriques, excepté dans les hivers tout à fait exceptionnels : une demi-heure
avant, nous étions à terre par un beau jour d'automne au milieu
d'une température agréable, douce comme celle qui règne généralement en Angleterre en pareille saison.

Jusqu'à ce moment j'avais pris mes observations sans difficultés, tandis que M. Coxwell, qui était obligé de se donner du
mouvement pour la manœuvre, semblait fatigué. A 1 h. 51 m.,
le baromètre marquait 11,05 pouces. On s'aperçut plus tard, par
une comparaison avec le baromètre étalon de lord Wrottesley,
qu'il fallait diminuer ce chiffre de 1 quart de pouce. J'ai lu ensuite sur le thermomètre à boule sèche — 5 degrés, vers 1 h. 52 m.
environ. Bientôt il me fut impossible d'apercevoir la colonne de
mercure dans le thermomètre à boule humide, ni les aiguilles
d'une montre, ni les divisions fixes d'aucun de mes instruments.
Je demandai à M. Coxwell de m'aider à prendre les chiffres qui
m'échappaient, mais, par suite du mouvement de rotation du ballon, qui n'avait point cessé depuis que nous avions quitté la terre,
la corde de la soupape s'était entortillée. M. Coxwell dut donc
sortir de la nacelle et monter sur le cercle pour l'arranger. Je
tournai mon attention vers le baromètre; je vis qu'il marquait
10 pouces, et qu'il descendait rapidement. Sa vraie hauteur, en
tenant compte de la correction soustractive d'un quart de pouce,
était 29 pouces trois quarts, ce qui indiquait une hauteur de
29 000 pieds. Peu après, je m'appuyai sur la table avec le bras
droit, qui jouissait de toute sa vigueur un instant auparavant,
mais quand je voulus m'en servir, je m'aperçus qu'il n'était plus
en état de me rendre aucun service. Il doit avoir perdu sa puissance instantanément. J'essayai de me servir du bras gauche, et je
vis qu'il était également paralysé. Alors je cherchai à remuer le
corps, et je réussis jusqu'à un certain point, mais il me sembla
que je n'avais plus de membres; j'essayai encore une fois de lire

M. Glaisher évanoui dans sa nacelle à la hauteur de 11 000 mètres.

le baromètre, et, pendant que je me livrais à cette tentative, ma tête tomba sur mon épaule gauche. Je remuai et j'agitai de nouveau mon corps, mais je ne pus parvenir à soulever mes bras. Je relevai la tête, mais ce fut seulement pour un instant : elle retomba de nouveau. Mon dos était appuyé sur le bordage de la nacelle et ma tête sur un des angles. Dans cette position, j'avais les yeux fixés sur M. Coxwell, qui se trouvait dans le cercle. Quand je parvins à me soulever sur mon siège, j'étais tout à fait maître des mouvements de l'épine dorsale, et je possédais incontestablement encore un grand pouvoir sur ceux du cou, quoique j'eusse perdu le contrôle de mes bras et de mes jambes; mais la paralysie avait fait de nouveaux progrès. Tout à coup je me sentis incapable de faire aucun mouvement. Je voyais vaguement M. Coxwell dans le cercle, et j'essayais de lui parler, mais sans parvenir à remuer ma langue impuissante. En un instant des ténèbres épaisses m'envahirent; le nerf optique avait subitement perdu sa puissance. J'avais encore toute ma connaissance, et mon cerveau était aussi actif qu'en écrivant ces lignes. Je pensai que j'étais asphyxié, que je ne ferais plus d'expériences, et que la mort allait me saisir à moins que nous ne descendions rapidement. D'autres pensées se précipitaient dans mon esprit, quand je perdis subitement toute connaissance, comme lorsque l'on s'endort. Je ne peux parler du sens de l'ouïe; le silence qui règne dans les régions situées à 6 milles du sol (nous étions alors entre 6 et 7 milles) est si profond qu'aucun son ne peut atteindre l'oreille.

Ma dernière observation eut lieu à 1 h. 54 m. à 29 000 pieds. Je suppose que 1 ou 2 m. s'écoulèrent avant que mes yeux cessassent de voir les petites divisions des thermomètres et qu'un même laps de temps se passa encore avant mon évanouissement. Tout porte à croire que je m'endormis à 1 h. 57 m. d'un sommeil qui pouvait être éternel. Je ne pouvais pas bouger, quand j'entendis les mots *température* et *observation*. Je sentis que M. Coxwell me parlait et qu'il essayait de me réveiller : l'ouïe et la conscience m'étaient donc revenues. Je l'entendis alors parler plus fort, mais je ne pouvais le voir; il m'était bien plus impossible de lui répondre ou de me mouvoir. Il me disait : « Essayez maintenant, essayez. » Alors je vis vaguement les instruments, et bientôt après les objets environnants. Je me levai et je regardai autour de moi dans l'état où je serais en sortant d'un sommeil fiévreux, qui épuise au lieu de reposer : « Je me suis évanoui, » dis-je à M. Coxwell. « Certainement, me répondit-il, et il s'en est peu

fallu que je ne m'évanouisse aussi. » Je ramenai alors mes jambes,
qui étaient étendues droites, et je repris un crayon pour continuer
les observations. M. Coxwell me raconta qu'il avait perdu l'u-
sage de ses mains, qui étaient devenues noires, et sur lesquelles
je versai de l'eau-de-vie.

Il ajouta que pendant qu'il était dans le cercle, il avait été saisi
par un froid extrême; et que des glaçons étaient suspendus autour de l'orifice du ballon comme une effrayante girandole digne
des mers polaires. En essayant de descendre du cercle, il ne pouvait plus se servir de ses mains et il fut obligé de se laisser glisser
sur ses coudes pour revenir dans la nacelle où j'étais étendu. Il
pensa en me voyant sur le dos que je me reposais, et il me parla
sans obtenir de réponse. Ma contenance était sereine et tranquille,
sans cette anxiété qu'il avait remarquée avant de monter dans
le cercle.

Voyant que mes bras et ma tête pendaient, M. Coxwell comprit que j'étais évanoui. Il chercha à m'approcher, mais ne put
y parvenir, sentant que l'insensibilité le gagnait lui-même. Alors
il voulut ouvrir la soupape, mais, ayant perdu l'usage de ses
mains, il ne put y réussir. Il ne serait point parvenu à tempérer
notre course s'il n'avait eu l'idée de saisir la corde entre ses dents,
et de lui imprimer deux ou trois mouvements en secouant violemment la tête.

Je repris mes observations à 3 h. 17 m., et les premiers
chiffres que j'enregistrai furent 292 mm. pour le baromètre et
— 18 degrés pour le thermomètre. Je suppose que 3 ou 4 minutes
s'écoulèrent depuis le moment où j'entendis les premiers mots
de M. Coxwell jusqu'au moment où je recommençai à lire mon
chronomètre et mes autres instruments. S'il en est ainsi, je revins à la vie à 2 h. 4 m., et je suis resté tout à fait évanoui pendant sept minutes. Je prie de faire attention à ces chiffres dont
je me servirai tout à l'heure pour tirer certaines conclusions qu
ne sont point sans intérêt. Quelque temps avant l'accident, je
m'étais aperçu que le vase dans lequel je mettais l'eau pour humecter le thermomètre humide avait de la tendance à se congeler.
J'avais soin de combattre cette tendance en l'agitant, mais pendant mon évanouissement la congélation avait eu lieu. Je ne trouvai plus qu'un bloc solide de glace quand je me réveillai. Cette
eau, solidifiée dans une région où jamais être humain n'avait pénétré, conserva longtemps cette forme, car elle était encore gelée
au retour.

Metres			1h.				2h		Metres
11.000	0m	15m	30m	45m	0m	15m	30m	45	11.000

Ciel bleu noirâtre

10.000

9.000

8.000   −20°6

   −17°8

7.000   −13°1   −18°9

    −12°
  −13°3 −10°4
  −9°7
6.000   −9°4   −8°3

  −9°4

  −8°6
5.000

 −8°2
           −5°3
 −3°6
4.000   −3°1

 −0°5
  +0°8   −0°5
3.000   +0°6

           +1°8
      +4°5   −5°7
  +3°9   +5°6
  +2°4   +5°6
2.000 +2°5   −5°6
 +4°7   +7°3
 +5°6 +5°0
          +9°6
 +5°8   +9°0
  +7°5   +10°3 +10°6
1.000   +11°7

        +12°2
 +13°1
 +14°0
0 +15°0   0

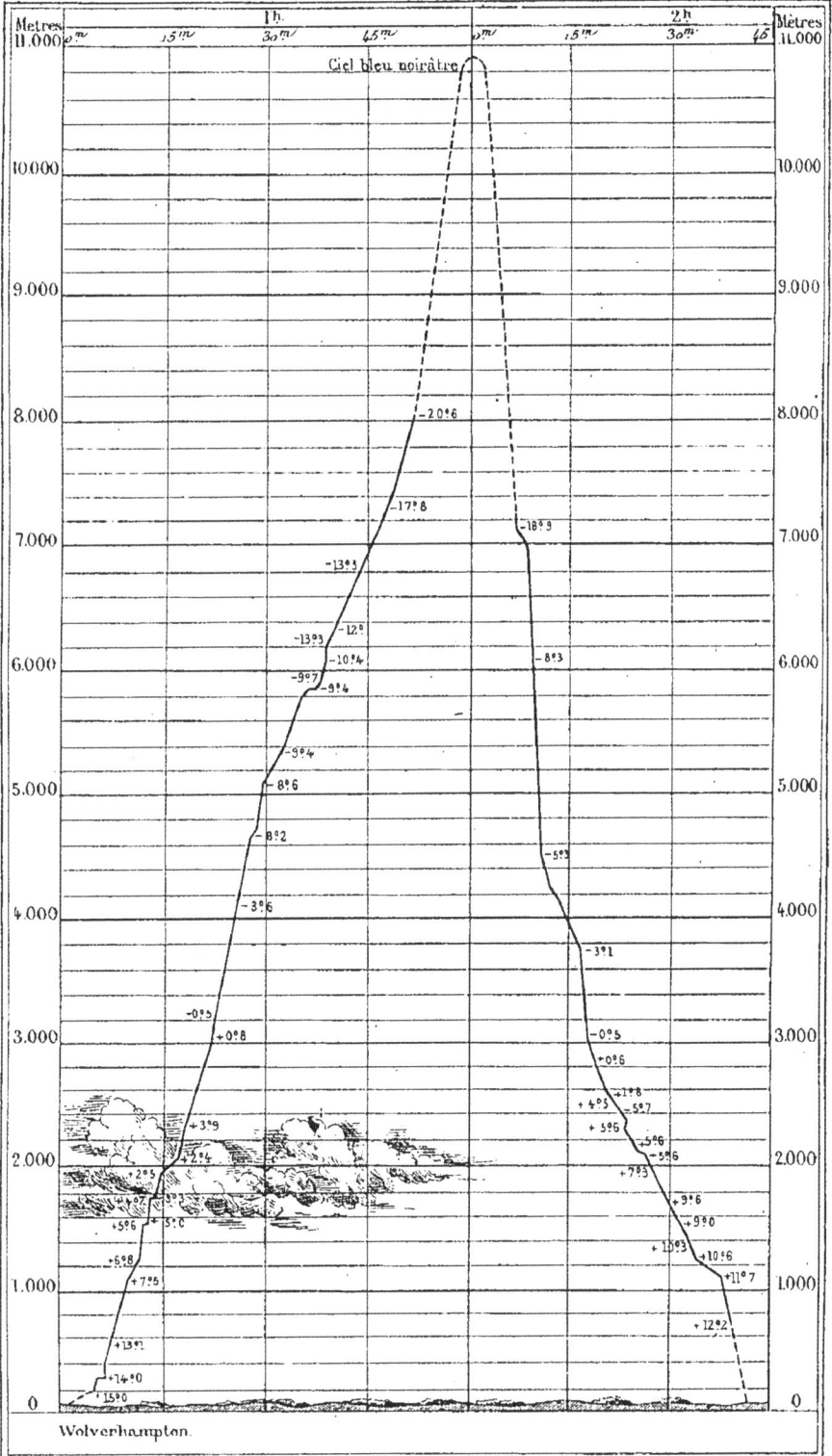

Wolverhampton.

Voyage du 5 Septembre 1862. — Grande ascension de Wolverhampton.

Je n'éprouvai aucune suite fâcheuse de mon évanouissement; nous arrivâmes à terre, dans un pays où il était impossible de trouver le moindre moyen de transport, de sorte que je fus obligé de marcher au-devant des voitures qui ne pouvaient venir me chercher. Je fis huit ou neuf milles aussi facilement que si rien ne m'était arrivé.

Le vent souffla de l'est pendant tout le temps que dura notre descente. A un certain moment de cette période de notre ascension, nous entendîmes le bruit d'un coup de fusil. A 2 h. 30 m., nous fûmes obligés de commencer à jeter du sable pour diminuer la vitesse de notre descente qui s'accélérait d'une façon alarmante. Le linge qui recouvre le thermomètre à boule humide me parut alors débarrassé de glace; mais en pressant la boule entre le pouce et l'index, je m'assurai qu'il en contenait encore une petite quantité ainsi que le fil qui l'attachait au réservoir d'eau, et servant de conducteur capillaire destiné à réparer les pertes dues à l'évaporation. Il est de la plus grande importance de s'assurer qu'il en est réellement ainsi, car tant qu'il y a de la glace à fondre, la température de l'eau qui recouvre la boule du thermomètre humide reste à zéro. Les indications de cet instrument sont donc viciées aussi bien lorsque la glace se détruit, que pendant le temps où elle se forme. Pour diminuer cette période d'incertitude, on peut porter le thermomètre à la bouche afin de faire fondre la glace qui le recouvre. L'ozonomètre de Moffatt marquait 6 degrés, et la quantité d'ozone que nous avons vue croître en montant était en décroissance. Car 2 minutes avant le même instrument nous donnait 6 degrés [1].

Notre descente eut lieu au centre d'une vaste prairie appartenant à M. Kersall, à Coldweston, à 7 milles et demi de Ludlow.

Je fis ma dernière observation à 8838 mètres; c'est à 2 mètres près la hauteur du pic le plus élevé de la surface de la terre, le Gaourichnaka du Népaul, au pied duquel viennent mourir les pèlerins brahmaniques qui cherchent le Nirvana; on peut dire que jamais être humain ne pourra se traîner à cette hauteur en suivant les aspérités de l'enveloppe terrestre, et malgré leur courage les frères Schlagintweit n'ont pas eu la prétention de s'y élever. Cependant j'aurais pu y continuer mes observations, si le mouvement ascendant du ballon ne m'eût entraîné plus haut, là où la vie est encore plus difficile. Quand je m'évanouis, nous

1. Voir l'Appendice.

faisions notre ascension avec une vitesse énorme de 308 mètres par minute, et quand je repris mes observations, nous étions en descente avec une vitesse de 610 mètres, double de notre vitesse d'ascension; cette circonstance me permit de calculer avec une certaine exactitude la hauteur à laquelle nous avions réellement pénétré.

Entre ma dernière observation ascendante et ma première observation descendante, 13 minutes se sont écoulées, pendant lesquelles j'ai parcouru un arc recourbé, avec une vitesse double dans la branche descendante que dans la branche ascendante. Il est donc possible d'arriver à déterminer l'altitude extrême par la résolution de deux équations très-simples du premier degré en supposant que les deux vitesses constatées soient les vitesses majeures de l'excursion : soit x le temps de la montée, y le temps de la descente, $x + y = 13$, et comme la vitesse de la montée est moitié, on a $2y = x$, si on suppose encore que les deux stations d'observation se trouvent au même niveau. Il en résulte : $x = \frac{26}{3}$ et $y = \frac{13}{3}$. Le nombre de mètres parcouru depuis l'évanouissement est donc : $\frac{305 \times 26}{3}$ mètres $= 2650$ mètres. On voit que l'on obtient ainsi une hauteur d'environ 11 000 mètres. Tout évanoui que j'étais, j'ai pu parcourir sans accident une hauteur égale à celle du plus haut pic des Pyrénées, ajoutée à celle du plus haut pic de l'Himalaya!

Occupons-nous maintenant de la température qui devait régner à cette hauteur encore sans égale dans les annales de l'aérostation. Lorsque je me réveillai, un thermomètre à minimum très-sensible marquait —24°,4 : c'était une différence de *soixante degrés centigrades* avec la température qui régnait à la surface de la terre, où je me trouvais une heure plus tôt. La moyenne de la décroissance était donc de 1 degré par minute correspondant à un peu moins de 200 mètres de déplacement vertical par minute. Au moment où je cessai d'observer, le thermomètre descendait avec une vitesse qu'il m'est possible de déterminer, et qui était liée avec le décroissement d'altitude par une loi expérimentale connue.

Si je cherche à calculer quelle est l'altitude où a dû régner cette température de —24°,4, je trouve le chiffre de 11 277 mètres, concordant avec la hauteur qu'a donnée le calcul des vitesses. En descendant du cercle où il venait de grimper pour ouvrir la soupape, M. Coxwell remarqua que le mercure du baromètre donnait une pression correspondant à l'énorme hauteur trouvée par les calculs précédents. On peut donc dire que trois procédés différents conduisent à la même conclusion. Nous sommes en droit d'admettre que notre nacelle a pénétré à une distance de 37 000 pieds anglais du niveau des mers, dans les hautes plages atmosphériques. Comme je l'ai déjà expliqué dans l'Introduction, je ne doute pas qu'on ne parvienne à faire des observations dans ces régions où je n'ai pu arriver sans m'évanouir. Je suis persuadé qu'un jour viendra où des aéronautes me dépasseront de la même manière que j'ai excédé la hauteur de Barral et Bixio, qui avaient à leur tour atteint des altitudes plus élevées que Sakaroff et Gay-Lussac. Ce n'est pas moi qui me chargerai de déterminer les limites de l'activité humaine, et d'indiquer le point, s'il existe, où la nature dit aux aéronautes : Vous n'irez pas plus loin !

Nous avions emporté avec nous six pigeons pour les lancer successivement dans l'air quand nous nous serions élevés à des hauteurs assez grandes. Nous jetâmes le premier à 4807 mètres : il étendit ses ailes, mais il ne put se soutenir et tomba comme une feuille de papier. Le second, qui fut jeté à 6437 mètres, ne se laissa point entraîner si facilement, il tourbillonna en volant avec vigueur. Probablement il tournait sur lui-même chaque fois qu'il plongeait malgré lui. Peut-être en se livrant à cette valse étrange trouvait-il le moyen de résister à l'effrayante aspiration.

Le troisième fut jeté avant d'arriver au niveau de 8048 mètres. Il tomba comme une pierre et disparut rapidement. Nous gardâmes les trois pigeons qui nous restaient pour la descente, mais nous trouvâmes qu'un d'eux était mort dans sa cage, et qu'un autre ne valait guère mieux. Quand je le tirai de sa cage, il refusa de s'envoler. Ce n'est qu'après un quart d'heure de repos qu'il commença à donner des coups de bec sur un morceau de ruban rose qu'il portait autour du cou. C'était un pigeon voyageur qui, une fois remis, vola avec grande rapidité dans la direction de Wolverhampton.

Le dernier pigeon dont il nous reste à raconter l'histoire fut lâché à la hauteur de 6437 mètres, à un moment où nous descendions avec rapidité. Alors maître pigeon, qui me paraît avoir été un des plus malins de la race, prit un bon parti ; il ne tarda pas à se percher sur le haut du ballon. De tous les pigeons lancés pendant le voyage, un seul revint à Wolverhampton dans le courant de la journée du dimanche. Je ne serais point étonné que ce fût ce pigeon si intelligent.

Rien de plus curieux que les vicissitudes de température auxquelles nous fûmes exposés en passant au travers d'un si grand nombre de couches atmosphériques. En traversant les nuages, nous constatons très-nettement un accroissement de 5° dans la température, qui tout à coup se met à diminuer jusqu'à la hauteur de 4724 mètres. Alors nous entrons dans un courant d'air chaud qui règne jusqu'à 6705 mètres et dont je ne peux indiquer ni l'origine, ni la cause. Une fois que nous eûmes traversé ce courant, la température se mit à décroître, et je ne constatai plus la moindre interruption dans le refroidissement. En descendant, je rencontrai à 7000 mètres environ ce courant d'air chaud, déjà observé d'une façon très-nette dans la première phase de l'ascension, et qui se manifesta par un accroissement trop soudain pour qu'il puisse être mis en doute.

La température du point de rosée augmenta à partir du sol jusqu'à 212 mètres, de 9° 2 jusqu'à 10° 3. A 1707 mètres, il n'était plus que de 2° 4. Le degré d'humidité de l'air qui avait passé par 100 lorsque le ballon traversait le nuage était alors réduit à 80°. Il était encore supérieur à ce qu'il était à la surface de la terre, où je l'avais trouvé de 67°.

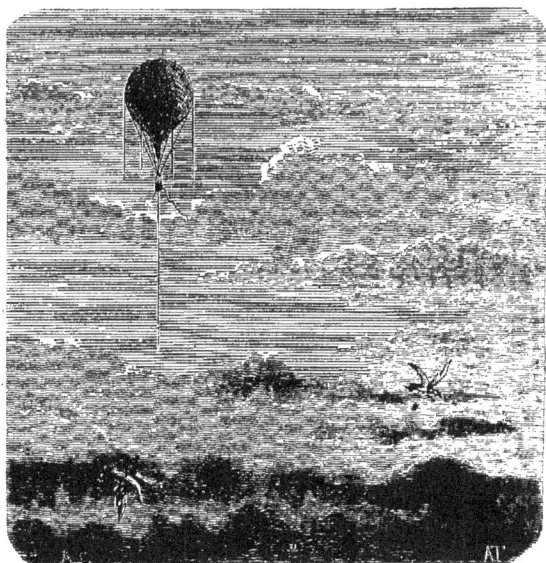

Les pigeons.

Le départ.

CHAPITRE IV.

ASCENSIONS DE CRYSTAL PALACE. — VOYAGE DU 18 AVRIL 1863.

Les ascensions au Palais de Cristal avaient pour but de populariser les expériences aérostatiques, en permettant à un public immense d'assister au gonflement du ballon. Elles offraient, en outre, l'avantage de ménager les ressources du Comité des ballons, car l'administration de ce magnifique établissement prenait à son compte les frais de gaz.

Le Palais de Cristal, comme il n'est pas inutile de le rappeler, doit son origine à l'exposition internationale de 1851, dont il est destiné à perpétuer le souvenir. Il fut élevé dans Hyde Park pour servir de rendez-vous au monde entier et transporté dans le site qu'il occupe actuellement : aujourd'hui il est construit au centre d'un jardin immense dans lequel se trouvent des parterres et des pièces d'eau, un peu à l'imitation de Versailles, mais avec un but d'instruction publique assez singulier. Au lieu de représenter des sujets mythologiques, les bassins du Palais de Cristal sont peuplés de monstres de la période antédiluvienne, reproduits d'après les types que sir Charles Lyell, le professeur Owen et d'autres géologues, suivant les traditions paléontologiques de Cuvier, sont parvenus à reconstituer.

Comme les conduites de gaz n'ont qu'un débit limité, et que l'on voulait partir de grand matin, on commença à remplir le ballon dès la veille malgré l'état nuageux et menaçant du ciel. Quand j'arrivai au Palais, je trouvai l'atmosphère épaisse et brumeuse : c'est ce qui arrive souvent lorsqu'elle se trouve agitée par des courants soufflant dans des directions discordantes. En effet, le vent inférieur, qui portait au nord-est, se mouvait avec une vitesse qui n'était pas moindre de 40 kilomètres par heure. Ce courant ne régnait qu'à une faible hauteur : nos ballons pilotes marchaient dans la direction du nord poussés par un vent sud pour le moins aussi énergique.

Nous perdîmes une heure à attendre que le vent supérieur se mît d'accord avec le vent inférieur, et que la masse entière se dirigeât vers le sud-ouest, direction excessivement favorable pour les ascensions qui ont lieu en cet endroit.

A 1 heure, le ciel était presque entièrement couvert de nuages. Cependant le soleil brillait de temps en temps à travers les intervalles que laissaient les cumulus isolés les uns des autres. Ses rayons donnaient un air de vie, de santé à toute la scène, et animaient le paysage. En présence d'une foule nombreuse, il était impossible de remettre l'ascension; nous nous décidons à partir quand même; notre voyage devait n'être que de courte durée, car nous avions l'intention de nous arrêter sur le bord de la mer, et de ne point chercher à rivaliser avec le duc de Brunswick et Monck Masson. Nous nous plaçons donc dans la nacelle, décidés à profiter d'un moment favorable pour lâcher le ressort qui nous retient; mais le vent semble s'indigner de nos retards, de nos tentatives, car une rafale nous lance dans l'espace à 1 heure 17 minutes, de la façon la plus brusque, la plus incivile, la plus inattendue. Surpris par le choc, je tombai au milieu de mes instruments, et je brisai malheureusement nos deux hygromètres, celui de Daniell et celui de Regnault. Je fus donc réduit, malgré moi, à me contenter du thermomètre humide pour déterminer le point d'humidité de l'air.

En moins de 3 minutes, nous planons à une hauteur de plus de 1000 mètres, et bientôt après nous entrons dans les cumulus qui se trouvaient à 1200 mètres du sol. La terre apparaît, mais comme à travers un voile, derrière une mince dentelle de vapeurs qui formaient ce qu'on pourrait appeler des nuages à l'état latent.

A 1 heure 26 minutes nous constatons une hauteur de 1800 mètres, et nous nous trouvons enveloppés dans des vapeurs épaisses qui forment une espèce de nuage général dans lequel la température n'est que de 0°. Le thermomètre humide, au lieu de baisser, monte à mesure que nous approchons de cette couche, ce qui indique une augmentation sensible dans l'humidité de l'air. Dès que nous avons traversé cette plage de brume, nous voyons au contraire que les deux thermomètres s'écartent rapidement: nous avions franchi la frontière du règne de l'humidité, et l'air se trouvait d'une pureté admirable. Derrière cette frontière de vapeurs épaisses, quoique non saturées, se retrouvait le ciel d'azur immaculé.

A 1 heure 30, à une hauteur de 3500 mètres, nous voyons au-dessous de notre nacelle une mer de nuages dont rien n'interrompt la continuité; cependant cet océan de vapeurs bizarres n'empêche point d'apercevoir les grandes tours du Palais de Cristal, véritable phare de signal pour indiquer la route que nous suivons. Grâce à ces masses imposantes, nous servant de point de repère, il nous était facile de voir que nous nous dirigions vers le sud. Nous étions alors plongés dans le courant supérieur qui avait emporté nos ballons pilotes du matin.

Avant notre départ la température était de 17 à 18°. Elle décrut rapidement et tomba jusqu'au point de congélation de l'eau dans l'intérieur du nuage dont nous avons déjà parlé. Tant que nous naviguâmes dans cette masse de vapeurs, le thermomètre cessa de descendre. Il tomba subitement à 6° au-dessous de zéro quand nous en sortîmes. Il continua à baisser à mesure que nous nous élevions, jusqu'à ce que nous fûmes parvenus à une hauteur de 6500 mètres, altitude à laquelle nous pûmes constater un mouvement inverse, car le thermomètre interrompit de nouveau son mouvement descendant. Il remonta même jusqu'à 12°, température observée par nous 1 heure 13 minutes après notre départ. Nous étions alors parvenus à une hauteur de quatre milles anglais.

Lorsqu'il fut question de descendre, M. Coxwell commença à réfléchir que le courant polaire, dans lequel nous nous trouvions plongés, pouvait très-bien nous avoir poussés vers le sud avec une vitesse supérieure à celle dont nous le supposions susceptible. La plus simple prudence conseillait donc de descendre très-rapidement, afin de reconnaître la surface de la terre et de nous ren-

dre compte de ce qui se passait au-dessous de nous. L'aéronaute ouvrit la soupape sans beaucoup de ménagements, et nous
descendîmes avec une grande rapidité d'un mille anglais en
3 minutes, c'est-à-dire plus d'un kilomètre et demi. La chute fut
moins rapide pendant le mille suivant, parce que la vitesse fut
un peu tempérée par la projection de lest; à 2 heures 42 minutes, c'est-à-dire 8 minutes seulement après le commencement
de notre descente, nous étions au milieu des nuages qui régnaient
à 4000 mètres environ au-dessus de la surface de la terre. Quand
nous parvenons à cette station, nous trouvons que la température a singulièrement décru, surtout pour le thermomètre
humide; la différence atteignait 6° centigrades en quelques instants; non-seulement l'air semblait s'être refroidi, mais il paraissait aussi s'être desséché, quoique rempli de vapeurs qui voi-
laient le ciel.

Nous sortîmes des nuages à 2 heures 44 minutes, et, d'après
le baromètre, nous nous trouvions encore à plus de 3000 mètres
de terre. J'étais occupé à faire mes observations, quand j'entendis M. Coxwell s'écrier : « Qu'est-ce que cela? » Il avait
aperçu un cap de la Manche qui se nomme Beechy Head. J'in-
terrompis mes observations, et je regardai par-dessus le bord
de la nacelle. Je vis, en effet, que la mer semblait directement
au-dessous de nous. Alors M. Coxwell s'écria de nouveau : « Il
n'y a pas un moment à perdre, nous devons quand même descendre sur terre! laissez là vos instruments! » Il se suspendit
à la corde de la soupape, il me dit de faire de même, de tirer
de toutes mes forces, et de ne pas m'inquiéter si la corde me cou-
pait les doigts. C'était une décision bien grave que d'ouvrir
ainsi la soupape béante à une telle hauteur, et véritablement
elle fut très-hardiment exécutée. Quand nous fûmes à une distance
d'un mille, nous commençâmes à voir très-distinctement la terre
qui semblait marcher vers nous avec une énorme rapidité. Nous
avions tiré si vivement la soupape, que deux fentes se formèrent
dans le ballon, mais il n'y avait pas moyen de s'en préoccuper.
Voilà la terre qui est proche : nous redoutons une chute terrible, et à 2 heures 48 minutes nous frappons le sol.... Nous
nous trouvons à New Haven, presque sur la plage que viennent baigner les vagues quand la mer est haute. Le choc est violent, mais nous n'avons pas d'autres secousses à éprouver
vidé de son gaz par l'usage que nous avons fait de la soupape, le
ballon s'aplatit et ne fait plus un seul mouvement pour se rele-

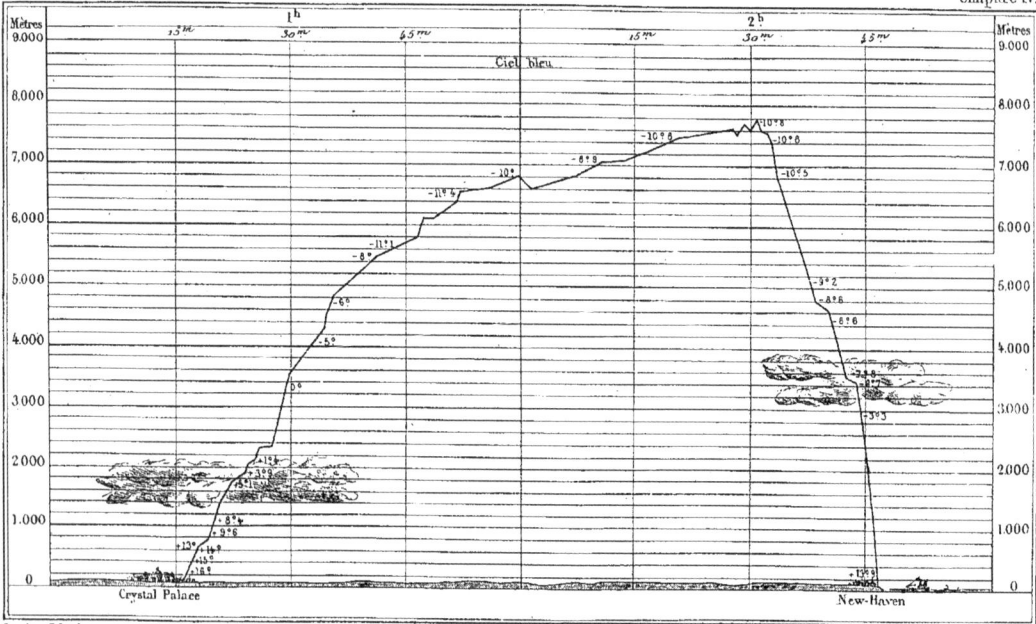

Voyage du 18 Avril 1863.— de Crystal Palace à New-Haven.

Gravé par Erhard. Paris. Imp. Fraillery.

ver. Le vent ne cherche même point à nous arracher de l'endroit où nous sommes tombés.

Presque tous mes instruments furent brisés. Je regrette surtout des thermomètres très-délicats et très-sensibles qui me furent donnés par M. d'Abbadie pour mes observations aériennes, et qui avaient été construits par Daulcet. J'eus cependant la bonne fortune de pouvoir mettre dans ma poche et de sauver mon baromètre anéroïde. C'est avec cet instrument que M. Coxwell calcula la hauteur à laquelle nous nous trouvions lorsque je m'évanouis. Je tiens à cet instrument comme à une relique.

Le diagramme qui accompagne l'histoire de cette ascension permet de suivre la route du ballon. On peut s'assurer, en le consultant, que nous nous élevâmes en quelque sorte à pas comptés depuis 5000 mètres jusqu'au sommet de notre course. Dans toutes les stations supérieures, l'aérostat restait un temps bien suffisant pour que les thermomètres pussent prendre la température réelle du milieu. Nous planons, en effet, plus d'une demi-heure au-dessus de 4000 mètres, sans dépasser une hauteur de 7800 mètres. Mais en descendant au-dessous de 4000, il est facile de voir que l'allure de la course change complétement. De 4000 à 3000, la ligne semble presque droite tant notre descente est échevelée. Le mille suivant a été parcouru un peu moins rapidement, et, en effet, la courbe s'incline jusqu'au niveau des nuages dont nous sommes sortis à temps pour apercevoir notre dangereuse situation et pour éviter la mer. Quant à la fin de notre descente, à l'inspection du dessin on peut se faire facilement une idée de sa rapidité, qui a été telle qu'en 4 minutes nous avons parcouru deux milles entiers! En résumé, nous sommes descendus en un quart d'heure de quatre milles un quart. J'attache peu d'importance aux observations exécutées dans des circonstances aussi peu favorables; les thermomètres ne sauraient être impressionnés par des milieux qu'ils traversent aussi vite. Le diagramme fera, du reste, mieux comprendre que tous les discours du monde, l'histoire de cette ascension accidentée.

VOYAGE DU 11 JUILLET 1863.

J'avais l'intention de m'élever très-haut, et quand nous sommes partis du Palais de Cristal, tout semblait nous promettre un succès complet. En effet, les ballons pilotes que nous avions lancés s'étaient évanouis dans la direction du Devonshire, ce qui permettait d'espérer que nous aurions assez de terre sous notre nacelle et que cette fois nous ne serions point interrompus par le voisinage de l'Océan. Mais l'avenir réservé à un ballon est toujours si douteux que le plus sage est de faire des ascensions sans parti pris et de se préparer seulement à toujours tirer parti des circonstances heureuses qui peuvent se présenter. Ainsi, malgré les promesses des ballons captifs, nous ne tardâmes point à rencontrer un vent du nord qui nous poussa vers le sud. Voyant que nous reprenions la route de New Haven, je renonçai à l'idée de dépasser l'altitude de 5 milles, et je résolus de me borner à déterminer l'épaisseur de la couche influencée par le vent d'est qui soufflait dans les basses régions où je me trouvais forcé de me maintenir malgré mes projets ambitieux.

Au moment où je quittai la terre, le ciel était presque entièrement couvert de cirrus et de cirro-stratus. A peine à une hauteur de 600 mètres, la direction de notre aérostat changea brusquement, nous étions déjà dans le courant supérieur, et au lieu de marcher vers l'ouest, comme dans les premiers moments de notre course, nous fûmes poussés vers le sud. A 5 heures 8 minutes nous nous trouvons au-dessus de Croydon et nous planons à la hauteur de 1500 mètres au milieu de vapeurs assez épaisses, mais dépourvues d'adhérence et de continuité comme des flocons de laine. A travers les lacunes et les interstices de ces nuages fragmentaires, je pus reconnaître l'hôtel de l'Homme-Vert à Blackheath, village voisin de l'observatoire de Greenwich où je demeure. A partir de ce moment, nous nous mettons en descente, et à 5 heures 32 minutes nous ne sommes plus qu'à 8 ou 900 mètres de hauteur, au-dessus du fameux champ d'Epsom Downs, où toute l'Angleterre fashionable se donne rendez-vous le jour du Derby. Nous avons l'honneur de planer sur ces dunes si célèbres dans les annales du sport après avoir traversé un nuage d'une grande épaisseur. Nous sommes actuellement sous l'influence du vent d'est qui aurait continué à nous pousser, si nous ne lui avions échappé en jetant un peu de lest qui nous rendit de nouveau les esclaves du vent du nord régnant en haute région. A 5 heures 32 minutes, à 1000 mètres au-dessus de Reigate, nous pouvons apercevoir Shooters Hill et nous retrouvons bientôt après les deux tours du Palais de Cristal, dans le voisinage desquelles nous avions tourbillonné.

On voit que nous avions un choix à faire entre deux courants bien définis et superposés, dont l'un nous poussait vers l'Est tandis que l'autre nous ouvrait l'horizon infini du Nord. Il était assez curieux de savoir quelles étaient les limites de ce courant nord, et si, comme certains indices nous portaient à le croire, nous pourrions nous en tirer en nous élevant à une hauteur suffisante. Nous jetons donc un peu de sable et à 6 heures 16 minutes nous nous assurons que le vent a déjà une composante ouest. Dès que nous atteignons l'altitude de 1700 mètres, nous continuons notre mouvement ascendant, mais l'atmosphère s'épaissit visiblement, elle devient si brumeuse que c'est à peine si nous apercevons la place que doit occuper le soleil. A mesure que nous nous élevons, le ciel s'obscurcit, et lorsque nous arrivons à 2200 mètres environ, nous ne pouvons plus du tout voir l'astre qui devait nous éclairer. Nous nous laissons un peu tomber pour diminuer ces ténèbres, mais nous ne sortons point du brouillard qui nous enveloppe de toutes parts. A 6 heures 40 minutes, à 2000 mètres de hauteur, nous planons au-dessus d'Horsham. J'essaye de prendre une épreuve photographique, car le ballon est tranquille; mais je n'ai point assez de lumière, le ciel est trop couvert, et la terre n'est point assez vivement frappée par les rayons du soleil.

Nous remontons de nouveau à 2200 mètres pour savoir ce qui s'est passé là-haut pendant notre absence, et nous trouvons que la température a décru d'environ 1° 1/2.

Cependant les nuages ont sensiblement monté, car les cirrus et les cirro-stratus sont beaucoup plus élevés que le niveau de la nacelle. L'air s'est purifié, et nous apercevons la côte près de Brighton. Nous avons suivi la même route que dans l'ascension de New Haven, mais nous sommes moins haut et la mer est plus près. Cependant il faut prendre un parti, car le vent nous rapproche visiblement des côtes. L'occasion est tentante. Allons-nous essayer de profiter de ce vent du sud pour franchir le détroit et passer en France? Nous tenons un conseil de guerre, et nous reconnaissons, à notre grand désappointement, qu'il serait imprudent de risquer l'aventure. Le vent qui vient du nord-est est trop lent, trop paresseux pour que l'on puisse s'y fier. Nous nous décidons à descendre pour retrouver le vent d'est que nous suivrons sans danger s'il souffle encore; nous prendrons terre s'il a disparu, ce que nous ne pensons point. Nous ne nous étions pas trompés en effet, et le vent d'est nous attend à 800 mètres, c'est-à-dire à la hauteur où nous l'avons quitté. Nous nous laissons tomber jusqu'à 300 mètres de la surface du sol. Nous nous trou-

vons en ce moment près de Worthing, à environ 5 milles de la
côte; aucun danger à courir, nous sommes sûrs de ne point être
entraînés sur l'Océan. Rien ne nous empêche de profiter de l'occasion pour recommencer encore une fois ces curieuses expériences, de bordées aériennes. Nous jetons du lest, et, arrivés à la
hauteur de 900 mètres, nous nous apercevons sans peine que le
vent du nord nous a de nouveau saisis. Il nous repousse immédiatement du côté de la mer. Si nous voulons continuer notre
voyage sur l'Angleterre, il faut donc nous maintenir au-dessous
de 800 mètres, autrement nous devons nous préparer à passer en
France. Nous nous empressons de descendre jusqu'à 2 ou 300
mètres, au grand effroi de troupeaux qui sont au pâturage à
Arundel et qui nous prennent pour quelque immense oiseau de
proie. Ces animaux se réunissent et se pressent les uns contre
les autres comme si quelque loup fantastique s'approchait pour
les dévorer.

Les paysans nous entendent et répondent à toutes les questions
que nous leur adressons. Cette portion du voyage est une véritable
partie de plaisir. Nous entendons surtout la voix perçante des enfants, qui monte plus haut que la voix grave de leurs parents.
Nous reconnaissons très-bien les cris discordants des oies que
notre approche effraye et qui courent se réfugier dans la cour de
leurs fermes. Les faisans glapissent comme s'ils appelaient leurs
femelles. Nous ne sentons aucun mouvement dans notre nacelle
qui glisse dans les airs, c'est la terre qui semble alternativement
s'éloigner ou s'approcher suivant que nous jetons du lest, ou
que nous nous laissons tomber pendant quelques instants; elle
nous offre un charmant paysage : des milliers de maisons de campagne, des parcs, des jardins gracieusement groupés; tout respire la joie et le bonheur. Les routes blanchies par la poussière
se détachent du milieu de la verdure comme autant de rubans de
soie.

Quatre heures s'écoulent ainsi dans cette charmante excursion,
quatre heures pendant lesquelles je peux entreprendre une multitude d'observations, pouvant faire varier presque à volonté l'état
hygrométrique de l'air dans lequel le ballon se trouvait. Aux
divers étages régnaient des vents différents, entre lesquels nous
n'avions qu'à choisir pour nous diriger depuis le sud jusqu'à
l'ouest : un quart de l'horizon nous appartenait. A la surface
du sol l'air contenait environ 8 grammes d'eau par mètre cube.
Cette quantité allait en décroissant à mesure que nous nous éle-

vions; à 800 mètres, elle n'était plus que de 6 grammes environ. Mais au moment où nous entrions dans le courant du nord, elle augmentait brusquement, et devenait à peu près égale à ce qu'elle était à la surface du sol. Pendant près de 6 à 700 mètres cette quantité d'humidité restait encore stationnaire. Tout d'un coup elle se mettait à décroître, et à 2200 mètres de haut elle tombait à près de 3 grammes. Plus haut, je ne sais point ce qui arrivait.

A la surface du sol la température de l'air était de 22° environ, à 800 mètres de 15°. Elle restait stationnaire jusqu'à un niveau supérieur comme l'humidité de l'air, avec cette différence que déjà à 1100 mètres elle commençait à baisser. A partir de cette couche, la décroissance continuait à se manifester sans interruption. A 1800 mètres la température n'était plus que de 13°. Elle était peu supérieure à 11° au niveau de 2200 mètres.

Comme on le voit par ce qui précède, l'humidité de l'air augmentait notablement quand on passait dans le courant nord, et elle diminuait lorsque l'on redescendait dans le courant est. Elle diminuait également dans le courant N. N. O., dont les limites supérieures nous étaient inconnues. Cette quantité absolue d'humidité dissoute par l'air était encore très-grande dans cette région supérieure. Il était facile de s'apercevoir que l'air était très-humide autour de nous, mais on ne voyait pas de nuages à quelque hauteur que l'on pût pénétrer.

Quand notre aérostat voguait à la hauteur de 800 mètres, nous avions à notre niveau de gros cumulus à fond plat. Ces nuages voguaient avec nous vers le sud; mais leur surface inférieure était en contact avec le courant superficiel qui entraînait l'air vers l'ouest. Comme cet air était sec, cette surface inférieure des nuages était nécessairement le siége d'une incessante évaporation. Le cumulus commençait à la frontière du courant intermédiaire qui ne se mélangeait sans doute ni avec le courant supérieur ni avec le courant inférieur, et qui gardait par conséquent toute son individualité. Mon ami M. Nasymith m'écrivait plus tard une lettre à ce sujet pour me donner une explication de l'apparition des nuages si singulièrement aplatis. Il se fonde sur l'influence d'un courant aérien plus sec qui ne se mélange point avec les zones humides où se forment les nuages, et qui en diffère, non-seulement par sa quantité de chaleur, mais encore par sa direction. Ces vues ingénieuses concordent, comme il est à peine besoin de le dire, avec les observations que nous venons de résumer. Il faut s'habituer à comprendre que les courants aériens sont distincts les uns des autres, qu'ils sont susceptibles d'avoir des frontières aussi nettes que celles des fleuves marins de l'Atlantique. La forme, la situation des nuages peut nous apprendre à lire l'histoire de l'atmosphère, et nous serions bien vite d'excellents physiciens si nous savions profiter des enseignements que nous offre la nature, chaque fois que nous regardons la voûte céleste, et que notre œil admire l'azur des cieux[1].

1. Voir l'Appendice.

Descente à New Haven.

Entre deux nuages.

CHAPITRE V.

Les directeurs du chemin de fer du North-Western ont eu l'obligeance de faire préparer le gaz nécessaire à cette ascension et de prendre toutes les dispositions pour que les membres du conseil de l'Association britannique et leurs amis puissent y assister.

Les gazomètres de Wolverton étaient trop petits pour contenir toute la masse de gaz nécessaire au gonflement du ballon. On prit donc la résolution de commencer le gonflement la veille de l'ascension. L'aérostat resta pendant toute la nuit exposé au vent, après avoir reçu une portion notable du gaz qui lui était destiné. Cette fois les éléments parurent se prêter à cette combinaison un peu hasardée, car toute la nuit se passa sans que le ballon parût s'agiter d'une manière inquiétante.

Le lendemain, l'air était d'un calme étonnant. Le ciel était d'un bleu pur, ce qui indiquait que l'air contenait une très-petite quantité de vapeurs. Tout paraissait promettre un succès complet. Malheureusement on crut trop pouvoir compter sur la continuation de ces heureuses circonstances, et on ajourna l'ascension jusqu'au moment de l'arrivée du train express qui devait amener des invités de Londres. Mais il était à peine onze heures que tout le spectacle atmosphérique changea. Le ciel, comme il arrive souvent dans le milieu de la journée, se couvrit de nuages d'un aspect bien inquiétant, le vent se leva et le ballon commença à se balancer à droite et à gauche, secouant ses amarres comme s'il avait l'intention de les rompre pour se lancer dans l'espace. On éprouva les plus grandes difficultés à donner à l'aérostat le gaz qu'il devait encore recevoir, et sa ration ne fut complète que vers une heure de l'après-midi. Le vent s'accroissait de moment en moment et il devenait urgent de quitter terre si on ne voulait manquer l'opération. On eut les plus grandes peines à fixer les instruments, malgré l'aide de M. Negretti, le célèbre opticien qui était venu de Londres pour me prêter l'assistance de son talent, et qui faillit être écrasé par les mouvements du ballon qui bondissait avec fureur, malgré les efforts de quatre-vingts hommes d'équipe entre les mains desquels on craignait à chaque instant de voir l'étoffe se déchirer.

Lorsqu'il s'agit de quitter terre, on s'aperçut que le ressort destiné à nous lâcher avait été faussé par le vent. Il fallut donc nous servir des hommes et leur faire tenir les cordes jusqu'à ce que nous ayons prononcé le fameux *lâchez tout*. Mais cette opération réussit rarement sans encombre, surtout quand on entend souffler un vent violent. Aussi sommes-nous obligé de jeter d'un seul coup une grande quantité de lest pour empêcher le ballon de se briser sur les édifices voisins.

Il était 1 heure 3 minutes quand nous nous sommes élevés dans les airs, et le vent soufflait vers le O. S. O., direction ordinaire des orages : la température était d'environ 19° centigrades. En quatre minutes nous nous trouvons à 1300 mètres d'altitude, et nous entrons dans un nuage où la température n'était que de 10°. Cette rapide diminution de température nous fit éprouver une très-pénible sensation de froid. Cependant nous prenions patience, car nous nous attendions à trouver, comme toutes les autres fois, des flots de lumière éclatante, nous inondant aussitôt que nous aurions traversé cette mer de vapeurs. Nous levions la tête en l'air pour chercher un beau ciel pur sans nuages, faisant contraste avec ce que nous laissions à nos pieds. Mais lorsque nous sortîmes de ces nuées noirâtres, nous fûmes stupéfaits de voir que tout était encore noir et sombre autour de nous. Çà et là nous pouvions bien entrevoir quelque chose de la terre, parce que

Tout était noir et sombre autour de nous.

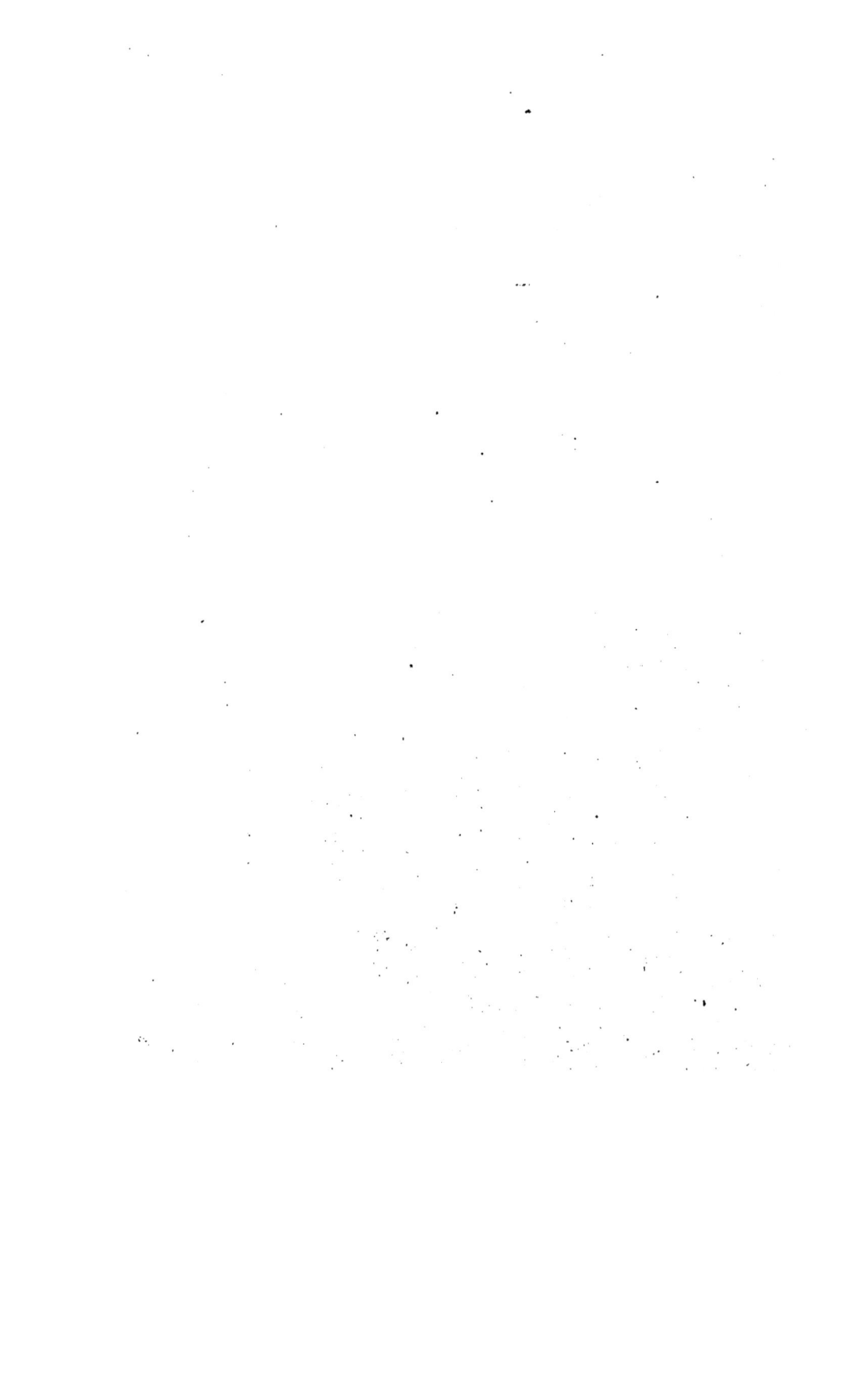

la couche des nuages n'était point sans interruption, mais cette terre lointaine, triste, monotone, semblait couverte d'un crêpe, et aucun rayon de soleil ne l'égayait.

Les nuages que nous avions au-dessus de nos têtes étaient encore plus menaçants que ceux dont nous avions triomphé. Nous nous trouvions à 3000 mètres, lorsque nous entendîmes le bruit de la tempête, concert à la fois effrayant et sinistre. Au premier moment nous nous étions demandé si ce murmure n'était pas dû à quelque mouvement dans nos cordages, mais nous ne tardâmes point à reconnaître qu'on devait l'attribuer exclusivement à la lutte des courants d'air qui s'agitaient au-dessous de nous.

Bientôt la scène change, nous apercevons briller le soleil ou plutôt un soupçon de soleil, sorte d'auréole qui nous indique de quel côté l'astre doit se trouver. Nous sacrifions gaiement quelques poignées de lest, espérant que nous allons rejoindre le spectacle dont nous sommes avides, mais nous entrons dans un brouillard plus épais que celui dans lequel nous nous trouvions déjà, quand cette clarté trompeuse nous a conduits à redoubler d'efforts. Le soleil, déjà si faible au moment où nous espérions l'atteindre, pâlit encore, et quoique nous voguions à plus de deux milles au-dessus de la surface de la terre, l'astre du jour n'existe pas pour nous. Au lieu de lumière, nous rencontrons une pluie fine qui nous mouille malgré l'abri du ballon, gigantesque parapluie qui nous entraîne avec lui. Ce n'est pas le moment de rester en place. Nous cherchons à nous débarrasser de cette pluie importune, et nous arrivons cette fois dans un brouillard épais, presque sec, et qui, par conséquent, ne nous mouille pas. Nous entrevoyons de nouveau le soleil, et nous redoublons d'ardeur dans cette poursuite étrange de la clarté qui fuit au-dessus de nous. Hélas! le brouillard s'épaissit encore, il devient de nouveau humide, nous sommes à 5000 mètres et ces vapeurs nous couvrent d'un obscur et terrible manteau.

Les alternatives que nous avions à subir n'étaient point encore épuisées dans cet étrange voyage, si important pour montrer jusqu'à quel point peut être poussé le mélange des éléments quand l'air est réellement agité. A 350 mètres plus haut, nous trouvons que le brouillard se sèche de nouveau, et les rayons du soleil, à 5700 mètres, apparaissent toujours comme une promesse! Nous montons encore; nous atteignons la hauteur de trois milles anglais. Il semble que rien ne nous rattache plus à la terre; cependant nous entendons un sifflet de locomotive : un des bruits

les plus caractéristiques de la civilisation humaine vient nous
chercher ici. A ce moment on ne peut pas dire que nous sommes
dans les nuages, mais les nuages enveloppent de tous côtés l'air
transparent dans lequel nage notre aérostat. Quoique la masse
de vapeurs que nous laissons au-dessous de notre nacelle aille
sans cesse en augmentant, nous ne pouvons atteindre l'azur
de la voûte céleste. Il y a longtemps que nous nous élevons
avec une rapidité assez grande, et nous commençons à craindre
qu'il ne nous soit impossible de pénétrer jusqu'aux limites de
l'espace occupé par ces brumes surprenantes, dont la condensation soudaine pourrait inonder une région terrestre. A 5800
mètres nous rencontrons, pour la quatrième fois, un brouillard qui commence par être sec, et qui finit par être humide.
Enfin, grâce à un sac de lest, le soleil se montre au moment
où notre baromètre nous annonce que nous nous trouvons à
20 000 pieds anglais de la surface de la terre. Nous approchons maintenant de notre quatrième mille, et quoique le soleil
se montre, le ciel n'est pas pur, d'autres nuages apparaissent
encore au-dessus de nos têtes. Ils sont très-élevés, car nous devons parcourir un nouvel espace de 1000 mètres sans pouvoir
les atteindre. Notre attention est attirée par deux masses épaisses
au milieu desquelles flotte notre aérostat. Ces nuages denses,
énormes ont des bords frangés. Nous nous trouvons entre deux
sombres et énormes rochers aériens qui ne semblent pouvoir se
rapprocher sans nous écraser. Mais pourquoi les craindrions-
nous? S'ils renferment dans leurs flancs un déluge, ce n'est pas
pour nous que ce déluge est à redouter. Pendant que nous admirons ces formes hardies et massives, nous montons toujours, nous
nous trouvons bientôt dans un nouveau brouillard qui nous fait
perdre la vue des objets environnants. A 7300 mètres, voilà une
éclaircie, mais elle se dissipe sous un rideau de nuages vers
lequel se lance notre aérostat. Nous l'atteignons encore. Il est
deux heures moins six minutes, et notre baromètre marque
7600 mètres au moment où nous en sortons. Nous entendons
siffler un train de chemin de fer qui semble nous rappeler la
nécessité de regagner la surface de la terre. Que ne puis-je lancer la nacelle dans cette couche nouvelle suspendue au-dessus
de ma tête et qui me nargue encore à quelques milliers de pieds!
Mais nous n'avons plus assez de lest pour organiser notre descente, et plus on veut monter haut, plus on doit en avoir conservé. L'aérostat, plusieurs fois plongé dans des vapeurs humides,

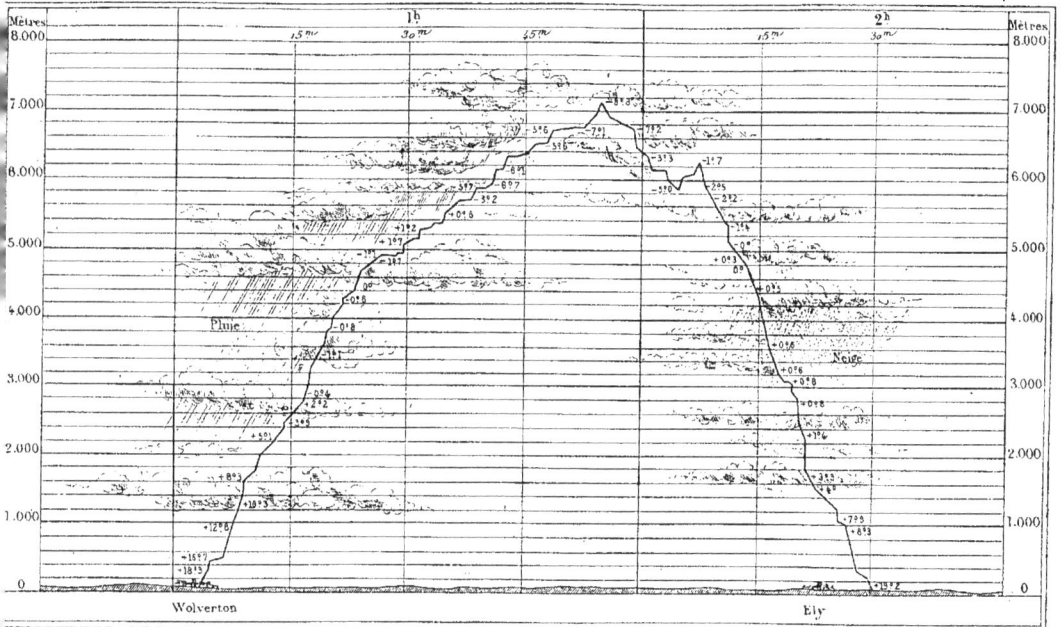

Voyage du 26 Juin 1863 — de Wolverton à Ely.

Gravé par Erhard.

Paris. Imp. Fraillery.

a un poids considérable condensé sur ses toiles. Nous ne l'avons soutenu qu'avec les plus grands sacrifices. Non-seulement nous ne pouvons point monter plus haut, mais encore nous ne pouvons rester longtemps à un niveau aussi élevé. Il faut donc renoncer au spectacle étrange, presque infernal, qui s'offre à nos yeux dans cet air agité. Je jette rapidement un dernier regard sur ce paysage rempli de menaces et de colères pour les habitants de la terre. Que de nuages de pluie, que de nimbus, que de brouillards nous enveloppent! Quelle immense variété dans les formes que prend la vapeur d'eau! Le ciel est presque couvert de nuées affectant la forme de stratus. Par les intervalles que laissent ces vapeurs épaisses on peut apercevoir le bleu du ciel, mais ces espaces vides sont parsemés de tâches provenant de cirrus, sans doute très-élevés. Quant à ce bleu, il ne ressemble nullement à celui des hautes régions, c'est un bleu pâle tirant vers le blanc, comme on le voit en Angleterre lorsque l'air est chargé d'humidité. Quelle différence entre ce paysage et ceux que je suis habitué à observer à des hauteurs généralement bien moindres! Plus de ces horizons immenses, image de l'espace infini; plus de formes poétiques, de jeux de lumière; rien que ténèbres, vapeurs, lutte et confusion. La tristesse qui règne autour de l'aérostat pourrait engendrer les plus noires pensées! Mais je ne peux m'empêcher d'insister, à ce propos, sur la surprise que j'ai toujours éprouvée en songeant à la puissance intellectuelle de l'explorateur quand il sait qu'il peut à peine disposer de quelques instants pour étudier un nombre immense de phénomènes étranges, multiples, qui se déroulent devant lui, qui ne durent qu'un instant, et que seul peut-être parmi tous les hommes il sera jamais appelé à contempler! Que de circonstances instructives, véritables révélations de la nature, seront peut-être perdues pour toujours, au moins pour de longs siècles, s'il ne les aperçoit, s'il ne les note; et cependant les scènes se suivent, s'accumulent avec une rapidité comparable à celle de l'électricité. Dans des situations aussi dramatiquement intéressantes, les circonstances les plus triviales doivent être notées. Il faut que l'œil soit doué d'une pénétration extraordinaire, que la cervelle travaille avec une activité surhumaine; en un mot, que chaque sens puisse remplir le rôle qu'assigne une situation aussi extraordinaire, et pour laquelle l'homme semble si peu fait. Aujourd'hui, que plusieurs années se sont écoulées depuis ces événements, je ne peux m'expliquer comment il se fait que ces scènes aériennes, si fugitives, soient profondé-

ment gravées dans mon esprit. Comment sont-elles encore si
vivantes que, si j'étais peintre, je pourrais les fixer sur la toile,
et les rendre visibles à tous les yeux?

C'est malgré nous que nous commençons notre retour vers la
terre, sachant bien qu'il faut dire adieu à ces merveilleux phénomènes, et que, certainement, nous ne les reverrons plus jamais.
A peine avons-nous commencé à jouer de la soupape, que nous
nous trouvons enveloppés dans un brouillard épais, que nous ne
tardons point à franchir; car, avant d'être redescendus à 7000 mètres, nous apercevons le soleil, mais faiblement. Un instant de
clarté nous sépare d'une nouvelle couche de vapeurs froides, humides, saturées, qui nous font éprouver un sentiment de malaise,
une espèce de saisissement. L'occasion était trop tentante pour
ne point essayer de vérifier la loi d'accroissement des températures,
quoiqu'il y eût quelque danger à le faire. Nous jetons du lest, et
nous remontons de quelques centaines de mètres, assez pour nous
assurer que la température s'augmente, et pour la voir baisser en
redescendant au même niveau.

Je ne fatiguerai point le lecteur en énumérant toutes les couches humides, sèches, obscures ou transparentes que nous par-
courûmes, car notre descente ressembla à notre ascension jusqu'à
ce que nous eûmes franchi le troisième mille. A cette altitude,
une pluie intense commença à tomber sur le ballon. Elle provenait
d'un nuage qui était plus élevé d'un mille que le nuage de pluie
rencontré dans l'ascension, et elle était beaucoup plus lourde.
Au-dessous de cette pluie nous attendait un spectacle admirable
qui allait bien nous démontrer que la température décroissait. En
effet, à 4700 mètres, nous rencontrons un nuage de neige immense, car il s'étendait sur une épaisseur de 1800 mètres. C'était
une scène véritablement admirable. Cette neige était entièrement composée de petits cristaux parfaitement visibles, d'une
délicatesse extrême. On voyait les pointes écartées les unes des
autres, suivant deux systèmes de cristallisation : car les intervalles angulaires étaient les uns de 60° et les autres de 90°.
J'avais autour de moi une multitude de formes variées qu'il m'é-
tait facile de reconnaître, puisque j'ai publié un livre entier dans
lequel j'ai essayé de classer toutes celles que j'ai pu me procurer.
Je les recueillais sur la manche de mon habit, et je ne pouvais
me lasser de les admirer.

Quand cette neige cessa de tomber, nous n'étions plus qu'à dix
mille pieds du sol et nous entrions dans un brouillard épais, dont

Une pluie intense commença à tomber.

nous ne pûmes plus sortir jusqu'à la fin de notre ascension. Un seul fait suffira sans doute pour donner idée de l'épaisseur extraordinaire de cette brume. Il nous fut impossible d'apercevoir la cathédrale d'Ely, gigantesque monument gothique, dans le voisinage duquel nous avons effectué notre descente, et sur lequel nous aurions certainement fait naufrage si le hasard nous y avait envoyé. Dans les 1500 derniers mètres nous n'avions plus de lest, à cause des sacrifices que nous avions dû faire pour vérifier la loi de décroissement des températures et pour résister au poids de la pluie, mauvaise et dangereuse rencontre en haute région, car elle ajoute au ballon un fardeau immense et produit le même effet qu'une fuite de gaz.

Heureusement notre bonne fortune nous conduisit dans un champ situé sur les frontières des comtés de Cambridge et de Norfolk, à vingt milles des embouchures du Wosk et à huit milles des clochers de la cathédrale d'Ely.

Cette ascension de Wolverton est certainement une des plus extraordinaires que j'aie exécutées. Elle a offert tant de faits inattendus, que je ne crains pas de dire qu'elle me paraît digne de l'Association britannique qui m'a prêté son assistance[1].

PALAIS DE CRISTAL. — 21 JUILLET.

Le temps était mauvais, le ciel couvert et pluvieux. Cependant, malgré tous les désagréments d'un pareil voyage, ce jour convenait très-bien pour le projet que j'avais d'étudier aussi exactement que possible quelques points relatifs à la formation de la pluie dans les nuages eux-mêmes.

Mon but était de déterminer comment il se fait qu'on recueille une grande quantité de pluie, beaucoup plus grande quand le réservoir est près du sol que quand il se trouve à quelque distance du niveau de la terre; ce fait a été mis en évidence par les observations pluviométriques de Greenwich que j'ai exécutées pendant nombre d'années. Il ne me paraît pas non plus démontré que l'air soit toujours saturé d'humidité pendant la chute de la pluie.

Ce sujet m'avait déjà occupé en 1842 et en 1843, époques auxquelles j'avais déjà fait beaucoup d'expériences pour expliquer comment il se fait que la hauteur à laquelle on place les ré-

---

1. Voir l'Appendice, pour les observations.

servoirs influe si énergiquement sur la quantité d'eau re-
cueillie.

J'étais arrivé à des résultats qui prouvaient qu'il faut tenir
compte dans cette discussion de la distribution de la chaleur suivant les altitudes. Ainsi quand la température de la pluie était
supérieure à celle de l'air, les différents pluviomètres donnaient
les mêmes indications; au contraire, quand les gouttes qui tombaient étaient plus froides, elles devenaient de plus en plus grosses.
N'est-il pas permis d'en conclure que les différences constatées
tiennent à la grande condensation de la vapeur qui se trouve dans
les régions inférieures de l'atmosphère et qui se précipite sur les
gouttes d'eau froide pendant qu'elles poursuivent leur chute vers
la terre?

Dans cette ascension importante, j'avais aussi pour but de me
former une opinion des déductions de M. Green. Ce gentleman
pense que l'on doit trouver deux couches de masses superposées
lorsque l'on constate que la pluie tombe à la surface de la terre
par un ciel couvert.

Le raisonnement que l'on peut se faire est bien simple. Si une
couche de nuages vient à s'interposer entre la couche inférieure et les rayons solaires, il en résultera un refroidissement
rapide.

Je me proposais de vérifier cette théorie, et, s'il y avait deux
couches de nuages à la fois, l'épaisseur de la couche supérieure et
la distance qui sépare ces deux lits de vapeur. Je voulais voir
enfin si le soleil brillerait à la région supérieure de la seconde
couche.

Nous quittâmes la terre à 4 heures 55 minutes, et 10 secondes
nous suffirent pour nous perdre dans le brouillard. En 20 secondes
nous parvenons au milieu des brouillards. A 400 mètres, nous
sortons de la pluie et nous nous trouvons perdus dans des nuages
d'une blancheur si éblouissante, que c'est avec difficulté que je
peux lire les graduations faites sur les échelles d'ivoire.

A la hauteur de 850 mètres nous sortons des cumulus et
nous nous apercevons en effet que, conformément à la théorie
de M. Green, nous voyons au-dessus de nos têtes un nuage
très-épais; alors nous nous laissons redescendre jusqu'à une distance de 250 mètres au-dessus du mont Judia-Dock, et en ce moment nous entendons une pluie violente qui tombe à la surface
de la terre. Aucune goutte ne mouillait le ballon, par conséquent

Mètres   5ʰ   Mètres

1.200   o   15ᵐ   30ᵐ   45ᵐ   1.200

1.100   1.100

1.000   1.000

900   900

800   800

700   700

600   600

500   500

400   400

300   300

200   200

100   100

0   0

Crystal Palace   Greenwich   Tamise   Forêt d'Epping

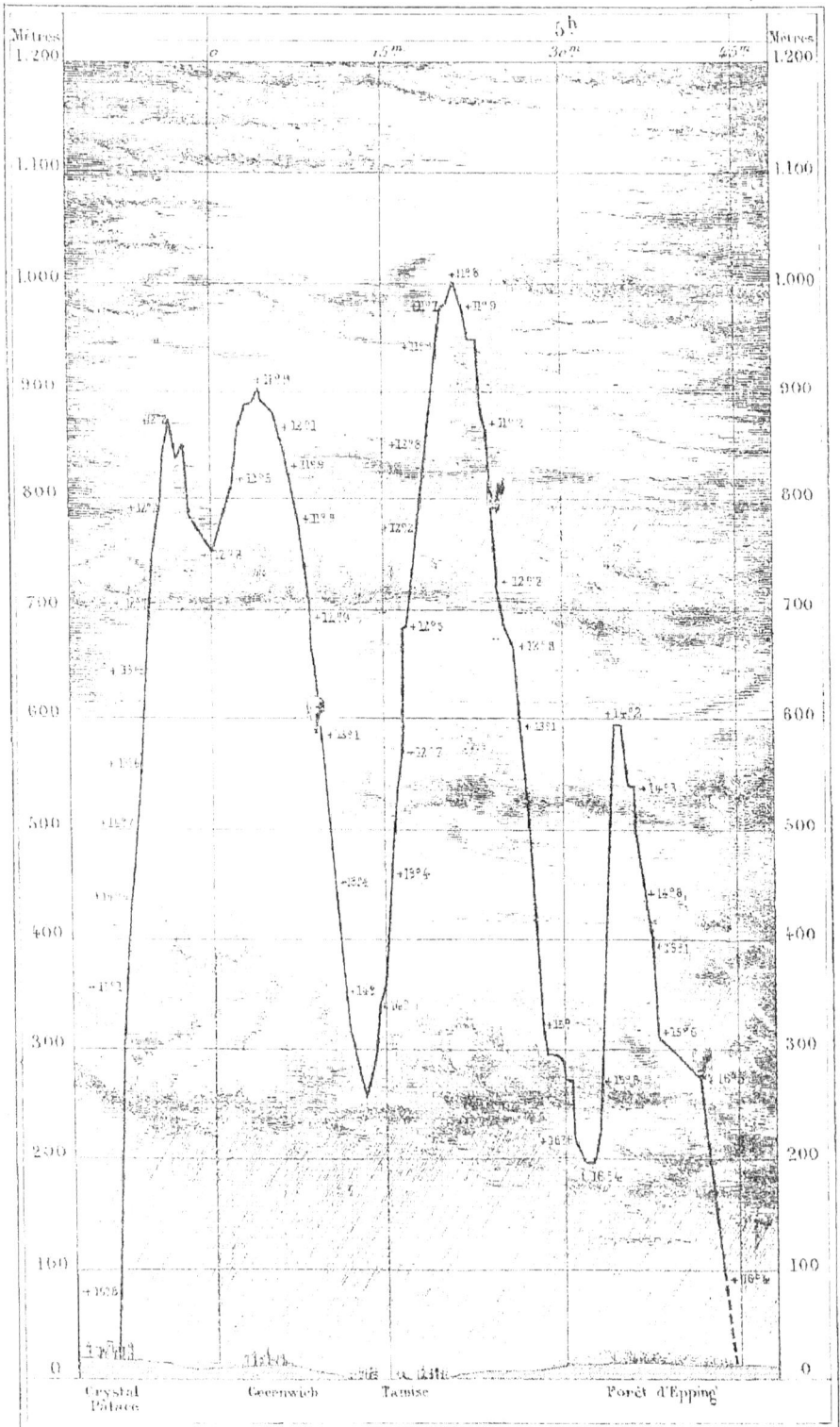

Voyage du 21 Juillet 1863 de Cristal Palace à la Forêt d'Epping.

toute l'eau atmosphérique qui se précipitait devant nous venait d'une distance inférieure à 250 mètres.

Nous jetâmes du lest et nous nous perdîmes dans un brouillard qui avait 400 mètres d'épaisseur. A 1 000 mètres nous sortîmes de nouveau des nuages et nous aperçûmes la couche des gros nuages noirs supérieurs qui se trouvait encore une fois au-dessus de nos têtes.

Nous nous laissons retomber à 200 mètres et nous entrons dans un brouillard sec dans les trente premiers mètres, mais qui ne tarda pas à devenir humide. A mesure que nous descendions, il nous semblait que ce brouillard se chargeait d'eau, et au-dessous de nous il paraissait d'un noir très-foncé.

A 5 heures 35 minutes nous flottions à une distance variant de 500 à 600 mètres au-dessus de la forêt d'Epping, et nous entendions le bruit de la pluie qui fouettait les arbres, tellement la chute était violente[1].

Après avoir admiré ce curieux spectacle, nous nous sommes élevés à 600 mètres à travers des rafales de pluie et de vent, pour redescendre rapidement jusqu'à 50 ou 60 mètres au-dessus de la surface du sol. Les gouttes de pluie à ce moment étaient aussi larges que des pièces de quatre pence, elles avaient à peu près le même diamètre que lorsque nous avons quitté terre. La descente s'opéra dans de bonnes conditions, non loin de la forêt d'Epping, et nous étions littéralement couverts d'eau, après avoir reçu ces averses successives.

A notre retour à l'observatoire de Greenwich, nous ne fûmes point surpris d'apprendre que la pluie avait tombé sans interruption pendant toute la durée de notre voyage. Les pluviomètres avaient recueilli une quantité d'eau considérable, et le chiffre que marquait leur échelle était très-élevé. Celui qui est établi au milieu de la cour, indiquait un chiffre moindre que l'autre appareil situé à un niveau plus élevé. — Je crois que nous aurions obtenu un nombre beaucoup plus faible encore, s'il nous avait été possible d'emporter avec nous un pluviomètre semblable dans notre aérostat.

Un point très-important qui reste encore à résoudre, c'est de savoir si l'air est toujours saturé d'humidité pendant qu'il pleut. Je ne crois pas qu'il en soit ainsi, car des gouttelettes peuvent être précipitées d'un niveau supérieur dans un air sec qu'elles

---

1. Voir l'Appendice, pour les observations.

ne parviennent pas toujours à traverser. Qui sait si, leur chute aidant, elles ne sont pas quelquefois dispersées, peut-être même congelées?

Nous voici arrivés à sonder les mystères de la formation de la grêle, mais je n'ose aborder ici un tel sujet, et un grand nombre d'ascensions sont nécessaires pour trouver la solution de ces problèmes multiples que nous offre l'étude si curieuse, si intéressante et si peu connue de l'atmosphère.

Il y aurait une utilité très-grande à organiser une série d'ascensions dans un air troublé et agité, soit pendant la pluie, soit au moment où tombe la grêle; avec un aérostat de grande dimension, on pourrait facilement braver les périls de semblables voyages. Il serait possible de s'élever au-dessus des couches aériennes où prennent naissance ces curieux phénomènes, et on ne manquerait pas de recueillir des faits certainement propres à faire progresser la science de l'air.

L'aéronaute qui veut interroger la nature, ne doit pas toujours attendre que le soleil brille, et que le vent se calme, pour lancer sa nacelle dans les plages de l'air!

C'étaient deux énormes nimbus.

La descente.

CHAPITRE VI.

Le mois de mai était le seul pendant lequel je n'avais point fait d'ascension, et j'éprouvais le désir naturel de compléter la série de tous les mois de l'année. M. Westcar, officier des horse-guards, actuellement stationnés à Windsor, était grand amateur d'ascensions, et s'était fait construire un aérostat qu'il avait l'intention de conduire lui-même. Ce gentleman, qui était versé dans l'étude de la physique, m'offrit de se mettre, lui et son ballon, à ma disposition, et de me mener dans les airs sans le secours d'aucun praticien. J'acceptai avec empressement une proposition si obligeante. C'était la première fois que je faisais une ascension sans avoir le concours, souvent un peu gênant, d'un aéronaute de profession. Il n'y a que les hommes poussés par l'amour de la science, et assez instruits pour observer eux-mêmes, qui puissent réellement conduire scientifiquement un ballon. Du reste, les savants français ont donné l'exemple. Ne faut-il point faire en Angleterre comme Biot et Gay-Lussac, comme Barral et Bixio?

Il fallut cependant payer un peu notre apprentissage, et nous y prendre à plusieurs reprises pour parvenir à gonfler le ballon, car le mois des fleurs est loin de mériter sa réputation, et les orages y sont plus fréquents qu'on ne le croit communément. Enfin, le 29 mai, nous réussîmes à opérer notre gonflement dans des conditions convenables, et nous quittâmes la terre à 6 h. 14 m., une heure avant le coucher du soleil. Nous nous proposions de ne point descendre avant d'avoir vu le soleil se coucher, afin de comparer les variations des températures, avant et après ce phénomène si important. Nous cherchâmes donc à nous maintenir aussi près que possible de terre. Au moment où le soleil allait disparaître, nous nous trouvions à une hauteur d'environ 200 mètres; mais, en passant au-dessus d'une montagne, il nous sembla que le ballon était soumis à une violente attraction, à quelque irrésistible aspiration. Dans le but de résister à cet effet, nous jetons rapidement une grande quantité de lest, et nous profitons de cette nécessité imprévue pour recommencer une ascension aussi semblable que possible à la précédente. Notre course se composa donc de deux courbes, à peu près jumelles, que nous avons cherché à mettre en parallèle pour déterminer l'influence du soleil à ce moment de la journée. Nous avions à bord des lampes de Davy, d'autant plus nécessaires que la lune ne brillait point à l'horizon. Ces lampes, qui contenaient une quantité d'huile suffisante pour brûler pendant plusieurs heures, avaient été allumées avant notre départ, précaution indispensable, comme il est à peine besoin de le dire, car le plus grand danger provient du feu destiné à allumer la mèche, et s'ils ont des lampes de sûreté, les aéronautes n'ont point encore poussé les précautions jusqu'à avoir des allumettes douées des mêmes propriétés.

Pendant tout le temps que le soleil resta au-dessus de l'horizon, j'exposai mon thermomètre, noirci dans le vide, aux rayons obliques qu'il nous envoyait comme un dernier adieu. C'est M. Westcar qui se chargea plus particulièrement de ces observations. Je pus donc faire mes lectures sans me déranger pour des études accessoires, ce qui est très-essentiel pour la rapidité et la sûreté des expériences. Le thermomètre à boule noircie dans le vide donnait une température très-peu différente de celle de l'air ambiant. Il fallait s'y attendre en songeant avec quelle rapidité l'extinction augmente avec l'obliquité des rayons. Toutefois une circonstance doit être notée et jette quelque doute sur le ré-

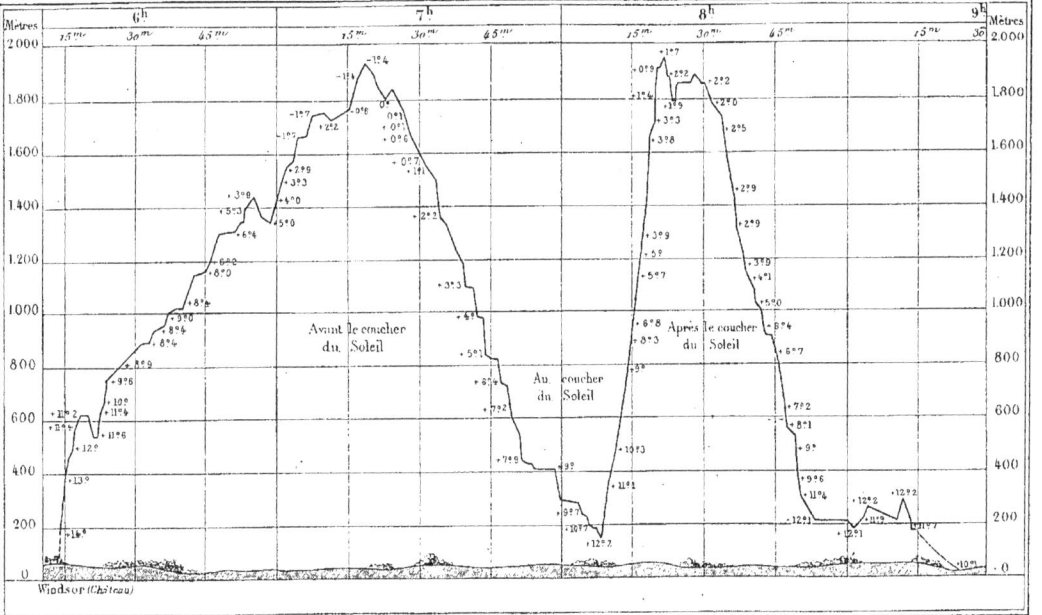

Voyage du 29 Mai 1866 — avant et après le coucher du Soleil.

sultat. Nous sentions nous-mêmes que le soleil rayonnait une chaleur sensible, et cette chaleur palpable, notre thermomètre ne l'accusait pas!

La quantité d'humidité, qui était assez notable quand nous quittâmes Windsor, augmenta rapidement lorsque nous approchâmes des bords de la Tamise où l'air était véritablement saturé. Mais ces émanations du fleuve ne parvenaient point à une grande hauteur, car, en nous élevant, nous ne tardâmes point à voir que l'air devenait notablement plus sec. Sauf cette circonstance, l'humidité semblait s'accroître avec la hauteur : car, en continuant notre mouvement ascendant, nous trouvâmes qu'à 1666 mètres l'air était de nouveau saturé.

Lorsque le soleil se fut couché, nous nous élevâmes au même niveau, et nous trouvâmes peu de différence avec les chiffres précédemment constatés. Cependant l'air y était un peu moins chargé d'humidité. A deux reprises, nous avons très-nettement observé deux courants d'air séparés par une région de calme.

Le courant supérieur, qui régnait à partir de 600 mètres, poussait le ballon au nord-ouest. Nous inclinions au nord-est chaque fois que nous approchions de terre. Le doute n'est pas permis, car, dans les deux moitiés de notre trajectoire, nous avons passé par les mêmes courants aériens. Ces deux courants se croisaient à angles droits, et on aurait pu débarquer en un point quelconque d'un quart de cercle de l'horizon, si on avait voulu s'abandonner successivement à chacun d'eux.

L'itinéraire de notre ballon est très-facile à tracer. De la ville de Windsor, nous nous sommes dirigés au-dessus du grand Parc historique, qu'ont habité tant de souverains anglais, quand Versailles était encore un village inconnu. A 7 h. 43 m., nous passions au-dessus de Woking, que M. Westcar reconnut parfaitement. Nous allons ensuite vers Guildford, que nous laissons à l'est, et commençons à nous approcher sensiblement de la côte. A neuf heures et demie, je calcule que la mer doit être proche ; nous ouvrons la soupape, et nous descendons à 5 milles au sud de Pulborough.

Au moment où nous touchons terre, il y a près d'une heure et demie que le soleil s'est couché. Personne ne se doute, à terre, que deux aéronautes parcourent l'espace céleste pour étudier la température de l'air et son humidité. Nous trouvons les champs déserts, sans personne pour nous aider. Nous prenons notre parti de ce contre-temps, et nous nous apprêtons à coucher dans la nacelle. Mais vers minuit nous entendons du bruit. C'est un berger qui s'approche pour voir si les moutons qu'il a renfermés dans un parc voisin font de mauvais rêves. Cet homme nous conduit dans sa chaumière, où nous passons la nuit, enchantés de son hospitalité[1].

Les voyages aériens n'offrent pas seulement un grand intérêt scientifique, ils ont encore un charme extrême dans les mille péripéties, toujours nouvelles, toujours inattendues qu'ils réservent à l'aéronaute. — Rien n'est plus pittoresque que ces descentes, exécutées la plupart du temps dans un pays que l'on ne connaît pas, et où l'on ne peut soupçonner à l'avance l'accueil qui vous sera fait. Quelle source inépuisable de récits amusants et d'anecdotes originales pour un poëte ou un romancier!

1. Voir l'Appendice, pour les observations.

La chaumière.

Gonflement de l'aérostat.

CHAPITRE VII.

AU-DESSUS DE LONDRES, 31 MARS 1863.

Le vent inférieur soufflait de l'est. Le ciel était bleu et presque sans nuages. Quand nous quittâmes la terre, il était déjà 4 heures 16 minutes, et le soleil avait parcouru la plus grande portion de sa carrière. Le ballon s'est élevé sans hésitation, lentement, mais d'un seul trait, à la hauteur de 6000 mètres. Après avoir plané pendant quelque temps, nous avons repris notre route jusqu'à la hauteur de 7500 mètres, où nous nous trouvions 1 heure 12 minutes après notre départ. Jamais je ne vis la soupape produire un effet aussi rapide. Nous ne l'ouvrîmes qu'un instant, mais en 4 minutes nous descendions de plus de 2000 mètres. Heureusement nous avions encore du lest pour nous maintenir sans difficulté, et pendant près d'une heure l'aérostat resta sensiblement à une hauteur de 4000 mètres. A 6 heures 26 minutes, nous étions à terre, ayant effectué notre descente en 58 minutes, y compris notre temps d'arrêt à notre station intermédiaire.

C'est dans cette occasion peut-être que j'ai constaté le mieux

7

qu'il y a des cas où la température de l'air varie avec une régularité merveilleuse, car l'accroissement et le décroissement ont été d'une uniformité parfaite. Chaque lecture donnait un chiffre moins élevé que la lecture précédente, pendant la période où l'aérostat s'éloignait de la surface de la terre. Le réchauffement se faisait de même sentir sans aucune interruption, sans aucune irrégularité à mesure que les altitudes décroissaient.

Malgré le calme apparent de l'atmosphère, il y avait divers courants d'air à différentes hauteurs, et j'ai nettement pu les distinguer les uns des autres, à cause de la multitude des points de repère que l'on trouve dans les ascensions exécutées au milieu d'une grande ville. Jusqu'à deux milles de la terre, le vent, qui allait en fraîchissant à mesure que nous nous élevions, marchait vers l'est ; un courant directement opposé régnait de deux à trois milles d'altitude et soufflait vers l'ouest. Aux limites de cette zone, il marchait vers le nord-est, et un peu plus haut il se renversait encore pour aller au sud-ouest. Enfin, à la partie supérieure de notre trajectoire, par une altitude de quatre milles, je puis affirmer qu'il venait de l'ouest. Je ne sais si ces courants étaient bien stables, car en descendant nous avons rencontré un courant sud-est qui nous conduisait vers Londres. Au sommet de notre trajectoire, nous pûmes surprendre le vent au moment où il changeait de direction. En effet, je braquai ma jumelle sur la fumée qui sortait de la cheminée d'une usine et qui disparaissait du côté de l'ouest. Bientôt après je vis ses longs anneaux noirâtres s'incliner notablement vers l'est, où elle ne resta que quelques instants. Elle hésita et changea deux ou trois fois de direction avant de nous suivre vers le nord-ouest, où nous ne tardâmes point à nous diriger, pendant la seconde partie de l'ascension. Elle marchait dans le même sens que l'aérostat, lorsque nous la vîmes disparaître, car le vent qui nous poussait vers Londres nous écartait rapidement du point qui la vomissait.

Lorsque nous étions à notre point culminant, le ciel était de la couleur du bleu de Prusse le plus intense, et cette riche teinte encadrait admirablement la ville de Londres au-dessus de laquelle nous voguions et qui soutendait un angle de plus de 90°, plus de moitié de notre horizon visuel.

Si Londres avait des frontières nettement marquées comme les fortifications de Paris, on pourrait déterminer avec exactitude la grandeur de cet angle et en tirer des conséquences géométriques sur la hauteur à laquelle plane l'aérostat ; mais je ne me sens pas la force de regretter que Londres soit dépourvu d'une ceinture de cette espèce, sorte de corset dans lequel on étoufferait sa liberté.

Quand on se trouve à une certaine hauteur de la surface de la terre, on perd toute sensation de la hauteur comparative des objets. Les maisons, les arbres, les ondulations du terrain, tous les accidents du sol se réduisent à un niveau uniforme, les nuages eux-mêmes semblent reposer à la surface du sol. Le paysage disparaît, en ce sens que l'on n'en voit plus que la projection sur un plan. Lorsque les nuages permettent de voir l'horizon, le vaste cercle où la terre s'unit au ciel paraît toujours au niveau de la nacelle, à la même hauteur que l'œil.

Jamais je n'avais vu les paysages terrestres plus semblables à un plan d'ingénieur. La Tamise avait des courbes et des inflexions qui lui donnaient l'aspect d'un immense serpent d'argent. Les vaisseaux ressemblaient à de petites taches noirâtres, presque régulières. Le regard étonné les suivait jusqu'au confluent de la Tamise et de la Medway, alors que les deux fleuves unis forment un véritable bras de mer, admirable vestibule de la Manche, qui elle-même sert de transition à l'Océan!

Je pouvais très-nettement apercevoir les falaises blanchâtres de Margate, et les vagues de la mer qui commence à Douvres et à Deal ne m'échappaient point. Malgré le peu d'étendue du détroit, je ne pus avoir le plaisir de voir les côtes de France. Pourtant je tournai bien des fois mes regards vers la patrie de Pilâtre et de Montgolfier. Je distinguais encore avec une netteté admirable la côte qui limite l'Angleterre au nord de la Tamise, et mon regard plongeait jusqu'à Yarmouth. Rien qu'en tournant la tête je pouvais passer d'Harwick à Brighton, dont le Pier et le Pavillon se détachaient à merveille. Le soleil dorait la Tamise. Un rayon tombait sur Windsor, et l'ombre du Prince-Régent semblait planer au-dessus du palais de la reine Victoria! Le nord était assombri de brouillards, et l'ouest, où pourtant le soleil se trouvait à cette heure, était obscurci de vapeurs, tandis que le ciel de l'orient avait conservé toute sa limpidité. Je prenais surtout plaisir à suivre les ondulations des eaux de la Tamise. A Putney, l'onde semblait palpiter; c'étaient les mouvements de la marée qui ressemblaient à une respiration, et je ne m'étonnais plus de l'explication que les stoïciens et Sénèque avaient donnée de ce grand phénomène en voyant ce spectacle merveilleux. Les champs voisins de Londres se détachaient avec une netteté admirable. Si la terre eût été couverte de récoltes, si les arbres avaient eu leurs feuilles, la scène aurait été pour ainsi dire trop belle, jamais je n'aurais pu m'en arracher. Au moment où nous descendons, les becs de gaz commencent à s'allumer. On voit des points brillants sortir de la terre, pareils à des vers luisants.

Le ballon dont je me suis servi dans cette ascension appartenait à M. Orton, qui se mit à ma disposition avec une bonne volonté, un empressement dont je dois faire le plus grand éloge.

Quand nous touchâmes la terre, M. Orton et moi, le soleil s'était couché depuis près de trois quarts d'heure. Le crépuscule avait déjà commencé, et la lune, qui était pleine, étincelait par un ciel sans nuages.

VOYAGE DU 2 OCTOBRE 1865.

Nous quittâmes l'arsenal de Woolwich à 6 heures 20 du soir, par une température très-agréable, d'environ 16°. Il fallut trois ou quatre minutes avant que je pusse parvenir à diriger sur mes instruments la lumière d'une lampe Davy, que j'avais emportée tout allumée et que je ne pouvais manœuvrer sans précaution. Nous avions déjà parcouru 300 mètres quand je réussis à lire les degrés, et je trouvai qu'au lieu de diminuer, la température avait augmenté d'un degré Fahrenheit. Au premier moment je pouvais croire être le jouet d'une illusion, mais, comme on le verra en consultant le tableau qui accompagne ce récit, le mouvement ascensionnel de la température continua à se manifester à mesure que l'aérostat s'éloignait de la surface de la terre. A 400 mètres le thermomètre marquait plus de 16° 1/2. Pour m'assurer que les lectures n'étaient point affectées d'erreurs, je laissai l'aérostat faire un grand nombre d'oscillations, et chaque fois je constatai le même résultat. Le ballon ne pouvait s'éloigner de la surface de la terre sans que la température s'élevât. Mais cette remarquable inversion dans la répartition de la chaleur n'était pas le seul phénomène que je fus appelé à constater. Les différences dans le degré d'humidité de l'air n'étaient pas moins remarquables. Au commencement de l'ascension, l'air autour de ma nacelle était notablement plus chargé d'eau que l'air de l'observatoire de Greenwich. Au contraire, dans la seconde partie du voyage, l'air de Greenwich était notablement plus humide que l'atmosphère où j'étais plongé. Ce phénomène n'était pas seulement exact si l'on tient compte de l'état hygrométrique de l'air, mais la quantité absolue de vapeur d'eau, le poids d'eau réel contenu dans chaque mètre cube d'air, avait diminué d'un quart pendant la durée de notre voyage.

Il faut donc admettre que l'eau atmosphérique s'était condensée à la surface du sol, qu'elle s'était précipitée pendant la durée de notre voyage. Faut-il admettre aussi que, par suite d'un mouvement contraire, la chaleur avait pour ainsi dire fui dans les hautes régions ?

Ai-je besoin d'insister sur l'importance des résultats constatés dans cette ascension, puisque la théorie des réfractions atmosphériques en usage dans les observatoires suppose une décroissance constante dans la quantité de chaleur, à mesure que l'on considère des couches de plus en plus éloignées de la surface du sol ?

L'intérêt de ces études thermométriques était si grand, que j'avoue avoir négligé toutes les expériences que j'avais préparées. Le magnétisme lui-même eut tort, mon attention se trouvant concentrée sur les lectures aussi lentes que pénibles par la difficulté de diriger convenablement la lumière sur mes instruments.

Je m'étais du reste muni d'un contrôle direct. J'avais emporté deux thermomètres *a minima* dont la température était celle de l'arsenal de Woolwich. Aucun d'eux ne marqua une température inférieure à celle du point de départ; je m'en assurai plusieurs fois dans le cours de mes observations. Quoique ces thermomètres aient été exposés à l'action du rayonnement nocturne, ils n'ont jamais donné une température sensiblement différente de celle des thermomètres ordinaires renfermés dans leur écran[1]. Ce résultat est d'autant plus digne d'attention que, comme je l'ai dit, le ciel était très-clair et que la lune brillait d'un vif éclat. J'ajouterai que les ozonomètres de Greenwich indiquaient zéro, et que ceux que j'emportai dans ma nacelle donnèrent 4, le degré maximum étant marqué 10°.

Dans les premiers moments de l'ascension, j'étais trop occupé par mes lectures pour faire attention au spectacle admirable qui se déroulait à mes yeux. Mais malgré l'importance des faits physiques que je constatais, je ne pus longtemps me défendre de jeter les regards autour de moi. Au-dessous de nous, un peu au sud-ouest, se trouve la ville de Woolwich ; au nord nous voyons très-distinctement Blackewall. Au sud s'étendent les lumières de Greenwich et de Deptford. Dans la direction de l'ouest brille Lon-

1. Voir à l'Appendice.

dres, la grande métropole, et mon œil s'égare dans une multitude de lumières brillant avec un éclat magique inusité.

En effet, ce n'est pas la première fois que je navigue ainsi au-dessus de Londres, mais ordinairement cette multitude de points lumineux se confondent et donnent dans le lointain la formation d'un brouillard éclairé phosphorescent.

Il n'en est pas de même dans ce voyage, l'air est si pur que les lumières éloignées se rapprochent sans confondre leur éclat. J'apperçois étendue sur la terre une effrayante constellation d'étoiles serrées les unes contre les autres, mais ce n'est ni une nébuleuse ni une voie lactée !

Je peux reconnaître toutes les rues de Woolwich, de Deptford et de Greenwich, comme si elles étaient tracées par une infinité d'étincelles. Neuf minutes après notre départ, nous nous trouvons en face de Brunswick-Pier, nous traversons la Tamise et nous abordons la rive septentrionale dans le terrain jadis désert, à peine habité, qui se nomme l'île des Chiens, cette île des ravageurs anglais. A mesure que nous approchons de la cité, les lumières se multiplient. De nouvelles étoiles surgissent sous nos pas. Nous passons de nouveau la Tamise, et à 6 heures 42 nous sommes au-dessus de la célèbre station de London-Bridge. La rivière fait en cet endroit un coude très-marqué, et la grande rue de Borough suit les inflexions du fleuve, en nous présentant une gracieuse guirlande de feux. Une minute suffit pour nous lancer sur le pont de Southwark, mais nous ne traversons la Tamise qu'au-dessus de Blackfriars-Bridge, dans cet endroit où se trouvent trois ponts à la fois : le pont en construction, le pont provisoire et le pont du chemin de fer qui mène au centre de la cité. Les ombres, les charpentes, les lumières, l'eau qui coule, les locomotives qui mugissent, tout cela produit un spectacle inouï. A 6 heures 47 nous sommes à Charing-Cross, un autre foyer de chemins de fer, parmi lesquels figure la ligne de Greenwich, et je reconnais avec ma lunette tous les détails de la station dont je suis un des plus fidèles habitués.

En quittant Charing-Cross, je jette un regard sur la cité de Londres, au milieu de laquelle Saint-Paul jette des ombres pleines de mystère et de poésie. Mais le spectacle le plus curieux est celui de la Tamise, encadrée par deux lignes de feu. Que sera-ce quand les quais seront construits, car alors ces myriades de lumières seront doublées peut-être par la réverbération dans l'eau. La marée est basse, et nous perdons par conséquent un peu de l'effet que produiraient les vagues si elles venaient baigner le pied des wharfs et des maisons. Je dois encore signaler les deux cadrans, illuminés de Westminster, qui paraissent à l'horizon comme deux pleines lunes brillant à travers d'épaisses vapeurs. En regardant vers l'est, on apercevait les lignes indéfinies de Commercial-Road et de Whitechapel-Road, immense fleuve de feu qui prend le nom d'Holborn, et qui finit par se changer en Oxford-Street, véritable boulevard au-dessus duquel nous planons.

Le milieu de la chaussée forme un espace noir bordé par une rangée de becs de gaz jetant une lumière jaune, presque dorée; mais ce ruban obscur se trouve singulièrement rétréci par deux franges argentées, très-brillantes. D'où provient cet effet magique? C'est la lumière des boutiques qui se reflète vivement sur le pavé humide, et, ce qui ajoute beaucoup à l'étonnement qu'inspire cette vue étrange, c'est le mouvement des ombres projetées par les voitures, par les passants, encore visibles quand on n'est point à une hauteur de plus de 4 à 500 mètres au-dessus du pavé des rues.

Mais il faut renoncer à donner une idée du spectacle qu'il est si facile de se procurer, si on ne craint pas de se lancer dans les ténèbres, au-dessus de la grande cité.

Il est 6 heures 50, et nous nous trouvons au-dessus du Marble-Arch. Nous sommes partis depuis une demi-heure et nous avons franchi quatre lieues. La brise marche avec une vitesse de sept à huit lieues à l'heure seulement. Nous arrivons bientôt à Edgeware-Road que nous laissons sur notre droite. Nous passons entre cette grande rue et la station du Great-Western, que je reconnais très-bien à ma gauche. Au-dessous de nous se trouve Harrow-Road. Il suffit de 6 à 7 minutes pour que nous sortions des faubourgs de Londres et, bientôt en pleine campagne, nous voguons dans la direction d'Uxbridge.

Jamais je n'ai vu un contraste si complet, si émouvant. Nous ne pouvions point apercevoir un seul objet. Pas un seul son ne venait frapper notre oreille. Le mugissement de Londres avait disparu comme le bruit des vagues s'éteint lorsqu'on s'éloigne du bord de la mer. La lune avait cessé de donner une très-vive lumière dans le ciel, et la terre était sombre, noirâtre, comme si la lumière réfléchie avait perdu la force de pénétrer jusqu'à nous. Cependant cette obscurité ne paraît pas devoir éternellement durer. La lune se pique d'honneur, sa clarté redouble, nous pouvons de nouveau distinguer les bois et les prés. Nous voyons l'ombre du ballon qui se détache et nous suit comme un grand fantôme attaché à nos pas. Comme nous pouvons voir l'étoile polaire et la lune, nous suivons tous les détails de notre course. De temps en temps passent là-bas au-dessous de notre nacelle des masses de lumière qui indiquent des villes et des villages dans le lointain.

Nous sortons du comté de Middlesex pour traverser une portion de celui de Buckingham, de celui de Berks, et nous arrivons dans le comté d'Oxford, où nous descendons précipitamment à 8 heures 20, deux heures après notre départ. Malgré tout ce que j'ai pu dire, M. Orton s'est imaginé que nous sommes sur le bord de la mer. Sans tenir compte de mes observations, il ouvre la soupape béante, et nous tombons plus que nous ne descendons dans une ferme appartenant à M. Reeves. Nous sommes en pleine campagne, et la mer n'existe que dans l'imagination de M. Orton.... Nous avons interrompu brusquement sans motif une ascension magnifique, et presque tous mes instruments sont brisés.

Les deux cadrans de Westminster.

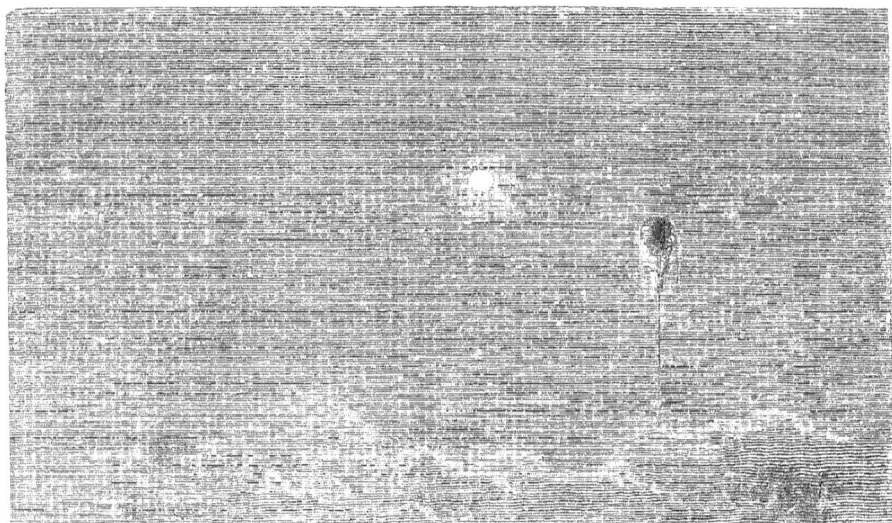

Effet de nuit (chap. VII).

CHAPITRE VIII.

Après avoir sommairement raconté quelques-unes de mes ascensions, pour donner une idée de mes observations et des moyens que j'ai employés pour les exécuter, je dois rendre compte des principaux résultats que je pense avoir obtenus.

Décroissement de la température avec l'élévation.

Le petit nombre d'ascensions que j'ai choisi suffit pour montrer que le décroissement de la température est loin d'être constant. Il en résulte que l'on est obligé d'abandonner complétement la théorie en vertu de laquelle on doit perdre 1 degré de température toutes les fois qu'on s'élève de 300 pieds anglais. Il faut renoncer à cette régularité idéale, sur laquelle on s'appuyait pour déterminer la température du vide planétaire. Les différences ont été immenses, et par un ciel clair, beaucoup plus favorable à l'établis-

sement d'une moyenne, les chiffres varient dans le rapport de *un*
à *six*.

Dans le voisinage de la terre, il suffit quelquefois de s'élever de
100 pieds anglais pour obtenir une diminution de un degré
Fahrenheit.

Par une altitude de 5000 mètres et au-dessus, il faut pour le
moins un accroissement de 300 mètres pour faire tomber le thermomètre de la même quantité.

Dans le voisinage de la terre, les expériences ont été assez nombreuses pour que l'on puisse nettement séparer les expériences
faites par un ciel clair, de celles qui sont faites par un ciel brumeux. Ces chiffres sont assez curieux pour que nous les représen-
tions par le tableau suivant, dans lequel on représente le décrois-

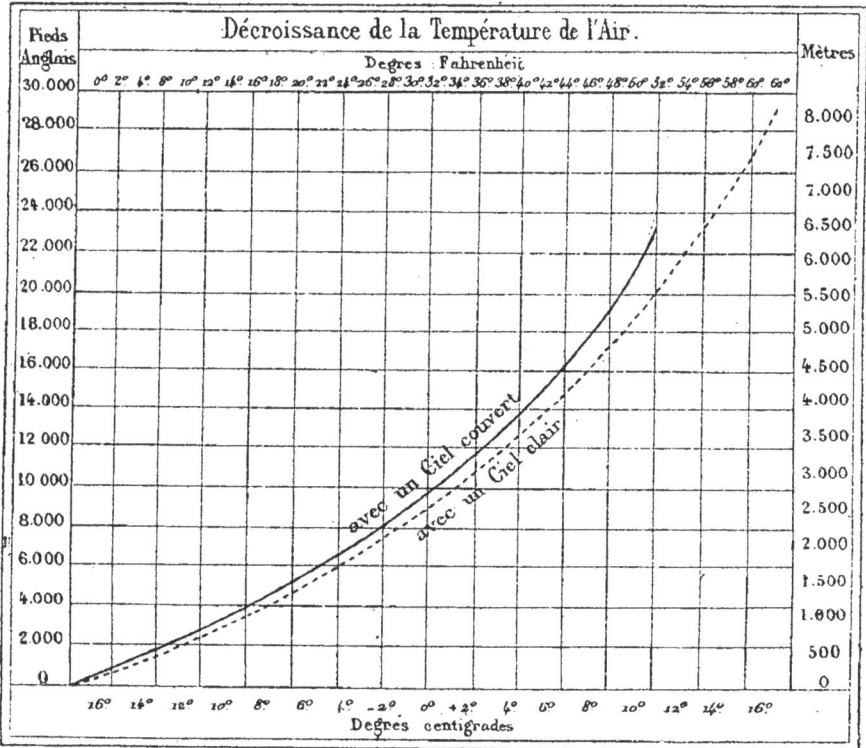

Courbes des variations thermométriques.

sement des températures dans ces deux cas différents. On voit
que la courbe du ciel clair est beaucoup plus régulière, et qu'elle
devient sensiblement asymptote à une ordonnée qui ne serait
peut-être pas très-distante de la dernière du tableau.

Il y a encore loin de ces 60 degrés Fahr. aux 60 degrés centigrades qui doivent, suivant Arago, dépasser là température de l'espace infini.

La ligne des températures décroissantes, par un ciel couvert, semble avoir également une tendance à prendre la forme d'une hyperbole, dont l'axe réel serait perpendiculaire à la ligne des abscisses. Pour bien mettre en évidence le contraste entre le résumé de nos observations et la constitution admise dans la science comme une sorte d'article de foi, nous avons mené une ligne droite qui indique le décroissement proportionnel tel qu'on l'avait admis avant nos ascensions. On peut juger ainsi de l'amplitude des erreurs commises, en continuant indéfiniment les observations incomplètes dont on était obligé de se contenter. Il est bon de remarquer que les lignes réelles commencent par donner un décroissement beaucoup plus rapide que la ligne imaginaire des théoriciens.

Les résultats précédents ont été pris en résumant les observations faites pendant les diverses heures du jour. Nous avons exclu dans le comput les expériences faites pendant la nuit, où des lois spéciales doivent prévaloir.

Nous ajouterons de plus que, même dans le jour, les lois précédentes ne paraissent pas d'une application universelle, comme quelques exemples nous mettront facilement à même de le démontrer.

Dans mon ascension du 12 janvier 1864, j'ai rencontré un courant d'air chaud qui avait près de 2000 pieds d'épaisseur, et qui venait du sud-ouest, c'est-à-dire de la direction du Gulf-stream. C'était la première fois que je faisais une pareille rencontre, et j'avoue que, pour ma part, j'étais loin de m'y attendre. Dans l'intérieur de ce courant l'air était humide. Il était, au contraire, très-sec en haut et en bas. De fins cristaux de neige granulaire tombaient dans ce courant d'air chaud, dont l'épaisseur n'a pu être déterminée.

La rencontre de ce courant S. O. est de la plus haute importance, car elle peut expliquer comment il se fait que l'Angleterre possède en été une température beaucoup plus élevée que celle qui semblerait répondre à la latitude, déjà très-boréale, de l'archipel Britannique. Jusqu'à ce jour, les chaleurs dont nous jouissons en hiver ont été attribuées au Gulf-stream. Sans nier la puissante influence de cet agent naturel, il faut ajouter l'effet d'un courant atmosphérique parallèle au courant océanique venant des mêmes régions, véritable gulf-stream aérien. Ce grand courant énergique, dont aucune chaîne de montagnes n'interrompt la course, remonte sans doute vers le nord, et va frapper les côtes de Norvége, ajoutant son action à celle des courants thermiques, dont on a reconnu la présence dans les eaux de l'Océan.

Il me semble que ce courant sud-ouest ne peut atteindre la France sans avoir traversé toute l'Espagne, et sans franchir les sommets glacés des Pyrénées. Sur ces cimes, il doit perdre une portion de la chaleur qu'il emporte avec lui. Le climat français, d'ailleurs plus continental que le nôtre, doit donc être, somme toute, plus rigoureux. Chez nos voisins, le mercure des thermomètres doit descendre à un minimum inconnu chez nous.

Dans cette ascension du 12 janvier 1864, à laquelle je viens de faire allusion, j'ai été on ne peut plus surpris de m'apercevoir que l'air s'échauffait à mesure que je m'élevais. L'échauffement exceptionnel ne se manifesta point jusqu'aux limites de notre excursion. A partir de 1300 mètres, la température continua à décroître régulièrement. A 4000 mètres, elle était environ de 12 degrés au-dessous de zéro. Il faut reconnaître que généralement la température diminue avec l'altitude ; j'ai souvent constaté à ce sujet que la courbe des températures pendant l'ascension n'était pas identique à celle que donnaient les températures pendant la descente. Cela tient probablement à ce que la descente s'opère plus vite que la montée et que le thermomètre est influencé par le courant d'air (tableau I.)

Je ne peux m'empêcher de dire encore quelques mots des températures tout à fait exceptionnelles constatées le 6 avril 1864. En quittant la terre par une température de 7 à 8 degrés, je constatai que la couche d'air était chauffée uniformément dans une épaisseur de 100 mètres. A partir de ce moment, je constatai une décroissance assez lente, car il fallut m'élever à 1200 mètres pour trouver la température de la congélation de l'eau. Après cette zone de température décroissante, je rencontrai un nouveau courant chaud qui me donna, à 2500 mètres, la même température qu'à 1200. Après avoir quitté cette première zone chaude, je rencontrai une seconde zone froide, dans laquelle le thermomètre se tint cependant constamment au-dessus de zéro. Après cette seconde zone froide, je rencontrai une seconde zone chaude. Finalement, à près de 4000 mètres, je n'avais point une température différente de celle que j'avais constatée 3300 mètres plus bas. Il est difficile de voir comment la loi de décroissance pourrait recevoir un démenti plus éloquent.

Dans le tableau II, je donne la courbe des températures obser-

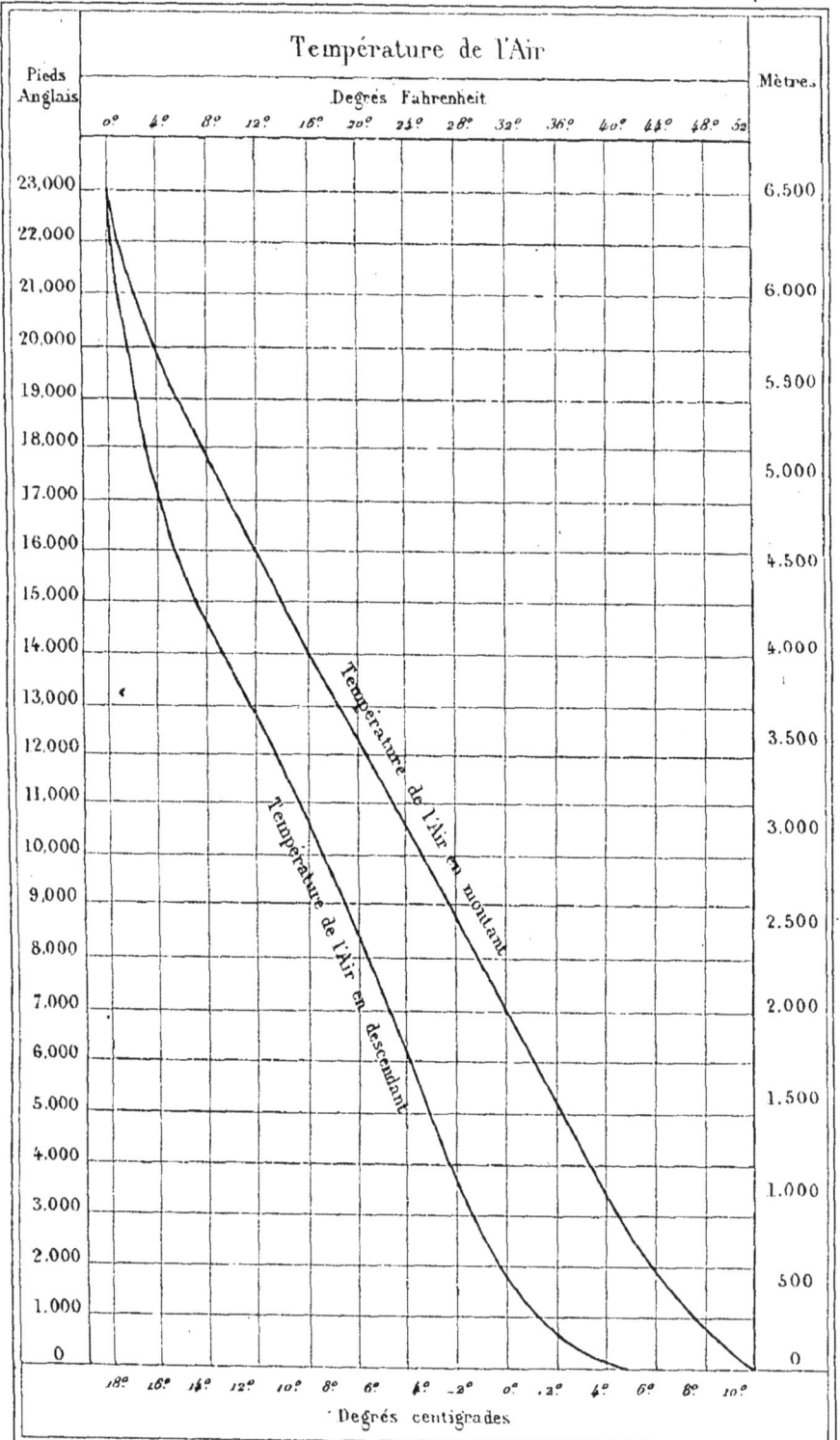

Température de l'Air

Pieds Anglais

Degrés Fahrenheit

0° 4° 8° 12° 16° 20° 24° 28° 32° 36° 40° 44° 48° 52°

Mètres.

23,000
22,000
21,000
20,000
19,000
18,000
17,000
16,000
15,000
14,000
13,000
12,000
11,000
10,000
9,000
8,000
7,000
6,000
5,000
4,000
3,000
2,000
1,000
0

6,500
6,000
5,500
5,000
4,500
4,000
3,500
3,000
2,500
2,000
1,500
1,000
500
0

Température de l'Air en montant

Température de l'Air en descendant

18° 16° 14° 12° 10° 8° 6° 4° -2° 0° 2° 4° 6° 8° 10°

Degrés centigrades

Grave par Erhard.

Paris Imp Fraillery

Courbes des variations Thermométriques (Tableau I.)

vées dans la descente comme dans l'ascension pendant un voyage curieux où l'état calorifique de l'air fut très-variable.

Les thermomètres commencèrent, comme on le voit, par remonter très-rapidement. Cet accroissement se ralentit bientôt pour faire place à une diminution notable pendant 1500 mètres, où nous nous trouvions au milieu de nuages qui surchargeaient le ballon, et accéléraient la rapidité de son mouvement descendant. Nous eûmes, pendant un millier de mètres, une espèce d'état d'équilibre. Finalement, la température s'accrut rapidement, même dans la couche où nous l'avions trouvée constante quelque temps auparavant.

Le 13 juin, j'ai trouvé, pendant 2500 mètres, une température constante au coucher du soleil, ce qui est également digne d'être noté. Mais ce qui est surtout remarquable, c'est l'accroissement de température que j'ai constaté pendant la nuit. En effet, le même phénomène semble indiqué par la comparaison de trois thermomètres observés à Greenwich, et dont j'ai tiré le tableau que je reproduis ci-contre.

Les lois que j'ai établies, et qui sont résumées dans mes diagrammes, ne sont que provisoires, elles doivent être considérées pourtant comme ayant quelque importance parce qu'elles offrent le résumé d'observations nombreuses faites avec tout le soin dont j'ai été capable. J'ai pris soin d'écarter de mes moyennes toutes les observations dans lesquelles j'avais rencontré des températures croissantes, et autres circonstances anormales, de nature à faire supposer qu'on a découvert des lois générales. Je me suis bien gardé de tomber dans ce travers, car tout porte à croire que les lois de la répartition de la température varient suivant les heures du jour.

Température du point de rosée et degré d'humidité à différents niveaux.

Beaucoup de circonstances différentes peuvent influer sur la température du point de rosée, dont l'observation est certainement une des opérations les plus délicates que l'on puisse imaginer. Elle a aussi une importance de premier ordre. On peut dire que la météorologie terrestre a été fondée le jour où Wells a compris le dépôt de gouttelettes d'eau sur les roses de nos parterres. La météorologie aérienne sera dans l'enfance jusqu'au jour où l'on

expliquera nettement comment la rosée céleste se dépose sur l'aile
des vents.

J'ai employé, pour déterminer le degré d'humidité de l'air, tous
les procédés connus. J'ai donc quelque droit de répéter qu'aucun appareil, quelque compliqué qu'on le suppose, n'est préférable à l'usage du thermomètre sec et du thermomètre humide
placés à l'ombre et examinés dans des conditions convenables.
Tous les autres appareils m'ont donné des résultats identiques à
ceux des thermomètres précédents, ou plutôt les différences assez
faibles variaient tantôt en plus tantôt en moins. De sorte qu'on ne
pouvait démontrer qu'un plus grand degré d'exactitude compensait
un degré de poids et de complication. L'observateur aérien qui a
tous les phénomènes à étudier doit économiser ses peines et ne
point gaspiller son temps en opérations superflues. Ce qu'il lui
faut, ce sont des instruments simples, exacts, faciles à noter et
dont il puisse lire les indications en un instant.

Je n'ai jamais exécuté d'ascension où le degré d'humidité de
l'air n'ait varié très-notablement à mesure que je m'élevais ou
que je descendais. Il est impossible de dire *a priori* qu'en sortant
d'une couche sèche on ne trouvera pas quelques milliers de pieds
plus haut une couche saturée. L'état ordinaire de l'atmosphère paraît même être la superposition d'un nombre quelconque de couches tantôt sèches tantôt humides, groupées d'une manière quelconque. Cependant on peut arriver à établir une sorte de moyenne
en séparant les observations faites par un ciel couvert de celles
qui ont été exécutées par un ciel serein.

La quantité d'humidité décélera des variations qui ne seront pas
moins étendues que celles de là température. Le tableau suivant suffira pour montrer les différences de ces deux états. La
ligne pleine correspond à la loi de variation pour le ciel couvert
et la ligne ponctuée à la loi déterminée pour le ciel clair. N'est-on
pas frappé de voir comment ces deux lignes s'entrelacent? Chacune d'elles possède des oscillations profondes, nombreuses. Comment soutenir que dans toutes les circonstances. l'humidité de
l'air décroisse avec les altitudes croissantes? Ne voit-on pas au
contraire que la ligne du ciel couvert remonte brusquement à de
grandes hauteurs et qu'elle indique que l'air tend à devenir de
plus en plus saturé? Or le ciel peut certainement être considéré
comme couvert dans des régions très-élevées. Je suis parvenu à
une altitude de plus de 7000 mètres sans avoir aperçu le soleil, et
dans mes plus hautes ascensions j'ai toujours vu des nuages loin-

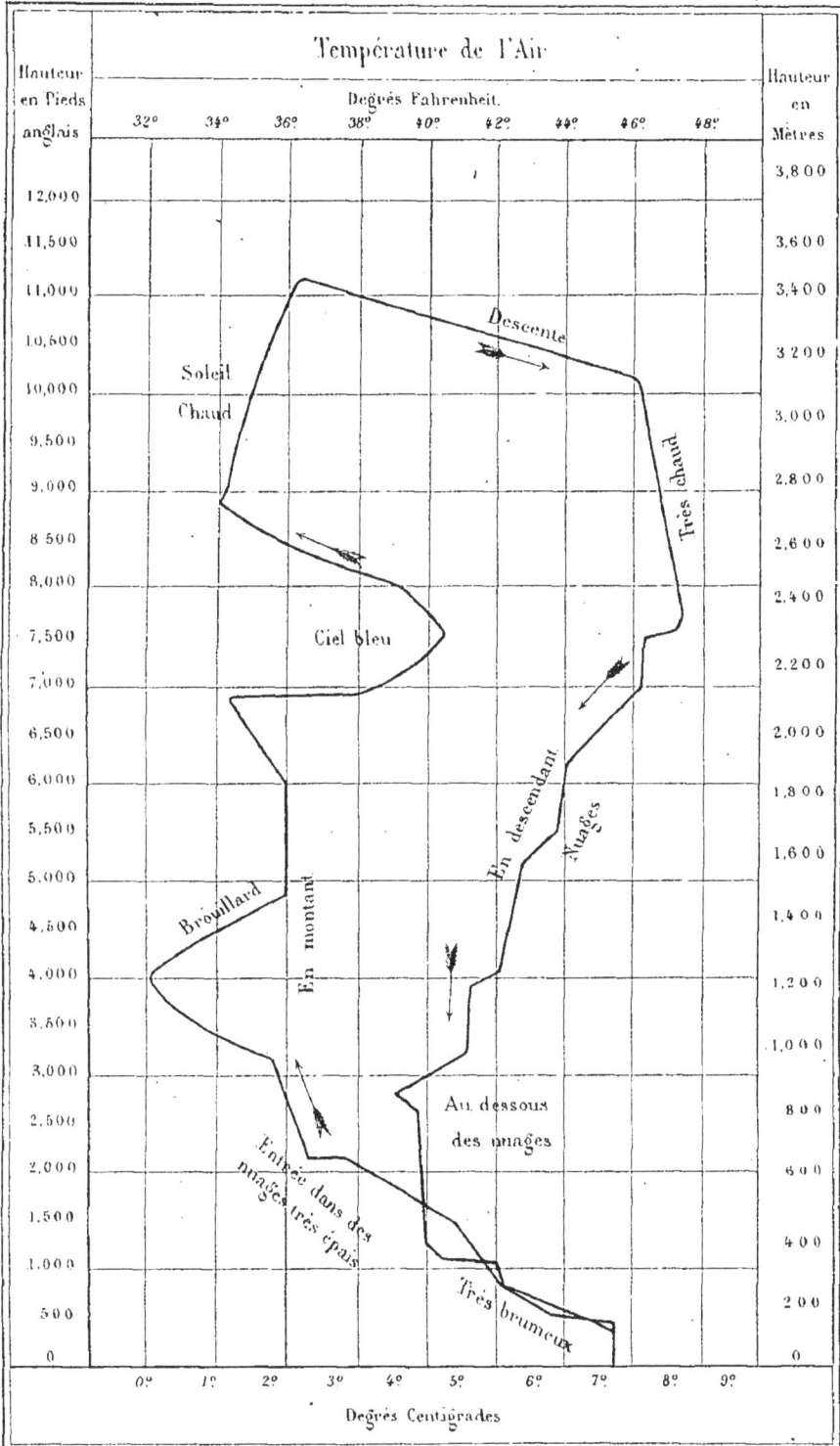

Courbes des variations thermométriques (Tableau II)

tains, flottant au-dessus de ma tête. Que seraient devenues ces
vapeurs fugitives qui marbraient le fond du ciel bleu, si j'avais
franchi les distances immenses qui m'en séparaient encore? Elles
auraient peut-être été assez épaisses pour que mon aérostat s'éga-
rât dans leurs flancs !

Certes, mes observations sont trop peu nombreuses pour que
je puisse en tirer une conclusion définitive. Mais ce qui me paraît
certain, c'est qu'elles ébranlent la théorie, si légèrement admise,

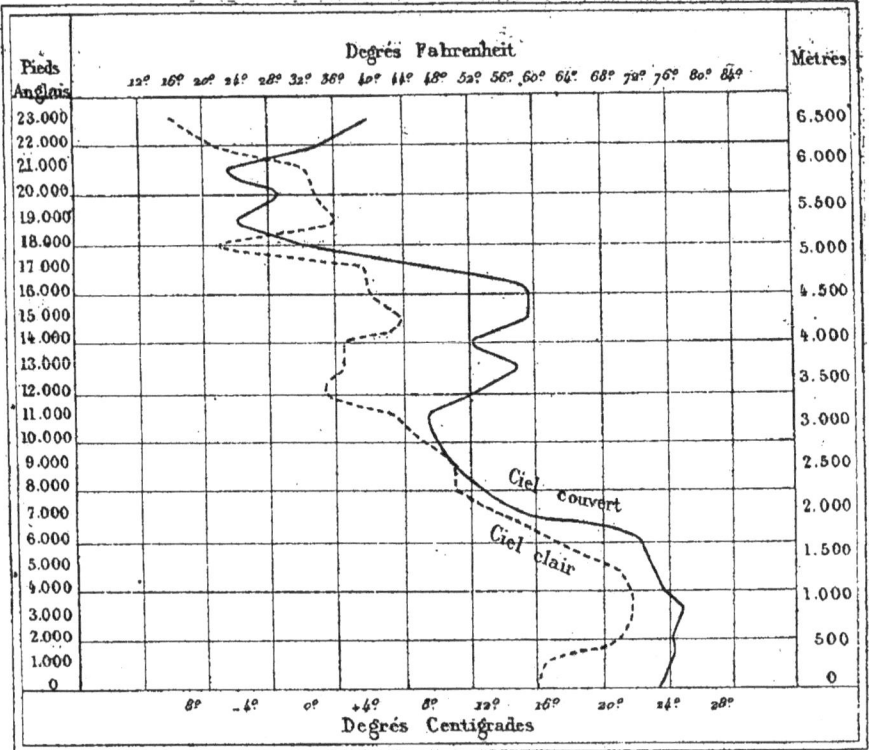

Variations de l'humidité de l'air.

de la sécheresse absolue des hautes régions. Était-il nécessaire
d'attendre les ascensions des ballons pour y renoncer? Disons
mieux, aurait-elle dû prendre naissance en voyant comment sont
disposés les nuages qui émaillent l'azur des cieux? Rien qu'en
regardant la voûte brillante éclairée par le soleil en un beau jour
d'été, on devait renoncer à une idée aussi contraire à la nature.

Comparaison du baromètre anéroïde et du baromètre à mercure.

On doit considérer le baromètre à mercure comme précis, et l'exactitude des indications barométriques obtenues à l'aide de l'anéroïde doit être appréciée par l'écart de cet instrument comparé au baromètre à mercure, qui est notre indiscutable étalon.

Les nombres indiqués par le premier anéroïde que j'avais fait construire pour ces observations étaient exacts dans les environs de 30 pouces.

La différence avec le baromètre à mercure était de 1 pouce à 25 pouces. Elle augmentait progressivement et était de 0,7 de pouce lorsque la pression était réduite à 14 pouces. Au-dessous de ce nombre la différence diminuait. Elle était de 0,5 jusqu'à 11 pouces. Ces erreurs n'étaient point excessives, mais elles n'étaient pas négligeables. Heureusement elles furent bien moindres avec un baromètre anéroïde observé depuis 30 pouces jusqu'à 12 pouces, et avec un autre baromètre qui avait été gradué jusqu'à 5 pouces. Ce dernier, qui avait été expérimenté dans la pompe pneumatique, se comporta admirablement pendant toute la durée de l'ascension du 5 septembre 1862. J'ai emporté cet instrument dans toutes mes ascensions en hauteur, et il m'a toujours donné les mêmes indications que le baromètre à mercure.

Ces expériences suffisent certainement pour démontrer que les baromètres anéroïdes sont parfaitement suffisants quand ils ont été vérifiés, et qu'il n'est pas nécessaire de se charger de baromètres à mercure dont la lecture est toujours difficile, dont le poids est assez considérable. Les baromètres anéroïdes qui n'ont point rempli leur office avaient souvent des graduations trop restreintes. Souvent aussi ils avaient été soumis à des pressions insuffisantes, sous la pompe pneumatique; et les vérifications auxquelles ils avaient donné lieu n'avaient point été poussées assez loin.

En prenant toutes les précautions qu'indique la science, un baromètre anéroïde est donc un instrument dans les indications duquel on doit avoir la plus entière confiance.

Thermomètre à boule noircie dans le vide.

Ce thermomètre a été exposé aux rayons du soleil pendant toute la durée des ascensions. Il a constamment donné des résultats supérieurs au thermomètre à l'ombre. Mais les températures observées à l'aide de cet instrument ont toujours été inférieures à ce qu'elles auraient été à la surface de la terre. Ces résultats coïncident avec ceux que j'ai observés avec un thermomètre analogue situé à 14 pieds du sol, qui a donné des indications inférieures à celles d'un thermomètre placé à la surface du sol. On peut dire que le maximum de température auquel on arrive pour une même intensité lumineuse du soleil, est d'autant moins élevé que la pression de l'air ambiant est moindre. Ce fait coïncide avec le résultat des observations faites à l'aide d'un actinomètre d'Herschell.

On peut donc admettre qu'il y a une zone très-éloignée de la surface de la terre où le thermomètre à boule noircie donnerait les mêmes indications que le thermomètre à l'ombre. Cependant, à la surface de la terre, la différence entre le thermomètre à l'ombre et le thermomètre au soleil, peut dépasser 20 degrés centigrades.

Observations physiologiques.

Il est facile de voir que le nombre des pulsations par minute augmente avec l'altitude, ainsi que le nombre des inspirations. Mais les nombres observés n'ont aucune régularité. Ce qu'il est très-facile d'expliquer si l'on suppose que l'accroissement de la hauteur n'est pas la seule circonstance qui agisse sur les personnes mises en expérience, et qu'il faut tenir compte du tempérament aussi bien que de l'état particulier de chaque individu. Car les nombres trouvés un certain jour peuvent varier notablement lors d'une ascension ultérieure. Ces différences en hautes régions n'ont rien qui nous doive surprendre, puisque nous en constatons d'aussi grandes à la surface du sol, suivant l'état de santé, ou même suivant l'état moral des différents individus. L'étude de l'homme dans la nacelle d'un aérostat est un sujet immense à peine ébauché.

Rapidité du vent au-dessus de la surface de la terre.

Il n'y a peut-être point d'ascensions dans lesquelles le ballon ne se soit trouvé sous l'influence de courants aériens de différentes directions. Par conséquent, si nous nous servons, pour mesurer la vitesse de l'aérostat, de la distance des stations extrêmes, du point de départ et du point d'arrivée, nous sommes bien loin d'avoir une mesure du mouvement horizontal de l'air, tel qu'il serait indiqué par un anémomètre construit dans une situation qui lui permettrait de recevoir des vents de haute région. Cependant, en opérant de la sorte dans des conditions si peu favorables, nous trouvons que la vitesse de l'aérostat a toujours été beaucoup plus grande que celle des courants superficiels, enregistrés à l'observatoire de Greenwich par des anémomètres construits avec le plus grand soin. Le fait est assez important pour qu'il ne soit pas superflu peut-être de donner quelques chiffres à l'appui.

Dans mon ascension du 18 avril 1863, le ballon a traversé une distance de 45 milles en une heure et demie, ce qui donne une vitesse moyenne de 30 milles par heure. A ce moment l'anémomètre de l'observatoire de Greenwich enregistrait une distance qui correspondait à une vitesse de 2 milles par heure.

Le 24 juillet de la même année, le ballon quitta le Palais de Cristal à 4 h. 53 m. Il descendit à Goodwood, à une distance de 70 milles. Il était 8 h. 50 m., et le chemin avait été parcouru dans l'air avec une vitesse moyenne de 18 milles par heure. Cette fois encore l'anémomètre de Greenwich avait donné une vitesse moindre de 2 milles.

Dans l'ascension du 12 janvier 1864, le ballon a parcouru une distance de 70 milles en 2 heures 11 minutes, car il est parti de l'arsenal de Woolwich à 2 heures 28 minutes, et il est tombé à Lakenhealts à 4 heures 19 minutes. Pendant que le ballon est resté en l'air, les anémomètres de Greenwich ont enregistré un mouvement horizontal de 6 milles seulement! Quelle est la limite de ces variations et la vitesse à laquelle les vents doivent parvenir dans les régions les plus élevées accessibles à l'homme? C'est ce qu'il est bien difficile de dire dans l'état d'imperfection où se trouve la théorie des expériences aériennes. Il est probable cependant que les vents qui règnent dans les régions supérieures sont dus à des causes astronomiques, et qu'ils sont à la fois plus stables et plus rapides que ceux qui règnent à la surface de séparation de l'air et des eaux.

Tels sont les principaux résultats généraux que j'ai pu obtenir par mes expériences faites en Angleterre à l'aide des ballons. Je tiens à faire remarquer que l'Angleterre est beaucoup trop petite pour que l'on puisse se livrer à des expériences aérostatiques de longue haleine, même en choisissant un point de départ dans une station située au milieu du pays comme Wolverhampton, ville d'où je suis parti pour exécuter mes plus grandes ascensions. En effet, quelle que soit la situation de l'aérostat, il suffit d'une heure de vent un peu violent pour le lancer au-dessus de l'Océan. Quand on se trouve au-dessus des nuages, rien n'indique la situation. L'aérostat peut être poussé par un vent soufflant avec une vitesse de 60 à 80 milles par heure et même davantage sans que vous en doutiez, sans que vous ayez un seul moyen de vous en douter. On est donc obligé de descendre de temps en temps, de percer cette couche de vapeurs qui cache la vue de la terre. Mais vous ne pouvez le faire sans perdre au moins une demi-heure à chaque excursion. Si vous vous trouvez dans une situation compromettante, il ne reste plus qu'à ouvrir la soupape et à vous précipiter à terre avec toute la rapidité possible, au risque de vous casser les jambes, ou au moins de briser vos instruments. Mais si vous voyez que vous êtes loin des côtes, vous ne pouvez plus profiter de cette remarque, car vous avez été obligé de lâcher une grande quantité de gaz pour aller reconnaître le terrain. En remontant encore vous serez à la fois sans gaz et sans lest, dans l'impossibilité d'atténuer convenablement votre chute à la fin des expériences. Dans de pareilles circonstances vous ne pourrez plus diriger le ballon, qui sera simplement un corps tombant dans l'espace, et dont vous ne serez à même ni de retarder, ni de maîtriser la chute. Vous risquez alors d'être victime d'accidents terribles que le public mettra sur le compte de l'aéronautique et des ballons. Cette considération suffit pour faire comprendre que les grandes expériences aéronautiques ne peuvent être fructueusement tentées que sur le continent. C'est avec espoir que je tourne mes regards sur la France, à qui l'humanité est redevable de l'invention des ballons. En effet, toute conquête scientifique, toute augmentation de l'actif scientifique du genre humain obtenue à l'aide des aérostats, est un surcroît de gloire pour la nation généreuse et intelligente qui a mis à la disposition des savants et des explorateurs un si admirable instrument.

C'est à la France, je ne crains pas de le dire hautement, qu'il appartient de donner l'exemple, car les ballons resteront suspects tant que la France ne s'en occupera pas. Pourquoi voudrait-on exiger que les autres nations aient confiance dans les aérostats, si le pays à qui l'on doit leur invention se hâte de les déserter? Qui donc osera défendre l'art des aéronautes, si les Français ont été les premiers à en reconnaître la vanité, eux qui sont appelés dans les airs par une longue tradition?

Clair de lune (chap. VII).

L'arc-en-ciel.

CHAPITRE IX.

LES HAUTES RÉGIONS.

Notre ballon plane au milieu d'une vaste sphère creuse, dont la partie inférieure est coupée par un plan horizontal. Cette section est formée d'une sorte de terre apparente, je dirai plutôt d'un vaste continent sans intervalles ni interstices qui nous sépare complètement de la véritable terre et nous cache la surface habitée par les hommes. Des nuages isolés ne voltigent point les uns après les autres. Nous voilà citoyens du ciel, séparés par une barrière de nuages gris sombre qui nous paraissent infranchissables. Nous somme débarrassés de toutes les appréhensions que nous pouvions encore concevoir, quand rien ne nous séparait de la terre, ce dur écueil contre lequel se sont brisés tant de fiers aérostats. Il nous est permis de supposer que les lois de la gravitation sont suspendues, et que dans le monde supérieur auquel nous appartenons règnent le calme et la paix.

Le tapis mobile qui nous sépare des misères humaines est doux et tendre, il cédera mollement sous notre poids. On dirait une sirène qui nous attire. Pourquoi ne point nous précipiter dans un de ses gracieux vallons ! Nous sommes sûrs d'y rencontrer bien vite un éternel repos !

Au-dessus de nos têtes s'élève un noble toit, un vaste dôme, véritable palais de merveilles; les nuages qui passent semblent n'avoir pour but que d'élargir les dimensions de cet olympe; sans leur secours, notre œil ne pourrait sonder l'espace infini.

Du côté de l'orient brillent les teintes lointaines d'un arc-en-ciel sur le point de s'évanouir, qui jette à peine un éclair douteux sur le sombre azur des cieux. Du côté de l'occident le soleil argente les bords de nuages frangés, tissés avec la laine du taureau céleste, à la toison lumineuse et aux cornes dorées.

Au-dessous de ces vapeurs légères s'élève une chaîne de montagnes que nous appellerons les Alpes du ciel, et qui se dressent les unes sur les autres, s'éloignant par étages des plaines immenses de cette contrée divine habitée sans doute par les génies de l'air, les sylphes et les lutins. Les montagnes s'accumulent sur les montagnes, jusqu'à ce que les derniers pics soient colorés par les reflets du soleil couchant.

Quelques-unes de ces masses compactes semblent ravagées par les avalanches, découpées par la marche irrésistible des glaciers. Cette nuée insaisissable paraît acquérir la dureté du quartz, peut-être même du diamant ! Ces nuages ont la forme de grands cônes immenses, s'élançant hardiment vers l'infini. Ceux-là ressemblent à des pyramides dont les pans sont à peine ébauchés.

C'est plutôt de la terreur que de l'admiration, que commande le spectacle de cette nature grandiose, car le silence qui règne de toutes parts écrase la raison humaine et l'empêche de perdre de vue sa petitesse en face de l'infini. Le ballon lui-même glisse en silence comme s'il avait à craindre de troubler un pareil recueillement. C'est à voix basse que les habitants de la nacelle échangent leurs pensées; ils redoutent que leurs confidences terrestres ne soient entendues par quelque génie inconnu. Chaque mouvement fait gémir les cordages, et trouve comme un double écho dans l'intérieur du ballon.

Austère et effrayante, cette nature céleste nous attire comme le ferait l'abîme ouvert sous nos pieds, si le fragile plancher qui nous en sépare venait à s'effondrer ! Dans ces sphères ultimes, c'est une sorte de vertige de l'infini. On resterait toujours à errer au-dessus de ces plaines sans fin. Mais le soleil qui argente encore le sommet des plus hautes montagnes célestes commence

Le soleil argente les bords des nuages frangés.

déjà à baisser. Il faut quitter la région des rêves pour nous approcher du sol; assez longtemps a duré notre révolte contre la pesanteur, il faut maintenant obéir aux lois de la gravité.

Les sommets s'approchent à vue d'œil, déjà nous entrons dans de profondes vallées. La terre des esprits s'entr'ouvre; on dirait qu'elle va nous engloutir, mais montagnes, vallées et glaciers s'enfuient comme des formes légères, et nous voyons de nouveau apparaître notre terrestre patrie. Bientôt mille feux percent les airs. Nous voyons mille points rougeâtres s'allumer! Il faut faire le branle-bas de la descente, et dans le sol tenace notre ancre ne tardera point à se fixer.

L'azur du firmament devient de plus en plus franc, de plus en plus vif, toutes les fois que l'horizon est libre de nuages. Le bleu céleste s'épure à mesure que l'aérostat parvient dans des régions plus élevées. Mais, pour trouver des teintes qui méritent réellement d'être comparées au ciel des régions tropicales, il ne suffit point de monter à quelques milles; ces couleurs ne se manifestent point aux yeux de l'aéronaute qui se contente de regarder le firmament à travers les lacunes que laissent les masses flottantes, incohérentes et isolées, dont nous avons tant de fois parlé. Jamais les cumulus ne nagent dans un air sec et dans les interstices qu'ils laissent entre eux; la voûte céleste est barbouillée d'innombrables vapeurs, qui sans se manifester par une coloration blanche atténuent la teinte bleuâtre que rayonne le firmament.

Comment faut-il expliquer cette coloration? Est-ce, comme l'imagine le professeur Clausius, une réflexion sur l'eau si ténue qui constitue les nuages? Il est assez difficile de le croire, puisque le bleu est d'autant plus foncé que je me suis élevé plus haut, et que par conséquent la vapeur d'eau est plus rare.

Même en plein jour, les nuages des hautes régions ne ressemblent point à ceux que l'on aperçoit à la surface de la terre. A mesure qu'on s'élève, ils deviennent moins sombres, mais en même temps ils prennent des formes plus nettes, plus arrêtées, plus tranchées. Bientôt le ballon se trouve réfléchi à leur surface avec une netteté admirable et d'une manière inattendue.

Le miroir des nuées ne ressemble point à celui qu'offrent les cours d'eau de la terre. Quelquefois même on peut avoir comme la réflexion des nuages eux-mêmes sur d'autres nuages moins élevés, car presque toujours des masses de vapeurs semi-lumineuses, qu'on ne peut regarder sans que l'œil soit fatigué, s'élèvent au-dessus du niveau commun des champs voisins. On dirait

des montagnes d'or empilées les unes sur les autres. Des chapelets
de cirrus semblent immobiles pour couronner à leur manière ces
fantastiques édifices. Ces nuages étranges flottent à une telle auteur
dans l'océan lumineux, que l'aérostat semble ne point s'en être
approché.

Il est beaucoup plus sage de penser que la teinte bleue est formée par la réflexion de la lumière sur la masse de l'océan aérien
lui-même. L'air possède une couleur propre d'autant plus vive
que le rideau de vapeur a plus complétement disparu. Une des
plus récentes théories de Brewster paraît confirmer cette manière
de voir, car lorsqu'on étudie la lumière avec un polariscope, on
trouve que les phénomènes optiques se comportent comme si la
masse de lumière polarisée l'était dans la direction perpendiculaire du soleil, ce qui ne saurait arriver si la polarisation était
produite par l'eau invisible que l'air le plus limpide et le plus sec
paraît constamment tenir en dissolution.

Pour apprécier toute la beauté d'un ciel chargé de cumulus
et de cirrus, il faut faire une promenade aérienne par une matinée d'automne, quand l'atmosphère est encore chargée des vapeurs de la nuit. Une seule fois j'ai vu le soleil se lever dans les
airs, c'était vers la fin d'août, et déjà des multitudes de vapeurs
surgissant de toutes parts donnaient au paysage céleste un aspect
fantastique !

Quel spectacle que ces chaudes fumées exhalées par la terre
avant que le soleil dorât les premières cimes de l'orient! Pendant les premières minutes notre nacelle naviguait dans un air
épais, véritable brouillard qui semblait s'écarter à regret. Il fallut
un quart d'heure pour nous tirer de ces brumes qui nous accom
pagnèrent jusqu'à une hauteur de 5000 pieds. Quand nous étions
enfouis dans ces brumes, tout était sans forme autour de nous,
dans tous les azimuts, excepté vers l'orient où l'on apercevait
une légère frange d'argent. C'était le côté où le soleil allait surgir.

Involontairement nos regards se tournaient vers la lumière future, dont un reflet presque étouffé nous permettait de pressen-
tir l'arrivée ! Quoique prévenus, nous étions loin de deviner encore
la splendeur du spectacle qui nous attendait, quand notre nacelle
se trouva au milieu du soleil dont la lumière fit une avalanche
de rayons. Les levers du soleil visibles à la surface de la terre ne
peuvent nous donner l'idée d'un tel spectacle. Les éléments de
grandeur étaient groupés autour de la nacelle qui semblait changée en char enchanté pareil à celui de la reine Mab. Tantôt au-

dessus, tantôt au-dessous du niveau où nous planions, nous voyions s'élever des pics pareils à ceux de la mer de glace, tantôt nous apercevions de vastes plaines où la neige était remplacée par un lit de lumière, descendre lentement vers la base; tantôt les pentes abruptes immenses faisaient songer aux hardis précipices taillés dans les flancs du Cervin. Des nuages incertains de la route qu'ils suivraient, de la forme même qu'ils devaient adopter, sortaient de ces monts couverts de rayons solidifiés, de neige soyeuse et perlée. Toutes les teintes de l'écharpe d'Iris venaient successivement se refléter sur ces nuées mobiles, vivant kaléidoscope de haute région, qui s'épaississent progressivement jusqu'à ce que le soleil, épuisé par les efforts que sa lumière a faits pour illuminer ces fantastiques vapeurs, semble enfoui pour toujours. Une teinte neutre sombre, maussade, s'étend sur tout le paysage divin. La terre se montre de nouveau à travers des fissures, des lacunes, des déchirements soudains. Ces glaciers volants, qui paraissaient inébranlables, s'entr'ouvrent, et la surface de l'Angleterre apparaît comme une série de taches sombres sur un fond d'argent, car la lumière de l'aurore, rosée phosphorescente, s'accumule sur sa surface; le jour augmente progressivement d'éclat, les nuages prennent des formes plus nettes, plus masculines, les ombres s'avivent, et ces vapeurs indécises qui remplissaient l'espace se coupent par des lignes noirâtres ressemblant à de profonds ravins. C'est à l'extrémité d'une immense vallée que le soleil paraît de nouveau, inondant cette fois l'atmosphère avec un véritable torrent de lumière irrésistible. Les montagnes de nuages paraissent vaincues; elles disparaissent, elles s'enfoncent loin de nous, et à mesure que nous nous élevons, nous les voyons se dorer par un plus vif éclat!! De petits nuages hardis, poussés par un vent insolent, viennent nous cacher ce brillant océan de lumière. Ces nouveaux venus jettent leur ombre sur ces lacs et sur ces montagnes. Ils ajoutent le charme d'un contraste aux teintes éclatantes que nous admirions déjà.

En regardant au sud-est, nous apercevons bien loin de nous la lune calme, froide et pâle, suspendue au-dessus de quelques pics éloignés. C'est bien la fiancée d'Endymion, enfouie dans un océan de dentelle, de soie et de duvet!

Nous nous sommes élevés à la hauteur de trois milles et demi, et autour de nous règne un froid rigoureux. Notre ballon est parti surchargé de la rosée du matin et notre cercle s'est orné d'une frange de glaçons perlés, à travers lesquels se reflètent mille feux. Des sons aigus et clairs semblent déchirer l'air humide qui fait entendre un écho strident.

Nous dominons d'épais stratus, et de légers cirrus nagent au-dessus de nos têtes! La surface de la terre humide et froide ne reçoit point un seul rayon de ce soleil que cachent tous ces nuages superposés. Que ces cumulus grossissent et les vapeurs refroidies se changeront en pluies glaciales que dissipera heureusement le soleil d'août, quand plus près du zénith il dominera l'horizon! Je ne saurais trop insister sur la différence des paysages célestes avec les effets de nuages que l'on aperçoit sans quitter la surface de la terre. Quelque magnifiques que soient les levers et les couchers du soleil, ils peuvent à peine aider à comprendre l'aspect des hautes régions.

Peut-on se passer de l'étude de la disposition des vapeurs de l'air, pour pénétrer les lois de la formation des nuages? Si on ignore ces lois, comment se faire une idée de la distribution de la vapeur d'eau dans l'air? Comment sans connaître la loi de ces mélanges, et l'influence de la température, espérer faire de la météorologie une science d'observation?

Il n'est personne qui soit insensible au charme des levers et des couchers du soleil si souvent chantés par les poëtes. Le moins impressionnable est charmé par cette harmonieuse distribution de la lumière qui vient quelquefois nous arracher aux occupations quotidiennes, qui nous oblige, malgré nous, à nous recueillir, à nous isoler. Est-il donc si difficile de comprendre le ravissement dans lequel l'apparition de montagnes de lumière jette l'aéronaute surpris? Quel plaisir plus grand, plus poétique que de transpercer ces masses, que de les voir flotter à ses pieds, que de dominer les ondulations de leur surface éblouissante, et de pénétrer jusqu'aux régions limpides, diaphanes, azurées! Tout est mort, inanimé, excepté les passagers de la nacelle. Ces splendeurs inouïes brilleraient inconnues, incomprises, inutiles, si quelques aéronautes n'erraient par hasard dans ces sublimes régions. Cette pensée me tourmente, et me jette dans un étonnement plus grand encore que l'arrivée du soleil s'élevant lentement au-dessus des nuages, domptant les vapeurs qui couvrent l'horizon.

Je me rappellerai toujours avec émotion l'ascension du 9 octobre 1863. Au moment où l'aérostat planait au-dessus de London-Bridge, nous nous trouvions à 7000 pieds du niveau de la Tamise. Nous étions encore assez bas pour ne point perdre de vue les détails du spectacle qui s'offrait à nos yeux, et notre vue s'étendait

sur les habitations de trois millions d'êtres humains! A peu près
la population de l'Angleterre du temps de la reine Élisabeth! Non-
seulement nous embrassions d'un seul coup d'œil cette masse
énorme de maisons, mais au loin nous apercevions encore les
faubourgs avec leurs longues lignes de villas enfouies en quelque
sorte sous des buissons. Plus nos regards s'approchaient de l'horizon, plus les champs devenaient petits; les cultures étaient nettement séparées les unes des autres, comme les allées d'un imperceptible jardin.

Du côté de Kent, le cercle de l'horizon était un peu déformé par
un empiétement du cadre circulaire de nuages. Partout ailleurs la
voûte céleste était entourée d'un bourrelet blanchâtre de cumulus
et de stratus superposés. Une fumée légère et bleuâtre s'élevait de
toute la partie de la métropole située au nord de la Tamise. Les
vapeurs qui sortaient de la partie méridionale étaient plus épaisses
et semblaient monter moins haut. Les fumées du Borough, de
Lambeth, de Rothertule étaient évidemment mélangées avec un
brouillard sortant de terre, et dont on pouvait très-nettement apercevoir les limites marquées par une ligne inclinée. Cette ligne
aérienne indiquait les ondulations cachées du terrain d'alluvion,
des sables sur lesquels on a construit tous les quartiers voisins
de la Tamise. C'est là que le sous-sol perméable rencontre la ligne
infranchissable d'argile plastique où les infiltrations doivent s'arrêter.

Sans nous en douter nous faisions de la géologie! Nos yeux
en s'écartant de terre acquéraient en quelque sorte la puissance
de pénétrer intellectuellement dans les profondeurs du sol, et de
comprendre la cause des phénomènes qui s'y passaient. Toute la
scène se déroule dans l'intérieur d'une voûte azurée où ces vapeurs, ces fumées ne paraissaient pas avoir la puissance de s'élever, et où notre aérostat se meut librement. Nulle part je ne vois
poindre de nuages, excepté à l'horizon qu'occupe la ceinture de
nuages blanchâtres, splendide rebord, magique encadrement dont
j'ai déjà parlé, et qui devient de plus en plus régulier. Tout à
coup le soleil se cache derrière un nuage sombre que je n'ai pas
vu former, mais qui n'est point assez épais pour nous dérober
tout son éclat. On eût dit un œil immense admirant ce ravissant
tableau. Il était impossible de ne point songer au Créateur se mi-
rant dans son œuvre, et étudiant sa grandeur dans les créations
éternellement sorties de ses mains.

Lorsque je fus de retour à terre, j'appris en effet que le soleil avait disparu derrière un épais stratus, mais que le soir avait été magnifique, que rien n'avait troublé la transparence de l'air, que les ombres avaient été partout nettes et fortement arrêtées sans trouble ni nébulosités comme il arrive dans les jours brumeux. Mais les habitants de la surface de la terre n'avaient pu voir ces teintes dorées s'aviver à mesure que l'aérostat pénétrait dans des régions plus élevées. Peut-être tout serait-il devenu or et azur si nous étions montés assez haut. Jamais je ne m'étais si bien douté de cette disposition harmonieuse des teintes, réparties pour ainsi dire circulairement à partir du soleil, leur centre radieux. En s'éloignant, la couleur de ces reflets métalliques allait en s'affaiblissant. Cependant à 50° du soleil, on voyait naître un nuage rose tendre sur lequel Cynthie aurait mollement reposé.

J'ai observé Londres pendant la nuit, je l'ai traversé pendant le jour à 4 milles de hauteur, j'ai bien souvent admiré les splendeurs du firmament, mais jamais je n'ai rien contemplé qui surpassât ce merveilleux spectacle. Le mugissement de Londres est un son riche, profond, intelligent. On dirait la voix du travail créateur qui monte vers l'Éternel et qui demande grâce pour nos péchés, nos erreurs, nos hérésies! Ici-bas la pensée s'agite, et l'océan des passions humaines gronde à nos pieds.

Un voyageur habitué aux lointaines aventures aurait aperçu des effets qui m'ont échappé. Que ne puis-je fixer sur la toile les scènes au milieu desquelles je me suis trouvé! Que sont mes notes, mes impressions de physicien, mes thermomètres, mes baromètres, pour donner une idée de cette nature en quelque sorte surhumaine qui demanderait la lyre d'un Byron ou d'un Milton! Satan a dû rencontrer sur sa route des paysages analogues, quand Uriel lui ouvrit les portes de l'infini où erre notre monde, quand il put se lancer à la recherche des sphères habitées par Adam.

Le temps n'est peut-être pas éloigné où les Claude Lorrain et les Druner feront des expéditions semblables aux miennes. Ils ne tarderont pas sans doute plus longtemps à comprendre que la région des nuages ne peut être vue de terre, pas plus que le mont Blanc n'est compris de Chamouny. Aussi riches, aussi inépuisables que soient les paysages de la terre, ils se laissent dépasser par ceux que l'on admire sur les frontières de l'immensité, où la terre dont nous sommes encore si proche n'est plus qu'un objet lointain!

La couleur qui brille sur de légers nuages m'a toujours paru posséder une harmonie particulière qu'on ne retrouve même point dans les couchers et dans les levers du soleil auxquels nous sommes accoutumés. Là-haut, en effet, les nuages mêmes, lorsqu'ils sont revêtus d'une teinte neutre, semblent imprégnés de l'azur qui règne en haute région. Plongés dans un milieu plus transparent que l'air inférieur, ils sont sensibles à des reflets d'aurores et de crépuscules éloignés. Les nuances qu'arrêterait l'atmosphère terrestre, se répandent au loin dans ces zones translucides, où l'air sec, rare et fluide laisse passer librement les rayons les plus subtils et les plus délicats !

Un champ de nuages supérieurs n'a pas besoin d'être coloré directement par les rayons solaires pour montrer une gamme de couleurs graduées. Le blanc n'est plus uniforme, mais il est diversifié de reflets analogues à celui d'un troisième arc-en-ciel, si gracieux, si fugitifs qu'on a peur qu'ils ne s'effacent si on les regarde trop longtemps.

Dans les paysages des plus grands coloristes, les nuages jouent toujours un rôle subordonné. L'attention se trouve distraite par les détails si multiples de la surface terrestre. Pour les apprécier dans toute leur beauté, pour se rendre compte de toutes les nuances, il faut leur permettre de remplir la scène de la nature. Alors seulement on peut évaluer leurs teintes, qui ne se peuvent apprécier qu'à l'aide de gammes complexes, formées de couleurs doublement dérivées.

Comme on le voit par ce qui précède, je ne suis point de ceux qui hésitent à reconnaître qu'un voyage aérien s'adresse aussi bien à l'intelligence qu'à l'imagination. Cependant il est impossible de ne point avouer que les premiers aéronautes ont eu le tort d'exagérer l'importance des facultés nouvelles dont nous nous trouvions doué, le jour où les plaines infinies de l'air étaient ouvertes à notre audace, à notre génie ! Sont-ils cependant bien à blâmer de n'avoir pas compris qu'un siècle s'écoulerait sans doute avant que l'on ait pu trouver le moyen de se servir d'une faculté fatalement limitée par une multitude si étrange de restrictions?

Faut-il s'étonner que, ne voyant aucune limite visible au-dessus de leur tête, les premiers voyageurs en ballon aient oublié que la hauteur à laquelle ils parvenaient était bornée à quelques milles et que l'espace lui-même nous est encore fermé !

Je crois avoir démontré, dans les pages qui précèdent, que l'astronomie, le magnétisme, la météorologie peuvent attendre un utile concours de la part des investigations aériennes bien propres à exciter le courage des expérimentateurs. S'ils s'exposent à quel-

ques accidents, ils sont sûrs que la cause pour laquelle ils se sa-
crifient est digne de leurs efforts. Ils n'obéissent point, en sondant les plaines de l'air, à une vaine et ridicule témérité. On peut
même ajouter qu'ils ont en vue, quoique d'une manière indirecte,
le bien de leurs semblables, ce qui est le but de toute recherche
scientifique sérieuse, car il n'y a point de progrès astronomique
qui n'ait rejailli sur la perfection de la navigation. La météorologie lui serait d'un bien autre secours, et l'agriculture aurait
immensément à gagner aussi de la connaissance de lois réelles
pour la prévision du temps. N'oublions point de répondre à ceux
qui blâment les recherches scientifiques exécutées en ballon que
la connaissance des mouvements célestes nous sera cachée tant que
nous ne connaîtrons point les déviations que la lumière éprouve
en traversant l'océan aérien. On ne saurait prétendre déterminer
ces lois quand on ignore la nature et la disposition de ce milieu
transparent. Rappelons-nous que les chiffres qui remplissent la
Connaissance des Temps sauvent, chaque année, la vie à des myriades d'êtres humains, et qu'on ne saurait perfectionner la théorie
des mouvements célestes sans diminuer les sinistres maritimes
dans une énorme proportion.

Il semble évidemment surprenant que si peu de progrès aient été
faits dans l'art aéronautique, quoique l'on ait exécuté des milliers
d'ascensions, et cette circonstance est certainement l'objection la
plus grave à toutes les raisons que je viens de donner.

Cependant il serait injuste d'oublier que l'on s'en est constamment tenu aux plans adoptés par les premiers expérimentateurs.
Si l'on n'a pas fait de progrès dans l'art de la navigation aérienne,
c'est que depuis l'invention des ballons on s'est contenté de les
vider avec une soupape et de les alléger par la projection de sable.
Il faut en outre ajouter que les aéronautes, qui ont exécuté ces
milliers de voyages, n'avaient pas pour la plupart l'instruction
suffisante pour lire un thermomètre et un baromètre. On compte à
peine par douzaines les ascensions dans lesquelles ces observations
rudimentaires ont été faites d'une manière sérieuse.

Malgré toutes ces objections, malgré tous les obstacles, conten-
tons-nous donc de considérer le ballon comme un instrument qui
nous permet le mouvement dans la verticale. Efforçons-nous de
nous en servir pour pénétrer aux limites de l'atmosphère dans laquelle la nature nous a renfermés. Élevons-nous au-dessus des
nuages pour étudier les harmonies de la nature qui se révèlent,
si ravissantes, si poétiques. Cherchons à entendre ces accents di-

vins dont les sphères célestes remplissent suivant Kepler les plages infinies de l'océan éthéré. Encore une fois, ces ballons si dédaignés, si méprisés, si mal servis, ont étendu le domaine de l'humanité laborieuse et intelligente, et c'est sur eux que doivent compter ceux qui veulent explorer les cieux.

Qu'il me soit permis d'exprimer en ce moment la satisfaction que j'éprouve en laissant la parole à mes jeunes émules. Puisse mon expérience, que je mets au service de tous les aéronautes, leur servir à me surpasser! Puissent les progrès de la navigation aérienne venir donner un nouvel essor aux recherches scientifiques en ballon!

Le soleil se cache derrière un nuage....

DEUXIÈME PARTIE

VOYAGES DE M. C. FLAMMARION

Les instruments.

CHAPITRE PRÉLIMINAIRE.

VOYAGES SCIENTIFIQUES EN BALLON, RÉSUMÉ HISTORIQUE.
(1783-1867).

A peine les frères Montgolfier avaient-ils lancé dans les airs le
premier globe aérostatique, à peine l'aurore de la navigation aérienne était-elle apparue dans les cieux, que déjà les esprits contemplateurs saluaient le jour où cette noble conquête serait appliquée à l'étude directe de ce vaste océan aérien au fond duquel nous
respirons. Déjà l'on reconnaissait dans ce splendide et merveilleux
mode de locomotion un moyen infaillible de parvenir à la connaissance de l'atmosphère; si les uns croyaient déjà tenir la direction des ballons et organiser des trains de plaisir pour le monde
entier, quelques autres, plus réfléchis, considéraient avant tout
la portée scientifique de l'invention nouvelle. L'illustre savant, qui
était aussi un clairvoyant homme d'État, Benjamin Francklin, présageait l'application météorologique du navire aérien; de passage à Paris, il s'entretenait avec les membres de l'Académie des
sciences de l'avenir scientifique des ballons, avenir que l'on

croyait très-prochain, mais qui cependant, à l'heure où nous écrivons, en cette soixante-neuvième année du siècle, n'est pas encore arrivé. Nous allons voir, en effet, avant de commencer le récit de nos voyages aériens, que les expéditions aériennes consacrées à la science ont été fort rares même en France, malgré l'importance reconnue des premières ascensions scientifiques faites dès le commencement du siècle. La plus belle et la plus féconde série d'expéditions scientifiques aériennes est celle que l'on doit à M. Glaisher, . de l'observatoire royal d'Angleterre, auquel nous sommes heureux de succéder dans cet ouvrage; l'éclat de ces expériences justement célèbres protégera au loin les essais accomplis en France jusqu'à ce jour. Mais, avant de présenter le récit de nos voyages aériens, n'est-il pas bon de jeter un coup d'œil sur l'aérostation en elle-même et la découverte de Montgolfier?

Lorsque, le 5 juin 1783, Joseph Montgolfier et son frère, directeurs de l'ancienne fabrique d'Annonay, firent dans cette petite ville leur première expérience publique devant les états généraux du Vivarais, tous les savants s'écrièrent avec Lalande : C'est bien simple! Comment n'y a-t-on pas pensé plus tôt? En effet, comme le disait Biot : Rien de plus facile que ce qui s'est fait hier, rien de plus difficile que ce qui se fera demain. La question principale n'était pas seulement d'y penser, c'était de réaliser cette pensée, qui s'est présentée depuis le commencement du monde.

Consacrons ce chapitre préliminaire à cette revue rétrospective, qui nous amènera rapidement à l'histoire générale des voyages scientifiques aériens accomplis en France jusqu'à ce jour.

Sans parler des anges dépeints par la Bible, des divinités de l'Olympe et de Mercure aux talons ailés; sans parler même de Dédale et de son fils Icare, dont les ailes se fondirent au soleil parce qu'il s'était élevé trop haut! — Architas de Tarente lança le premier cerf-volant quatre cents ans avant notre ère et fabriqua, dit-on, une colombe de bois qui volait pendant quelques instants. Simon le Magicien fit à Rome en l'an 66 des expériences de vol d'un édifice à l'autre. Au temps de l'empereur Emmanuel Comnène, un Sarrasin renouvela ces expériences du haut de la tour de l'hippodrome de Constantinople. Roger Bacon, au treizième siècle, émit l'idée d'une « machine à voler » dans laquelle un homme suspendu au centre mettait des ailes en mouvement à l'aide d'une manivelle. A la fin du quinzième siècle, J. B. Dante, mathématicien de Pérouse, s'éleva au-dessus du lac de Trasimène au moyen d'ailes artificielles appliquées à son corps. Un jour il tomba sur

C. Flammarion.

Notre-Dame et se cassa une jambe, accident qui arriva quelque temps après à Olivier de Malmesbury, savant bénédictin anglais qui s'adonnait aux mêmes expériences. En 1638, Goldwin eut l'idée de s'élever dans l'air en apprivoisant des oies sauvages. Wilkins, dans un prétendu voyage à la lune, proposa de construire des vaisseaux aériens remplis d'un « air éthéré comme du feu », lesquels flotteraient sur l'air comme des navires sur l'eau. Cyrano de Bergerac indiqua à lui seul cinq moyens de s'élever dans les airs, parmi lesquels on peut remarquer l'usage d'un ballon de verre chauffé par le soleil, et la proposition burlesque de lancer tour à tour en l'air des boules d'aimant qui attireraient, plus vite qu'elles ne retomberaient, une caisse de fer dans laquelle le voyageur serait assis ! En 1670, Lana imagina des ballons de cuivre dans lesquels on ferait le vide, et qui, étant très-minces et suffisamment légers, s'élèveraient dans l'air. Une voile adaptée au ballon sert à le diriger. En 1678, un mécanicien du Maine, nommé Besnier, s'appliqua aux jambes et aux bras des ailes qui, selon le *Journal des Savants* de cette même année, fonctionnèrent d'une manière satisfaisante. Un certain Allard, danseur de corde sous Louis XIV, fit les mêmes expériences, et se blessa en s'élançant un jour de la terrasse de Saint-Germain. Vers 1710, Laurent de Gusman se serait élevé sur une sorte d'oiseau de bois soutenu par une voile gonflée par le vent, si l'on en croit une gravure singulière du cabinet des estampes de la Bibliothèque nationale de Paris. En 1772, l'abbé Desforges, chanoine d'Étampes, tenta de s'élever du sol à l'aide d'une gondole munie d'ailes, mais n'obtint pas le moindre succès. En 1775, un M. de la Folie, de Rouen, essaya de construire une machine à voler par une combinaison d'appareils électriques. Un romancier bien connu, Rétif de la Bretonne, donna dans sa « Découverte australe » le type d'un homme volant. A Paris, le marquis de Bacqueville voulut un jour s'envoler d'une fenêtre de son hôtel sur le quai, et vint choir sur un bateau de blanchisseuses. Blanchard, qui devait être célèbre plus tard par ses excursions aéronautiques, essaya un vaisseau volant et ne s'en trouva pas mieux. On voit que nulle de ces tentatives ne pouvait amener la découverte des aérostats. Le principe scientifique sur lequel ils sont fondés avait été posé à Édimbourg en 1767 par le professeur Black, annonçant, sans en faire l'application, qu'une vessie remplie d'hydrogène s'élèverait naturellement dans l'atmosphère; il a été essayé à Londres en 1782 oar le professeur Cavallo, qui avait rempli d'hydrogène des bulles de savon, qui s'élevaient naturellement en l'air en vertu de leur légèreté spécifique.

Montgolfier ne connaissait pas la découverte du gaz hydrogène lorsqu'il se livra à ses essais de gonflement et d'ascension de ballons : c'est par l'échauffement de l'air qu'il obtenait dans l'intérieur de ses globes de papier et de toile une légèreté spécifique suffisante pour emporter le globe à une certaine hauteur. L'air dilaté par la chaleur offre, à 10°, 4 pour 100 de différence au-dessous de sa densité à 0°. A 50°, sa densité n'est plus que de 0.84 : c'est donc une perte de 16 pour 100. A 100°, sa densité descend à 0.72, ou un peu plus d'un tiers de sa valeur. On voit d'ailleurs que c'est là une assez faible dilatation, et qu'on ne peut s'élever à une grande altitude dans un ballon à air chaud, lors même que ce ballon mesurerait des dimensions colossales, comme le *Flesselles* de Lyon, le plus gigantesque de tous, qui n'avait pas moins de 126 pieds de hauteur verticale et 100 pieds de diamètre horizontal. Montgolfier s'étant servi de la chaleur pour gonfler ses ballons, on donna, et on donne encore le nom de *montgolfières* aux ballons à feu. Ce nom les distingue essentiellement des ballons à gaz, désignés le plus généralement sous le nom d'*aérostats*.

La Renommée aux cent voix ne tarda pas à répandre sur la France entière la nouvelle de la découverte des ballons. Dès le mois de juillet tout Paris ne s'entretenait plus que de l'audace merveilleuse de l'esprit humain qui venait, aux yeux de tous, de vaincre les lois antiques de la nature terrestre; et déjà l'on pressentait le jour où, non content de lancer une sphère fabriquée par ses mains dans la région de la foudre et des météores, l'homme allait s'y confier lui-même, et créer une mode splendide de locomotion pour voyager dans le ciel.

Le professeur Charles, qui fut depuis membre de l'Institut, construisit, dès le mois d'août de la même année, un aérostat gonflé au gaz hydrogène, organisa une souscription nationale (la première de toutes), et le 27, à 6 heures du soir, au Champ de Mars, dans une cérémonie spéciale, le « Globe », comme on l'appelait alors, fut lancé dans l'espace. Des astronomes étaient postés en divers points pour mesurer sa hauteur; le canon annonça son départ, son entrée dans les nuages, sa réapparition et sa disparition définitive. Cette grande et publique leçon de physique intéressa à un tel point les spectateurs, que leurs yeux étonnés suivirent le globe aussi loin qu'ils purent le discerner, et qu'une pluie torrentielle arrivée pendant ces minutes de contemplation fut reçue par les spectatrices le plus élégamment et le plus légèrement vêtues sans qu'elles parussent s'en apercevoir, comme le montrent les nombreuses estampes du temps.

Le globe aérien vint tomber à Gonesse, où sa chute causa une telle frayeur aux paysans, qu'ils le mirent en pièces et en dispersèrent avec furie les lambeaux dans la campagne. Appelé par le roi Louis XVI, Montgolfier lança à Versailles, le 19 septembre, un ballon gonflé à l'air chaud emportant une cage, dans laquelle on avait placé un mouton, un coq et un canard. Le ballon et ses « passagers » descendirent dans le voisinage, au milieu du bois de Vaucresson.

Mais ce n'était là que le prélude de la navigation aérienne. Si l'imagination saluait dans la découverte nouvelle l'annonce glorieuse d'une ère de liberté et l'indice des conquêtes scientifiques que l'esprit humain allait faire, la curiosité se suspendait déjà à ce globe léger qui s'envolait dans l'espace. Effaçant les frontières, renversant les cachots, abaissant les remparts et les créneaux séculaires, elle proclamait l'immense fraternité des hommes, et sentait ses ailes frémir du bonheur de régner désormais véritablement au-dessus de la Terre.

L'ardent Pilâtre des Rosiers se livre aux tentatives les plus téméraires, remue la cour et la ville, affirme sa volonté d'essayer lui-même une ascension sous la mystérieuse tutelle d'une montgolfière. Le 21 octobre de la même année, accompagné de son ami le marquis d'Arlandes, il s'envole du château de la Muette, dans une magnifique montgolfière, richement décorée, opulente et fière, et, traversant la capitale étonnée, va descendre au delà de l'Observatoire, dans la campagne de la butte aux Cailles.

La voie était ouverte. Le 1er décembre, Charles et Robert partent des Tuileries dans un aérostat gonflé au gaz hydrogène, à la vue de six cent mille spectateurs, et après deux heures de navigation aérienne, par un air calme, descendent à 9 lieues de Paris, au delà de Taverny, à Nesles. 1783 compte quatre voyageurs; 1784 en compte cinquante-deux, parmi lesquels nous remarquons les noms de Montgolfier à Lyon, Guyton-Morveau à Dijon, le duc de Chartres (père de Louis-Philippe) à Saint-Cloud, et le prince Charles de Lignes à Lyon.

Depuis cette époque, un nombre considérable d'ascensions ont été exécutées. Une multitude d'aéronautes se sont confiés à une sphère de gaz ou à la flamme d'une montgolfière; trois mille cinq

cents ascensions ont été faites tant en Amérique qu'en Europe;
quinze morts en composent la nécrologie.

Sur ce nombre considérable de voyages aériens, quelques-uns
seulement ont été consacrés à l'étude scientifique de l'atmosphère.
La plupart n'ont eu pour but qu'un spectacle public.

La première, la plus haute et la plus utile application de la découverte des aérostats, devait être l'étude météorologique. Ce mode
de locomotion se présentait, en effet, de lui-même à l'esprit observateur, et s'offrait comme l'antique Pégase pour le porter dans
les régions aériennes, que nul pied mortel n'avait encore fou-
lées, que nul œil humain n'avait jamais contemplées. Ce monde
si merveilleux, si fluide et si puissant, si doux et si fort de l'atmosphère, ce monde où s'élaborent les vents, les pluies, les neiges, les orages, les tempêtes, ne resterait plus impénétrable pour
l'habitant du sol terrestre; ses secrets, il ne saurait plus les garder;
l'audace humaine allait s'élever d'un trait soudain jusqu'au delà
des nuages, arracher le tonnerre aux mains de Jupiter, rencontrer Borée et Notus dans leurs antres, surprendre même dans
leur paradis aérien le capricieux Zéphyre et la brillante Iris; les
appareils imaginés par l'ingénieux esprit de la race de Japhet
allaient être portés dans le sein même de l'atmosphère, et leur
sensibilité éveillée allait dévoiler les palpitations les plus silencieuses de la circulation terrestre, les oscillations les plus lentes
de sa vie respiratoire. Qui oserait nier que bientôt les mouvements aériens ne seraient pas comptés et mesurés aussi scrupuleusement que les mouvements astronomiques, et que l'homme,
en possession du mécanisme terrestre, ne prédirait pas désormais,
aussi facilement qu'il prédit les éclipses, la nature sèche ou humide, chaude ou froide des saisons, l'état des récoltes futures, les
lois à observer pour régner enfin sur une terre toujours féconde
et toujours souriante?

Ce beau rêve, l'esprit l'avait fait à la vue du premier aérostat
emportant dans l'espace des navigateurs d'un nouveau genre. Il
serait réalisé si l'*esprit* dirigeait les événements de l'histoire humains. Malheureusement, ce n'est pas précisément la sagesse qui
toujours guide l'homme dans ses œuvres : les fausses ambitions
de la matière dominent souvent ses aspirations les plus pures, et,
au lieu de suivre la voie droite ouverte devant lui, le progrès
oblique dans un sens tortueux, tiraillé de côté et d'autre par ceux
qui préfèrent leur intérêt personnel à l'intérêt général. Quelle ère
succéda, en effet, à cette rayonnante année de 1784 qui semblait

avoir créé pour l'homme des armes célestes pures et infatigables ?
— L'ère de 93, puis celle du 18 brumaire! 89 avait à peine déployé lui-même ses ailes lumineuses et puissantes, que l'hydre des
instincts inférieurs vint s'acharner à ses pieds et recevoir morte
sur le sol la belle et sainte révolution française. Un héros de l'épée
édifia sur ses ruines la vieille et fausse gloire du sabre : la vie et
l'or de la France, de l'Europe, s'écoulèrent. Plus tard, on restaura,
par lassitude, le royaume vermoulu de l'ancien régime. Cette restauration tomba à son tour. Trois jours de triomphe de la grande
cause amenèrent une nouvelle forme, qui devait s'éclipser devant
l'auréole de la république renaissante. Les mêmes imperfections
de la nature humaine, les mêmes ambitions personnelles, les
mêmes intrigues qui avaient détruit le colosse de 89 minèrent la
belle tentative de 48. Depuis vingt ans l'*esprit* est-il revenu librement s'épanouir et s'imposer au grand soleil de la liberté? Non.
Le progrès marche, inexorablement, mais avec quelle lenteur !
La politique contemporaine de l'Europe entière lui oppose une
série d'entraves. Pourquoi le cœur des hommes n'est-il pas uni
comme un seul organe, pourquoi ne bat-il pas d'une seule et même
impulsion devant le bien à accomplir, devant le beau à atteindre?

C'est pourtant à ces causes, si étrangères en apparence à la
science, que nous devons l'état de stagnation dans lequel la navigation aérienne est restée pendant si longtemps. Les ressources des
nations, au lieu d'être appliquées aux œuvres intellectuelles, à
la glorification de l'humanité, ont été englouties depuis un siècle,
dans ce tonneau des Danaïdes, dans ce volcan infernal qu'on appelle l'armée. Aujourd'hui encore, cette année même, le budget de
la science française tout entière et sous toutes ses formes, le budget
de l'instruction publique, est la *deux-cent-cinquantième* partie du
budget de la guerre ! Autrement dit, on consacre à l'*art* de la
destruction deux cent cinquante fois plus qu'à instruire le pays et
qu'à élever son niveau intellectuel. Nous en dirons autant des nations voisines. Voilà comment pense l'Europe!

On ne peut évidemment s'étonner, devant cet étrange spectacle,
que les aspirations des honnêtes gens et des intelligences laborieuses restent si longtemps à l'état de rêve.

Au lieu d'être dirigée dans la voie météorologique qui lui appartient, et d'être appliquée à l'exploration des forces nombreuses
qui agissent au sein de l'atmosphère, l'aérostation a été le plus
généralement considérée sous son aspect pittoresque et curieux, et
le gonflement comme l'ascension d'un ballon ont été regardés

comme un complément de toute fête publique. Depuis les cérémonies de la République; depuis le ballon du couronnement de 1804 qui, parti de Paris dans la soirée du 16 décembre, alla tomber dans la campagne de Rome le lendemain matin, et apprendre, par son inscription, aux Romains, que Napoléon venait d'être couronné par Pie VII; depuis la rentrée de Louis XVIII, le 3 mai 1814, si pompeusement célébrée par le plus copieux lancement de ballons qu'on ait jamais vu, toute fête publique qui se respecte veut se voir complétée par une ascension. Les petites cérémonies se contentent d'un ballon de baudruche ou d'une petite montgolfière sans aéronaute. Les grandes exigent plus qu'un ballon perdu, elles réclament « un vrai ballon » et un aéronaute en chair et en os.

Si les ascensions scientifiques ont été rares, elles ont été appliquées à des problèmes si importants, elles ont eu pour objet des études si vastes, que le petit nombre de ces voyages est inscrit avec honneur dans les fastes de la science, tandis que les milliers d'ascensions publiques faites depuis l'invention ont été emportées sur les flots silencieux du fleuve oubli. La première excursion aérienne qui ait servi à la science est celle de Robertson et de Lhoëst, faite le 18 juillet 1803. Nous voyons par le rapport adressé à l'Académie des sciences de Saint-Pétersbourg que, partis de Hambourg à 9 heures du matin, les aéronautes restèrent 5 heures et demie dans l'atmosphère et descendirent près de Hanovre, à 25 lieues de leur point de départ. L'aérostat s'éleva à 3679 toises. Le thermomètre Réaumur descendit à 5 degrés et demi au-dessous de la glace, tandis qu'il était à 16 degrés à la surface du sol. Huit expériences ont été faites pendant ce voyage. La première a eu pour objet l'électricité de frottement. Le résultat a été qu'à l'élévation dont nous venons de parler, le verre, le soufre et la cire d'Espagne ne s'électrisent pas d'une manière sensible. La deuxième expérience a eu pour objet l'intensité de l'électricité voltaïque. Une pile de Volta, composée de 60 couples argent et zinc, ne donnait plus que les 5 sixièmes du degré donné à l'électromètre à la surface du sol. La troisième avait pour but de constater les oscillations d'une aiguille d'inclinaison : elles ont augmenté avec la hauteur. La quatrième expérience avait le son pour objet. En faisant détoner 10 grains de muriate de potasse, l'explosion n'a produit qu'un éclat aigu et perçant sans être fort : le son était plus faiblement produit et transmis qu'à la surface du sol. Dans la cinquième expérience, l'observateur voulut se rendre compte du degré de l'ébullition de l'eau à cette altitude; mais, par une distraction analogue à celle de Newton plaçant sa montre dans l'eau et tenant un œuf à la main, Robertson plaça un thermomètre dans le vase qui produisait la chaleur (et le cassa), au lieu de l'introduire dans celui qui devait la recevoir. Quoi qu'il en soit, l'aéronaute pouvait endurer sa main dans l'eau au moment où elle bouillait. Dans la sixième expérience, il vérifia l'intensité de l'odeur d'une goutte d'éther vitriolique. Évaporée en 4 secondes, elle affecta d'une manière douloureuse mais utile l'organe olfactif. L'expérimentateur recommande aux aéronautes de se munir d'alcali volatil ou de vinaigre pour détourner l'assoupissement. L'approche du sommeil l'accablait. Il fit de vains efforts pour avaler du pain. De deux oiseaux emportés dans une cage, l'un était mort; le second, assoupi, ayant été réveillé et placé sur le bord de la gondole, agita ses ailes sans bouger de place, et tomba comme un poids lorsqu'on l'abandonna à lui-même dans l'espace. Ce fut l'objet de la septième expérience. La huitième eut pour effet de constater que le ciel supérieur était d'un gris sombre, et la chaleur solaire très-faible, si ce n'est dans l'intérieur de la gondole, où elle était un peu sensible.

Un second voyage, effectué le 14 août 1803, eut pour résultat de faire supposer qu'il y aurait une diminution sensible d'oxygène dans l'air à mesure qu'on s'élève. Les ascensions postérieures ont montré que ce résultat est erroné, et dû sans doute à une erreur d'analyse.

Quoi qu'il en soit, l'Académie des sciences de Saint-Pétersbourg résolut de faire répéter les expériences de l'expédition de Hambourg par Roberston lui-même, assisté d'un de ses membres, Sacharoff, physicien et chimiste distingué. Ce nouveau voyage aéronautique eut lieu le 30 juin 1804. Les aéronautes partirent de Saint-Pétersbourg à 7 h. 45 m. du soir, et descendirent à 10 h. 45 m. près de Sivoritz, à une distance d'environ 20 lieues. Au moment du départ, le baromètre marquait 30 pouces, et le thermomètre 19 degrés Réaumur; au point le plus élevé, les deux instruments indiquaient 22 pouces et 4°.5 Réaumur. On conclut de ces observations que la pression barométrique et la température étaient, au point de départ, 812 mill. 1 et $+ 23°.7$, et à la plus grande élévation du ballon : 595 mill. 5 et $+ 5°.6$; il en résulte que les voyageurs sont montés à une hauteur de 2703 m. Robertson et Sacharoff ne purent pas faire d'observations magnétiques régulières, mais ils crurent constater que l'aiguille de

déclinaison avait cessé d'être horizontale, et que son pôle nord
s'était relevé d'environ 10 degrés.

Au commencement de l'année 1804, Laplace proposa à l'Institut
de profiter des moyens offerts par l'aérostation pour vérifier à de
grandes hauteurs certains points de physique, et notamment ceux
qui concernent la propriété magnétique dont de Saussure avait cru
reconnaître un affaiblissement sensible dans ses expériences sur le
Col du Géant; il ajouta que le gouvernement ayant alloué certains
fonds à l'Institut pour des expériences utiles, il lui paraissait bien
à propos de les employer à de telles recherches. Berthollet et plusieurs autres membres, qui avaient aussi des expériences ou vérifications à proposer, appuyèrent l'avis de Laplace. Cette proposition ne pouvait être faite dans des circonstances plus favorables,
puisqu'un des membres les plus distingués de cette classe de l'Institut, Chaptal, était alors ministre de l'intérieur. Aussi la décision
fut-elle aussitôt prise, et Biot et Gay-Lussac furent désignés pour
l'exécution. On ne pouvait faire un meilleur choix, ces deux savants étant les plus jeunes et les plus ardents professeurs de l'é-
poque.

Ces deux physiciens, après avoir manqué une première ascension
préparée au jardin du Luxembourg, partirent du jardin du Conservatoire des Arts et Métiers, le 24 août 1804. A la hauteur de
4000 mètres ils essayèrent, à l'aide d'une aiguille aimantée horizontale, de résoudre le problème de l'intensité magnétique qui
avait été le but principal de leur voyage; mais le mouvement de
rotation du ballon présenta des obstacles sérieux et imprévus. On
remit les expériences à un meilleur voyage, fait par Gay-Lussac
seul. Il partit du jardin du Conservatoire des Arts et Métiers le
16 septembre 1804, à 9 heures 40 minutes du matin. Il prit terre
à 3 heures 45 minutes entre Rouen et Dieppe, à 40 lieues de Paris,
près du hameau de Saint-Gourgon.

L'illustre physicien avait muni son aérostat de longues cordes
destinées à ralentir son mouvement de rotation, et il put en conséquence compter plus facilement les oscillations de l'aiguille aimantée; il obtint les résultats suivants : durée moyenne de 10
oscillations à toutes les hauteurs : 42 secondes. Il en conclut que
la force magnétique n'éprouve pas de variations sensibles jusqu'aux
plus grandes hauteurs où nous puissions parvenir. Il s'est ainsi
exprimé à cet égard : « La conséquence que nous avons tirée de
nos expériences pourra paraître un peu trop précipitée à ceux qui
se rappelleront que nous n'avons pu faire des observations sur

l'inclinaison de l'aiguille aimantée. Mais si l'on remarque que la force qui fait osciller une aiguille horizontale est nécessairement dépendante de l'intensité et de la direction de la force magnétique elle-même, et qu'elle est représentée par le cosinus de l'angle d'inclinaison de cette dernière force, on ne pourra s'empêcher de conclure que la force horizontale n'a pas varié et la force magnétique non plus. »

Cette conséquence était logique à une époque où l'on ne savait pas généralement que la durée des oscillations d'une aiguille aimantée est influencée par sa température. Or l'abaissement du thermomètre de Gay-Lussac a été assez considérable pour produire dans l'aiguille aimantée des changements notables; dans l'état d'imperfection des instruments et de la science en 1804, il était impossible d'arriver à une solution exacte du problème. Aujourd'hui ce problème n'est pas encore résolu.

Le principal résultat du voyage aéronautique de Gay-Lussac est relatif à la constante composition de l'air atmosphérique jusqu'à une hauteur de 7000 mètres. L'illustre physicien eut le bonheur de rapporter le premier de l'air de ces hautes régions et d'en donner une analyse dont l'exactitude a été vérifiée par toutes les nouvelles expériences faites à l'aide des procédés perfectionnés que la science a découverts depuis un demi-siècle.

Un fait qui n'est pas moins important, c'est la grande différence que Gay-Lussac a constatée entre les températures à terre et à la hauteur considérable à laquelle il est parvenu. Au moment de son départ, le baromètre marquait 765 millim. 25 et le thermomètre $+ 27°.75$; à la plus grande hauteur atteinte par le ballon, ces instruments ont donné 328 mill. 8 pour la pression et $— 9°.5$ pour la température. Il en résulte que Gay-Lussac s'est élevé à 7016 mètres au-dessus du niveau moyen de la mer, et qu'il s'est trouvé exposé à des températures dont l'échelle a varié de 37 degrés.

De 1804 à 1850, nous n'avons pas à enregistrer de voyages scientifiques en ballon. En 1850, MM. Barral et Bixio firent à leur tour également deux ascensions dans l'intention d'étudier un certain nombre de phénomènes atmosphériques encore imparfaitement connus. Il s'agissait de déterminer la loi du décroissement de la température avec la hauteur; la loi du décroissement de l'humidité; de décider si la composition chimique de l'atmosphère est la même partout; de doser l'acide carbonique à diverses élévations; de comparer les effets calorifiques des rayons solaires dans les plus hautes régions de l'atmosphère avec ces mêmes effets observés à la surface de la terre ; de constater s'il arrive en un point donné la même quantité de rayons calorifiques de tous les points de l'espace ; de rechercher si la lumière réfléchie et transmise par les nuages est ou n'est pas polarisée, etc.

Toutes les dispositions avaient été prises dans le jardin de l'Observatoire de Paris. L'ascension eut lieu le samedi 29 juin 1850, à 10 h. 27 minutes du matin ; le ballon était rempli de gaz hydrogène pur, préparé par l'action de l'acide chlorhydrique sur le fer.

D'après les calculs, les deux physiciens devaient s'élever jusqu'à la hauteur de 10000 à 12000 mètres.

Au moment du départ, on put s'apercevoir facilement que plusieurs dispositions de l'appareil aérostatique n'étaient pas convenables. Le ballon, sous l'action incessante des rafales, s'était déchiré en plusieurs points, et l'on avait été obligé de le raccommoder en toute hâte ; il tombait une pluie torrentielle. Que fallait-il faire ? MM. Barral et Bixio s'élancèrent dans les airs, sans même qu'on eût pu prendre le soin, tant le vent était violent, de déterminer avec un peson la puissance ascensionnelle de l'aérostat. Leur mouvement de bas en haut fut extrêmement rapide : tous les spectateurs le comparaient à celui d'une flèche ; bientôt ils disparurent dans les nuages.

Mais voici que le ballon dilaté pressant sur les mailles du filet, qui était trop petit, s'enfle de haut en bas, descend sur les voyageurs dont la nacelle avait été suspendue à des cordes beaucoup trop courtes, et les couvre comme d'un chapeau. Alors les deux physiciens se trouvèrent dans la position la plus difficile ; l'un d'eux, dans ses efforts pour dégager la corde de la soupape, produisit une ouverture dans le prolongement inférieur du ballon ; l'hydrogène qui s'échappait presque à la hauteur de leur tête les asphyxia successivement, ce qui occasionna chez chacun d'eux d'abondants vomissements et des syncopes momentanées.

Consultant le baromètre, les aéronautes s'aperçurent qu'ils descendaient rapidement ; ils cherchèrent à découvrir la cause de ce mouvement imprévu, et reconnurent que le ballon s'était déchiré dans la région de son équateur sur une étendue de près de 2 mètres. Ils comprirent alors que tout ce qu'ils pouvaient espérer, c'était de sortir la vie sauve de leur entreprise ; ils descendaient avec une vitesse très-supérieure à celle de leur ascension, qui était déjà effrayante. Les infortunés physiciens se débarrassèrent de tout ce qui leur restait de lest; ils jetèrent par-dessus le bord des couvertures dont ils s'étaient munis pour se garantir du froid, et jusqu'à leurs bottes fourrées, mais ils ne se séparèrent d'aucun de leurs instruments de recherches.

Enfin ils tombèrent à 11 h. 14 m. dans une vigne de la commune de Dampmart, près de Lagny. Les laboureurs et les vignerons accoururent, trouvèrent les deux physiciens se tenant par les jambes et les bras enlacés dans les ceps de vigne afin de neutraliser autant que possible le mouvement horizontal de la nacelle.

Un voyage exécuté dans de pareilles conditions n'a pu apporter à la science qu'un « très-minime contingent », relativement à ce qu'il était permis d'espérer. Ainsi s'exprime Arago dans son rapport à l'Institut sur ce voyage. Il faut convenir en effet que celui-ci, pas plus que celui de Biot et Gay-Lussac, ne s'est effectué dans les conditions requises pour des observations sérieuses.

MM. Barral et Bixio recommencèrent immédiatement les préparatifs d'une nouvelle ascension, qui eut lieu un mois après. Ils partirent encore du jardin de l'Observatoire, et, comme la première fois, Arago fut témoin du départ. Il prit part à toutes les décisions arrêtées pour rendre le voyage fructueux au point de vue de la science. Elle eut lieu le 27 juillet, également un jour de pluie.

Un phénomène optique intéressant a signalé cette ascension. Avant d'atteindre la hauteur limite, la couche de nuages qui couvrait le ballon ayant diminué d'épaisseur ou étant devenue moins dense, nos deux observateurs virent le soleil affaibli et tout blanc; en même temps ils aperçurent au-dessus du plan horizontal de la nacelle, au-dessous de leur horizon, et à une distance angulaire de ce plan égale à celle qui mesurait la hauteur du soleil, un second soleil semblable à celui qu'eût réfléchi une nappe d'eau située à cette hauteur. Il est naturel de supposer, comme l'ont fait nos deux voyageurs, que le second soleil était formé par la réflexion des rayons lumineux sur les faces horizontales de cristaux de glace flottant dans cette atmosphère vaporeuse.

Venons au résultat le plus extraordinaire, tout à fait inattendu, qu'ont fourni les observations thermométriques. Gay-Lussac, dans son ascension par un temps serein ou plutôt légèrement vaporeux, avait trouvé une température de 9°.5 au-dessous de zéro, à la hauteur de 7016 mètres. C'est le minimum qu'il ait observé. Cette température de 9°.5 au-dessous de zéro, MM. Barral et Bixio l'ont trouvée dans le nuage, à la hauteur d'environ 6000 mètres; mais à partir de ce point-là, et dans une étendue d'environ 600 mètres, la température varia d'une manière tout à fait extraordinaire et hors de toute prévision. MM. Barral et Bixio ont vu à la hauteur de 7049 mètres, à quelque distance de la limite supérieure du nuage, le thermomètre centigrade descendre à 39 degrés au-dessous de zéro. C'est 30 degrés au-dessous de ce qu'avait trouvé Gay-Lussac à la même hauteur, mais dans une atmosphère sereine.

Ce fait surprenant a été expliqué et commenté en divers sens. Il demande à être confirmé par des observations ultérieures qui permettront d'en mieux apprécier les conditions. La science ne connaît point encore ce qui se passe dans ces grandes hauteurs de notre atmosphère.

Les observations scientifiques à faire dans ce voyage aérien devaient porter sur plusieurs points, comme nous l'avons résumé plus haut, et ont servi, dans leurs limites isolées, à l'avancement de la météorologie.

Voici un extrait intéressant du journal de voyage des deux savants physiciens :

« Le ballon est celui de M. Dupuis-Delcourt, qui a servi à notre première ascension ; il est formé de deux demi-sphères ayant pour rayon 4 m. 8, séparées par un cylindre ayant pour hauteur 3 m. 8 et pour base un grand cercle de la sphère. Son volume total est de 729 mètres cubes. Un orifice inférieur destiné à donner issue au gaz pendant sa dilatation se termine par un appendice cylindrique en soie, de 7 mètres de longueur, qui reste ouvert pour laisser sortir librement le gaz pendant la période ascendante. La nacelle se trouve suspendue à 4 mètres environ au-dessous de l'orifice de l'appendice, de manière que le ballon complétement gonflé est resté distant de la nacelle de 11 mètres et qu'il n'a pu gêner en rien les observations. Les instruments sont fixés autour d'un large anneau en tôle qui s'attache au cerceau ordinaire en bois portant les cordes de la nacelle. La forme de cet anneau est telle, que les instruments sont placés à une distance convenable des observateurs.

« Le ballon était très-éloigné de la nacelle, comme on vient de le voir, et, emporté par le vent, il prit le devant sur le frêle esquif dans lequel nous étions montés ; ce ne fut que par une série d'oscillations à une distance de chaque côté de la verticale que nous finîmes par être tranquillement suspendus à l'aérostat. Nous allâmes frapper contre des arbres et contre un mât ; il en résulta qu'un des baromètres fut cassé et laissé à terre. Le même accident arriva au thermomètre à surface noircie.

« 4 h. 3 m. *Départ.* Le ballon s'élève d'abord très-lentement, en se dirigeant vers l'est ; il prend un mouvement ascendant plus rapide, après la projection de quelques kilogrammes de lest. Le ciel est complétement couvert de nuages, et nous nous trouvons bientôt dans une brume légère.

Heures.	Baromètre.	Thermomètre.	Hauteur.
4 h. 6 m.	694.70	+ 16°	757 m.
4 8	674.96	—	999
4 9 30 s.	655.57	+ 13°.0	1244
4 11	636.68	+ 9°.8	1483

« Au-dessus de nous s'étend une couche de nuages ; au-dessous nous apercevons çà et là des nuages détachés qui semblent rouler sur Paris. Nous sentons un vent frais.

Heures.	Baromètre.	Thermomètre.	Hauteur.
4 h. 13 m.	597.73	+ 9°.1	2013 m.
4 15	558.70	—	2567
4 20	482.20	— 0°.5	3751

« Le nuage dans lequel nous pénétrons présente l'apparence d'un brouillard ordinaire très-épais ; nous cessons de voir la terre.

Baromètre.	Thermomètre.	Hauteur.
405.41	— 7°.0	5121 m.

« Quelques rayons solaires deviennent perceptibles à travers les nuages.

« Le baromètre oscille de 367 millim. à 386 mill. 42 ; le thermomètre marque 9°.0 ; le calcul donne de 5911 à 5492 mètres pour la hauteur à laquelle nous sommes parvenus en ce moment.

« Le ballon est entièrement gonflé ; l'appendice, jusqu'ici resté aplati sous la pression de l'atmosphère, est maintenant distendu et le gaz s'échappe de son orifice inférieur sous forme d'une traînée blanchâtre ; nous sentons très-distinctement son odeur. On aperçoit une déchirure dans le ballon à une distance de 1 m. 5 de l'origine de l'appendice ; cette déchirure augmente seulement l'étendue de l'issue donnée au gaz ; comme elle est à la partie inférieure, elle ne diminue que faiblement la force ascensionnelle de l'aérostat.

« Nous sommes couverts de petits glaçons, en aiguilles extrêmement fines, qui s'accumulent dans les plis de nos vêtements. Dans la période descendante de l'oscillation barométrique, par conséquent pendant le mouvement ascendant du ballon, le carnet ouvert devant nous les ramasse de telle façon qu'ils semblent tomber sur lui avec une sorte de crépitation. Rien de semblable ne se manifeste dans la période ascendante du baromètre, c'est-à-dire pendant la descente de l'aérostat.

« Nous ouvrons une cage où se trouvent deux pigeons; ils refusent de s'échapper; nous les lançons dans l'espace; ils étendent les ailes, tombent en tournoyant et en décrivant de grands cercles et disparaissent bientôt dans le brouillard qui nous entoure. Nous n'apercevons pas au-dessous de nous l'ancre qui est attachée à l'extrémité d'une corde de cinquante mètres de long que nous avons déroulée.

« 4 h. 32. min. Nous jetons du lest et nous nous élevons davantage. Les nuages s'écartent au-dessus de nous, et nous voyons dans le ciel une place d'un bleu d'azur clair, semblable à celui qu'on voit de la terre par un temps serein. »

A propos du grand abaissement de température et des petits glaçons : « Cette découverte, dit Arago, explique comment de petits glaçons peuvent devenir le noyau de grêlons d'un volume considérable, car on comprend comment ils peuvent condenser autour d'eux et amener à l'état solide les vapeurs aqueuses contenues dans les couches atmosphériques dans lesquelles ils voyagent; elle démontre aussi la vérité de l'hypothèse de Mariotte qui attribuait à des cristaux de glace suspendus dans l'air les halos, les parhélies et les parasélènes. Enfin, l'étendue considérable d'un nuage très-froid rend très-bien compte des changements subits de température qui nous surprennent si souvent dans nos climats. MM. Barral et Bixio, en discutant les observations météorologiques faites en Europe, la veille, le jour et le lendemain de leur mémorable ascension, ont pu mettre en évidence des refroidissements subits et généraux qui étaient certainement en relation directe avec l'arrivée de nuées très-froides se propageant du nord-est vers le sud-ouest. »

Deux ans après ce voyage, le comité de direction de l'Observatoire de Kew, près de Londres, résolut de faire faire une série d'ascensions aéronautiques dans le but d'étudier les phénomènes météorologiques et physiques qui se produisent dans les régions les plus élevées de l'atmosphère terrestre. Cette résolution fut approuvée par le conseil de l'Association britannique pour l'avancement des sciences.

M. Glaisher s'étant chargé lui-même de donner, comme il l'a fait plus haut, le récit des ascensions scientifiques opérées en Angleterre, je n'ai pas à revenir sur ce sujet, et je puis clore ici notre revue rétrospective.

Après cette exposition sommaire des voyages scientifiques en ballon accomplis jusqu'à ces dernières années, et qui se résument en ceux de Robertson, Gay-Lussac, Bixio et Barral, Welsh et Glaisher, j'arrive à mes propres voyages, exposés dans les pages suivantes.

Mon intention n'est pas de prolonger ce chapitre préliminaire en entretenant nos lecteurs de ma personne, ou des motifs qui m'ont déterminé à faire des voyages aériens. Ce sont là des détails superflus, et dont la curiosité du lecteur se soucie fort peu. Je dois cependant ne pas me taire absolument.

Pendant l'été de 1858, il y a de cela onze ans par conséquent, j'étais dans le jardin de l'Observatoire de Paris, me reposant à l'heure de la sieste, lorsqu'un ballon vint à passer sur ma tête, tout près de terre. Je pouvais même distinguer les passagers dans la nacelle et je les entendais parler. Le ciel était d'un bleu pur, et le navire aérien suivait silencieusement son sillage invisible. Jeune, ardent comme on l'est à seize ans, j'aurais voulu pour tout au monde me sentir dans cette nacelle, et je ne fis pendant longtemps que rêver aux voyages aériens.... Mais l'astronomie ne tarde pas à absorber entièrement l'esprit de ceux qui la cultivent, et j'oubliai l'image tentatrice qui m'avait frappé si soudainement.

Il y a quelques années, m'étant occupé spécialement de l'étude des forces générales en action dans notre atmosphère, ayant voulu me rendre compte en particulier de quelques-unes des lois fondamentales qui régissent la vie de notre planète, telles que la succession des saisons sur ce globe, en comparaison avec les autres terres du système solaire, la constitution physique de l'atmosphère au point de vue du rayonnement, les courants aériens et maritimes, et les grands phénomènes de la physique du globe, j'ai senti se rallumer en moi ce vif désir d'entrer en rapport direct avec ce monde encore si mystérieux de la zone aérienne qui constitue la vie et la beauté de la terre. Je fus surpris de constater la grande différence qui distingue l'astronomie et la météorologie ; n'est-il pas singulier, en effet, que les progrès de l'astronomie aient acquis un tel degré de certitude que nous avons la faculté, si cela nous plaît, de calculer dès aujourd'hui quelles éclipses auront lieu dans un siècle, dans dix siècles, quelles étoiles seront visibles sur tel horizon en tel âge futur, quels seront même les mouvements des satellites de Jupiter ou d'une étoile double, etc., tandis que nous

ne sommes pas encore en condition de prévoir quel temps il fera
demain? L'histoire des sciences montre avec évidence, d'autre part,
que l'on ne s'est jamais livré à l'étude de l'atmosphère avec le
soin absolu qu'on donne depuis une longue série de siècles aux
observations astronomiques. Non-seulement ces études n'ont jamais été établies sur la vaste échelle qui leur convient, mais
encore la voie tout ouverte pour l'exploration directe et profonde
de l'atmosphère, l'aérostation, n'a été pratiquée que par les rares
savants dont nous venons de signaler les travaux, et si rarement
même que, selon l'expression d'un illustre astronome que nous
nous garderons bien de nommer ici, il semble vraiment que l'on
aie « peur de confier sa vie à un ballon ». Comment peur? Quelle
crainte légitime? Quel doute fondé? — Nul mode de locomotion
n'est plus sûr ni plus agréable. Mais tout le monde n'en est pas
convaincu, et bien peu même sont encore disposés à en faire
l'expérience. Et en effet, maintes fois un maréchal de France, qui
n'a jamais reculé devant le canon et la mitraille, nous a person-
nellement déclaré qu'il ne monterait pas pour un empire, même en
ballon captif.

Le soleil réfléchi par les nuages.

Les adieux.

CHAPITRE II.

MON PREMIER VOYAGE AÉRIEN, LE JOUR DE L'ASCENSION 1867.

> Où va-t-il ce navire? Il va, de jour vêtu,
> A l'avenir divin et pur, à la vertu,
>   A la science qu'on voit luire,
> A l'amour sur les cœurs serrant son doux lien,
> Au juste, au grand, au bon, au beau.... Vous voyez bien
>   Qu'en effet il monte aux étoiles!
>
>   V. Hugo.

Tous les mouvements qui s'accomplissent dans l'atmosphère sont régis par des lois. Les forces en action dans la formation des vents, dans l'élévation des nues, dans le déploiement des tempêtes, les forces qui président à l'amoncellement des orages, à la naissance des brises légères, aux mouvements des marées aériennes, sont aussi positives, aussi absolues que celles qui meuvent les astres dans les profondeurs de l'infini. L'homme, si insignifiant dans l'univers au point de vue de sa valeur corporelle, et si grand par son génie, a su découvrir les causes des mouvements célestes, et nous pouvons calculer aujourd'hui la position que tel monde occupera dans un siècle ou dans plusieurs milliers d'années. Mais les mouvements atmosphériques, plus complexes et plus insaisissables, ont échappé jusqu'ici à l'observation, et paraissent encore étrangers à toute détermination du calcul. Cependant nous pouvons affirmer, au nom de la philosophie naturelle, que le moindre souffle d'air ne saurait être le résultat du hasard, et nous sommes autorisés à espérer que le jour viendra où les causes seront déterminées, et où la prédiction du temps sera faite par une véritable science météorologique, digne compagne de sa sœur aînée, l'astronomie.

La voie la plus naturelle et la plus directe pour observer les courants atmosphériques me paraît être l'aérostation. Pour connaître les variations diurnes et le caractère météorologique des diverses altitudes, pour examiner dans sa formation et dans sa marche le mécanisme des orages, il me semble qu'ici comme ailleurs le meilleur moyen est « d'aller voir » ce qui se passe en ces régions supérieures, et de constater des faits. Une longue accumulation de *faits* et leur discussion systématique serviront plus que toute hypothèse à la solution du problème.

Un second intérêt s'attache à l'observation des courants, c'est que, dans le cas où l'on reconnaîtrait leurs variations à différentes hauteurs, selon les heures du jour et les saisons, et suivant des conditions déterminées, le grand problème de la navigation aérienne serait résolu.

J'ai donc entrepris une série d'expériences aérostatiques dans le but d'observer les courants et d'appliquer la position exceptionnelle de l'aérostat à d'autres études de physique générale sur des sujets fixés d'avance, tels que la température des couches aériennes, l'électricité atmosphérique, le magnétisme terrestre, l'humidité de l'air, la radiation solaire, les phénomènes météoriques, la forme des nuages, la couleur du ciel, la scintillation des étoiles, la composition chimique de l'atmosphère à différentes hauteurs, les lois de la vision et du son, etc.

Le programme de ces expériences a été tracé par Arago, lors de l'ascension de MM. Barral et Bixio, et les sujets d'étude ont été fixés d'après l'examen des recherches entreprises par Gay-Lussac, Robertson, Welsh et Glaisher. Les observations ont été particulièrement assimilées à celles de ce dernier astronome pour les points que le voisinage de la mer interdit en Angleterre. Les ins-

truments ont été construits par M. Secrétan, l'opticien de l'Observatoire.

Mes premiers voyages ont été accomplis au nom de la Société
aérostatique de France. Le ministre de la maison de l'Empereur
avait bien voulu mettre à notre disposition l'excellent aérostat que
Napoléon III s'est fait construire au moment de la guerre d'Italie,
en 1859, et qui était resté jusqu'alors au Garde-Meuble, sans avoir
servi, car il arriva à Solférino le lendemain de la victoire. Construit
en soie double, il est à peu près imperméable, en de bonnes
conditions pour des ascensions scientifiques, ce qui, joint à sa capacité de 800 mètres cubes, pouvait permettre de véritables voyages.

L'aérostation paraît enfin commencer à entrer dans la voie
qu'elle aurait dû suivre depuis Montgolfier, au lieu de descendre à
l'amusement des badauds et au spectacle des fêtes publiques.
L'éveil semble devenir général ; il suffit d'une allumette pour engendrer un vaste incendie ; il suffit d'un compte rendu de journal
pour faire naître des vocations inattendues. Je vois avec joie que
plusieurs expéditions scientifiques se préparent en France et à
l'étranger pour l'étude de l'atmosphère. Ce n'est que par de nombreux voyages que l'on pourra arriver à reconnaître quelques lois.

· Mes observations scientifiques ont été dès le principe consignées
en des mémoires spéciaux. Les résultats définitifs ont été établis
dans une note lue à l'Académie des sciences et publiée à la fin
de ce volume. Mais il est un aspect de ces voyages aériens
qui a paru essentiellement populaire et susceptible d'intéresser
l'attention d'un grand nombre : ce sont les impressions spontanées produites sur l'homme isolé de la terre, et les remarques faites dans cette nouvelle contemplation sur les phénomènes
généraux. C'est ce récit que j'ai relaté après chaque voyage[1].

Les impressions personnelles me paraissent être, ici comme en
bien des sujets d'étude, les plus sûres et les plus faciles à analyser. Les sensations que nous éprouvons nous-mêmes vont plus directement d'une âme à une autre que les théories et les considérations

1. Ces pages ont été écrites, et en partie publiées par les journaux de Paris
immédiatement après chacun de mes voyages. Ces relations spontanées et rapide
ment écrites sous l'impression encore chaude, en quelque sorte, des scènes
frappantes et si nouvelles offertes par l'aérostation, ont certainement l'inconvénient
de ne point offrir la forme sévère et correcte d'un travail mûri à loisir. Certaines
pages même ont été écrites sur mon *Journal de bord*, dans la nacelle même, pendant les voyages. J'ai préféré cependant ne point les retoucher, afin de leur laisser
précisément l'originalité qui les a caractérisées, et dans la pensée que le premier
mérite des *impressions de voyage* est d'être spontanées et personnelles.

générales. On me pardonnera donc, si parfois j'ai laissé parler ici les idées qui se sont spontanément dressées en mon esprit en certaines circonstances particulières.

Avant le départ. — Nous nous rendons à la salle où gît l'aérostat non gonflé. C'est un immense fuseau de soie ou de toile vernie, étendu sur le sol ; un vaste filet l'enveloppe de ses mailles ; le tout représente une masse informe dissimulée par ses larges plis longitudinaux. Pour tout œil vulgaire, il n'y a là qu'un tissu de telle longueur sur telle. largeur. L'œil de l'aéronaute apprécie cette chose inerte sous un tout autre caractère.

En abaissant le regard sur cette masse étendue, il la voit rapidement revêtir un aspect insolite, capable de l'émouvoir profondément Il. se sent touché au fond de la poitrine. Il est porté à l'apostropher : « Objet informe, lui dit-il, chose inerte, toi que je puis maintenant fouler à mes pieds et que mes faibles doigts peuvent briser, toi qui gis morte devant moi toi, mon esclave, je vais par mon caprice te rendre ma souveraine ! Je pourrais te laisser dans la poussière et demeurer sur mon trône, mais, par ma volonté, je vais te donner la vie. Je vais bientôt te faire mon égale en puissance. Puis, dans ma générosité peut-être insensée, je te ferai plus puissante que moi, ô chose inerte et vile ! Je te donnerai plus que je n'ai. Je vais te faire grande et splendide ! je vais te faire si grande que désormais je serai ton esclave à mon tour.... Je deviendrai ta chose, moi la pensée ; toi, tu seras la reine. Je m'abandonnerai à ta majesté et tu m'emporteras, ô création de ma main ! tu m'emporteras au delà de mon royaume, dans le tien, que je t'ai créé ; tu t'enfuiras dans la sphère des orages et des tempêtes, et tu me forceras à t'y suivre ! Et tu feras de moi ce que tu voudras, tu oublieras que c'est moi qui t'ai donné le jour.... tu me raviras peut-être ma propre vie, et tu laisseras flotter mon cadavre au sein des tourmentes supérieures, jusqu'à ce que ta perfidie fatiguée d'elle-même retombe, monstre aveugle, en quelque plage déserte ou dans les flots qui nous engloutiront ensemble !... »

En effet, cette chose qui, tout à l'heure encore, gisait inerte sur le sol, devient une puissance, un *être* spécial, dont l'air sera l'élément, et que les habitants de l'air, les oiseaux les plus forts, fuiront avec angoisse. Lentement le gaz pénètre comme un souffle de vie, en gonfle la sphère palpitante. Déjà l'aérostat se tord en convulsions pour échapper aux mains qui le retiennent et semble se révolter à la fois contre le vent et contre l'homme, sans lesquels pourtant il n'existerait pas. (On devient égoïste aussitôt qu'on se sent fort!) Il ne me permet pas d'attacher mes instruments à ses pieds; et tandis que nous prenons place avec nos appareils dans la nacelle vacillante, les cœurs qui battent à l'unisson du nôtre se rapprochent et nous implorent. « Quelle folie de quitter la terre! quelle naïveté d'exposer sa vie pour la science! Est-il juste de préférer un voyage aérien à la tranquillité de sa famille? A quelle épreuve avez-vous la force de condamner ainsi notre affection? Pourquoi vous confier dans ce panier d'osier au caprice du vent? Savez-vous où vous allez être emporté? etc.... » Toutes ces plaintes de la tendresse vous enveloppent, et vous font presque croire que vous êtes un héros. Il résulte de cette conséquence un effet inattendu. Votre courage s'affirme plus vaillamment que jamais. Vous promettez de revenir dans quelques heures, et... vous donnez l'ordre aux aides de « lâcher tout ».

Le départ. — « L'aéronaute de l'Empereur, » Eugène Godard, a la direction de l'aérostat. — Après lui un spirituel compagnon de voyage, le comte Xavier Branicki, prend place en face de moi, dans la nacelle. L'agitation du ballon m'a empêché d'attacher mes appareils. Je le ferai là-haut, quand l'impatient ne se révoltera plus.

Ces premières ascensions ont été faites de l'arène de l'Hippodrome. On a beaucoup critiqué ce choix, on l'a trouvé peu astronomique et peu digne de la majesté des sciences; et moi-même, depuis, j'ai préféré m'élever d'un établissement scientifique. Mais les critiques n'ont pas réfléchi à un fait bien évident, c'est que le lieu du gonflement n'a aucune importance scientifique, et que la seule question est d'*être dans l'air* aux meilleures conditions possibles. Or le directeur de l'Hippodrome nous avait donné (à la Société aérostatique de France, à M. Godard et à moi) ces meilleures conditions, dont l'une des principales est que le tuyau d'arrivée du gaz est très-large, installé spécialement pour le gonflement rapide des ballons et aboutissant à une belle arène pour la disposition de l'aérostat. Il est incontestable que l'opinion publique porte plus d'admiration à l'Observatoire qu'à une usine à gaz, et salue l'Institut plus respectueusement que Mabille. Cependant en réalité le lieu de départ d'un ballon est absolument indifférent à la réussite d'une traversée comme à sa valeur scientifique.

On verra plus loin que j'ai pu ensuite choisir pour lieu d'ascension les jardins du Conservatoire, rendus célèbres par l'ascension de Gay-Lussac, et préparer même ce lieu pour des collègues. —

Quel que soit le point d'où l'on s'envole, l'instant du départ a quelque chose de solennel. Au milieu des amis qui sont venus assister à votre premier départ, sous leurs regards qui vous suivent, vous vous élevez lentement, majestueusement dans l'espace. C'est déjà là une première sensation unique, toute nouvelle et très-singulière. Le mouvement qui nous emporte est complétement *insensible* pour nous; mais nous *savons* que nous nous élevons, car progressivement Paris s'agrandit au-dessous de nous, et bientôt notre vue l'embrasse dans son entier, encadré des verdoyantes campagnes qui l'environnent. Nous jetons un dernier regard, nous adressons un dernier signe aux yeux qui nous cherchent, et dont quelques-uns, trop sensibles pour une situation aussi simple, ne nous distinguent plus qu'à travers le voile des larmes invisibles, et nous cherchons nous-mêmes à définir les sensations nouvelles qui nous agitent.

« *Que c'est beau! Que c'est beau!* » C'est la première exclamation qui s'échappe de nos lèvres.

Nulle description ne saurait rendre la merveilleuse magnificence d'un tel panorama. Ceux qui l'ont essayée sont tombés dans le style naïf et dans l'apparence du ridicule. La plus ravissante, la plus grandiose scène de la nature, vue du haut d'une montagne, n'approche pas de la beauté de cette même nature vue perpendiculairement de l'espace. Là seulement l'homme s'aperçoit que la terre est belle, que la vie de la nature est grande, que l'air enveloppe ce monde d'un rayonnement de vie, que la création est une immense harmonie.

La première impression qui domine est une sensation de bien-être tout nouveau, à laquelle s'ajoute la vaniteuse petite joie de se voir au-dessus du reste des autres hommes, et le plaisir d'admirer un spectacle toujours magnifique. Quant au mouvement, il est *absolument insensible*. (L'aéronaute doit avoir soin de bien équilibrer son navire aérien avant de lever l'ancre; il doit s'élever avec une grande lenteur, ce mode d'ascension étant préférable à celui d'une flèche, tant pour le charme de la contemplation que pour la position des instruments, qui doivent se mettre lentement à la température ambiante.) J'ai dit que le mouvement est complétement insensible, et, en effet, nous ne le sentons en aucune façon. Nous nous croyons *immobiles. La terre descend* au-dessous de nous; le groupe de nos amis diminue, et leurs adieux n'arrivent que plus faiblement; ils sont bientôt couverts par la voix colossale de Paris, qui domine tout d'un brouhaha gigantesque: La populeuse

cité développe sous nos yeux ses mille toits, ses coupoles, ses
édifices, ses jardins, ses boulevards, sa ceinture extérieure, ses
campagnes environnantes : c'est un spectacle féerique devant lequel s'éclipsent les Mille et une Nuits.

Les œuvres humaines s'effacent vite dans une telle contemplation.
Les palais élevés, les basiliques séculaires, les hautes coupoles, les
clochers de pierre qui perçaient le ciel de leurs délicates broderies,
se sont abaissés au niveau du sol; Notre-Dame, dont le portail
nous saisissait d'admiration ; l'Arc de triomphe, colosse de pierre
qui veille au couchant de la grande ville; le Louvre, assis au bord
du fleuve; les dernières tours que le temps a laissées debout :
toutes les splendeurs de l'architecture s'humilient devant le ciel.
La première ville de l'Europe, la capitale de la terre, Paris, s'est
réduite pour nous aux dimensions des plans en relief que l'on voit
au musée des Invalides. Vues de haut, toutes les perspectives sont
changées. Les vastes avenues et les grands parcs sont devenus de
minces allées et de petits jardins. Nous traversons un modeste
filet d'eau qu'on appelle la Seine. Quelques points de vue descendent même au grotesque. Le palais du Champ de Mars, que certains novices admiraient, ressemblait pour nous (pardon de la ressemblance) à un petit rouleau de boudin blanc de Nancy. — C'est
la charcuterie de l'industrie française, me dit un compagnon de
voyage. Au delà du Louvre, la tour Saint-Germain l'Auxerrois,
flanquée de l'église et de la mairie, ressemblait assez bien à un
huilier. Les promeneurs, les omnibus ont revêtu le bizarre effet de
raccourci si spirituellement dessiné par le caricaturiste Granville.
Au départ, le Napoléon de la colonne Vendôme et le génie de la
Bastille nous ont semblé posés sur un piédestal plus gros en haut
qu'en bas. Mais bientôt l'ascension a aplani les statues au niveau
du sol et nous a montré que, en effet, la gloire n'est que l'égalité
du néant. Comme tout change, vu d'en haut!

Un peu plus tard, nous avons le jardin du Luxembourg sous
nos yeux, et nous reconnaissons que, malgré les belles paroles de
l'édilité parisienne, il y a une surface très-importante d'aliénée.
La position de l'aéronaute est, en effet, la plus avantageuse pour
juger à leur exacte valeur relative tous les objets visibles à la surface de la terre. Là seulement le plan se dessine sans écarts; chaque propriété se dévoile sans dissimulation et sans jeu de perspective. On y voit aussi sans peine que les corporations religieuses
du faubourg Saint-Germain ont une quantité toute fastueuse de
terrain à Paris. La vanité n'a pas d'accommodements avec notre

ciel. La Seine est un petit ruban gris dont les sinuosités se dessinent au loin, et vont scintiller à l'ouest jusqu'à Rouen. Au nord-est le regard s'étend jusqu'à Meaux. La surface de la terre est plane. Il n'y a plus ni montagnes, ni vallées, mais un plan bien régulier et finement colorié comme une riche miniature. Je comprends l'exaltation des inventeurs de l'aérostation et des premiers aéronautes lorsqu'ils se virent transportés au-dessus de la terre, et contemplèrent l'admirable champ de la nature déployé pour la première fois sous l'œil victorieux de l'humanité.

Ainsi, la première impression qui domine, c'est en quelque sorte la *sensation de l'immobilité*, par opposition à l'idée qu'on se fait d'avance de sentir un grand mouvement à travers l'air. La seconde, c'est le ravissement du spectacle inattendu et sans précédent que l'on a tout à coup déployé sous le regard. Une troisième impression, qui vient bientôt se succéder aux deux premières, c'est un doute sur la solidité absolue du navire aérien. L'abîme immense ouvert sous soi fait faire quelques réflexions auxquelles il est difficile de se soustraire : si le gaz s'échappait? si une corde cassait? si la nacelle se défonçait? si on ne pouvait plus redescendre? si on était pris par un tourbillon? si on tombait?... Réflexions dont on reconnaît vite l'invraisemblance. Physiquement parlant, l'aérostat est aussi solide dans l'air que la pierre sur le sol. Mais suivons le navire aérien dans sa route céleste.

Dépassant Paris et sortant du bruit immense, l'aérostat s'enfonce dans les profondeurs de l'atmosphère.... Notre esprit se souvient du chant du poëte adressé à l'aéroscaphe du siècle futur :

> Superbe, il plane avec un hymne en ses agrès;
> Et l'on croit voir passer la strophe du progrès.
> Il est la nef, il est le phare!
> L'homme enfin prend son sceptre et jette son bâton.
> Et l'on voit s'envoler le calcul de Newton
> Monté sur l'ode de Pindare.
> Il invente une route obscure dans les nuits;
> Le silence hideux de ces lieux inouïs
> N'arrête point ce globe en marche.
> Il passe, portant l'homme et l'univers en lui.

Le voyage. — Ayant quitté la terre à 5 heures 20 minutes, nous nous trouvions dix minutes après à 600 mètres de hauteur et à 4300 mètres au sud-est. Nous avions donc parcouru au moins la diagonale d'un rectangle construit avec cette base et cette hauteur, c'est-à-dire 4342 mètres en 10 minutes, si nous avions suivi une ligne droite ; mais, en examinant la hauteur à laquelle nous nous trouvions dès notre première traversée de la Seine, nous traçons une courbe qui relève de 120 mètres le chiffre précédent. Il en résulte que nous marchions avec une vitesse de 7 mètres 45 cent. par seconde, ou de 26 kil. 760 (près de 7 lieues) à l'heure.

Lorsque nous passons au-dessus de la gare de l'Ouest (r. g.), un nuage cache Épinay. On entend distinctement le bruit des locomotives et des manœuvres ; un peu plus loin la musique militaire envoie dans l'air ses fanfares. Tous les bruits de Paris se laissent percevoir ; ce sont les aboiements des chiens qui dominent le murmure terrestre.

A 5 heures 58 minutes, nous nous élevons sensiblement. Dilaté par le soleil, le gaz sort par la partie inférieure de l'aérostat laissée ouverte. Nous apprécions cette descente du gaz par l'odeur non équivoque qui nous arrive. A 6 heures, nous traversons de nouveau la Seine en amont du confluent de la Marne.

On nous salue d'un coup de fusil à 6 heures 15 minutes.

Paris s'est éloigné. Nous planons maintenant au-dessus de plaines verdoyantes, délicatement nuancées. Les moindres objets se dessinent avec une netteté remarquable. Mais à cette heure une brume très-légère s'étend comme un voile transparent sur la campagne ; ce voile est plus épais vers l'ouest. Sous cette gaze légère, la nature chante. Quelques oiseaux, parmi lesquels nous distinguons l'alouette, murmurent leurs notes du soir. Le bruissement des « cri-cris » forme le fond de la mélodie. Les grenouilles jettent au loin leur aigre coassement.

Nous traversons maintenant l'air silencieux avec une grande lenteur : 220 mètres par minute ou 3 mètres et demi par seconde. Au sein de l'immense paix qui nous environne, l'aérostat avec ses cordages tendus semble, porté par le souffle aérien, une vaste lyre que des sylphes invisibles transportent au sein des cieux étonnés. On voit l'ombre du navire aérien flotter sur les prés, les champs et les bois. Plus tard, notre ombre s'éloigne à mesure que le soleil descend, jusqu'au moment où le soleil et l'aérostat, se trouvant sur une ligne horizontale, ne permettent plus d'ombre, et où même le soleil descendant au-dessous de nous projettera *notre ombre en haut*. Il faut être en ballon pour ne plus voir son ombre à ses pieds, mais à sa tête !

Nous passons à 6 heures 27 minutes au-dessus de Valenton, dont les parcs réguliers nous offrent une merveille de dessin.

11

Toute la population nous acclame. Nous remontons un peu dans une couche d'air plus fraîche, et notre vitesse s'accroît : 376 mètres par minute, 6 mètres 27 par seconde.

Un hygromètre végétal, monté sur un décimètre carré de carton blanc, que j'avais construit le matin, m'échappe des mains. Je me penche pour le saisir; mais Godard me fait remarquer avec raison qu'il est prudent de ne pas trop se pencher dans le vide, afin de ne pas se préparer la surprise de perdre l'équilibre à plus d'un kilomètre de hauteur. Je me borne alors à regarder la chute du cercle de carton, et je compte 4 minutes 14 secondes avant de le voir disparaître comme une petite étoile scintillante sur les arbres de la forêt de Sénart.

Au-dessus de la gare de Lieusaint, on jette du lest, qui, descendu moins vite que nous, retombe en poussière sur nos têtes. Nous croyons distinguer un orage très-étendu dans le lointain, à l'horizon du sud-est. Les belles collines de Villeneuve-Saint-Georges, les coteaux de Montgeron, la vallée d'Yères, ont passé sans que nous pussions reconnaître le plus léger relief de la plaine immense.

Plusieurs trains passent au-dessous de notre fil à plomb, nous saluant par le sifflet joyeux de la locomotive. Nous leur répondons en abaissant le drapeau.

A 6 heures 54 minutes, notre hauteur est de 500 mètres, notre vitesse de 9 mètres 25 centimètres par seconde. Cette vitesse continue de s'accélérer.

A 7 heures 4 minutes, elle est de 7 mètres 72 centimètres. Melun passe à notre gauche et nous acclame de mille cris joyeux.

A 7 heures 14 minutes, nous traversons pour la troisième fois la Seine, au-dessous de Melun.

Le tonnerre gronde au delà, et des éclairs sillonnent en zigzags cette partie du ciel. L'atmosphère reste pure autour de nous. L'air frais a ouvert notre appétit. Nous nous donnons le rare plaisir d'un petit goûter de fantaisie accompagné du généreux vin de Hongrie chanté par les princes. Le soleil nous dore de ses rayons ; l'esquif aérien file silencieux.

Un cri jeté par moi revient après six secondes. Il y aura à vérifier si la vitesse du son est la même suivant la verticale, et si l'appel nous est renvoyé de la plaine inférieure (on verra ces expériences dans la suite de ces récits). Quant à ce premier voyage aérien, je fus singulièrement impressionné par la vague profondeur de l'écho : il semble plutôt prendre naissance à l'horizon,

UN ORAGE AU DESSUS DE FONTAINEBLEAU

et garde un timbre étrange, comme s'il nous venait d'un autre monde.

Nous entrons sur la forêt de Fontainebleau : une immense et frappante tranquillité nous environne. Le calme serait absolu sans le murmure des insectes et des oiseaux qui s'élève jusqu'à nous, et sans les grondements du tonnerre qui s'est rapproché. Des nuées lointaines avancent vers nous. Mais nous nous croyons immobiles, et c'est là le point le plus extraordinaire, quoiqu'il s'explique naturellement. Les yeux fermés ou élevés vers la sphère de gaz qui nous emporte, il est complétement impossible de deviner que l'on est en mouvement. Cependant notre vitesse s'est encore accrue : elle est de 10 mètres par seconde ou de 9 lieues à l'heure.

L'orage que nous avons remarqué depuis longtemps se passe évidemment dans la zone en laquelle nous voguons. Nous sommes attirés par lui, et nous nous rapprochons l'un de l'autre avec la vitesse de deux trains venant à la rencontre. A 7 heures 30 minutes, nous avons traversé les mares et les rochers de l'abrupte forêt, si singulière vue d'en haut; nous planons sur la vallée de la Solle; nous passons à la limite ouest du champ de course et le Nid de l'aigle s'enfuit derrière nous. Nous approchons toujours des nuées orageuses. La foudre et les éclairs s'avancent vers nous. Le tonnerre gronde sourdement et de vagues lueurs s'allument et s'éteignent dans les nuées grises. Au-dessous de nous la forêt fait succéder ses sombres paysages. Du haut de l'aérostat les énormes quartiers de rochers qui trônent pittoresquement au milieu des arbres ressemblent à quelques-unes des montagnes de la lune.

L'orage arrive avec une rapidité à laquelle nous ne nous attendions pas. Dans quelques minutes nous serons enveloppés. Deux partis seulement sont à prendre : nous élever de suite assez haut pour passer au-dessus des nuages, ou descendre sans perdre de temps. Le premier parti est irréalisable, attendu qu'il ne nous sied pas de déposer sur les cimes de la forêt notre noble compagnon pour nous délester.

La descente. — Pendant que nous réfléchissons, nous sommes entrés à la limite de la pluie, et déjà les fines gouttelettes qui crépitent sur l'aérostat l'ont fait descendre jusqu'à la cime des chênes. Nous entendons le bruit du vent mugissant dans le feuillage, et les hautes branches plient sous la tempête qui s'avance. Emporté avec une rapidité de 10 mètres et demi par seconde, l'aérostat vole comme

une flèche ; la nacelle va se précipiter sur les toits de Fontainebleau,
qui arrivent à pas de géant. Déjà le tumulte de mille acclamations
se fait entendre. Pour opérer une heureuse descente, lorsqu'on est
surpris par le vent et par l'orage, il faut non-seulement beaucoup
de sang-froid et une remarquable présence d'esprit, mais encore un
coup d'œil et surtout une habileté pratique que séule peut donner
une longue expérience.

J'ajouterai que, pour se livrer en toute liberté à des observations
scientifiques, il nous faut une double confiance : l'espérance que
l'aérostat est sûr, et la certitude que l'aéronaute fera face à toute éven-
tualité. Or je ne vois pas ici pourquoi je n'avouerais pas que, si j'ai
trouvé la première condition dans le ballon du Garde-Meuble, j'ai
trouvé la seconde dans l'habileté pratique de M. Eugène Godard.
En moins de temps que je n'en mets à l'écrire, le célèbre aéronaute
sut, par le jeu de son lest et de la soupape, faire passer le ballon
par-dessus la ville, et le laisser descendre par une courbe gracieuse
dans le parc.

Le craquement des hautes branches nous fit sentir que nous
touchions le sommet des arbres et que la nacelle se faisait une trouée
dans la forêt. Mais l'aérostat, confiant dans sa grandeur, refusait
de revenir à terre. Il paraissait sentir que l'homme allait lui reprendre la gloire qu'il lui avait prêtée. Le colosse se souvint de sa
puissance ; il rebondit dans les airs, mais retomba bientôt, pour se
relever encore. De seconde en seconde, par bonds de dix mètres,
nous retombions dans les branchages. Bientôt le géant fatigué, ha-
telant, perdant son air et sa vie, s'arrêta comme un être essoufflé
en s'appuyant sur la lisière de l'avenue où nous devions mettre pied
à terre. Nous espérions encore le garder gonflé en remplissant la
nacelle de pierres, et continuer notre voyage tandis que notre compagnon retournerait à Paris ; mais l'orage éclata aussitôt ; une pluie
torrentielle, qui devait se continuer jusqu'à minuit et transformer
les rues de la ville en véritables lacs, s'abattit sur la forêt. Grâce à
l'immense population accourue à la descente, nous parvînmes cependant à abriter les instruments et à dégonfler l'aérostat. Notre procès-verbal fut couvert d'une centaine de signatures. Que nos aides
improvisés veuillent bien recevoir nos sincères remercîments pour
le gracieux empressement qu'ils ont mis à nous seconder. La nuit
n'était pas venue que nous étions reçus dans l'hospitalière famille
de Goldschmidt, l'honorable et laborieux astronome que la science
a perdu l'année dernière. Il est assez curieux, pour le dire en passant, que mon premier voyage scientifique dans cet aérostat,

prêté par l'Empereur, ait précisément abouti à une résidence impériale et chez un astronome.

Descendus à 7 heures 45 minutes, nous étions venus de Paris avec la vitesse d'un train ordinaire. Nous avions directement été conduits vers la tempête, comme par attraction. Cette marche des zones d'air vers le point de moindre pression barométrique s'explique d'elle-même et doit rendre compte de la conduite générale des cyclones et des tempêtes. Si, au lieu de descendre, nous étions restés dans la zone de l'orage, malgré le tonnerre et les éclairs qui commençaient à nous envelopper, nous aurions subi un moment d'arrêt sur Moret, puis nous aurions été ramenés par l'orage même à Paris, où nous serions arrivés avec lui vers 9 heures. Être porté ainsi dans l'espace sur l'aile de la foudre est sans contredit une ambition digne de l'homme et de la science. Seulement il serait bon de savoir d'avance s'il est certain que l'éclair enflammant le gaz nous précipiterait en chemin sur la plaine, ou si la tempête n'emporterait dans ses flancs que des corps foudroyés. D'un côté comme de l'autre le sort de l'aéronaute serait le même. Mais peut-être aussi ne subirait-on aucune atteinte en raison de l'isolement de l'aérostat. L'expérience est belle à tenter, mais garde sans doute de désagréables surprises.

L'impression qui domine dans l'ascension est indéfinissable. Au bonheur de se trouver dans l'espace et de planer au-dessus des misères humaines se joint la sensation d'un *calme étrange,* absolu, que l'on n'a point sur la terre; car l'on ne ressent pas le plus léger mouvement; on cause, on écrit, exactement comme si l'on était assis près d'une table de salon. Je n'ai éprouvé aucun vertige. On dit généralement que l'on n'a jamais le vertige en ballon. Cependant notre compagnon, le comte Xavier Branicki, en fut atteint dès l'instant du départ et le garda jusqu'au delà de Villeneuve-Saint-Georges.

On peut regarder le lion en face et le tirer à bout portant; on peut conduire avec enthousiasme une armée à l'assaut; on peut être héroïque dans le danger et avoir l'idée du vertige, idée dominante qui, paraît-il, abat l'homme le plus fort sans qu'il puisse y résister. Mais la situation exceptionnelle de l'aéronaute dans la nacelle ne donne pas le vertige, comme on pourrait le croire, et celui-ci n'était qu'un trouble *imaginaire.* Cela est si vrai que c'est principalement du moment où notre compagnon aurait dû l'avoir, lorsqu'il consentit à regarder la terre, qu'il se sentit délivré. Si le bord de la nacelle ne l'avait efficacement garanti, le célèbre comte polonais se serait certainement laissé attirer par la terre de France. J'ajouterai que, sans avoir éprouvé moi-même cette maladie de la vision, je me sentais également le vague désir de me précipiter. Quoique convaincu de ma mort immédiate, j'éprouvais une douce tentation de me laisser tomber, et ma propre mort me devenait assez indifférente. Mais heureusement c'est une de ces tentations auxquelles on peut résister. Voilà, j'espère, des sensations toutes particulières à la navigation aérienne.

Un petit drame, comme on en voit à l'Ambigu-Comique, intéressa un instant notre descente. Tout à coup, pendant la tempête, mon aéronaute plongeant son regard sur la forêt sortit soudain de son sac un immense couteau espagnol qu'il se mit en devoir d'attacher au filet par une chaîne d'acier. Que signifiait cette précaution ? Voulait-on couper court à l'embarras d'une descente ? Pourquoi ce couteau ? C'était le dénoûment héroï-comique de la pièce. Le poignard n'a pas d'autre but que de trancher au moment précis la ficelle qui retient la corde d'ancre. On l'attache, afin qu'il n'échappe pas des mains à ce moment perplexe. Eugène Godard est la prudence même, et d'une habileté consommée; il opère généralement la descente en toute sécurité, et quelquefois même il trouve le moyen de poser la nacelle entre les mains des paysans qu'il a appelés à l'avance dans la plaine où il veut atterrir. Cette ascension était sa 904ᵉ. Le moment de la descente est sans contredit le plus dangereux; mais c'est aussi celui où l'homme se sent le plus fort et le plus grand dans sa lutte victorieuse contre les éléments.

Le bonheur du voyage aérien ressemble à celui qu'on éprouve en rêve, lorsqu'on se sent emporté dans les airs. Cette coïncidence m'a frappé. Seulement *on ne sent pas assez* qu'on vole; on voudrait aller plus vite ou du moins sentir que l'on va vite. Il y a enfin une légère inquiétude qui trouble la tranquillité, et sans laquelle le bonheur serait complet. La petite nacelle d'osier crie au moindre mouvement que nous faisons, et nous nous demandons involontairement si elle va se défoncer, ou si les cordes qui la soutiennent ne pourraient nous causer la surprise de casser un peu. En outre, elle oscille quand on remue, et produit un balancement quelquefois désagréable, quand on se rappelle que l'on est suspendu à plusieurs centaines de mètres au-dessus de la terre ferme. Le simple raisonnement suffit pour faire comprendre que le danger est réellement apparent, mais il n'en est pas moins vrai que la première ascension produit toujours une certaine émotion inséparable d'un début. Sans cette préoccupation il n'y aurait pas au monde de locomotion comparable à celle de l'air.

Ainsi se passa ce premier voyage. Je n'ai pas à rapporter ici les observations scientifiques entreprises. On en trouvera le résultat à l'appendice.

Et en terminant cette première relation d'un premier voyage aérien, je ne puis m'empêcher, tant est profonde cette impression soudaine d'un aussi singulier spectacle, de me souvenir encore de l'aéroscaphe de *la Légende des siècles* :

> Char merveilleux ! Son nom est délivrance. Il court.
> Près de lui le ramier est lent, le flocon lourd ;
>   Le daim, l'épervier, la panthère
> Sont encor là, qu'au loin son ombre a déjà fui ;
> Et la locomotive est reptile, et sous lui,
>   L'hydre de flamme est ver de terre.

> Nef magique et suprême ! Elle a, rien qu'en marchant,
> Changé le cri terrestre en pur et joyeux chant,
>   Rajeuni les races flétries....
> Oh ! chacun de ses pas conquiert l'illimité !
> Elle est la joie, elle est la paix ! — L'humanité
>   A trouvé son organe immense.

Nous touchions les arbres.

Sortie de Paris en ballon.

CHAPITRE III.

SECOND VOYAGE, 9 JUIN 1867. — DESCRIPTION DE L'AÉROSTAT. CONDITIONS DE SÉCURITÉ D'UN VOYAGE AÉRIEN.

Avant de commencer la relation de ce second voyage aérien, il est intéressant de nous arrêter un instant sur l'organisation du gonflement et du départ, et sur les dispositions principales auxquelles l'aéronaute doit sa confiance et sa sécurité dans son isolement atmosphérique. Les impressions un peu vives de notre premier voyage, et la nouveauté de notre situation nous ont empêché de nous occuper de ces détails matériels, qui cependant ont leur importance et méritent d'être un instant l'objet de notre examen.

Le gonflement des aérostats se fait ordinairement par l'hydrogène carboné, ou gaz d'éclairage, dont la densité moyenne est la moitié de celle de l'air. Quoique beaucoup plus lourd que l'hydrogène pur, il est d'un usage beaucoup plus facile, puisqu'au lieu de le fabriquer à grands frais spécialement pour une ascension, il suffit de le faire arriver d'une usine ou d'un tuyau de conduite. Lorsqu'une ascension doit être exécutée dans un établissement scientifique, on peut facilement amener le gaz d'éclairage des tuyaux les plus voisins, et se borner à prendre exactement la quantité de gaz égale à la capacité de l'aérostat. Ce sont les dispositions qu'il m'a été permis de faire installer au jardin du Conservatoire. Si l'on devait, au contraire, gonfler à l'hydrogène pur, il faudrait organiser une installation laborieuse et longue, composée de quelques centaines de touries d'acide sulfurique et de plusieurs milliers de kilogrammes de copeaux de fer, remplir une série de tonneaux joints ensemble d'acide sulfurique et d'eau, conduire le gaz ainsi obtenu dans une cuve où il se lave, le sécher par de la chaux et le refroidir par un courant d'eau, et seulement enfin le conduire à l'aérostat par un long tube. D'ailleurs l'hydrogène pur est, de tous les gaz, celui qui présente les phénomènes d'*endosmose* les plus intenses : il traverse toutes les membranes, végétales ou animales, avec la plus singulière facilité. Un jet d'hydrogène qui vient frapper une feuille de papier perpendiculairement à sa direction, traverse cette feuille à peu près comme s'il n'avait pas rencontré d'obstacle sur son chemin. Les quantités de gaz qui traversent une enveloppe quelconque sont en raison inverse des racines carrées de leurs densités. Or, la densité de l'hydrogène pur étant quatorze fois et demie moindre que celle de l'air, on comprend qu'il devra passer environ quatre fois plus d'hydrogène dans l'air que d'air dans l'hydrogène. Cette perte continue, à laquelle il est extrêmement difficile de remédier [1], est une seconde raison de la substitution du gaz d'éclairage à l'hydrogène pur pour le gonflement des aérostats.

Tous les traités de physique enseignent encore qu'il « importe de ne pas gonfler entièrement l'aérostat, attendu que la pression atmosphérique diminuant à mesure qu'on s'élève, le gaz se dilatant en vertu de sa force expansive ferait éclater ou crever l'aérostat. » C'est là une précaution indispensable que les aéronautes prennent toujours soin d'observer. On ne gonfle pas le ballon entièrement, afin de laisser un espace libre pour la dilatation. L'aérostat *reste constamment ouvert* dans sa partie inférieure, appelée *appendice ;* à mesure que l'on s'élève il se gonfle, et quand il est plein, le gaz peut librement s'échapper.

Un courant d'air froid, l'ombre d'un nuage, suffisent parfois pour produire une condensation et resserrer le gaz au lieu de le

1. C'est l'un des problèmes que recherche depuis longtemps M. Giffard, dans ses expériences de construction des ballons captifs. Grâce à de patientes recherches, le savant ingénieur nous paraît avoir maintenant pleinement réussi.

aisser se dilater par la diminution de pression. Lorsque cette diminution est assez forte, une faible quantité de gaz sort d'elle-même par la partie inférieure de l'aérostat laissée ouverte. Si, au lieu de prendre cette précaution, on fermait le ballon, on serait à chaque instant exposé, en effet, à voir l'aérostat éclater, quoiqu'il n'ait pas été entièrement rempli au départ, car on ignore au moment de l'ascension quel degré de dilatation se manifestera, quelle sera la chaleur effective des rayons solaires sur l'aérostat, quelle sera l'humidité ou la sécheresse de l'air, et l'on ne peut s'empêcher de convenir qu'une telle perspective serait une compagne assez désagréable et peu avantageuse pour la liberté et la tranquillité de l'esprit. Il y a des surprises qu'on aime mieux éviter qu'attendre[1].

Les aérostats sont formés de longs fuseaux de soie ou de taffetas cousus ensemble et recouverts d'un vernis à l'huile de lin destiné à rendre le tissu imperméable. Le sommet du ballon est fermé par un cercle de bois mesurant, pour les aérostats de mille mètres cubes environ, un pied de diamètre. C'est dans ce cercle qu'est fixée la soupape, composée de deux demi-cercles reliés au diamètre par des charnières. Ces demi-cercles appuient contre la partie supérieure du ballon et s'ouvrent dans l'intérieur : une corde fixée vers le milieu de leur arc et non loin du bord, descend, par l'intérieur de l'aérostat et l'ouverture inférieure, jusque dans la nacelle, à portée de la main de l'aéronaute. Cette corde marque ainsi le diamètre vertical de l'aérostat. Lorsqu'on est debout dans la nacelle, on voit tout l'intérieur du ballon, et au sommet les fuseaux venant aboutir comme des rayonnements à la soupape centrale.

Un filet composé de mailles serrées est attaché par son centre de figure au cercle extérieur de la soupape; il enveloppe, en s'y ajustant, la partie supérieure du ballon et se trouve ainsi supporté par lui. C'est au filet que la nacelle est à son tour attachée. La partie inférieure du filet terminée par ses ficelles principales est nouée entièrement à un cercle de bois horizontal mesurant environ un mètre et demi de diamètre. A ce cercle sont suspendues par un tissage particulier six ou huit cordes portant solidement enchâssées à leur extrémité de fortes olives. Six ou huit autres cordes, tissées dans l'osier de la nacelle et passant par son fond

1. Ce malheur est arrivé au mois de juillet 1869. L'aéronaute Wells vient d'être précipité, près de Milan, d'une hauteur de 6000 pieds.

en s'y croisant, s'élèvent d'une certaine quantité au-dessus des
bords de la nacelle. Elles sont terminées en anneaux correspondant aux olives terminales des cordes du cercle. Lorsque les
anneaux sont passés dans les olives, les aéronautes peuvent
prendre place sur les banquettes de la nacelle, munis de leurs
instruments, de leurs cartes, de leurs provisions et de leur lest,
et s'abandonner sans inquiétude à la force ascensionnelle du ballon et aux courants aériens.

Lorsqu'il n'y a pas de vent intense à la surface de la terre, la
meilleure comme la plus agréable condition de voyage, c'est une
ascension lente et progressive. Cette lenteur, rarement gardée dans
les ascensions même scientifiques, est cependant nécessaire à
l'observateur, afin que les divers instruments aient le temps de
se mettre à l'état du milieu ambiant, ce qui n'arrive ni pour le
thermomètre ni pour l'hygromètre quand le mouvement ascensionnel est un peu rapide. On obtient ce résultat en pesant exactement l'aérostat, c'est-à-dire en le mettant en équilibre absolu à
la surface du sol au moment du départ. La nacelle ne pèse déjà
plus et effleure à peine le sol. Deux hommes retiennent l'aérostat
inquiet par les cordes qu'on a coutume de laisser suspendues audessous de la nacelle. Dans cette situation, quelques kilogrammes
de lest versés suffisent pour commencer le mouvement ascensionnel. On « lâche tout ». L'aérostat délivré de toute entrave terrestre
prend noblement son lent essor vers le ciel.

Il s'élève suivant une ligne oblique, résultante de deux composantes : 1° la force ascensionnelle (poussée de bas en haut résultant de l'infériorité du poids de l'aérostat sur le volume d'air
déplacé); 2° la direction et la force du vent. Lorsqu'il arrive dans
la région de densité égale à son poids, la force ascensionnelle
cesse, à moins qu'on n'allége le ballon d'une certaine quantité
de lest, et dès lors il suit à peu près une ligne horizontale,
celle du courant. En réalité, l'aérostat marche avec le vent, et
dans le vent, *il est immobile* relativement aux particules d'air qui
l'environnent et se trouve emporté dans *l'air qui marche*. C'est
pourquoi nous n'éprouvons pas le moindre souffle d'air dans la
nacelle d'un ballon, lors même que nous voguons avec la vitesse
d'un train express. C'est pourquoi aussi l'aérostat emporté par le
vent est la meilleure situation dans laquelle l'astronome puisse se
trouver pour tracer exactement sur son planisphère la direction
absolue, l'intensité intégrale et la ligne exacte suivie par les courants à la surface du globe.

Nous avons vu que l'aérostat s'élève en raison de la différence de son poids avec celui du volume d'air qu'il déplace. On voit par ce principe que l'on peut calculer d'avance, et le poids dont un aérostat de telles dimensions données peut être chargé, et la hauteur qu'il peut atteindre[1].

En voyant amoncelés dans le cabinet de d'Alembert les trente-cinq volumes in-folio de l'Encyclopédie, un grand personnage se lamentait un jour de ce que l'exposition de l'état des connaissances humaines occupât une si grande étendue. — Vous auriez été bien plus à plaindre, repartit le philosophe, si nous avions rédigé une encyclopédie négative, une liste des choses que nous ignorons; dans ce cas, cent volumes in-folio n'auraient certainement pas suffi.

1. Pour calculer le poids que peut enlever un ballon, supposons-le parfaitement sphérique. Une petite correction dépendante de la différence qui peut exister entre sa forme et celle de la sphère s'ajoute facilement au calcul. Nos lecteurs se rappellent que les formules qui donnent le volume et la surface de la sphère en fonction du rayon sont $V = \dfrac{4\pi R^3}{3}$ et $S = 4\pi R^2$, π étant le rapport de la circonférence au diamètre et égal à 3,1416. Soit maintenant R le rayon de l'aérostat (en décimètres), p le poids du mètre carré de l'étoffe dont le ballon est formé, P le poids de la nacelle et de ses accessoires, a le poids d'un litre d'air à 0 et à la pression 0m,760 et a' le poids d'un litre d'hydrogène (pur ou carboné) ou d'air chaud à tel degré. Dans cette notation, le poids de l'enveloppe du ballon, en kilogrammes, sera représenté par $\dfrac{4\pi R^2 p}{100}$; celui du gaz par $\dfrac{4\pi R^3 a'}{3}$, et celui de l'air déplacé par $\dfrac{4\pi R^3 a}{3}$: c'est la poussée; x, ou le poids que le ballon pourra enlever, sera donc donné par la formule

$$x = \frac{4\pi R^3 a}{3} - \frac{4\pi R^3 a'}{3} - \frac{4\pi R^2 p}{100} - P$$

$$\text{ou } x = \frac{4\pi R^3}{3}(a-a') - \frac{4\pi R^2 p}{100} - P.$$

Si nous appliquons cette formule au ballon impérial, le diamètre de ce ballon étant de 11m,20, sa surface de 394 mètres carrés, son volume de 796 mètres cubes (+ 4 pour la figure pyriforme); le poids de la soie dont il est composé étant d'ailleurs de 118 kilogrammes, celui de la nacelle, du filet et des agrès étant de 115 kilogrammes; le poids d'un litre d'air étant de 1 gramme 3, et celui d'un litre de gaz d'éclairage étant de 0gr,6; nous avons, en remplaçant les notations de la dernière formule par les chiffres qu'elles représentent :

$$x = \frac{12,5664 \times 175616}{3} \times 0,7 - \frac{12,5664 \times 3136 \times 300}{100} - 115$$

$$\text{ou } x = 515 - 118 - 115$$

$$= 282 \text{ kilogrammes.}$$

Résultat que l'on peut trouver plus vite en remarquant simplement que la force

Cette réponse, qui peut paraître un simple trait d'esprit, est profondément juste. L'astronome qui plonge son regard télescopique dans les cieux inexplorés en reconnaît la vérité; nul mieux que lui n'en apprécie la valeur, nul, si ce n'est celui qui, se trouvant transporté dans les hauteurs de l'atmosphère, voit à chaque essor de l'aérostat tout un monde de merveilles inconnues se déployer sous la contemplation de sa pensée.

Mon second voyage scientifique a eu lieu le 9 juin 1867. Il devait se composer de deux étapes : observations à faire dans une zone de 500 à 800 mètres d'altitude, jusqu'au coucher du soleil; observations à faire en hauteur le lendemain matin au lever du soleil jusqu'au point le plus élevé que l'aérostat pourrait atteindre dans des conditions particulières. Ces deux voies avaient été cal-

ascensionnelle du gaz d'éclairage pouvant être représentée par le chiffre de 645 grammes par mètre cube, la force ascensionnelle d'un ballon de 800 mètres est de 515 kilogrammes, dont il faut défalquer le poids du ballon et celui de tous les objets qui lui appartiennent, poids égal ici à 233 kilogrammes.

On voit que sur 282 kilogrammes, si 3 personnes pesant ensemble 210 kilogrammes prennent place dans la nacelle, il ne reste plus que 72 kilogrammes pour le lest et les instruments. De longs voyages ne seraient donc pas possibles dans ces conditions. C'est pourquoi, lorsque j'ai projeté de faire de longs voyages, comme on le verra dans les chapitres suivants, je suis toujours parti seul avec M. Eugène Godard; nos deux poids réunis représentent 127 kilogrammes. Nous pouvions emmagasiner par le lest 120 kilogrammes de force ascensionnelle, et emporter des instruments et quelques provisions s'élevant à une trentaine de kilogrammes.

Ces chiffres sont la valeur théorique calculée. Les chiffres pratiques en diffèrent toujours de quelques kilogrammes, suivant la température, suivant la qualité du gaz, suivant diverses circonstances.

Le ballon de 1200 mètres cubes, dont nous nous sommes également servis, a une force ascensionnelle de 774 kilogrammes. Mais son poids est relativement plus lourd, de sorte que sa valeur effective est de 400 kilogrammes. De plus, il conserve moins le gaz, et n'a pas paru préférable au premier pour de longues traversées.

Le premier aérostat gonflé à l'hydrogène pur, dont le poids est $0^{gr},089$ le litre, donne $a - a' = 1,210$ (de sorte que nous avons dans la formule $735655 \times 1,21$ au lieu de $\times 0,7$) et offre une force ascensionnelle de 890 kilogrammes, d'où, en défalquant les 233 kilogrammes du poids total du système, il reste 657 kilogrammes pour s'élever dans les hauteurs de l'atmosphère.

La hauteur à laquelle l'aérostat peut atteindre se calcule moins facilement, à cause des variations de température, des dilatations et des condensations qui se produisent dans l'aérostat pendant l'ascension. Mais on l'obtient toujours avec une approximation suffisante par l'équation

$$(V + v)\, 1{,}3 \frac{h}{H} = V . \, d \frac{h}{H} + p,$$

dans laquelle V. $1{,}3 \dfrac{h}{H}$ représente le poids de l'air déplacé (h étant la pression dans la couche d'équilibre et H au niveau du sol), p et v renferment le poids et le volume des diverses parties du système, d est la densité du gaz.

culées suivant la force ascensionnelle du ballon et l'heure des voyages. Le temps le plus magnifique a favorisé mes projets.

On pourrait croire tout naturel que les voyages en ballon se ressemblent, et que faire le récit d'une ascension c'est en décrire une centaine. Il n'en est rien. A part quelques impressions analogues et quelques observations identiques que l'historien doit éviter de redire, chaque excursion comporte en soi un caractère spécial et présente un intérêt particulier. Sur cent voyages aériens il n'en est pas deux qui soient susceptibles de faire double emploi.

Les conditions atmosphériques sont si variables, lors même qu'on repasserait par les mêmes chemins, qu'une longue série d'observations est nécessaire pour permettre de les comparer et de les discuter. Et ces observations minutieuses demandent à être faites dans le silence et dans l'isolement de l'étude, pour être dignes de prendre place au rang des matériaux à utiliser dans l'avenir par des sciences plus avancées.

Dans cette ascension comme dans la première, j'étais accompagné de deux personnes ; M. E. Godard était l'automédon du navire aérien. Nous avions offert une place dans notre nacelle à M. de Montigny, qui ne devait point nous accompagner le lendemain pour l'ascension que j'avais projetée.

Partis à 5 h. 27 m., nous nous élevâmes obliquement dans la direction du sud-sud-est, passant sur le phare de l'Exposition universelle et sur le puits artésien de Grenelle. Comme nous traversions le jardin du Champ de Mars, le carillon salua notre passage ; son constructeur habile, M. Bollée, nous envoyait son *Salve;* mais il ne se doutait pas, à coup sûr, que nous descendrions le lendemain chez son frère, à la fonderie de cloches d'Orléans. A six heures nous planions diamétralement au-dessus de Villejuif, à une élévation de 775 mètres. Ici seulement le bruit de l'océan parisien s'efface ; ici seulement la paix de la nature et la pureté de l'air commencent à se révéler.

A 6 heures 7 minutes nous passons au-dessus du village de Thiais. Les cris de la multitude nous apprendraient que nous sommes au-dessus d'un point habité, si nous n'avions remarqué d'avance les petits toits carrés et les petits jardins. Le plus curieux de l'observation est de voir tous les promeneurs arrêtés dans les rues, les yeux au ciel, aussi immobiles que la femme de Loth après sa métamorphose en statue de sel.

Mais déjà l'aérostat vole sur les campagnes ; *son ombre* voyage sur les prés verts. Remarque intéressante : d'après mon dessin fait sur place, cette ombre est entourée d'une auréole un peu jaune, presque blonde, qui rappelle le nimbe doré que les saints portent, comme on sait, dans le paradis, autour de leur tête glorifiée. Cette auréole est plus claire que le fond de la campagne. L'ombre du ballon reviendra demain matin sous un aspect plus extraordinaire et nous offrira plus tard un sujet d'étude tout particulier.

Nous voguons maintenant un peu plus à l'est, et nous allons traverser la Seine à Ablon.

J'oubliais de notifier une observation assez curieuse faite au confluent de la Marne et de la Seine : les eaux de la Marne, aussi jaunes que du temps de Jules César, ne se mélangent pas aux eaux vertes de la Seine, qui coulent à gauche du courant, ni aux eaux bleues du canal, qui coulent à droite. J'ai pris le dessin de l'embouchure pour déterminer l'intensité de leurs courants. On voit un fleuve jaune couler entre deux rives, verte et bleue; le contraste subsiste entre la Marne et la Seine jusqu'au delà du pont du chemin de fer.

Lorsqu'on voyagera définitivement en ballon, quels services ne pourra-t-on pas en attendre pour le lever des plans et la topographie ?

Sans être obligés de changer nos billets et d'attendre aux bureaux, nous avons quitté la ligne du chemin de fer d'Orléans pour prendre celle de Lyon. Montgeron vient à notre gauche et s'éloigne. Un grand silence nous environne; il n'est varié que par le murmure des petits êtres ailés qui jasent dans la campagne.

Nous nous faisions part de cette réflexion et nous nous étions laissés descendre à deux cents mètres en passant au-dessus de la Seine pour voir les choses d'un peu plus près, lorsque nous entendons au-dessous de nous une voix d'un timbre remarquable : « Descendez là ! descendez là !... je vous invite à dîner au château. » Nous remerciâmes notre hôte improvisé, et nous traversâmes le château Frayé en restant quelques minutes à la même hauteur et en jouissant du joyeux spectacle de voir les familles et les groupes disséminés dans la campagne, les uns retournant *at home*, les autres dînant sur l'herbe. (On voit souvent bien des choses indiscrètes du haut d'un ballon !) Nous remontâmes ensuite à cinq cents mètres en jetant un peu de lest.

J'ai dit que nous nous étions laissés descendre. On aura cru peut-être que c'était en tirant la soupape et en perdant du gaz. A Dieu ne plaise ! Le gaz nous sera trop précieux demain matin pour que nous en perdions gratuitement. L'aérostat descend

La Seine et la Marne, vues de la nacelle (2ᵉ ascension de M. Flammarion.)

naturellement dès le moment où il a atteint la première hauteur où l'a porté sa force ascensionnelle. Quoiqu'il soit composé de deux enveloppes de soie, il n'est pas complétement imperméable. De plus, sa partie inférieure reste ouverte au-dessus de nos têtes.

Lors donc que la chaleur solaire tend à dilater le gaz, ce gaz peut s'échapper inférieurement. Lorsque les couches d'air deviennent plus froides, le soir, l'aérostat se resserre, et, occupant un moindre volume relatif, est un peu plus lourd. Il descend donc. Un habile aéronaute ne touche jamais à la corde de la soupape, — si ce n'est qu'il l'entre-bâille au moment de la descente définitive, — il doit savoir garder une égalité d'élévation dans la marche du ballon par le jeu modéré de son lest. L'aéronaute qui m'accompagne comprend dans quel équilibre se trouve l'aérostat; il sait le faire monter en versant doucement une simple poignée de lest.

Dans les mêmes circonstances, des hommes qui se croyaient capables de conduire un ballon passaient leur temps à tirer la soupape et à jeter du lest alternativement, sans produire plus d'effet utile que s'ils étaient restés les bras croisés, et fatiguant de plus horriblement l'aérostat. Qu'une mauvaise descente s'annonce, tout paraît perdu. C'est ici comme en bien des cas : chacun son métier. Je crois un savant illustre moins capable de faire face aux éventualités d'un voyage aérien, qu'un aéronaute de métier qui ne saurait même ni lire ni écrire.

En remontant dans l'atmosphère, — entrant sur la forêt de Sénart par Mainville, — nous revoyons Paris au nord-ouest. La Babylone du dix-neuvième siècle est couverte d'une immense poussière blanchie par le soleil. Ce vaste amoncellement de poussière ne nous surprend pas trop lorsque nous songeons que, en ce jour d'exposition universelle, cinq millions de pieds sont occupés à la soulever, sans compter les chevaux et les voitures. Quelques mâts irréguliers percent au-dessus de cet océan brumeux; on reconnaît Notre-Dame, la Sainte-Chapelle, le Panthéon, la flèche des Invalides, l'Arc de triomphe. Quel contraste entre cette épaisse fumée et la pureté de l'atmosphère qui nous environne au-dessus de la verdoyante forêt!

Nous passons sur des futaies, dont les baliveaux paraissent comme une seconde forêt superposée sur la première; puis ce sont des broussailles. On entend les cris des cailles.

L'esquif aérien poursuit son vol horizontal entre les deux lignes d'Orléans et de Lyon. Nous devons approcher d'un bourg, car le silence est interrompu; mille acclamations s'élèvent jusqu'à nous.

Nous passons en effet sur Tigery et nous franchissons la frontière du département de Seine-et-Oise pour entrer dans le département de Seine-et-Marne. Corbeil rétrograde à notre droite.

Des papillons volent autour de nous. Jusqu'à ce jour, j'avais pensé que ces petits êtres passaient leur éphémère existence sur le sein de leurs fleurs bien-aimées, et qu'ils voltigeaient de bosquets en bosquets sans s'élever à une grande hauteur dans les airs. La vérité est qu'ils s'élèvent plus haut que les oiseaux de nos bois, voire même à plusieurs milliers de mètres, comme nous le vérifierons dans la seconde partie de ce voyage. Une autre remarque, c'est qu'ils n'ont pas peur du ballon, tandis que les oiseaux en sont effrayés. Pourquoi? La grande faiblesse ne saurait craindre la grande force. Peut-être aussi leurs yeux ne voient-ils pas comme les yeux des oiseaux.... Ainsi à chaque instant se lèvent mille problèmes inattendus dans ce voyage de découvertes.

A 7 heures 20 minutes, une brume très-légère s'étend comme un voile transparent sur la campagne. La même observation a été faite, mais une heure plus tôt, à notre dernière traversée.

Un train passe au-dessous de nous, à Lieusaint. Le dur sifflet de la locomotive fait frémir l'air de son déchirement strident; la lourde machine jette des cris sourds; le roulement des wagons sur les rails produit un bruit infernal. Quel tapage et quel remue-ménage pour aller aussi lentement! — plus lentement que notre bulle de gaz qui file en silence dans le ciel pur.

De petits parachutes jetés çà et là sur notre chemin sont descendus en spirale.

La Seine déroule sous nos yeux ses replis comme un serpent d'argent. C'est d'ici qu'on lèverait admirablement le plus exact des plans. De superbes parcs ont passé sous la nacelle. Nous longeons le bord de la Seine à Seine-Port; le bois de Sainte-Assise nous offre ses avenues régulières. Nous traversons la rivière et nous suivons à peu près la route de Pringy à Chailly.

Quel merveilleux panorama s'étend sous nos yeux toujours surpris! Les vertes campagnes se succèdent, à peine ondulées, car les collines sont aplanies par la hauteur dominante de notre observatoire. Les âpres senteurs des grands bois s'élèvent jusqu'à nous comme une douce atmosphère de parfums. Tous les sens ne paraissent-ils pas ici dans leur meilleure condition de jouissance? A quelle époque l'homme cessera-t-il enfin de ramper dans ces bas-fonds pour vivre ici dans l'azur et la paix du ciel?

Devant ce spectacle, notre entretien dans la nacelle se reporta insensiblement à l'enthousiasme si naturel éveillé à l'origine de la navigation aérienne. Nous comprenions mieux que jamais la fanfare de 1783. On croyait, comme je l'ai dit ailleurs, la conquête du ciel faite désormais par cette invention magique. Confondant le ciel bleu, le ciel météorologique, avec le ciel astronomique, avec l'espace infini au sein duquel se meuvent les mondes, le public entrevoyait déjà le jour où l'aérostat continuerait sa route aérienne jusqu'à la lune.... et, qui sait? peut-être jusqu'à Vénus et Jupiter!...

C'est toujours la même impression qui se manifeste à l'âme du contemplateur situé sur le balcon céleste de la nacelle aérostatique. A mesure que le soleil à son coucher descendait derrière les brumes de l'ouest, en projetant parfois dans les coudes de la Seine des clartés paraissant émanées d'une rivière de mercure, le ciel prenait autour de nous une teinte plus chaude, et la terre se colorait de rayons obliques rougeâtres, donnant à l'aspect général de la nature un air à la fois plus joyeux et plus sérieux, comme il arrive en certains soirs d'été. La joie était en effet répandue sur ces paysages avec les derniers rayons du soleil et, en même temps, c'était comme une invitation au recueillement du soir. On voyait dans toute la campagne les groupes se réunir lentement et se diriger vers les villages. Pringy, Nainville, Saint-Sauveur, Villiers-en-Bière, Perthes, et leurs bouquets de bois disséminés, passèrent sous nos regards. Les chiens rôdeurs qui, par hasard, levaient le nez au ciel, nous appelaient soudain par des aboiements excentriques. Parfois nous comptions aussi les gens par centaines se dirigeant sous l'aérostat dans l'espérance évidente que nous allions descendre près d'eux.

Consultant exactement le pays, nous nous assurâmes que nous marchions vers Nemours, mais sans pouvoir l'atteindre avant la nuit. Nous n'avions pas d'ailleurs assez de lest pour traverser la forêt de Fontainebleau. Mes observations du soir étant faites, et les observations du lever du soleil devant être les plus importantes de ce voyage, nous décidâmes de nous laisser descendre sur un ravissant petit village (petit surtout vu du ciel) qui paraissait se reposer avec la nonchalance d'un jeune faune à la lisière de la forêt de Fontainebleau. Ce village était encore à deux kilomètres devant nous. Les populations éparpillées dans la campagne croyaient, reconnaissant notre mouvement de descente, que nous allions mettre pied à terre à Chailly, et des habitants de ce bourg étaient déjà accourus à notre rencontre; mais nous passons leur résidence.

Bientôt les promeneurs disséminés sur toute la campagne arrivent de nouveau en foule au-dessous de nous.

Le ciel est resté pur. L'air est d'un calme absolu à la surface de la terre. Nous glissons lentement dans le fluide aérien, et nous approchons insensiblement du sol! « Descendez! descendez! nous allons vous mener à Barbison.... on vous attend pour dîner. » Nous jetons la corde, vers laquelle trois cents personnes, hommes, femmes et enfants, se précipitent (quelques nez de cassés ne font rien à l'affaire). Elle est bientôt retenue par une cinquantaine de bras. Godard monte alors à la tribune, ordonne de marcher vers le chemin pour ne pas endommager les champs, — recommandation que tous comprennent comme un seul homme. On arrive sur le chemin, et l'on nous amène ainsi à 150 mètres du sol, jusqu'à l'entrée de Barbison, la célèbre cité des artistes et des chasseurs. Les cors de chasse sont en avant et conduisent la marche par leurs éclatantes fanfares que les échos de la forêt répercutent.

Si j'étais roi.... de Béotie, je voudrais ne plus faire d'autre entrée triomphale que par la voie des airs, et j'ordonnerais à mes Béotiens de me remorquer ainsi, les grands jours, à mon palais étonné.

Nous descendîmes avec une royale lenteur. Les dames en villégiature à Barbison étaient fort désireuses de ressentir quelle émotion on éprouve en aérostat; personne n'ignore combien les filles d'Ève sont infatigablement curieuses de sensations nouvelles. Godard les enleva donc en ballon captif à 150 mètres d'élévation, pendant que je plaçais mes instruments en leurs fourreaux, que j'entrais en relation avec les illustres peintres en vacances, et que le maire et les hauts fonctionnaires du pays signaient notre procès-verbal de descente.

Combien cet atterrissage était différent du premier! On fit reposer la nacelle à côté du chemin et on la chargea de pierres de taille. Deux hommes montèrent la garde pendant la nuit pour éloigner tout accident. Je leur persuadai que si l'on fumait près de l'aérostat, les huit cents mètres cubes de gaz s'enflammeraient instantanément et incendieraient en un clin d'œil leur pays et la forêt, de même que si l'on perçait le ballon, l'hydrogène empoisonné les asphyxierait et verserait l'épidémie sur les villages voisins. — Le ballon fut bien gardé.

On accourait de toute part, et toute la soirée on vint en pèlerinage admirer notre ballon trônant à l'extrémité de la Grande-Rue, dans le ciel occidental. Diaz, le célèbre peintre, conçut le projet

de dessiner un indigène placé de profil à quelques mètres devant
lui, la main droite étendue, de telle sorte que le ballon debout
dans la campagne semblât une magnifique toupie placée sur la
main du bonhomme.

Des peintres de toutes les nations étant réunis à l'hôtel des
artistes, nous portâmes des toasts au progrès des arts et des
sciences, et *à la paix*.

Le charme de cette excursion aérienne développa encore dans
ma pensée l'amour des voyages aéronautiques. J'aspirais au bonheur de faire une ascension dans les hauteurs de l'atmosphère,
jusqu'aux régions où la diminution de la densité de l'air devient
appréciable pour les poumons, et où l'aérostat solitaire se trouve
absolument isolé de la sphère de la vie et du mouvement terrestre.
J'aspirais aussi à la satisfaction de prolonger longuement mes
observations scientifiques dans le sein de l'atmosphère, pendant des
jours, pendant des nuits entières. La suite de mes études devait
réaliser une grande partie de ces espérances, mais non les satisfaire, car plus l'on voit, plus l'on désire; plus on entre dans l'infini des choses à savoir, plus on s'aperçoit que l'on ne sait rien.
Les problèmes multiples qui se rattachent à la météorologie sont
d'ailleurs si nombreux et si peu connus, qu'il ne faut songer à les
résoudre qu'après de longues et patientes observations. Qu'est-ce
qu'un seul voyage aérien pour une telle étude; c'est une expérience
isolée qui bien difficilement peut être fructueuse. La science de
l'air ne sera définitivement créée que lorsqu'on se décidera à multiplier les ascensions aérostatiques, à les répéter fréquemment sur
plusieurs points des continents, et comparativement avec de nombreuses observations terrestres. Toutefois une série de voyages
régulièrement organisés doit conduire à des faits nouveaux et
intéressants, et en dehors du programme que l'on s'est tracé à
l'avance, il y a souvent mille phénomènes inattendus qui s'offrent
à l'œil de l'aéronaute, et qui peuvent devenir l'objet de remarques
curieuses.

A ceux qui jugent frivoles les excursions aéronautiques et
qui les considèrent comme au-dessous de la dignité des sciences,
je répondis dès cette époque par les paroles suivantes d'Arago au
sujet de Gay-Lussac: « De belles découvertes, dit-il, attendent les
voyages scientifiques en ballon. Il est vraiment regrettable que les
voyages exécutés toutes les semaines, avec des dispositions de plus
en plus dangereuses et qui, on peut le prévoir avec douleur, fini-
ront par quelque terrible catastrophe, aient détourné les amis des

sciences de leurs voyages projetés. Je conçois leurs scrupules, mais
sans les partager. Les taches du Soleil, les montagnes de la Lune,
l'anneau de Saturne et les bandes de Jupiter n'ont pas cessé d'être
l'objet des investigations des astronomes, quoiqu'on les montre
pour dix centimes sur le terre-plein du Pont-Neuf, au pied de la
colonne Vendôme et en d'autres points. Le public, maintenant si
judicieux, si éclairé, ne confond pas ceux qui, dans un but de
lucre, exposent journellement leur vie, avec des astronomes courant les mêmes dangers pour arracher à la nature quelques-uns de
ses secrets ! »

Celui qui se livre avec amour à la contemplation de la nature
et à l'étude de l'univers, ressent d'ailleurs une joie si pure et un
bonheur si intime, qu'il est payé par cela seul de toutes ses fatigues, et n'ambitionne point d'autres suffrages que le témoignage
de son propre plaisir.

Une fois qu'on a goûté le charme des grandes scènes de l'air, on
voudrait toujours planer au-dessus des nuages floconneux; l'aéronaute semble être appelé sans cesse dans les plages aériennes, par
une attraction secrète analogue à celle que la mer exerce sur le
marin !

Ascensions captives à Barbison.

Des papillons voltigent autour de nous.

CHAPITRE IV.

ASCENSION MATINALE. — LE CIEL BLEU. — L'ATMOSPHÈRE RESPIRABLE.

Nous passons le tiers de notre vie à dormir : 8 heures par jour, en moyenne, en y comprenant le temps perdu dans les préparatifs du sommeil ou du lever. Si nous remarquons en même temps que les premières années de notre vie, les 15 premières, sont perdues pour notre conscience intellectuelle et pour la possession entière de nos facultés spirituelles, nous trouvons qu'un homme qui croit avoir vécu 60 ans, parce qu'il arrive à cet âge, n'a vraiment vécu que 30 ans. Et d'ailleurs, si l'on enlevait de ces 30 années le temps perdu dans les repas (car le boire et le manger sont une condition fatale de la vie terrestre) et le temps perdu inutilement, nous arriverions à constater que l'existence la plus longue et la mieux remplie est tout à fait insignifiante à côté du temps qui serait nécessaire à la science.

Tandis que le sommeil du matin nous ensevelit dans son linceul inerte, la nature accomplit des merveilles sur la terre.

Notre aérostat a passé la nuit, tout gonflé, à la lisière de la forêt de Fontainebleau.

Le lendemain matin, à l'aurore, nous revînmes prendre possession de notre domaine et retourner à la région d'où nous étions descendus la veille. Notre compagnon de voyage dut rester à notre station. Je préparai les observations à faire et je pris place dans la nacelle, Godard s'étant installé en face de moi pour les manœuvres.

C'est le 10 juin 1867. Le soleil va se lever. L'atmosphère est d'une pureté rare. La campagne est tout imprégnée de l'odeur humide des prés et des bois.

Nous quittâmes terre à 3 heures 55 minutes, nous élevant avec une extrême lenteur, à cause de la rosée tombée sur l'aérostat pendant la nuit. Les villageois matineux, qui, rangés en cercle autour du point que nous venions de quitter, nous regardaient partir, formaient un groupe d'une ressemblance frappante avec celui que certains peintres ont représenté sur l'ascension de Jésus.

Nous assistons au lever du soleil. L'astre vermeil se lève avec majesté à l'horizon céleste, mais au milieu d'un profond silence qui me surprend. Je croyais, comme je l'ai parfois remarqué, qu'à cette heure tous les oiseaux chantaient, que tous les insectes murmuraient, que tous les êtres vivants célébraient l'arrivée du dieu du jour. Ce matin, sous le ciel le plus pur, le retour de la lumière est accueilli avec une sorte d'indifférence.

L'aérostat passe sur le village, à moins de 100 mètres de hauteur. En nous sentant ou en nous apercevant, les chiens se mettent à pousser des aboiements étranges, les dindons gloussent, les volailles crient. Effrayés de notre apparition, ces animaux traversent avec précaution les basses-cours et s'enfuient épouvantés; des bandes de corbeaux se sauvent en poussant des croassements plaintifs.

De vastes prairies paraissent couvertes d'eau; elles sont simplement couvertes de brouillards blancs, qui de loin offrent l'aspect de grands lacs. Lorsque nous passons au-dessus de ces brouillards, ils nous apparaissent comme un duvet.

La direction du courant qui nous emporte fait presque un angle droit avec celui qui nous a amenés hier. Nous marchions vers le sud-est; nous allons maintenant au sud-ouest. C'est le courant inférieur; un peu plus haut, il devient sud-sud-ouest, et, plus haut encore, nous emportera tout à fait au sud. En redescendant, nous retrouverons les directions sud-sud-ouest et sud-ouest, de sorte que notre ligne trace, en projection horizontale, une sorte d'S très-allongé.

A la surface du sol, depuis le coucher du soleil, le calme est absolu. Plus nous nous éloignons de terre, et plus le courant est rapide. C'est généralement l'opposé pendant le jour, et surtout avant et après midi.

Notre marche matinale est accompagnée du chant des alouettes. Nous passons au-dessus d'une côte de rochers rougeâtres, qui de loin ressemblent à des feuilles d'automne. Une brume générale très-légère se fait distinguer au-dessous de nous. Notre hauteur est de 735 mètres. Le ciel est absolument pur, mais l'horizon est terminé par une zone de vapeurs grisâtres à 120 mètres de hauteur; nous nous élevons au-dessus de cette zone.

L'humidité de l'air était grande au départ : 93 degrés à l'hygromètre de précision de Saussure. Cependant elle a augmenté à mesure que nous nous sommes élevés, jusqu'à 150 mètres, zone où elle atteignit 98 degrés. A partir de 150 mètres, elle diminue. A 280 mètres, nous avons 93 degrés d'humidité, c'est-à-dire la même qu'au sol de notre point de départ; 92 à 300 mètres. A 750 mètres, nous avons 86 degrés; à 1100 mètres, 65; à 1168 mètres, 64. L'air devient plus sec à mesure que nous montons.

De petits papillons blancs ont voltigé autour de nous à 1000 mètres de hauteur.

Nous arrivons à 1250 mètres : le thermomètre est de 4 degrés plus bas qu'à terre; l'hygromètre est à 62 degrés; notre chronomètre marque 4 heures 55 minutes.

Un phénomène singulier se produit à propos de l'*ombre du ballon*. Cette ombre, que nous avons vue voyager hier soir sur les campagnes, et qui était *noire*, ronde, enveloppée d'une pénombre légère et d'une vaste auréole, est maintenant *blanche*. C'est une vaste clarté qui paraît mesurer plusieurs hectares; elle occupe plus d'espace que la ville de Milly. Cette clarté me paraît si surprenante, que je ne consens à l'accepter qu'après une demi-heure d'observation et après avoir bien constaté qu'elle est toujours à l'opposite du soleil et voyage avec nous. L'espace boisé ou cultivé sur lequel tombe cette ombre lumineuse est plus éclairé que le reste exposé à la seule lumière du soleil. L'aérostat ferait-il l'effet d'une immense lentille? Ce phénomène fut observé jusqu'à 7 heures 15 minutes. L'ombre devint alors invisible. A 7 heures 32 minutes, elle était noire, mais sans auréole. L'homme qui se serait trouvé sur le passage de cette ombre aurait été surpris par une éclipse de soleil d'un caractère particulier. On croirait, d'après l'observation précédente, que l'éclipse eût été lumineuse ; mais on verra, par l'observation plus attentive du même phénomène, que cette ombre, en apparence lumineuse, est un anthélie.

A 5 heures 15 minutes, nous passons sur Gollainville et laissons Malesherbes à notre gauche. Nous sommes entrés dans le Loiret, et notre vol paraît se diriger sur Pithiviers. Notre hauteur est de 1500 mètres. Les plus petits détails de la vaste campagne se distinguent toujours parfaitement. La forêt d'Orléans se dessine au sud-ouest; au delà, on aperçoit la ville d'Orléans ; il faut une bonne lunette pour distinguer les tours et pour reconnaître les deux ponts blancs. La limite de l'horizon s'étend à une immense distance au delà. Nous cherchons quel temps le son mettrait à revenir de la terre ; mais nous avons beau envoyer nos meilleures notes de poitrine, notre voix est trop haute maintenant pour descendre jusqu'au sol vulgaire : l'écho ne revient plus.

. Nous entendons cependant le sifflet d'une locomotive éloignée. Il y a mieux : des aboiements s'élèvent jusqu'à nous, venant du village de Coudray, et nous distinguons assez bien le cri guttural d'une poule qui vient de pondre.

Les routes sont réduites à de très-minces et longs filets. Les villages innombrables, que l'on pourrait compter par centaines, disséminés sur la campagne, sont semblables à de petites miniatures lilliputiennes. La Seine reluit à l'est, vers le soleil, à Melun ; la Loire se dessine au sud-ouest, à Cosne, Châtillon, Briare, Gien, Sully, Châteauneuf, Orléans, Beaugency, Saint-Dié; l'horizon circulaire embrasse la vaste nappe.

Nous passons, à 5 heures 30 minutes, au-dessus de Boissy-le-Brouard, à 1750 mètres d'altitude. Des papillons voltigent encore autour de nous. Que viennent-ils faire à cette hauteur ? Ont-ils été emportés par l'aérostat? Quoi qu'il en soit, ils volent comme s'ils étaient dans leur atmosphère.

La hauteur de l'aérostat, mesurée par deux baromètres, un à mercure (Fortin), un autre métallique, est de 1800 mètres. A ce propos, c'est peut-être ici le lieu de dire quelques mots sur la mesure des hauteurs par le baromètre, avant de rapporter les impressions ressenties au sommet de cette ascension matinale.

Nous avons déjà parlé plus haut de la pesanteur de l'air et de la cause de l'ascension des aérostats. Cette pesanteur, niée par Aristote à la suite d'une expérience incomplète (il avait pesé *dans l'air* une outre tour à tour gonflée et vide, et avait naturellement trouvé le même poids), fut démontrée par Otto de Guéricke, qui pesa, *dans le vide* fait par la machine pneumatique, un vase tour à tour rempli et privé d'air.

Avant ce philosophe, Torricelli, élève de Galilée, avait déjà fait une expérience qui prouvait aussi la pesanteur de l'air, quoique d'une manière moins directe. Prenons un tube de verre d'un mètre de long et fermé à l'une de ses extrémités ; remplissons-le de mercure, et plongeons-le par son extrémité ouverte dans une cuve remplie du même métal : la colonne s'abaissera, dans le tube, jusqu'à la hauteur de 76 centimètres environ, au bord de la mer. Si nous inclinons le tube, la longueur de la colonne augmentera, mais sa hauteur verticale au-dessus du bain de mercure restera toujours la même. Faite avec de l'eau, cette expérience nous aurait donné une colonne élevée de 10 mètres 2 centimètres, et par conséquent 13 fois et demie plus longue que la colonne de mercure ; mais, comme ce métal est 13 fois et demie plus dense que l'eau, l'expérience prouve que les longueurs des colonnes sont inversement proportionnelles aux densités des liquides.

Lorsque Torricelli eut trouvé ce rapport, il en conclut que la pesanteur de l'air s'opposait à l'écoulement du mercure par la partie inférieure du tube, et il donna le nom de baromètre à cet instrument, du grec βάρος, poids, et μέτρον, mesure. La hauteur de la colonne mercurielle, au-dessus de la surface du métal, se nomme *hauteur barométrique*. Il examina en même temps la manière dont les liquides se comportent dans les tubes communiquants. Si l'on courbe un tube barométrique un peu large, de manière à obtenir deux branches parallèles, et qu'on verse de l'eau dans l'une d'elles, celle-ci se mettra de niveau dans les deux branches. On verra toujours la même chose, quel que soit le liquide employé ou le diamètre relatif des deux tubes. Si nous versons d'abord du mercure dans une branche et de l'eau dans l'autre, la surface du mercure se tiendra plus bas dans la branche contenant de l'eau que dans l'autre ; mais si, par la tige de séparation du mercure et de l'eau, nous menons un plan horizontal, et que nous cherchions l'élévation de la colonne mercurielle opposée au-dessus de ce plan, nous trouverons qu'elle est 13.5 fois plus petite que celle de la colonne d'eau. En répétant l'essai avec d'autres liquides qui ne se combinent pas chimiquement, on arrive à ce résultat général, que les hauteurs des colonnes, au-dessus de la surface de contact des deux liquides, sont inversement proportionnelles à leurs densités. Comme il a été démontré que l'air est un corps pesant, il s'ensuit que les couches d'air superposées, jusqu'aux limites de l'atmosphère, exercent une pression sur tous les corps placés à la surface de la terre. Si donc nous remplissons de mercure un tube recourbé ouvert à ses deux extrémités et dont les deux branches soient parallèles, le mercure se tiendra au même niveau dans toutes les deux, puisque l'air pressera également sur leur surface; mais si l'une des branches est fermée et l'appareil rempli de mercure, celui-ci se tiendra plus haut, dans la branche purgée d'air et fermée où il n'y aura que le poids du mercure; tandis que dans la seconde il y aura le poids du mercure, puis celui de l'atmosphère, qui remplace ici l'eau que nous avions versée sur le mercure, dans l'expérience précédente. Ainsi donc, la différence de niveau entre les deux colonnes nous indiquera le poids de l'atmosphère.

Si cette hypothèse est vraie, il en résulte, comme Pascal l'a fait remarquer le premier, que la colonne mercurielle doit être plus longue au pied qu'au sommet d'une montagne, car alors toute la colonne d'air qui se trouve au-dessous de l'observateur ne pèse plus sur la colonne mercurielle qui se trouve dans le tube ouvert. L'expérience confirme cette prévision : si on s'élève de 500 mètres, le mercure baisse de 5 centimètres; si on s'élève de 600 mètres, le mercure baisse de 6 centimètres; aussi peut-on employer le baromètre pour mesurer la hauteur des montagnes. Deux observateurs se tiennent, l'un au sommet, l'autre au pied : ils observent simultanément, et de la différence de longueur des colonnes mercurielles on conclut la différence de niveau des deux stations. Avec un baromètre muni d'une échelle convenablement divisée, on remarque déjà des différences en s'élevant d'un étage à l'autre dans une maison.

L'*Annuaire* du Bureau des longitudes renferme, chaque année, des tables construites sur ce principe et d'après les formules données par Laplace, avec la marche et le type du calcul. En ayant soin pendant une traversée aérienne de noter la marche d'un baromètre comparé et celle des deux thermomètres (l'un fixé à la monture du baromètre, l'autre suspendu à air libre), de prendre ensuite la hauteur du baromètre au départ et à l'arrivée, et autant que possible les indications que peuvent donner quelques villes échelonnées sur la route au moment où l'on passe à leur zénith, on peut toujours facilement avoir la hauteur de l'aérostat.

On ajoute à cette détermination l'altitude du sol aux stations de départ et d'arrivée, et l'on a ainsi la hauteur absolue de l'aérostat au-dessus du niveau de la mer, qui est celui inscrit ici.

Lorsqu'on a obtenu la hauteur approximative, on lui ajoute le produit de sa millième partie par la double somme des températures aux deux stations, plus une correction provenant de la variation de la pesanteur suivant la latitude.

On ne doit pas appliquer rigoureusement ces formules aérostatiques à la détermination de la hauteur des montagnes. Le décroissement de la pesanteur ne s'effectue pas comme lorsqu'on s'élève en ballon, quand c'est le sol qui s'élève. Poisson a déjà calculé le décroissement de la pesanteur pour un plateau assez étendu pour être considéré comme indéfini dans le sens de l'horizon; dans ce cas, ce décroissement n'est que les cinq huitièmes de ce qu'il est en ballon. La difficulté consiste à calculer le décroissement de la pesanteur au sommet des montagnes dont la forme compliquée ne se prête que bien difficilement à un calcul, même approximatif.

Pour donner un exemple : au sommet du mont Blanc, la diminution de la pesanteur calculée pour un ballon introduit une correction additive de $13^m,6$; pour un plateau la correction se réduit à $9^m,75$; la vraie correction pour la montagne est nécessairement entre les deux, ce qui laisse une incertitude de plusieurs mètres.

Mais revenons à la ligne aérostatique de la traversée aérienne dont la relation constitue le sujet de ce chapitre.

La vallée boisée et verte qui s'étend à l'ouest de Pithiviers jusqu'à Malesherbes ressemblait pour nous à une rivière, et Pithiviers à un dé à jouer déformé. J'en ai pris le dessin sur mon journal de bord. La ligne sinueuse et fourchue qui nous paraissait une mince rivière est une vallée qui a six ou sept cents mètres de large.

De la Beauce nous passons au Gâtinais. La force ascensionnelle augmente toujours. Les aboiements des chiens, affaiblis, se laissent encore percevoir, comme en songe, pour la dernière fois; la chaleur du soleil paraît plus intense sur notre visage, car le froid s'accentue à nos pieds dans la nacelle, et aucun souffle d'air ne vient tempérer l'ardeur de l'astre éclatant. Nous entrons par la limite est (Vrigny-aux-Bois) à 2150 mètres d'élévation sur la forêt d'Orléans, que nos regards embrassent dans son entier comme le Luxembourg du haut du Panthéon, et dont les avenues se coupant sous divers angles se dessinent très-nettement. Il est six heures, et l'esquif aérien, s'élevant toujours, vogue bientôt à 2400 mètres au-dessus de la terre; à 6 h. 20 m., il s'élève à 2700 mètres; à

6 h. 30 m., notre altitude est de 3000 mètres. Nous avons dépassé la hauteur de l'*Olympe*, de cette antique et solennelle montagne mythologique de Thessalie qui, mesurée récemment par les principes barométriques exposés tout à l'heure, n'a que 2906 mètres d'élévation, et ne touche pas au ciel, comme le croyaient les contemporains d'Homère. A 6 h. 38 m., la bulle de gaz à laquelle nous sommes suspendus flotte à 3300 mètres de hauteur perpendiculaire au-dessus de la Loire.

Ici se déroule sous nos regards charmés ce panorama magique que les rêves les plus téméraires n'oseraient enfanter. Le centre de la France se déploie au-dessous de nous comme une plaine illimitée, riche des nuances et des tons les plus variés, que de nouveau je ne puis mieux comparer qu'à une splendide carte géographique. L'espace est partout d'une limpidité absolue. Dans ce ciel bleu, je me lève, et, les bras appuyés sur le bord de la nacelle comme sur un balcon céleste, je laisse mes regards tomber dans le vide immense....

Là-bas, à dix mille pieds au-dessous de moi, la vie déploie son rayonnement universel : plantes, animaux, hommes respirent ensemble dans la couche inférieure de ce vaste océan aérien; ici déjà décroît la puissance de la vie. Là-bas palpite à l'unisson le cœur de tous les êtres; là-bas se mêlent les parfums des fleurs; là-bas murmure la mélodie des existences; là-bas, du limon nourricier de la terre maternelle s'élèvent les épis et les vignes, les roseaux et les chênes, et dans cet air, principe et soutien de la chaleur vitale, se perpétue le concert de l'inextinguible existence.

Mais dans les hauteurs où plane ce navire léger comme l'air, en ce chemin invisible où l'homme passe pour la première fois, nous n'appartenons déjà plus au règne de la terre vivante. Nous contemplons la nature, mais nous ne reposons plus sur son sein. Le *silence* absolu règne ici dans sa morne majesté. Nos voix n'ont plus d'écho; nous sommes environnés d'un vaste désert....

Un silence si profond et si terrifiant domine en ces régions isolées que l'on est porté à se demander si l'on vit encore. Ce n'est pas la mort qui règne ici : c'est l'absence de vie. Il semble que l'on ne fasse plus partie du monde d'en bas. L'aérostat étant en repos absolu dans l'air qui marche, l'immobilité qui nous enveloppe se propage jusqu'à notre esprit. Contemplateurs isolés de la scène du monde, descendons-nous des cieux? abordons-nous une planète habitée dont la magnificence se révèle en ce panorama merveilleux? Combien elle est admirable cette vaste scène de la

Le silence absolu règne ici dans sa morne majesté.

nature vers laquelle nous allons descendre! Quelle paix et quelle richesse! Qui oserait croire que, dans une résidence aussi belle, l'homme vit dans le dédain et l'ignorance de ces splendeurs, et que ce parasite a trouvé le moyen de créer la guerre et le mal sur le sein de la beauté et de l'amour?

Oui, le silence qui règne en ces profondeurs a quelque chose d'imposant; c'est le prélude du silence des espaces interplanétaires, espaces muets et sombres à travers lesquels tourbillonnent les mondes. Le ciel est d'une teinte toute nouvelle pour nous. Au-dessus de nous, il est d'un gris-bleu foncé; sa couleur transparente et insondable se dégrade insensiblement, elle est d'azur à 45°, d'azur pâle à 25°, presque blanche à notre horizon, et s'arrête sur un cercle de nuées bien nettes.

Je n'apprendrai rien à nos lecteurs en leur rappelant que la voûte bleue du ciel n'existe pas. Si cette voûte existait en réalité, les ascensions aéronautiques n'en seraient que plus captivantes, car ce ne serait pas un médiocre intérêt pour notre curiosité d'aller toucher de nos mains ce plafond d'azur au-dessus duquel serait installé l'empyrée, et pour ma part j'ai parfois regretté, surtout en cette ascension-ci, de ne pouvoir me transporter un peu jusqu'au paradis. Quelle nouvelle source d'instruction! Mais dans notre condition actuelle il faut sortir de cette vie, et lorsqu'on s'y trouve bien, on n'éprouve qu'un médiocre désir de tenter l'aventure. Il faut donc nous priver du bonheur de faire le voyage du paradis.

L'air réfléchit de toutes parts les rayons bleus du spectre solaire. La lumière blanche émise par le soleil renferme toutes les couleurs; l'air les laisse passer toutes, à l'exception du bleu, qu'il choisit spécialement et réfléchit dans tous les sens. Ce qui fait que nous supposons à l'air la couleur bleue. Mais cette couleur n'est pas propre aux particules aériennes; elle est due à la réflexion de la lumière. Si l'air était bleu, comme l'a remarqué Saussure, les montagnes éloignées et couvertes de neige paraîtraient bleues, ce qui n'est pas. Mais il est incolore, et pas absolument transparent, puisqu'il reçoit et réfléchit de préférence les rayons bleus de la lumière solaire.

L'espace est absolument noir. Plus nous nous élevons vers l'espace extérieur, moins est épaisse la couche d'air qui nous sépare de l'espace noir, moins le voile aérien est épais, et plus le ciel par conséquent doit paraître noir. A trois mille mètres de hauteur on a déjà dépassé plus d'un tiers de l'atmosphère en poids. Il n'y a donc rien de surprenant à ce que le ciel nous ait paru si noir, et insensiblement dégradé jusqu'à l'horizon inférieur. La décroissance de l'humidité ajoute son propre effet à celui de la diminution de l'air pour diminuer l'intensité de l'éclat azuré du ciel supérieur.

La couleur bleue de l'air se laisse déjà distinguer au-dessous de nous comme un léger voile. A mesure que nous nous sommes élevés, la sécheresse de l'air s'est accrue : elle est de 25 degrés au plus haut point de notre course. Le thermomètre suspendu au soleil marque 23 degrés, le thermomètre à l'ombre dans la nacelle, 8 degrés. Un peu plus tard, ces thermomètres marquent respectivement 25 et 10 degrés. Nous avons pendant longtemps plus de 15 degrés de différence de température entre nos jambes et notre tête.

On verra à l'appendice que l'un des résultats de mes voyages scientifiques en ballon est d'avoir constaté que la couleur bleue du ciel est due principalement à la vapeur d'eau répandue dans l'air, et qu'à trois mille mètres de hauteur cette vapeur d'eau a déjà diminué des trois quarts de sa quantité moyenne dans le voisinage du sol.

Je ne m'attendais pas à subir le moindre malaise, et je ne sais trop pourquoi quelques troubles sont venus interrompre notre bien-être. A 6 h. 45 m. je sentis une sensation singulière de froid intérieur et de torpeur ; je sentis que je respirais difficilement, des tintements sourds et des bourdonnements s'agitèrent dans mes oreilles, et pendant une demi-minute j'éprouvai de fortes palpitations de cœur. Quoique ce dernier effet ait sur l'organisation une influence dont on ne peut se défendre, il m'inquiéta fort peu, car mon cœur a la mauvaise habitude d'accélérer ses battements très-facilement, et pour des causes qui ne le méritent pas. L'embarras de la gorge et de l'ouïe provenait sans doute de la sécheresse rapide de l'air. Je pris un verre d'eau qui me causa le plus grand bien. En débouchant la bouteille à demi remplie, le bouchon s'échappa avec bruit, comme d'une bouteille de champagne. Ce fait s'explique facilement en songeant que nous avions près d'un tiers d'air de moins là-haut qu'à la surface de la terre, que la pression atmosphérique était réduite aux deux tiers.

Je me gardai bien de rien dire à Godard sur les malaises que je commençais à éprouver, lesquels du reste cessèrent bientôt. J'avais le secret désir de monter aussi haut que possible. Malheureusement mon aéronaute fut pris d'une autre espèce d'incommo-

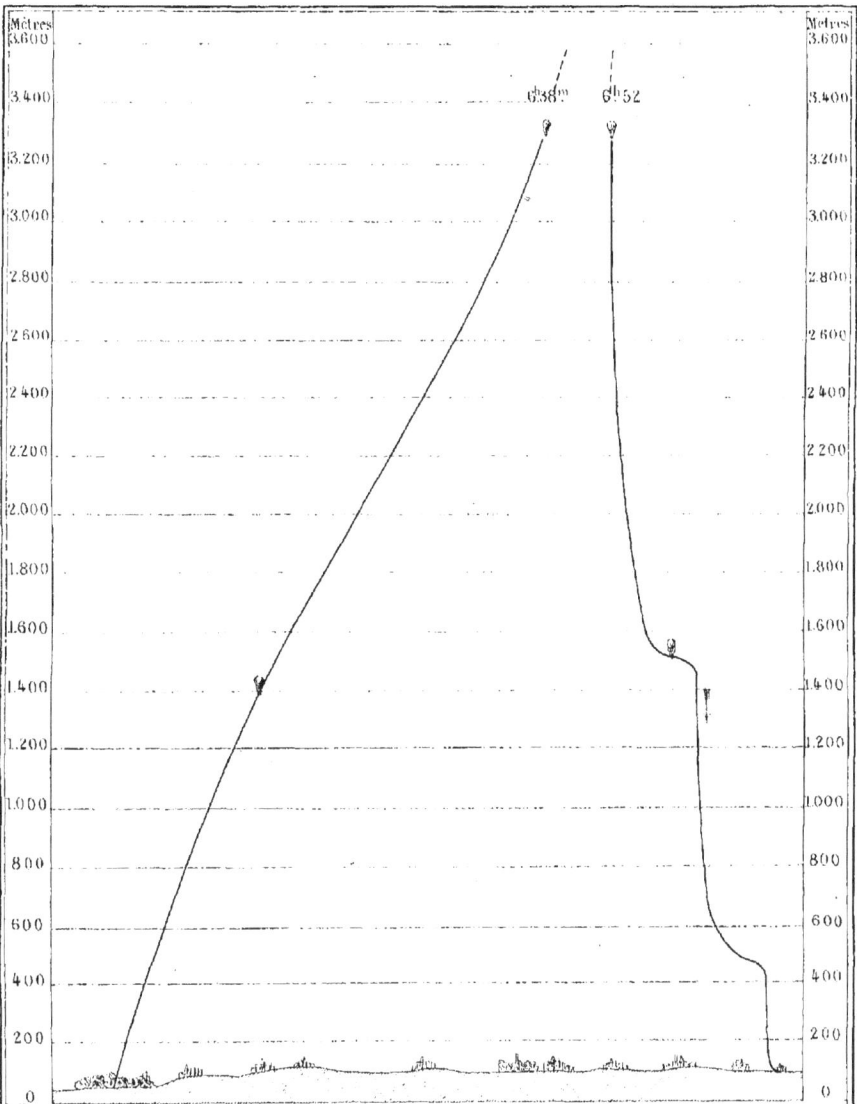

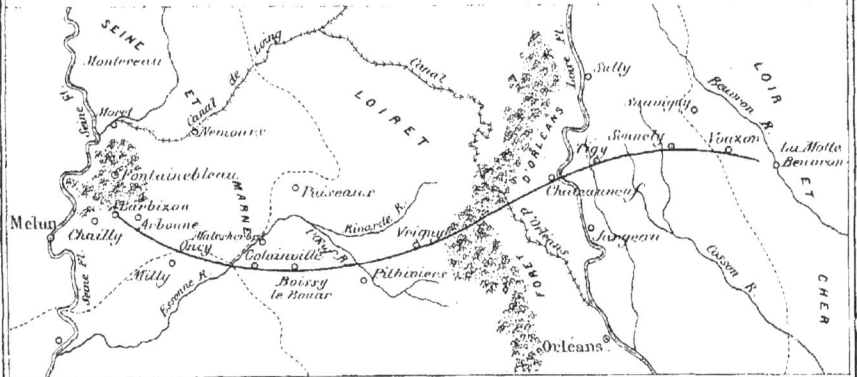

Gravé par Erhard.   Paris — Imp. Frailley.

Ligne Aérienne suivie par Mr. Flammarion,

dans son ascension du 10 Juin 1867 au lever du Soleil.

dité, et se pencha sur le bord de la nacelle, dans la position d'un débiteur qui a quelque chose à restituer à la terre, et qui ne saurait le garder plus longtemps sur le cœur. Il n'en fit rien cependant, et ce n'était là qu'une simple velléité.

Elle fut cause d'une nouvelle observation. Au milieu du sépulcral silence, les efforts et les sons gutturaux se répercutaient avec un timbre criard dans l'aérostat suspendu au-dessus de nous, ouvert, comme on sait, dans sa partie inférieure. C'était comme une vaste salle de 800 mètres cubes, vide et lugubrement sonore. Je me mis alors à jeter dans l'espace de fortes notes, et ce ne fut pas mon moindre étonnement d'entendre que si le son ne revenait plus de terre, il m'était renvoyé avec une sorte d'aigreur et d'ironie par l'impassible aérostat.

A quelle hauteur étions-nous alors? Je ne saurais le préciser. En voulant placer une planche sur la nacelle pour écrire plus commodément, et en écartant les bords, la planchette lancée par un faux mouvement avait heurté le baromètre à mercure suspendu à l'extérieur. Le tube s'était brisé en morceaux, et le mercure était tombé dans l'espace. Le baromètre anéroïde étant arrivé à l'extrémité de son cercle, ne fournissait plus aucune indication.

L'aérostat vogue, isolé, au sein du vide; au-dessous de nous l'espace immense, au-dessus l'infini des cieux. Le soleil paraît moins éclatant, probablement à cause de l'absence de surfaces réfléchissantes autour de nous. L'aérostat pivote de temps en temps sur lui-même, et le soleil est tantôt devant nous, tantôt de côté, tantôt en arrière, quoique notre ligne ne varie pas. Lorsque, debout dans la nacelle, on cherche à distinguer quelques petits détails de la terre, tels qu'un pays, un bois, on s'aperçoit qu'on tourne parfois sur soi-même.

Nos instruments n'indiquant pas la hauteur, Godard songea alors à tirer la soupape pour redescendre un peu. Il m'avoua que dans ses 905 ascensions il n'est jamais monté à cette altitude. N'étant plus en pays de connaissance, l'homme prudent tient absolument à redescendre. Hélas! lui qui a la modestie de s'intituler mon cocher, et que j'aime mieux appeler mon automédon aérien, voici qu'il me refusa l'obéissance; sa main perfide se suspendit à la corde de la soupape!...

Au même instant, nous entendîmes un fort sifflet de locomotive. Nous venions alors de traverser la Loire, à Châteauneuf; nous cherchâmes en vain de quel chemin de fer venait le sifflet : il ne venait pas de si loin, mais simplement de quinze mètres au-dessus de nous; le gaz en s'échappant sifflait comme la vapeur.

Il nous fallut ouvrir la porte du gaz à plusieurs reprises et en· laisser échapper plus de dix mètres cubes pour que le baromètre anéroïde arrêté commençât à indiquer un léger mouvement de descente. Lorsque l'aérostat est à son maximun de dilatation, et il l'était alors, mettre du gaz en liberté équivaut à jeter du lest; de telle sorte qu'au lieu de descendre le ballon remonte un instant.

Après avoir perdu la quantité notable de gaz dont je viens de parler, l'aérostat descendit de la hauteur inconnue à laquelle il planait. Arrivé à 3300 mètres, l'aiguille du baromètre anéroïde, arrêtée depuis 14 minutes à l'extrémité de sa course, reprit sa marche en sens inverse, et tourna le long du cadran avec une vitesse visible à l'œil. Nous descendîmes en effet très-rapidement, et l'aérostat ne se trouva de nouveau en équilibre qu'après être descendu de moitié, dans la zone de 1600 mètres.

La Loire, que nous avons traversée il y a cinq minutes, est comme un mince ruban; on en distingue le fond et les traînées de sable qui marquent sa direction et ses débordements sur ses rives. C'est un peu la nuance du marbre brun.

L'aspect géométrique de la terre à la grande hauteur à laquelle nous planions tout à l'heure paraît paradoxal. La terre étant un globe sphérique, il semble que, en s'élevant au-dessus de la surface, on devrait avoir peu à. peu la sensation de cette sphéricité. En dessinant même la figure, on constate qu'à mesure qu'on s'élève le rayon visuel s'étend de part et d'autre de la perpendiculaire de l'élévation, et que le relief du globe s'accuse de plus en plus au-dessous de nous.

Or il n'en est rien, et c'est même un effet tout contraire qui se produit à mesure que l'on monte dans l'atmosphère. Au lieu de s'élever au-dessous de nous, comme la théorie l'enseigne, le globe 's'aplatit et se *creuse*, de telle sorte que nous nous trouvons insensiblement au milieu de deux verres concaves, le ciel et la terre, qui se soudent à notre horizon, mais dont la double concavité est fortement accusée au-dessous comme au-dessus de nous.

· Cet effet inattendu s'explique par les lois de la perspective. Supposons que nous soyons à 3000 mètres de hauteur, et que cent aérostats planent à la même élévation, sur une ligne horizontale, espacés de kilomètre en kilomètre. Les lignes qui joignent ces aérostats à la terre ont chacune 3000 mètres, mais elles paraîtront de plus en plus petites suivant leur éloignement de la nôtre, et comme ce sont les sommets de ces lignes qui forment notre plan horizontal, ce sont les pieds qui se raccourciront. C'est l'effet inverse d'une allée d'obélisques dont les sommets descendent progressivement vers le plan dans lequel est situé notre œil; si au lieu d'être assis au pied nous étions assis au sommet du premier obélisque, ce sont les pieds des plus éloignés qui remonteraient vers l'horizon de notre œil. La même explication rend compte de l'abaissement apparent des nuages du zénith à l'horizon.

Nous sommes descendus presque en droite ligne sur Tigy, et nous voguons maintenant sur la Sologne, à la hauteur moyenne de 1600 mètres, à laquelle nous restons depuis 6 h. 54 m. Au lieu de continuer vers le sud exactement, nous reprenons le sud-sud-ouest. Je ne me lasse pas d'admirer : ni l'Océan du haut des falaises, ni la Suisse du haut des montagnes ne valent cette plaine. Les observateurs de Châteauneuf virent notre globe de la grosseur du poing; les meilleures lunettes ne parvinrent pas à distinguer les détails des banderoles ni de la nacelle.

Le silence continue d'être absolu. Nous descendons lentement. Mes bourdonnements d'oreilles recommencent. Ils deviennent plus intenses et plus pénibles. Je n'arrive pas à atténuer cette souffrance : elle devient plus vive, au contraire, et bientôt c'est une douleur véritable, comme si les nerfs de l'oreille étaient tiraillés par des pinces. Cette souffrance dura dix minutes et s'éteignit peu à peu. — Une demi-heure après être arrivé à terre, je fus pris d'un bâillement colossal. L'air parut seulement rentrer dans l'oreille intérieure comme des flots intermittents.

Des parachutes nous indiquent que les courants varient au-dessous de nous. L'immense plaine de la Sologne se développe sous nos yeux; elle est parsemée d'un très-grand nombre d'étangs.

Décidés à descendre tout à fait, nous tirons de nouveau la soupape, après nous être laissés emporter pendant une demi-heure dans la zone de 1600 mètres. La nouvelle perte de gaz nous fait descendre de 1000 mètres, et de nouveau l'aérostat cesse de descendre et reprend une marche presque horizontale à 600 mètres. Cette observation ne manque ni d'intérêt ni d'importance. En n'ouvrant la soupape que dans une mesure prudente, de manière à ne pas perdre une trop grande quantité de gaz et à ne pas se préparer une chute accélérée dont l'effet soit un peu trop sensible en atteignant le sol, on ne descend que d'une quantité équivalente à la différence de légèreté spécifique créée par la perte du gaz. La descente totale s'effectue ainsi à plusieurs reprises, et on choisit

le meilleur point d'atterrissage. Cette explication rend compte de
la forme de la ligne de descente tracée sur mes cartes d'après le
baromètre, entre autres de la carte de cette ascension matinale en
particulier.

Les thermomètres remontent et l'hygromètre revient progressivement à l'humidité. Le ciel est resté entièrement pur. On commence à entendre le chant des oiseaux. Nous ne sommes plus
qu'à 500 mètres du sol. Il semble que nous sommes à terre, et,
quel que soit le plaisir et l'intérêt scientifique d'un voyage en ballon, j'avoue qu'on éprouve une bienfaisante tranquillité en se rapprochant de ce plancher vulgaire que nous foulons depuis notre
enfance.

On nous tire deux coups de fusil. C'est le maire de Sennely qui
s'est aperçu de notre descente et qui, après nous avoir salués, fait
préparer ses chevaux pour venir à notre rencontre. Nous passons
au-dessus du chêne des Haronnières qui mesure 21 pieds de
tour, et dont le branchage mesure 43 mètres de diamètre. Les
alouettes chantent en chœur au-dessus des champs. — Nous
laissons à notre gauche le domaine impérial de la Grillaire, et
nous préparons notre descente.

Mais voici que des enfants gardant les troupeaux, et des femmes aux champs jettent des cris lamentables, et, levant les mains
vers le ciel, s'enfuient épouvantés. Ils poussent leurs troupeaux
devant eux et cherchent un refuge dans la fuite, car le ballon descend obliquement en grossissant de plus en plus, et les oriflam-
mes qui flottent de chaque côté ont été prises pour des mains bizarres, pour des tentacules. C'est une pieuvre formidable qui
descend des nues. C'est le diable! le diable!...

En vérité nous ne nous expliquons pas de pareilles superstitions
à notre époque. Comment a-t-on pu supposer qu'un aérostat ressemble à Belzébuth, quand on n'a jamais vu celui-ci? Comment
justifier surtout cette idée irrévérencieuse de croire que le diable
descend du ciel?

Fort heureusement, la majorité des habitants du pays devina
que l'objet qui venait les visiter était un ballon. Nous mîmes pied
à terre dans un champ de la commune de Vouzon, canton de La-
motte-Beuvron (Loir-et-Cher), à 6 h. 45 m. du matin. Le chemin
parcouru dans l'étape d'hier et dans celle de ce matin est de
160 kilomètres : 60 pour la première, 100 pour celle-ci, soit
40 lieues en 6 h. 20 m. ; le tout sans nous être aperçus que nous
n'étions pas en repos absolu.

La vitesse moyenne de l'aérostat fut donc de 7 mètres par seconde. Celle de notre premier voyage avait été supérieure, 8 m. 045, et avait atteint 10 m. 37 en approchant de l'orage.

Il est intéressant à ce propos de répondre à une question que l'on adresse souvent relativement à la vitesse du vent. Voici le tableau général des observations faites et de la désignation adoptée :

Le vent à peine sensible fait 50 centimètres par seconde, ou 1800 mètres à l'heure ;

Le vent *sensible* fait 1 mètre par seconde, ou 3600 mètres à l'heure ;

Le vent *modéré* fait 2 mètres par seconde, ou 7 kilomètres à l'heure ;

Le vent *assez fort* (en marine, brise) fait 5 mètres 1/2 par seconde, ou 5 lieues à l'heure ;

Le vent *fort* (frais) fait 10 mètres par seconde, ou 9 lieues à l'heure ;

Le vent *très - fort* (grand frais) fait 15 mètres par seconde, ou 13 lieues et demie à l'heure ;

Le vent *violent* (très-grand frais) fait 20 mètres par seconde, ou 18 lieues à l'heure ;

Le vent de *tempête* fait 23 mètres par seconde, ou 21 lieues à l'heure

Le vent de *grande tempête* fait 24 mètres par seconde, ou 25 lieues à l'heure ;

Le vent d'*ouragan* fait 36 mètres par seconde, ou 32 lieues à l'heure.

Enfin on a constaté qu'en des circonstances exceptionnelles le vent a fait jusqu'à 45 mètres par seconde, ou 40 lieues à l'heure, dans ces terribles ouragans du sud qui renversent les édifices et déracinent les arbres [1].

Ces diverses vitesses ont été mesurées à la surface du sol. Dans les hauteurs atmosphériques, où les courants circulent librement sans être ralentis par les obstacles des montagnes, des

1. A côté de ces vitesses de l'air et de l'aérostat il n'est pas indifférent de comparer les vitesses de différents actes de l'homme, et des produits de son industrie, et même les vitesses planétaires, celles de plusieurs astres, celles de la lumière et l'électricité.

Vitesses comparées.	Par heure en mètres.
Marche moyenne d'un homme robuste.	5 600
Marche des diligences ordinaires sur les routes nationales de France ou d'Angleterre. — Grande marche.	12 964

collines, des bois, des villes, le vent présente toujours une vitesse supérieure aux précédentes. On peut prendre pour vitesse moyenne d'un aérostat celle de 10 lieues à l'heure.

La brise souffle du sud-ouest aussitôt après notre descente, elle s'élève en intensité jusqu'à midi. Notre aérostat nous permettait de rester plus longtemps dans les airs; en suivant la même marche et la même zone, nous serions arrivés vers Bordeaux avant le coucher du soleil. Mais le but de cette seconde étape était rempli par mes observations en hauteur.

Parmi les lettres reçues à propos de la publication de ces voyages dans le feuilleton du *Siècle*, quelques-unes me prient de donner immédiatement la loi de décroissance de l'humidité de l'air. Les chiffres relatés plus haut indiquent cette décroissance pour le jour de cette ascension; mais on comprendra facilement que les observations devront être renouvelées dans des conditions atmosphériques différentes et comparées, pour donner un résultat définitif.

L'étude de la variation de l'humidité atmosphérique selon la hauteur, et de la variation de la température de l'air correspondant à cette humidité, qui était l'objet principal de cette ascension du 10 juin, a donné pour résultat, conjointement aux observations faites dans les ascensions qui vont suivre, que la vapeur d'eau répandue dans l'air sous forme invisible augmente à partir de la surface du sol jusqu'à une zone où elle est maximum, et au-dessus de laquelle elle décroît constamment jusqu'aux plus grandes hauteurs. En même temps que cette humidité diminue, le pouvoir diathermane de l'air, c'est-à-dire sa transparence pour la chaleur, augmente, de sorte que la chaleur du soleil traverse beaucoup plus facilement cet air des régions supérieures, sans être absorbée par lui. Il en résulte que l'air reste très-froid et que

Marche moyenne des steamers transatlantiques.	18 520
Vitesse maximum d'un bon navire à voiles marchant grand largue.	22 264
Steamers nouveau système, grande vitesse moyenne.	27 580
Cheval de course anglais.	46 300
Locomotive sur chemin de fer, vitesse moyenne ordinaire.	55 560
Locomotive à summum de vitesse.	111 120
Vitesse du boulet de canon	955 632
Vitesse moyenne de la terre dans son orbite, en décrivant sa révolution annuelle autour du soleil.	137 344 320
Vitesse de la comète de 1843 au périhélie.	1 497 600 000
Vitesse de la lumière.	1 440 670 800 000
Vitesse de l'électricité.	2 040 163 200 000

le soleil est très-chaud. La conclusion de ces constatations est
que la vapeur d'eau en suspension invisible dans l'air joue un
rôle beaucoup plus grand que l'azote et l'oxygène, que l'air lui-
même, dans la température. C'est elle qui garde la chaleur dans
l'atmosphère, c'est à elle que nous devons la température réelle
de l'air aux diverses saisons. On verra ces constatations exposées
spécialement à l'appendice.

· On m'a demandé aussi à quelle hauteur se rencontre le premier courant d'air frais au-dessus de Paris, au moment où l'on
étouffe de chaleur dans la basse capitale. Je puis répondre ici
qu'il faut au moins s'élever à 500 mètres pour être complétement
affranchi de la poussière parisienne, et qu'on ne respire encore
un air agréable qu'en sortant des fortifications.

C'est un docteur qui m'adressa d'Issoudun cette dernière question, et ce sont surtout des médecins qui m'écrivent à ce propos.
Je profiterai donc de cette coïncidence pour leur dire que j'étais
accablé d'une grippe atroce la veille de mon départ, et qu'une
fièvre bien caractérisée m'avait fait passer une nuit d'insomnie.
On ne voulait pas me laisser partir, et j'eus la plus grande peine
à m'échapper. Cependant, à dire vrai, il n'y a pas de courants d'air
à craindre en ballon. C'est le lieu du monde où l'on est le plus à
l'abri de l'air! Lorsque vous ne montez pas très-haut, une douce
température vous environne et vous n'êtes pas inquiété par le vent
le plus léger.

De fait, ma grippe se passa en ballon. Je crois donc que le jour
viendra où messieurs de la Faculté enverront leurs clientes aux
bains d'air, au lieu de les adresser à Trouville ou à Biarritz. Reste
à savoir si le silence de là-haut n'effrayera pas les délicates sensitives
et si le chatoiement des casinos de la plage ne les attirera pas de
préférence. Mais il ne serait certes pas désagréable d'avoir un
jour des villes d'air comme on a des villes d'eau, et d'organiser
des colonies célestes pour l'Allemagne ou l'Italie.

La direction, il est vrai, reste encore un problème, malgré les
travaux accomplis en ces dernières années par des chercheurs de
grand mérite. Mais je n'y vois pas d'inconvénient pour l'instant,
et j'y trouve même un charme particulier. A quoi bon savoir où
l'on va? Je compare facilement la sphère d'hydrogène qui m'emporte à la destinée de ma propre existence. Savons-nous où nous
allons? vers quel port nous aboutirons à notre dernière heure?
quelle est la force qui nous mène? Non. Emportés par la destinée

mystérieuse, nous allons tous vers des directions variées. L'importants pour nous est de savoir jeter du lest à propos, c'est-à-dire éviter les écueils, dépouiller le vieil homme et nous affranchir de la lourde matière. Ainsi nous nous élevons vers la lumière, ainsi nous progressons jusqu'à la hauteur qu'il nous est permis d'atteindre, en affirmant de plus en plus notre dignité d'hommes.

Si l'on connaissait la direction des ballons, les voyages aériens ressembleraient aux autres et tomberaient dans le domaine public. Il est beaucoup plus agréable et plus piquant de ne pas savoir où l'on va, et de visiter les beaux sites de France sans avoir eu la peine de les chercher et de les choisir.

La soie du globe aérien, couverte d'humidité au départ, s'était desséchée sous le soleil comme si un feu ardent l'avait calcinée. Si l'aérostat n'était pas ouvert inférieurement, il éclaterait inévitablement à cette hauteur, ce qui serait une surprise éminemment désagréable. Après l'avoir plié, il fut chargé sur une charrette, et nous arrivâmes à la gare de Lamothe-Beuvron, assis sur ce merveilleux tissu qui tout à l'heure nous tenait suspendus à 3000 mètres de hauteur.

Ainsi passent les gloires d'en bas, et même les gloires d'en haut !

C'est le diable ! le diable !

Noyés! noyés!

CHAPITRE V.

I

L'ascension du mardi 18 juin fut dirigée vers l'ouest dès le moment de notre départ. Dans mon ascension du soir, j'étais accompagné de M. le baron de Rochetaillée et de M. Eugène Godard, et dans celle de nuit de ce dernier seul.

Si l'arc de l'Étoile est la porte la plus imposante de la grande cité, l'ouest est également la voie aérostatique la plus magnifique pour sortir de la métropole; aucune autre route ne vaut celle-là. Nous ne passons plus sur la ville bruyante, et le silence nous environne dès la première minute de notre voyage. A peine avons-nous salué ceux que nous laissons à terre, à peine avons-nous reconnu que nous n'appartenons plus au sol, que déjà nous planons sur ce jardin coquet et verdoyant qu'on appelle encore le bois de Boulogne. Les pièces d'eau se mirent sous un ciel bleu, bordées de leurs cadres verts; quelques voiles blanches flottent à leur surface, comme l'aile d'un cygne; de minces sentiers d'or sillonnent le grand parc suivant des courbes harmonieuses. Divisé par nuances et par groupes de plantations distinctes, le bois nous offre la couleur de l'émeraude, variant sous des facettes et sous des transparences différentes; mais cette belle nappe de verdure n'est pas un « plat d'épinards », comme les tableaux de MM. X. et Y. du Salon de cette année; on voit que l'homme n'a pas seul travaillé ici, mais que la nature a donné à l'œuvre de l'art la vie véritable.

Les vertes avenues ont passé, et sous nos yeux apparaît le parc du mémorable château de la Muette. C'est là que s'accomplit, le 21 octobre 1783, à une heure de l'après-midi, le *premier voyage aérien;* c'est là que les hommes osèrent s'abandonner pour la première fois à l'inconnu de l'espace atmosphérique.

Vous vous souvenez, cher lecteur, que Louis XVI n'accorda qu'à grand'peine la permission de tenter un monde ainsi nouveau. Il craignait que les voyageurs ne fussent trompés par la région perfide des météores, qu'ils ne périssent égarés dans le mystère, et que le feu de la montgolfière ne mît leur vie en danger ou ne semât l'incendie sur son passage.

Le roi permit seulement qu'on essayât l'expérience avec deux condamnés à mort que l'on embarquerait dans la nacelle. Mais Pilâtre des Roziers, le premier aéronaute, s'indigne à l'idée seule que « de vils criminels aient les premiers la gloire de s'élever dans les airs ». Il conjure, il supplie, et, grâce à la duchesse de Polignac, gouvernante des enfants de France, il arrive à faire, en compagnie de son ami le marquis d'Arlandes, la première ascension en montgolfière. C'est de cette cour que le globe aérien s'éleva pour traverser Paris; c'est là que Benjamin Franklin en signa le procès-verbal. Il semble que ce jour soit loin, et cependant il n'y a pas encore quatre-vingt-quatre ans de cela, et l'un d'entre nous pourrait peut-être s'en souvenir.

C'est ce même Pilâtre des Roziers qui paya de sa vie, deux ans plus tard, avec un compagnon de voyage, sa tentative imprudente de traverser la Manche à l'aide de l'aéro-montgolfière. A peine s'était-il élevé dans l'atmosphère que le ballon se déchira sur une étendue de plusieurs mètres et que le feu prit à l'enveloppe. L'infortuné jeune homme tomba à trois cents pas du bord de la mer; ses os furent entièrement broyés. Il était âgé de vingt-huit ans, et devait épouser à son retour une jeune pensionnaire d'un couvent de Boulogne, qui, si l'on en croit le récit du temps, expira elle-même en convulsions huit jours après la catastrophe qui lui avait ravi son fiancé.

Mais à peine ma mémoire s'est-elle reportée à cette histoire, à laquelle je me sens plus particulièrement intéressé en passant au-dessus de ce point du globe illustré par le premier voyage aérien, que déjà l'aérostat nous a portés sur le château de Saint-Cloud. Nous traversons la Seine et nous passons au-dessus du parc réservé, là où s'élevèrent aussi le futur Charles X et le père de Louis-Philippe, en 1784, au moment où le char de l'État chancelant invitait à chercher plus haut un équilibre moins instable.

C'est à propos de cette ascension du duc de Chartres (Philippe-Égalité), le 15 juillet 1784, au parc de Saint-Cloud, qu'en raison des dettes proverbiales du prince, une dame d'un cœur aussi excellent que gracieux, Mme de Vergennes, avait fait courir le bruit que si le duc s'était décidé à une ascension, ce n'était ni par amour de la science ni par un acte de courage, mais simplement pour trouver le seul moyen possible de se mettre au-dessus de ses affaires.

Parti à 5 heures 14 minutes, notre aérostat se trouvait à 5 heures 25 minutes à 600 mètres de hauteur au-dessus de Boulogne. En cette région, l'hygromètre marqua 60 et 61 degrés d'humidité au lieu de 57 qu'il marquait à 460 mètres. Le thermomètre avait baissé de 4°. C'est probablement à l'humidité de cette région de l'atmosphère que nous devons le fait suivant :

L'aérostat suspendit son mouvement ascensionnel, et descendit avec une grande rapidité. Nous jetâmes en deux minutes vingt kilogrammes de lest, malgré lesquels l'aérostat s'abaissa en trois minutes de 600 à 230 mètres. Nous traversâmes la Seine à cette faible hauteur, et, grâce à quelques nouveaux kilogrammes de lest, nous remontâmes ensuite lentement à 1080 mètres. C'est à cette élévation que nous passâmes au-dessus de Versailles.

Comme je l'ai exprimé en commençant, la succession de paysages qui se déroula sous nos regards est la plus charmante des environs de Paris ; elle est aussi la plus mémorable dans les fastes de l'aérostation. C'est à Versailles, dans la grande cour du château, qu'eut lieu le premier essai de transport aérien, sous les yeux de Louis XVI et de Marie-Antoinette, le 19 septembre 1783. Au globe construit par les frères Montgolfier on attacha une cage d'osier dans laquelle on plaça un mouton, un coq et un canard. Je trouve dans les Mémoires secrets de Bachaumont une curieuse lettre de Versailles, en date du 19 septembre : « Lorsqu'on trouva le panier

et le ballon au bois de Vaucresson, y est-il dit, le mouton man-
geait tranquillement, le canard paraissait n'avoir point souffert,
mais le coq s'était cassé la tête. » Je remarque encore dans cette
lettre une circonstance assez bizarre et inconnue, que je relate sous
toutes réserves : « Ils (les Montgolfier) ont fait ramasser tous les
vieux souliers qu'on a pu trouver, et les ont fait jeter dans un feu
de paille mouillée, où l'on prétend qu'il y avait aussi des charo-
gnes d'animaux pourris : telles sont les matières de leur gaz. Le
roi et la reine sont venus voir de près cette machine ; mais l'odeur
infecte a obligé Leurs Majestés de se retirer. »

Pendant que nous discourons, l'esquif aérien file en silence dans
les champs de l'azur. Le palais et le parc du roi-soleil se sont
éloignés, et au-dessous de nous campent les successeurs des gardes
françaises. Cinq rangées de quatorze petits champignons blancs,
et un peu au delà trente-quatre de ces mêmes comestibles sur
trois rangs irréguliers, se dessinent sur la verte plaine. Ce sont
les tentes du camp de Satory.

Nous distinguons les buttes des cibles par l'ombre qu'elles es-
tompent à l'opposé du soleil ; sans cette pénombre, elles se con-
fondraient entièrement avec la plaine.

Un troupeau de moutons paît sur la lisière des champs. A bien
examiner, ces petites masses blanches qu'un faible mouvement
anime ressemblent tout à fait à un essaim de ces petits vers blancs
et courts que les pêcheurs appellent, je crois, des.... asticots.
Quant au berger, il n'a même plus cette importance ; debout, sa
projection mesure un angle trop faible pour être aperçue d'ici.
Pour juger un homme à sa juste valeur, on sait en effet qu'il faut
le voir en face et non de trop haut ni de trop bas.

Paris a disparu dans la brume. Le dernier aspect qu'il nous
offrit fut celui d'une plaine de cailloux blancs obliquement éclairés par le soleil.

Nous laissons Saint-Cyr à notre droite. Il est 6 heures 9 minutes. L'aérostat pivote d'une demi-circonférence, et le soleil qui
était à ma gauche passe à ma droite. La ligne de navigation reste
la même. Nous passons à gauche de l'étang de Saint-Quentin ; et
nous voyons reluire au loin, au nord-ouest, la pièce d'eau du
château de Pontchartrain.

On entend chanter un coq, signe de civilisation. Nous nous
trouvons, en effet, au-dessus du village de Notre-Dame-de-la-Ro-
che. A partir de ce point nous voguons à une faible hauteur, à 50,
80, 100 mètres au-dessus du sol, selon les accidents de la cam-

pagne. En présence de belles vallées nous planons à 100 mètres, au-dessus des coteaux nous touchons presque les arbres. Nous pourrions sans peine nous élever à 5 ou 600 mètres, en jetant du lest, mais ces parages sont si beaux ce soir, qu'il serait vraiment impardonnable de trop les dédaigner. Il y a au surplus d'importantes observations à faire à une faible hauteur sur l'humidité et la rosée; profitons de la circonstance.

L'hygromètre s'est successivement élevé à 70°, à mesure que l'aérostat occupait des zones plus basses et que l'heure avançait. Notre vitesse de translation a constamment varié : elle était de 375 mètres par minute au départ, s'éleva à 385 de 5 h. 30 m. à 5 h. 50 m. au-dessus de Versailles, c'est-à-dire à notre plus grande hauteur, redescendit à 383 de 5 h. 50 m. à 6 h. 30 m.; et à 310 à notre plus grand abaissement. Elle atteignit 415 mètres par minute à la dernière période de cette étape, des Essarts à Villemeux, pendant laquelle nous voguions entre 180 et 540 mètres d'altitude.

En nous voyant arriver aux Essarts, les enfants crient et les canards se sauvent. Tous les habitants sortent des maisons et suivent notre voie du côté de l'étang de Saint-Hubert, que nous allons traverser. — Noyés! noyés! Cette exclamation douce nous arrive de toutes parts. Je ferai remarquer ici que le meilleur moyen de connaître la population d'un pays est d'y passer en ballon : pas une personne ne reste à la maison, et on compte les habitants comme des grains de chapelet.

Ainsi, ces excellents habitants avaient abandonné leur village et nous suivaient à la course avec une curiosité non feinte, jusqu'à ces vastes étangs consacrés au nom du patron des chasseurs, qui eut le rare privilége de voir une croix d'os virginal survenue entre les bois du cerf légendaire. En arrivant au bord du lac, ils furent quelque peu décontenancés de ne point voir leur prévision réalisée, car déjà sur la frontière de la Normandie ils avaient ce charmant air narquois qui se réjouit assez volontiers du malheur d'autrui. Nous ne courions pas en réalité le moindre risque, puisque nous étions munis de lest capable de nous conduire beaucoup plus loin. Nous passâmes presque à la surface de l'eau, et un sac de sable nous fit bientôt remonter progressivement jusqu'à 500 mètres.

L'expérience la plus curieuse à faire en passant sur un lac ou un large fleuve est l'observation de l'écho. Nulle surface n'est comparable à celle de l'eau pour renvoyer avec pureté les ondulations sonores. Tous les compliments que vous adressez à la plaine limpide vous sont renvoyés avec la plus rigoureuse sincérité, tandis que des cris beaucoup plus sonores restent sans écho au-dessus des prairies et des champs.

Ainsi, Eugène Godard ayant demandé à l'étang de Saint-Hubert : « Combien y a-t-il de planètes ? » celui-ci nous adressa bientôt la même question, nous montrant ainsi qu'il avait parfaitement entendu, mais qu'il ne connaissait probablement pas la réponse. Godard ne voulut pas rester en retard sur la politesse de l'étang, et lui dit en deux fois : « Mercure, Vénus, la Terre, Mars; — Jupiter, Saturne, Uranus, Neptune. » Noms qui furent intégralement reproduits, le second surtout, avec une exquise douceur, probablement en souvenir de la naissance de Vénus. « Comment sont faits les habitants ? » ajouta notre compagnon de voyage. Le lac avait déjà glissé sous notre vol et ne répondit plus.

De vastes étangs continuent à l'ouest de celui de Saint-Hubert. Nous traversons une partie de la forêt de Rambouillet, laissant la ville à 4 kilomètres à notre gauche. A 7 h. 40 m., nous quittons le département de Seine-et-Oise pour entrer dans l'Eure-et-Loir. Nous avons remarqué sur notre passage que les indigènes paraissent moins intelligents ou moins bons qu'ailleurs.

A 8 h. 4 m. le soleil se couche. Nous l'admirons encore lorsqu'il n'existe plus pour la plaine. Sa forme circulaire s'est sensiblement modifiée pour faire place à un disque aplati en haut et en bas par la réfraction atmosphérique.

Le cours sinueux d'un ruisseau nous empêche de descendre avant d'arriver à Villemeux. Déjà plusieurs centaines de personnes ont acclamé l'arrivée du ballon. Une poignée de lest nous suffit pour passer par-dessus le village et pour descendre doucement de l'autre côté, près des jardins qui bordent chaque habitation du côté de la campagne. Il est 8 h. 7 m. La ligne parcourue par l'aérostat est de 85 kilomètres; nous sommes venus à peu près en ligne droite de Paris, obliquant un peu à l'ouest à la dernière heure.

Mes observations les plus importantes de ce voyage devaient être celles de nuit : variation de l'humidité de l'air et de la température, suivant les hauteurs pendant la nuit; commencement de l'aurore au solstice d'été et gradation de sa lumière; intensité de la lune, éclat des planètes, formation des brouillards avant l'arrivée du jour. Je devais repartir seul avec mon pilote; mais quel que soit le bonheur que l'âme éprouve à s'occuper des choses célestes, le corps réclame néanmoins un entretien plus substantiel.

Mens sana in corpore sano, c'est-à-dire : allons souper à Dreux avant de remonter là-haut. Dreux n'est qu'à 10 kilomètres, et déjà nous avions aperçu le monument funéraire de la famille d'Orléans.

Les habitants de Villemeux comprirent nos intentions et nous amenèrent d'abord par la Grande-Rue jusqu'à la place de la ville. Les rues sont éclairées par quelques réverbères, et les fils, horizontalement tendus à travers la voie, rendaient difficile la translation de l'aérostat. Grâce à la combinaison du mouvement des deux cordes par lesquelles on nous remorquait, nous fûmes portés à l'extrémité de la rue, et en deux heures et demie nous arrivâmes à la ville de Dreux. Ceux qui nous avaient conduits se croyaient fatigués, mais je leur démontrai par l'algèbre et le principe d'Archimède qu'ils *ne devaient pas* l'être, puisque l'aérostat n'est pas plus lourd que l'air. Je n'assurerais pas qu'ils aient été absolument convaincus par mon raisonnement. Deux heures et demie de promenade en ballon captif, c'est une situation des plus agréables à l'entrée de la nuit, au lever de la lune et des étoiles. Quelque jour sans doute, au lieu de traverser le désert à dos de chameau bossu, on fera choix de ce mode si suave de locomotion, et les dromadaires remorqueront l'aérostat du chef de la caravane. Lorsque nous arrivâmes à Dreux vers dix heures et demie, après avoir traversé un élégant petit bois, nous ne pûmes entrer en ville à cause des fils du télégraphe. C'est pourquoi nous établîmes à nos remorqueurs un bivouac à l'entrée de la ville, pendant que nous fûmes souper à l'hôtel du Paradis.

II

La lumière argentée de la lune descendait du haut des cieux comme une rosée divine ; dans la paix du ciel limpide étincelaient les étoiles pâlissantes ; et la terre sommeillait dans un profond rêve, comme un être vivant qui se repose d'un travail et reprend en silence ses forces dispersées.

Tout dormait dans les vastes plaines. Les petits êtres ailés qui jasent dans les bois, les oiseaux et les insectes avaient cessé leur harmonieux bruissement. Le vent lui-même ne soupirait plus dans les arbres. Le moindre souffle d'air ne caressait pas la surface de la terre.

J'avais laissé aux portes de la ville l'esquif aérien plus léger que l'air, et notre nacelle avait été chargée de pierres, de crainte qu'il ne s'envolât dans son domaine. L'escorte d'honneur que nous lui avions donnée n'avait eu aucune peine à le retenir, car l'air était resté absolument calme, et l'aérostat gardait une complète immobilité.

Lorsqu'on l'eut délivré du poids qui le retenait au sol vulgaire, il monta lentement dans le ciel pur. Mon pilote, assis devant moi, versait avec précaution le lest sacré, tenant son regard interrogateur fixé sur le baromètre. Et moi, confiant dans son soin et dans la sûreté de l'aérostat, je m'abandonnai librement à deux sortes de bonheurs : la contemplation et l'étude.

C'est une sensation plus douce et plus profonde encore que les précédentes que celle de voyager silencieusement dans l'espace pendant une belle nuit d'été. En regardant la terre, en sondant l'espace inférieur, je n'éprouvai plus ce sentiment d'isolement qui m'avait âprement impressionné lorsque, en plein soleil, à 3000 mètres au-dessus du sol, je comparais la hauteur et l'exiguïté de ma sphère de gaz à la grandeur de l'immense plaine étendue au-dessous de moi. Là, je me sentais moins vivant. Ici, au contraire, seuls êtres animés, nous vivions et nous pendions au-dessus du sommeil de tous.

Notre ascension eut lieu à 1 h. 25 m. du matin, lorsque tous les instruments eurent été enregistrés ; c'était exactement l'heure du passage de la lune au méridien. A 2 h., nous étions parvenus à 1440 mètres de hauteur. Le baromètre avait baissé de 753,7 à 631,2, le thermomètre de 10 degrés à 5, l'hygromètre de 97 degrés à 84, après avoir passé par un minimum d'humidité (79) à 800 mètres de hauteur. La variation de l'humidité des couches d'air n'est donc pas la même pendant la nuit que pendant le jour.

Le fait qui me frappa le plus dans ce voyage est celui de la vitesse du vent et du déplacement de l'air selon l'altitude. Tandis que, en général, les vents de terre sont *pendant le jour* plus intenses que les courants supérieurs, ce sont, au contraire, les vents supérieurs qui sont les plus forts *pendant la nuit*. Je ne veux pas encore ériger ce caractère en règle générale, car mon expérience n'est pas assez longue pour l'affirmer dès aujourd'hui.

A terre, l'air était d'un calme absolu. A peine arrivés à 100 mètres d'élévation, nous fûmes emportés avec une vitesse déjà très-sensible, croissant en raison de notre ascension. Cette vitesse fut en moyenne de 10 mètres 40 par *seconde* pendant la première heure, et de 11 mètres 95 pendant la deuxième. Notre traversée de nuit n'est pas tout à fait dans la même direction que celle du

Effet de clair de lune. (Premier voyage de M. Flammarion.)

soir. Je remarque qu'il arrive fort souvent que les lignes aérostatiques, et par conséquent les grands courants, s'inclinent en courbe
pour se relever dans la direction de l'ouest et du nord-ouest.

En me voyant porté par les vents du ciel au-dessus de la terre
endormie, je ne puis m'empêcher de penser que sans doute cette
loi de la circulation atmosphérique est l'une des causes de l'entretien de la vie et de la jeunesse de la nature. Pendant le jour,
l'air sillonne la surface de la terre, tempérant les ardeurs de la
vie, mêlant la chaleur solaire et les parfums des plantes à la respiration des êtres animés, répandant sur chacun l'abondance et la
rénovation. Pendant la nuit, les fils de la terre s'endorment sur
le sein de la nature; nul trouble ne vient inquiéter leur repos, et
les sensitives sommeillent en paix, comme les oiseaux des bois.
Mais en même temps une immense circulation s'accomplit au-
dessus de là sphère du sommeil, et les vents supérieurs envelop-
pant la terre rétablissent partout l'équilibre des principes et des
fonctions, jusqu'à l'heure où le soleil, apparaissant à l'orient, viendra rappeler tous les êtres à l'action en répandant des flots de lumière et d'électricité à la surface du monde.

Au solstice d'été, l'aurore et le crépuscule se touchent de bien
près. A peine avions-nous quitté le sol, à une heure et demie du
matin, que nous aperçûmes très-distinctement l'aurore au nord-
nord-est. Sa blanche clarté se dessinait correctement sous la forme
d'une zone horizontale assez mince, nettement terminée à environ
15 degrés au-dessus de notre horizon. Je n'ai jamais admiré une
lumière aussi douce en même temps qu'aussi pure. C'étaient en
effet les hauteurs de l'atmosphère éclairées par le soleil qui planait
alors au-dessus de l'océan Pacifique. Cette clarté vraiment céleste
était d'une pureté si exquise, que le ciel étoilé, quelque transparent qu'il fût lui-même, paraissait couvert d'un gris de plomb. A
mesure que j'examinais cette clarté, le ciel me paraissait de plus
en plus couvert, et il me paraissait singulier de voir les étoiles
briller.

On peut s'étonner que malgré la lumière de la lune j'aie aperçu
l'aurore dès une heure et demie du matin. J'ai voulu faire l'expérience à la nouvelle lune. Or, le 30 juin, par un ciel extrêmement
pur, j'ai suivi la faible lueur du crépuscule de 11 heures à 1 heure
du matin, et j'ai constaté qu'elle a progressivement passé du nord-
nord-ouest au nord et au nord-nord-est sans disparaître entièrement. A cette date, le soleil ne descend pas à plus de 18° au-dessus
de l'horizon.

Désirant connaître l'état relatif de la lune et de l'aurore, je comparai leur lumière de cinq en cinq minutes. C'est à 2 h. 45 m. que les deux clartés furent *égales en intensité;* alors je pouvais lire une feuille tournée du côté du nord-est (aurore) exactement comme je lisais une feuille tournée du côté du sud-ouest (lune). Mais voici une particularité qui surprendra mes lecteurs.

La lumière de la lune est d'une blancheur devenue proverbiale. Lorsqu'on la compare aux lumières artificielles, aux becs de gaz par exemple (qui eux-mêmes font paraître jaunes les quinquets à l'huile), la lune fait jaunir et presque rougir à son tour la lumière de l'hydrogène, et paraît si blanche qu'elle en est bleue par contraste. L'astre candide des nuits est devenu l'emblème de la pureté virginale, et le lis le plus pur n'oserait comparer sa blancheur à celle de Phœbé.

J'étais donc intéressé à savoir si, surprise au lever du jour, la déesse des nuits serait aussi pure que sa réputation. L'expérience était facile à faire, et le photomètre des plus simples : exposer des feuilles de papier blanc à la clarté de la lune, et les retourner du côté de l'aurore, et ainsi successivement, pour comparer simultanément l'intensité et la couleur des deux lumières.

Or, avant même que l'intensité de la lumière lunaire eût atteint celle de l'aurore, je constatai qu'à son tour cette lumière jaunit devant la pure splendeur du jour!

Il est bon de rappeler ici que les notes de mon journal de bord, dont je me sers pour rédiger ces articles, ont été écrites séance tenante dans la nacelle, tantôt à la clarté de la lune, tantôt à la clarté des étoiles, tantôt à tâtons, car il est prudent de n'emporter aucune sorte de lumière en ballon; celui-ci, ouvert à sa partie inférieure, ferait l'office d'un immense bec de gaz de 800 mètres cubes, et pourrait bien nous causer la surprise d'éclater à quelques mille mètres de hauteur.

Le sud et le nord de notre ciel nous offrent deux aspects fort différents. Dans le premier le ciel est profond, transparent, bleu; la brume qui recouvre la terre est semblable à un océan de brouillards; la lune trône au-dessus de ce monde de vapeurs. Dans le second, le ciel paraît couvert et terminé au nord-est par une ouverture ou une transparence. — Directement au-dessus de notre tête plane l'énorme sphère sombre et en apparence immobile.

J'aperçois à l'œil nu les taches principales de la lune, et même la montagne rayonnante de Tycho. A l'aide d'une faible lunette, je distingue jusqu'aux petites taches, telles que le lac de la Mort, le lac des Songes, le marais du Sommeil, la mer du Froid. En voyant les brumes inférieures et en sachant quels vents sillonnent l'atmosphère, je songe combien il est difficile à ceux qui habitent le fond de cet océan aérien d'observer sans erreur les mondes éthérés; je songe surtout à la difficulté de bien observer à l'Observatoire de Paris, perpétuellement enseveli sous la poussière et les voiles de la grande ville.

A travers la nuit transparente notre esquif aérien vole. En bas un silence absolu; en haut les constellations scintillantes. Je me souviens des deux strophes du poëte chantant précisément le passage de l'aérostat sous la nuit étoilée.

> Andromède étincelle, Orion resplendit;
> L'essaim prodigieux des Pléiades grandit;
>   Sirius ouvre son cratère;
> Arcturus, oiseau d'or, scintille dans son nid;
> Le Scorpion hideux fait cabrer au zénith
>   Le poitrail bleu du Sagitaire.
>
> L'aéroscaphe voit, comme en face de lui,
> Là-haut, Aldébaran par Céphée ébloui,
>   Persée, escarboucle des cimes,
> Le Chariot polaire aux flamboyants essieux,
> Et plus loin la lueur lactée, ô sombres cieux,
>   La fourmilière des abîmes!

Nous sommes passés à 2 heures 20 minutes à gauche d'une petite ville carrée. Nous avions d'abord pris cette place pour un verger, mais un examen plus attentif nous montra qu'il y avait là des édifices et qu'une promenade plantée d'arbres en faisait le tour. Vérification faite sur la carte, nous constatons que c'est la ville de Verneuil.

A 2 h. 55 m., nous passons au-dessus de la ville de Laigle. Des vallées profondes, au milieu desquelles s'élève le duvet d'un léger brouillard, dessinent le caractère du sol.

C'est ici, au-dessus de Laigle, dans ce ciel que nous traversons, qu'eut lieu la première chute d'aérolithes constatée par la science; c'est de cet espace, aussi pur qu'aujourd'hui, que tombèrent, le mardi 6 floréal an XI, vers une heure de l'après-midi, des milliers de pierres, qui purent être ramassées dans tous les villages environnants, et dont Biot rapporta des fragments à l'Académie des sciences, qui jusque-là avait rigoureusement nié que des pierres pussent tomber du ciel. Une explosion violente, qui dura pendant cinq ou six minutes avec un roulement continuel, fut entendue à près de trente lieues à la ronde; elle avait été précédée par un

globe lumineux de la grosseur d'un ballon, traversant l'air d'un
mouvement rapide. Jamais chute d'aérolithe ne jeta plus grand
effroi dans les populations des campagnes. Ceux qui avaient entendu l'explosion sans voir le bolide s'étonnaient d'entendre pareil
coup de tonnerre par le ciel le plus pur, et croyaient assister à la
confusion des éléments; ceux qui virent soudain des pierres lancées par une force invisible tomber du ciel avec fracas sur les
toits, sur les branches, sur le sol, et creuser des trous dans lesquels elles s'engloutissaient, réveillaient les cris des anciens Gau-
lois, et se demandaient si c'était « la chute du ciel ». Il ne fallût
rien moins que ce grand événement pour faire accueillir par la
science l'existence réelle des pierres météoriques.

Notre aérostat a traversé cette région célèbre dans l'histoire de
l'astronomie et continue son vol au-dessus du département de
l'Orne.

Vénus vient de se lever. Étoile blanche, elle brille dans l'aurore
dorée comme sur une flamme plus pure encore. Mercure se lèvera
trop tard pour être visible. Mars était couché avant minuit. Saturne descend à l'occident. Mais le sceptre de cette nuit appartient
à Jupiter. Je n'ai jamais vu cette planète aussi éclatante, quoique
sans scintillation. Elle semblait aussi lumineuse que la lune, tant
elle jetait de feux, et toutes les étoiles, celles de première grandeur comme les plus modestes, pâlissaient et s'effaçaient devant
elle. Vers trois heures, les étoiles s'éteignirent l'une après l'autre.
Arcturus s'évanouit la dernière; mais la lune et Jupiter restèrent
lorsque toute l'armée céleste se fut enfuie aux approches du jour.

Depuis ce premier voyage nocturne aérien, j'ai passé plusieurs
fois la nuit entière dans l'atmosphère, comme on le verra dans la
suite de ce récit; mais je n'eus jamais de nuit aussi belle, et j'o-
serai dire aussi pure ni aussi charmante. Car c'était un charme
magique que cette douce influence de la lumière lunaire descendant de notre pâle satellite. Pas le moindre souffle d'air qui
nous refroidisse, puisque l'aérostat est emporté par le mouvement
même de l'air. La température était à 5° au-dessus de zéro à
1500 mètres de hauteur et à deux heures après minuit (elle était
à 10° à la surface du sol); à deux heures et demie elle était à 8° à
1000 mètres; à trois heures elle était à 11° à 400 mètres, et *plus
élevée* que dans le fond de la vallée où nous descendîmes, car
dans le fond de cette vallée le thermomètre marqua 6° une demi-
heure plus tard. L'humidité était également plus forte dans la
vallée.

Le sceptre de cette nuit appartient à Jupiter.

La lumière répandue dans l'atmosphère par l'aurore est bien différente de celle de la lune. A la faveur de celle-ci, j'ai constamment pu lire mes instruments et écrire, et nous n'avons pas cessé de distinguer la campagne, les bois, les champs, les plateaux, les vallées. Mais cette clarté *glisse* sur ces objets plutôt qu'elle ne les pénètre. Elle estompe vaguement les contours et dessine une carte de demi-teintes. Il en est tout autrement de la lumière de l'aurore. Avant même que son intensité égale celle de la clarté lunaire, elle emplit toute l'atmosphère et s'incorpore avec elle. Elle imbibe les airs, les montagnes et les vallées, elle *pénètre* les plantes des forêts et l'herbe des prairies. Il semble que tout vive en elle, et qu'elle s'impose pleinement à la nature comme la cause universelle de la vie, de la force et de la beauté des choses créées.

Le silence *absolu* qui s'étendait sur la nature pendant la nuit commence après 3 heures à se laisser entrecouper par quelques notes douces et lointaines. A 3 heures 20 minutes le chant des oiseaux s'annonce avec plus de vivacité. Leur voix est pure dans l'ordre du son comme l'aurore dans l'ordre de la lumière. Ils chantent tous avec joie, et les notes limpides de leurs petites gorges s'envolent avec candeur dans l'atmosphère baignée de lumière.

Nous arrivons à 3 h. 25 m. au-dessus du bourg de Gacé; nous descendons dans une prairie couverte de rosée, au bord de la jolie rivière de la Touques, qui se jette dans la mer à Trouville. Ayant laissé partir un peu de gaz, nous nous tenions à la surface du sol, appuyés, mais à peine, sur la terre. Des bœufs au pâturage regardent avec étonnement notre descente, et n'osent approcher de nous qu'après un quart d'heure de réflexion. C'était une troupe de bœufs rouges, dignes des grands bœufs de Dupont. Le général de la bande se détacha d'abord, avec mine de parlementer. Ils nous regardaient tous avec des yeux si étonnés, que très-certainement ils ne s'expliquaient pas au juste à quel rang de l'échelle zoologique nous pouvions appartenir. Après nous avoir inspectés, le bœuf embassadeur revint vers ses compagnons, les ramena les cornes basses et menaçantes. Nous les laissâmes approcher, puis, versant un sac de lest sur la tête des premiers, nous nous élevâmes à vingt mètres et nous sautâmes sur l'autre côté de la prairie. Quant aux hommes, ce n'est qu'à quatre heures qu'ils arrivèrent, et, en retenant la nacelle, nous permirent de mettre pied à terre encore auprès d'un autre troupeau.

Les réflexions faites par les enfants, les femmes et les hommes

à la descente ne sont pas la partie la moins curieuse de nos voyages. C'est surtout à notre descente de Lamothe-Beuvron que j'ai
été surpris des propos tenus sur notre compte et surtout sur celui
de nos instruments. Le baromètre à mercure placé dans son four-
reau est considéré comme une longue-vue : « C'est avec cela qu'il
étudie la lune, » ou bien encore comme une carabine. L'hygromètre est pris pour une montre, « parce qu'en haut les petites aiguilles ne marchent plus. » Le baromètre anéroïde est une boussole. Les tubes, les moindres appareils, les cartes, notre malle,
la plus inoffensive bouteille, tout est regardé avec étonnement et
commenté de diverses façons.

A chaque nouveau voyage, j'apprécie mieux le charme de cet
excellent mode de locomotion, et chaque fois je m'étonne davantage de ne le point voir mis en pratique sur une grande échelle.
Aucun mode de transport ne comporte autant de variété que ce-
lui-là, — ni autant de charme. A l'immobilité apparente absolue
de la nacelle se joint la beauté sans égale de la mise en scène.
Vous filez en silence dans la plaine de l'air, porté par un souffle
invisible au-dessus des plus magnifiques paysages... C'est tout à
fait digne des habitants angéliques de Jupiter...

Descente au milieu d'un troupeau.

on apercevait les villages allumant leurs feux du soir.

CHAPITRE VI.

Les voyages atmosphériques qui précèdent s'étaient tous accomplis par un ciel pur, et je n'avais pas encore eu le bonheur de faire une traversée au-dessus des nuages et d'étudier ce monde supérieur. La nuit de mon voyage en Normandie s'était écoulée avec une telle rapidité que je désirais maintenant passer une nuit entière, même par un temps couvert, et faire de longues observations tantôt au-dessus tantôt au-dessous des nues. Je préparai donc cette expédition. Contrairement à ma réserve accoutumée et au silence auquel l'étude nous oblige, je vis qu'on avait surpris mes intentions et annoncé ce voyage dans les journaux. Le ballon *le Géant*, réveillé de son sommeil, ayant annoncé, lui aussi, un voyage scientifique, couvrait les journaux de réclames et Paris d'affiches, préparant du mieux qu'il pouvait la recette ambitionnée pour son spectacle public. (Je sais que mes honorables confrères qui se proposaient de faire des observations météorologiques dans cet aérostat restèrent en dehors du tapage et de la grosse caisse.)

Les journaux, dis-je, qui avaient tenu leurs lecteurs au courant
de mes précédentes études, eurent la gracieuseté d'annoncer mon
voyage concurremment avec celui du *Géant*. Je crois même, si je
suis bien informé, qu'on alla jusqu'à écrire que l'honneur de
l'aérostation était engagé dans cette double campagne et que,
après le voyage de l'un et de l'autre ballon, le monde civilisé
saurait à quoi s'en tenir sur la valeur réciproque du « Géant invalide et de l'aérostat impérial ». Il va sans dire que ce voyage,
comme les précédents, était purement scientifique, et qu'au point
de vue matériel son résultat principal fut de me délester de quelques billets bleus.

Cher lecteur, n'ambitionnez jamais la prétendue gloire de voir
votre nom jeté aux quatre vents du ciel par les « grands journaux de Paris ». Prenez soin au contraire d'empêcher vous-même
tant de bruit indiscret sur votre personne. Car il y a, autour de
toute renommée nouvelle, des frelons enflés par la jalousie, qui
s'empressent de la dénaturer, et dont le bourdonnement ne pourra
manquer de vous être insipide si vous aimez la tranquillité. Telle
est la réflexion que l'on m'a fait faire après mes premiers voyages
aériens; en prenant les précautions nécessaires pour éviter un
bruit inutile, j'ai pu continuer librement et tranquillement mes
études météorologiques selon mon bon plaisir.

Il avait été convenu entre les observateurs du *Géant* et moi que nous
partirions à la même heure pour l'étude des courants. Je priai
donc M. Eugène Godard de faire gonfler l'aérostat pour quatre heures
très-précises (heure de rigueur, disaient les affiches en question).
Un premier quart d'heure se passa.... le *Géant* ne monta pas! un
second quart d'heure suivit le premier... le *Géant* ne monta pas! Un
troisième quart d'heure s'écoula lentement.... et le *Géant* ne monta
pas! Nous craignîmes qu'il ne lui fût arrivé malheur, même avant
le départ; ne pouvant éternellement différer notre ascension, nous
laissâmes enfin notre belle sphère s'envoler dans l'espace.

Les nuages ne nous paraissaient pas très-élevés. Pour ne pas
arriver immédiatement jusqu'à eux et nous interdire par là toute
observation précise, nous avions exactement pesé notre force
ascensionnelle et pris du lest en conséquence. Nous nous élevâmes donc avec lenteur. Les instruments eurent le temps nécessaire pour se mettre à la température ambiante, et je pus observer
l'état thermométrique et hygrométrique des couches d'air inférieures aux nuages.

L'aérostat se dirigea vers le sud. Il devait tourner plus tard au

sud-sud-ouest et au sud-ouest. Nous passâmes en ligne directe
sur Grenelle, Vaugirard, Vanves, Châtillon, Fontenay-aux-Roses,
Sceaux, Chatenay, Antony. Ce courant du nord s'étendait à une
grande hauteur, et paraissait général, car le ballon de M. Louis
Godard, parti de Neuilly, et celui de M. Nadar suivirent l'un et
l'autre une ligne parallèle au nôtre, pour aller tomber, le premier
à Clamart, le second à Chilly, près Lonjumeau.

En passant au-dessus du Trocadéro et de l'Exposition, nous
entendîmes avec un certain plaisir les acclamations de la foule.
Nous nous intéressâmes à prendre, de là-haut, le dessin du *Géant*
et de la manœuvre à l'heure où nous naviguions sous le plafond
des nuages et où celui-ci rasait le sol.

Pendant que nous admirons le splendide parc de Sceaux orné
de ses pièces d'eau et de ses pelouses, nous nous trouvons emportés dans les nues. Notre altitude est de 630 mètres. Le baromètre Fortin s'est abaissé de 757ᵐᵐ,3 à 705, l'anéroïde de 758,7 à
704; le thermomètre a baissé de 20 degrés à 15; l'hygromètre
s'est élevé de 88 à 90, après avoir marqué 85 à 330 mètres. Il est
5 h. 27 m.

Insensiblement l'aérostat s'élève dans les nuées. L'*air semble
devenir opaque autour de nous*, et la campagne se couvre d'un
voile dont l'épaisseur augmente du centre à la circonférence. Bientôt nous ne distinguons plus la terre que diamétralement au-dessous de nous, et nous sommes enveloppés d'un immense brouillard blanc qui paraît nous environner de loin, comme une sphère
vague, sans nous toucher.

Nous nous croyons immobiles au milieu de cet air dense et
opaque, et nous ne pouvons ni apprécier directement notre marche horizontale, ni savoir à l'aspect des nuages si nous nous
élevons ou si nous descendons. Tout à coup, pendant ce séjour
au milieu d'un élément si nouveau pour moi, suspendu au sein
de ses limbes aériens, nos oreilles sont frappées par un admirable concert de musique instrumentale, qui semble donné
dans le nuage même, à quelques mètres de nous. Nos yeux s'enfoncent dans les blanches profondeurs : en haut, en bas, de quelque côté qu'ils cherchent, ils ne rencontrent que la substance diffuse et homogène qui nous environne de toutes parts.

Nous écoutons avec recueillement l'orchestre mystérieux. Ne
devinant pas encore quel chant nous arrive en cette région étrange,
je trace quelques portées et je note le chant sur mon journal de
bord pour en garder au moins le motif principal. Puis je passe au

baromètre, au thermomètre et à l'hygromètre, et je constate avec
un certain étonnement que l'humidité *décroît* à mesure que nous
nous élevons dans le nuage, et que la chaleur augmente. A
700 mètres, l'hygromètre est descendu progressivement à 87 degrés, et le thermomètre s'est élevé à 17.

Le morceau exécuté par l'orchestre inconnu était l'*Ame de la
Pologne*.

Le brouillard est plus sonore que l'air et recueille les sons avec
une telle intensité que, toutes les fois que, traversant les nuages,
nous avons entendu l'orchestre d'une ville inférieure, il nous a
semblé être tout à côté de cet orchestre. A la limite du son perceptible dans l'air pur, l'interposition d'un nuage, tout en dérobant la vue de la ville, serait donc loin d'atténuer les sons : au
contraire, l'aéronaute pourrait se trouver en de telles conditions
que ce nuage lui fît percevoir des sons qu'il n'entendrait pas
sans lui !

Nous avons reçu la sérénade fortuite d'une excellente musique
d'orchestre au-dessus d'Antony et au-dessus de Boulainvilliers,
alors que nous étions entièrement enveloppés dans les nuages et
à près d'un kilomètre de l'une et de l'autre ville.

Cependant la sphère de soie perce lentement de son vaste crâne
les opacités non résistantes de la nue, et, nous frayant un passage,
nous emporte vers les régions plus lumineuses. Bientôt nos yeux,
accoutumés à la faible clarté d'en bas, sont impressionnés par
l'accroissement de la lumière qui nous enveloppe. C'est en effet
une vaste clarté solide qui paraît nous cerner de toutes parts : la
sphère blanche qui nous enserre est du même éclat dans toutes
les directions, en bas comme en haut, à gauche comme à droite ; il
est absolument impossible de distinguer de quel côté peut être le
soleil.

Je cherche en vain à définir le caractère de notre situation,
l'aspect en est vraiment indescriptible ; tout ce que je puis exprimer, c'est que nous sommes au sein d'une sorte d'océan blanc
pénétrable.... Mais la lumière s'est rapidement accrue et s'affirme
maintenant avec puissance. Le soleil apparaît dans le ciel blanc
comme une hostie immense posée sur des couches de neige.

Nous voici maintenant dans la lumière et dans le ciel pur. La
terre avec son voile de brouillards s'est enfoncée loin au-dessous
de notre essor. Ici règne la lumière ; ici rayonne la chaleur ; ici
l'atmosphère est pleine de joie ; en abordant au sein de ce nouveau monde, il semble que l'on quitte les rives sombres du deuil

Le soleil apparaît comme une hostie immense posée sur des couches de neige.

pour prendre possession d'une nouvelle existence, et qu'en laissant les nuages se fondre à ses pieds on ressuscite dans la transfiguration du ciel. Les royaumes d'en bas se couvrent de tristesse et les intérêts de la matière se voilent sous la honte de l'obscurité; à peine avons-nous traversé les portes du ciel que l'âme, enivrée d'une métamorphose si rapide, sent frémir ses ailes palpitantes et se réveiller sous son enveloppe de chair le sentiment de son immortelle destinée. Elle croit ressentir un avant-goût des mondes supérieurs; elle voudrait laisser tout à fait son vêtement sur ces nuages, et s'envoler vers le soleil dans l'inextinguible ardeur de son désir.

En arrivant à cent mètres au-dessus du niveau supérieur des nuages, on vogue en plein ciel, dans un espace en apparence complétement étranger à la terre, et en quelque sorte entre deux cieux. Le ciel inférieur était formé de collines et de vallées blanchâtres, de tonalités diverses offrant quelque vague ressemblance avec des traînées neigeuses de laine cardée extrêmement fine, et diminuant de grandeur et de profondeur à mesure qu'elles s'éloignent.

Le ciel supérieur était d'azur parsemé de flocons et de traînées blanches (cirrus) situés à une grande hauteur, — presque aussi grande que si l'on était à la surface de la terre. Le soleil répand ses rayons de lumière et de chaleur en ces régions inexplorées, tandis qu'il reste caché pour les régions habitées par l'homme. Combien de merveilles naissent et s'évanouissent inconnues de l'œil humain! Quelles forces immenses et permanentes agissent au-dessus de nous sans que nous les percevions! Et comme la nature éternelle poursuit son cours sans se préoccuper d'être admirée et étudiée par le faible habitant de la terre!

Nous sommes restés une heure entière au-dessus des nuages; j'employai toute cette heure à chercher des expressions qui pussent rendre le spectacle déployé sous notre regard, et, après avoir écrit une page de comparaisons et d'images, j'en fus réduit à m'arrêter à ces deux lignes : « Tous ces mots sont ridicules et indignes, — nulle expression ne peut rendre ceci, — spectacle enivrant. Debout dans la nacelle, mon regard qui tombe à nos pieds me donne la sensation d'un vol ultraterrestre.... Que n'habite-t-on ici! »

En contemplant ces magnificences, j'aime à penser qu'il y a des mondes où l'homme ne rampe pas dans la poussière comme sur le nôtre, mais a établi son séjour habituel dans les régions supérieures. Peut-être le jour viendra-t-il où dans le nôtre même l'humanité émancipée aura su se délivrer des derniers liens et vivra enfin dans la pureté et la transparence de l'espace céleste.

L'ombre du ballon se dessine, estompée sur l'océan nuageux, comme un second ballon gris qui voguerait dans les nues. L'aérostat paraît immobile, car il est emporté par le même courant que les nuages eux-mêmes. Les collines et les vallées blanches situées au-dessous de nous paraissent assez solides pour nous inviter à descendre de la nacelle et à mettre pied à terre.

A 6 h. 25 m., nous entendîmes un train sortir d'une station par le bruit caractéristique des roues sur les aiguilles. Consultant notre indicateur des chemins de fer, nous reconnûmes que c'était un train sortant de Brétigny.

Puisqu'on aime les détails circonstanciés, j'oserai dire que vers six heures et demie nous dînâmes frugalement d'un couple de pigeons, de quelques cerises et d'une bouteille d'arbois. Ce modeste repas nous conduisit jusqu'au lendemain matin; mais, quelque modeste qu'il fût, il était assaisonné d'une mise en scène si agréable et si rare, qu'il me parut plus délicieux qu'un souper chez Lucullus. J'ajouterai qu'à peine avions-nous mis la table qu'un nouvel orchestre inconnu vint nous jouer l'ouverture de *Guillaume Tell*.

Une petite mouche à ailes rouges, une coccinelle, voleta autour de la nacelle. Cette petite « bête à bon Dieu » rêvait sans doute au paradis. Elle réveille dans mon souvenir les douces strophes du poëte des *Contemplations*, et, l'appliquant aux hommes d'en bas qui consument leurs jours dans l'ambition et l'avarice, je me rappelai le mot de la fin :

> Les bêtes sont au bon Dieu,
> Mais la bêtise est à l'homme.

Nous nous élevâmes successivement à 1500, 1700 et 1900 mètres de hauteur, les nuages qui planaient entre 500 et 900 mètres nous dérobant entièrement la vue de la terre. Puis une condensation s'opéra et l'aérostat redescendit.

Nous restâmes jusqu'à 6 h. 50 m. au-dessous des nuages, dans une immobilité apparente, mais voguant en réalité avec une vitesse égale à la leur. L'aérostat est dans un tel équilibre au sein de l'air que, lorsqu'il arriva au-dessous du niveau supérieur, une poignée de 300 grammes de lest suffit pour nous ramener dans le ciel bleu. Le ballon semblait ne pas oser redescendre, comme si l'air des nuages avait été plus dense et l'avait soutenu. A 6 h. 50 il pénétra définitivement dans la nuée.

Lorsque nous descendîmes de la lumière, un effet inverse à celui qui m'avait impressionné se produisit. Une tristesse immense succéda à la joie d'en haut. Quelque chose d'obscur, de laid, de sale même, paraissait voiler l'espace. On sentait les approches d'une terre proscrite.... Je recommande cette descente-là aux misanthropes : on éprouve quelque dégoût à se voir retomber du ciel chez les hommes.

Le crépuscule et la nuit vont bientôt envelopper l'aérostat solitaire.

La condensation et le froid, auxquels se joignit bientôt la vitesse acquise, accélérèrent la descente de l'aérostat (je répète ici que nous ne touchons jamais à la soupape). En 10 minutes l'aérostat était descendu de 1900 mètres à 750. En 2 minutes il tomba tout d'un coup de 650 mètres. Nous aperçûmes en sortant des nuages la terre qui montait vers nous avec une effrayante rapidité. Godard jeta le lest par sac de 10 kil. Notre chute ralentie nous entraîna néanmoins jusqu'à 100 mètres du sol au-dessus de Mesnil-Racoing, près Étampes. Balainvilliers était le dernier village que nous ayons aperçu à travers les nuages, à 5 h. 50 m.; nous avions parcouru 30 kilomètres en une heure au-dessus des nues.

Les nuages avaient 200 mètres d'épaisseur, de 630 m. à 825 m. A 1000 mètres, l'hygromètre était arrivé à 74 degrés, et augmenta jusqu'à 83 pendant notre retour à la terre. Le thermomètre marquait 24° au-dessus du nuage, au soleil, et 18° au-dessous.

Après avoir continué notre traversée à une faible hauteur pour reconnaître le pays, et avoir remercié les habitants successivement accourus de toutes parts pour nous recevoir, nous remontâmes dans l'atmosphère et nous poursuivîmes notre route aérienne, tantôt au-dessus des nuages, tantôt au milieu d'eux, tantôt au-dessous.

A 7 heures 47 minutes, nous revîmes le soleil. Il avait la teinte de la fonte en fusion. Les nuages au-dessus desquels nous voguions ressemblaient alors à de hautes montagnes transparentes, animées par les rayons fauves de l'immense foyer. De petits cirrus blancs flottaient encore dans les hauteurs de l'atmosphère. A 8 heures 5 minutes, l'astre du jour descendit lentement sous la mer mouvante des montagnes de neige rougie.

Lorsque nous voguions au-dessous des nuages, l'obscurité était incomplète et la campagne se déroulait sous nos regards, nous envoyant le bruissement confus des cri-cris, des alouettes et des cailles. Lorsque nous planions dans le ciel pur, le crépuscule nous enveloppait de sa vaste clarté. Parfois, en descendant près de la terre habitée, nous apercevions les villages allumant leurs feux du soir.

A huit heures et demie, nous passâmes à une faible hauteur au-dessus de Montigny et de Teillay. Les habitants s'occupèrent de notre voyage et nous demandèrent où nous allions. — A Orléans. — Vous n'avez qu'à suivre la route, reprirent-ils; il n'y a plus que cinq lieues; seulement, quand vous aurez passé la forêt, vous tournerez un peu à droite. — Merci!

Nous entrâmes bientôt sur la forêt sombre, et nous remontâmes au-dessus des nuages pour profiter un peu du crépuscule et y rester jusqu'à la nuit tombée. Je fis mes observations de trois en trois minutes.

Le crépuscule s'affaiblissait avec lenteur; les bruits de la terre avaient cessé, et les ombres du soir s'étendaient autour de nous. Au nord-ouest, le ciel restait éclairé par une clarté vague et lointaine; les nuées étaient devenues plus transparentes, et par intervalles on distinguait la terre à travers la brume. Nous flottions, légers comme l'air, dans le silence et le demi-jour, suivant la décroissance de la clarté atmosphérique, et ressentant plus vivement que jamais notre isolement au milieu de la nature assoupie. Il semblait que la terre se recueillît à la fin du jour.

Ces réflexions naissaient dans ma pensée lorsque le son d'une cloche vint nous tirer de notre rêverie. C'était l'*Angelus* qui s'envolait de la terre.

Il était alors 8 h. 55 m. Notre hauteur était de 700 mètres; le thermomètre était descendu de 16° à 12°.

Quelques minutes après, les cris de: « Un ballon! un ballon! » arrivèrent jusqu'à nous. Étonnés d'entendre cette exclamation au-dessus des nuages, nous scrutâmes les régions inférieures. Nous nous trouvions dans un puits de nuages, et les hommes d'en bas, voyant le ciel par une éclaircie, avaient aperçu notre ballon au milieu de l'ouverture.

Nous étions alors à Marigny. J'écrivis une dépêche datée du ciel, 9 heures 15 minutes, adressée au journal d'Orléans, puis je la laissai descendre au moyen d'une longue banderole de papier doré. Je ne sais si cette dépêche aérienne est parvenue à son adresse.

Celle que le journal d'Orléans publia le lendemain, et qui fut reproduite par le *Figaro* et d'autres journaux, était une dépêche verbale. Voici comment nous l'avions donnée.

Avant d'arriver à la Loire, nous voguions depuis 9 heures à 100 mètres seulement de hauteur au-dessus du sol. Il me semblait avoir vu la dépêche écrite tomber dans le fleuve, car, en vertu du principe mécanique de l'indépendance des mouvements, un objet qui tombe d'un aérostat ne descend pas en ligne droite à terre, mais suit une ligne oblique, gardant avec lui la vitesse acquise dans l'aérostat. C'est en vertu de la même loi qu'un objet lancé à la portière d'un wagon ne touche pas au point où on le lance, mais suit le convoi pendant tout le temps qu'il met à tomber. Or, tandis que nous voguions ainsi à 100 mètres seulement, nous entendîmes et nous distinguâmes une voiture suivant tranquillement la route. Godard, prenant alors son porte-voix, cria soudain au-dessus de la voiture.

Le promeneur, étonné d'entendre un appel lui tomber du ciel pendant le silence de la nuit qui commençait, arrêta son cheval et, levant les yeux, reconnut l'aérostat. Nous échangeâmes quelques paroles, et nous poursuivîmes notre essor du côté sud-sud-ouest de la France. Il était 9 heures 40 minutes.

A partir de cette heure, nous sommes remontés sous le plafond des nuages. Jetant du lest, nous atteignîmes d'abord 1000 mètres, puis, une demi-heure plus tard, 1250 mètres. La nuit était entièrement tombée, le ciel couvert. Cette obscurité ne nous a jamais empêchés de distinguer encore les campagnes, les routes, les rivières, les champs, les prés, les bois, les étangs. Mes notes furent désormais écrites à tâtons : on peut écrire lisiblement sans voir nettement les caractères que l'on trace.

Pour examiner les instruments, je me servais d'une petite sphère de cristal habitée par des vers luisants.

Nous traversâmes le Cher à 11 heures, au-dessus de Romorantin, entre Tours et Bourges.

La nuit était froide et obscure; les nuages formaient sur nos têtes comme un épais rideau; la terre était une immense plaine sombre, estompée de tons variés. Un seul bruit régnait dans l'atmosphère : c'était l'aigre coassement de milliers de grenouilles, qui se prolongea pendant la nuit entière, entrecoupé par intervalles de silences et d'aboiements de chiens. Les grenouilles nous indiquaient les bas-fonds et les régions marécageuses; les chiens étaient le signal des villages; le silence absolu nous apprenait que nous passions au-dessus des montagnes et des bois.

Vers minuit, des feux apparurent disséminés au-dessous de nous : c'étaient des charbonnières dans les forêts.

Ces feux, vus de loin, ressemblaient à la lueur des phares, et le bruit lointain des grenouilles imitait à s'y méprendre celui de la mer. Assurés d'être au centre de la France, nous ne pouvions craindre l'Océan, et la boussole marquait le sud-ouest. Depuis notre retour, j'ai pensé néanmoins qu'un courant deux fois plus rapide que celui qui nous emportait, et tournant un peu à l'ouest, nous eût inévitablement jetés sur la Rochelle avant le jour.

Un éclair traverse le ciel au loin. Le bulletin de l'Observatoire du jour nous apprend que peu s'en fallut que nous n'ayons été emportés vers une forte tempête élevée du golfe de Gascogne.

Combien l'aspect de la nature varie d'un jour à l'autre, sous l'influence de quelques rayons de la lune et de quelques voiles de nuages! Pendant l'autre nuit, nous voguions dans la clarté mélancolique et dans l'azur, et lentement nous assistions à l'accord matinal de l'orchestre divin. Cette nuit, enveloppés d'un épais manteau des ténèbres, nous planions dans des limbes obscurs, dans les cercles aériens où flottent vaguement les fantômes et les ombres.

De temps en temps, on entendait le bruit sinistre de chutes d'eau tombant dans l'obscurité. Puis le silence succédait comme une sensation d'effroi. Et l'âpre concert des marais reprenait sa note plaintive.

Un bruit intense, que nous avions pris d'abord pour celui d'un train, frappa nos oreilles à une heure et demie : c'était celui de la Creuse, que nous traversâmes au Blanc, entre Poitiers et Châteauroux.

Tous ces bruits s'élevant de la terre obscure pendant la nuit silencieuse étaient d'une intensité singulière, qui m'étonna dans l'étude que je faisais alors sur la transmission du son dans l'air. Était-ce le silence général qui, rendant mes oreilles plus attentives, augmentait relativement l'intensité de ces bruits? J'avais déjà constaté dans mes précédents voyages aéronautiques que le son se transmet plus facilement et à une plus grande distance de bas en haut que dans toute autre direction. J'ajoutai à ce fait la circonstance que pendant la nuit l'atmosphère est plus homogène dans sa température, et que le son doit la traverser sans rencontrer, comme pendant le jour, les mille obstacles fournis par la réflexion et la réfraction de couches diverses.

Ces feux, vus de loin, ressemblaient à la lumière des phares.

En relisant ces notes de mon journal de bord, je me souviens que le savant auteur du *Cosmos*, Alexandre de Humboldt, a fait autrefois dans l'Orénoque une observation analogue. Il rapporte que, d'une certaine position dans la plaine d'Anture, le bruit de la grande chute de l'Orénoque ressemble au tumulte des flots qui se brisent sur un rivage rocheux, et il ajoute, comme une circonstance remarquable, que ce bruit est beaucoup plus fort la nuit que le jour. Cette différence ne peut s'expliquer par la tranquillité de la nuit, car le bourdonnement des insectes et les rugissements des bêtes fauves dans cette contrée rendent la nuit beaucoup plus bruyante que le jour. Humboldt en donne l'explication suivante. Entre la chute d'eau et le point qu'il occupait, s'étend une plaine dont la surface verdoyante est parsemée d'une multitude de roches nues; or ces roches prennent, sous l'action du soleil, une température notablement plus élevée que celle de l'herbe qui les environne, et, par conséquent, au-dessus de chacune d'elles s'élève une colonne d'air chaud moins dense. Il en résulte que, pendant le jour, le son de la chute doit traverser une atmosphère dont la densité change souvent, et, parce que chacune des surfaces qui limitent ces masses d'air, tantôt raréfié, tantôt plus dense, fait naître un écho, le son dans son parcours est nécessairement affaibli. La nuit, ces différences de température n'existent plus, et, propagé à travers une atmosphère homogène, le son arrive à l'oreille sans avoir été affaibli par la réflexion. L'optique nous offre un cas analogue : la lumière subit une réflexion à la surface de séparation de deux milieux de densité différente, de sorte qu'une succession de plusieurs milieux, tous transparents, peut devenir impénétrable à la lumière par les réflexions répétées qu'elle lui fait subir.

Les grenouilles cessent leur chant peu varié à deux heures du matin. Un instant après les coqs s'éveillent et s'interrogent d'un village à l'autre. L'obscurité règne encore ; mais ce chant du coq fait plaisir à entendre, après quatre heures écoulées dans le vague murmure.

Nous traversons à 2 heures 16 minutes la Gartempe, près de Montmorillon. Le ciel s'est de plus en plus couvert. L'aurore ne se dessine même pas et ne répand aucune clarté dans l'atmosphère. A 3 heures 10 minutes, nous traversons la Vienne, entre Confolens et Chabannais, et nous la suivons pendant quelque temps. Nous distinguons une petite ville et un réverbère au milieu. C'est Chabannais.

A partir de minuit, la hauteur de l'aérostat s'inclina peu à peu de 1000 à 800 mètres (une heure du matin), à 500 (deux heures) et à 600 (deux heures et demie). L'aérostat s'est alourdi par l'humidité, l'hygromètre oscille autour de 93° et augmente après deux heures. Le thermomètre est à 16°. Cette température, relativement élevée, est due à la calotte de nuages qui s'oppose au rayonnement de la terre.

Jupiter et la lune se montrent dans une éclaircie ; ils se décident à venir lorsque nous n'avons plus besoin d'eux. Cette ligne est la première que je me *vois* écrire depuis dix heures hier soir.

Les oiseaux commencent à chanter vers trois heures, et la clarté du matin s'annonce avec lenteur. La nature est bien en retard ce matin ! Mais nous constatons que les habitants sont matineux dans cette contrée ; déjà nous en distinguons sur les chemins. Nous ne sommes qu'à 600 mètres et essayons de les héler au porte-voix et de leur demander le nom de leur pays ; mais ils ne nous répondent que par des mots finissant en *gnac*, que nous ne comprenons pas. Nous leur demandons alors : « Dans quel département sommes-nous ? — Confolens, répondent-ils. — Bien. Quel arrondissement ? ajoutai-je. — Charente. — Parfait ! »

Nous avons enjambé la chaîne des montagnes du Limousin (pointe nord), grâce à l'abandon de la majeure partie du lest qui nous restait. L'aérostat relève lentement sa route et vogue désormais à 1200 mètres. La magnifique campagne qui se déroule sous nos regards nous invite à descendre avant que le vent se lève, et nous tirons une première fois la soupape à quatre heures et descendons à 500 mètres ; puis une seconde fois, et nous sommes à 100 mètres du sol.

Le thermomètre marque successivement 16°, 15° et 14° à mesure que nous descendons, et nous montre ainsi que l'air est plus froid à cette heure dans les vallées que sur les plateaux. Comme nous traversions une plaine magnifique et légèrement accidentée avant d'arriver à une nouvelle chaîne de collines, nous aperçûmes les tours du vieux château de Larochefoucault. Une petite avenue entre les blés et les vignes se dessinait dans notre direction. Nous nous abaissâmes lentement comme un oiseau paresseux, et ce fut avec une certaine jouissance que nos poumons respirèrent l'air parfumé des senteurs sauvages de cette campagne assez éloignée de Paris.

Godard était connu à Larochefoucault par une aventure assez singulière. Un jour on vit tomber près de cette ville le ballon de

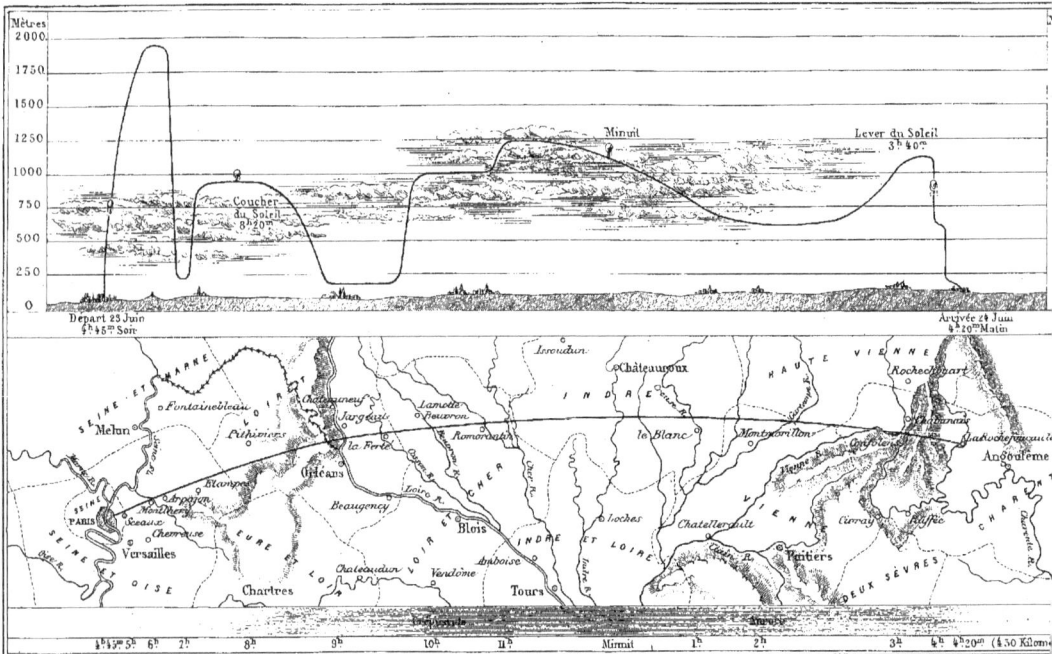

Ligne aérienne suivie par M. Flammarion dans son voyage de Paris à La Rochefoucauld,
avec sa projection sur le planisphère.

son frère. Mais la nacelle était sans aéronaute. Sur la banquette
seulement gisait un paletot taché de sang.

Parti de Rochefort par une tempête, M. Jules Godard s'était vu
forcé de descendre immédiatement. Mais son ballon soulevé par le
vent lui avait échappé au moment où il se disposait à l'amarrer, et
par un brusque mouvement son couteau lui avait écorché la main;
quelques gouttes de sang étaient tombées sur un vêtement laissé
dans la nacelle.

Le maire de Rochefort avait aussitôt télégraphié en différentes
villes pour demander des informations à ceux qui auraient vu passer
ou tomber le perfide ballon. J'ai sous mes yeux la dépêche télégraphique par laquelle le maire de Larochefoucault annonce à
Rochefort l'arrivée dramatique de l'aérostat solitaire.

Après avoir admiré le vénérable et magnifique château ducal,
nous partîmes pour Angoulême traînés par deux chevaux superbes, moins rapides, mais plus sûrs que l'aérostat. Nous visitâmes
à Ruelle les fonderies impériales d'artillerie de marine, dont le
colonel voulut bien nous faire les honneurs. Là se terminaient les
deux canons monstres de 38 000 kilogrammes que l'on destinait
à l'Exposition. Là cent cyclopes aux bras de fer travaillent jour et
nuit près des fournaises pour le perfectionnement des engins de
destruction. Quels rapides progrès ferait l'instruction populaire en
France et quels travaux scientifiques s'opéreraient si le budget de
l'instruction publique recevait seulement les sommes consacrées à
l'art odieux de la destruction !

Les feux de la Saint-Jean brûlaient le soir autour d'Angoulême,
aux environs, dans les faubourgs et jusque sur les remparts. Hommes et femmes tournaient en dansant autour des flammes et sau-
taient par-dessus tour à tour. Nous étions évidemment bien loin
de Paris. Si nous étions arrivés en ballon au-dessus de ces feux,
nous aurions sans aucun doute été fort étonnés.

Parmi les souvenirs que je garde d'Angoulême, je mentionnerai
les cintres irréguliers de la cathédrale, la tour carrée et le temple
maçonnique. Mais ce que j'oublierai le moins, c'est d'avoir été
porté debout sur une simple feuille de papier à la fabrique de
MM. Lacroix frères.

Le train qui part d'Angoulême à quatre heures du matin n'arrive à Paris qu'à huit heures du soir. Nous étions venus de Paris
en onze heures et demie.

Notre ligne aérostatique mesure environ 460 kilomètres parcourus entre 4 heures 45 minutes du soir et 4 heures 20 du ma-

tin, en 11 heures 25 minutes, ce qui donne comme résultat moyen environ dix lieues à l'heure (sans stations). Cette vitesse n'a pas été constamment la même pendant toute la durée de la traversée. On voit facilement sur la carte de ce voyage que la plus grande vitesse correspond à l'intervalle compris entre 5 heures 15 et 6 heures 45 du soir, qui correspond précisément à la plus grande hauteur atteinte.

La projection de la route aérostatique dessine un arc de cercle sensible. Ce fait, et l'observation analogue répétée en d'autres voyages aériens, m'a conduit à penser que les courants de l'atmosphère, ou le vent, ne voyagent pas en ligne droite, mais en ligne courbe, toujours infléchie dans le sens de gauche à droite, comme on le verra au chapitre complémentaire.

Si j'eusse été seul, j'aurais aimé continuer ma route jusqu'à Bordeaux et l'Océan; mais mon pilote prudent craignit le vent. Il eut raison sans doute, car, une demi-heure après notre atterrissage, un vent violent s'éleva et nous obligea à faire dégonfler le ballon, contrairement à nos projets.

Les études principales de cette longuo traversée furent l'examen de la nature et de la constitution physique des nuages.

Le château de Larochefoucault.

Messieurs, vos papiers!

CHAPITRE VII.

ASCENSION AU COUCHER DU SOLEIL. — THÉORIE DU VOL.

Quelque temps après mon voyage aérostatique de Paris à Angoulême, une petite excursion aérienne m'emporta sur la ravissante vallée de la Seine qui fleurit à l'ouest de notre grande ville. Ce n'est ici qu'une promenade à une faible hauteur, organisée dans le but d'observer la marche de l'hygromètre et l'humidité relative de cette région. Le ciel était d'une grande pureté et l'air très-calme. C'est à peine si une légère brise soufflait de l'est-sud-est, tiède et lente comme celle du rivage de la mer aux approches du soir. Mon pilote aérien était, comme d'habitude, M. Eugène Godard, et nous avions offert une place dans notre nacelle à M. Victor Meunier, savant bien connu dans la presse militante.

Porté par une main invisible, l'aérostat s'éleva lentement vers l'ouest de la capitale.

La plus belle porte pour entrer à Paris, c'est sans contredit l'arc de triomphe de l'Étoile. Ni Memphis, ni Thèbes, ni Rome ne présentèrent à l'étranger jaloux un pareil trophée, un atrium d'une telle majesté. Il semble, en avançant sous cette arche immense, que la gloire de tout un peuple et l'histoire de tout un monde veillent là, immobiles sur leur trône de pierre, incarnées dans un roc impérissable. Les siècles successifs salueront avant de mourir, sans oser toucher de leurs mains caduques, ce monument sans égal, qui restera debout dans l'avenir longtemps après que la guerre et les armes auront disparu de la scène du monde, et qui planera sur les ruines de l'antique capitale comme le solide témoignage de la cause qui aura régné le plus longtemps sur les hommages de l'humanité terrestre.

Je contemplais cette arche héroïque, dorée par le soleil couchant, et qui s'élevait lentement comme un géant au milieu d'un peuple de pygmées, à mesure que l'aérostat s'élevait lui-même et s'éloignait dans la direction du soleil. Mais la grandeur de l'arc de l'Étoile s'humiliait elle-même devant notre ascension; l'essor de l'aérostat semblait dédaigner cette porte de rois, et s'envolait joyeusement dans le ciel des dieux, comme la flamme de l'intelligence qui dédaigne et méprise la puissance de la lourde matière.

L'arc de l'Étoile est le dernier monument que l'on distingue à l'ouest, et lorsque la grande cité a disparu dans la brume, il reste encore debout dans le rayonnement du soir. Nous ne l'avons pas perdu de vue jusqu'à notre descente.

J'ai déjà dit qu'au moment du départ l'impression de celui qui quitte la terre n'est pas telle qu'on la suppose, et que, loin d'être ému au premier moment de l'ascension, on ne s'aperçoit même pas que l'on ne touche plus le sol; c'est seulement en atteignant une certaine élévation, lorsqu'une immense étendue se développe au-dessous de soi, qu'on a conscience de son isolement et que l'on se reconnaît suspendu à une sphère de gaz dans les hauteurs du vide. Il n'en est pas de même pour ceux qui restent à terre et nous voient partir. Ceux qui nous sont attachés subissent une impression beaucoup plus vive que celle que nous éprouvons nous-mêmes. Le cœur qui bat avec le nôtre croit sentir un vide immense s'ouvrir et une séparation irréparable s'opérer. Nous abandonnons la terre pour nous éloigner dans les mystérieuses régions d'en haut. Le regard anxieux qui suit avec persistance notre vol vers le ciel se laisse tristement dominer par l'idée que nous pourrions ne plus redescendre, et nous perdre pour toujours dans la région des étoiles.

La statue de Napoléon, que des principes de dynastie ont reléguée de la colonne Vendôme au rond-point de Courbévoie, pour placer définitivement César au-dessus de Paris, est diamétralement au-dessous de nous 15 minutes après notre départ. Vu d'en haut, il est difficile de reconnaître l'empereur, car la perspective et le jugement se modifient suivant l'élévation de l'œil au-dessus du niveau commun des hommes. Mais Napoléon porte ombre, et c'est précisément cette ombre qui nous le fait reconnaître; je dessine facilement le profil de son chapeau, de son manteau et de la redingote grise.

Du rond-point de Courbevoie on jouit d'une des plus belles vues du monde, et l'on se trouve directement sur le prolongement de l'avenue de la Grande-Armée, au delà de laquelle se succèdent l'avenue des Champs-Élysées, les Tuileries, le Louvre, la Bastille, le bois de Vincennes.

Notre baromètre anéroïde est dérangé depuis la nuit passée dans les nuages. Le baromètre Fortin a ses indications faussées par l'air qui a pénétré dans le tube. Le baromètre Gay-Lussac est d'un usage difficile à cause de sa double lecture, et j'ai quelque peine à consigner ses hauteurs. Je saisis cette circonstance pour faire remarquer aux observateurs que le baromètre Fortin est celui que l'on doit choisir de préférence pour les études météorologiques, à moins qu'on n'ait en sa possession un excellent baromètre métallique soigneusement comparé sous diverses pressions.

Notre direction nous emporte au nord-ouest de Paris. Nous passons d'abord sur Nanterre, Carrières-Saint-Denis, Montesson; puis notre ligne s'accentue mieux au nord et nous entrons sur la forêt de Saint-Germain à Carrières-sous-Bois. Nous passons au-dessous des Loges, traversons la Seine à Champ-Fleury et à Triel, suivons son cours jusqu'à Vaux, et après avoir franchi sans fatigue les rudes collines d'Évêquemont, nous descendrons à Meulan. Dans ce trajet de dix heures au plus nous traversons six fois la Seine! La grande ville ne cesse pas d'être visible, et de la forêt de Saint-Germain nous distinguons encore parfaitement l'obélisque, se dressant comme une aiguille blanche sur le bois vert-sombre des Tuileries.

L'hygromètre qui marquait 78 degrés d'humidité au départ, et 77 à l'arrivée, au sol, s'est constamment tenu pendant la traversée entre 50 et 54. Il descendit à 56, 58 et 60 lorsque nous arrivâmes aux collines qui bordent la Seine. Notre hauteur n'a pas dépassé 700 mètres.

Vers 6 h. 45 m. l'ombre du ballon devint blanche, telle que je l'avais vue le matin de notre ascension au-dessus de la Loire. Elle se projetait alors sur les campagnes qui occupent intérieurement le coude de la Seine au nord du bois du Vésinet. En examinant attentivement les conditions de sa production, je finis par constater que cette ombre blanche est due à la réflexion des rayons solaires sur les gouttes d'eau situées sur l'herbe des prairies, les feuilles des arbres ou les champs humides, soit le matin, soit le soir. Lorsque, par suite de la marche de l'aérostat, cette ombre arriva sur la Seine, elle devint complétement invisible. Sur la forêt de Saint-Germain, elle parut formée d'une immense auréole blanche, dont le centre était occupé par un cercle noir. J'ai reçu à propos de cette ombre une dizaine de lettres fort curieuses. Les plus importantes sont celles d'un médecin de Sainte-Hermine (Vendée), et d'un jardinier de Frontenay-Rohan, qui attribuent avec juste raison ce phénomène à l'humidité du sol. La dernière m'assure que si je m'étais jamais promené le matin dans la rosée, je n'aurais pas tardé à voir l'ombre de ma tête environnée d'une auréole sacrée; et elle ajoute que sans doute n'étant ni canonisé, ni en conditions de l'être, je n'aurais pas cherché dans la vie des saints, mais plus simplement dans un fait naturel la raison de mon apothéose.

A mesure qu'on approche de la terre à la descente, l'auréole s'évanouit pour laisser place à l'ombre opaque de l'aérostat, qui grossit progressivement et, pour nous dans notre nacelle, se rapproche de notre fil à plomb. Le soleil n'étant jamais au zénith en France, et le plus souvent à une hauteur moyenne, soit avant, soit après midi, le rapprochement de l'ombre du ballon vers notre verticale nous indiquerait, à défaut d'appréciation directe, notre hauteur au-dessus du sol. L'ombre arrive en contact avec nous quand nous touchons. L'observation de la marche de l'ombre pourrait aussi, en certaines circonstances, servir à la détermination de la direction de l'aérostat. Mais il est préférable de pointer directement au-dessous de la nacelle sur la carte topographique.

En approchant de la Seine, nous sommes descendus pendant dix minutes obliquement vers elle en ligne droite; le soleil éblouissant continuait de s'y réfléchir. En passant au-dessus du fleuve, nous nous sommes penchés pour y chercher notre image, et nous avons vu avec curiosité notre globe rougi traverser lentement le miroir de l'onde.

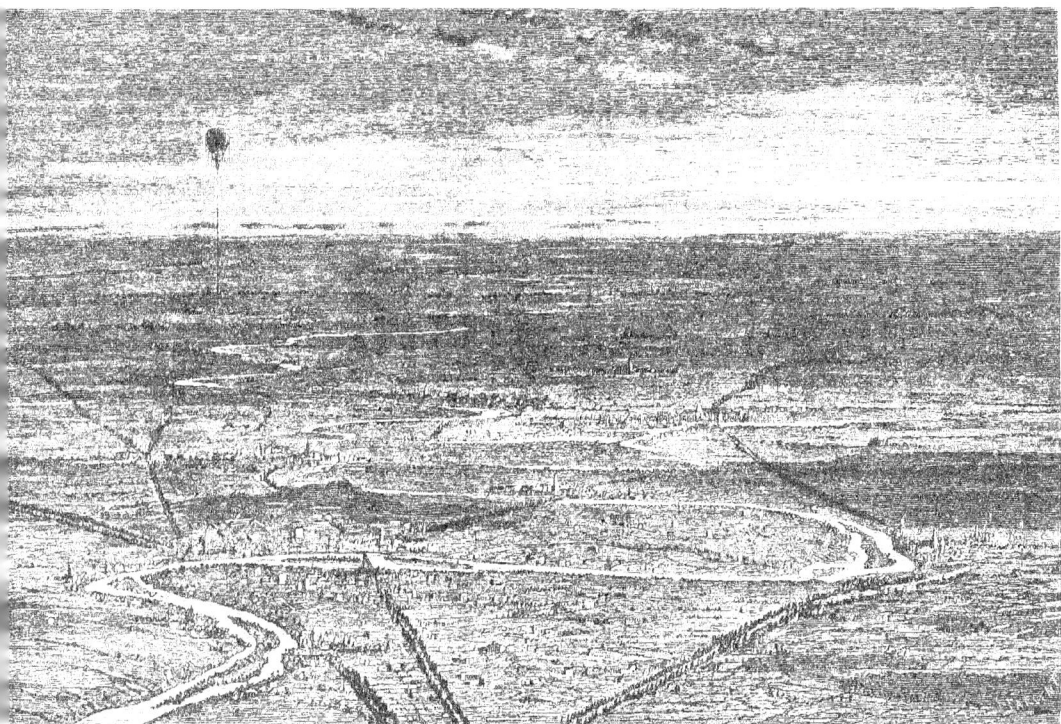

La Seine et l'ouest de Paris, vus de la nacelle.

On m'a souvent demandé quel moyen nous avons de savoir où nous sommes. La chose est fort simple en vérité. Dès les premières minutes de notre ascension, nous connaissons la direction vers laquelle nous sommes emportés. Après avoir franchi les fortifications, nous voyons d'avance notre chemin, et à l'aide d'une excellente carte des environs de Paris, nous pointons le moment précis où nous passons sur tel fort, tel clocher, telle route, tel point facile à constater. Lorsque nous sommes sortis de la carte des environs de Paris, nous prenons celle du département dans lequel nous entrons, ou même simplement une carte de France détaillée, et par nos points de repère nous traçons sur la carte même la ligne parcourue. Au delà de la France on déploie la grande carte d'Europe, et ainsi de suite. Nous savons ainsi toujours où nous sommes, toujours où nous allons, et avec quelle vitesse.

Lorsque des nuages s'interposent entre la terre et nous, la reconnaissance est moins facile. Néanmoins, par le point où nous planions lorsque la terre nous fut cachée, nous préjugeons encore notre position. Ainsi, on se souvient que le jour de notre voyage d'Angoulême nous entendîmes au-dessous des nuages un excellent orchestre jouant l'*Ame de la Pologne*, et que nous jugeâmes que cette musique venait de la ville d'Antony. Or, j'ai eu le plaisir de recevoir de M. le directeur de la société philharmonique de cette ville une gracieuse missive, m'apprenant que l'air exécuté était bien celui dont j'avais imprimé le titre dans mon compte rendu, que la fanfare était alors réunie dans la cour de la mairie, et qu'au moment où l'on nous eut aperçus dans une éclaircie, cet excellent directeur nous fit l'honneur de saluer notre passage par une sérénade aussi habilement jouée que gracieusement inspirée.

Après avoir traversé la Seine, nous voguions à une faible hauteur du sol, et je notais les indications de l'hygromètre, lorsqu'une interpellation nous arrive d'en bas : « Messieurs, vos papiers ! » Quels personnages nous adressaient ainsi cette indiscrète question ? Le lecteur l'a déjà deviné, et peut-être a-t-il déjà fredonné l'air :

> Deux gendarmes un beau dimanche
> Chevauchaient le long d'un sentier.

Car c'étaient bien deux gendarmes, chevauchant le long de la route de Saint-Germain.

Comme nous ne pouvions nous décider à leur jeter nos passeports (il y avait du reste une excellente raison pour cela), Godard les invita à monter les vérifier, et vida un sac de lest; les deux agents de la sûreté générale continuèrent bientôt leur route en devisant sans doute sur l'avenir de la gendarmerie dans ses rapports avec les progrès de la navigation aérienne.

C'est en planant ainsi sur les campagnes qu'on apprécie exactement la division des propriétés et le morcellement des terrains. Les champs de blé, d'avoine, d'orge, de seigle, de pommes de terre, les prés, les trèfles, les vignes tapissent le sol et en font une sorte de damier longitudinal. Il y a des champs si étroits, qu'ils paraissent simplement de la largeur d'un ruban, et l'on croirait voir des rubans de diverses nuances, de longueurs irrégulières, cousus les uns aux autres et se succédant sans beaucoup d'ordre. Combien la France d'avant la Révolution était différente de la nôtre, et quelles vastes propriétés se déroulaient là il y a cent ans! Le spectacle était plus grand sans doute. Mais ne vaut-il pas mieux que la terre soit partagée entre un plus grand nombre, et que chacun ait sa place au soleil, son pain et sa liberté?

En traversant la Seine à Triel, à Saint-Nicaise, nous avons pu vérifier nos expériences sur l'écho et constater que nos phrases nous sont renvoyées avec une grande pureté par l'eau, tandis que la terre ferme les garde et reste muette.

Pourquoi ne rapporterai-je pas que, tandis que nous passions sur Vaux et sur d'autres bourgs, les cris de « Eh! Flammarion! » s'élevant jusqu'à nous, nous montrèrent que nous étions loin d'être en pays étranger?

Nous naviguions à moins de cent mètres de hauteur. Notre aérostat tourna sensiblement suivant la colline qui borde la Seine. Cependant il ne s'attacha pas obstinément au cours du fleuve et enjamba la côte rapide.

La foule arrivait de toutes parts et semblait sortir de terre comme des grains de chapelet. Nous choisîmes pour lieu de descente le chemin pittoresque qui conduit à Meulan, et Godard tira la soupape. Mais, ô hasard! la brise de terre souffle précisément vers la ville. Tous les bras ouverts pour nous recevoir durent s'abstenir, et le vent lui-même se chargea de nous porter à l'entrée de la ville en même temps que plusieurs centaines de voix nous accompagnaient de leurs éclats joyeux.

Un incident, dont les suites auraient pu avoir quelque gravité, termina cette excursion. Arrivés à l'entrée de la ville, les habitants demandèrent à nous remorquer à ballon captif jusqu'à la place. Mais il fallut passer les fils des réverbères. Le premier fut passé sans encombre, grâce à la combinaison des deux cordes par lesquelles on nous retenait. Mais, en arrivant au second, la rue très-étroite opposait à notre passage corniches, chanates, toits et cheminées. A un certain moment critique, l'une des cordes rasa une façade dont les fenêtres laissaient passer des têtes trop curieuses, et de plus notre nacelle toucha brusquement une cheminée. Les ordres ne purent être ponctuellement exécutés, et, dans cet instant d'inquiétude, on lâcha la seule corde par laquelle on nous tenait en ce moment. Le ballon délivré s'envola au grand désappointement de la foule, et nous fûmes rapidement emportés pardessus la ville vers la Seine.

Mais nous ne descendîmes point pour cela sur la surface de l'onde perfide; nous pûmes atterrir en face l'*Ile-Belle*, dans une ravissante prairie, où toute la population précédait notre pied-à-terre, et de laquelle s'établit bientôt une longue procession dont nous formâmes la tête, jusqu'aux Mureaux, où se donnait une fête aussi gaie que bruyante.

Le lendemain, dans une longue discussion qui s'éleva à propos des différents modes de locomotion aérienne : la direction des ballons, — la connaissance des courants, — l'aviation à l'aide d'appareils plus lourds que l'air, — le vol dans la nature animée, etc., on insista pour que je résumasse sur ce dernier point les opinions mathématiques émises jusqu'ici et mes travaux personnels. Relater ici cette sorte de petite conférence sera en même temps répondre à cette question que l'on m'a si souvent adressée : *L'oiseau vole, l'homme ne volera-t-il jamais?* — L'excursion atmosphérique qui constitue le présent chapitre étant très-courte, cette coïncidence me permet de consacrer la place et le temps qu'il mérite à cet intéressant problème.

L'homme pourra-t-il jamais s'attacher des ailes et voler comme l'oiseau?

Depuis la plus haute antiquité, les hommes ont fait bien des tentatives, en imagination et en réalité, pour s'élever dans l'air et y voler. Plusieurs hommes ont réellement volé, mais sur un très-petit espace et en s'élançant d'un point élevé vers un point plus bas, de sorte que les ailes qu'ils s'étaient adaptées n'ont servi qu'à les soutenir un peu, à ralentir leur chute en la rendant plus horizontale et en l'inclinant légèrement à la volonté de l'expérimen--

tateur. Jusqu'à ce jour, on n'a pas encore volé comme l'oiseau, en s'élançant du sol et en s'élevant progressivement jusqu'à une distance significative et probante. Les tentatives que nous venons de rappeler se sont éteintes, comme éclipsées par la brillante découverte de l'aérostation, qui donnait désormais à l'homme un mode sûr pour s'élever dans les airs, et qui dirigea dès lors les recherches vers un autre objet, celui de manœuvrer ces nouveaux appareils à volonté, et de voyager librement au-dessus du sol et de la mer, comme on voyage à leur surface.

Les tentatives récentes, théoriques et pratiques, faites pour diriger les aérostats, n'ont pas été plus heureuses que les premières : on ne possède pas encore le moyen de régir les ballons. Un troisième mode de navigation aérienne a été mis en avant par la pensée humaine aidée par les enseignements de la mécanique moderne. On a cherché à naviguer dans l'atmosphère à l'aide d'appareils essentiellement distincts des ballons, plus lourds que l'air qu'ils déplacent, et mis en mouvement par de puissants moteurs. C'est dans cette voie sans doute qu'on trouvera le plus tôt la solution du grand problème, à moins que la connaissance des courants de l'atmosphère n'assure bientôt la navigation aérostatique, ce qui serait plus agréable, plus simple et plus sûr, mais moins complet. La question du « plus lourd que l'air » se rattache plus directement à celle de l'homme ailé que l'aérostation proprement dite, car l'homme ailé sera toujours un corps plus lourd que l'air qu'il déplace.

Examinons donc d'abord le mécanisme du vol dans l'oiseau.

Quel moyen emploie l'oiseau pour s'élever dans l'air et s'y diriger? Considérons-le au moment où, posé à la surface du sol, il est sur le point de s'envoler. Il sautille un instant, enfle ses ailes par quelques battements et s'élance, en ayant sans doute pris d'abord un double appui sur le sol où posaient ses petites pattes, et sur l'air frappé par le battement des ailes. Si pour une cause quelconque, une fois lancé, il ne pouvait, par une nouvelle action des ailes sur le fluide atmosphérique, frapper de nouveau sur cet élastique point d'appui pour continuer son essor, il retomberait sur le sol, à une faible distance du point d'où il s'était élancé. C'est graduellement qu'il arrive à la vitesse normale de son vol comme à la région où ce vol s'effectue.

Comment l'oiseau obtient-il cette douce translation dans l'air? Par la construction de l'aile, qui, articulée à l'avant-corps de l'oiseau, peut être comparée à un levier dans lequel le point d'appui se trouve entre la puissance et la résistance, et cinq fois, sept fois, dix fois plus près de la résistance que de la puissance. En appuyant périodiquement sur l'air par la partie extérieure de ses ailes, l'oiseau avance dans son vol d'une quantité proportionnelle à l'effort accompli. Quant à la direction, les mouvements de sa queue et l'angle d'inclinaison de ses ailes forment son gouvernail. Il en est de même chez les poissons, sur lesquels il est bien curieux d'observer combien un faible mouvement de queue suffit pour faire accomplir un trajet relativement long dans une direction déterminée.

Quelle est la puissance motrice de l'oiseau? Celle de tous les êtres animés : la volonté d'abord, et ensuite la correspondance du système musculaire avec le système nerveux et le cerveau, siége de la volonté. Supprimez la volonté, la force mentale, chez les êtres, vous les plongez dans la léthargie. Modifiez l'état normal de l'organisme, vous amenez la paralysie plus ou moins complète.

Mais encore, comment la volonté de l'oiseau agit-elle sur les muscles de l'aile? Demandons-nous comment la volonté de l'homme agit sur les muscles des jambes pour effectuer la marche. Qui saurait expliquer aujourd'hui par quelle secrète puissance l'homme est capable de faire un pas?

En dehors des êtres animés, l'homme a su remplacer la volonté par un agent mécanique. Les locomotives, les navires marchent par le jeu combiné de la puissance de la vapeur. Le cadran du télégraphe ou son autographie marchent par le jeu de l'électricité. C'est par l'application d'un agent analogue que l'homme obtiendra la translation dans l'air d'un appareil d'aviation.

Pour voler lui-même, il lui faudrait s'adapter des ailes qui, tout en étant à la fois très-solides et très-légères, mesurassent encore une énorme envergure. Ces ailes devraient offrir une surface suffisante pour former parachute dans le cas d'une descente forcée, ou même volontaire, si cette descente devait venir d'un point élevé et être voisine de la verticale. Elles devraient s'étendre en pointes sur les parties latérales du corps jusqu'aux chevilles extérieures, et avoir pour moteurs les bras, à l'extrémité desquels serait leur étendue maximum. Il faudrait de plus que l'axe du corps fût lesté de façon à garder la position horizontale ou à y revenir toujours. Ces dispositions étant prises, et l'homme ailé pesant, je suppose, 120 kilogrammes tout compris, il lui faudrait être doué d'une force énorme pour s'ouvrir un chemin dans l'air par la nervure antérieure de ses ailes; il serait nécessaire que, par un mouvement de haut en bas, l'appareil du vol puisse contre-balancer la pesanteur et dépasser cette force d'une quantité quelconque. S'il parvenait à produire des mouvements alterna-tifs très-rapides dans ce sens, il obtiendrait le résultat désiré, attendu qu'un corps qui tombe parcourt 4 m. 90 pendant la pre-mière seconde de chute, mais en un mouvement uniformément accéléré, de sorte que, dans le premier quart de la seconde, il ne tombe que de 30 centimètres seulement. Si donc l'homme volant avait la force de donner quatre coups d'aile par seconde, capables de l'élever de plus de 30 centimètres, il aurait la faculté de voler. C'est ce qui, par malheur, ne paraît guère réalisable.

Appliquons le calcul à ces données élémentaires. Nous venons de dire que, en vertu de la pesanteur, un corps parcourt $4^m,90$ pendant la première seconde de chute.

Supposons que le corps pèse 450 kil., cette chute représente une force de 30 chevaux. Mais la vitesse de la chute allant en s'accélé-rant à mesure que le corps tombe, le même corps ne tombe que de $0^m,30$ pendant le premier quart de la seconde, ce qui représente une force de moins de huit chevaux. Dans 1/16 de seconde, la chute ne sera que de $0^m,019 = 2$ chevaux. Dans 1/64 de seconde, elle ne sera guère supérieure à 1 millimètre = un demi-cheval de force.

Un insecte dont les ailes exécutent plus de cent battements en une seconde, n'a besoin que d'une force très-faible pour se sou-tenir; l'homme n'aurait, de même, besoin que d'appareils impri-mant à sa suspension des mouvements assez accélérés, comme nous allons le voir tout à l'heure.

Le déploiement des ailes devant offrir une grande surface, il est vrai que le chiffre précédent devrait être diminué de la résistance de ce parachute. Le résultat serait d'avancer plus rapidement avec moins de travail. Les oiseaux aux ailes étendues peuvent planer longtemps en ne tombant que d'une faible quantité, ou avancer pendant plusieurs secondes sans manœuvrer leurs ailes.

Dans tous les cas, l'homme volant ne saurait prétendre aller contre le vent, et devrait, au contraire, s'en servir pour avancer dans l'espace. Avec un vent de 15 mètres par seconde, le mieux pour lui serait évidemment de ne pas tenter l'aventure.

Soit à cause de la rapidité, soit à cause de la puissance des efforts nécessaires, il n'est donc pas vraisemblable que l'homme puisse voler avec un système d'ailes. D'ailleurs un tel mode de locomotion serait incontestablement beaucoup plus fatigant que la marche à pied, à moins que dans l'avenir, après un long et patient exercice, les bras des générations volantes n'obtinssent une force inconnue.

Si la théorie de la transformation des espèces est vraie et si la loi de l'élection naturelle, telle que le naturaliste anglais Darwin l'a récemment posée, est constante, il ne faudrait pas désespérer de voir l'humanité munie d'ailes d'ici à quelques millions de siècles !

Notre spirituel maître Babinet ne paraît pas beaucoup y croire. Il préfère étudier le mécanisme du vol des oiseaux et lui comparer la force musculaire humaine. Sa conclusion est la même que celle que nous venons de donner d'après nos observations personnelles; l'homme ne volera sans doute jamais de lui-même; mais il inventera des appareils de vol, des machines volantes, qui le soutiendront dans l'atmosphère et le dirigeront.

Le vol de l'oiseau, disait déjà M. Babinet[1], comme on peut le penser, d'après le nom de son *fabricant,* est un vrai chef-d'œuvre. D'abord, le dessous des ailes, qui est creux, laisse difficilement échapper l'air sur lequel l'oiseau pèse par un battement d'ailes. Les plumes, qui sont comme une espèce de velours par les petites plumules qui leur sont implantées, agissent sur l'air infiniment plus que si elles étaient lisses à leur partie inférieure.

Lorsqu'on tient dans sa main une grande plume d'aigle de l'Immaüs, maintenant Himalaya, il est très-difficile d'abaisser cette plume de plein fouet au travers de l'air, tant elle y éprouve de résistance d'après sa structure veloutée.

Qu'arrive-t-il après que l'oiseau a donné un coup d'ailes très-efficace sur l'air inférieur, et qu'il est lancé en haut? Même en ne repliant pas ses ailes, il n'éprouverait pas autant de résistance au-dessus de lui qu'il a pris de force vive en dessous; car d'abord ses plumes sont plus lisses en dessus qu'en dessous, et, de plus, elles forment un ensemble arrondi vers le haut, et qui éprouve moins d'obstacles en traversant l'air; puis, surtout après le coup d'ailes, l'oiseau les replie pour profiter de toute la force ascensionnelle que lui a donnée son rapide effort, frappé de haut en bas. Ce qui fait que les premiers mouvements des membres sont très-vifs, c'est qu'ils sont produits par des leviers du troisième genre, qui ont pour point d'appui les articulations et pour appli-

---

1. Études et lectures sur les sciences d'observation, t. VIII.

cation de la force le milieu des muscles. Il en résulte que les
extrémités des membres prennent un mouvement très-rapide,
mais seulement dans le premier moment de l'action du muscle.
En réalité, nous ne levons pas le bras, nous le lançons. Il en est
de même de la jambe. Le premier mouvement est incomparablement le plus efficace. Les coureurs les plus rapides font de très-
petits pas, et dans l'escrime la supériorité est à ceux qui ne donnent à leur arme que des excursions très-peu étendues. De là
vient qu'un oiseau peut planer, c'est-à-dire se soutenir par des
mouvements d'aile insensibles ; et tandis que l'aigle, immobile à
une grande hauteur, fait sa revue de ce que peut lui fournir de
proie une contrée entière, le colibri se nourrit du suc des fleurs
sans se poser sur elles.

En général, ceux qui ont voulu s'élever dans l'air au moyen
de leur propre force musculaire appliquée à un système d'ailes
analogue à celui des oiseaux, ont éprouvé que la force de
l'homme est insuffisante pour s'élever dans l'air et même pour
s'y soutenir. On pouvait prévoir ce résultat par la théorie. En
effet, s'élever de $4^m,90$ en une seconde serait gravir en hauteur
les tours de Notre-Dame de Paris pendant la cinquième partie
d'une minute.

« Si la force d'un cheval suffit pour élever le poids d'un homme
de forte stature (75 kilogrammes) de *un* mètre en une seconde,
dit M. Babinet, la force de l'homme est au plus le quart ou le
cinquième de celle du cheval. Donc la force de l'homme ne monterait son propre poids *en une seconde* que d'un quart ou d'un cinquième de mètre. Or, la pesanteur, *dans le même temps,* abaisse
de 5 mètres le corps de l'homme, et généralement tous les corps
pesants. Il faudrait donc supposer un homme ayant vingt ou
vingt-cinq fois la force d'un homme ordinaire, pour que sa force
bien employée pût le soutenir dans l'air. Il y a donc impossibilité
mathématique de voler pour l'homme, et il faut qu'il ait recours
aux moteurs auxiliaires. »

Nous admettons la conclusion de M. Babinet, mais en la corri-
geant selon les remarques que nous avons faites plus haut sur
l'accélération du mouvement. L'homme devrait simplement pouvoir s'élever de 30 centimètres en un quart de seconde.

MM. Ponton d'Amécourt et de la Landelle, avec de petits ressorts moteurs, ont enlevé et soutenu de légers poids à une petite
hauteur, pendant tout le temps que durait l'action de ces ressorts.

Il faudrait pouvoir substituer le poids de l'homme à ces modestes poids, et la force de la vapeur ou de l'électricité à ces ressorts. Pour bien apprécier ces conditions, essayons de nous rendre compte du mécanisme choisi par la nature.

En quelles conditions le vol est-il réalisé chez les insectes et les oiseaux?

Un cousin pesant 3 *milligrammes* a, les ailes étendues, une surface de 30 *millimètres carrés;* un animal semblable pesant *un kilogramme* aurait une surface totale de 10 *mètres carrés.*

Un papillon pesant 20 *centigrammes* a, les ailes étendues, une surface de 1663 *millimètres carrés;* un animal semblable pesant *un kilogramme* aurait une surface totale de 8 *mètres 1/3 carrés.*

Un pigeon pesant 290 *grammes* a, les ailes étendues, une surface totale de 750 *centimètres carrés;* un animal semblable pesant *un kilogramme* aurait une surface totale de 2586 centimètres carrés, *beaucoup moins que le tiers, mais un peu plus que le quart d'un mètre carré.*

Une cigogne pesant 2 *kilog.* 265 *gr.* a, les ailes étendues, une surface totale de 4506 *centimètres carrés;* un animal semblable ne pesant qu'*un kilogramme* aurait une surface totale de 1988 centimètres carrés, *moins du cinquième d'un mètre carré.*

Une grue d'Australie pesant 9 *kilog.* 500 *gr.* a, les ailes étendues, une surface totale de 8543 *centimètres carrés;* un animal semblable ne pesant qu'*un kilogramme* aurait une surface totale de 899 *centimètres carrés,* environ le *onzième d'un mètre carré.*

On voit, d'après cela, que plus le poids de l'animal augmente, moins est grande proportionnellement la surface ailée nécessaire pour le soutenir dans l'atmosphère, quoique les mouvements qu'il doit faire soient de moins en moins rapides.

Un moucheron dépense pour voler beaucoup plus de force proportionnelle que n'en dépense un aigle.

Si l'homme s'essayait à la construction d'appareils pour voler, il reconnaîtrait que la force à dépenser décroîtra proportionnellement à mesure que l'appareil sera plus grand [1].

---

1. D'après les chiffres précédents, dus aux recherches de M. de Lucy, notre collègue de la Société aérostatique, M. de Louvrié remarque que, si l'on suppose un oiseau dans les airs agitant verticalement ses ailes horizontales, la résistance de l'air produira une poussée normale au plan de l'aile, et directement opposée à la pesanteur, et que, si les deux forces sont égales, il y aura équilibre, et l'oiseau restera suspendu immobile dans les airs. Or cette résistance, égale à l'effort développé

Chez la plupart des insectes, les mouvements de l'aile sont absolument invisibles. Si on observe attentivement un insecte qui vole, on voit que les régions parcourues par ses ailes présentent une apparence moyenne qui est due à l'extrême rapidité du mouvement, et qui ne laisse distinguer autre chose que les limites. M. Marey a essayé de représenter la forme et la rapidité de ces mouvements. Par exemple, en piquant un macroglosse du caillelait sur une épingle et en ayant soin de fixer l'animal entre deux petites plaques de liége, afin qu'il ne puisse tourner autour de l'axe qui le transperce, on peut facilement examiner ses ailes dans tous les sens, et on s'aperçoit que si les limites de leurs mouvements sont nettement marquées, leur fréquence échappe complétement à l'observateur.

L'observation directe étant impuissante à nous renseigner sur la fréquence de l'oscillation alaire, il faut avoir recours à d'autres méthodes.

L'insecte qui se sent retenu captif essaye tout d'abord de s'en-

pour la produire, est équivalente au poids équilibré P; elle est proportionnelle à la surface S des deux ailes, au carré de leur vitesse V, à leur centre de gravité ou d'action, ainsi qu'à la résistance K de l'air par mètre carré de surface et par mètre de vitesse : on doit la représenter par le produit $KSV^2 = P$.

Il est évident aussi que la vitesse, dépendant du rapport du poids à la surface qui doit le soutenir et au coefficient de rendement K, peut-être représentée par $V \dfrac{P}{KS} = V'$.

Dès lors, le travail développé, étant le produit de l'effort P par la vitesse V', a pour valeur $PV' = PV \dfrac{P}{KS}$ kilogrammètres.

Cette expression montre clairement que le travail sera d'autant moindre que la surface de suspension sera plus grande par rapport au poids suspendu, et qu'elle aura, en même temps, la forme et le genre de mouvement les plus favorables à la résistance, c'est-à-dire la forme concave et le mouvement circulaire.

Comme l'aile des oiseaux réunit ces deux conditions, on pourra donner à K une valeur de K.0.300; et l'on trouve dès lors que la hauteur à laquelle il faudrait élever le poids du volatile, pour représenter le travail qu'il dépense pour se soutenir immobile dans l'air, serait :

1° Pour un cousin du poids de 3 milligrammes, et possédant une surface d'ailes de 10 mètres par kilogrammes, de 0m,577;

2° Un papillon pesant 0,20 grammes, et possédant une surface d'ailes de 8m,3 par kilogramme, de 0m,634;

3° Un pigeon pesant 290 grammes, et mesurant 0m,16 d'ailes par kilogramme, de 4m,55;

4° Une grue d'Australie du poids de K.9.500, et d'une surface d'ailes de 0m,0693 par kilogramme, de 6m,56;

5° L'hirondelle de Navier pesant 1643gr, et mesurant 0m,756 d'ailes par kilogramme, de 2m,09.

voler et de vaincre l'obstacle qui s'oppose à son départ. Mais, reconnaissant bientôt l'inutilité de ses efforts, il renonceà s'échapper et s'abstient de tout mouvement de ses ailes. Il n'est plus possible alors d'étudier le jeu de ces organes puisqu'ils demeurent en repos, et il faut nécessairement déterminer l'insecte à recommencer ses tentatives de vol en l'excitant, et en lui causant malheureusement de grandes douleurs pour le progrès de la science.

Pour déterminer la fréquence des battements de l'aile, on peut employer la *méthode acoustique* basée sur le son rendu pendant le vol. La plupart des insectes produisent en volant un bourdonnement plus ou moins aigu. La hauteur de ce son, que l'on peut déterminer au moyen d'une caisse d'harmonie ou d'un instrument quelconque de musique, semble devoir nous indiquer le nombre de coups d'aile exécutés dans une seconde.

Mais l'une des méthodes les plus efficaces est la méthode graphique.

On tient l'insecte piqué par une épingle, et on fait frôler la pointe de son aile contre la surface enfumée d'un cylindre animé d'un mouvement de rotation. En comparant le graphique ainsi obtenu avec celui que donne un diapason dont le nombre de vibrations est connu, on en déduit fort exactement le nombre de battements d'ailes exécutés dans une seconde.

Ce nombre est de 330 pour la mouche commune.
— 240 pour le bourdon.
— 290 pour l'abeille de ruche.
— 140 pour la guêpe.
— 75 pour le sphinx diurne.
— 28 pour la libellule.
— 8 environ pour la piéride du chanvre.

Ces nombres représentent des vibrations *doubles*, c'est-à-dire que l'abaissement et l'élévation de l'aile sont comptés pour une vibration.

La chaleur accélère les battements des ailes; le froid les diminue.

La fatigue joue naturellement un grand rôle dans la vitesse de ces mouvements. Un insecte bien reposé donne le maximum de rapidité.

Les battements des deux ailes sont absolument synchrones.

Venons maintenant au vol des oiseaux.

Il n'est personne qui ne se soit fréquemment arrêté à admirer les gracieuses évolutions des oiseaux glissant dans l'espace aérien, et s'y livrant à leurs chasses et à leurs jeux. Habitués à contempler la facilité avec laquelle ils se meuvent et se soutiennent, au moyen de leurs ailes, dans un milieu invisible, nous finissons par regarder ce phénomène comme une chose toute simple, et cependant il y a là une des questions scientifiques les plus dignes de fixer notre attention.

Il résulte des recherches de M. Liais, mon ancien collègue de l'observatoire de Paris, que l'aile n'éprouve aucune résistance en remontant.

Lorsque l'oiseau va abaisser l'aile, cette dernière est un peu inclinée d'avant en arrière, de sorte que la résistance de l'air au mouvement progressif de l'animal agit pour soulever son corps, comme dans le vol en planant. Quand le battement commence, l'aile ne descend pas parallèlement à elle-même, mais elle s'abaisse surtout par son bord antérieur. Puis bientôt elle se porte en arrière, de façon à agir à la fois pour accroître la vitesse de transport de l'oiseau, et pour combattre l'action de la pesanteur sur le corps. Quand le mouvement approche de la fin, la partie postérieure de l'aile augmente de vitesse de façon à revenir, comme avant le battement, un peu en dessous de l'antérieure. Il résulte de là que pendant la descente les forces développées servent toutes à combattre la pesanteur et pendant le milieu du mouvement elles agissent en même temps pour augmenter le déplacement horizontal de l'animal.

Quand l'aile remonte, elle conserve constamment l'inclinaison finale d'avant en arrière qu'elle a acquise.

Mais, si on tient compte du déplacement horizontal de l'oiseau pendant le mouvement de l'aile en remontant, il est facile de voir que cette dernière n'éprouve de résistance que par sa tranche.

On voit même en outre que si les ailes sont plus inclinées qu'il n'est nécessaire pour qu'elles s'appliquent sur la trajectoire de leur bord antérieur, elles éprouveront, comme dans le vol en planant, une résistance sur leur face inférieure pendant le relèvement, et il en résultera une force ascendante aux dépens du mouvement de progression. Dans ce cas, les ailes en remontant, loin de détruire une partie de l'effet qu'elles ont produit en descendant, comme on le croit généralement, agiront dans le même sens que lors de l'abaissement.

Depuis longtemps déjà des expériences ont appris que la résistance opposée par l'air à un mouvement dont la vitesse varie et va en croissant, est plus grande que celle qui a lieu pour une vitesse uniforme. Cela vient de ce que, dans le premier cas, le corps mobile est obligé de mettre en marche une certaine masse d'air, qui l'accompagne ensuite dans son déplacement. Or, quand la force accélératrice est très-grande et quand le mouvement s'arrête avant que la vitesse finale acquise ait une grande valeur, et tel est le cas pour les ailes des animaux, la partie de la résistance qui résulte de l'accélération du mouvement est très-grande par rapport à celle qui se manifeste dans le mouvement uniforme et qui dépend du carré des vitesses. Dans le vol des oiseaux et des autres animaux volants, le phénomène de réaction l'emporte donc sur les autres phénomènes de résistance. Lançant en bas un certain volume d'air au moyen de ses ailes, le corps de l'oiseau éprouve, comme la fusée ou la pièce d'artillerie, un recul en vertu duquel il tend à monter.

Quelques mathématiciens ont voulu déterminer la quantité de travail que les oiseaux ont à dépenser dans l'acte du vol, et ils ont effectué leurs calculs en comptant seulement avec la résistance de l'air au mouvement uniforme, et non pas la résistance occasionnée par l'accélération. En partant de données fausses, il est évident qu'on ne pouvait arriver à des conclusions vraies. Aussi le calcul en question a-t-il donné des résultats absurdes et que tous les faits contredisent. On a trouvé, par exemple, que les oiseaux de la taille d'une oie devaient, pour se soutenir, faire des efforts équivalents au travail de deux chevaux, tandis que nous savons que la force d'un enfant suffit pour arrêter les ailes d'un oiseau de cette taille.

Sans doute, les animaux volants possèdent de puissants muscles pour l'abaissement des ailes. Mais cela ne prouve pas qu'ils aient un grand travail à produire pour se soutenir dans l'air. Si les muscles sont puissants, cela ne vient que de la nécessité d'employer beaucoup de force à la fois, mais non de celle de répéter cette force d'une manière presque continuelle. Après chaque effort existe un long repos, de sorte que le travail total effectué est minime. Les muscles destinés à soulever les ailes sont faibles au contraire, parce que celles-ci ne doivent se relever que lentement, comme nous l'avons déjà vu en étudiant leurs mouvements.

Avec la loi de la résistance au mouvement accéléré, la pression nécessaire sous l'aile est obtenue dès l'origine du mouvement, pourvu que l'accélération soit grande ; mais comme la vitesse est encore presque nulle, la quantité de travail est petite.

Au reste, au lieu de calculer la quantité de travail que les oiseaux ont à dépenser pour l'action du vol, il est mieux de la mesurer. Dans ce but, M. Liais a déterminé le poids d'un grand nombre d'oiseaux, mesuré la surface de leurs ailes, et leur vitesse de progression, etc. Les résultats généraux de ces recherches ont été que la quantité de travail nécessaire pour le vol n'atteint pas par seconde le tiers du poids de l'animal élevé à un mètre de hauteur, et que le rapport du poids de l'oiseau à la surface de ses ailes croît comme l'envergure.

La dernière de ces lois montre que le vol est d'autant plus facile que l'animal est plus grand. Mais si cela a lieu lorsque les oiseaux sont déjà lancés dans l'atmosphère, il n'en est pas de même lorsqu'il s'agit pour eux de s'élever de terre. Les petits oiseaux s'enlèvent beaucoup plus facilement que les grands, et la cause en est facile à reconnaître.

Pour partir du sol, les oiseaux sautent. Or, comme la force est à peu près proportionnelle au poids, et comme la quantité de travail à produire pour un saut de même hauteur est aussi proportionnelle au poids, il en résulte que tous les oiseaux, quelle que soit leur taille, sautent à peu près à la même hauteur. Or, tandis que le saut de petites espèces suffit pour que leurs ailes ne viennent pas battre la terre, il n'en est pas de même pour les grands oiseaux tels que la frégate ou l'albatros. Aussi ces derniers, quand ils se sont posés sur une plage, sont-ils obligés de courir pendant un espace de temps assez long avant de s'enlever. Quand ils ont ainsi acquis une certaine vitesse horizontale, ils ouvrent tout à coup leurs ailes comme s'ils voulaient planer ; la pression de l'air sous ces dernières agit donc pour diminuer l'action de la pesanteur. Ils sautent alors, et comme leur saut est plus élevé par suite de cet allégement, ils arrivent à une hauteur suffisante pour pouvoir faire battre leurs ailes. D'autres grands oiseaux, tels que les aigles ou les condors, évitent en général de se poser à terre et perchent sur les rochers d'où ils peuvent se lancer avec facilité dans l'espace.

La conclusion de cette dissertation est que les hommes voleront un jour dans l'atmosphère, non par leur force physique personnelle, mais à l'aide d'appareils ailés (ou hélices) mus par quelque force physique puissante, telle que la vapeur ou l'électricité.

En attendant que le bipède sans plumes (expression de Platon, arrive au rang du bipède enplumé et prenne possession des chemins aériens à la manière des aigles et des condors, continuons notre aérostation par les modestes, mais sûrs ballons d'hydrogène. Nos récits précédents nous amènent à relater maintenant le voyage aérostatique de Paris en Prusse, dont les feuilles publiques ont parlé plus que de tout autre, peut-être à cause de la tension diplomatique qui continue de se manifester entre la nation d'outre-Rhin et notre France.

La statue de Napoléon vue d'en haut.

La pluie.

CHAPITRE VIII.

Les sciences d'observation ne progressent et ne peuvent progresser qu'avec lenteur. La météorologie surtout est une étude complexe et longue, dont les éléments sont disséminés et fugitifs, et ne peuvent être comparés et réunis que par des travaux patients. Ceux qui supposent qu'une observation d'une heure peut suffire à l'explication des phénomènes atmosphériques, montrent par là qu'ils sont complétement étrangers à la méthode scientifique. Des jours, des semaines et des mois peuvent s'écouler dans l'observation attentive sans que la force en action sous les phénomènes ondoyants de l'air ait pu révéler sa nature et sa grandeur.

Les ascensions qui précèdent ont été bien différentes les unes des autres, et peuvent être chacune caractérisées par un état atmosphérique particulier. Celle du 14 juillet devait encore différer des voyages antérieurs. Le ciel avait été pluvieux pendant une partie de la journée. Notre aérostat lui-même avait reçu la pluie de 2 à 3 heures et vers 4 heures un quart. Nous partions à 5 heures 22 minutes, par un temps nuageux, après une ondée d'orage et sous un bon vent.

Nous passons perpendiculairement au-dessus de l'Arc de triomphe, qui en ce moment nous apparaît sous la forme d'un rectangle de pavés dont la bordure est occupée par une centaine de têtes. Cela nous fait songer aux têtes coupées du sérail; mais cinq minutes ne s'étaient pas écoulées depuis notre départ que nous traversions silencieusement le ciel au-dessus du cimetière Montmartre. Là, sous nos pieds, dorment cent mille corps humains, qui travaillèrent pendant la vie pour acquérir des biens qu'ils n'ont pas emportés.

Ci-gisent la dame aux camélias et l'auteur de la *Vie de Bohème*. Ici dort pour jamais un jeune et ardent officier, mon cousin et presque mon frère, qui, ne partageant pas la haine et le mépris que je porte à l'odieuse institution de la guerre, s'engagea pour les campagnes d'Afrique, et revint tomber à Paris, rongé jusqu'à la moelle par les fatigues de la vie des camps. Ici sommeille Auguste Godard, l'un des frères de notre aéronaute, qui, après l'avoir accompagné dans ses voyages d'Europe et d'Amérique, succomba à Paris des suites des variations extrêmes de température et des agitations que son tempérament plus délicat n'avait pu supporter. Sa tombe a été notre premier point de repère.

Déjà nous planons à une hauteur de 750 mètres. Nous avons laissé Saint-Denis à notre gauche et nous remarquons qu'un nuage léger est suspendu au-dessus de Paris, mais ne touche pas le sol. Aujourd'hui ce n'est plus une masse de poussière, mais un véritable nuage. La grande capitale s'enfuit à tire-d'aile et ne tarde pas à disparaître par notre brillant essor. La haute flèche de la basilique de Saint-Denis, qui jadis montrait à Louis XIV sur sa terrasse de Saint-Germain la dernière demeure des rois de France, s'éloigne aussi de nous à pas rapides. L'aéroscaphe céleste domine déjà les choses humaines. Il passe au-dessus du tombeau des rois comme au-dessus du cimetière public et de la fosse commune. Il traverse les provinces. Dans quelques heures il traversera les frontières des peuples. Plus de divisions, plus de séparations, plus de patries! Comment fermer l'esprit à l'enseignement de cette sphère céleste qui, en nous transportant au-dessus du monde des agitations humaines, agrandit si singulièrement nos opinions et nos jugements?

Nous avons remarqué à notre gauche le village de Gonesse.

C'est là que tomba le *premier* ballon enlevé à Paris, au Champ de Mars, le 27 août 1783. C'était un ballon isolé, auquel on ne songeait pas encore à suspendre une nacelle occupée par des êtres vivants. Gonflé dans les ateliers des frères Robert, place des Victoires, sous la direction du physicien Charles, on l'avait conduit aux flambeaux, pendant la nuit, à travers la capitale étonnée et jusqu'au Champ de Mars. Jamais pareil spectacle n'avait ému aussi profondément l'esprit public.

Le globe s'éleva rapidement, disparut dans un nuage, pour reparaître plus haut encore. L'enthousiasme fut si grand qu'un orage impétueux et une pluie torrentielle n'empêchèrent pas les spectateurs et les dames en grande toilette de rester immobiles sur le terrain du Champ de Mars, le visage élevé vers le globe aérien. Arrivé à une grande hauteur, le gaz fit explosion et l'enveloppe se déchira. Alors le ballon redescendit, et, tombant à Gonesse, jeta un effroi sans exemple chez les bons campagnards.

Les habitants accoururent en foule vers le monstre tombé du ciel, et deux moines leur ayant confirmé que c'était bien la peau d'un animal fabuleux, ils l'assaillirent à coups de pierres, de fourches et de fléaux. On raconte que le curé de Gonesse consentit à exorciser l'étrange bête, et qu'on se rendit en procession, avec force détours et prières, vers ce demi-globe irrégulier qui tressaillait sous le souffle du vent.

On n'approcha qu'avec lenteur dans l'espérance que le monstre s'éloignerait. N'était-ce pas la bête de l'Apocalypse? La fin du monde n'allait-elle pas sonner?... Enfin un brave, dont l'histoire n'a pas gardé le nom, se décide à marcher vers l'ennemi et à lui tirer un coup de fusil. La charge de plomb déchira l'enveloppe, le gaz sortit, et la bête s'affaissa. Victoire! Chacun veut lui donner le coup de grâce; mais les plus pressés crurent être asphyxiés en respirant l'air empoisonné de ses blessures. On attacha les restes palpitants de la victime à la queue d'un cheval, et on les traîna à plus de mille toises à travers champs.

Le lendemain, pour prévenir le retour de pareils actes, le gouvernement publia une pièce naïve, sous le titre de : « Avertissement au peuple sur l'enlèvement des ballons en l'air, » dans laquelle on explique que les ballons ne sont pas des animaux féroces, mais des globes de taffetas qu'on a gonflés de gaz plus léger que l'air, et dont on étudie l'ascension pour en faire un jour des applications utiles aux besoins de la société.

Toutes les fois que nous passons au-dessus d'un village, les volailles se mettent inévitablement à jeter des cris et les chiens à aboyer. Dans les airs, jamais un oiseau n'ose approcher de l'aérostat. Ainsi il est constant que notre véhicule aérien effraye, ou du moins étonne singulièrement tous les êtres vivants.

Nous voguons dans la direction du nord-est, entre deux zones de pluie à notre gauche et à notre droite. La pluie qui tombe au soleil trace dans l'espace une oblique traînée blanche, ressortant sur les nuages du fond. Au contraire, la pluie qui tombe dans l'ombre trace une traînée grise se dessinant nettement sur les nuées blanchâtres qui gisent au delà. Les dessins des nuages pluvieux et de l'obliquité de la pluie sont faciles à prendre. Ces nuages sont plus élevés que nous, volent plus rapidement et dans le même sens.

L'humidité de l'air, qui a diminué au commencement de notre ascension, augmente progressivement. Nous avions 74 degrés à terre au départ, 67 à 5 heures 27, à 500 mètres d'élévation, 66 à 5 heures 40, à 515 mètres. A 6 heures 22, l'hygromètre marquera 77, à 440 mètres; puis l'humidité décroîtra pour marquer 73 à 650 mètres, et 70 à 820 mètres, à 6 heures 35. Le thermomètre libre, qui marquait 22 degrés à terre au départ, est successivement descendu à 15 degrés.

Nous passons à 6 heures 16 minutes sur Thieux. Six minutes après, nous traversons la ligne du chemin de fer à la gare de Moras, et nous laissons Dammartin à notre gauche. Là fut écrasé par une diligence le grand-père maternel de mon pilote.

En passant plus tard au-dessus de Noéfort, je remarque sur la carte, à notre gauche, des désignations qui font penser au paradis terrestre : *Ève*, le mont d'Ève, le pont d'Ève. Voilà sans doute de fort jolis endroits; mais nous ne nous y arrêtons pas. Déjà nous apercevons la ville de Laon sur son plateau; elle n'est pas à notre horizon et se dessine en noir sur les terrains gris qui continuent au delà la plaine immense développée au-dessous de nous. Laon est à 80 kilomètres d'ici.

La pluie tombe sur tout le nord et le nord-ouest, et le soleil ne nous a pas accordé la faveur d'un regard depuis notre départ. En cela il a fort gracieusement agi, car, si nous subissions quelque forte dilatation, la pluie, qui semble nous harceler et devoir nous atteindre, viendrait sans doute mettre un terme imprévu pendant la nuit à notre voyage au long cours.

Après avoir plané de 5 heures 40 à 6 heures 30 (voir la carte de ce voyage), à une hauteur de 750 mètres, nous nous allégeons de quelques kilogrammes, et nous nous élevons à une zone de 1300 mètres. La marche des instruments est soigneusement notée suivant ces variations d'altitude. L'inspection des cartes ne donne pas une idée exacte de la *succession lente* des hauteurs atteintes par l'aérostat. Contrairement à ce qui semble à la première inspection, le ballon ne change pas d'altitude, suivant des lignes verticales, puisqu'on emploie 10, 15, 20 minutes à effectuer des oscillations en apparence si rapides et si diverses.

Nous avons déjà traversé quatre départements : Seine, Seine-et-Oise, Seine-et-Marne, Oise. Nous entrons maintenant dans l'Aisne et nous apercevons tous les contours de la forêt de Villers-Cotterets. On nous tire de temps en temps des coups de fusil. Nous aimons à croire que c'est en signe de salut. Nous remarquons les fumées qui vont au nord. Il y a donc à terre un courant oblique au-dessous de nous. J'ai rarement observé de différences de courants, si ce n'est dans les pays accidentés dans lesquels la Loire inférieure s'incline selon la courbe des collines et des rivières. En plaine, je ne l'avais pas encore constaté.

Un fait assez curieux au point de vue de la météorologie et de l'hygrométrie a été observé sur la forêt.

Depuis longtemps nous apercevions de petits nuages légers, situés bien au-dessous de nous, et qui paraissaient suspendus, dans une immobilité absolue, sur le sommet des arbres. Lorsque nous arrivâmes vers le plus grand d'entre eux, je reconnus qu'il planait à une hauteur de 60 à 80 mètres au-dessus d'une pièce d'eau.

Il était isolé de toutes parts et pouvait avoir cent mètres de long et quatre-vingts mètres de large sur vingt mètres d'épaisseur. Mais ce qui nous frappa le plus, c'est son *immobilité absolue*. Aucune brise ne soufflait-elle à terre? ou le courant se transformait-il en vapeur visible en passant dans la colonne d'air supérieure à la pièce d'eau? C'est ce que nous n'avons pu vérifier. D'autres petits nuages offraient le même aspect sur le cours d'un ruisseau. Il est difficile de croire cependant que tandis que nous marchions avec une vitesse de 11 mètres par seconde, à 500 mètres de hauteur, il n'y eût pas la moindre brise à la surface du sol.

L'humidité de l'air varie suivant une loi complexe. A 7 heures l'hygromètre marque 80 degrés à 820 mètres; à 7 h. 10 m., 85 degrés à 740 mètres; à 7 h. 30 m., au-dessus de la forêt, 90 degrés à 500 mètres; à 7 h. 43 m., 85 degrés à 900 mètres.

Le thermomètre (plus régulier) marque 10 degrés à 940 mètres, 12 degrés à 750 et 15 degrés à 450.

Nous voyageons entre des zones de pluie éloignées. La fumée qui précède la pluie est poussée avec une grande intensité dans la direction de la pluie elle-même : c'est le seul précurseur qui occupe l'espace des nuages à la terre. La fumée qui, plus rapprochée de nous, se trouve à côté de la zone pluvieuse, se dirige comme par attraction vers cette zone en formant un angle droit avec la première.

A huit heures, il y eut dans le ciel un magnifique effet de lumière: Le soleil, caché par les nuages supérieurs, éclairait cependant la pluie comme le feu d'une fournaise ardente. C'était comme un immense feu de Bengale rouge brûlant sur la terre et s'élevant derrière les nues. Un instant la nature fut illuminée et colorée de cette clarté singulière; on aurait pu croire que, le spectacle de la journée étant fini, le dieu du jour se donnait la fantaisie de le couronner ce soir par un feu d'artifice bizarre et phénoménal. Les sommets des collines lointaines et les nuages du ciel étaient enflammés de cette clarté rose.

En contemplant les montagnes noires accoudées à l'horizon de l'occident enflammé, je songeais à cette belle strophe des *Feuilles d'automne*, dédiée à *Pan* :

> Enivrez-vous du soir, à cette heure où, dans l'ombre,
> Le paysage obscur, plein de formes, sans nombre,
> S'efface, de chemins et de fleuves rayé ;
> Quand le mont, dont la tête à l'horizon s'élève,
> Semble un géant couché qui regarde et qui rêve,
> Sur son coude appuyé.

Bientôt le soleil lui-même, rouge comme une énorme sphère de fonte en fusion, apparut entre deux rangs de nuées rougies; le feu de Bengale cessa, et ce fut comme une grande clarté éblouissant le monde dans une scène de l'Apocalypse. A 8 heures 10 minutes, nous perdîmes le soleil de vue, et nous poursuivîmes notre essor sous la clarté du crépuscule.

Pendant notre dîner, nous fîmes l'expérience de remplir entièrement un verre, à ce point qu'une seule goutte n'aurait pu lui être ajoutée, et que la feuille de rose de l'académie silencieuse l'eût fait déborder. Nous voulions savoir si les oscillations et les grands mouvements de l'aérostat en renverseraient les couches superficielles. Il n'en fut rien; tandis que notre sphère aérienne nous emportait avec la vitesse d'une locomotive, avec des ondulations verticales de plusieurs centaines de mètres, pas une seule goutte ne tomba, et la nappe ne fut pas tachée.

Une autre expérience de mécanique fut faite le soir et renouvelée le lendemain matin. Je tenais à vérifier le principe de Galilée sur l'indépendance des mouvements simultanés. On sait que d'après ce principe un corps isolé faisant partie d'un système en mouvement participe du mouvement de ce système, comme s'il lui était attaché. Ainsi une bille qu'on laisse tomber du haut du mât d'un navire doit garder dans sa chute la vitesse acquise par le navire, et au lieu de toucher le pont, en arrière du mât, à une distance égale au chemin qu'il a parcouru pendant la durée de la chute, elle tombe au pied du mât comme si le navire était au repos.

Or, un corps qu'on laisse tomber du haut d'un aérostat descend-il perpendiculairement sur le point au-dessus duquel on l'a laissé choir? Ne suit-il pas au contraire une ligne oblique, comme s'il restait suspendu à l'aérostat? Tel est le fait que nous avons vérifié en laissant tomber une bouteille. La bouteille descend dans la perpendiculaire du ballon et garde par conséquent dans sa chute la vitesse acquise au moment où elle quitte le système.

En tombant, elle fait un bruit déchirant par la résistance de l'air, comme un boulet qui traverserait une nappe d'eau avec violence. Nous n'avons pu suivre la chute jusqu'à terre, car le papier dont nous avions enveloppé la bouteille en fut arraché pendant la descente.

Vers neuf heures, le crépuscule fit place à la nuit. Les nuages noirs qui nous poursuivaient depuis notre départ ont fini par nous atteindre, et, le ciel qui était resté inoffensif au-dessous de nous, commence à se couvrir de brumes menaçantes. La lune, qui a dû se lever à six heures, n'a pas encore montré sous le voile des nuées sa face pâle et mélancolique, et le ciel s'est au contraire obscurci rapidement. Soudain nous nous trouvons enveloppés de noir. Nous avions gardé l'espérance que notre marche un peu plus rapide que celle des nuages nous sauverait de la tempête, mais cet avertissement nous montre la triste réalité....

A 9 heures 15, le tonnerre gronde. A 9 heures 20, la pluie crépite sur le ballon et nous enveloppe. Étant définitivement atteints, nous nous décidons pour le meilleur parti qu'on puisse prendre (mais qu'on ne peut prendre qu'en ballon), c'est de passer par-dessus les nuages qui nous font ce désagréable cadeau. Le capitaine de bord prépare tous les agrès dans le cas d'une descente forcée, puis, par un premier abandon de lest, nous traversons le nuage pluvieux et atteignons 1200 mètres. Mais il paraît que ce n'est pas suffisant! De nouveau le nuage arrive sur nous. Nous jetons alors le lest par kilogr. et atteignons une zone de 1700 mètres, où nous sommes pour toujours délivrés du malencontreux météore. Il importe fort, en effet, de ne pas se laisser mouiller. C'est une question capitale pour la traversée. L'aérostat pourrait en quelques minutes se couvrir d'une quantité d'eau suffisante pour l'entraîner dans les profondeurs et lui faire heurter les bas-fonds de l'océan aérien, ce qui n'aurait rien d'agréable, surtout pendant la nuit. Supposons, en effet, que notre aérostat, dont la surface est de 394 mètres carrés, se charge d'une couche d'eau de 1 millimètre d'épaisseur : il subira par là même une surcharge soudaine de 394 kilogrammes. Si son hémisphère supérieur se couvrait seulement de la même épaisseur d'eau sur une étendue de 200 mètres, ce serait encore un poids additionnel de 200 kil., valeur plus que suffisante pour nous entraîner jusqu'à terre. Une fois arrivés au-dessus des nimbes, nous entendîmes pendant une demi-heure la pluie tomber au-dessous de nous.

La pluie a cessé et la campagne redevient visible au-dessous de nous. Mais quelle est cette fête et quelle est cette lumière? Là-bas, dans l'ombre, un orchestre un peu discordant exécute un quadrille échevelé. Ce doit être une vaste salle de bal, et sans doute un soir de fête publique. Quoi qu'il en soit, ils (et elles) paraissent s'amuser — comme on s'amuse à vingt ans.

Nous venons de passer sur la ville de Sissonne. Laon a dû passer à notre gauche pendant la pluie. Nous nous dirigeons maintenant vers le département des Ardennes. Les plateaux boisés et les chaînes de montagnes ne s'élèveront-ils pas jusqu'à la hauteur de notre aérostat? Non. Nous les franchirons avec une supériorité d'altitude de cinq et six cents mètres.

A onze heures, notre élévation est de 1600 mètres; le thermomètre marque 70, l'hygromètre 93. Nous avons traversé des bois et des montagnes. La lune, qui avait mangé les nuages, s'est de nouveau laissée cacher par un voile épais et la pluie nous paraît tomber encore à l'est. Un grand silence continue de nous envelopper, et nous sentons qu'au milieu de ces solitudes nous sommes les seuls êtres vivants qui traversent à cette heure la région de la nuit et du sommeil.

Mais quelle est cette étoile de pierre posée au-dessous de nous, sur les bois sombres de la terre? Est-ce une forteresse gardant la frontière? Est-ce une ville ceinte de bastions et de remparts? Nous

Halo lunaire observé par M. Flammarion. (Nuit du 14-15 juillet 1867.)

passons perpendiculairement au-dessus, et nous ne distinguons pas une seule lumière. Cependant dans l'intérieur de cette fortification, il y a de longues files d'habitations régulièrement posées et de vastes places qui doivent être des champs de manœuvre. — C'est Rocroi. Nous appelons les douaniers, nous crions de notre mieux; mais en vain. A notre hauteur, quelle voix descendrait jusqu'à terre? Portés par l'aile du vent, nous avons franchi des frontières qui n'existent plus pour nous, et nous voguons maintenant sur la Belgique.

L'astre des nuits a enfin pris possession de son trône aérien. Des nuées légères voilent encore sa face, mais n'arrêtent pas ses rayons argentés. Autour de cet astre une auréole d'un aspect particulier se dessine vaguement. Bientôt c'est un magnifique arc-en-ciel se déployant au-dessus du disque lunaire. On ne distingue que trois couleurs, rouge, vert, violet, encore ces nuances sont-elles fort pâles et peu définies. Un instant après, au lieu de se déployer au-dessus de l'astre, cet arc-en-ciel se dessina au-dessous. J'ai pu constater que ce cercle était un *halo lunaire*. Arago (*OEuvres*, tome XI) a déjà appelé l'attention sur ces phénomènes, qu'il ne faut pas confondre avec les arcs-en-ciel lunaires.

Sondant l'espace intérieur pendant la nuit.

Les bords de la Meuse.

CHAPITRE IX.

Il est minuit. Seuls voyageurs aériens plongés dans la solitude de l'espace, nous n'avons autour de nous que le silence et les ténèbres. Les paroles que nous échangeons troublent seules ce profond silence; nos conversations en ces sombres hauteurs semblent une dérogation surnaturelle aux lois qui régissent le monde. Les nuées grises s'envolent en roulant dans le vide immense, et comme des armées de légers fantômes s'enfuient au fond de la nuit. Les sylphes de l'air, invisibles mais actifs, ont écarté de leurs ailes flottantes les voiles qui cachaient le ciel à la terre, et bientôt, dans l'éclaircie transparente, les rayons argentés de la lune descendent baigner notre aérostat.

Au-dessous de nous se déroulent vaguement estompées des campagnes inconnues. La France s'est enfuie. Nous voguons maintenant sur la Belgique. Je note avec soin la marche des instruments et notre ligne aérostatique. Notre hauteur à minuit est de 4000 mètres. Elle augmentera bientôt. Pendant que j'écris ces diverses indications, le bruit d'une chute d'eau vient troubler le profond silence. Nous nous penchons pour examiner attentivement le terrain, et nous remarquons que, après avoir traversé une petite rivière, nous en traversons une seconde plus importante, qui ne peut être que la Meuse. En effet, ce fleuve vient du sud-ouest, accuse de nombreuses sinuosités, et nous en suivons le cours pendant quelque temps.

Beau fleuve, sois le bienvenu! Je suis né près de tes bords, sur la vieille montagne qui domine la plaine féconde où tu prends ta source. En jouant jadis auprès de toi, je n'imaginais guère que le jour viendrait où je te traverserais suspendu à ce léger globe. Tes eaux paisibles coulent vers le Rhin et la mer du Nord, où successivement elles tombent pour s'engloutir à jamais. Ainsi s'en va notre existence vers les régions du froid et du mystère, pour s'évanouir un jour dans l'océan inconnu vers lequel nous descendons tous....

— Ah! mon ami, que c'est beau! ne rêvez donc pas ainsi. Voyez-vous là-bas les lumières de Namur, à six ou sept lieues d'ici? Et tenez, en suivant, Huy, et plus loin Liége! Nous voilà en plein dans la Belgique; nous pourrions bien écorner la Hollande avant d'entrer en Prusse.

Ces interjections de mon pilote étaient éminemment propres à écarter le rêve pour lui substituer la réalité. A gauche de notre route aérienne on distinguait comme une longue vallée, et les villes échelonnées sur cette ligne sombre révélaient évidemment le cours d'une rivière. C'était une nouvelle vérification de l'identité de la Meuse, qui, après avoir reçu la Sambre à Namur, fait un angle droit pour se diriger vers le nord-est.

Cette région de *Sambre* et *Meuse* nous rappelle la compagnie des aérostiers militaires, qui fut adjointe aux armées de la république française de l'an II à l'an X. Voilà Maubeuge; voilà Fleurus. C'est là que Coutelle arriva de Meudon avec sa compagnie, organisée aux frais et pour le service de la république, — compagnie que notre Société aérostatique rétablit aujourd'hui dans un but très-pacifique. Les aérostiers militaires (corps d'artillerie) observaient le camp ennemi à l'aide de ballons captifs. — C'est peut-être aux ballons que l'on doit la victoire de Fleurus, qui donna la possession de la Belgique à la France. Les aérostiers militaires furent licenciés après les batailles d'Égypte, quoiqu'ils eussent rendu de grands services à la cause de la république. On a pensé que l'Empereur avait eu quelques motifs d'oublier les aérostiers. On se souvient en effet que, le jour du couronnement de Napoléon, le

Mètres
2.500
2.250
2.000
1.750
1.500
1.250
1.000
750
500
250
0

Lever du Soleil
3ᵇ 45ᵐ

Minuit

Coucher
du Soleil
8ᵇ 12ᵐ

Départ 14 Juillet
5ᵇ 10ᵐ Soir

Arrivée 15 Juillet
6ᵇ Matin

Mètres
2.500
2.250
2.000
1.750
1.500
1.250
1.000
750
500
250
0

SEINE OISE Pontoise Senlis Compiègne La Fère Vervins Philippeville Mariembourg Dinant Huy Liège Maestricht Dusseldorf
St Denis Crépy AISNE Laon Montcornet Aix-la-Chapelle Solingen
PARIS Damas-tin Soissons Rozoy Vireux-Guet Verviers Duren Cologne
Meaux Villers-cotterets Sézanne Zulpich
SEINE ET MARNE La Ferté-Milon ARDENNES BELGIQUE Ourthe Bonn
Château Thierry Mézières Rethel Bouillon
Melun Reims

Gravé par Erhard

3ᵇ 20ᵐ   6ᵇ   7ᵇ   8ᵇ   9ᵇ   10ᵇ   11ᵇ   Minuit   1ᵇ   2ᵇ   3ᵇ   4ᵇ   5ᵇ 5ᵇ30ᵐ 6ᵇ (550 Kilom.)

Paris_Imp. Trailhry

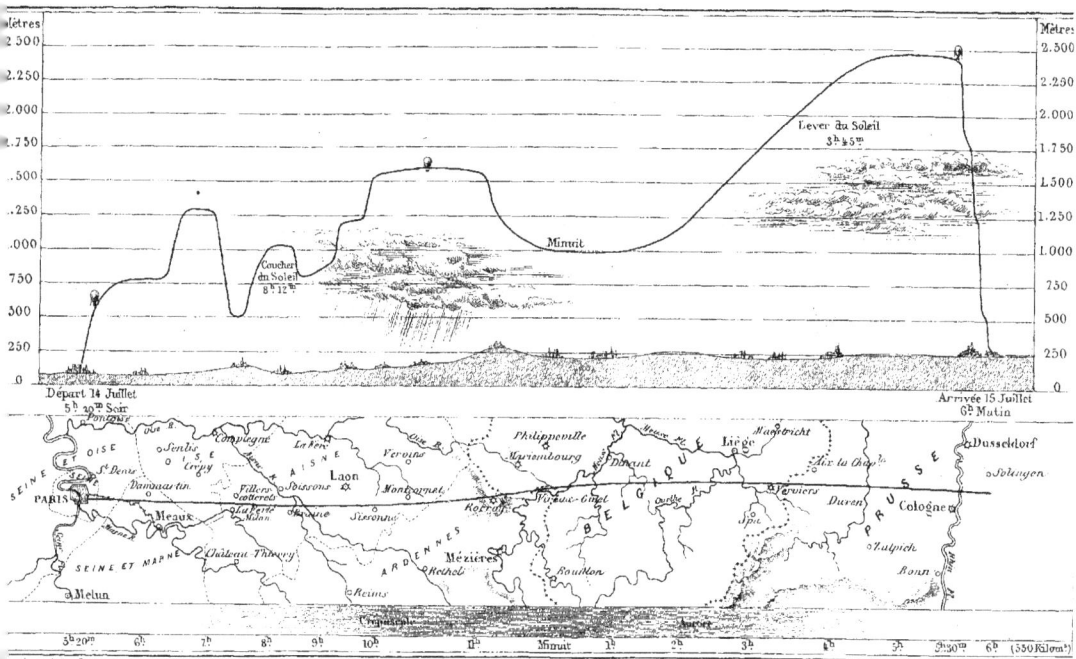

Ligne aérienne suivie par M. Flammarion dans son voyage de Paris en Prusse,
avec la projection de la route aéronautique sur la carte d'Europe.

ballon libre portant la couronne impériale, formée par 3000 verres de couleur, partit de Paris le 16 décembre 1804 à 11 heures du soir, et arriva directement le lendemain matin à Rome (le pape Pie VII était retenu prisonnier en France) annoncer aux Romains le sacre de l'Empereur. Le plus curieux du voyage est que le ballon s'abattit précisément dans la campagne de Rome et alla briser la couronne impériale sur le pseudo-tombeau de Néron. Napoléon, qui croyait au destin, en garda-t-il quelque désappointement? Peut-être.

Depuis la république, les aérostats ont été peu appliqués aux observations militaires. En 1859, M. Eugène Godard fut appelé devant Solférino. C'est le ballon construit dans cette intention qui nous a servi pour nos premiers voyages, et c'est une couverture autrichienne qui nous garantit des rigueurs du froid nocturne des espaces supérieurs.

Comme je l'ai mentionné tout à l'heure, les villes éclairées de la Belgique et leurs hauts-fournaux aux forges flamboyantes offrent au navigateur silencieux le plus singulier des spectacles. En même temps que le bruit sourd de la Meuse, on entendait des sifflements lointains et l'on distinguait dans le fond de l'espace noir des flammes et des fumées mystérieuses.

Insensiblement la nuit s'écoule. A minuit même, malgré la distance qui nous sépare du solstice d'été, nous n'avons pas cessé de voir le crépuscule pâle au nord. La lune répand une lumière diffuse, que les nuages n'interceptent pas entièrement.

Green et Monk-Mason, qui accomplirent, le 7 novembre 1836, un long voyage de nuit de Londres en Allemagne, et qui passèrent ici même, au-dessus de Liége et des hauts fourneaux de Belgique, racontent que, après minuit, les clartés d'en bas s'éteignirent, que le ciel était sans lune, mais brillamment étoilé, et que néanmoins la nuit était absolue autour d'eux.

« Un abîme noir et profond, disent-ils, nous entourait de tous côtés; et, comme nous tâchions de pénétrer dans ce gouffre mystérieux, nous avions de la peine à nous défendre de l'idée que nous nous formions un passage à travers une masse immense de marbre noir dont nous étions enveloppés, et qui, solide à quelques pouces de nous, paraissait s'amollir à notre approche afin de nous laisser parvenir plus avant dans ses flancs froids et obscurs. »

J'avoue que, dans les trois voyages de nuit que j'ai faits, — dont l'un a été accompli sans lune et par un ciel couvert, — je n'ai jamais rien éprouvé d'analogue à cette sensation de la vue. Je m'associerai plus intimement aux impressions de la traversée ra-

contées par le voyageur anglais. « Se trouver transporté dans les
ténèbres de la nuit, au milieu des vastes solitudes de l'air, dit-il,
inconnu et inaperçu, en secret et en silence, traversant des royaumes, explorant des territoires, regardant des villes qui se succé-
daient avec une rapidité qui ne permettait pas de les examiner
en détail, en voilà assez pour rendre sublimes des scènes qui auraient eu en elles-mêmes moins d'intérêt. Si l'on ajoute à cela
l'incertitude qui commence à régner dans notre voyage, incertitude qui couvrait tout des voiles du mystère et nous mettait dans
un embarras pire que l'ignorance même, on pourra se faire quelque idée de notre singulière position. » Que l'on joigne à cet effet
celui du silence et du froid, et le sentiment de cette suspension
solitaire à cinq ou six mille pieds au-dessus de la terre, et l'on
comprendra la vague préoccupation d'un tel voyage.

Par une période de profond silence et d'obscurité relative, nous
entendîmes au-dessus de nous un bruit surprenant, comme si la
soie du ballon avait éclaté et que le gaz se fût échappé en produisant le bruit d'une sourde traînée. La cause de ce trouble était
inoffensive. Le filet crépitait sur l'enveloppe capitonnée sous l'influence de l'humidité, et les trois petits ballons se promenaient en
roulant sous l'équateur de l'aérostat. Leur glissement produisait
un bruissement léger qui, à cause du profond silence, paraissait
plus intense.

Après minuit, le temps fuit avec une grande rapidité. A 1 h. 30 m.
l'aurore au nord est déjà lumineuse quoique l'espace soit voilé de
brouillards. Nous nous allégeons de quelques kilogrammes de lest
et lentement nous nous élevons à 1200, 1300, 1400 et 1500 mètres.
Nous laissons successivement à notre gauche les trois villes éclairées. A 2 h. 50 m. Liége passe à notre gauche.

La lune, quand nous passons au-dessus des nuages, brille avec
un éclat extraordinaire et domine ce spectacle magique.

Vénus brille dans l'aurore, et l'aurore porte ombre.

Au-dessus de l'aurore, un tableau vraiment féerique se déploie; des nuages de divers tons réunis en ces régions supérieures
dessinent un paysage étrange, et déroulent sous l'étonnement de
notre regard des vallons, des collines et des plaines pittoresquement suspendues. Ce paysage marbré ressemble à ceux que la
nature a dessinés sur certaines agates merveilleuses. Parfois, sur
les hauts plateaux grisonnants, on distingue une ville avec ses
tours et ses remparts, et au-dessus de ce panorama un ciel qui le
couronne; on croirait voir du haut d'une montagne des Alpes

La lune, brillant d'un éclat extraordinaire, dominait ce spectacle magique.

une région cultivée et une ville antique se dessinant à l'horizon à travers les brumes de l'air.

Quoique le ciel soit resté couvert d'un léger voile, nous distinguons les campagnes aussi nettement qu'en plein jour avant trois heures du matin. Nous suivons le bord d'immenses forêts qui se succèdent à notre droite. A gauche se déroulent des plaines cultivées. Ces plaines (sont-ce des plaines?) ont un aspect bien différent des terres françaises. Au lieu de champs réguliers se succédant suivant des lignes parallèles et traçant sur la campagne un damier longitudinal, ce sont des champs de toutes formes, de toutes grandeurs, juxtaposés sans succession régulière, comme les départements diversement coloriés qu'on voit sur une petite carte de France. De plus, chacune de ces propriétés irrégulières est environnée d'une *haie*. On croirait être en Irlande.

Le Rhin se dessine depuis longtemps, quoique nous en soyons encore éloignés de plus de 100 kilomètres. Nous laissons Spa à notre droite. Jusqu'à cette campagne aérostatique, le voyage de Paris à Spa, entrepris en 1851 par Eugène Godard en compagnie de la princesse de Solms (Mme Rattazzi) et de cinq autres nobles voyageurs, était la plus longue des excursions aériennes de mon pilote. Elle sera maintenant la troisième, notre voyage d'Angoulême la dépassant de 80 kilomètres, et celui-ci la dominant d'une centaine de kilomètres.

La dernière ville de Belgique que nous ayons traversée est Verviers. Nous entrons à 3 h. 40 m. par Eupen dans la Prusse rhénane.

Vers 3 h. 45 m., voguant par 1800 mètres d'altitude, l'hygromètre étant à 93 degrés et le thermomètre libre marquant 5 degrés, nous assistons à la *formation des nuages* qui naissent au-dessus et au-dessous de nous. La campagne, qui depuis le lever de l'aurore avait déployé sous nos regards ses variations de tons et de nuances diverses selon la culture du terrain, se dérobe progressivement sous le voile des flocons amoncelés. A peine avons-nous le temps d'admirer à notre guise la vaste plaine colorée, les routes, les villages, les bois et les champs, que des nuées blanchâtres surgissent de toutes parts. D'abord diaphanes, elles deviennent tout à coup opaques, et nous cachent complétement la vue des régions inférieures.

Ces nuages naissent et s'évanouissent avec une rapidité étonnante, et l'on se demande quelle baguette de fée leur ordonne de naître invisiblement du fond des campagnes. Par suite des observations hygrométriques faites cette matinée, je suis porté à croire

qu'il y a dans l'air même des fleuves d'air plus froids, qui résol-
vent en vapeur visible les couches atmosphériques humides qui
les traversent. Sous le moindre souffle d'air un peu plus chaud,
les vésicules d'eau redeviennent invisibles.

Il y a de plus attraction des petites nuées entre elles. A peine
quelques-unes se sont-elles formées en des points séparés, qu'elles
se rapprochent pour se réunir. Nous avons vogué pendant deux
heures au-dessus de ces nuages, qui occupaient une zone de
1000 à 1800 mètres d'élévation et pouvaient par conséquent mesurer en certains points près de 800 mètres d'épaisseur. Parfois
notre navire aérien semblait voguer à la surface même de cet
océan, et la résidence de l'humanité s'était entièrement éclipsée
pour notre regard et notre pensée.

L'aérostat a continué sa marche ascendante et nous tient maintenant à 2000 mètres d'élévation. Mais quels sont ces feux dorés
qui s'allument à l'orient comme si l'hémisphère de nos antipodes
était embrasé? C'est le lever du soleil qui s'annonce, et nous aurons le rare privilége de le contempler dans sa grandeur du haut
de notre esquif, qui plane maintenant à 2000 mètres au-dessus
de la vallée du Rhin. Notre chronomètre de Paris ne marque que
trois heures et demie, et l'*Annuaire du bureau des longitudes* annonce le lever du soleil pour 4 heures 14 minutes. Mais nous
sommes à Aix-la-Chapelle, à 3° 44', ou 15 minutes à l'est du méridien de Paris, et à 2000 mètres d'altitude. D'ici nous distinguons, à notre droite, le duché de Luxembourg jusqu'au delà de
Trèves, et à notre gauche la Hollande jusqu'à la mer du Nord.

L'œil mortel qui eut une seule fois le privilége de contempler
l'arrivée triomphante du dieu du jour dans le monde aérien et
d'assister dans les hauteurs du ciel à la glorieuse manifestation de
sa splendeur ne saurait oublier un tel spectacle et en gardera jusqu'au dernier sommeil l'image ineffaçable. Il y a sur la terre des
impressions qui donnent une si haute idée de la nature, et qui
nous la révèlent sous un aspect si imposant, que l'âme profondément troublée en garde éternellement le puissant souvenir.

Lentement, insensiblement, la tendre et blanche clarté de l'aurore s'était affermie, et, semblable à un immense océan de lumière, elle emplissait l'atmosphère. Comme la mélodie d'un
orchestre lointain semble d'abord un écho imperceptible et progressivement approche en grandissant l'enivrant murmure, ainsi
la lumière était pour l'œil ce que la musique est pour l'oreille. La
terre silencieuse attendait dans le recueillement, éveillée de son

sommeil réparateur, mais comme accablée sous le prestige de la beauté céleste.

Le Rhin déroulait au loin ses anneaux d'argent, comme un serpent étendu sur la verte Allemagne, penchant là-bas dans la mer du Nord sa tête aplatie. La nature se taisait, et si les petits oiseaux chantaient, c'était seulement un timide prélude à l'hymne du jour. Bientôt un vaste rayonnement d'or s'élança de l'orient comme un éventail fluide venant caresser de ses chatoyantes couleurs les nuages les plus élevés de l'atmosphère, et leurs légers contours s'allumèrent des nuances de la rose et de l'or.

.... L'orchestre augmente, et déjà parmi les moires flottantes, les bercements et les broderies mouvantes de l'harmonie, on distingue les frémissements et les soupirs de l'accompagnement céleste. Tout à coup, au moment où l'âme charmée se sent emportée vers ses rêves les plus chers par le magnétisme du chant divin, l'orgue universel, dont tous les jeux sont ouverts, entonne pleinement l'éclatante fanfare de la vie!... Les accords solennels du mode majeur répandent dans le ciel entier le sublime poëme de la mélodie sacrée. Le dieu de la lumière vient d'apparaître; son disque immense s'élève entre les tentures de pourpre que l'orient a écartées pour le recevoir.

A mesure que le soleil s'élevait lentement de l'hémisphère inférieur, notre aérostat s'élevait lui-même dans l'espace. Il atteignit 2300 mètres au moment où le soleil, dégagé des couches de nuages inférieurs, vint planer dans un ciel double, formé par l'atmosphère inférieure chargée de diverses zones de nuages, et par l'atmosphère supérieure grise et occupée elle-même par des traînées blanches très-élevées.

A 3 heures 54 minutes, le soleil nous parut se lever une seconde fois. Caché par de longues files de nuages, on aurait pu croire qu'il n'était pas encore arrivé sur notre hémisphère, lorsque nous le vîmes de nouveau à l'horizon, non plus rouge écarlate comme tout à l'heure, mais d'un blanc vermeil. C'était le Rhin qui nous renvoyait son image éblouissante.

Avant d'atteindre Aix-la-Chapelle, nous distinguons déjà à l'œil nu la ville de Cologne, ou plutôt sa cathédrale, basilique géante dont la masse noire se projetait sur le ruban d'argent du grand fleuve. A 4 heures 26 minutes, nous passons perpendiculairement au-dessus de la gare de Düren (ligne d'Aix-la-Chapelle à Cologne).

Nous nous trouvions à 2400 mètres d'élévation, et nous passions au-dessus d'une plaine de nuages, lorsque les sons de l'*An-gelus* vinrent frapper nos oreilles. C'était le premier bruit de la terre qui nous arrivait depuis la musique qui avait suivi la pluie de la veille.

Le son des cloches est doux à entendre dans le ciel, mais il ne nous fut pas donné d'en goûter le charme, car le bruit du canon vint aussitôt lui succéder, et pendant longtemps, de minute en minute, la voix de ce gracieux appareil de civilisation et de progrès venait gronder dans les nuages et s'entendre dans les plaines de l'air. C'était, dit-on, l'artillerie de Mühlheim qui s'exerçait pour la guerre prochaine.

La ville antique de Cologne, où naquirent deux personnages aussi différents qu'une salve d'artillerie et la prière de l'*Angelus*, l'impératrice Agrippine et saint Bruno, dessine sous nos yeux un demi-cercle régulier soudé à la rive gauche du Rhin. Si l'on n'examinait pas avec beaucoup d'attention, on pourrait facilement prendre cette place pour un escargot collé à une mince branche d'arbre tordue. Nous voguions paisiblement et magnifiquement à 1800 mètres de hauteur, admirant dans sa grandeur la riche campagne du Rhin, les sept montagnes qui dominent la pitto-resque vallée, les vallons de la Westphalie qui s'avançaient sous nos pas, le cours du fleuve vers la grise Hollande, les plateaux noirs de l'Allemagne, et les paysages coquets échelonnés sur la rive d'un pur ruisseau qui se jette dans le Rhin en aval de Cologne. L'humidité de l'air avait successivement diminué, et l'hygromètre marquait 62°; le thermomètre était à la glace. Mais le soleil avait enfin percé les nuages et commençait de briller; c'était la plus belle heure de notre traversée et la période où nous devions jouir pleinement de la magnificence du spectacle; l'aéro-stat, loin de tendre à descendre, s'élevait encore sous l'action de la sécheresse de l'air ambiant. Quel est l'homme qui, sous l'im-pression d'un tel spectacle et se sentant dans une sécurité absolue dans les champs de l'azur, aurait laissé germer dans son âme l'idée de redescendre sur la terre? — Hélas! il y avait en ce mo-ment un homme qui avait la nostalgie de la terre et qui regardait avec convoitise les vertes plaines de la Prusse, et cet homme, c'é-tait précisément Eugène Godard.

Le voyant préparer la corde de la soupape, je le menaçai avec toute la sévérité dont je suis capable de le dénoncer aux lec-teurs du *Siècle*. Je lui demandai seulement de nous laisser porter par le vent jusqu'à Berlin. Je lui représentai combien il serait

Le dieu de la lumière vient d'apparaître!...

flatteur pour sa célébrité d'aéronaute de faire une partie du tour
du monde en ballon. Je lui expliquai que ma série d'observations
météorologiques n'était pas encore terminée, que l'aérostat était
excellent, qu'il n'y avait aucun danger, etc.

Mon compagnon m'assura qu'un voyage de 610 kilomètres (par
la route) était déjà très-beau; il ajouta que nous n'avions presque plus de lest pour notre ballon et rien à déjeuner; il termina
son discours en me répétant que le vent s'élève toujours dans la
matinée, et que, comme avec nos faibles ressources nous ne pouvions continuer la journée entière, nous serions forcés de descendre avant midi, sans lest pour faire face à une chute imprévue, et
sous le coup du vent intense des plaines.

Je me laissai toucher par ces excellentes raisons, en songeant
que mon inexpérience en fait d'aérostation devait s'incliner sous la
sagesse pratique de mon guide, et mon célèbre pilote tira la soupape pendant que nous traversions le Rhin, à 5 heures 30 minutes[1].

Les trois petits ballons attachés au cercle nous firent descendre
en spirale. La terre tournait autour de nous, et nous paraissions
précipités en cycloïde dans les profondeurs de l'air. Le soleil vint
nous éclairer lorsque nous étions à 890 mètres. Les paysages inférieurs revêtaient des formes bien définies, et les montagnes
noires élevaient leurs pics vers le ciel à mesure que nous nous
abaissions au-dessous de leurs sommets. Descendant sur la terre
d'Allemagne, nous avions eu la pensée d'arborer le drapeau français
dans nos cordages. Lorsque nous arrivâmes assez bas pour distinguer des hommes, nous aperçûmes une multitude de paysans,
aux costumes bizarres et d'énormes pipes aux lèvres, accourant à
travers champs à notre rencontre.

Lorsque la nacelle effleura doucement le gazon des prairies, de
robustes bras étaient là pour la recevoir (notre plus grande peine
fut d'empêcher de fumer). Bientôt nos oreilles furent abasourdies
des cris exhalés par cent gorges allemandes, et nos yeux se pro-
menèrent sur les têtes germaniques, et l'expression spontanée des
jeunes filles rouges, aux jambes nues, qui approchaient avec curiosité.

Nous étions sur le territoire de Solingen, département de Dusseldorf, à 4° 45′ à l'est du méridien de Paris, et par 51° 6′ de latitude
boréale, ayant parcouru 550 kilomètres en douze heures et demie.

En effectuant notre descente, nous étions convenus de laisser

---

1. Voir l'Appendice pour les observations.

le ballon gonflé jusqu'au soir, et de continuer ensuite notre voyage. On nous amena donc captifs jusqu'à une place favorable pour nous recevoir; mon premier soin fut d'abriter les instruments, de faire charger la nacelle de pierres et de remplacer le gaz perdu par celui des trois petits ballons. Mon intention était de renvoyer à Paris les bagages inutiles.

Les journaux ont déjà rapporté que ce lieu de descente fut rapidement transformé en place de fête, que des jeux et des buvettes y furent organisés; mais que l'orage arrivé le soir nous obligea de dégonfler, — à notre grand regret. Quelques-uns ont même brodé sur ce canevas et raconté l'histoire de deux gendarmes prussiens qui seraient venus par ordre de la police visiter la nacelle, et dont l'un aurait été emporté par le ballon (dont il enlevait les pierres) jusqu'en Hollande! Cette histoire a été agréablement inventée.

Nous avons reçu bon accueil des Prussiens, nos thalers surtout, — et le lendemain nous fûmes également bien accueillis à notre arrivée dans la ville de Cologne, où nous entrâmes escortés d'une armée de curieux et précédés d'un cavalier portant le drapeau tricolore.

Les ballons satellites.

M. Flammarion s'élevant des jardins du Conservatoire.

CHAPITRE X.

DU CONSERVATOIRE DES ARTS ET MÉTIERS AUX JARDINS DE BEAUGENCY.

Nous arrivons, cher lecteur, à la relation du dernier voyage de cette série, accompli le 15 avril 1868. Il a été facile de remarquer que chaque relation diffère dans sa forme comme dans son objet, et le champ d'exploration est si vaste, que si, au lieu de dix, c'étaient cent ou mille récits, je suis bien persuadé qu'ils ne s'identifieraient pas davantage l'un dans l'autre. Longtemps les impressions seront neuves; toujours elles offriront à l'imagination des aspects inattendus. Nous n'avons, nous autres habitants de la terre, guère plus d'idées sur la nature, la grandeur et l'œuvre active de l'atmosphère, que les poissons qui rampent au fond de la mer n'en peuvent avoir sur la surface de l'océan, sur les courants, les marées, les phénomènes lumineux et calorifiques qui s'accomplissent incessamment dans les couches supérieures de l'océan. L'océan aérien constitue la vie et la beauté du globe. Nous végétons dans son bas-fond, ignorants des grands mouvements qui organisent sa circulation perpétuelle autour du monde, ignorants

des grands spectacles incessamment déployés dans son sein. Le
contraste est si frappant entre cet état d'inerte ignorance et la richesse du monde supérieur, que lorsqu'on a goûté à ces plaisirs
d'en haut, on ne comprend pas que l'homme n'ait pas élu depuis
longtemps domicile au-dessus des nuages, dans cette région si
pure et si belle, où la pluie et la neige ne tombent jamais, où les
vents bercent notre esquif sans se faire sentir; où la lumière et la
joie inondent le contemplateur de rayons enchantés. Cette ère arrivera sans doute, l'humanité ne sera point complète sans ce perfectionnement, et c'est très-certainement là la condition des habitants de Jupiter ou de Saturne, enrichis d'un domaine naturel
plus vaste et plus agréable que le nôtre et qui ont mieux su que
nous prendre possession de leur planète. Quant à moi, mon plus
grand désir serait que chacun de mes compatriotes puisse faire
au moins une fois en sa vie un voyage au-dessus des nuages.
Après quelques générations, il n'y aurait plus ni fiacres, ni postes,
ni chemins de fer, ni douanes : le plaisir de respirer là-haut et de
dominer les empires à son aise aurait accompli de lui-même la
plus grande des révolutions. Chaque propriétaire voudrait avoir
sa maison de campagne aérienne, son observatoire volant. Il y
en aurait pour tous les âges et pour tous les goûts.

La nouvelle excursion aérienne qui fait l'objet de ce chapitre
n'est pas aussi étendue que la précédente, et ne nous conduira pas
au delà du Rhin. Mais elle a son caractère spécial. Ce ne sont
pas toujours les choses les plus longues qui sont les meilleures, et
la nature nous présente souvent, au moment où nous nous y at-
tendons le moins, des spectacles intéressants que nous ne trouvons point quand nous les cherchons.

Je remarquerai tout de suite, en commençant la relation de ce
voyage, que, comme déjà je l'ai fait observer plusieurs fois, la
présence d'un aéronaute de profession est très-utile pour la bonne
organisation d'un voyage scientifique aérien. Non-seulement la
préparation de l'aérostat au moment de l'ascension et les soins
qu'il demande nécessitent un travail auquel ne peut se livrer
le météorologiste, occupé de son côté à la comparaison, à l'installation et à l'observation minutieuse de ses instruments, mais encore pendant toute la durée des voyages la conduite du ballon qui
flotte incessamment dans un équilibre instable commande à l'aéronaute une attention permanente et une action matérielle assez
fatigante, qui ne sont pas du domaine de l'observateur. Celui-ci a
bien assez à faire, à écrire, à dessiner. Le temps passe vite, les

heures s'écoulent comme des secondes, tant l'observation scientifique doit enregistrer de faits au sein de ce monde encore mystérieux de l'atmosphère.

Nous nous sommes élevés du jardin du Conservatoire des arts et
métiers, du lieu même où Biot et Gay-Lussac firent, il y a soixante-
quatre ans, leur mémorable ascension. La direction de notre célèbre établissement national a été pour nous d'une bienveillance
que je me fais un devoir et un bonheur de reconnaître ici. Le gaz
du gonflement arrivait jusqu'au centre du jardin. Les instruments
d'observation ont été comparés au départ avec les étalons. Notre
aérostat mesurant 1200 mètres cubes, cinq heures furent nécessaires
pour le gonfler. A 3 heures, M. Eugène Godard et moi nous prenions place dans la nacelle, et à 3 h. 15 m. nous nous élevions
avec une grande force ascensionnelle dans la direction sud-sud-
ouest.

On remarquait à l'équateur du ballon un cercle d'étoffe rattaché
au filet. C'était un parachute de 1 mètre seulement de large, pouvant servir à modérer la vitesse d'ascension aussi bien que la descente, installé sur les indications de M. le comte Xavier Branicki,
avec lequel nos lecteurs ont déjà fait connaissance.

Ce parachute et *paramonte*, que nous essayions pour la première
fois, a fait osciller l'aérostat pendant quelque temps, car nous
avions dû monter très-vite à cause du vent. Le temps, couvert depuis le matin et même légèrement pluvieux vers midi, ne laissait
apercevoir, au moment du départ, aucune éclaircie. Au premier
coup d'œil que nous avons jeté sur la terre, nous ne pûmes nous
empêcher d'être surpris de la foule immense qui stationnait aux
alentours du Conservatoire, et surtout à l'est du jardin. Il semblait que tout Paris se fût transporté là, malgré le soin que j'avais
pris de ne point laisser annoncer ce voyage.

Une minute et cinquante secondes après notre départ nous
traversions la Seine et le nouveau tribunal de commerce, à 615
mètres de hauteur au-dessus du jardin du Conservatoire; 3 minutes après, nous prenions pour point de repère mon petit observatoire du Panthéon, et nous étions à 676 mètres; nous passons
au zénith de l'Observatoire impérial; à 3 h. 25 m., nous traversions les fortifications sur le bastion qui sépare la porte d'Ar-
cueil du chemin de fer de Sceaux, à 950 mètres d'altitude.

Alors — et c'est la première fois que je le constate — le courant change vers 900 mètres et fléchit tout à fait au sud. Nous
allons passer (3 h. 34 m.) à l'est de Bourg-la-Reine, et plus tard

(3 h. 53 m.) laisser également Lonjumeau à notre ouest. Je remarque par parenthèse qu'ici notre point de repère est voisin de celui que nous avons pointé sur nos cartes lors de notre voyage à Angoulême.

L'abaissement de la température se fait rapidement sentir à mesure que nous nous élevons. Le thermomètre étalon du Conservatoire marquait 15 degrés à la salle du rez-de-chaussée. Mon thermomètre à l'air libre, d'accord avec lui, marque 15 degrés dans le jardin au moment du départ. A 600 mètres, il est déjà abaissé à 8 degrés; à 750, il est à 6 degrés; à 865, à 5 degrés; à 950, à 4 degrés; à 1150, à 3 degrés; à 1300, à 2 degrés. Je cherche en vain le niveau inférieur des nuages; ils ne sont point étendus en nappe uniforme, comme je l'ai constaté quelquefois, mais disséminés de part et d'autre. En arrivant à 1200 mètres, nous en reconnaissons qui sont suspendus comme d'immenses et légers flocons dans l'espace, plus bas que nous, mais non au-dessus de la nacelle.

Notre haleine s'est condensée en parcourant une zone d'air où l'hygromètre était à son maximum à 1150 mètres, et où le thermomètre marquait 3 degrés. Il n'y avait pas de nuages. Mais c'était à peu près le niveau inférieur de la nappe disséminée. Plus haut elle ne s'est pas condensée. A 1255 mètres, nous sommes presque complétement enveloppés de nuages; la terre disparaît peu à peu; on distingue encore les dessins des campagnes, les routes, les chemins; bientôt le sol n'est plus apparent, et nous nous trouvons (1415 mètres) au niveau supérieur des nuages. Leur densité est faible; je n'ai point éprouvé aujourd'hui l'impression singulière que j'ai ressentie lorsque, traversant un jour pour la première fois une immense nappe de nuages, j'avais été surpris par l'éblouissante lumière et la joie radieuse dans lesquelles on entrait en sortant des régions basses et des nuées immenses.

Mais un spectacle merveilleux nous était réservé. Au moment où nous nous attendions le moins à voir aucun tableau et où j'étais occupé à suivre la marche de l'hygromètre à précision, nous nous trouvons vers la surface supérieure, étrangement accidentée, des nuages. Et voilà que devant nous, à 30 mètres peut-être, apparaît, à l'opposite du soleil qui se révèle, la partie inférieure d'un ballon presque aussi gros que le nôtre, et sous cette partie inférieure une nacelle suspendue au filet, et dans cette nacelle deux voyageurs si faciles à distinguer qu'on aurait pu les reconnaître sans peine.

On apercevait les plus petits détails, jusqu'aux minces ficelles, jusqu'aux instruments suspendus; j'agite la main droite, mon sosie agite la main gauche; Godard fait flotter le drapeau national, l'ombre d'un drapeau voltige dans l'ombre de la main du spectre aérien. Et autour de la nacelle des cercles concentriques de diverses nuances : d'abord, au centre, un fond jaune-blanc, sur lequel ressort la nacelle, puis un cercle bleu pâle; alentour, une zone jaune, puis une zone rouge-gris, et enfin, comme circonférence extérieure, une légère nuance de violet se fondant insensiblement sur la tonalité grise des nuages.

Ce n'est pas pour la première fois qu'on observe cet intéressant phénomène. En ballon, sans doute, c'est pour la première fois; mais il n'y a là rien d'étonnant : les ascensions aérostatiques ont été si rares jusqu'ici! Dans les montagnes, divers savants ont remarqué et mesuré ces auréoles. Depuis longtemps déjà les traités populaires sur les météores et sur l'atmosphère ne manquent pas d'orner leur contingent de gravures de la reproduction du *cercle d'Ulloa*. On voit un voyageur (c'est Ulloa lui-même) sur une montagne; à une certaine distance devant lui son ombre en pied; autour de la tête de l'ombre un premier cercle lumineux; puis une série de circonférences de diverses teintes. C'est un phénomène du même ordre que j'observai dans ce dernier voyage aéronautique. Ce n'est plus absolument le cercle d'Ulloa, et je l'ai même vu tout dernièrement représenté dans une conférence sans le titre trop gracieux pour moi de *cercle de Flammarion*. Mais il n'est pas nécessaire d'incorporer un nouveau nom propre dans la physique (à moins que ce ne soit simplement pour faire la différence avec l'observation d'Ulloa); car il y a une dénomination générique toute créée pour cet ordre de phénomènes, c'est le titre d'*anthélies*.

Le mot anthélie indique par son étymologie même la position de l'apparition à l'opposé du soleil. Pendant leur voyage aux Cordillères avec La Condamine, Bouguer et Ulloa furent témoins de ce phénomène. L'ombre de l'observateur se peint sur un brouillard rapproché; une auréole plus claire se montre autour de la tête. « Ce qui nous étonna, dit Bouguer, c'est que la tête de l'ombre était ornée d'une auréole formée de trois ou quatre petites couronnes concentriques d'une couleur très-vive, chacune avec les mêmes variétés que le premier arc-en-ciel, le rouge étant en dehors. C'était comme une espèce d'apothéose pour chaque spectateur; et je ne dois pas manquer d'avertir que chacun jouit tranquillement du plaisir de se voir orné de toutes ses couronnes, sans rien apercevoir de celles de ses voisins. »

Ulloa rapporte de son côté que chacun voyait son ombre au centre de trois arcs-en-ciel nuancés de diverses couleurs et entourés à une certaine distance par un quatrième arc d'une seule couleur. « La couleur la plus extérieure de chaque arc était incarnat ou rouge ; la nuance voisine était orangée, la troisième était jaune, la quatrième paille, la dernière verte. Tous ces arcs étaient perpendiculaires à l'horizon ; ils se mouvaient et suivaient dans toutes les directions la personne dont ils enveloppaient l'image comme une gloire. Au commencement de l'apparition la figure des arcs était ovale ; vers la fin elle était parfaitement circulaire. »

La même apparition a été observée dans les régions polaires par Scoresby, et décrite par lui. Suivant ses observations, le phénomène se montre chaque fois qu'il y a simultanément du brouillard et du soleil. Dans les mers polaires, quand une couche de brouillard peu épaisse s'élève sur la mer, un observateur, placé sur le mât de misaine, aperçoit un ou plusieurs cercles sur le brouillard. Ces cercles sont concentriques et leur centre commun se trouve sur une ligne droite qui va de l'œil de l'observateur au brouillard, du côté opposé au soleil. Le nombre des cercles varie de un à cinq ; ils sont surtout nombreux et bien colorés quand le soleil est très-brillant et le brouillard épais et bas. Le 23 juillet 1821, Scoresby vit quatre cercles concentriques autour de sa tête. Les couleurs du premier et du second étaient très-vives ; celles du troisième, visibles seulement par intervalles, étaient très-faibles, et la quatrième n'offrait qu'une légère teinte de vert.

Le météorologiste Kœmtz a souvent observé le même fait dans les Alpes. Dès que son ombre était portée sur un nuage, la tête se montrait entourée d'une auréole lumineuse.

A quel jeu de la lumière ce phénomène est-il dû ? Bouguer émet l'opinion qu'il est dû au passage de la lumière à travers des particules glacées. Telle est aussi l'opinion de Saussure et de Scoresby.

L'observation faite en ballon, telle que je l'ai rapportée plus haut, me montre que très-certainement il n'en est pas ainsi. Sur les montagnes, comme on ne peut s'assurer directement du fait en s'envolant dans le nuage, on en est réduit à des conjectures. En ballon, traversant les nuages de part en part, résidant au milieu d'eux et passant sur les points mêmes où l'apparition se

montre, on peut facilement se rendre compte de l'état du nuage.
Au moment où le phénomène se produisit, nous étions à 1400
mètres de hauteur, et arrivés à la surface supérieure des nuages
(surface qui est loin d'être plane, mais très-accidentée). Le thermomètre marquait 2 degrés au-dessus de zéro. L'hygromètre avait marqué un maximum d'humidité (77) 250 mètres plus bas, dans la partie
inférieure des nuages; il était déjà remonté à 73. La vapeur aqueuse
constitutive du nuage était dans l'état sous lequel je l'ai généralement observée, ne présentant pas le moindre indice de la
présence de particules glacées. J'admets donc, avec Kœntz, que
l'image se produit simplement sur les vésicules du brouillard.
Tout le phénomène peut se déduire, comme l'a très-bien dit
Fraunhofer, de la diffraction de la lumière. Cette théorie est
confirmée par les observations dans lesquelles Kœntz a vu
d'abord une couronne lorsque le nuage était d'abord entre lui et
le soleil, puis un anthélie lorsqu'il était porté dans une direction
opposée à celle de l'astre.

Ce phénomène ne diffère pas essentiellement de celui que nous
avons signalé dans les relations précédentes et désigné sous le
nom d'*ombre lumineuse du ballon*. En effet, à mesure que notre
aérostat s'éleva au-dessus des nuages, nous vîmes la silhouette se
rapetisser, et l'auréole colorée s'agrandir, de sorte qu'au lieu
d'être décrite autour de la nacelle (ou, pour mieux dire, de nos
têtes), elle arriva à envelopper régulièrement l'ombre circulaire
de l'aérostat. Les couleurs avaient insensiblement pâli et disparu.
Nous avions dès lors une ombre lumineuse avec un noyau sombre au centre, ombre voyageant avec nous sur les nuages. Nous
avons vu que cette lueur est due à la réflexion de la lumière sur
les vésicules d'eau.

Un soleil brûlant nous inonde de ses rayons, et, dilatant l'aérostat, accroît notre force ascensionnelle. Un ciel bleu s'ouvre
au-dessus de nous, dans lequel nous entrons comme par enchantement. L'ombre du ballon, beaucoup plus petite et plus éloignée
de nous, se dessine en entier, et d'autant mieux que le nuage sur
lequel elle se projette est plus épais; l'arc-en-ciel l'environne entièrement. Un océan vaste, incommensurable, se déploie sous nos
regards, boursouflé en certains points comme des bulles énormes
et floconneuses, se tordant et se déformant parfois avec une grande
rapidité. Lorsque nous voguons à la surface supérieure de ces
amoncellements de nuages, nous pénétrons parfois en d'énormes

montagnes blanches, tout surpris de nous enfoncer dans leur sein
sans éprouver aucune résistance.

C'est un spectacle toujours magnifique de se voir suspendu
dans le vide au-dessus d'un océan sans bornes formé d'immenses
amoncellements qui se succèdent, collines et vallées de vapeurs
visibles, et se déploient jusqu'à l'horizon céleste. La terre est
cachée sous ce voile au-dessus duquel règne la lumière. Les hommes vivent là-dessous, sans se douter du plein soleil qui rayonne
ici, et supportant de parti pris d'être, les trois quarts du temps,
ensevelis sous des nappes de brouillards !

Ah ! là-haut, que la vie est différente ! que l'on oublie vite la
pauvre terre ! Le ciel bleu nous environne, le soleil nous illumine
et nous échauffe, les nuages se déploient sous nos pieds comme
une nappe immense au-dessus de laquelle se hérissent de blanches
collines boursouflées par des courants inférieurs, semblables aux
protubérances du soleil que d'ardents courants verticaux élèvent
au-dessus de la surface de cet astre colossal jusqu'à 18 000 lieues
de hauteur.

Parfois ces campagnes blanches et accidentées qui s'étendent
au-dessous de nous paraissent solides, et l'idée vous prend d'en-
jamber la nacelle et de poser le pied sur ce plancher. On s'y
essayerait volontiers tant la solidité est apparente. Mais on ne s'y
tiendrait pas longtemps debout. On éprouverait vite une surprise
unique et sans seconde. Nous ne sommes pas encore des anges.

A 4 heures 10 minutes, nous voguons à 1600 mètres de hauteur ; une éclaircie qui s'ouvre au-dessous de la nacelle laisse
apercevoir de vastes terrains et une ville qui doit être Arpajon ;
mais les nuages voyagent vite en sens inverse de notre direction,
— apparence due sans doute à un mouvement plus rapide de notre
part. Nous ressentons parfois un vent assez fort, circonstance extrêmement rare en ballon comme on sait.

Des aboiements, puis le bruit d'un tambour, se font entendre.

Notre mouvement ascensionnel a continué, et nous voguons
bientôt à 2300 mètres de hauteur.

L'observation de l'hygromètre, c'est-à-dire de la variation de
l'humidité suivant la hauteur des couches d'air, a été féconde et
donne des résultats importants. L'humidité est de 73 degrés au
niveau du sol, 72 à 600 mètres, 74 à 776, 75 à 900, 76 à 1040,
77 à 1150. C'est la position de la zone maximum. Puis elle décroît. Elle est de 76 à 1230, de 75 à 1380, de 73 à 1400, de
70 à 1450, de 67 à 1490, de 64 à 1525, de 61 à 1563, de 57

à 1588, de 55 à 1600. A 2000 mètres, l'humidité ambiante est descendue à 48, à 3000 mètres, à 30.

Quoique le soleil soit ardent sur notre visage, la température de l'air décroît constamment. A 3000 mètres, nous avons déjà 7 degrés au-dessous de zéro. A 4150 mètres, point de notre plus grande élévation, nous avons eu 12 degrés de froid, tandis que le soleil était d'une chaleur intolérable pour nos têtes.

Il est difficile de rendre l'impression toujours nouvelle qui pèse sur l'âme en ces régions désertes. Lorsqu'une nappe de nuages nous sépare surtout de la terre, il semble que l'on n'appartienne plus à la sphère de la vie. Quoique le spectacle soit indescriptiblement beau, quoique ces vastes étendues produisent sur l'esprit un effet imposant et plutôt glorieux que triste, néanmoins les fonctions vitales qui ne s'accomplissent plus avec régularité, le manque d'équilibre, la sécheresse du gosier, l'embarras des poumons et la présence du sang sur les lèvres, traversent désagréablement la bonne impression qui s'attache d'abord à la contemplation de ces grandioses spectacles, à l'étude de ces importants phénomènes.

Arrivés à notre plus grande hauteur, des nuages, qui n'étaient pas encore des cirrus, et qui se disséminaient dans l'azur en forme de balayures, vinrent causer une condensation dans l'aérostat. La chaleur solaire nous avait fait perdre une grande quantité de gaz. Une chute assez rapide nous fit tomber en quelques minutes de deux kilomètres de hauteur. Nous n'arrivâmes cependant pas jusqu'à la couche des nuages inférieurs, grâce à notre lest, et nous voguâmes ensuite vers 1500 mètres d'altitude.

Étampes passa presque invisible dans le fond de l'espace, lorsque nous planions entre 3 et 4000 mètres au-dessus de nuées transparentes.

A 4 heures 55 minutes, les nuages devenant moins épais, nous aperçûmes au-dessous de nous Angerville. Nous venions de traverser la ligne du chemin de fer d'Orléans, à la gauche duquel nous marchons pendant une heure. Les voyageurs d'un train venant de Paris nous ont suivis pendant longtemps : nous allions plus vite qu'eux, en faisant beaucoup moins de bruit.

Arthenay passe à notre droite à 5 heures 30 minutes et Chevilly à 5 heures 43 minutes. Nous coupons la forêt d'Orléans et le chemin de fer, et, inclinant maintenant de plus en plus vers l'ouest, nous laissons Orléans à notre gauche pour entrer sur la Loire, à Mareau, et suivre le fleuve.

Il n'est peut-être pas tout à fait hors de propos de dire que nous avons dîné alors d'un potage brûlant et de quelques mets parfaitement chauds, qui s'étaient cuits seuls sans feu pendant notre traversée dans l'air glacé. Nous avions emporté avec nous cet appareil simple et ingénieux inventé dans les régions boréales et qu'on nomme, je crois, une « cuisine suédoise ».

Le bruit que nous avons entendu le plus souvent pendant notre voyage est celui du tambour. Est-ce déjà la garde mobile qui s'exerce ?

Comme nous entrions sur la Loire, on salua notre drapeau des cris répétés de *Vive la République !* Je me borne à constater le fait au point de vue du son.

Les expériences que nous avons faites sur l'écho nous l'ont renvoyé après 8 secondes, entre 1352 et 1377 mètres, et après une seconde et demie à 255 mètres au-dessus de la Loire.

Nous suivîmes pendant longtemps le cours de la Loire, à une faible distance au-dessus de la surface. La condensation se continuant et notre lest s'épuisant, il nous était interdit de prolonger notre voyage et d'entrer dans la nuit. Notre tracé nous présageait d'arriver à Chambord une demi-heure plus tard et au sud de Tours vers 8 heures et demie. Nous serions passés sur Loudun à 10 heures, et serions arrivés avant minuit à Napoléon-Vendée et à l'Océan; ce qui n'eût pas été précisément agréable durant cette nuit glacée et sans lune. Nous jetâmes l'ancre à 6 heures 57 minutes à Beaugency, ayant parcouru 144 kilomètres en 3 heures 42 minutes. A 4000 mètres d'élévation, nous marchions à raison de 55 kilomètres à l'heure.

Beaugency est la patrie du physicien Charles, membre de l'Institut, le premier qui s'éleva dans les airs à l'aide d'un ballon à gaz hydrogène. Or nous avons eu la bonne fortune de descendre précisément dans un terrain appartenant à un propriétaire de la famille de l'aéronaute. Le fermier, animé d'un zèle inutile, nous invitait même à payer comme droit de descente certains intérêts pour les dommages causés à cette belle propriété par l'affluence du public; mais le propriétaire n'a pas voulu consentir à ce que ceux qui lui apportaient des nouvelles du pays autrefois visité par son illustre parent descendissent jusqu'à se préoccuper des dégâts vulgaires commis à la surface du sol.

Ajoutons, en terminant, que parmi les appareils d'observation emportés dans ce voyage, l'étude comparative d'un baromètre métallique spécial avec la marche du baromètre à mercure m'a

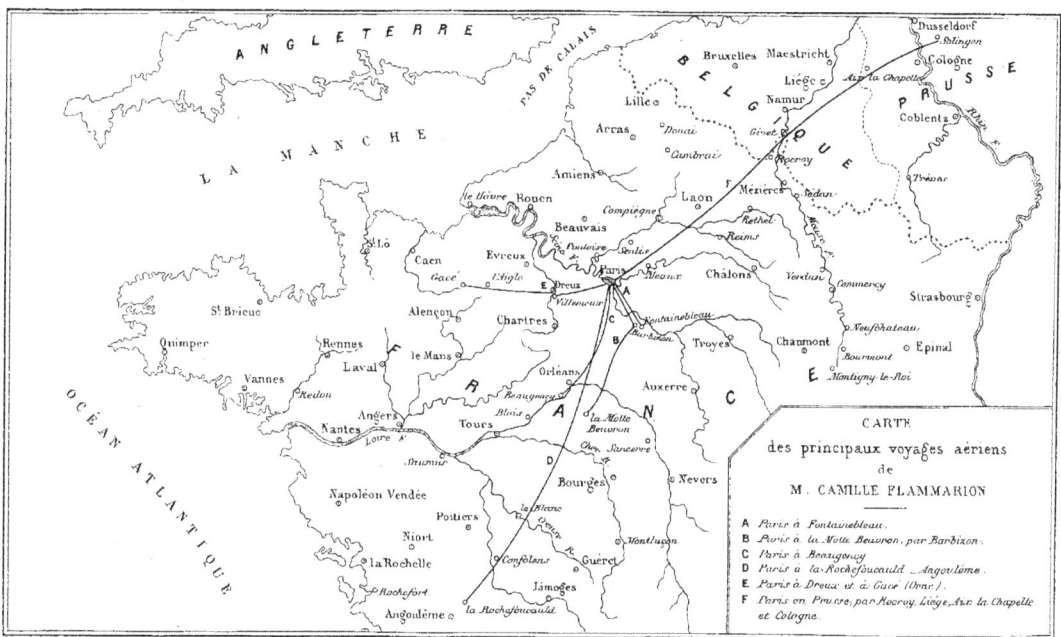

ANGLETERRE

PAS DE CALAIS

LA MANCHE

BELGIQUE

PRUSSE

OCÉAN ATLANTIQUE

Düsseldorf
Solingen
Cologne
Bruxelles Maestricht
Liège Aix la Chapelle
Namur
Coblentz
Lille
Arras
Douai
Givet
Cambrai
Épernay
Amiens
le Havre Rouen
Compiègne
Laon
F Mézères
Sedan
Trèves
Beauvais
Pontoise
Senlis
Rethel
Reims
St-Lô
Caen
Évreux
Gacé
l'Aigle
Dreux
Paris
Meaux
Châlons
Verdun
Commercy
Strasbourg
St-Brieuc
Villeneuve
A
Fontainebleau
Barbizon
Troyes
Chaumont
Neufchâteau
Épinal
Alençon
Chartres
B
Quimper
C
Rennes
Laval
le Mans
FRANCE
Bourmont
Montigny-le-Roi
E
Vannes
Redon
Orléans
Auxerre
Angers
Nantes
Tours
Beaugency
Blois
Loire
la Motte
Beuvron
Cher Sancerre
Nevers
Napoléon Vendée
D
Bourges
Poitiers
la Sèvre
Niort
Creuse
Montluçon
la Rochelle
Confolens
R. Guéret
Rochefort
Limoges
Angoulème
la Rochefoucauld

CARTE
des principaux voyages aériens
de
M. CAMILLE FLAMMARION

A Paris à Fontainebleau.
B Paris à la Motte Beuvron, par Barbizon.
C Paris à Beaugency
D Paris à la Rochefoucauld — Angoulème.
E Paris à Dreux et à Gacé (Orne).
F Paris en Prusse, par Mecroy, Liège, Aix la Chapelle
   et Cologne.

Gravé par Erhard-Schiéble 12, rue Duguay Trouin.

Paris Imp. Prallery, 8 rue Fontaine.

montré que définitivement on peut se servir avec la même confiance d'un bon baromètre métallique que d'un baromètre à mercure. M. Richard avait bien voulu m'en préparer un spécial pour cette ascension. L'usage en est incomparablement plus commode, et, je le répète, aussi sûr, puisqu'une différence de hauteur de deux mètres se voit parfaitement à l'oscillation de l'aiguille entre la position inférieure et la position supérieure.

Il m'a été très-agréable de voir cette première série de voyages aériens se terminer par le souvenir vivant du premier savant qui s'éleva dans les airs dans un aérostat gonflé au gaz hydrogène. Quoi de plus mémorable que cette grande période d'enthousiasme qui donna naissance aux premiers voyages aériens? Sous quel étendard conviendrait-il de mettre l'avenir de l'aérostation si ce n'est sous l'égide des premiers hommes qui nous montrèrent le chemin du ciel en s'abandonnant les premiers à l'aile légère du navire aérien?

On n'a pas fait grand progrès depuis dans la solution du problème de la direction des ballons; mais nous commençons à faire les premiers pas de la météorologie, et cette science nouvelle, tout en nous instruisant sur les lois et les forces qui président au système vital de la terre, nous donnera en même temps la connaissance des courants atmosphériques, et ce sera une solution, peut-être la meilleure, du problème de la direction.

Les premiers navigateurs ont dû découvrir les époques des directions des vents, et choisir les saisons et les heures convenables pour leurs projets. C'est ce que vont déterminer tout d'abord les navigateurs aériens.

Nous aimons à espérer que l'aurore si joyeuse et si éclatante qui est apparue à l'horizon de ce siècle, aux yeux surpris de nos ancêtres, n'attendra pas un autre siècle pour annoncer le jour si impatiemment attendu de la véritable conquête des airs.

Le dix-neuvième siècle nous a déjà donné tant de choses que sa générosité ne nous refusera pas la plus précieuse. Lorsque l'homme aura pris possession du monde aérien, comme il a pris possession de l'élément liquide, les barrières qui séparent les peuples tomberont d'elles-mêmes, et de l'équateur aux pôles le globe terrestre deviendra le séjour d'une seule famille. Le philosophe qui suit silencieusement la marche corrélative du progrès dans le sein de l'humanité entière reconnaît, il est vrai, que les distinctions rivales des peuples ne peuvent pas encore s'effacer, et que peut-être l'heure que nous espérons est retardée sur le livre du destin.

Mais puisque c'est l'humanité qui se perfectionne elle-même par son incessant travail, que tous ceux dont le cœur palpite aux grandes questions du progrès, que tous ceux dont l'esprit s'exalte pour la cause universelle, travaillent chacun selon son impulsion intime! Conquérons par notre ardeur studieuse le vaste domaine de la nature.

Quand la conquête de l'air sera faite, la fraternité universelle sera établie sur la terre, la véritable paix descendra du ciel, les dernières castes s'effaceront, et nous saluerons l'ère qu'on pressentait déjà en 1784, nous fonderons « la liberté dans la lumière. »

Phénomène observé par M. Flammarion.

TROISIÈME PARTIE

VOYAGES

DE MM.

DE FONVIELLE ET TISSANDIER

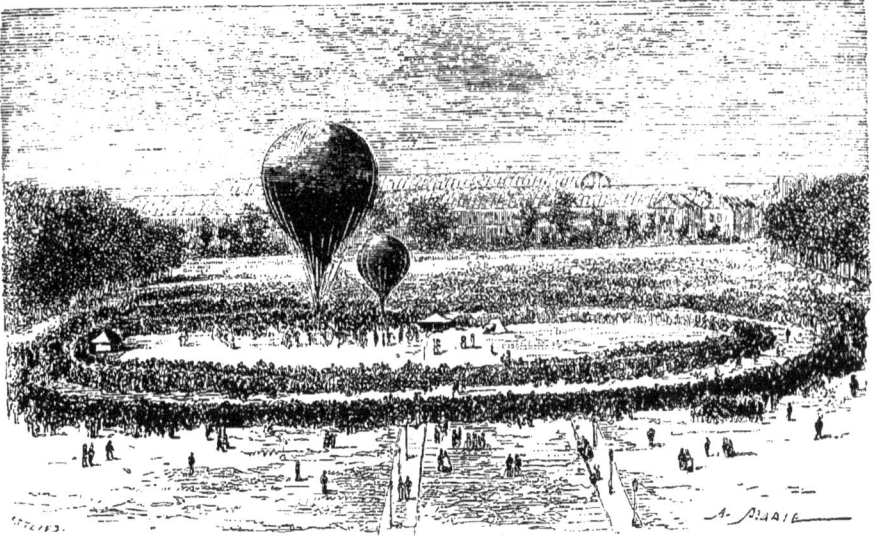

Le *Géant* et le ballon *l'Impérial.*

CHAPITRE I.

LES DERNIERS VOYAGES DU GÉANT.

(W. de Fonvielle.)

Gardons-nous d'emprunter à l'écrin du poëte
De limpides diamants, une épigraphe faite
Pour nous parer ; prenant des vers dans son trésor,
Notre prose en haillons rougirait de son or.

Mais puisqu'il faut placer en ce lieu quelque rime,
En dépit de Boileau téméraires auteurs,
Du Parnasse, en ballon, nous atteindrons la cime,
Malgré nous emportés à de telles hauteurs.

Mon ami Nadar commence les mémoires du *Géant* par deux nécrologies, celle du brave Dupuis-Delcourt, et celle de Pilâtre des Roziers! Je l'imiterai malgré moi, et ce récit de mes premières ascensions sera aussi une espèce de nécrologie, car le glorieux ballon du Hanovre, le gigantesque *Géant,* est mort! A la suite des ascensions dont je raconterai la pénible histoire, on a voulu le changer en aérostat captif.... lui le fils de l'air; c'est le

contraire du Prométhée délivré; mais il n'a pas voulu se laisser
attacher dans l'air du jardin de Crémorne. Les trois ascensions
dont je vais faire le récit pourraient être appelées les trois derniers soupirs du *Géant*.

Je ne sais depuis quand je désirais m'élever dans les airs, mais
j'ai toujours été du nombre de ceux qui ont envié aux hirondelles
leurs ailes, et toutes les fois qu'il m'est arrivé d'apercevoir dans
les airs un ballon échappé de quelque hippodrome, j'ai toujours
senti battre mon cœur, moitié par plaisir et moitié au moins
par crainte pour les marins de l'atmosphère, car j'étais loin de
comprendre combien l'ascension est aisée, facile, et, somme toute,
peu périlleuse. Je prenais les aéronautes pour des héros, erreur
que tant de gens travaillent à entretenir et qui est si répandue encore, que de nos jours deux praticiens de l'atmosphère ont bien
du mal à se regarder sans rire, quand ils causent des dangers
qu'ils ont courus.

La direction des ballons me préoccupa beaucoup, surtout à
l'époque où je ne pouvais savoir encore ce qu'est une machine à
vapeur, mais cette idée s'effaça progressivement dans mon esprit
à mesure que la nacelle d'un aérostat cessa d'avoir des mystères
pour moi. Je ne suis pas une exception non plus sous ce point
de vue, et je crois que plus on devient aéronaute, moins on se
préoccupe de ce qui met à la torture l'esprit de tant de braves
mécaniciens. Pratiquez l'atmosphère, traversez-la dans tous les
temps, et la foi vous viendra comme à moi; vous comprendrez
que l'on sait encore à peine aujourd'hui ce que c'est qu'un ballon! Avant d'y renoncer, au moins est-il prudent et sage de voir
ce qu'il nous peut donner!

Je dois me hâter de signaler une circonstance atténuante : il y
a quelque vingt ans il me prit fantaisie de rédiger le projet d'un
aérostat captif destiné à initier le public aux ascensions. J'avais
deviné le plan que réalisa si bien M. Giffard, et dans lequel j'aurais sans doute échoué. Je n'eus de repos que lorsqu'une demande
fut faite à la police, sans laquelle, surtout en ce temps, il n'y
avait point d'ascension possible. Il semblait que la grande route
aérienne ne devait pas appartenir à tout le monde. Mais le coup
d'État qui éclata sur ces intervalles me mena tout droit de prison
en prison dans les camps retranchés que le brave Ribeyrolles a
appelés les bagnes d'Afrique. De mes rêves aérostatiques il ne
resta que quelques feuilles de papier timbré.

La captivité ne fit que développer dans mon âme l'amour des

W. de Fonvielle.

aventures aériennes; je me passionnais pour les nuages que je pouvais entrevoir à travers les barreaux des casemates, j'analysais leurs teintes, je me plaisais à admirer leurs formes bizarres et tourmentées, la rapidité de leurs métamorphoses et de leurs évolutions. Quelquefois les nuages étaient rares et j'en étais réduit à observer la marche des ombres dans les caveaux que j'habitais. Je me consolais en regardant pendant la nuit la lumière des étoiles; mais leurs feux lointains ne parlaient point à mon âme comme les nuages de la patrie absente, comme ces montagnes d'or et d'argent qui venaient orner l'azur du firmament!

J'ai été élevé au collége Sainte-Barbe avec mes deux frères, dont l'un eut pour répétiteur M. Barral, lorsque ce savant n'était encore que professeur de chimie. C'est à peu près à cette époque qu'il débuta dans la navigation aérienne. Quand je revins à Paris, après de nombreuses pérégrinations, M. Barral venait de fonder la *Presse scientifique des Deux-Mondes*, où je m'empressai d'accepter une place. Chaque fois que j'en trouvais l'occasion, j'interrogeais avidement mon rédacteur en chef sur les détails de ses ascensions aérostatiques. Je ne manquais aucune des conférences qu'il prononçait sur ce sujet, et je crois même que j'avais fini par savoir par cœur tout ce qu'il disait, tout ce qu'il pouvait dire sur un sujet qui ne peut manquer d'être inépuisable; il touche de si près à l'infini!

Je me hasardai à publier dans la *Presse scientifique* quelques articles relatifs à la navigation aérienne, et je demandai même infructueusement aux capitalistes amateurs des aventures extraordinaires de me donner l'argent nécessaire pour recommencer sur moi-même l'expérience de Ruggieri qui avait réussi sur un mouton. Je déclarai que j'étais disposé à m'attacher à une fusée d'artifice dont la puissance de projection aurait été calculée, et qui aurait été munie d'un parachute. Mais le capitaliste ne se présenta pas, malgré mon chaleureux appel.

L'idée de cette tentative m'avait été suggérée par des représentations données à Alger par les frères Braguet dans la plaine de Mustapha. Ces hardis aéronautes s'abandonnaient dans l'air aux caprices d'une montgolfière que l'on gonflait avec un feu de paille. Ils se lançaient avec une vitesse énorme, d'abord très-grande, mais qui ne tardait pas à s'atténuer. Ils parvenaient ainsi à une hauteur que j'ai évaluée à cinq cents mètres, et ils descendaient assez lentement à un kilomètre au plus du point de départ. On peut estimer à cinq ou six minutes en moyenne la durée de leurs ascensions.

Il me semblait, et il me semble encore, qu'il serait assez facile
de régler la force d'une fusée d'artifice, de manière à donner une
impulsion plus égale, plus longue et plus uniforme. Mon projet
n'était pas une idée jetée en l'air, sans autre but que d'aller fraterniser avec les nuages. Je pensais que pendant l'espace de temps
que dure la suspension dans l'air, un observateur, au moment
d'une guerre, pourrait recueillir bien des renseignements sur la
disposition du camp ennemi. Le mouton de Ruggieri est bien revenu intact d'une telle ascension, pourquoi un aéronaute périrait-
il, s'il était enlevé, comme lui, par une fusée, comparable à celle
que Cyrano de Bergerac emploie dans ses voyages imaginaires?

Les ascensions des frères Braguet en Algérie n'eurent qu'un
succès très-médiocre, malgré les comptes rendus que j'en donnai
dans l'*Algérie nouvelle*. La population européenne y assistait avec
la plus grande curiosité; mais les musulmans semblaient n'y
prendre aucun intérêt. Je me rappelle avoir contemplé un groupe
composé de chefs arabes qui étaient venus à Alger pour les
courses, et qui par conséquent assistaient par-dessus le marché
au départ de la montgolfière. Aucun d'eux ne semblait se préoccuper de ce qui se passait au-dessus de leurs têtes. Le seul personnage que je vis inquiet était un lion du désert qui faisait partie
de la suite d'un de ces Koubars!

Ce n'est point la première fois que l'on signale cette indifférence des populations ignorantes et fanatiques pour les ballons.
Lors de la prise du Caire, le général Bonaparte voulut frapper
l'imagination des habitants; on sait la harangue qu'il leur adressa
et qu'il fit accompagner de l'ascension d'une montgolfière libre,
construite par Conté, et lancée sans doute par Coutelle. Les équipages des aéronautes de la République ayant été engloutis à la
bataille d'Aboukir, le général ne pouvait donner aux imans et aux
mamelouks un spectacle plus complet. Ce fut peine perdue, il n'y
avait que les Français qui regardaient dans les nuages pour voir
ce que devenait le ballon.

Mais revenons à la *Presse scientifique*, dont je me suis un peu
écarté.

Un inventeur ayant proposé d'établir un service aérien régulier
par ballon de Paris à Saint-Cloud, je m'attachai à établir les difficultés, je devrais dire les radicales impossibilités de cette création. Combien n'est-il pas nécessaire de séparer nettement le rêve
de la réalité lorsqu'on se mêle de parler ou d'écrire de navigation
aérienne? Le monde imaginaire est si voisin de l'autre, qu'il faut

que le bon sens veille, si l'on ne veut pas aller faire des voyages avec Edgard Poë ou Jules Verne.

Le ballon attaché n'est plus à l'air, mais il n'appartient pas non plus tout à fait à la terre. Il doit, s'il est permis de s'exprimer ainsi, servir deux maîtres à la fois. Tous les caprices des vents peuvent lui être funestes, et le point où il tient au sol, qui n'est que le premier maillon de sa chaîne, ne saurait lui servir évidemment d'appui. En multipliant autour de cette attache toutes les ressources de l'art, on peut arriver à empêcher les accidents; mais qu'on lui refuse la stabilité, on se noiera dans un écheveau de cordages et de poulies sans nombre. Depuis le jour où pour la première fois Pilâtre s'est élevé dans les airs, la verticale appartient à l'homme, mais à condition qu'on se décide à faire ce qu'il faut pour la conquérir.

Enfin quand la Landelle publia son manifeste sur le *plus lourd que l'air*, quand Nadar donna une impulsion si étonnante à ces idées, je protestai en vrai paysan terrestre, et je n'ai jamais pu comprendre qu'un aussi bel aérostat que le *Géant* fût considéré comme un *pis-aller*, et fût transformé en *gagne-petit*.

Deux fois je crus que j'allais avoir le bonheur de m'enlever dans la nacelle d'osier. La première c'était la veille du départ de Meaux, et la seconde c'était le jour de l'expédition du Hanovre. Ridicule, jambes cassées, j'aurais tout bravé; mais je n'obtins qu'un billet pour l'enceinte de manœuvre. Je vis de première main toute la scène que Nadar a si bien décrite dans ses mémoires du *Géant;* je me rappelle encore le roi des Grecs maniant sa canne avec une grâce digne d'un successeur de Périclès, et gardant l'air impassible d'un souverain à qui la vue du Parthénon ne devait, dit-on, arracher pas même une exclamation! J'entendis la voix qui cria d'un ton césarien : « Bonne chance, monsieur Nadar! » et je restai bouche béante quand je vis le monstre s'envoler ainsi qu'une plume que pousse le vent.

Cinq ou six ans plus tard, je saisis comme une bonne fortune l'annonce d'une nouvelle ascension. A l'occasion de l'Exposition universelle, le *Géant* devait se surpasser et dépasser le Hanovre, comme le Hanovre, étape funèbre, avait dépassé Meaux!

Hélas! notre *Géant*, moins heureux que celui du *Petit-Poucet*, n'avait pu mettre ses bottes de sept lieues!

ASCENSION DU 23 JUIN 1867.

Cette ascension, qui était la première exécutée à Paris depuis
la campagne du Hanovre, attira une foule immense qui venait
saluer de nouveau l'immense aérostat et son illustre capitaine
Nadar ! On avait vaguement entendu parler d'un voyage en Hollande, d'une ascension fantastique exécutée entre deux mers,
d'une revanche du Hanovre interrompue à Ostende par un vent
qui menait à l'océan, de traînages terribles dans les montagnes
du Forez.... On accourait impatient d'assister au prologue d'un
voyage héroïque digne de l'Exposition universelle !

Des milliers de spectateurs se pressaient dans les enceintes
successives, graduées depuis un franc jusqu'à vingt, que la nouvelle société avait fait disposer en cercles concentriques dans l'esplanade des Invalides : Triste lieu ! Tristes souvenirs pour le
grand invalide de l'atmosphère, que cet emplacement rappelant
les mésaventures du *Globe* de Lenox, de l'*Aigle* de Godard, et
surtout du *Poisson volant* de M. Delamarne ! Mais la place était
prise au Champ de Mars !

Les rues voisines sont remplies d'une foule innombrable encore plus économe qu'enthousiaste, quoiqu'elle témoigne de sa
sympathie pour la navigation aérienne par des acclamations nombreuses, mais qui, il est vrai, ne coûtent pas une obole ! Dans
cette armée de flâneurs, pas un seul n'imita le Yankee qui envoya
à Eugène Godard un billet d'un dollar, après une ascension, « en
compensation du plaisir que Godard lui avait procuré en traversant un nuage devant ses yeux. »

Parmi les personnes circulant librement dans l'enceinte des
manœuvres, on remarquait M. Émile de Girardin, M. Thiers,
M. Mirès, le P. Secchi, M. Bérigny, le fidèle observateur des papiers ozonés, M. Renou, président de la Société météorologique
de France, M. Laussedat, observateur de la dernière grande éclipse
de soleil, et inventeur d'un système pour lever les plans à l'aide
d'une lentille panoramique, M. Richard, le constructeur de tous
les baromètres anéroïdes dont se servent à cette heure tous les
aéronautes français. J'ajouterai encore Jules Vallès, l'irrégulier
par excellence, qui brûlait déjà du désir de s'engager parmi les
marins de l'atmosphère ; le prince et la princesse de Metternich

auraient excité l'attention générale sans la présence d'un certain nombre de Japonais, parmi lesquels un taïcoun par approximation.

Un tuyau de gaz arrive jusqu'au milieu de l'esplanade des Invalides à l'aide d'une immense tranchée analogue à celle du Champ de Mars, dont Nadar a décrit l'histoire en style digne du Lutrin. Pour occuper les loisirs du public pendant une opération de gonflement toujours fastidieuse, on lance dans l'air des bombes, des pétards et des ballons d'un mètre cube, qui produisent un merveilleux effet. Ces opérations préliminaires auraient pu servir à déterminer la direction des différentes couches d'air, leur épaisseur relative, mais on n'y voit qu'un spectacle inutile, uniquement destiné à tromper de longues heures d'attente! On s'efforce de tromper l'ennui du public, au lieu de chercher à dévoiler quelques-uns des mystères les plus intéressants de la météorologie!

Vers quatre heures seulement, on commence à réunir les mailles du filet, et l'on charge l'aérostat de sacs de lest; on le conduit ainsi au-dessus de la nacelle, manœuvre qui est toujours d'un effet saisissant et que les aéronautes exécutent avec une pompe sacramentelle, que je ne regardais pas encore avec une complète indifférence. La nacelle est ensuite attachée au cercle, et l'on procède aux derniers préparatifs du départ. Les voyageurs, parmi lesquels je figure à ma grande joie, grimpent sur la plate-forme de la maison d'osier, et la police arrive pour prendre leurs noms, prénoms et domiciles; elle aurait certainement mieux fait, dans l'intérêt du voyage, de s'enquérir de leur poids. Parmi nos compagnons se trouvaient M. Nadar, M. Simonin, ingénieur des mines, qui avait déjà fait à peu près le tour du monde; M. Sonrel, astronome de l'Observatoire impérial, qui préparait en ce moment un ouvrage sur le *Fond de la mer*. Les extrêmes se touchent dans l'atmosphère.

Nous voilà tous dans la nacelle, mais une dernière opération est nécessaire : il faut procéder au délestage, c'est-à-dire enlever un grand nombre de sacs de lest pour donner au ballon une force ascensionnelle suffisante. On ne tarde pas à s'apercevoir que nous serons obligés de partir sans lest, si l'on n'y met ordre! Il faut débarquer un des voyageurs. Sur qui va tomber le regard inquisiteur de Nadar! Protégé par la présence de mon rédacteur en chef dans l'arène, j'ai cependant des craintes pour mes débuts aéronautiques. J'avise, heureusement, un énorme poêle en cuivre

rouge qui se trouve dans un angle du pont; quoique le *Géant*
puisse enlever un poids de 4900 kilogrammes de lest, de bagages
et de voyageurs, c'est tenter les dieux de l'air que de lui confier
des instruments aussi pesants. Pour surveiller la bonne foi des
observateurs, ce manchon de cuivre, imaginé par un des membres
les plus actifs de l'Académie, renferme des tubes destinés à opérer des prises d'air à la température de la glace fondante; mais
avant que l'ascension fût terminée, la glace eût été de l'eau froide
si nous étions restés dans les régions nuageuses pendant un
temps d'une assez longue durée.

Pour que la science de l'atmosphère fasse de véritables progrès,
il ne faut pas que les expérimentateurs se bornent à envoyer dans
les airs des surveillants de cuivre, il est de toute nécessité qu'ils
opèrent eux-mêmes!

Les efforts de quelques centaines de soldats qui ont toutes les
peines du monde à retenir le *Géant*, ajoutent au pittoresque du
départ. Ces manœuvres produisent une profonde émotion et jettent sur l'aérostat comme la fantasmagorie d'un danger imaginaire; les *dilettanti* qui suivent les ascensions se plaisent à voir
ces grappes humaines perdre terre, comme si le *Géant* voulait
les entraîner dans les nuages! Pas un seul pylône, pas une seule
locomobile pour faciliter cette manœuvre! Rien.... rien, l'aérostat
est à l'état sauvage, comme il pourrait l'être sur les bords du
Niger, et cependant nous ne sommes qu'à une portée de fusil de
l'Exposition universelle, à quelques centaines de mètres du lieu
où abondent toutes les merveilles de la mécanique moderne!
O contradiction de notre logique administrative et scientifique!
Après toutes ces oscillations, dont nous avons essayé de faire
comprendre la raison et la nature, et dont nous ne saurions dépeindre l'effet *crispant*, arrive enfin le dénoûment, dont nous sommes les derniers à nous apercevoir. Nous croyons encore tenir à
la terre, et déjà nous flottons au milieu des nuages!

Je me figure qu'un effet analogue est ressenti par chacun de
nous, quand nous franchissons ces terribles portes dont parle
Gœthe, quand nous passons de la vie au trépas. Si vite.... et si
loin.... plus rien qu'un rêve.... on dirait une autre vie qui commence. Voilà la terre qui s'éloigne et la nuée qui s'avance....
Où sommes-nous? C'est à peine ce que j'ai le temps de me demander, quand un nuage épais nous enveloppe.

La crainte de ne point partir m'avait fait oublier la peur d'avoir
peur, la plus terrible de toutes, disent les soldats qui se sont

égarés dans les fumées de poudre, et qui ont senti à leurs oreilles le sifflement de la mitraille..

Bientôt les nuages se dissipent et d'un seul coup d'œil nous embrassons les spectateurs de l'esplanade des Invalides, et ceux bien plus nombreux du dehors. Les rues voisines paraissent pavées de têtes humaines; le promenoir de l'Exposition universelle et le parc sont occupés par une foule compacte; les aéronautes seraient trop riches, si l'on pouvait mettre tous les assistants à l'amende d'un centime par tête! Un bouquet de chapeaux humains signale, en ce moment, l'endroit auquel aboutit, sur le toit de l'Exposition, l'ascenseur mécanique. Que de mal il a fallu pour hisser ces malheureux à dix mètres du sol, malgré le puits profond qui descend dans l'intérieur de la terre! N'est-il pas naturel que le grand Guyton de Morveau, alors que la machine à vapeur était presque ignorée, ait songé à employer les aérostats à faciliter l'épuisement des mines profondes.

Des cris sympathiques s'élèvent de toutes parts; ils nous apprennent que les ballons sont encore populaires, que nous pouvons continuer notre route, sûrs de laisser des amis à terre! Quand un ballon s'enlève, il n'y a pas d'ennemi de la navigation aérienne qui ne s'arrête et ne lance un regard vers les nuages.

Nous filons comme une flèche, je ne sais pas même si flèche a jamais été si rapide. Tout à coup je sens quelque chose qui me tombe sur les épaules.... un choc électrique.

Est-ce le ballon qui se démolit? Quoi, déjà? allons-nous finir comme Phaéton ou comme Icare? Mais nous sommes en pleine terre, et nulle mer ne pourra au moins porter notre nom.

« C'est le cataplasme, » me crie-t-on d'un ton qui me rassure, d'autant plus que je ne savais pas le moins du monde ce que le cataplasme pouvait être; mais il n'y avait dans ce qui m'était tombé sur les épaules rien qui sentît la graine de lin. Voici, du reste, ce qui s'était passé : du sable était entré dans le ballon, pendant qu'il reposait inerte, avant le gonflement; ce sable n'était point entré tout seul, il avait été entraîné par les pieds des aéronautes, lorsqu'ils cherchaient par transparence dans l'intérieur de l'aérostat les fuites à réparer. Il s'était réuni en une seule petite masse qui m'avait choisi pour me donner mon baptême et interrompre des rêves qui m'auraient sans doute entraîné dans des brumes plus épaisses encore que celles où nous nageons en ce moment.

Les nuages blanchâtres dans lesquels nous nous enfonçons

nous ont caché la vue de la terre, nous entendons presque les cris, les hourras du départ, et déjà il faut descendre.

La société du *Géant* n'a pas compris que cette foule veut autre chose que d'assister au départ d'un voyage dans la banlieue de Paris, ou plutôt elle s'est médiocrement préoccupée de ce que diraient les spectateurs, elle a cru que le premier gain serait ce qu'elle ne payerait point en frais de retour. Il paraît qu'elle a imposé aux aéronautes l'obligation absurde et ridicule de descendre avant la nuit; ceux-ci en profitent pour abréger le bond initial.

On nous donne à peine le temps d'admirer ce jour naissant qui va suivre l'aurore dont nous apercevons les feux au-dessus de nos têtes. A peine le soleil se montre-t-il de l'autre côté des nuages et déjà l'on met la main à la soupape. On rompt le fameux cataplasme, espèce de lut barbare formé de suif et de graine de lin qui garnit la charnière extérieure. L'aérostat ne tarde point à tomber avec une vitesse accélérée. Adieu beaux rêves d'un voyage en Espagne! C'est une nouvelle édition, sur un petit format, de Meaux, qui se prépare!

Dans le premier voyage du *Géant*, c'était la corde trop lourde qui avait, paraît-il, entre-bâillé les valves de la soupape, chargeant les ressorts d'un poids qu'ils ne peuvent porter. Cette fois, ce n'est point là corde qui peut être invoquée comme circonstance atténuante; c'est la main qui la tire et qui s'y pend devant nous. Notre ascension n'est donc qu'un prétexte pour que nous puissions descendre. Ce gaz, si longuement amassé dans la soyeuse enveloppe, est lancé à gros bouillons, à flots immenses dans l'infini de l'atmosphère! Si les spectateurs qui nous applaudissaient frénétiquement tout à l'heure nous voyaient faire!

Si on peut blâmer les savants qui dédaignent les aéronautes, que faut-il dire des actionnaires des ballons qui donnent des ordres pareils, et des aéronautes qui les exécutent? Ces coups de soupape, dont les clapets frappent avec force, retentissent à mon oreille comme un glas funèbre, et aujourd'hui même je n'y songe pas sans tristesse.

Je n'ai le droit de rien dire, car on m'a donné l'hospitalité aérienne; mais je bouillonne d'impatience. Cependant je me laisse distraire par la vue de la Bièvre, sur les bords de laquelle nous allons peut-être faire naufrage, après avoir rêvé le Danube, le Rhin, le Rhône ou tout au moins la Loire! Heureusement les coups de soupape ont été si rapides qu'il faut se rattraper, pour peu que l'on tienne à ne point se casser les jambes; à force de précipitation la chute deviendrait dangereuse. Je n'attends pas les ordres pour jeter du lest; je porte la main sur un paquet de prospectus; je l'ouvre, et je m'aperçois que c'est un journal gouvernemental nouveau-né qui ne se contente pas de couvrir de ses affiches tout le pourtour de l'Exposition. Il veut encore proclamer dans le ciel le nom de son rédacteur en chef. Il nous confie un quintal d'imprimés pour apprendre aux quatre points cardinaux la grande nouvelle de sa naissance. Aquilon et Borée sont chargés d'annoncer aux populations que l'empire compte un défenseur de plus!

Un peu plus Choisy-le-Roi devient une de nos colonnes d'Hercule, nous ne franchissons pas Montlhéry que nous apercevons à l'horizon. Nous voulions conquérir le monde, et notre course ne dépasse pas les bornes des premiers Capétiens. L'ancre est enfin jetée et mord dans les branches d'un pommier qui se brise comme un fétu de paille. Le mur d'osier se heurte contre un mur de pierre, et nous faisons trou dans le chaperon sans presque nous en apercevoir; c'est le bas de la maison qui a donné : mais, comme M. de Talleyrand, la *maison* de Nadar ne voit pas ce qui se passe par derrière. Avec une simple corbeille, on démolit ainsi quelquefois des remparts.

La branche de pommier que nous entraînons alourdit notre course; la soupape béante continue à rendre du gaz.... nous voilà bientôt immobiles, et maintenant nous allons montrer le revers de la nacelle!

Des cultivateurs accourent, avec un empressement digne d'être cité avec éloge. Les braves gens croient que nous avons fait naufrage, en voyant un si gros ballon toucher terre si près du point de départ! Leur premier mouvement est de se lancer après les cordages, et cinquante bras robustes se cramponnent autour du *Géant*. Un de nous saute à terre, après avoir fait monter un homme de bonne volonté pour le remplacer; il court après l'omnibus de Lonjumeau qu'il voit passer, il y monte et peut arriver à Paris pour assister au départ de la foule qui n'a sans doute pas encore quitté l'enceinte des manœuvres.

N'ayant plus rien à faire, nous l'imitons; nous emportons nos instruments de *parade*, car nous n'avons pu nous en servir. Une multitude de paysans accourt et envahit la nacelle. Quoique à moitié dégonflé, le ballon offre encore une surface énorme : une rafale le pousse; la nacelle qui était sur une pente se renverse, et les nouveaux-venus tombent pêle-mêle les uns sur les autres, ainsi

chassés par le vent de cette maison d'osier inhospitalière. Voilà
les rôles intervertis, nous accourons sauver nos sauveurs. Malgré cet incident, les assistants ne manquent pas d'enthousiasme, et
si l'on avait du gaz, on recruterait dix fois son équipage dans la
foule qui nous demande nos impressions aériennes.

Cet équipage-là ne jetterait certainement pas l'ancre en vue du
port.

DEUXIÈME ASCENSION.

Le *Géant* fut un mois environ à se remettre de son voyage. C'é-
tait beaucoup d'hôpital pour peu de blessures. Pendant ce temps,
Paris se couvrit de nouveau d'immenses affiches apprenant aux
populations étonnées une expérience merveilleuse. J'avais juré que
Montlhéry ne serait pas mon étape dernière! Simonin était fidèle
à son poste. Il ne ressemble pas à ce membre de l'Institut à qui
je demandai un jour de m'accompagner et qui me répondit :
« Impossible, parce que je suis ingénieur des mines et que je ne
dois m'occuper que de ce qui se passe sous terre. » — Simonin
est ingénieur des mines aussi, mais il n'est pas membre de l'Institut; il est tout simplement amateur des grands voyages et infatigable ami de la nature.

Le jour du gonflement, le *Géant* reste mélancoliquement assis
sur la conduite du gaz jusqu'à près de quatre heures; mais, à
partir de ce moment, il commence à donner quelques signes d'impatience. On le gonfle autant qu'il est raisonnable de le faire, sans
avoir à craindre qu'il ne crève de pléthore : ses vastes proportions
font supposer que sa force ascensionnelle est plus que suffisante
pour un voyage de long cours. La nacelle ne porte que six personnes, et les savants qui restent à terre n'ont point confié cette
fois aux aéronautes leur pesante glacière de cuivre. Quel sujet
de sécurité, quel prétexte d'espérance!

Le ballon est zébré : de longues bandes de soie blanches, cou-
sues avec du fil noir, le traversent de part en part et recouvrent
les cicatrices de l'excursion de Lonjumeau. Ces balafres font co-
quettement ressortir la teinte bistrée du vétéran, qui paraît plein
d'ardeur. Veut-il profiter du vent qui pousse vers la Prusse, et se
lancer pour une nouvelle campagne de Hanovre? Malgré la leçon
dernière, l'enthousiasme me gagne; je m'approche du vainqueur
de Kœnigsgraetz qui assistait à notre départ, et je lui demande

Les nouveaux-venus tombent pêle-mêle les uns sur les autres.

s'il a des commissions pour le roi son frère. J'avais compté sur la girouette, mais sans le ballon, comme on va le voir.

Camille d'Artois saisit le passage d'un souffle de vent pour crier le *lâchez tout!* sacramentel; mais le ballon faiblit, il va retomber à terre. Quelques sacs de lest, vidés précipitamment sur la tête des spectateurs qui sont restés en dehors de l'enceinte payante, produisent un excellent effet. L'aérostat se redresse au moment où il va se briser peut-être sur les arbres de l'esplanade transformés en écueil! La nacelle seule reçoit le choc, dont les passagers se garantissent en se laissant aller au mouvement sans se raidir. Elle arrache quelques hautes branches, joyeux, mais coûteux trophée que nous emportons dans les airs.

Cet incident, qui doit paraître effrayant pour les spectateurs qui nous contemplent, excite les sympathies de la foule, et une salve d'applaudissements parvient jusqu'à nous.

Les maisons diminuent rapidement; bientôt les palais sont ramenés à des dimensions lilliputiennes. On croirait que l'on peut mettre le château des Tuileries dans sa poche. La colonne Vendôme fait l'effet d'une épingle fichée la tête en bas sur une pelotte. Quant à l'obélisque, il justifie merveilleusement son nom d'aiguille de Cléopâtre.

Nous n'avons pas le temps de nous livrer longuement à cette contemplation de la capitale vue à vol d'oiseau, car la position des banderoles, fortement infléchies vers les régions supérieures, indique une chute rapide. Nous jetons le sable par sacs et les circulaires de la *Belle-Jardinière* par poignées.

Des papiers très-légers, des plumes, des corps aériens, de petits parachutes devraient remplacer très-souvent le sable lest, beaucoup trop leste à descendre. Les prospectus que nous confions au hasard de l'atmosphère forment un véritable nuage, qui indique avec une merveilleuse précision le sillon invisible tracé dans les airs. Quand ils voltigent, quand ils planent au-dessus de nos têtes, ce n'est pas que le vent leur donne des ailes, c'est que notre chute involontaire est plus rapide que la leur.

Quelques sacs de sable activement sacrifiés finissent par imprimer un mouvement ascensionnel. Alors le spectacle change. Les prospectus disparaissent comme s'ils étaient changés en autant de feuilles de plomb. Nous avons triomphé des pertes de gaz, qui alourdissent à chaque seconde notre ballon de presque tout le poids de l'hydrogène qu'il perd.

Si l'orifice inférieur était pourvu d'une soupape que l'on ouvri'

rait seulement en cas de danger, notre brave ballon vétéran pourrait encore fournir aux exigences d'une campagne au long cours,
et distancer le ballon *Impérial* de l'Hippodrome, qui suit le même
courant d'air.

Mais cette ouverture reste toujours béante, malgré les efforts de
Camille d'Artois pour en diminuer la surface. Elle produit une
ventilation qu'augmente chaque mouvement du ballon, les fissures s'agrandissent et se transforment en vastes déchirures.
Quand le ballon monte, c'est le gaz qui filtre par une infinité
d'orifices; quand il descend, sa chute est précipitée par la rentrée
de l'air.

Faute de soupape inférieure, organe indispensable, un ballon
qui n'a plus toute sa fraîcheur ressemble à un gouvernement qui
attendrait trop longtemps pour jeter par-dessus bord son lest despotique. Tout événement ouvre les fissures par lesquelles filtre
la popularité, qui est plus subtile que l'hydrogène pur lui-
même.

La difficulté de nous soutenir à une hauteur de sept à huit
cents mètres s'accroît à chaque instant. Nous n'avons presque
plus de prospectus; les soixante sacs de lest que nous avons emportés sont réduits à seize. Cependant nous descendons toujours..
Bientôt les seize sacs sont réduits à cinq, et les cinq sont brusquement jetés dans l'espace.

Cet effort produit un temps d'arrêt, presque imperceptible.
Après avoir tourbillonné sur lui-même, le ballon s'enfonce dans
l'air comme un nageur qui pique une tête.

Nous nous trouvons alors à une hauteur qui, d'après les indications du baromètre, doit être d'environ quatre cents mètres.
Mais comment se fier à la formule de Laplace, dont le premier
terme suppose que l'atmosphère n'a pas vingt kilomètres de
hauteur?

Le vent produit par la chute rapide donne une sensation analogue à celle qui saisit quand on voyage sur une locomotive de
chemin de fer. On sent que l'air devient solide, il n'est pas assez
robuste pour nous soutenir, mais il deviendra bientôt assez fort
pour nous étouffer. Les banderoles se déchirent, les objets gran-
dissent, les deux ancres, heureusement lancées, et le *guide-rope*
touchent terre. Le choc arrive.... Je saute de toute la force de mes
jarrets, je m'accroche au cercle avec mes deux mains.

Une autre secousse bien moins violente, quoique encore suffisante pour renverser un débutant, se fait sentir. Les ancres tien-

nent ferme. Nous nous cramponnons aux cordes de la soupape, et le ballon captif se vide de gaz; il descend lentement au-dessus de nos têtes.

Les instruments sont brisés. Un des hommes d'équipe a la figure ensanglantée; il a reçu dans la tête un éclat de thermomètre. Brieux se trouve mal; Simonin lui passe des sels. L'autre homme d'équipe se plaint d'une douleur à la jambe.

En moins d'une minute, nous avons fait près de quatre cents mètres le long de la verticale. L'air ne pouvant plus nous soutenir, le brave *Géant* s'est ouvert, il s'est transformé en parachute.... C'est plus beau encore que le pélican.

Si on met une soupape dans le bas de ce pauvre ballon troué, je crois que nous pourrons aller loin encore.

Mais parler de soupape inférieure à la Société du *Géant!*

Les paysans accourent précipitamment, et on ne tarde pas à voir surgir toute une fourmilière aussi empressée qu'à Choisy-le-Roy : cet incident, qui avait jeté l'effroi à deux lieues à la ronde, se termine comme un vaudeville. Nous en sommes quittes pour deux entorses reçues : l'une par Brieux et l'autre par l'homme d'équipe. L'écorchure était tout à fait superficielle, épidermique. Les instruments brisés seront certainement remplacés par la Société météorologique; les foulures se remettront. Il restera une très-belle expérience sur la chute des corps : un poids de trois ou quatre mille kilogrammes peut descendre de ces hautes régions atmosphériques, avec une vitesse d'un train omnibus, sans accident qui laisse des traces à trois jours d'intervalle, et cela grâce au guide-rope!

Quel excellent matelas que le globe aérien qui plane au-dessus de nos têtes! Qui douterait que la conquête de l'air soit possible, puisque l'on est parvenu à rendre si peu dangereuses des chutes si effrayantes!

Pendant que l'on dégonfle, j'examine l'enveloppe extérieure et je ne tarde pas à apercevoir deux ouvertures qui semblent avoir été pratiquées avec un tranchet, tant elles sont nettement découpées; la plus grande possède près de cinquante centimètres de longueur. D'où proviennent-elles? Je ne saurais le dire en toute certitude, mais il est probable qu'elles se sont faites contre les arbres de l'Esplanade. Au moins, je me plais à le croire. Ce sont ces cicatrices que je rends coupables de ce que nous sommes tombés sur le bord du chemin de fer du Nord, beaucoup plus près de Meaux que du Hanovre.

Voilà des enfants qui s'approchent; puis des jeunes gens, puis
des prêtres. Nous sommes tombés en plein monastère, au centre
des jardins du collège de Juilly. D'après ce que disent les aéronautes, il n'est pas rare de descendre en terre sainte, tant sont
nombreux et vastes les établissements religieux dans tous les
coins de la France. Je dois cependant rendre hommage à l'excellent esprit des Pères; on nous entoure avec un empressement
tout évangélique; on veut recueillir les blessés et nous retenir
tous à dîner.

Mais je tiens à me dérober aux douceurs d'une hospitalité tenace; je saisis dans la cale de la maison d'osier deux poulets,
une bouteille de rhum, et une livre de gruyère; pour trouver un
prétexte de ma fuite, j'aborde un des spectateurs, le premier venu,
et je lui parle comme un ami d'enfance que je retrouve inopiné-
ment. Cet ami improvisé était un instituteur du voisinage avec
lequel je passai gaiement la soirée. Mon écot en nature enrichit
son dîner du Dimanche, que je partageai avec sa petite famille.
Il m'indiqua un excellent hôtel de campagne, où je dormis dans
un excellent lit; mais le lendemain, après avoir été dire adieu au
ballon, j'eus la malheureuse idée de prendre une carriole qui versa
dans une ornière; je faillis me rompre les os. Combien mon véhicule aérien, tout mauvais qu'il peut être, était encore préférable
à cette maudite voiture!

TROISIÈME ASCENSION.

Le premier directeur de l'École polytechnique joua un rôle
glorieux, considérable, dans l'histoire de la navigation aérienne.
Auteur des premières tentatives scientifiques de direction, il organisa un corps d'aéronautes qui pour leurs débuts sauvèrent
l'armée française d'une situation des plus critiques. En sauvant
une armée compromise, ces braves soldats aériens sauvèrent peut-
être la Révolution tout entière.

Napoléon Ier ne comprit pas plus les ballons qu'il ne comprit l'application de la vapeur à la navigation maritime. Il traita les aéronautes de la même manière que les idéologues et que l'Américain
Fulton. Aussi il n'eut point les aérostats de Fleurus dans les bagages de son armée impériale, quand le jour de Waterloo se leva,
et son œil d'aigle put confondre Blücher avec Grouchy.

La journée du 16 août 1867 est signalée par une tentative de restauration du corps créé par Guyton. La Société aéronautique de France fait paraître devant le public parisien un bataillon d'une quarantaine de volontaires recrutés parmi les membres des professions savantes et les ouvriers d'art, si nombreux, si intelligents à Paris.

Ces jeunes gens sont vêtus d'une blouse blanche, ils portent sur leur poitrine un petit ballon brodé en laine rouge; un galon de même couleur orne la casquette de leurs sous-officiers.

Pendant trois ou quatre heures les volontaires aéronautes exécutent des ascensions captives à l'aide du ballon *l'Impérial*, que l'on a mis à leur disposition. Cet aérostat, construit pour la guerre d'Italie, n'a encore servi qu'à des fêtes publiques, la paix de Villafranca l'a empêché de contribuer à la gloire de la patrie. Que ces braves jeunes gens aient du gaz et de la soie et on verra sortir de leurs rangs de hardis matelots aériens, de savants capitaines, effaçant peut-être les Blanchard, les Godard et les Garnerin.

L'orifice du ballon avec lequel ils jouent à la balle a été solidement attaché avec une corde rattachée par un gros nœud. Cette précaution rudimentaire suffit pour que l'introduction progressive d'une certaine quantité d'air ne vienne point l'alourdir lors de chacune de ses oscillations.

Quelques aéronautes, dont plusieurs voyaient pour la première fois un ballon, tiraient sur une corde à puits sans grandes précautions. Cependant ils faisaient décrire sans le moindre effort une multitude d'évolutions gracieuses à ce pauvre ballon sacrifié, destiné à mettre en relief la grandeur du *Géant*, par effet de contraste. *L'Impérial* paraît un nain, car il ne cube que 800 mètres. On admire l'extraordinaire facilité avec laquelle les volontaires restés dans la nacelle s'élèvent par grappes de six ou huit, à une hauteur supérieure à celle du dôme des Invalides. Comment ne point comprendre l'heureuse facilité des bonds aériens? qui ne se montrerait croyant dans l'avenir de la navigation aérienne le jour où le genre humain aura tiré parti de ces heureuses dispositions !

Le public ne tarde point à être rassuré, et à manifester sa sécurité sous la forme d'espèces sonnantes. Des douzaines de spectateurs se succèdent dans la nacelle, payant chacun *cent francs* le plaisir de planer pendant quelques minutes à une hauteur qui n'excède pas cent mètres. Jamais on n'a vendu aussi bon marché la gloire de s'élever au-dessus du commun niveau de l'humanité. Si l'on trouvait le moyen d'aller de Paris à la lune et que l'on ne réduisît point le prix des places, il en coûterait cinq cents millions pour un seul voyageur *aller et retour*. Mais serait-ce trop payé si ce voyageur était un Humboldt, un Arago, un Tyndal, un de nos grands observateurs, un de nos grands grimpeurs ?

Les milliers de spectateurs réunis dans l'esplanade des Invalides croyaient voir une aurore dans cette apparition de volontaires. Hélas ! ces jeunes gens n'ont plus reparu dans aucune cérémonie publique ! ! Le ballon *l'Impérial* leur a même, paraît-il, été retiré.

S'il porte avec honneur le nom d'*Impérial*, ce n'est point parce qu'un César lui a jamais confié sa fortune. On est jaloux de le conserver dans les magasins du Garde-Meuble, ce qui ne l'empêche pas d'être hors d'état de voir l'air aujourd'hui.

Quoique fatigué par les tortures de sa captivité, *l'Impérial* suivait légèrement la route que nous allions parcourir. C'était notre *estafette* qui nous précédait. Allait-elle encore une fois préparer nos logements dans les plaines de la Beauce ?

Le capitaine de *l'Impérial* était Gabriel Mangin, qui, jeune encore, a fait un grand nombre d'ascensions. C'est un des élèves du malheureux Dupuis-Delcourt. Il est bijoutier de son état, mais il est aéronaute de cœur et d'âme. Il ne demande qu'une chose, c'est que l'aéronautique lui donne à vivre. Il a bien la taille et la corpulence qui conviennent à un aéronaute, car il peut économiser un sac de lest sur le poids d'un homme ordinaire. La compagnie des aérostiers ne saurait posséder un meilleur lieutenant. *L'Impérial* avait en outre à bord M. Pfeifer, et un passager, M. de l'Ouvrier, auteur d'un projet de navigation aérienne fort hardi, mais auquel je ne me confierai qu'avec une certaine hésitation. M. de l'Ouvrier compte sur des plans inclinés pour s'enlever dans les airs, sur une espèce de cerf-volant libre que personne ne tient et qui s'équilibre de lui-même. Cette invention, récemment présentée à l'Académie des sciences, et appuyée sur une montagne de calculs, avait fait un certain bruit dans le monde savant, et valait à son auteur le plaisir de monter avant nous dans les airs.

La Société du *Géant*, qui avait fourni le gaz, avait fait payer cher sa largesse, récupérée du reste et au delà par les amateurs d'ascensions libres à cent francs. Il avait arraché à Mangin une promesse bien dure à tenir. L'équipage de *l'Impérial* devait descendre aussitôt qu'il verrait le grand ballon prendre terre. Nul, sous peine de forfaire à l'honneur, ne devait rester en l'air plus longtemps que *le Géant*. C'était bien assez pour sa confusion de voir qu'un ballon sept fois plus petit portait trois passagers quand il n'en soutenait que neuf. Qu'aurait-ce été si on l'avait vu distancé?

En aucun cas *l'Impérial* ne devait passer la nuit, car il était convenu que *le Géant* se coucherait de bonne heure.

Les aéronautes de *l'Impérial* restèrent fidèles à leur serment. Il descendirent à quelques kilomètres de notre point d'atterrissage.

Autrefois on faisait souvent des excursions doubles, quelquefois même des excursions triples. Qui n'a lu dans les *Mémoires du Géant* le récit de la rencontre avec le petit ballon monté par Fanfan dans la grande expédition du Hanovre. Green m'a raconté qu'il lançait souvent trois ballons qui quelquefois étaient plus écartés qu'une volée de petit plomb. Souvent leur distance mutuelle était plus grande que celle du point de départ, mais quelquefois il n'en était pas ainsi. Notre grand aérostat n'avait pas le monopole de ces excursions suivies qui pourraient être si utiles à la science. En mesurant les variations de leur diamètre apparent à l'aide d'une lunette, on se rendrait compte de leur distance mutuelle. L'inclinaison du rayon visuel avec la verticale donnerait le second élément d'un triangle rectangle dont l'inconnue serait la différence des hauteurs. Cette différence des hauteurs rapportée à celle des prémisses permettrait de vérifier la loi de Laplace jointe à beaucoup d'autres. La vérification serait double, car les indications de chaque ballon serviraient à contrôler celles de l'autre. Sans m'appesantir sur ces idées, qui sont encore loin même aujourd'hui d'être suffisamment nettes dans ma tête, tant la vérité est lente à se faire jour, je regarde avec une attention inquiète le ballon qui nous accompagne. Me voilà oubliant que c'est le souffle de l'air qui nous pousse également l'un et l'autre. Je me crois engagé dans une course de vitesse. L'esprit de rivalité, qui jamais ne dort, à ce qu'il paraît, que d'un œil, se réveille!!

A bord nous étions une nombreuse compagnie, neuf en tout. D'abord deux payants : salut à leurs mille francs. Ensuite trois aéronautes, Louis et Eugène Godard, les deux aînés de la grande famille aérienne, Giordani, notre maître à tous, l'habile géologue qui avait campé pendant quinze jours au pied du mont Cervin pour en faire le siége; enfin trois journalistes, Paschal Grousset de *l'Époque*, Jules Vallès de la *Rue*, qui ne s'était jamais trouvé si loin de l'asphalte et du macadam, et Simonin du *Moniteur*. Vallès voyait comme moi l'*Impérial*, il écumait ; si des regards il eût pu mordre l'aérostat qui nous distançait, il lui aurait fait certainement d'effrayantes déchirures.

Paschal Grousset surveillait avec une attention soutenue un de nos deux passagers payants qui pour mille francs avait eu l'honneur de nous accompagner ! Le savant rédacteur de l'*Époque* s'était mis en tête qu'un Marseillais qui pour mille francs avait acheté l'honneur de nous accompagner avait la manie du suicide héroïque, qu'il voulait avoir l'honneur de se jeter du haut de cinquante colonnes Vendôme.

Sans doute Paschal Grousset avait lu dans les mémoires de Robertson l'histoire de ce fou qui voulait se précipiter d'une hauteur de deux mille mètres et qui, tirant de sa poche un couteau homérique, allait séparer le filet de la nacelle. Mais à bord d'un aérostat comme le *Géant* le délestage de 70 kilos de poids, à peu près ce que pèse en moyenne un être humain, ne produirait qu'une différence de niveau de 7 à 800 mètres. Au contraire, un homme de moins dans un petit ballon peut causer des accidents les plus graves. Quand Green lâcha Coking, inventeur d'un parachute retourné, il faillit se trouver aussi mal que son imprudent ami. Quoiqu'il jouât de la soupape, il pénétra dans la région glacée d'où Zambeccari gelé trouva la perte de ses doigts glacés.

Le Marseillais, qui me fit plus tard ses confidences, ne pensait point à se suicider. Il songeait à son argent et ressemblait au fameux *monsieur qui s'amuse à s'ennuyer à mort* au bal de l'Opéra. Il se disait à part lui : « *En aurai-je bien pour mes mille francs ?* Userai-je les quarante-huit heures que m'a promises l'administration ! » Puis changeant d'idée avec une mobilité tout aérienne : « Qui sait si le voyage ne sera pas trop long ! Pourvu qu'on me fasse bonne mesure. » L'histoire du Marseillais est du reste des plus instructives. Il avait été pris d'un enthousiasme irrésistible dont l'histoire de l'aéronautique offre tant d'exemples, et dont mon ami Tissandier et moi nous sentons depuis longtemps les atteintes. Notre Marseillais était entré modestement aux places à un franc, où l'on voyait un peu moins bien que sur les quais en dehors de toute espèce d'enceinte payante. Pour corriger son erreur, il s'était posté aux places assises à quarante sous, et il avait commencé à entrevoir les mouvements coquets de l'aérostat. Ce curieux spectacle avait décidé de son passage aux places à cinq francs ; de là il n'avait fait qu'un bond aux places à vingt francs, pensant bien s'arrêter à cette nouvelle étape. On faisait avec l'*Impérial* des ascensions captives à cent francs par tête. Comme nous l'avons dit plus haut, alors notre Marseillais cherche dans sa poche un billet de cent francs qu'il trouve pour son malheur, et qui passe dans la caisse de la Société du *Géant*. Pendant dix minutes notre homme n'appartient plus à la terre, il lui semble que sa tête va heurter contre les nuages et cependant il n'éprouve aucun vertige. Enchanté de ce qu'il a vu, il cherche un billet de mille francs qu'il ne trouve pas; il demande du crédit sur sa bonne mine, on lui rit au nez.... Il se pique, prend une voiture et s'en va au galop chercher les jaunets qu'il donne en échange d'un morceau de carton bleu. Bientôt enfin, après avoir payé, le voilà, sans trop savoir pourquoi, dans les airs. Son excursion lui coûte, non compris les frais de retour, onze cent vingt-six francs, mais il a reçu l'un après l'autre tous les sacrements aéronautiques en un jour. C'est comme un Adrien quelconque qui se réveilla laïque, et qui se coucha pape, muni de toutes les dignités de la sainte Église catholique.

L'autre *payant*, homme pesant et réfléchi, aurait dû donner deux mille francs au moins, si on l'avait pris au poids. C'était un ingénieur qui calculait bien et juste, qui contrôlait le baromètre de Simonin, et le thermomètre de l'ingénieur Giordani. Il n'avait qu'un tort, c'était de prendre au sérieux les quarante-huit heures du caissier du *Géant*, et de me dire : « Mon cher, encore quarante-six heures à rester à bord! Je n'ai encore mangé que pour quarante-sept francs de nuages; décidément ce n'est pas cher! »

Les deux Godard qui à eux deux ont plus de dix-huit cents ascensions sur la conscience ne pouvaient pas se contenter d'une excursion rasante *terre à terre*. Du reste, comme nous l'ignorions encore, ils n'avaient pas reçu les instructions nécessaires pour mener le vénérable ballon vétéran aux portes de Cologne ou de la Forêt-Noire. Ils brisaient l'haleine de leur cheval de gaz, sachant bien que *qui ne veut pas aller loin à terre, comme dans les nuages, doit bien se garder de ménager le moins du monde sa monture*. Il en coûta quarante-six sacs de lest bien comptés pour se maintenir à des altitudes ne dépassant pas nos trois mille mètres, malgré le soin attentif de jeter du lest en temps utile, de ne jamais laisser la vitesse de la descente acquérir des proportions inquiétantes. En effet, la vitesse acquise est terrible pour un aéronaute, à peu près comme pour un oiseau distrait qui oublierait d'ouvrir ses ailes et qui s'étonnerait d'être brisé contre la terre!

Vers huit heures, on songe au dîner. Grande affaire, car cet

air pur des hautes régions donne un appétit effrayant. Le poulet
faisait notre premier et notre dernier plat de résistance, le saucisson et le fromage complétaient les autres services. Comme assiettes nous avions des journaux. Nous n'avions pas emporté de
champagne. Un bouchon maladroit aurait pu crever notre ballon !
Mais nous étions pourvus de cruchons d'eau de Seltz et de vin de
Bordeaux qui à ces hauteurs sautait tout seul comme s'il sortait
des mains de la veuve Cliquot.

J'improvisai au dessert une chanson que l'on trouva fort
bonne, mais que les lecteurs ne pourront bien goûter qu'après
s'être élevés à trois mille mètres au-dessus des rimeurs et des
buveurs ordinaires :

> Nous qui bravons l'océan indomptable,
> Aux flots épais, insolents, courroucés,
> Craindrions-nous l'atmosphère impalpable
> Qui mollement nous a toujours poussés ?
>
> Gardons-nous bien d'abréger le voyage
> Et sous nos pieds laissons gronder l'orage,
> Nous qui voguons au-dessus de l'éclair
> Et qui portons *la Liberté* dans l'air.
>
> L'ombre qui fuit loin de notre nacelle,
> De l'aigle a fait tressaillir les enfants;
> Buvons un coup quand la foudre étincelle,
> Buvons-en deux quand mugissent les vents.
>
> Iris dora de sa douce lumière
> Ce gai rayon que son spectre enrichit.
> Le jour mourant lance à notre paupière
> Un rouge adieu qu'un cirrhus réfléchit.
>
> Allons errer sous les yeux des étoiles,
> Dont un nuage absorba la clarté ;
> Ce noir nimbus est moins dur que nos toiles
> Par qui bientôt il doit être écarté.
>
> Bientôt le feu de la naissante aurore
> Regonflera notre ballon vidé;
> L'aérostat vers le soleil encore
> Par un rayon sera bientôt guidé.
>
> Gardons-nous bien, etc.

Le dessert fut très-gai.... Il se serait prolongé encore, mais au
moment où nous allions prendre le café renfermé dans des bouteilles, nous fûmes témoins d'un phénomène extraordinaire.

Presque depuis son départ, *le Géant*, qui est très-hygromé-

« C'est le *Géant* qui fume sa pipe, » s'écria un de nous.

trique, se trouvait plongé dans un air saturé d'humidité. Il
avait donc condensé à sa surface une quantité de vapeurs pesant peut-être une centaine de kilogrammes. Un peu avant neuf
heures, le vent nous amène dans un air que le rayonnement de la
lune avait sans doute desséché. Aussitôt l'eau que l'enveloppe
avait absorbée se met à s'évaporer, et le ballon, qui avait une tendance à descendre, semble s'arrêter brusquement. Bientôt on le
voit qui se gonfle de plus en plus, et son ombre, projetée sur les
nuages, semble s'éloigner de nous. Bientôt le baromètre nous
montre que nous nous trouvons à une hauteur de près de trois
mille mètres. La température, qui était très-douce jusqu'alors, devient fraîche.

La terre n'apparaît plus que comme une tache sombre à travers
les éclaircies, roulant à mille mètres au-dessous de nos pieds. Jupiter brille d'un éclat fort singulier, malgré l'excessif voisinage de
notre satellite, qui n'en est pas éloigné de plus de dix degrés. Au
contraire, les étoiles ordinairement les plus éclatantes ne nous en-
voient que des rayons affaiblis : à peine si je distingue celles du
Chariot. A l'occident nagent d'immenses masses noirâtres dont la
lune illumine les contours extérieurs, et qui nous renvoient des
teintes argentées. On dirait des montagnes flottantes de basalte
couronnées par de prodigieux glaciers.

A ce moment Simonin signale une fumée blanchâtre qui semble sortir des flancs du ballon, et que je ne pourrais mieux comparer qu'au panache d'une locomotive. « C'est le Géant qui fume
sa pipe, » s'écrie en riant un de nous. Mais cette pipe, le vieux
grognard la fume au-dessus d'un baril de poudre. En effet, ce
gaz sortant à flots de l'appendice est chassé par une soudaine dilatation. Il témoigne d'une forte tension intérieure, suffisante pour
faire craquer une enveloppe jadis résistante, mais où la soie paraît,
hélas ! s'être changée en véritable amadou.

Si le ballon s'était ouvert à une hauteur de trois mille mètres,
nous aurions été précipités avec une vitesse trois ou quatre fois
plus grande que celle de Juilly. Le terrible corollaire, c'est que
nous ne serions point arrivés à terre en morceaux, mais en capi-
lotade.

Après l'apparition de la fumée, il y a un moment de silence.
Chacun de nous regarde pour voir si l'appendice qui nous était
suspect depuis quelque temps va nous faire le tour impardonnable de céder sous un souffle imperceptible, qui sait, sous son propre poids !...

Le lendemain, nous prenons une carriole qui nous mène à la gare la plus prochaine, et nous laissons aux aéronautes le soin de ramasser l'aérostat.

Nous sommes un peu désappointés, surtout les deux payants, de ne point avoir passé une nuit en l'air. Mais un incident ne tarda point à ramener parmi nous la bonne humeur. Au premier arrêt du train qui nous ramène à Paris, nous rencontrons l'équipage de *l'Impérial* qui revenait accompagnant son ballon, et voulant le ramener triomphalement au garde-meuble de la Couronne, le jour même. Nous fraternisons au buffet suivant, à la grande stupéfaction des passagers du train, tout surpris, tout joyeux d'avoir vu des aéronautes trinquer avec d'autres aéronautes.

La fraternité des équipages aériens est déjà une grande chose à terre. Mais c'est surtout en l'air que les aéronautes devraient tâcher de s'entendre les uns les autres.

Ah ! si les ballons pouvaient naviguer de conserve, quand ils devraient rester attachés par un cordon ombilical qui aurait quatre ou cinq cents mètres, peut-être mille ou deux mille de longueur! C'est un projet que nous caressons, Tissandier, mon complice aérien et moi ; Dieu veuille qu'il s'accomplisse, et cela fera plus de bien aux ballons que nos poignées de main et nos rasades à terre !

Un déjeuner à bord du *Géant*.

Gonflement du ballon captif de l'Exposition.

CHAPITRE II.

LE BALLON CAPTIF DE L'EXPOSITION. — LES ÉTOILES FILANTES.

(W. de Fonvielle.)

Malgré sa triple chute, le ballon *le Géant* n'a pas été sans rendre quelques services à l'aérostation; mais que sont-ils auprès de ceux qui seraient résultés d'un voyage au long cours de 24 heures de durée, d'un nouveau bond célèbre qu'un traînage du Hanovre n'aurait pas couronné. Mais plusieurs causes s'opposaient à ce que l'aérostat fournît une noble carrière capable de jeter une auréole de gloire sur ses vieux ans. Les constructeurs de l'aérostat avaient cru bien faire en adaptant une double enveloppe, à l'imitation du système proposé par le général Meusnier. Mais Meusnier avait un but scientifique en compliquant l'appareil, car il faisait le ballon extérieur rigide et susceptible de supporter la pression d'une masse d'air introduite avec une pompe, afin de comprimer le ballon intérieur plein d'hydrogène, qui devait fonctionner ainsi comme la vessie natatoire du poisson. Cette idée, éminemment scientifique, n'a jamais pu être mise à exécution. Peut-être l'imperfection de notre industrie la rend-elle chimérique, mais elle cesse d'être utopique si nos fabricants veulent tisser la robe de nos aérostats. Si seulement un boulet, ennemi de la gloire de la France et de l'avenir du genre humain, n'avait pas frappé en pleine poitrine l'infortuné Meusnier, le héros mathématicien! Mais le génie de la guerre a sans doute été effrayé de voir flotter dans les airs un gage de paix, de science et de liberté!.

Quoi qu'il en soit, ces insuccès eux-mêmes ont dirigé l'esprit public sur la question des ballons, et malgré l'indifférence des grands de la terre, le peuple croit encore à la direction des aérostats. Parmi les hommes qui se sont consacrés depuis longtemps à l'étude de l'aéronautique, nous devons citer M. Henry Giffard, le célèbre ingénieur, auteur de l'injecteur qui alimente en ce moment presque toutes les chaudières de nos machines à vapeur. Il y a environ vingt ans que M. Giffard, sortant à peine de l'École centrale, a fait des expériences publiques qui ont excité l'intérêt général. Il s'est élevé tout seul de l'Hippodrome avec un ballon d'une forme allongée, portant une machine à vapeur, et muni d'une hélice, à l'aide de laquelle il a obtenu quelques mouvements ; mais la difficulté d'équilibrer et de manœuvrer son appareil a abrégé son séjour en l'air ; il est retombé brusquement à terre, où il est parvenu, après une descente rapide et périlleuse, mais sans accident grave [1].

M. Giffard, qui a acquis une grande fortune, n'a point renoncé à l'espoir de réaliser le vœu de sa jeunesse et de se rendre à jamais immortel en construisant le premier aérostat dirigeable ; mais, avant de reprendre ses expériences de direction, il a senti la nécessité de transformer radicalement les aérostats, et de perfectionner toutes les parties de leur construction. Il a donc été conduit à s'occuper des ballons captifs, et il a fait coudre un ballon de douze cents mètres cubes, qui n'a guère servi qu'à étudier le système de nacelles qui pourrait être employé, la résistance de l'étoffe, et la force qu'il faut donner au filet. A la suite de ces premiers essais, M. Giffard a calculé les organes d'une machine à vapeur destinée à retenir captif un aérostat, de 5000 mètres cubes, qui devait s'élever au milieu d'un vaste cirque situé près de l'Exposition universelle. Divers délais inséparables de toute création ont rallenti la construction. Le vent et la foudre s'en sont même mêlés; un ouragan a renversé l'enceinte avant qu'elle fût terminée. Le fluide électrique a frappé une des poutres qu'il a brisée, a suivi le fil de fer qui la retenait et a été s'enfouir dans le sable de l'arène, où l'on a trouvé quelques traces de fulgurite.

L'essai des organes mécaniques n'a eu lieu que le 27 septembre, quoique l'Exposition ait été ouverte dès le 1er mai. Jusqu'à cette époque les visiteurs de l'Exposition universelle n'avaient pu s'élever qu'à l'aide de l'ascenseur Edoux, qui pour 50 centimes les voiturait au niveau du toit.

J'ai suivi avec un intérêt facile à concevoir la réalisation d'une des nombreuses chimères que j'aie caressées; l'opération, qui aurait sans doute échoué dans mes mains, a merveilleusement réussi, grâce aux ressources d'une mécanique savante. Les rares spectateurs admis dans l'enceinte ont pu voir un magnifique aérostat de plus de 5000 mètres cubes enlever un poids de 1500 kilogr. de lest avec une facilité merveilleuse. Parmi les assistants se trouvait mon ami Bertani, député au parlement de Florence et médecin de Garibaldi et de Mazzini. Bertani, enthousiaste du progrès, rêvait un ballon captif dans le voisinage du Vésuve, à l'Hermitage, pour étudier, avec des télescopes, la forme des cratères et la marche de la lave vomie par le volcan.

Un vent assez fort, dont on pouvait évaluer la vitesse à dix mètres par seconde, régnait alors; mais la force ascensionnelle était si grande, qu'il n'exerçait aucun effet sensible sur l'aérostat. Le ballon prenait en quelque sorte une espèce de point d'appui sur son câble, et se raidissait contre le courant d'air qui cherchait à l'entraîner.

Que de difficultés vaincues pour donner au grand captif sa ration d'hydrogène! il avait fallu employer une batterie d'une centaine de tonneaux remplis un grand nombre de fois. Chacun de ces tonneaux renfermait trois ou quatre hectolitres d'eau, 70 kil. d'acide sulfurique et un grand excès de tournure de fer. Le poids de la matière nécessaire pour produire l'hydrogène est énormément plus grand qu'on ne le croit communément, car l'équivalent chimique de ce corps est aussi faible que sa densité spécifique, de sorte qu'il revient à un prix très-élevé quoique les substances qui le produisent soient très-peu coûteuses. Pour gonfler le ballon captif de l'Exposition, il fallut faire réagir sur une énorme quantité d'eau 30 000 kilogrammes d'acide sulfurique et 15 000 kilogrammes environ de tournure de fer.

La décomposition de l'eau par le fer, telle que la pratiquaient

-les aérostiers de la République à une époque où la chimie était encore dans l'enfance, est le procédé peut-être le plus simple que l'on puisse imaginer. Quand bien même il serait le plus parfait, ne soyons pas humiliés de voir que le patriotisme a donné des intuitions sublimes aux soldats qui défendaient la France contre l'invasion étrangère; soyons sûrs que le retour de semblables dangers provoquerait des expédients aussi heureux [1].

Parmi les perfectionnements dignes de fixer l'attention des ingénieurs, nous devons citer en première ligne la fermeture de l'aérostat par des soupapes de sûreté, situées à la partie inférieure : heureuse idée que de supprimer les orifices béants par lesquels le gaz intérieur se mélange sans relâche à l'air ambiant.

Le lendemain avait lieu le départ du premier train de plaisir pour la banlieue atmosphérique de la capitale.

Outre trois hommes d'équipe, nous étions quatre à bord. M. Giffard avait invité avec moi deux ingénieurs de ses amis, MM. Fraisière et Vedeil. Le pont de la nacelle était encombré de sacs de lest, qui auraient pu céder la place à cinq ou six voyageurs, qui se fussent trouvés fort à l'aise si le trou intérieur par lequel passait le câble de nos destinées avait été pourvu d'un garde-fou. Mais cette précaution essentielle avait été négligée; chaque voyageur était pourvu d'une corde attachée au balcon de la nacelle, et qu'il roulait autour de son corps, afin de résister au vertige. On craignait que le trou central, espèce d'œil effrayant, n'exerçât une irrésistible attraction, et ne donnât une envie invincible de s'y précipiter; mais on se familiarisa si bien avec ce terrible voisinage, que chacun laissa bientôt retomber sa corde, et qu'on se hasarda même à regarder les objets terrestres à travers cet orifice béant.

Le ballon captif de l'Exposition universelle semblait impatient de rendre à la science les plus essentiels services. Il était déjà facile de voir qu'il indiquait la direction du vent avec une précision merveilleuse. On pourrait en profiter si l'on prenait la précaution de marquer des divisions angulaires sur le périmètre de l'enceinte de manœuvre. La tension variable du dynamomètre mesure également la force du vent, sans artifice, et beaucoup plus exactement qu'on ne l'a fait dans aucun observatoire. Un calcul

---

1. Ce procédé était cependant très-pénible. Voir à l'Appendice les détails que nous avons pu nous procurer à ce sujet.

très-simple permettrait d'en déduire la vitesse, c'est-à-dire un élément de la plus haute importance. Enfin, rien n'empêcherait
M. Pasteur de recommencer l'expérience de Bellevue, et d'accompagner lui-même ses ballons à une hauteur déjà notable, sans
perdre de vue le dôme des Invalides, non plus que celui de l'Académie des sciences; mais l'heure de l'aéronautique, même captive,
n'a pas encore sonné. Il serait absurde de demander aux ascensions captives l'attrait des voyages aériens, dans lesquels l'aéronaute s'abandonne gaiement aux caprices du vent; comment, en
effet, remplacer la sensation que l'on éprouve au milieu des nuages, quand la terre a disparu sous ce rideau diaphane des vapeurs
atmosphériques? Le charme vous saisit lors qu'aucun indice ne
permet plus de reconnaître vers quelles régions porte le souffle
invisible; on ne sait si Zéphyr ou la Tempête sont les maîtres de
notre destinée! Dans les ascensions captives, l'ennemi, c'est le
câble qui a la prétention d'être le salut. Rattachant le voyageur à
la terre, il empêche l'esprit de plonger à son aise dans le bleu
noirâtre du firmament; l'œil est esclave du fil qui le ramène vers
les régions inférieures, et lui interdit de goûter le charme de
l'immensité, cet avant-coureur de l'infini.

Mais que de magnifiques compensations n'éprouvent pas ceux
qui gravissent, en une minute, une hauteur double ou triple de
la grande pyramide! Je ne me lasse jamais de palper en quelque
sorte par les soubresauts de la nacelle la matérialité de l'air sur
lequel je repose mollement. C'est alors surtout que l'on s'étonne
en pensant que les membres de la Commission permanente des
ballons n'aient pas rompu depuis trente ans leur silence obstiné.
Il est impossible que les physiciens qui ont gravi l'espace dans la
nacelle captive, ne se débarrassent pas du vertige, ce parasite si
dangereux de notre raison.

Nous avons eu la bonne fortune de nous trouver dans la nacelle du grand ballon de l'Hippodrome en même temps que
M. Jacobi, l'immortel auteur de la galvanoplastie. Le grand physicien, qui n'avait jamais quitté la terre, redoutait fort l'effet que
produisait la vue du vide lorsqu'il montait sur un édifice et même
sur une maison de quelque hauteur.

Il fut tout surpris de voir qu'il n'avait éprouvé rien qui, de
près ou de loin, ressemblât à un trouble de cette nature. Il avait
savouré le spectacle admirable qui l'entourait, avec le sang-froid
d'un aéronaute consommé. Son premier mot, en mettant pied à

terre, fut de nous dire : « La direction des aérostats est bien plus proche qu'on ne le croit communément! »

La partie la plus curieuse à observer n'est pas le paysage; les voyageurs du ballon captif offraient parfois un singulier sujet d'étude. Le prince Murat a refusé obstinément de monter dans la nacelle, quoique sa femme l'y eût précédé; persistant à croire, sans doute, que sa grandeur l'attachait au rivage, il s'est contenté d'y envoyer ses aides de camp. Le prince Napoléon a fait son ascension le samedi 5 novembre 1867, vers quatre heures; il est entré dans la nacelle avec ses aides de camp et quelques personnes de sa suite; mais dès que le câble s'est mis en mouvement, il s'est sans doute senti fortement ému, car il s'est accroupi sur ses talons et ne s'est redressé que lorsque le ballon fut parvenu au sommet de sa course. Ce détail a été communiqué à Sa Majesté, qui a beaucoup ri; mais fera-t-elle mieux?

Le lendemain ont paru dans l'enceinte, pour la première fois, deux membres de l'Institut, M. Daubrée, le géologue, et ses deux filles, puis M. Dupuy de Lôme. Aucun de ces personnages n'a trouvé qu'il fût prudent de goûter l'atmosphère. Un de nos confrères, célèbre journaliste scientifique et auteur de beaucoup d'ouvrages illustrés, s'est présenté escorté d'un dessinateur pour étudier le ballon captif. Mais je n'ai pu l'entraîner, ni lui, ni son artiste. C'est au pied du câble qu'il a flairé les impressions aériennes. — L'Impératrice a fait une ascension pendant laquelle elle a montré le plus admirable sang-froid. C'était peu de temps après l'expérience de son impérial cousin. M. le général Favé, successeur de Guyton de Morveau, le grand aéronaute, dans la direction de l'École polytechnique, a dit qu'il reviendrait pour examiner de plus près les machines, mais notre rôle d'historien nous oblige à ajouter qu'il ne s'est jamais montré depuis ce jour.

Le ballon captif produisait généralement un singulier effet sur les enfants, qui pleuraient presque tous en entrant dans l'enceinte; mais une fois qu'on pouvait les mener à bord, ils ne s'inquiétaient plus du danger. En somme, il était extrêmement rare de voir les ascensionnistes donner des signes de frayeur, presque tous étaient prêts à recommencer; mais il faut dire cependant que les payants étaient les plus braves et qu'ils ne se lassaient pas de regarder.

Le spectacle est du reste magique, et semblait surtout séduire les femmes; la terre et l'eau appartiennent à l'homme, pourquoi le sexe faible ne revendiquerait-il pas son élément!

Le ballon captif a eu ses poëtes : M. le Guillois, rédacteur du *Hanneton*, a improvisé dans la nacelle un quatrain, dont les rimes ont été jetées en l'air. Avant d'être descendu, il nous avait dit :

> Du haut de ce ballon,
> Je pensais que si pour quelque crime
> On coupait la corde qui l'arrime,
> Notre voyage serait long.

M. le Guillois se trompait; le voyage eût été très-court, trop court peut-être au gré des excursionnistes, car la soupape supérieure n'aurait pas tardé à être ouverte par l'aéronaute de service. Son débit, aidé de celui des soupapes automatiques de la partie inférieure, n'aurait pas tardé à ramener le ballon à terre. Le câble traînant, faisant fonction d'un immense guide-rope, aurait adouci la chute. Le voyage aérien, commencé comme un train de plaisir, aurait fini de la même manière.

Un poëte, à qui nous avons, paraît-il, procuré le plaisir de s'élever presque aussi haut que le Parnasse, nous a envoyé les vers suivants :

> Le porte-voix se fait entendre....
> Voici le moment anxieux....
> Il n'est plus temps de redescendre....
> Chacun a l'air moins radieux....
> « Lâchez tout! » dit le chef d'équipe....
> On part... C'est au petit bonheur!
> Instinctivement on a peur....
> Mais bientôt l'effroi se dissipe...
> On se regarde.... on ne rit pas....
> On monte.... on monte.... on fait silence ...
> Le vent doucement nous balance....
> Autour de nous le vide immense!...
> Nul n'ose regarder en bas....
> Pourtant, quel coup d'œil magnifique!
> Et quels splendides horizons!...
> Ici la lourde basilique ;
> Là des casernes, des prisons,
> Des couvents, des forts.... des canons....
> Partout des démolitions....
> Là-bas, debout comme une aiguille,
> La colonne de la Bastille ...
> D'ici l'on peut apercevoir
> Le géant dont le glaive brille....
> Emblème incompris du pouvoir,
> Pour le peuple c'est un espoir,
> C'est un souvenir de famille....
> Mais pour d'autres.... c'est *un point noir*....
> Le vent fraîchit, on se boutonne;
> Chacun relève son collet....

(Je ne critique ici personne).
On voudrait, comme Jodelet,
Avoir un quintuple gilet....
Est-ce bien de froid qu'on frissonne?
Nous planons dessus tout Paris.
Ce colosse dont la puissance
Est égale à l'insouciance,
Dont les monuments raccourcis,
A trois cents mètres de distance,
D'en haut paraissent aplatis....
Et les hommes! sont-ils petits!...
(Ceci soit dit sans médisance).
Que ne puis-je en réalité
Élire ici mon domicile!...
Comme on doit y vivre tranquille!...
Moelleusement ballotté.
Dire tout haut ce qu'on veut dire,
Penser, chanter, parler, écrire,
En respectant la vérité,
Sans craindre qu'un agent farouche
Vous mette un bâillon dans la bouche,
Au saint nom de la liberté!...

Nous avons exécuté une ascension nocturne qui restera longtemps dans ma mémoire, car jamais je n'ai assisté à un spectacle
aussi émouvant. Aucune des dames qui nous accompagnaient
n'ont donné le moindre signe d'épouvante. Les gracieuses ascensionnistes respiraient à pleine intelligence cette lumineuse harmonie. M. Serrin, l'inventeur de l'ingénieux régulateur automatique,
avait placé au pied du câble un de ses appareils de lumière électrique. On dirigeait le rayon, à l'aide d'un réflecteur, sur le ballon,
qui le réfléchissait comme l'aurait fait un miroir argenté. Le
Captif, ainsi éclairé, ressemblait à un météore, et les promeneurs
des Champs-Élysées le considéraient en effet comme quelque apparition céleste. Le spectacle dont nous jouissions dans la nacelle
était encore bien plus extraordinaire, sans être effrayant, car sur
aucun visage ne parut le moindre signe de crainte.

Vivement répercutée par le berceau de légers cordages qui retombent autour de la nacelle, la lumière électrique nous enveloppe de longs chapelets de perles argentées. En même temps les
ombres du filet se détachent vigoureuses et noires sur l'enveloppe
resplendissante, d'une teinte assez douce pour ne pas blesser les
yeux. On dirait mille crevasses subitement entr'ouvertes. Est-ce
donc un miracle qui nous tient suspendus mollement entre ciel
et terre, à 300 mètres d'un merveilleux parterre de lumière, de
cette forêt de becs de gaz qui fuit jusqu'à l'horizon? Les rues,

les boulevards, le cours de la Seine se dessinent en longues lignes de feu.

Comme le plan de Paris se détache dans la nuit noire et claire ! Pas un détail qu'on ne reconnaisse dans cette constellation d'innombrables étoiles admirablement alignées.

C'est cette vue qui m'a fait concevoir l'idée d'étudier les étoiles filantes en ballon.... Après l'illumination de la terre, c'est l'illumination du ciel que je voulais admirer.

LES ÉTOILES FILANTES DE NOVEMBRE 1867.

Depuis un assez grand nombre d'années, même avant de songer à la navigation aérienne, je me suis occupé de populariser les découvertes auxquelles les étoiles filantes ont donné lieu. Si je suis devenu pour ainsi dire malgré moi un novateur quelque peu téméraire, ce sont véritablement les étoiles filantes qu'il en faut accuser. Il était impossible de ne pas reconnaître la vanité de notre science officielle, en étudiant l'histoire de ces météores si bien décrits par Chaldni, et dont toutes les académies de l'Europe avaient refusé d'admettre l'existence, avec cette obstination invincible dont les savants semblent parfois avoir seuls le secret.

Maudit soit le jour où j'ai aperçu les premières escarboucles célestes se détachant sur un ciel sans lune ! Que de peines ne me serais-je point évitées, si j'avais ignoré les mémoires immortels où le génie de Reichenbach nous révèle tant de secrets sur la constitution intime des cieux ! je ne me serais pas heurté le front contre le pédantisme et la routine. Cependant, grâce aux travaux du savant Newton, de New-Haven, que j'ai publiés dans la *Revue des cours scientifiques*, mes recherches ont eu quelque succès. J'ai été ainsi encouragé dans le projet que je méditais depuis longtemps de poursuivre les étoiles filantes au-dessus des nuages dans la nacelle d'un aérostat.

Quel spectacle merveilleux n'allais-je point chercher ! quel panorama grandiose que celui du berceau de lumière que forment les larmes étincelantes de la Saint-Laurent ! Où sont-ils ces volcans célestes que je ne saurais atteindre, et qui planent au-dessus de ma tête à quelque altitude que s'élève mon aérostat ? Ils lancent dans toutes les directions des milliers d'étoiles, des gerbes de

feux colorés faisant pâlir tous nos feux d'artifice microscopiques
de la terre!

Quand le ballon trace son sillon dans la nuit noire de novembre,
ce n'est pas sans profit pour son intelligence que l'être humain
assiste au sabbat des étoiles filantes, qu'il vit pendant quelques
heures au milieu des sylphes ou des gnomes qui semblent voltiger autour de sa nacelle quand les feux célestes viennent à étin-
celer. Atomes errants dans l'atmosphère immense, nous entendons
le râlement de milliers de mondes atomes! S'il y a des mondes
microscopiques qui commencent, qui naissent autour de nous, le
chant du cygne de ceux qui meurent est un éclair qui illumine
l'immensité.

Peut-être assistons-nous à un nouvel acte de la genèse de la terre
qui reçoit à nos yeux la manne céleste, et qui répare ses forces
en dévorant ardemment ce millier d'astéroïdes qui tombent à sa
surface, qui décrivent dans le ciel une infinité de courbes de feu!

M. Giffard, à qui je fis part de mes projets d'expédition aérienne, mit royalement à ma disposition un petit aérostat de
650 mètres cubes, qui avait un nom poétique; il se nommait l'Hirondelle. Il va sans dire que je ne fis point confidence à M. Giffard
de tous les rêves qui bouillonnaient dans ma cervelle, car il aurait cru que j'étais devenu fou. L'Hirondelle, qui était alors en
excellent état, avait brillamment servi à exécuter sur un trapèze
des cabrioles aériennes qui l'avaient rendue célèbre, et que par
une inconcevable pruderie la police a cru nécessaire d'interdire.

L'autorité s'est vivement émue, comme si un aéronaute pouvait avoir le vertige, et si le trapèze en l'air offrait plus de difficulté que le trapèze à terre! L'Hirondelle était munie d'une nacelle
qui avait servi à ces exercices, et qui, en conséquence, était plus
haute, plus étroite qu'une nacelle ordinaire. Elle n'avait jamais
porté que deux personnes : l'aéronaute acrobate et son conducteur, pour des ascensions de courte durée, se terminant dès
qu'on avait perdu de vue l'amphithéâtre.

Il fallait donc avoir recours aux grands moyens, c'est-à-dire au
gaz hydrogène pur.

On avait construit, pour le produire, un appareil nouveau
qui n'avait encore marché que pour des expériences d'essai. La
suite de cette histoire prouvera combien, dans les cas pressés,
importants, on a tort de compter sur le succès des expériences
qui semblent le mieux combinées.

Ce procédé consiste à décomposer la vapeur d'eau par le char-

bon incandescent; cette réaction déjà connue depuis longtemps, mais qui n'a point encore été utilisée industriellement, se produit dans une sorte de chaudière chauffée à l'aide d'un feu qu'on allume dans un foyer distinct du générateur.

Quoique la dépense de charbon soit double, puisqu'on en brûle en dedans et en dehors, elle est bien inférieure à celle du fer que l'on doit oxyder soit par l'acide sulfurique, soit par la vapeur d'eau. Mais la réaction produit en outre de l'acide carbonique que l'on retient par la chaux, et souvent même du gaz oxyde de carbone dont il est plus difficile de se débarrasser.

C'est ce dernier gaz qui, venant à se dégager en quantité notable, fut la cause du malheureux retard qui nuisit tant au résultat de mon ascension. S'il ne s'était pas formé, comme on pouvait l'espérer, je tombais au milieu des étoiles filantes, et j'assistais au plus beau spectacle que l'œil humain ait peut-être jamais contemplé. Il fallut me contenter de la fin du phénomène, et supporter le sarcasme de pédants qui, n'ayant rien fait pour accélérer mon départ, m'accusèrent de n'être pas parti assez tôt! Mais, comme j'espère le montrer, il resta assez à voir le lendemain, pour que je pusse faire une prédiction qui s'est réalisée et à laquelle la plupart des astronomes n'ont pas songé.

Avant de commencer le gonflement du ballon, on voulut expérimenter la force ascensionnelle du gaz; on remplit donc un ballon qu'un ouvrier tenait à la main, en attendant une balance. Cet homme, ignorant le danger, respire par mégarde quelques bouffées du gaz que renferme l'enveloppe dont l'orifice se trouve à la hauteur de ses voies respiratoires. On le voit qui pâlit, qui s'affaisse.... le voilà évanoui.... mort peut-être. On le croit perdu au premier moment, on s'empresse à son secours; que faire? quel remède donner contre un poison invisible pénétrant dans les fosses nasales aériennes, dans les canaux de la respiration? Le bruit se répand aussitôt que le gaz est empoisonné et les ouvriers se sauvent épouvantés!

Quand je reviens le soir, épuisé par les courses nombreuses que nécessitait la recherche des instruments, la chasse aux appareils, je trouve l'atelier désert. Personne même n'était resté pour me raconter ce qui était arrivé; enfin, je finis par apprendre le malheur qui m'avait frappé. Je regarde si le tube qui mène le gaz de l'éclairage est assez gros pour gonfler le ballon, si l'on peut transporter l'aérostat à l'usine à gaz; mais la nuit s'avance et le ciel, au-dessus d'un épais couvercle de nuages, devait être émaillé

d'étoiles filantes que ni moi ni personne ne verrait! Je pleurai de
rage, et je ne me calmai que devant la perspective de réparer le
lendemain le malheur. Il me restait encore l'espérance de glaner
encore quelques points lumineux!

Le lendemain, M. Giffard prit la résolution de faire préparer le
gaz hydrogène par la voie humide. On employa en ma faveur les
batteries qui servaient au gonflement du *Captif* et qui se trouvaient
disponibles. Combien il est à regretter que ces batteries hospita-
lières aient disparu! Il n'y a pas maintenant à Paris un seul endroit
où le gaz hydrogène puisse être préparé sans commencer par la
construction de ces coûteux appareils! A une époque où l'on parle
d'établir des laboratoires d'épreuves, d'expériences, ne devrait-on
pas songer à entretenir les sources d'un gaz si précieux?

Grâce à la légèreté spécifique du gaz que M. Giffard a fait pré
parer à mon intention, nous pouvons monter à trois dans la nacelle; j'en profite pour donner l'hospitalité aérienne à M. Alfred
van Weyembergh, ingénieur belge qui a pris part à l'ascension du
Géant; à la nouvelle de notre expédition, il était venu par le
train express à toute vapeur, pour partager notre expérience. Qui
donc n'aurait point été touché de ce zèle aéronautique et aurait
eu la cruauté de laisser van Weyembergh à terre, quoiqu'il pesât
au moins autant à lui seul que deux voyageurs ordinaires? Si jamais je dirige des ascensions captives ou libres, c'est bien au kilogramme que je ferai payer les amateurs.

Malgré le poids de mon compagnon, l'hydrogène pur est de
bonne composition : nous emportons des vivres en abondance,
des paletots, des couvertures, une magnifique lunette appartenant
au commandant Laussedat, un baromètre Richard, un thermomètre métallique, une carte céleste de Dieu, sur laquelle j'ai tracé
les régions du ciel que je dois inspecter avec une attention particulière.

Tout cela est confusément entassé pêle-mêle; les amis qui pour
nous voir partir ont affronté à minuit le désert de l'avenue Suffren,
prétendent que ces objets ne tiendront jamais dans une méchante
nacelle grande comme la manne d'un boulanger. Mais le panier
d'un aéronaute est comme celui d'Ésope, qui se vide chemin faisant. Règle générale, tout ce qui est bon à jeter, est bon à prendre. Après tout, ce n'est que dans l'air qu'un véritable aéronaute
commence à mettre de l'ordre dans ses affaires; s'il le faut, une
partie de l'équipage monte sur le cercle pendant que le reste fait
le ménage.

Dans les derniers temps du ballon captif, nous avions été l'avocat d'un aéronaute américain nommé Wells qui ne parlait point un mot de français. Wells était très-fort, à ce qu'il paraît, sur le parachute, instrument trop négligé des aéronautes de notre époque. Il avait proposé d'organiser des descentes le long du câble, où il aurait attaché son parachute avec un anneau. Il se serait ainsi laissé glisser à la grande stupéfaction, au grand effroi des spectateurs.

Wells ne se rebuta pas; apprenant qu'il y avait une ascension, il revint me trouver pour me demander une place. Comme la nacelle était trop petite, il me demanda une place en dessous, avec son inévitable parachute. Il ajoutait, non sans quelque apparence de raison : « Quand vous voudrez pousser votre ascension en hauteur, pour aller rejoindre les étoiles filantes, vous serez obligé de jeter beaucoup de lest à la fois. Il est bien plus simple de me prendre avec mon parachute. Quand vous voudrez grimper, vous me lâcherez; je suis à peu près sûr de toucher terre dans quelque endroit, et je pourrai vous indiquer le lieu de votre passage. »

Cependant je ne me laissai pas séduire; je refusai avec douceur, mais avec obstination.

Depuis lors, Wells n'a pas quitté le vieux continent, il exploite actuellement l'Italie. Dernièrement il a fait à Milan une ascension qui a produit quelque émotion, et qui fera du reste juger l'homme intrépide auquel j'avais affaire. Comme maître Wells était parvenu à prendre terre sans perdre trop de gaz, il conçut le projet de ramener son ballon, en captivité, au point de départ, pour organiser des ascensions captives. Un vent assez violent s'étant élevé, Wells fut sur le point de renoncer à son projet. Mais, comme le vent vint à tourner dans la direction désirable, Wells se lance dans sa nacelle, coupe brusquement la corde, et s'élève à une grande hauteur avec une rapidité étrange. Le ballon était vieux, la dilatation plus rapide que le débit par l'orifice inférieur. Il en résulte une fissure énorme. Le ballon descend rapidement! Mais Wells, habitué au parachute, arrive à terre sain et sauf. Le récit de cette ascension est inséré dans un des journaux de Milan, et tombe entre les mains d'un découpeur de faits divers, qui, ne connaissant l'italien qu'imparfaitement, assassine sans pitié mon ami Wells. J'ai eu beau protester dans la *Liberté*, Wells est mort, et bien mort pour tous les journaux de France, qui l'un après l'autre sont venus lui donner le coup de pied de l'âne.

Notre départ s'effectue avec une admirable précision; le panier d'osier touche presque les toiles qui forment l'enceinte des ascensions, et la lune qui se montre à travers deux nuages semble applaudir à cette preuve d'adresse. Une centaine d'amis qui nous regardent avec des yeux sans doute plus inquiets que curieux, doivent être rassurés sur notre sort en voyant avec quelle précision notre aérostat obéit à la main intelligente qui le guide. Après nous avoir vus bondir si gaiement, aucun d'eux ne songe encore que nous pouvons courir quelques risques, et qu'il est impossible d'attraper quelque horion en allant chercher les spectacles aériens à une heure où l'on rentre ordinairement de l'Opéra.

Quelle que fût la beauté du spectacle que j'avais déjà contemplé trois fois en passant de jour sur Paris, je ne pouvais me faire une idée des merveilles qui allaient se développer au-dessous de nos pieds! Ni les trois ascensions du *Géant*, ni même les ascensions nocturnes à bord du *Captif* de l'Exposition universelle, ne m'avaient permis d'épuiser cette poésie des illuminations nocturnes.

Car aujourd'hui je vogue bien en pleine nuit au-dessus d'innombrables étoiles rangées avec un ordre qui n'existe point au firmament.

Ces interminables lignes de feu se croisent et se recroisent dans tous les sens, formant des carrefours de clarté, des constellations de becs de gaz, des soleils de lumière étincelante. Le moindre square est entouré d'une rivière de diamants, comme jamais duchesse de Lesto n'en a porté!

Si le ballon des fêtes officielles partait pendant le feu d'artifice et les illuminations du 15 août, je prêterais des deux mains fidélité à l'empire plutôt que de manquer l'ascension. La fumée de ce bouquet qui se projette à vos pieds comme un tapis de rubis et d'émeraudes, doit monter comme un parfum d'harmonie et d'amour!

Les quais surtout sont admirables; l'eau qui coule entre deux haies de lumière semble comme un noir ruban vivant qui roule et se glisse; on dirait un serpent qui ondule et veut lancer sa croupe par-dessus les ponts. La grande avenue qui commence à la caserne de Courbevoie, traverse le pont de Neuilly, coupe en deux les Champs-Élysées et va mourir à la place de la Concorde, semble une ligne symbolique indiquant la puissance de ceux qui ne dévient jamais de la ligne droite et marchent toujours devant eux. Mais le jardin des Tuileries ressemble à un vilain pâté d'encre; le château lui-même, malgré sa ceinture lumineuse de la rue de Rivoli, me paraît un fort détaché dans l'intérieur de Paris.

La température est d'une douceur extrême.; je suis obligé de quitter le paletot dans lequel je m'étais préalablement enveloppé. Que la nature doit nous ménager de surprises dans les régions inconnues, puisque nous sentons le chaud qui nous gagne là où nous nous préparions à geler ! Que dit notre thermomètre? Nous ne pouvons le lire ; peu nous importe. Ne sommes-nous pas transformés en thermomètres vivants, et de tous les instruments que l'homme a inventés, il n'en est pas qui vaillent à beaucoup près l'homme lui-même.

Minuit 40. — Nous reconnaissons Enghien. Nous y sommes allés pour écouter notre ami Simonin, en descendant de la dernière ascension du *Géant*. Le brave aéronaute, aujourd'hui devenu mineur aux montagnes Rocheuses, — les extrêmes se touchent, — faisait une conférence au profit de l'expédition au pôle nord, projetée par Lambert. Il y a recueilli, malgré son éloquence, notre exemple et notre souscription, la somme de trente-sept francs cinquante centimes. A côté, le bal public, où la morale dansait sous la protection d'un tricorne, faisait une recette de plus de mille francs ! Heureusement le vent nous entraîne loin de cette cité !

1 heure. — Notre pilote signale une étoile filante que les astronomes de la terre n'ont pas dû voir évidemment, et que cinq cents mètres d'altitude ont suffi pour nous montrer. Nous étions sûrs de ne pas revenir bredouilles, je commençais à respirer librement l'air pur des hautes régions !

La nuit est certainement le moment le plus favorable aux voyages aériens. D'abord, en partant après la fin du crépuscule, les aéronautes évitent la condensation qui a lieu à la chute du jour, et qui coûte tant de lest au navigateur le plus économe. Ensuite, s'il peut tenir en l'air jusqu'au lever du soleil sans faire de mauvaise rencontre, il profite de l'effet des premiers rayons de l'astre, qui sèche ses toiles. Le soleil, en effet, lui donne comme de nouvelles ailes, avec lesquelles il peut prolonger son voyage pendant trente, quarante ou cent lieues. Le ballon ne saurait faire d'autre rencontre dangereuse que celle d'un aérolithe.... mais l'atmosphère est si vaste et l'aérostat si petit !

Sans parler des observations d'astronomie physique qu'il peut faire, même quand il n'y a pas d'étoiles filantes, sur les comètes, les aurores boréales, la lumière zodiacale, etc., le voyageur nocturne est merveilleusement à même d'étudier les lois du temps. C'est lui qui peut déterminer la marche des grands courants

aériens; car pendant la nuit l'atmosphère cesse d'être travaillée
par une infinité de causes locales, de petits échauffements par-
cellaires, qui pendant le jour troublent son repos en mille lieux
différents.

Il n'y a plus de colonnes individuelles de vapeur qui surgissent sous l'action de ce grand révolutionnaire qui se nomme le
soleil, et auquel les aéronautes ne pardonnent point; ils l'accu-
sent, non sans raison, de la plupart de leurs mésaventures, quoiqu'il éclaire et réchauffe le monde de la terre, sans lequel ils ne
seraient rien; car il change à chaque instant la direction des
vents, comme Dove, de Berlin, l'a bien reconnu. Tant qu'il règne
au-dessus de l'horizon, il n'y a pas de ces bonnes et franches
tempêtes qui soufflent droit devant elles, qui feraient le tour du
monde si le soleil ne s'en mêlait.

Rien ne manquerait donc aux matelots de l'atmosphère, voyageant de nuit, si on les traitait comme leurs collègues des mers
terrestres, si l'on mettait des lumières électriques sur les principales montagnes, sur les capitales de la civilisation. Mais qu'on
est loin de cet heureux moment! Les phares qui bordent les côtes
dédaignent souvent de tourner leur lumière du côté de la terre.
On voit que ceux qui les ont construits n'ont même point songé
aux ballons !

Après avoir quitté Enghien, nous apercevons la ligne du Nord;
pour parler plus exactement, nous entendons le sifflet d'une locomotive qui a l'air de nous saluer : c'est une politesse que nous
ne pouvons pas lui rendre, par la meilleure de toutes les raisons
possibles.... nous n'avons point de fusées à bord; mais en eus-
sions-nous que je n'oserais lâcher la détente électrique. Non par
crainte d'allumer le gaz, mais par la peur d'être considéré comme
un concurrent déloyal si je montrais aux pauvres astronomes de
la terre des étoiles, quand moi-même je n'en vois pas encore.

Le vent nous entraîne avec une vitesse d'environ quinze lieues
à l'heure dans la direction de Chantilly. Nous apercevons l'ombre
du ballon qui vole avec rapidité sur les bois, les ruisseaux et les
prés. Le diamètre de ce point noirâtre varie avec une rapidité
telle que nous pouvons nous fier à lui. Nous pouvons en faire
notre guide; il enfonce le baromètre Richard, malgré sa merveilleuse sensibilité. Avec lui nous pouvons nous laisser tomber à
dix mètres des hautes branches; nous n'avons rien à craindre :
notre ombre fidèle se gonflera d'elle-même pour nous montrer le

moment où il est temps de jeter quelques poignées de sable en l'air, où l'on peut faire naufrage sur la cime des futaies.

Chaque fois que nous passons au-dessus d'un bouquet de bois, il en sort un véritable charivari. Est-ce pour tourner en ridicule notre prétention de dompter les airs que le corbeau joint sa voix à celle du rossignol, de l'alouette et du chardonneret? Est-ce que les oiseaux qui habitent ces ombrages s'appellent pour se montrer l'homme, ce roi de la nature, qui est obligé d'obéir au vent? Non; c'est la frayeur qui réveille ces mères craintives, ces tendres époux! Dans tous les nids, on nous prend pour quelque géant de la famille des aigles et des vautours, c'est-à-dire des rapaces. Le moineau franc, si malin, qui a dû lire quelque part les *Mille et une Nuits*, croit voir planer le Roc de Simbad le Marin. Dormez en paix, pauvres oiseaux, dormez! Nous qui vous avons si souvent envié vos ailes, nous n'irons point vous pêcher à la ligne comme de vulgaires goujons. Ne quittez pas le nid mollet si bien rembourré de plumes et d'herbes tendres, jamais un aéronaute n'ira commettre le sacrilége de lancer l'épervier sur les bosquets que vous poétisez! Nous jetterons notre sable le plus fin tamisé avec le plus grand soin, pour que si un grain tombait sur la tête de vos petits sans plumes, aucun malheur ne fût à redouter. Mais pourquoi tant de précautions puériles, l'hiver est proche, hélas! Les petits sont grands, la famille ailée a été décimée par le plomb des bipèdes sans plumes. Il n'y a plus dans les bosquets de jeunes oiseaux, sortant de l'œuf, que notre sable puisse blesser.

Tous les animaux ont très-peur des ballons, mais plus les êtres sont sensibles et intelligents, plus il leur est facile de dompter les terreurs instinctives. Le professeur Wells, qui a fait plus de quatre cents ascensions dans l'Amérique du Sud et dans l'Inde, me disait que beaucoup de passagers avaient reculé au dernier moment, mais que jamais il n'avait vu une femme hésiter! La marquise et la comtesse de Montalembert, qui avaient pris part aux ascensions captives, chez Réveillon, au faubourg Saint-Antoine, ont été les premières à prier Pilâtre de couper la corde qui les retenait. Nous pouvons donc espérer qu'un jour viendra où les oiseaux, cessant de confondre les aéronautes avec des aigles ou des chasseurs, feront la paix avec les ballons.

Les bruits qu'envoie la terre sont assez rares, mais, par compensation, très-variés. Ils évoquent une foule de pensées, de souvenirs, qui ne sont pas un des moindres charmes du voyage. Je copie au hasard dans le livre de bord.

Nous entendons l'horloge d'une église qui sonne 1 heure. Nous commençons à nous rapprocher de terre, puisque ce bruit vient nous chercher. Le baromètre marque 710.

. . . .

2 *heures*. — Nous entendons le chant du coq. C'est peut-être notre ombre qui a réveillé cet intéressant volatile. Il nous a pris pour le soleil, qui ne se lève qu'après 7 heures cependant. Tout à l'heure les corbeaux nous considéraient comme un gigantesque chat-huant et se sauvaient épouvantés à notre passage. Le baromètre marque 742.

2 *heures* 20. — Nous entendons des paysans qui s'appellent et qui crient : *V'là le ballon!* Mais ces braves gens ne nous entendent point, quoique nous hurlions : « Quel département? » Peut-être répondent-ils; mais la voix est si paresseuse à monter si haut et le vent ne nous laisse pas le temps d'attendre que la réponse arrive jusqu'à nous. Le plus sage, quand on grimpe, c'est de ne compter que sur ce que l'on voit ou sur ce que l'on entend par hasard. Le baromètre marque 739.

2 *heures* 25. — Nous entendons un bal dans un village : c'est sans doute une noce; sans cela les danseurs seraient déjà couchés. Que les mariés, s'il y en a, reçoivent nos vœux pour leur bonheur.

Le baromètre marque 738. Le vent souffle assez fort. On dirait le bruit des vagues; c'est l'air qui se brise sur les branches. Nous sommes encore en pleine forêt.

Nous marchons, nous marchons toujours, et nous voyons, dans le lointain, un promontoire qui se dessine à l'horizon. C'est Laon, la prison du dernier prince de la dynastie de Charlemagne, et, ce qui nous importe plus, la patrie de l'astronome Méchain. Au sud-ouest, bien loin heureusement, nous verrions s'il faisait jour là patrie de Delambre. Ce collègue de Méchain pour la mesure de la terre est, en effet, de l'avare ville d'Amiens, où ce pauvre Delamarne a fait si piteuses recettes dans ses dernières ascensions. Si ce brave vent du nord continue à nous entraîner, nous allons, vers quatre heures, entrer en Belgique, et Dieu seul sait où nous nous arrêterons! Nous n'usons pas dix kilos de lest par heure; il nous en reste donc pour plus de dix heures, sans compter nos bancs, nos effets, nos instruments et la chaleur du soleil. Nous découpons un poulet et vidons un flacon, en nous félicitant de nos heureux débuts.

Les corbeaux se sauvaient épouvantés.

Vus de la nacelle d'un aérostat, les paysages célestes ont un charme encore inexplicable pour moi ; ils se gravent si profondément dans mon esprit que je peux les évoquer sans peine dans leurs moindres détails toutes les fois que je veux les dépeindre. Dans la nuit du 14 au 15, la lune n'était plus déjà dans son plein ; l'ombre avait sensiblement envahi le bord qui se tourne du côté du couchant, mais il me semblait que les hauts sommets des Cordillères n'avaient pas encore complétement disparu ; au moins je croyais les voir encore, en regardant attentivement avec la lunette du commandant Laussedat. Si je ne me trompe pas, il me semble qu'ils brillent comme autant de perles lumineuses faisant partie d'un chapelet enchanté. Sont-ce des neiges éternelles qui couronnent ces hautes falaises que jamais grimpeur humain ne saura gravir, où jamais aucun Saussure n'enfoncera la pointe de son bâton ferré ? Sont-ce des roches virginales que jamais vapeur d'eau n'est venue humecter, où la mousse elle-même n'a jamais pu végéter ? Qui me dira le mystère des révolutions célestes qui ont taillé si profondément le monde que j'ai là sous les yeux, énigme moitié ombre, moitié lumière que je tiens au bout de mon télescope suspendu dans l'océan de l'air ? Je ne sais quels sont les êtres qui peuplent ce monde, que le nôtre a subjugué, mais jamais Fourrier ni l'Académie même ne nous feront croire que c'est un globe cadavre que nous traînons sous nos pas.

Perfectionnons nos ballons, domptons enfin les airs, si nous voulons éviter qu'un jour les habitants d'en haut ne débarquent ici-bas, nous effrayant et nous conquérant comme les Espagnols de Colomb et de Cortès ont fait des indigènes du nouveau continent. Qui sait si la lune que nous accusons d'être morte ou de n'avoir jamais vécu n'est pas la patrie d'êtres plus intelligents et par conséquent plus puissants que les fils d'Adam ? — S'ils sont plus sages que nous, qu'ils se hâtent d'accourir pour éclairer notre monde imparfait et corrompu.

O lune, est-il vrai que tu troubles notre raison plus encore que tu n'agis sur le repos des océans ? Est-il vrai que tu dissipes les humaines pensées, les gais projets d'amour, comme tu me caches les feux filants des étoiles qui tombent ? Non, chassons ces pensées désolantes, ces calomnies semées par la superstition. Ne nous défions pas de la lumière blanchâtre avec laquelle Diane a séduit Endymion. Bénie soit la nuit où, s'il faut en croire le récit des sorcières d'Arcadie, l'astre est venu se marier à la terre et s'y attacher jusqu'au dernier jour de notre humanité !

Tapi dans la nacelle de *l'Hirondelle*, je ne me sentais point la force de maudire cette lèpre noirâtre qui avait commencé à envahir la brillante figure de notre satellite; car si la lune n'avait été un peu sur son décours, je n'aurais pu admirer si bien l'ombre vivace que Keppler jette sur *l'océan des Tempêtes*. Ces ombres naissantes esquissaient déjà les montagnes blanchâtres qui entourent *Tycho*; quoique ma lunette soit faible, les bandes lumineuses qui accompagnent *Copernic* comme une auréole de feu se détachent avec une grande netteté. Le magnifique cratère, plus terrible dix fois à lui seul que le Vésuve et l'Etna, ne semble-t-il pas défier tous les efforts des aéronautes de l'avenir?... Mais de légères vapeurs viennent se montrer au-dessus de nos têtes.

Bientôt je vois se développer un immense ruban circulaire d'une lumière blanche assez vive; c'est un anneau qui fait tout le tour de la lune, et dont le diamètre possède bien une trentaine de degrés. Régulus brille au-dessus de la Grande-Ourse, devenue momentanément invisible du côté où la lune est entièrement éclairée par le soleil. Ce voile léger qui cache les profondeurs du firmament n'a rien de l'opacité des nuages de la terre; si des étoiles filantes de premier rang viennent à se montrer, elles ne nous échapperont certainement pas. Économisons notre lest, et ne cherchons pas à nous écarter de la terre, pour faire un nouveau pas vers les astres inconnus. Pauvres caboteurs qui nous tenons près des écueils de la terre, rien ne nous empêche de songer aux Christophes Colombs de l'avenir, à ceux qui devant les hommes des siècles futurs déchireront les mystères du firmament!

Mais nous voulons gagner des rivages lointains, et sans chercher à nous élever dans les hautes régions de l'atmosphère, nous voulons rester le plus longtemps qu'il nous sera possible dans le pays des nuages. Aussi ne faisons-nous qu'une faible dépense de lest. Hâtons-noûs du reste de dire que cette parcimonie n'a point été tout à fait inutile. Nous avons rattrapé par les détails ce que nous avons perdu en gros, ou plutôt en durée. Restant à faible distance de terre, nous avons senti tout le long de la route l'influence extraordinaire qu'exercent les moindres plis de terrain sur la direction et même sur l'intensité du vent.

Si nous avions plané plus haut, nous n'aurions pu nous rendre compte de l'extraordinaire tranquillité qui règne dans l'air de la vallée quand le vent file sur le coteau, quand il balaye la cime de la colline avec une vitesse de quinze à vingt mètres au moins; nous n'aurions point, pour ainsi dire, palpé l'influence prodigieuse que produisent les bois, ces vivants amis de l'homme, ces bois si rares que de nos jours le bûcheron officiel lui-même sacrifie sans merci ; ces ombrages tutélaires que les anciens si sages mettaient sous la protection de leurs plus puissantes divinités !

Nous suivons le lit d'un fleuve aérien, et ce fleuve nous conduit loin de toute ville ; il serpente à travers les parties les plus désertes, sans doute les plus arides, les moins cultivées. Pourquoi fuyons-nous ainsi les lieux que l'homme affectionne ? Pourquoi voyons-nous si peu de lumières égayer l'horizon ?

C'est qu'instinctivement les habitants des départements que nous traversons ont construit leurs villes, leurs villages, et même leurs habitations isolées, dans des endroits abrités par des collines que nous n'apercevons pas. Ils se sont mis sous la protection d'influences que chacun sent dans la contrée, mais auxquelles personne n'a donné de nom. Ce n'est pas la théorie dynamique des mouvements de l'atmosphère qui a guidé le choix de ces établissements, c'est l'usage, le bon sens populaire, l'expérience faite de père en fils pendant des siècles entiers. Peut-être faut-il excepter quelques villes construites pour les nécessités de la guerre ou pour obéir aux caprices de quelque despote.

Mais ces agglomérations artificielles sont toujours tristes et souffreteuses ; celles qui prospèrent, ce sont celles qu'a fondées le travail ; car le peuple abandonné librement à sa spontanéité naturelle ne se trompe jamais ; ou plutôt si la liberté commet des erreurs, elle ne tarde point à les réparer. Mais Versailles, mais Madrid, mais Saint-Pétersbourg, villes artificielles, seront sans doute pendant des siècles encore exposées à toutes les bises, fouettées par tous les ouragans.

Le temps s'écoule pendant que je déraisonne. Nous voyons apparaître des miroirs à la surface de la terre. Ce sont des flaques d'eau, des tourbières dans lesquelles la lune nous montre son visage d'argent. Une contrée si humide est suspecte d'être voisine de l'Océan, et en effet nous planons au-dessus du vaste bassin de la Somme. Quelques étoiles filantes qui se montrent viennent faire trêve à nos appréhensions. Le ballon tourne, retourne, tremble et frissonne…. On croit voir une flamme à l'horizon….

Le vent, qui s'est un peu calmé pendant les dernières minutes, commence à fraîchir. Le ballon tourbillonne rapidement sur lui-même. Il est donc malaisé de reconnaître immédiatement l'orientation de la lumière qui se présente à nous. Un instant j'ai l'idée que c'est Lucifer, que Vénus nous annonce la prochaine arrivée du soleil, malgré la *Connaissance des temps.*

Si le Bureau des longitudes peut avoir tort, notre voyage sera digne de figurer parmi les bonds célèbres. En effet, les cinquante kilos de lest que nous avons jetés depuis le départ de l'avenue Suffren sont loin d'être épuisés. Une portion notable, quinze, vingt kilos peut-être, ont été sacrifiés parce que la rosée céleste s'est condensée à la surface des toiles de notre aérostat; notre filet a bu comme une éponge, ses fibres sont gorgées d'humidité. Une diminution notable de la quantité de vapeur d'eau que contient l'atmosphère se fera sans doute sentir avant que le soleil lui-même se montre.

Une portion de l'eau que nous traînons ne va point tarder à regagner les nuages qu'elle n'aurait jamais dû quitter. Bientôt de chauds rayons viendront accélérer l'œuvre de notre allégement spontané; puis le gaz, sentant à son tour l'influence bienfaisante du père de toute chaleur et de toute vie, notre aérostat, qui est un peu flasque, va se gonfler. On ne verra plus un seul pli sur ses flancs arrondis. Le vernis qui le recouvre brillera gaiement, comme une de ces vitres de fabrication antique que le temps aurait jaunies.

Nous remonterons, sans qu'il nous en coûte un grain de sable, au niveau des hauts passages des Alpes où s'est arrêté de Saussure. Notre observatoire volant ira presque aussi haut que Humboldt, Bonpland et Boussingault. Peut-être verrons-nous encore, malgré l'éclat de la lumière qui envahira progressivement l'orient, quelques étoiles filantes sortir du côté du ciel où Régulus aura disparu !

Mais, hélas! je ne tarde pas à revoir la Grande-Ourse et Aldébaran. Je vois que le feu suspect s'est levé du côté du couchant, dans une portion du ciel où les astres ne surgissent jamais. Bientôt nous voyons que ce feu n'est point seul. Une autre étoile, aussi peu filante que la première, ne tarde pas à se montrer.... Ce sont deux phares jumeaux qui veillent pour les navigateurs de l'Océan. C'est la mer qui s'approche; il n'y a plus moyen d'en douter. Nous aurons fait à peu près le même voyage que *la Ville-de-Paris*, ce beau ballon tout neuf que j'ai vu partir il y a bien longtemps. C'était, si j'ai bonne mémoire, le 6 octobre 1850, pour couronner l'édifice des jongleurs anglais et de l'acrobate espagnol, alors qu'il n'était question ni de la troupe japonaise, ni du coup d'État, et que Blondin lui-même était à peine inventé!

Les tourbières de la Somme.

Nous arrêterons-nous, comme l'ont fait alors à Ypres, MM. Nicolaï, Julien Turgan et leurs compagnons? Sommes-nous même en Belgique, nous autres? Aurons-nous pour consolation de notre voyage interrompu la liberté de lire les brochures, les poëmes et les livres auxquels le ministère de l'intérieur interdit l'entrée de l'empire français?

Quoi qu'il en soit, il ne faut pas songer à franchir la Manche, qui peut être la mer du Nord. Ne cédons point à la tentation de suivre les traces de Pilâtre, malgré les soixante kilos de lest qui nous restent encore, sans compter nos couvertures, nos paletôts, nos vivres, nos instruments et une cruche d'eau. L'ingénieur prépare son couteau pour trancher la ficelle qui retient l'ancre et le *guide-rope*. Il me dit de peser sur la corde de la soupape; je le fais en conscience. Nous ne devons pas être à beaucoup plus d'un kilomètre des vagues, et avec le vent qui nous pousse il faut à peine une minute pour aller prendre un bain de pieds dans la grande tasse!...

Vingt secondes à peine s'écoulent et je sens un choc qu'autrefois j'aurais trouvé très-violent. Le vent qui sent une résistance, l'ancre ayant mordu, se pique au jeu. Il dresse le ballon du côté de la mer, lui imprime une oscillation violente et renverse notre panier d'osier. Mais nous nous tenons aux cordages : « N'aie pas peur, mon ami Fonvielle! cette secousse est la dernière. » Mais pendant que l'ingénieur parle, le ballon a rebondi, en vertu de son élasticité. Il est maintenant tourné du côté de terre. Je suis toujours cramponné aux cordages, et je serre d'autant mieux la corde de la soupape avec les genoux. Ne faut-il pas profiter du choc, afin de faire sortir par l'ouverture béante tout le gaz qui voudrait passer? On me demande si je suis blessé, mais j'ai bien autre chose à faire que de répondre : je regarde du côté de l'orient pour voir si le ciel fait encore à mon regard avide l'aumône d'une étoile filante! En effet, j'en saisis une dernière, juste au moment où le vent, qui reprenait le dessus, allait nous rejeter une seconde fois du côté de la mer : « Une étoile! encore une étoile! » m'écriai-je tout joyeux, en voyant briller une étincelle pareille à celle que j'ai admirée à deux reprises différentes. Cette étincelle, partie encore d'un point du Lion, tombe vers l'horizon avec cette allure ferme, tranquille, tout à fait aérienne de ses deux aînées : « C'est vrai! s'écria le Belge, je la vois comme vous! »

Avant que le Belge ait fini sa phrase, le ballon est de nouveau penché sur le sol. Mais j'ai saisi mon étoile filante, et tous les ballons du monde ne peuvent me l'enlever. L'aérostat fait encore quelques bonds moins vifs que les précédents. Nous oscillons alternativement entre le côté de la terre et celui de la mer; mais ces bonds diminuent à chaque instant. Bientôt ils se changent en simples soubresauts.... C'est l'agonie du ballon qui commence; désormais c'est bien à la terre que nous appartenons jusqu'à notre prochaine ascension!

Aussitôt que nous pouvons passer le bras entre le cercle et la nacelle, nous déposons à terre les instruments avec toute la délicatesse et toute la précaution dont nous nous sentons capables; puis nous songeons à nous extirper du panier d'osier, qui, couché sur le sable, n'est plus qu'une cage où nous sommes pris au trébuchet. Nous nous glissons sans encombre dans l'espace laissé libre entre le cercle et le bord du panier; mais le cercle fait un mouvement, l'issue se referme derrière moi.

L'ingénieur belge est pris comme un oiseau tombé dans un piége, sans nous il y serait peut-être encore. Nous l'aidons de notre mieux à se dégager en maintenant ce maudit cercle; puis nous courons du côté de la soupape, dont on enlève les volets; nous nous pendons au filet pour accélérer la sortie du gaz, dont nous respirons l'odeur piquante, et qui se répand dans l'atmosphère à grands flots. Puis, cela fait, nous nous regardons l'un l'autre, et tous ensemble nous nous disons : « Où diable sommes-nous? »

Quand bien même les phares qui brillent au nord-ouest éteindraient subitement leur lumière, il faudrait être bien Parisien pour ne pas reconnaître le bord de l'Océan. Cependant le murmure des vagues n'arrive pas jusqu'à nos oreilles : peut-être la mer est-elle basse. Humide et grasse, la terre est coupée de profondes rigoles, excellentes pour l'écoulement des eaux, mais aussi, malheureusement, pour donner des entorses. Les berges du ruisseau sont taillées à pente raide. Il me semble voir les mille cicatrices que la vague laisse derrière elle en se retirant. C'est bien la ligne où elle s'élève lorsque le vent la pousse quand la lune et le soleil conspirent pour la faire sortir de son lit. Notre pilote, qui regarde d'un autre côté, aperçoit un fouillis formidable, noirâtre, d'arbres et de bâtisses. Après mille détours, mille sauts, qui prennent plus d'une heure, nous y parvenons enfin. O bonheur! nous entendons le beuglement d'un veau! Il y a donc quelqu'un? Notre ballon ne nous a point entraînés assez loin des voleurs et des loups pour que nous soyons descendus du ciel auprès d'une étable où les veaux beuglent seuls, sous la garde de Dieu !

Le bouvier se réveille avec plus de peine que son veau. Avec plus de peine encore ce somnolent Picard comprend quelque chose de tout ce que nous lui disons. Maintenant que le traité de commerce a tué radicalement la contrebande, il est bien difficile de croire que nous sommes des honnêtes gens....

Quand trois individus d'assez mauvaise mine, vêtus d'un costume tout à fait international, viennent vous réveiller sous prétexte de vous dire qu'ils arrivent en droite ligne des nuages, le premier mouvement, le meilleur, le seul bon peut-être, est de se barricader. Méfie-toi, méfie-toi, brave Picard ! Que tu as raison de nous parler du seuil de ta porte entre-bâillée ! que tu as raison de la fermer bien vite quand le Belge te demande si nous sommes en France ; de la fermer en t'écriant : « Pardine ! quelle demande ! ne sommes-nous-t-y point dans le Pas-de-Calais ? » Car, puisque l'on a inventé le vol à la tire, pourquoi n'inventerait-on pas le vol au ballon ?

Enfin, en entendant, par le trou de la serrure, le son argentin de quelques écus qu'un des nôtres — ce n'est pas moi, je vous le promets — a l'idée de faire tinter, le bouvier se décide à reparaître. Il ouvre sa porte assez grande pour passer sa main. Puis, une fois qu'il a senti que l'argent a changé de maître, il se décide à nous conduire à une auberge située à trois kilomètres de distance, où nous trouverons une charrette dont il paraît que nous avons besoin.

Chemin faisant, il nous raconte que nous voyons au loin les feux jumeaux du Touquet ; que sur la rive nord de la Canche il y a un troisième feu plus petit ; que, s'il faisait jour, nous verrions le pont du chemin de fer et la station d'Étaples, *ous qu'il* se trouve une brigade de gendarmerie, dit-il en traînant la voix ; que le commerce marche très-bien dans ce port (il y est entré deux navires l'an dernier). Patronnés par le bouvier, qui jure, sur sa foi de Picard, que nous avons l'air d'être les plus honnêtes gens du monde, nous sommes très-bien accueillis par l'aubergiste. Sa fille, qui a de forts jolis yeux, nous sert, le sourire sur les lèvres, une bouteille de vin qui sent le cidre, et nous demande si un ballon va sur terre ou sur l'eau.

Nous ne nous trouvons pas à dix kilomètres de la forêt de Guines, auprès de ces beaux arbres au milieu desquels s'élève la colonne triomphale élevée en l'honneur de Blanchard, qui tra-

versa le premier la Manche ! O Pilâtre, le plus grand des aéronautes, que dirais-tu si tu voyais tes humbles successeurs inter-
rogés de la sorte par une Maritorne, si près du lieu où tu trouvas
une mort glorieuse, avec ton aide, le jeune Romain ! Heureusement le bouvier vient nous annoncer que l'on a attelé et que nous
pouvons aller chercher ce qu'il persiste à appeler notre *ballot*. En
même temps il cligne de l'œil d'une façon tout à fait picarde et
expressive. Il tient à nous faire savoir qu'il comprend ce dont il
s'agit ; il a deviné que nous avons débarqué dans les dunes quelque chose qui n'a pas besoin de passer en douane, que nous n'a-
vons l'intention d'offrir notre ballot ni au brigadier d'Étaples, ni à
M. le maire, ni même à son gouvernement.

　　Après des détours que nous trouvons bien longs, nous arrivons
vers huit heures moins un quart à l'endroit où nous avons laissé
le ballon. Nous le cherchons inutilement ; le peu de gaz que nous
avions laissé est sorti : notre pauvre *Hirondelle* est aplatie comme
une galette. On n'aperçoit plus que mon écharpe rouge, qui
brille comme un feu, heureusement sans fumée ; autrement notre
aéronaute s'évanouirait ; il croirait que l'homme que nous voyons
maintenant a incendié le ballon, soit par méchanceté, soit par
maladresse en allumant sa pipe. Cet homme que nous avons si mé-
chamment soupçonné d'être un incendiaire, est un chasseur, fort
poli, qui regarde avec attention le singulier gibier qu'il aurait pu
abattre s'il s'était trouvé plus tôt près des dunes. Ses chiens, qui
ne sont pas si réservés, se sont mis à dévorer ce qui nous reste
de viande. Ils n'ont épargné qu'un peu de fromage et un bout de
saucisson.

　　Ce qui étonne le plus l'aubergiste qui nous a suivi, c'est la
nacelle, dont il ne comprend pas du tout l'usage. Je finis par saisir qu'il savait bien ce que c'est qu'un ballon, il n'est point aussi
en retard que sa fille ; mais il croyait fermement que les aéronautes entrent dans la boule en taffetas, sans doute pour avoir
moins froid et ne pas s'enrhumer. Il eût été trop difficile de le dé-
tromper ; je prends la chose en riant, et je lui dis : « Mais, mon
ami, c'est notre caisse d'emballage que nous portons avec nous ;
tenez, venez nous aider, vous allez voir que tout y sera bientôt
logé. » En effet, à peine une demi-heure après, ballon, filet, bagages, tout est entassé dans notre panier étroit devant le paysan,
qui commence à comprendre. Nous nous asseyons, le Belge et moi,
sur la nacelle une fois qu'elle est placée sur la charrette ; notre pilote aérien monte dans la voiture d'une fermière qui passe par là

amenée par une maigre haridelle. A neuf heures et demie nous faisons notre entrée triomphale. dans la station d'Étaples. Nous envoyons nos télégrammes pour rassurer les amis qui nous croient
pour le moins cassés en deux ou trois morceaux chacun, et nous
prenons nos billets.

Employés, télégraphiers, gendarmes, tout le monde est charmant pour nous. Un dernier obstacle, un seul, imprévu, inouï,
faillit retarder notre retour. Quoique le commerce soit fort prospère dans le port d'Étaples, puisqu'il y est entré *deux navires* l'an
dernier, la station du chemin de fer n'est pas préparée à recevoir
des colis de l'importance de celui qui est tombé du ciel et que
nous lui amenons. On ne peut trouver de balances assez robustes
pour peser notre ballon ! O locomotion aérienne, est-ce que tu ne
te trouves pas justifiée par cette impuissance ! O hydrogène, avais-
je envie de m'écrier, gaz admirable, qui fais voyager dans les
nuages des poids que les employés des chemins de fer d'un des
ports de mer de l'Empire français les plus voisins de la capitale ne
savent placer sur leurs romaines ! L'aéronaute, qui ne voulait point
reparaître à l'avenue Suffren en laissant son matériel à la traîne,
était furieux. Il avait beau jurer, sur sa foi de fils de l'air, que le
ballon pesait 280 kilos, on ne le croyait pas. Enfin on découvre une
balance, et l'on trouve, après dix minutes de recherches, que notre
pilote s'était trompé *de deux kilos !* Par le train de dix heures,
ballon et aéronautes sont entraînés sur le rail vers Paris. Triste
voyage, même dans les premières. Mollement étendus sur les
coussins, nous bâillons à nous rompre la mâchoire. Nous avons
tant de choses à nous dire et la conversation languit. Dieu, que ce
retour semble ennuyeux et long ! On dirait un châtiment du plaisir
que nous avions goûté là-haut.

Tous nos instruments, à l'exception du thermomètre, dont l'aiguille n'avait plus bougé depuis le départ, se trouvent intacts. Ni
l'aéronaute, ni l'ingénieur belge, ni moi, nous n'avions reçu la
moindre égratignure. Il n'y a eu qu'une cruche de cassée, encore
cette cruche était la seule qui contînt de l'eau.

Cependant quand nous sommes descendus si vivement à terre,
le vent soufflait avec une bien grande violence, et, chose singulière,
nous n'avions pas imprimé le moindre sillage sur le sol si malléa-
ble à cet endroit. A quoi donc attribuer cet arrêt si brusque ? A
notre ancre forte et trapue, pensai-je d'abord. Mais, en réfléchissant plus sérieusement à certaines conditions dynamiques de la navigation aérienne, je supposai qu'il fallait attribuer ce beau résultat

à la légèreté spécifique du gaz hydrogène pur qui remplissait notre ballon. En effet, en ouvrant la soupape, nous perdions une
quantité de gaz beaucoup plus grande que si nous eussions été
gonflés avec le produit de la distillation de la houille. En outre,
chaque mètre cube nous alourdissait de plus d'un kilogramme au
lieu de nous faire perdre 700 grammes environ de notre force ascensionnelle.

L'alourdissement produit par le débit de la soupape est avec
l'hydrogène pur deux ou trois fois plus rapide que dans les conditions ordinaires : il en résulte que le ballon s'arrête deux ou trois
fois plus vite avec un vent donné. Mais les aéronautes, il est vrai,
ont plus de chances de se rompre les os, s'ils ne sont pas suffisamment exercés. C'est donc par le gaz de l'éclairage qu'il faut débuter; c'est sur ce produit qu'il est bon de se faire la main.

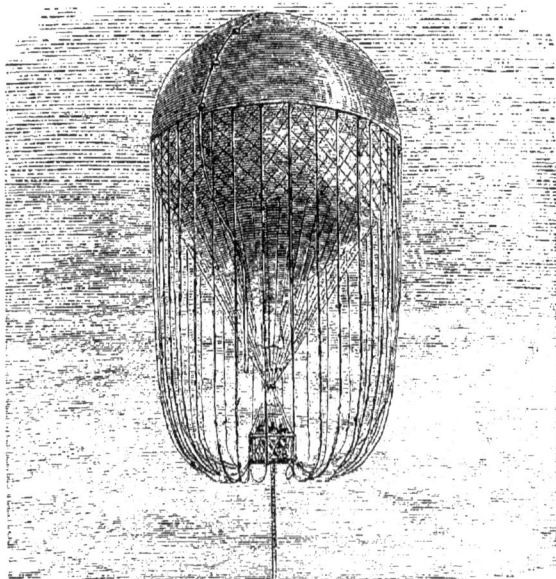

Le ballon captif de l'Exposition.

Un paysan parvient à monter à bord de la nacelle.

CHAPITRE III.

LE BALLON L'ENTREPRENANT. — VOYAGE DE PARIS A FERRIÈRES.

(W. de Fonvielle.)

« Un bon aérostat captif et un bon appareil photographique à objectif renversé, voilà mes seules armes.

« Plus de triangulation préalable, sur un tas de formules trigonométriques : plus d'instruments douteux, planchettes, boussoles, alidades et graphomètres, plus de chaînes de galériens à traîner à travers les vallées, les terres labourées, les vignes, les marais !

« Plus de ces travaux incertains, préparés sans unité, poursuivis, achevés sans cohésion, sans contrôle, par un personnel insurveillé, auquel le billard du bon voisin peut parfois faire oublier les heures de travail.

« Miracle ! moi qui ai professé toute ma vie une haine de la géométrie, qui n'a d'égale que ma haine, que mon horreur contre l'algèbre, je produis avec la rapidité de la pensée des plans plus fidèles que ceux de Cassini, plus parfaits que ceux du Dépôt de la guerre!

« Et quelle simplicité de moyens! Mon ballon maintenu captif à une hauteur toujours égale de 1000 mètres, je suppose, sur les points strictement déterminés à l'avance, relève d'un seul coup une surface de 1 million de mètres carrés, c'est-à-dire de cent hectares, et comme dans une journée on peut en moyenne parcourir dix stations, je lève le cadastre de mille hectares en un jour, à peu près la surface d'une commune. Voici l'arpentage au daguerréotype qui fait foi pour la détermination des héritages! »

Guidé par ces brillantes espérances, Nadar prend des brevets dans tous les pays civilisés ou barbares, et commence, dans les environs de Paris, ses opérations destinées à transformer l'arpentage du monde. Cette campagne cadastrale, universelle et humanitaire, aboutit à prendre, à 80 mètres au-dessus du niveau de la plaine, le village du *Petit-Bicêtre*, composé d'une ferme, d'une auberge et d'une gendarmerie. Il est vrai, on distingue parfaitement sur l'épreuve les toits de la caserne des gendarmes; on voit de plus sur la route une tapissière dont le charretier s'est arrêté court devant le ballon. Nadar en fut pour ses frais de collodion et autres accessoires, direz-vous peut-être en riant de ses essais infructueux. Halte-là! ne voyez-vous pas que ce cliché prouve que l'on peut jeter des sondes photographiques sur la terre : Niepce et Daguerre, par-dessus cette gendarmerie, donnent la main à Montgolfier et à Pilâtre.

Pourquoi ne ferait-on pas pour le ciel lui-même ce qu'on a fait pour la terre? Pourquoi ne traiterait-on pas la lune et le soleil, dans leurs conjonctions intéressantes, comme Nadar a traité la commune du Petit-Bicêtre? Dans le cas où la photographie se montrerait rebelle aux projets de l'aéronaute, celui-ci n'aurait-il pas l'avantage inestimable de voir des phénomènes célestes sur lesquels il y a tout à dire, tout à apprendre, car on ne les a pour ainsi dire jamais aperçus dans les conditions exceptionnelles où la pureté de l'air ne pourrait être soupçonnée?

Quand l'astronome serait débarrassé des nuages de la terre, il saurait qu'il n'est pas le jouet des cumulus ou des cirrus; qui sait s'il verrait encore les protubérances rosacées?

On ne peut, il est vrai, prendre en ballon des mesures délicates angulaires avec les instruments parallactiques ou autres télescopes raffinés, en usage dans les observatoires de la terre; mais n'est-il pas possible d'inventer des lunettes de forme particulière dont on puisse se servir dans les observatoires aériens? Est-ce que la position de l'ombre ne suffit pas pour donner la hauteur angulaire du soleil avec une précision supérieure peut-être à celle des meilleures lunettes méridiennes? Pourquoi rester cloués à terre par une peur incompréhensible chez les successeurs de Biot et de Gay-Lussac? Est-ce inutilement que Green a mené dans les airs, pendant sa longue carrière, cent soixante-dix-sept femmes de tout rang?

Si nos savants avaient un peu de curiosité féminine, si nos femmes étaient admises à l'Académie, il y a longtemps qu'on eût observé les éclipses et les conjonctions intéressantes du haut de la nacelle d'un aérostat.

Est-il nécessaire en outre, me demandais-je, en reportant mes regards, mon ambition sur la terre, que l'aérostat soit péniblement remorqué à l'extrémité d'un câble aussi indocile qu'un cerf-volant? Le moindre zéphyr lui imprime mille secousses beaucoup plus gênantes qu'un bon vent linéaire. Rendez-lui sa liberté, et vous verrez qu'il saura recevoir et garder l'impression des objets qui se trouveront sous le plancher de sa nacelle. Si un peu de traînage vient brouiller les parties centrales, est-ce une raison pour ne pouvoir recueillir l'image nette pour les plans un peu plus éloignés du nadir? Est-ce que la photographie instantanée a dit son dernier mot? est-ce que le collodion est à son dernier progrès? est-ce que le vent incertain n'arrête pas quelquefois le ballon dans les airs, presque immobile entre plusieurs situations différentes? Pourquoi ne tenterai-je pas de traiter la terre comme Warren de la Rue et les astronomes anglais ont traité les planètes étrangères?

Ces idées m'ayant échauffé la cervelle, je me suis décidé à organiser une expédition photographique pour observer une éclipse qui avait lieu le 23 février. J'eus beaucoup de mal à découvrir un photographe qui voulût m'accompagner; celui qui se décida à venir ne comptait pas au nombre des plus célèbres, tant s'en faut; il espérait le devenir si nous réussissions. Nous avions pour nous de grandes chances, car nous avions tout préparé avec le plus grand soin; que de soirées nous avions passées à discuter les conditions de la réussite, étudiant tout, excepté le caractère du pilote aérien auquel nous allions confier notre fortune. Nous avions cru, ô erreur, qu'un peu d'enthousiasme allait transformer sa grossière enveloppe!

Voulant rapporter mes impressions célestes à des signaux choi-

sis sur la terre, j'avais percé un trou dans le fond de la nacelle afin
de prendre l'image directe des objets qui auraient l'honneur de se
trouver au-dessous de nos pieds. Mais au moment où nous allions
partir, il s'éleva un vent que les aéronautes de profession, auxquels j'étais obligé d'avoir recours, trouvèrent trop violent pour
le gonflement. Les aéronautes de cette espèce sont souvent incapables de comprendre autre chose que le départ en présence d'un
public, et quand la recette est absente, ils oublient de prendre leur
courage du Dimanche! J'eus beau tempêter, m'indigner, il fallut
se résoudre à rester à terre. Quand l'éclipse fut passée, on vint
m'avertir que l'on allait procéder au gonflement, et que le vent
était passé; il fallait le croire, puisque j'avais dû admettre qu'il
soufflait auparavant beaucoup trop fort. Seulement la nuit venait,
et partir à ce moment c'était le comble du ridicule. Je résolus
d'attendre le jour, pensant à la photographie terrestre. Quand le
ballon fut prêt pour le départ, je déclarai donc que l'expédition
serait retardée jusqu'au matin; je fis fermer l'appendice avec
une corde, et placer le ballon au milieu de l'esplanade pavée que
l'on avait mis à ma disposition. La nacelle fut bourrée de grosses
pierres, et l'on ficha entre les pavés quatre pieux de fer profondément enfoncés. Cela fait, nous laissâmes le ballon à la grâce de
Dieu et des veilleurs de nuit. Le lendemain, je m'acheminai vers
dix heures à l'usine à gaz, et ce n'est pas sans émotion que je
parcourus la rue d'Aubervilliers. Après avoir franchi le chemin de
fer, j'aperçus le ballon qui se balançait paisiblement.

La foule, assez considérable, qui s'était promis d'assister à l'expérience, arriva beaucoup plus nombreuse que la veille; c'était
un jour de fête, un des jours gras. Quoique l'on n'ouvrît pas
toutes grandes les portes de l'usine, la cour se trouva envahie
d'une multitude qui ne tarda pas à nous entourer, à nous serrer
même de très-près, mais qui se prêtait avec beaucoup de docilité
aux exigences de la situation. Je ne trouvai qu'un seul récalcitrant, et ce récalcitrant était, comme on va le voir, l'aéronaute
qui devait me guider dans les airs.

Je procède à l'emballage de mon photographe et de son appareil; je travaille avec tant d'application que je ne m'aperçois pas
qu'un inconnu a grimpé dans les cordages et ouvert béant l'orifice de l'appendice. Chaque fois que le ballon oscille, il sort du
gaz à flots. Si je n'y prends garde, encore quelques minutes et le
ballon sera incapable de partir.... Je cherche autour de moi et
je m'aperçois que l'aéronaute est absent; on me dit qu'il est allé

se rafraîchir une seconde fois dans un cabaret du voisinage où nous avons déjeuné! Que faire? que devenir si ce public est privé du plaisir d'assister à l'ascension? n'a-t-il pas payé assez cher, non point en passant à la caisse qui n'existe pas, mais en se dérangeant pour venir me voir? Je cours chez le marchand de vin, et je reviens traînant en quelque sorte après moi mon aéronaute, qui ne tarde pas à me faire voir que le ballon ne peut s'enlever sans laisser à terre tout le lest. Je saute en bas de la nacelle et je lui dis : « Partez avec le photographe, moi je reste à terre. » — « Je peux emmener le photographe, mais non son appareil trop pesant. » Alors je me tourne vers l'objet de ces débats, et je lui dis : « Venez, partez avec moi, et laissons ici notre aéronaute. »

Pendant ce temps le ballon oscille sous le souffle du vent, et chaque minute d'attente diminue sa force ascensionnelle. Le photographe, il ne faut pas lui en vouloir, a beaucoup hésité pour prendre la résolution de s'enlever avec un aéronaute...; s'enlever avec moi tout seul, c'est trop pour lui. Il pousse un grand cri, et levant les mains au ciel avec une expression que je n'oublierai jamais, il me dit : « Oh non! »

Alors je saute dans la nacelle, et, lançant pêle-mêle au dehors tous les objets qui me tombent sous la main, je me tourne vers l'aéronaute en lui disant: « Partons! » Mon geste est si impérieux qu'il jette un sac de lest, puis deux, puis trois, et nous voilà dans l'air. J'écume de fureur, et, les poings serrés, j'oublie de saluer la foule qui nous acclame. « Fonvielle, me dit l'aéronaute, prenez garde, vous allez tomber. » En effet, je m'aperçois que la nacelle penche horriblement d'un côté. Pourquoi penche-t-elle ainsi? C'est parce qu'on l'a surchargée de deux ancres, de deux guides-ropes, et que je porte en cordages plus que le poids de mon photographe et de sa photographie. « Malheureux, m'écriai-je, pourquoi ce surcroît d'engins inutiles? — On faisait toujours comme ça à bord du *Géant!* » En même temps j'entends un bruit sec au-dessus de ma tête. « Qu'est-ce encore? Puisque nous sommes en l'air, faisons une ascension, et, n'ouvrez pas votre soupape. — Je ne veux pas sortir des nuages, parce que le soleil dilaterait le gaz, et nous irions beaucoup trop haut. — Mais, enfin, je ne veux pas non plus que l'ascension se termine de la sorte. — Je commande à mon bord, me fut-il dit d'un ton sec. — Je m'en aperçois bien, » répondis-je en me mordant les lèvres. Mais que faire? En venir aux mains! Une lutte de deux hommes au

milieu d'une frêle nacelle suspendue dans l'immensité des airs
est-elle possible?

Je restai donc silencieux et sombre, me résignant provisoirement et observant les phénomènes dont, malgré moi, je me trouvais le témoin d'une façon si étrange. Nous ne nous sommes pas
élevés à plus d'un millier de mètres, et le ballon est resté plus
d'une demi-heure dans les nuages. Il reçut alternativement un
grand nombre d'impulsions, les unes de haut en bas par l'ouverture de la soupape, les autres de bas en haut par l'action des
rayons solaires. Il était rare, en effet, que l'aéronaute ouvrît la
soupape sans avoir besoin de jeter du lest en proportion notable
pour corriger les effets de sa trop grande précipitation.

Ces oscillations constantes faisaient varier brusquement le baromètre Richard, tantôt dans un sens, tantôt dans un autre. Tantôt
nous montions de 150 mètres malgré l'aéronaute; tantôt nous
descendions avec une grande vitesse, parfois compromettante.
Nous passions ainsi un grand nombre de points où la rotation
n'existait plus.

Pendant que mon triste pilote n'était occupé qu'à rendre l'ascension aussi courte que possible, je regardais fixement la terre
par la lucarne du plancher de la nacelle, quand je ne portais pas
mes regards sur les nuages épais qui s'étendaient au-dessus de
ma tête.

De temps en temps je voyais le disque du soleil à travers un
rideau suffisamment diaphane pour que je pusse en distinguer la
forme dans sa splendeur, mais assez épais cependant pour que la
clarté de l'astre ne blessât pas ma prunelle. Je suis sûr qu'un
photographe, habitué à l'air, réglerait ainsi la quantité de nuages,
de manière à avoir un écran de l'opacité désirée, pour fixer un
cliché hors ligne. Quant à la rotation du ballon, elle n'est pas
constante, j'ai pu compter quelquefois deux ou trois secondes entières sans que le soleil parût changer d'azimut. Le succès est certain, surtout sans doute en tourmentant le ballon comme le faisait
l'aéronaute, pour abréger malgré moi une course qu'il trouvait
trop longue.

Après une demi-heure nous sortons des nuages, que nous laissons au-dessus de nos têtes; le ballon descend en tourbillonnant avec une vitesse très-grande. Je ne pense pas cependant qu'il
ait jamais fait plus de deux tours dans le même sens, parce que
de temps en temps l'aéronaute sentait le besoin de modérer la
chute en jetant du sable; alors avaient lieu des inversions de ro-

tation. En regardant par le panneau pratiqué dans la nacelle, je voyais quelquefois la terre rester fixe pendant un temps très-appréciable.

Un photographe aux aguets, l'œil sur sa chambre obscure, aurait eu, je crois, le temps de cueillir des clichés instantanés, en saisissant au vol les moments d'incertitude du ballon. Encore une fois pour se donner toutes les chances de réussir dans cette opération délicate, il faut en quelque sorte jongler avec l'aérostat. Je conseillerais de choisir un jour où le vent incertain souffle tantôt dans un sens, tantôt dans le sens opposé ; avant, après, ou mieux entre deux tempêtes. Le bon moment est celui où le ballon sort d'un tourbillon pour entrer dans un autre. Je suis loin de désespérer d'arriver à ce résultat en dressant un équi- -page qui n'ait point le vertige. Mais je vois qu'il faut me décider à être, non point mon pape et mon empereur, comme le veut mon ami Pierre Leroux, mais, ce qui est plus facile, et moins dange- reux par le temps qui court, être au moins mon propre aéronaute.

Enfin nous approchons de terre, et je vois grandir les arbres d'une forêt : « Forêt ou diable, peu m'importe, je ferai de mon mieux pour ne pas me casser le cou. » La terre approche donc rapidement, les arbres s'éclaircissent, et je m'aperçois que nous allons tomber dans une mare : « Dans une mare, c'est trop fort, » m'écriai-je. C'était la première parole que je prononçais depuis notre dernière discussion. Cette phrase semble produire quelque effet sur l'aéronaute, qui jette un peu de lest avec un geste très-significatif ; le ballon remonte de 50 mètres et retombe presque aussitôt. L'ancre, qu'il a lestement lancée, s'est accrochée à la cime d'un arbre. Alors l'aéronaute se met à crier pour appeler au se- cours. Je retombe dans mon mutisme et mon impassibilité, jus- qu'au moment où je vois un paysan qui parvient à monter à bord de la nacelle. Aussitôt que cet homme a mis le pied chez nous, je l'interpelle, et je lui dis : « Monsieur, vous voyez que nous flottons encore à la cime des arbres, et nous avons encore trois sacs de lest à bord. Je vous prends à témoin de ce que vous voyez. » Pendant ce temps, l'aéronaute se laisse descendre à terre le long d'un cordage, et il conduit le ballon avec beaucoup d'adresse et de sang-froid — comme on mène un cerf-volant — au milieu d'une plaine voisine, distante de 200 mètres, dans laquelle il eût pu descendre s'il l'eût voulu. Pendant ce petit voyage, qui n'était pas sans charme, il faut en convenir, j'adresse quelques mots à mon compagnon, qui me paraît enchanté de ce qu'il voit. Une idée lumineuse me traverse la cervelle; ce paysan me paraît hardi, intelligent; il semble enchanté de goûter l'air; si j'allais m'en faire un compagnon. Je commence à m'assurer en prenant ma voix la plus mielleuse qu'il prendrait goût à l'aérostation, et je lui renouvelle la proposition faite au photographe : « Avez-vous un couteau? nous allons couper le câble et nous nous envolerons ensemble, vous verrez comme le paysage sera beau! » Mais mes séductions sont impuissantes; le paysan aime mieux le plancher des vaches que celui des aéronautes. Il répond à mes propositions par un refus énergique qu'accompagnent des regards épouvantés.

Nous voilà arrivés en plaine, et le ballon est attaché à une souche. J'appelle l'aéronaute, il accourt : « Le ballon flotte encore, lui dis-je, et nous sommes deux à bord, faites du lest, et donnez-le-moi, je vais repartir tout seul. — Non, je m'y oppose, c'est à moi que le matériel a été confié, non à vous. » Nous échangeons quelques mots d'une grande vivacité, mais il s'est acquis une certaine influence sur la foule, et seul, je ne peux exécuter les manœuvres; je donne enfin l'ordre d'amener le ballon à terre.

Le sol est détrempé par la pluie de la veille, et l'on n'a pas choisi précisément l'endroit le plus favorable pour mettre pied à terre. Je saute dans la boue, et je demande où nous sommes; nous nous trouvons dans les bois de Ferrières, appartenant à la duchesse de la Rochefoucauld. Nous avons fait une quarantaine de kilomètres. Je demande ce qu'il faut pour payer quelques hommes de bonne volonté, qui aident à dégonfler l'aérostat. L'aéronaute me demande quatre-vingts francs; je les donne sans presque compter, et je me sauve avec mon témoin à travers champs, dans un des chemins les plus affreux que j'aie parcourus de ma vie. Nous finissons par entrer dans un cabaret où je fais signer, à mon compagnon, un certificat racontant tout ce qu'il a vu, et nous devisons avec l'hôtesse en dévorant une omelette au lard, escortée d'autres agréments. A peine étions-nous au fromage que je vois entrer une bande de paysans à la tête desquels marche l'aéronaute qui cause avec un brigadier de gendarmerie. Aussitôt que je vois tout ce monde réuni, je me lève, et apostrophant l'aéronaute qui baisse la tête : « Votre conduite, lui dis-je, a été infâme, je n'aurai plus jamais affaire à un homme de votre espèce, et j'ai entre les mains un certificat que je produirai devant la Société aéronautique pour montrer comment vous

vous acquittez de votre mandat: Dorénavant je serai moi-même
mon propre aéronaute.

Je voulais faire un esclandre en revenant à Paris, et j'avais
déjà rédigé un article fulminant pour *la Liberté*, mais mes amis
m'ont calmé. Junca, le secrétaire de la rédaction, me fit comprendre que j'étais ridicule, et que la question prussienne ferait
du tort à celle que j'allais soulever.... Aussi n'ai-je point nommé
le coupable, qui, à ce que l'on m'a dit, s'est repenti. Je n'aurais
pas même insisté sur ces détails, s'ils n'avaient leur importance
et s'ils ne permettaient de comprendre pourquoi je me suis ha-
sardé en ballon sans aéronaute. La colère m'avait familiarisé avec
l'air, plus que vingt ascensions consécutives !

DEUXIÈME ASCENSION. — DE PARIS A COMPIÈGNE.

Mon ami M. Giffard ayant consenti à me confier la conduite
de son bel aérostat, sans me mettre sous la tutelle d'un mentor
aérien, j'ai pu accomplir ma promesse : je suis donc devenu,
comme je l'avais annoncé, mon propre aéronaute. Je suis parti
une seconde fois de l'usine à gaz de la Villette, où j'ai trouvé le
même concours empressé et intelligent que lors de ma première
tentative. Qu'il me soit permis de remercier de nouveau les employés de la Compagnie parisienne de la peine qu'ils ont prise
pour le succès de ma nouvelle ascension, et en particulier M. Cury,
le directeur de ce bel établissement.

Mon équipage se composait de deux jeunes gens, les deux frères
Chavoutier, qui, suivant mon programme, n'étaient jamais montés en ballon, mais à qui j'étais parvenu, sans peine, à inspirer le
désir de me suivre. Leur père, employé supérieur dans une maison de banque, et leur mère, avaient donné leur consentement,
qui avait été dur à arracher. On avait d'abord permis à l'aîné,
puis au second pour ne pas le rendre jaloux de son frère. Les
époux Chavoutier assistaient à l'expérience avec un courage plus
grand certainement que le nôtre.

La mère voulait cependant dire à ses fils un dernier adieu dont
je me méfiais. Je repoussai tous ceux qui approchaient; je ne
connaissais plus ni mère, ni père, ni enfants, et nous partîmes
comme un trait. — J'eus alors un éclair de remords, car il me
sembla voir parmi les assistants la pauvre femme qui pleurait.

L'aîné des frères Chavoutier, âgé de vingt-six ans, est archi-
tecte. C'est lui qui a construit, avec beaucoup de goût, les amé-
nagements intérieurs de la salle des conférences du boulevard des
Capucines. Ce jeune homme est d'une très-grande agilité, ainsi
que son frère, âgé de dix-huit ans, qui a débuté d'une façon très-
brillante en allant dénouer la jarretière du ballon, autrement dit
le cordon de l'appendice, à l'aide d'une échelle branlante de plus
de six mètres de longueur. Cette manœuvre peut être évitée
dans les ascensions. Il suffit de remplacer la corde plate qui termine l'appendice par une échelle de sauvetage très-légère, qui
permettrait de répéter la manœuvre inverse pendant que le ballon
est en marche. Alors on pourrait envoyer un gabier dans les filets pour diminuer la perte de gaz, si on la trouvait trop grande
à un moment où l'enveloppe laisse encore de la place pour la
dilatation. Les aéronautes de profession, trop souvent pressés de
s'abattre dès que le public les a perdus de vue, n'ont pas besoin
de cette précaution, rigoureusement indispensable quand on veut
guider les ballons d'une façon scientifique et sérieuse.

La seconde ascension de *l'Entreprenant* a eu lieu dimanche
22 mars 1868, à trois heures un quart du soir, en présence d'une
foule de curieux excessivement sympathiques pour le développement
d'un art extraordinairement populaire, malgré l'indifférence systématique du gouvernement impérial et de l'Académie des sciences.
L'opération a réussi d'une façon très-heureuse. Je ne crois pas
qu'aucune des nombreuses personnes qui y assistaient ait eu à
regretter l'absence d'un aéronaute plus expérimenté que je ne l'é-
tais encore. Il faut me hâter d'ajouter cependant que les difficultés
du *départ* ont été exagérées à dessein par les pilotes aériens, beaucoup plus désireux souvent de chauffer à blanc l'intérêt du public
et de faire recette, que d'étudier ce qui se passe de l'autre côté
des nues. Je recommande un moyen de départ assez primitif, mais
fort avantageux quand le vent est peu intense. Il consiste à charger la nacelle d'un excès de lest, et d'ordonner le « lâchez tout ».
Le ballon reste à terre, mais l'équipage jette de la nacelle les sacs
qui s'y trouvent avec toute la rapidité possible. Le ballon allégé
s'élance, et aussitôt qu'il quitte terre, on vide encore un sac pour
faire bonne mesure.

Il n'y avait presque pas de vent au départ, et les personnes qui
étaient restées à l'usine à gaz ont pu nous accompagner de leurs
regards et de leurs vœux pendant plus de vingt minutes dans une
direction à peu près parallèle à celle du chemin de fer du Nord.

Je n'ai pas laissé à mes deux compagnons le loisir d'admirer longtemps le paysage charmant qu'ils ne connaissaient pas encore, et dont la majesté leur aurait enlevé toute trace d'appréhension s'ils en avaient conçu. J'ai eu la barbarie de les faire travailler sans relâche à refaire les épissures, à changer le mode d'amarrage du *guide-rope*, que j'ai trouvé trop long et que nous avons séparé en deux bouts, l'un de 50 mètres et l'autre de 90 mètres. Tandis que ces manœuvres s'accomplissaient avec une très-grande dextérité, j'inscrivais les observations que je lisais sur un baromètre Richard, et sur une série de thermomètres construits par M. Baudin.

Pendant ce temps avaient lieu, à l'usine de la Villette, des observations simultanées organisées par M. Dollfus Ausset, le savant glaciériste français, qui, ayant été mon parrain en haute région, avait été bien aise d'assister à mes débuts, et de voir probablement si j'allais encore me geler le pied, comme cela m'était arrivé avec lui au Monte Rosa.

A 4 heures 42 nous flottions à 700 mètres environ au-dessus de la forêt d'Ermenonville, où l'on tirait de nombreux coups de feu. On y faisait, comme nous l'avons appris plus tard, une chasse au sanglier. Un sac de lest sacrifié à propos, et presque entier, nous a permis de nous élever à plus de 2000 mètres en moins de 7 minutes.

> Si nous voulons placer à nos pieds le Parnasse,
> Jetons au moins le poids qui nous charge et nous lasse;
> Gardons-nous d'alourdir un vol trop ambitieux
> Et surtout d'apporter tant de sables aux cieux.
>
> De ce gravier jaunâtre allégeons la nacelle,
> Montons, montons toujours, le soleil étincelle.
> Dépouillons nos manteaux, lançons par-dessus bord
> Le compas superflu ! qu'il retrouve son Nord !
>
> Qu'un Dieu jaloux m'oblige à tomber en poussière,
> Le soleil ne m'a point fait cligner la paupière.
> J'ai vaincu, car j'ai vu le reflet éthéré,
> Le lumineux parfum, malgré lui respiré.
>
> Vois-tu s'amonceler, à nos pieds, les nuages,
> Symbole des erreurs, que méprisent les sages?
> Ils semblent se creuser en immense vallon,
> Et tomber à genoux devant notre ballon.

A 4 heures 49 nous avions franchi le rideau très-dense, mais peu épais, de nuages obstinés qui cachaient depuis le matin la

vue du soleil à nos concitoyens. C'est de cet astre qu'un véritable
astronome a le droit de dire ce que Mahomet a dit de la montagne, car on peut l'aller joindre toutes les fois qu'il ne vient pas
nous chercher. Une fois tirés de ces vapeurs visqueuses, et qu'on
aurait pu être tenté de couper au couteau, nous avons joui d'un
spectacle analogue à celui du Gœrner, ou plutôt du Breithorn,
quand un épais manteau de neige vient de recouvrir toutes les
crevasses et dissimuler la roche en place, ce support inébranlable
du glacier.

La fixité des montagnes de vapeurs neigeuses que nous voyons
briller à nos pieds était étonnante. On eût juré que cette neige
reposait sur un solide fondement de granit ou de basalte. Cependant la masse des nuages flottait en même temps que nous
dans la direction du nord. C'est peut-être sur les pôles de la terre
que ces beaux cumulus ont été se condenser. Au lieu d'imiter, comme les hauts sommets des Alpes, des obélisques, des
pyramides, des forteresses démantelées, cette pittoresque surface
nous montrait des espèces de gigantesques boursouflures, d'ef-
frayants champignons. La teinte que présentaient ces nuages si
fermes, si tenaces, si extraordinairement éblouissants, n'offrait
pas le moindre mélange de couleur étrangère. C'est là que nous
retournerons pour faire de la photographie céleste, afin de montrer aux hommes qui restent cloués à terre de vrais paysages de
haute région. Le ciel était d'un bleu d'azur tendre, plus beau
qu'aux beaux jours de l'été; il n'offrait pas la moindre trace de
filaments blanchâtres, et l'on ne voyait planer aucun cirrus situé
à une hauteur plus grande.

Le soleil, qui commençait à descendre du côté du couchant,
m'a paru plus petit qu'à terre, dans une proportion appréciable.
La chaleur qu'il rayonnait était très-sensible, car lorsque nous
sommes arrivés à 2400 mètres, il faisait rapidement monter à 13°
le mercure d'un thermomètre à boule blanche qu'on lui présentait; à l'ombre, le thermomètre tombait à 3° au-dessous de zéro :
c'est donc une différence de 16° due exclusivement à l'insolation
que nous avons constatée.

Avant de décrire le phénomène très-étrange auquel nous avons
assisté, nous ne saurions trop insister sur le caractère spécifique
de la couche supérieure des nuages. Ils étaient disposés comme
si l'air extérieur offrait une sorte de résistance mécanique à leur
propagation. Au contraire, la face intérieure, celle qui regardait
la terre, offrait d'immenses excavations aux bords dentelés. C'est

La fixité des montagnes de vapeurs neigeuses était étonnante

dans un de ces vallons que *l'Entreprenant* s'est plongé lorsqu'il a disparu vers 4 heures 46 minutes, moment où nous avons perdu la terre de vue, jusqu'à la fin de notre ascension.

L'Entreprenant ne tarde pas à se gonfler sous l'action des rayons solaires qui agissent à travers l'enveloppe semi-transparente, et qui chauffent le gaz comme pourrait le faire une lentille.

En ce moment nous voyons une fumée blanchâtre flottant au-dessus de nos têtes. Elle est parfaitement visible, mais cette fois assez peu abondante pour qu'on n'ait point d'inquiétude à avoir. Le jeune *Entreprenant* ne veut point fumer sa pipe comme ce grognard de *Géant;* c'est à peine une cigarette qu'il se permet.

Depuis lors nous avons vainement interrogé les savants sur la cause de cet étrange phénomène. Les uns nous ont parlé d'ammoniaque ; les autres n'ont rien dit; enfin aucun ne nous a répondu d'une façon satisfaisante. Voici qu'au moment où nous y pensons le moins la solution de la question nous arrive tellement simple, qu'à moins d'être par trop bachelier ou docteur, chacun de nos lecteurs sera obligé de la comprendre.

Quoique transparent au départ, le gaz qui remplit le ballon a toujours été chargé d'une quantité notable d'humidité ; car un peu avant de parvenir jusqu'à la surface inférieure des nuages, nous avons vu l'intérieur de notre ballon se remplir de vapeurs condensées par l'action du froid. Le décroissement progressif de la température avait mis un nuage dans le globe que nous avions au-dessus de nos têtes. Mais aussitôt que *l'Entreprenant* a franchi gaillardement le couvercle blanchâtre de nuages qui cache le soleil aux habitants de la terre, il s'est nettoyé au dedans et au dehors : non-seulement les toiles ont perdu l'eau qui les surchargeait, mais le gaz intérieur a repris toute sa limpidité première. Chaque fois que l'aîné des Chavoutier ouvre la soupape, on peut suivre le jeu des clapets qui s'écartent de leur siége. Deux petits croissants lumineux permettent de juger de la grandeur de l'ouverture; on devine le moment où les ressorts en caoutchouc qui sont en dehors sur la traverse dormante vont ramener les deux valves avec une certaine violence; alors on entendra un bruit sec caractéristique, espèce de petite détonation très-curieuse.

Mais, se réchauffant de plus en plus, le gaz se dilate sans interruption. Il sort progressivement par l'appendice, car le débit de la soupape, maniée avec précaution, n'est point suffisant pour

faire équilibre à l'accroissement de volume produit par l'action
des rayons solaires. Je suis sûr que l'on trouverait une différence
de plus de 10 degrés centigrades avec l'air ambiant si l'on plongeait dans l'intérieur du ballon un thermomètre électrique comme
on en fabrique de si sensibles, mais comme nous, prolétaire de
l'atmosphère, n'en avions point, et n'en aurons peut-être jamais
dans notre nacelle démocratique.

Ce gaz chaud qui sort par petits filets dans un air dont la température est inférieure à celle de la glace fondante éprouve un effet
de refroidissement subit. La vapeur d'eau, qui était dissimulée
tant qu'elle restait renfermée dans l'intérieur du ballon, se précipite immédiatement sous forme de brouillard. Nous avons donc
au-dessus de nos têtes une fabrique de nuages microscopiques, et
qui ne tardent point à se disperser dans l'atmosphère ; mais ils
peuvent nous servir avant de s'évanouir. En effet, la direction de
ce petit panache permet de suivre la route de l'aérostat mieux que
ne l'aurait fait certainement la plus docile banderole.

Ainsi donc, ce qui n'a point encore été remarqué jusqu'ici, le
gaz humide, s'il se refroidit en sortant de l'appendice, peut tracer
le sillage du ballon dans les airs. Si l'on pouvait parvenir à voir
ce qui se passe au-dessus, de l'autre côté de la sphère de toile
vernissée, chaque fois que l'on fait jouer la soupape on constaterait très-souvent un effet analogue, utile en maintes circonstances.

Sur la surface ondulée du couvercle blanchâtre de la terre nous
voyons très-distinctement l'ombre du ballon qui se projette avec
élégance. Elle nous suit assez obliquement, à cause de la grande
distance zénithale que le soleil a déjà atteinte, car il est plus de
cinq heures. Notre nacelle se détache en noir sur ce fond éblouissant, ainsi que nos trois têtes et nos deux *guides-ropes*. Avec un
appareil convenable nous pourrions nous photographier nous-
mêmes.

Cet effet n'a rien que de très-facile à expliquer. Le premier savant à brevet venu vous dira, sans trop d'équations transcendantes
ou insolubles, qu'il provient de ce que le ballon ne laisse point
passer la lumière derrière lui. Une portion notable de cette lumière, dont l'absence fait tache sur la surface neigeuse des nuages, a été absorbée par l'aérostat. Nous pourrions dire que c'est
elle qui a allumé la pipe de *l'Entreprenant*. En effet, c'est elle
qui a produit la dilatation du gaz humide, et par suite qui a été
la cause de l'apparition de la fumée blanchâtre ! Mais, outre cette
portion de lumière changée en chaleur, il y en a une autre qui

n'a point passé non plus à travers le ballon, dont la double enveloppe remplie de gaz est opaque, mais qui n'est point perdue pour les nuages. Celle-là a été réfléchie très-régulièrement, comme elle l'aurait été par un miroir métallique, parce que M. Giffard a fait merveilleusement les choses : il n'a pas hésité à faire donner au ballon, deux ou trois jours seulement avant le départ, une couche neuve de vernis. Ce faisceau réfléchi se retrouve donc repoussé par le *couvercle* de la terre, au-dessus duquel nous naviguons, mais cette série de rayons lumineux a pris dans le trajet une forme des plus bizarres. Je décris de mon mieux ce que nous voyons, laissant à de plus habiles que moi le soin de chercher l'explication, au moins jusqu'à ce que je monte de nouveau au-dessus des nuages. Peut-être la découvrirai-je sans y penser, une fois que j'aurai de nouveau le plaisir de faire l'école buissonnière dans un pays où M. Le Verrier ne viendra pas m'envoyer les huissiers de son observatoire.

Au centre de cette projection étrange se voit très-distinctement un point noir très-apparent, en teinte fondue, et d'un diamètre égal au quart de celui de la lune. Autour de ce disque, nous voyons un cercle offrant toutes les couleurs de l'arc-en-ciel, et dont le diamètre est environ seize fois plus grand. Autour de ce premier cercle coloré, en règne un second dont le diamètre est à peu près double du précédent, et qui porte également la livrée de la décomposition spéculaire.

J'ai dessiné le phénomène d'une façon assez grossière, mais suffisante cependant pour permettre à notre excellent dessinateur M. Albert Tissandier d'exécuter la chromolithographie que nous offrons à nos lecteurs. Le spectacle était réellement étrange : d'un côté l'ombre noire de notre aérostat, de l'autre un merveilleux reflet qui se déplaçait avec nous et glissait sur la nappe blanche des nuages. Au moment où je traçais ce croquis, j'ai entendu un vigoureux coup de trompette traversant, je ne sais comment, les couches blanches et nuageuses qui nous séparent de la terre. C'étaient sans doute les chasseurs du bois d'Ermenonville qui venaient de tuer leur sanglier, et qui sonnaient leur joyeuse fanfare. Il est environ 5 heures 15 du soir.

Si jamais ces chasseurs me lisent, je les prie, non point de m'envoyer un morceau de la hure, mais seulement de me dire l'heure que marquaient leurs montres. Si le moment exact où ce signal de triomphe a pu nous atteindre était marqué sur un thermomètre enregistreur, comme il y en a tant qui dorment inutiles dans les cabinets de physique de la terre, nous aurions une mesure exacte de la vitesse du son en hauteur ; mais ceux qui possèdent de pareils instruments n'aiment généralement pas à les prêter aux aéronautes, et encore moins à les accompagner dans les airs.

J'avais promis à mon ami M. Giffard d'opérer la descente une heure environ après le coucher du soleil, et, de plus, je m'étais engagé à prendre avec moi, sous mes ordres, un compagnon qui eût été au moins une fois *en ballon*. Cette dernière partie du programme m'embarrassait beaucoup, quoiqu'elle fût fort raisonnable ; aussi m'y conformai-je, je dois l'avouer en toute humilité, d'une façon dont on serait plus content à Rome qu'à Paris. J'agis à peu près comme le fait trop souvent un grand ministre devenu nécessaire lorsqu'il se voit obligé de payer une échéance de liberté. Je fis aller préalablement le jeune Chavoutier en ballon, je dois me hâter de le dire, mais d'une façon à laquelle, en bonne conscience, M. Giffard n'avait point songé : je donnai ordre à mon futur gabier de se glisser par l'appendice dans l'intérieur de l'aérostat pendant qu'on le gonflait d'air atmosphérique ordinaire. Il avait été *en* ballon tout en restant à terre ; il avait pu voir par transparence les innombrables trous, actif net, résultant du voyage précédent de la forêt de Ferrières.

Comme je ne suis point habitué aux restrictions mentales, surtout quand j'ai quitté la terre, je voulais agir avec une entière bonne foi, au moins au-dessus des nuages. J'avais donc fait donner le nombre de coups de soupape que je croyais nécessaire pour quitter religieusement à l'heure dite le spectacle ravissant qu'offrent les hautes régions. Sans ce scrupule de conscience venant m'assaillir à 2400 mètres au-dessus du plus prochain confessionnal, nous aurions flotté plus longtemps encore, et la nuit aurait pu nous trouver en haute région. Mais il faut bien faire les choses ; et quand, par malheur, on ne peut pas être honnête homme à moitié, il faut l'être tout à fait.

Le moindre aéronaute, pour peu qu'il conserve son sang-froid, tempère avec une facilité réellement merveilleuse l'ardeur du plus vigoureux aérostat naviguant en plein soleil.

Les accidents dont on a raconté tant de fois les dramatiques péripéties proviennent d'un défaut de vigilance, d'une hésitation trop longue, d'une surprise impardonnable quand l'émotion fait oublier les premières notions de physique. En effet, la tension de gaz qui remplit la capacité intérieure de l'aérostat se mani-

OMBRE ET REFLET LUMINEUX DE L'ENTREPRENANT

feste par la rotondité respectable que prend alors la surface de toile
ou de taffetas : on dirait que le ballon est orgueilleux du spectacle
qu'il montre à ses passagers. Il se gonfle comme un journaliste
officieux qui reçoit sa première croix du pape ou son premier ni-
cham, — tout fait brochette sur les poitrines altérées.

Rien n'est plus facile que d'empêcher votre cheval aérien de
prendre le mors aux dents et de vous entraîner dans ces hauteurs
glacées où Zambeccari trouva son passage de la Bérésina, en attendant le jour où il devait retomber à la surface de la terre af-
freusement carbonisé. On n'a qu'à lever la tête pour voir si l'orifice
est suffisamment dégagé, si par l'ouverture béante l'excès de gaz
peut sortir librement.

S'il est permis de m'exprimer de la sorte, je dirai que la manœuvre de la soupape d'un aérostat en l'air est aussi facile que
celle qui peut sauver les aéronautes couronnés quand le navire de
l'État, c'est-à-dire leur ballon impérial ou royal, plane au milieu
des nuages de la politique trouble, et que, pour nous servir
d'une expression injustement condamnée, il navigue au-dessus du
volcan des révolutions.

Si, comme le divin Auguste, d'impérissable mémoire, les aéronautes couronnés savent multiplier les petits coups de soupape, ils
arriveront progressivement à arrêter l'élan du peuple le plus impétueux du monde. En effet, ne sait-on pas que les aspirations
sublimes des citoyens de la ville éternelle n'ont point tardé elles-
mêmes à être paralysées ? Mais, si l'on nous autorise à continuer
notre métaphore, nous devons ajouter que les personnes qui se
trouvent dans la nacelle gouvernementale n'ont pas alors besoin
de baromètre pour s'apercevoir que le gaz officiel a perdu tout ressort. On aurait beau jeter tout son bagage monarchique par-dessus
bord, on ne remonterait point quand on s'est laissé trop vite tomber. C'est pour ne plus revenir que la force ascensionnelle, l'enthousiasme patriotique, a disparu. La vapeur froide de la nuée malfai-
sante, que l'on pouvait garder longtemps à ses pieds, se précipite
sur les toiles. Les mailles du filet se gorgent d'humidité, l'hydrogène se contracte. La descente — j'allais dire la décadence ; pourquoi pas ? — s'accélère. Elle se change en chute, couronnant tristement une dernière, une funèbre ascension !

Comme je connaissais par cœur tous ces principes élémentaires
de politique ballonnière, j'avais fait larguer l'ancre et arrimer
tous les objets qu'il était possible de lancer dans l'espace. Ils
étaient disposés par rang de valeur et de fragilité, afin de les sa-

crifier les uns après les autres dans un ordre déterminé. J'avais
réglé un ordre de préséance dans la projection de notre bagage, si
un trop vif mouvement du baromètre venait à nous alarmer. Le
baromètre, cette boussole sur laquelle l'aéronaute doit tenir constamment les yeux fixés, représente pour lui ce qu'est une presse
sérieusement libre et indépendante pour un chef d'État ; au lieu
de peser stupidement sur le ressort, il doit conformer sa conduite
à ses moindres vibrations.

Nous ne tardons pas à nous trouver perdus dans des brouillards
épais, qui passent comme un éclair d'obscurité ; alors nous commençons à apercevoir au-dessous de nous la terre, dont l'*Entreprenant* s'approche en tourbillonnant. L'aiguille s'infléchit avec
une vitesse accélérée, qui indique que la chute a pris une certaine
intensité. Je fais signe à l'aîné des Chavoutier que je voulais former à la manœuvre. Il jette le lest à grosses poignées d'une main
assurée.

Au-dessous de nous se trouve une vaste plaine qui paraît hospitalière. Je l'explore avec la lunette ; elle n'offre aucun de ces
écueils qui se nomment maisons, chaumières, églises, châteaux,
et que, dans sa descente, l'aéronaute déteste également.

Un instant je peux croire que nous allons l'atteindre, cette
bonne et franche terre profondément labourée, je m'imagine que
nous descendrons de notre train de plaisir aérien comme l'on sort
de voiture ; mais il est bientôt facile de voir qu'un vent assez vif,
fort impertinent, nous jette du côté de la forêt voisine. Si je veux
éviter les arbres, je dois faire jouer la soupape sans perdre une seconde. Je dois accélérer le mouvement de descente autant que le
permet le diamètre de l'orifice et laisser couler le gaz à gueule bée.
Mais alors nous arriverons à terre avec une force d'impulsion qui
ne m'est pas connue. Dédaignée par les algébristes qui ne la comprennent point, l'aéronautique ne possède pas encore de formule
qui permette de calculer la force vive du choc que je provoquerai
si je suis mon inspiration.

Nous avons deux *guides-ropes* de forte dimension, une bonne ancre
bien solide avec une belle corde pesante ; nous serons délestés
d'un poids considérable avant que notre nacelle vienne frapper la
surface de la terre.

Cependant j'ai promis d'être prudent, de faire une ascension *à
la papa*. J'hésite et je change de plan. Je fais signe à l'aîné des
Chavoutier de continuer à jeter le lest qui lui reste et les objets
dans l'ordre où ils sont disposés. Après avoir épuisé le sable, il

passe aux bouteilles. Je veux essayer de franchir la forêt. En supposant que nous soyons accrochés en route, le mal sera nul pour nous; petit pour le matériel, si nous sommes assez adroits; et si je franchis l'écueil branchu, je serai dispensé des manœuvres nécessaires pour éviter de mettre le ballon en lambeaux.... Mais il est trop tard pour raisonner; l'ancre a mordu. Nous flottons à vingt ou trente mètres du sol, — une misère!... Nous sommes à terre, car nous avons pris racine sur la tête d'un chêne ou d'un bouleau.

Déjà ces pauvres branches sèches, mortes, attendant leurs bourgeons, donnent le vertige de l'enthousiasme! Que doit-ce donc être quand tout cela est vivifié par la séve généreuse qu'appelle le soleil du printemps, quand des millions de feuilles tendres font comme un tapis de verdure fantastique? J'espère bien revoir plus d'une fois le dessus des futaies étincelantes de jeunesse, de verdure, comme seuls les aéronautes et les oiseaux peuvent l'apercevoir. En dix minutes, tant la manœuvre d'un ballon est facile, nous sommes descendus sans une seule égratignure d'une hauteur presque égale à deux kilomètres et demi....

A ce moment j'éprouve une illusion d'optique qui aurait pu devenir fort dangereuse, et que je signale à mes lecteurs pour qu'ils sachent s'en défendre si par hasard ils s'avisent de mener un ballon. Qu'ils ne sortent jamais de la nacelle avant qu'elle ait pris terre. Qu'ils soient bien sûrs qu'il n'y a pas entre le sol et elle une solution de continuité, car leur rétine, habituée aux immenses proportions du spectacle de la nue, a perdu la propriété d'apprécier les dimensions. Les objets me paraissent si petits, en descendant des nuages, que les arbres ressemblent à des brins d'herbe. Un instant, je me crois dans une bruyère. Un mouvement.... j'avance la jambe, un peu plus je m'apprête à sauter. Nous ne sommes pas descendus dans les bruyères; nous voltigeons à la cime des futaies. Les deux Chavoutier s'époumonent à appeler des paysans : « Inutile de crier de la sorte, le ballon se voit d'assez loin, soyez tranquilles, les paysans, dans quelques minutes, ne nous manqueront pas. » En effet, nous voyons bientôt une fourmilière humaine qui grouille à nos pieds. Heureusement l'ascension de Ferrières m'avait donné une leçon involontaire, mais que maintenant je trouve providentielle. Je dis à l'aîné des Chavoutier de se laisser glisser le long de la corde d'ancre, et, arrivé à terre, de faire bien attention aux commandements que nous donnerons. Il m'obéit avec une hardiesse aéronautique, et le voilà arrivé à bon port. Mais c'est alors que nos tribulations commencent par suite d'une circonstance fortuite : le ballon est tombé à peu près à égale distance de deux villages situés chacun d'un côté de la forêt. Chacun veut que sa patrie ait l'honneur de nous posséder. Les anciennes jalousies, qui remontent peut-être à la féodalité, se réveillent malgré nous, contre nous. On feint en bas de ne pas comprendre mes ordres et on tire le ballon de çà et de là.... tantôt à droite, tantôt à gauche, au milieu des futaies. Après quelques minutes de cette manœuvre si singulière, j'envoie à terre le jeune Chavoutier par la même route que son aîné.

Je reste seul dans la nacelle, m'efforçant de faire passer la corde au-dessus des arbres, pour aider les changements de route que je ne peux empêcher. Le ballon commence à perdre de sa force ascensionnelle, et le métier que je fais me fatigue; je donne l'ordre de le descendre à terre en l'amenant dans un taillis. Je saute en bas de la nacelle, le ballon remonte, et je parviens à mettre un peu d'ordre dans les mouvements des quatre-vingts paysans qui tirent sur les câbles. Après une heure de marches et de contre-marches, voici la nacelle qui s'empêtre dans de nouvelles branches, et le ballon n'a plus la force de voltiger au-dessus des chênes qui sont, en cet endroit de la forêt, d'une fort belle venue. Si nous n'y prenons garde il va s'accrocher au sommet d'un chêne d'où nous ne pourrons plus le tirer. Je fais arriver le ballon une seconde fois au milieu d'un taillis fort épais de bois épineux. Aidé de Charles Chavoutier qui fait les épissures comme un vieux marin, j'attache le guide-rope au cercle même, et le ballon s'envole au bout de son câble laissant la nacelle au milieu du fouillis des branches. Un bonheur n'arrive jamais seul : au moment où cette difficile opération se termine, nous avisons un long fossé qui conduit en plaine, à ce que me dit un naturel de la localité. Je m'en assure, et je place tout notre monde en ligne. Alors on tire régulièrement sur la corde, et en courant l'on entraîne le ballon malgré le vent violent qui le soulève au-dessus des arbres. Arrivé au milieu de la plaine désirée, je le fais abattre une seconde fois, j'essaye d'ouvrir la soupape en pressant sur les ressorts, mais je ne fais échapper que quelques bouffées de gaz. Je fais démonter le caoutchouc, mais rien ne s'échappe. Je ne songe point au procédé héroïque de pratiquer une saignée au ballon, et je me contente de l'attacher à une souche, imitant servilement ce que j'avais vu faire à mon aéronaute dans les bois de Ferrières. Oh! la routine, la routine, est-ce que déjà je n'ai pas mes habitudes et mes traditions?

Comme il se fait tard, nous abandonnons *l'Entreprenant,* nous

partons tous ensemble pour le prochain village. Qui m'aime me
suive, et nous remplissons une auberge. Je fais venir du vin, de
la bière, du jambon, du fromage, et chacun prend ce qui lui convient. J'offre une pièce de vingt sous de cadeau à ceux qui veulent de l'argent retour des nuages. Une quarantaine de ces braves
gens me font l'honneur d'accepter ; j'arrête pour le lendemain des
volontaires qui doivent venir nous prendre à la pointe du jour, et
nous irons dégonfler le ballon.

Nous causons, nous rions, nous parlons des affaires du jour,
de ce qui se passe dans les nuages et de la nécessité de s'occuper
des ballons, au lieu des chasses à courre et des chiens de la meute
impériale. Nous sommes dans la forêt de Compiègne, qu'on ne
l'oublie pas. Je montre mes instruments de physique, et je fais
une véritable conférence ; nous allons enfin nous coucher au moment où la moitié des auditeurs dormaient déjà sur les tables. Ma
note d'hôtel se monte à quelques louis, et Dieu seul sait combien de spectateurs j'ai abreuvés de science aéronautique et de petit
bleu.

Le lendemain, dès l'aube, nous ne sommes pas encore réveil-
lés ; aussi le jour était-il déjà bien levé quand nous arrivâmes
dans la petite plaine où nous devoins dégonfler le ballon. Je suis
stupéfait de voir que notre ouvrage s'est accompli tout seul. L'Entreprenant est aplati comme une galette sous le poids de son filet.
Toute la nuit des paysans ont couru avec des falots pour chercher
des enfants qui s'étaient égarés à la suite de notre descente, car
toute la population enfantine des villages voisins s'était mise en in-
surrection pour courir au ballon. Le soir tous les petits enthou-
siastes de la navigation aérienne étaient loin d'être rentrés chez
eux ; un grand nombre, pour mieux voir, s'étaient engagés dans
les bois, et sans doute ils n'avaient pu s'arracher à la vue de notre
aérostat. On put donc nous raconter ce qui s'était passé. Le vent,
qui était devenu calme comme il arrive souvent au coucher du
soleil, s'était levé en tempête vers deux heures du matin. Le ballon, qui jusqu'alors était resté paisible sur l'herbe, s'était mis à
décrire un grand cercle, dont la souche qui le retenait captif était
le centre, et dont le *guide-rope* formait le rayon. Il parcourut ainsi,
sans mésaventure, un tiers de circonférence, lorsque l'étoffe ren-
contra les branches d'un buisson. En un instant il se fit une large
ouverture, et le gaz s'échappa. Heureusement aucun paysan ne
se trouvait avec son falot sur le passage de cette bouffée d'hydrogène carboné ; il en aurait été de *l'Entreprenant* comme du bal-

lon de cet aéronaute américain, qui prit feu à la pipe d'un spectateur, et qui faillit faire sauter une centaine de curieux [1].

Replier les toiles fut l'affaire d'un moment; il restait à découvrir la nacelle, l'ancre et sa corde, plus un bout de câble qui pouvait avoir quarante mètres de long. Personne ne pouvait nous dire ce que cela était devenu. Il fallut arpenter la forêt en recherchant la route que nous avions décrite la veille, ce qui se reconnaissait aux branches que nous avions cassées. Pour tirer la nacelle de son taillis, il fallut employer une serpette et pratiquer un chemin à travers d'épais buissons. Quant à l'ancre, elle avait si bien mordu au sommet d'un chêne, qu'il fallut monter dans l'arbre pour briser la branche où elle s'était accrochée. Elle tomba de 25 mètres de haut, avec un grand fracas, pour prendre de nouveau en terre; mais cette fois nous n'eûmes pas de peine à la déraciner.

TROISIÈME ASCENSION. — DE PARIS A COURCELLES (LOIRET).

Nous sommes partis, les frères Chavoutier et moi, le lundi 13 avril 1868, de l'usine à gaz de la Villette, à quatre heures précises, dans la direction du sud. Nous étions poussés par un vent du nord qui, quoique n'étant pas très-violent, avait glacé les personnes assistant à nos préparatifs de départ. Grâce à l'obligeance du directeur, M. Cury, et des employés de l'usine, nous avons triomphé facilement des difficultés qu'offre le gonflement d'un ballon dans un terrain ouvert dès que l'air est mis en mouvement.

Quand l'usage des ascensions scientifiques se sera généralisé malgré la résistance des physiciens officiels, on ne comprendra point qu'une ville comme Paris soit restée si longtemps dépourvue d'embarcadère aérostatique permettant de partir en tout temps, car plus les ascensions ont lieu dans un air agité, plus elles sont curieuses. Les remarques intéressantes que nous avons faites cette fois nous auraient forcément échappé, même dans une course de plus longue haleine, si nous avions été obligés de remettre notre départ au lendemain, si, comme trop d'aéronautes, nous avions attendu un air plus pur et plus calme, une température moins rude que celle que nous avons heureusement rencontrée dans les nuages.

1. Voir l'Appendice.

Encore une fois, on ne commencera à étudier rationnellement les lois de la météorologie que le jour où les physiciens, réellement amis de leur science, pourront se lancer en pleine tempête. Voilà ce que nous ne saurions trop répéter jusqu'au jour où nous aurons les moyens de joindre l'exemple au précepte, où il nous sera possible de suivre le remous de l'ouragan et d'interroger le sein de la nuée orageuse où la foudre s'élabore.

Les observations de comparaison de la troisième ascension de *l'Entreprenant* ont été faites, comme les précédentes, par M. Dollfus-Ausset. Les calculs de réduction ont été exécutés par M. Collomb avec le même soin que la fois précédente. Nous avons emporté deux thermomètres à alcool coloré en rouge, ce qui rend les lectures très-faciles et très-sûres. Les degrés avaient chacun trois millimètres environ de longueur, quoique la boule fût d'un très-petit rayon, de manière à prendre instantanément la température ambiante. Par surcroît de précaution, ces thermomètres ont été logés dans l'épaisseur d'une planche entaillée à jour et suspendue verticalement à une des cordes de la nacelle. L'un de ces deux instruments, qui ont été construits avec le plus grand soin par M. Baudin, sous la direction de M. Dollfus-Ausset, est destiné aux observations humides, afin d'en déduire l'état hygrométrique de l'air.

Comme nous sommes restés pendant tout le temps de notre expédition au-dessous de la glace fondante, notre thermomètre humide s'est trouvé presque constamment enveloppé d'une couche épaisse de glace. Le froid était même assez intense pour que des gouttes d'eau jetées sur les sacs de lest prissent instantanément la forme solide. Ce phénomène, que nous avons constaté de la manière la plus nette, est en contradiction avec l'idée que l'on se fait ordinairement de la nature des nuages. En effet, nous naviguions au milieu de vapeurs n'offrant pas la moindre trace de disposition cristalline. La teinte de la nuée, qui se maintenait gazeuse autour de nous par une température inférieure à *cinq degrés au-dessous de zéro*, était pareille à celle du jour qui éclaire un appartement dont les fenêtres sont garnies de verres dépolis.

Aucun de nous ne ressentait l'impression que produit ordinairement sur la peau le contact de l'eau à l'état de vapeur. Mais, quoique nous fussions tous les trois assez légèrement couverts, nous n'éprouvions point non plus une sensation de froid qui fût en rapport avec l'abaissement de la température extérieure. L'im-

pression ne devenait désagréable qu'au moment où le ballon exé-
cutait des oscillations un peu brusques. Quand il montait, nous
sentions le froid qui nous tombait sur les épaules. Quand il descendait, nous nous en apercevions à la température de nos pieds.
Si nous avions voulu, nous aurions pu, jusqu'à un certain point,
nous passer du baromètre Richard et nous confier à nos sensations personnelles pour apprécier les bonds de notre cheval
aérien.

Le froid aux pieds était particulièrement douloureux, et je
m'aperçus d'une façon fortuite qu'il tenait surtout à l'énergie d'un
courant d'air. En effet, en me baissant pour envelopper mes extrémités inférieures dans une couverture de voyage, je m'aperçus
que l'osier de la nacelle s'était déchiré le long d'un des petits
côtés; il s'était formé une espèce de fente d'un pied et demi, qui
laissait passer l'air avec une extrême abondance.

Qui sait, nous demanderons-nous maintenant, si la température de la nacelle d'un aérostat en marche est bien celle de l'air
extérieur, s'il faisait aussi réellement froid dans les vapeurs qui
nous enveloppaient que sur les boules de nos thermomètres, si
Barral et Bixio, Gay-Lussac et Glaisher ne créaient point par leur
mouvement dans l'atmosphère les températures si basses auxquelles ils sont arrivés en pénétrant rapidement au milieu des
régions supérieures? La discussion comparative des mouvements
de notre aérostat et des températures observées pourrait peut-être
fournir quelque démonstration inattendue à cet égard. En tout
cas, quelle que soit l'explication que nous adopterons ultérieure-
ment pour ce fait étrange, nous croyons être les premiers à avoir
constaté d'une façon nette, continue, un abaissement aussi considérable au milieu de masses vésiculaires d'eau dans un état pareil à celle qui sort de nos chaudières à vapeur.

Pendant cette ascension, les nuages offraient le plus singulier
aspect; ils se divisaient nettement en trois couches distinctes. La
couche inférieure se composait de cumulus pommelés parfaitement
visibles, naviguant par une hauteur de cinq ou six cents mètres,
analogues aux petits nuages orageux que l'on voit dans l'été au-
dessous des nuées chargées d'électricité. Ces petits nuages pommelés avaient des contours très-nets, très-distinctement accusés.
Ils se projetaient sur les prés comme autant de vapeurs blanches.
Des amateurs visitant pour la première fois ces régions auraient
pu croire qu'ils voyaient des fumées sortant de terre.

Au-dessus de ces nuages pommelés se trouvait une couche

huileuse, opaque, homogène, que, dans le récit de notre ascension
dernière, nous avons appelée le couvercle de la terre. Ce couvercle était si épais que, pendant toute la durée de la journée du 13,
il n'a pas dû laisser filtrer un seul rayon de soleil. La surface
extérieure de ce banc de nuages était magnifiquement unie et
d'une merveilleuse teinte de neige. Elle différait de celle que
nous avons vue dans notre dernière ascension, en ce qu'elle
n'offrait ni rides, ni protubérances, ni sillons d'aucune nature.

Au-dessus de nos têtes, la voûte céleste était recouverte d'une
couche de nuages vaporeux, cotonneux, formant comme un immense cône de plus d'un millier de mètres de hauteur. Par les
interstices des nuées on apercevait le bleu du ciel, et du côté du
couchant, une teinte argentée d'une délicatesse inouïe. Le vent,
qui nous poussait sans que nous pussions nous en apercevoir,
nous apportait les échos du nord. Il arrivait des aboiements de
chien, des détonations, et jusqu'à des gloussements de poule,
tant l'air était sonore.

Nous n'étions pas à cent mètres au-dessus du couvercle de la
terre, car le bout de notre guide-rope se perdait dans les vapeurs
comme s'il eût plongé dans l'eau d'une mer opaque couleur d'i-
voire, ou plutôt d'albâtre. Cette face unie réfléchissait le son de
notre voix d'une façon très-docile et très-distincte. Un écho, qui
semblait sortir de dessous la nacelle, répondait chaque fois que
nous nous plaisions à l'invoquer.

Bientôt nous assistons à un majestueux phénomène, que je
considérai alors comme une illusion d'optique, mais dont Tissandier et moi, dans l'ascension des Arts et Métiers, nous sommes
parvenus à donner l'explication. Nous nous apercevons avec la
plus vive surprise qu'un cirque immense, dont le centre répond à
la projection de notre nacelle, semble avoir été creusé au-dessous
de nous par une main invisible. Son rayon paraît quadruple ou
quintuple de la longueur de notre guide-rope. La paroi verticale
projetée produit l'effet d'un halo noir de 46 degrés, renversé sur
la face supérieure des nuages. Au-dessus de nos têtes les masses
de vapeur se creusent en une voûte gigantesque, rendue resplendissante par la réflexion des rayons lumineux. C'est un vaste tunnel de nuées compactes, à travers lequel nous naviguons en silence.

L'ensemble à la partie inférieure produit l'effet d'un immense
bassin circulaire analogue à celui des Tuileries, mais vingt fois
plus large, dix fois plus profond. Le fond de cette gigantesque
excavation est rigoureusement plan. Les bords semblent avoir été

revêtus de roche noire, surtout du côté de l'orient. Mais la neige immaculée qui recouvre le fond du bassin, comme la plaine, les a cachés en bien des endroits; la roche noire apparaît çà et là comme protestation contre une trop monotone blancheur.

Malheureusement notre lest était épuisé, et nous ne pouvons contempler bien longtemps ce spectacle magnifique. La première, puis la seconde corde touchent terre; nous planons au-dessus d'une herbe maigre et rare. La soupape est ouverte, et bientôt l'ancre a mordu.... Nous n'éprouvons qu'une secousse à peine appréciable, grâce à un magnifique anneau de caoutchouc qu'a inventé M. Giffard; cet organe adapté au cercle, s'attache en même temps à la corde de l'ancre. Le choc est amorti comme par un véritable ressort. L'ancre cherche à prendre dans une terre friable qui fuit sous sa griffe. Le sol s'ouvre comme devant une magnifique charrue poussée à la vitesse de quatre à cinq lieues par heure, comme l'eau sous la proue d'un vapeur. On voit les mottes de terre voltiger de droite et de gauche d'une façon à la fois poétique et gracieuse. La corde, longue d'une trentaine de mètres, forme une sorte de gigantesque chaînette qui s'arrondit avec la grâce des fils de la Vierge!

Du côté de la rivière, encore trop éloignée pour que nous concevions une ombre de crainte, le ballon s'incline d'une façon coquette. Comme il commence à se vider, le vent s'y engouffre, et l'on entend le cliquetis des voiles fouettées contre les mailles. Chavoutier l'aîné tient toujours la corde de la soupape, le ballon descend progressivement. Il arrive à terre en même temps que nous, et se roule comme un enfant mutin qui fait la cabriole sur le gazon d'un parterre; puis il se redresse, et nous aussi.

Deux ou trois chocs faibles ont lieu, pendant lesquels la corde de la soupape s'échappe des mains qui la tenaient. On la rattrape sans peine; mais pour éviter cet inconvénient, elle sera doréna-vant attachée au cercle par son extrémité inférieure.

Un homme vêtu d'un bourgeron blanc s'approche; nous lui disons de se cramponner à une corde.... Nous sautons à terre l'un après l'autre.... Nous demandons où nous sommes.— Cette petite rivière se nomme la Lima; c'est un affluent de l'Essonne, qui se jette dans la Seine à Corbeil. Le village s'appelle Courcelles; il est à une lieue de Beaune-la-Rollande, chef-lieu de canton du département du Loiret, à 106 kilomètres de Paris par le chemin de fer.

Lorsque les Chavoutier et moi nous sortons du panier, nous

Effet de voûte de nuages.

nous trouvons entourés par une multitude de paysans. Notre apparition a soulevé une course au clocher parmi les populations rurales de ces contrées. Le lendemain c'est fête au village auprès duquel nous tombons ; le maire a. été nommé chevalier de la Légion d'honneur, pour services municipaux distingués, dit le *Moniteur;* toute la contrée triomphe dans la personne de son magistrat.

Tout à coup je me sens touché à l'épaule : c'est un garde champêtre, orné de sa plaque traditionnelle. Derrière lui marchent deux paysans qui me paraissent avoir un air singulier. C'est le quart d'heure de Rabelais qui s'avance sous la forme des propriétaires du champ. On me réclame une indemnité pour la location du terrain que j'occupe, et pour les dommages que j'ai occasionnés. L'air des nuages me rend généreux, et mon premier mouvement est d'ouvrir ma bourse : « Voyons, mes amis, que demandez-vous ? — Ah ! dame ! monsieur, me répondit celui qui avait l'air le plus âpre, il fait noir, on ne peut pas apprécier le dommage que vous avez fait aux safrans ! » Je ne savais pas alors ce que c'était que ce safran, ou, pour parler plus exactement, je croyais être descendu dans un champ où il n'y avait qu'une herbe rare et grêle. Mon paysan, continuant sa harangue, ajoute en français du cru, qu'il veut venir demain à la pointe du jour avec un expert pour apprécier le dégât. Voyant que mon homme le prend sur ce ton, je lui tourne le dos, et je me prends à regretter que l'aîné des Chavoutier n'ait pas laissé descendre *l'Entreprenant* sur la pointe d'un clocher, au-dessus duquel nous avions passé au moment où l'on y sonnait l'*Angelus*. Le bon Dieu pour des pauvres aéronautes aurait été plus accommodant.

Le jour baissant toujours, il fallut revenir au village ; on avait été querir une voiture sur laquelle le ballon fut installé triomphalement, et il ne tarda pas à être escorté par deux ou trois cents personnes. Le lendemain à 9 heures on cogne à ma porte, c'est encore le garde champêtre. Il me dit que les plaignants m'attendent. Je descends en maugréant, et j'en trouve quatre au lieu de deux. Les deux nouveaux venus étaient ceux chez qui l'ancre avait passé. L'enquête avait été faite par un arpenteur juré, maître fripon qui évaluait le dommage à quatre-vingt-dix francs, plus un franc pour son expertise : « Voulez-vous quarante francs ? dis-je à mes plaignants ; vous me faites une sottise, car il n'y a pas le moindre dégât ; acceptez sur-le-champ, ou vous n'aurez pas un rouge liard, je vous en donne ma parole d'aéronaute. » Le garde champêtre voulut employer son éloquence officielle, mais je le prai d'aller faire ses procès-verbaux, et je rompis la conférence avec mes quatre plaignants.

Quand ils furent partis, les paysans qui étaient dans la salle, le chœur de la comédie antique, m'apprit que trois de ces personnages étaient de vieux grigous qui voulaient m'exploiter, que, somme toute, le safran repousserait, que tout le village était pour moi. Un des quatre plaignants avait envie d'accepter. On me dit que c'était un homme ruiné, et qui, pour comble, venait de perdre son fils enlevé par le dernier tirage pour six ans et quelques mois. Je ne pus résister à l'envie de jouer au saint Vincent de Paul, et je demandai que l'on me fît venir le vieux. Il réclamait quatorze francs que je lui donnai dans ma générosité, avec un verre de vin et une poignée de main par-dessus le marché.

Pendant que je répandais mes largesses, j'entends un grand bruit au dehors, dans la cour où l'on chargeait le ballon. C'était l'aîné des Chavoutier qui tenait un gamin par l'oreille, m'apportait sa tête que le reste du corps suivait en se cramponnant. Ce jeune drôle avait été trouvé sous le hangar nanti d'un couteau et d'un lambeau de l'étoffe de *l'Entreprenant* qu'il avait arrachée. On me dit que c'était l'enfant de chœur de M. le curé. Bonté divine! dépecer le ballon de mon ami Giffard pour en faire des reliques, voilà une fantaisie plaisante.... Je me mis à rire, et je donnai ordre de relâcher ce prisonnier; mais un assistant l'escorta d'un coup de pied dans l'endroit le moins aérostatique de son individu.

Le retour à la station du chemin de fer fut un véritable triomphe, tous les paysans se mettaient sur leur porte en regardant passer notre navire aérien. De retour à Paris, je reçois, après quelques jours, une lettre d'un huissier du cru m'offrant ses services pour transiger, dans l'instance, que le nommé Pélerin a l'intention de diriger contre moi, pour avoir écrasé ses safrans.... Je m'empressai de ne pas répondre, et l'affaire en resta là.

J'avais du reste appris qu'on ne payait que *dix centimes* même pour des pas de vache; des pas de bipèdes ne devaient donc être taxés qu'à cinq centimes. En supposant que le nombre des spectateurs s'élevât à quinze cents, j'aurais donc eu, au plus, à payer soixante-quinze francs. Mais dois-je être responsable des pas de ceux que je n'ai point appelés, des pas des propriétaires et des pas de M. le garde champêtre lui-même? En outre, peut-on savoir si la récolte sera belle ou si, comme il arrive souvent, elle manquera. Dans ce dernier cas, quelle indemnité devrai-je, en bonne justice, au maître du safran?

Une question plus grave encore est celle du droit *d'aller et venir* consacré par la Constitution, car il fait partie des grands principes de 1789! Ce droit est-il limité à la terre et à l'eau? Faut-il au contraire croire qu'il s'applique à l'air comme étant certainement le plus libre des éléments?

Il y a des gens timorés qui disent que *quiconque monte en ballon commet une grave imprudence qui le tire du droit commun et est, par conséquent, indéfiniment responsable de ses actes.* Mais cette prétention pourrait-elle se soutenir en présence de la multitude de voyages aériens qui se sont accomplis sans accidents? Il est vrai qu'on s'abandonne au hasard en ce sens qu'on ne peut se rendre où l'on veut. L'aéronaute monte lui-même sur la plume qu'il jette au vent; mais il y a cependant un art aérostatique, pourvu de ses règles qu'il serait facile de codifier. L'aéronaute peut certainement commettre une faute grave qui doit le rendre indéfiniment responsable, mais cette faute grave n'est point de monter en ballon. Quand il sait les règles de son art, il se trouve garanti contre les conséquences tenant à un cas de force majeure.

Quoi! En pleine civilisation, nous aurions la terre inhospitalière pour les voyageurs aériens! La loi, plus sévère que la nature, interdirait l'air aux fils de Mongolfier et de Pilâtre! Non, il ne saurait en être ainsi.

Jusqu'où s'étend le droit de descente pour les aéronautes? Faut-il qu'ils demandent permission au pape pour tomber dans un monastère; au sultan, pour tomber au milieu du sérail? Je m'insurge et je me révolte à cette idée. Si le vent me pousse sur la Ville Éternelle, je veux avoir le droit de descendre en plein concile sur le toit du Vatican. — Voilà peut-être des prétentions que vous trouverez anarchiques, révolutionnaires, car le droit de propriété a ses fanatiques. Il y a longtemps qu'un philosophe a dit que si on avait trouvé un moyen de s'approprier l'air, on ne pourrait plus respirer sans payer un droit à quelqu'un. Mais que disons-nous? Dans notre France démocratique, est-ce qu'il n'existe pas l'impôt des portes et fenêtres, impôt prélevé sur ceux qui veulent humer l'air et la lumière des cieux.

Dans l'aristocratique Angleterre, nous verrons tout à l'heure de

singuliers personnages faire au ballon captif un procès étrange,
et prétendre qu'on n'a pas le droit de monter au ciel sans l'autorisation des propriétaires du sol où l'on passe. Nous verrons le
mur Guilloutet s'élever plus haut que la tour de Babel. — Mais
n'anticipons pas. — Bornons-nous à ajouter que nous avons souvent développé ces principes dans le cours de Navigation Aérienne
que nous avons professé pendant six mois dans la salle du boulevard des Capucines. Personne n'a jamais protesté. Il est vrai
qu'il n'y avait pas grand monde, car je crois que les frais de
gaz n'ont même pas été couverts. Et nous espérions répandre sur
le monde entier des torrents de clarté ! Les ballons devraient nous
enlever bien des illusions, et cependant je dois avouer qu'elles
n'ont jamais été plus. enracinées !

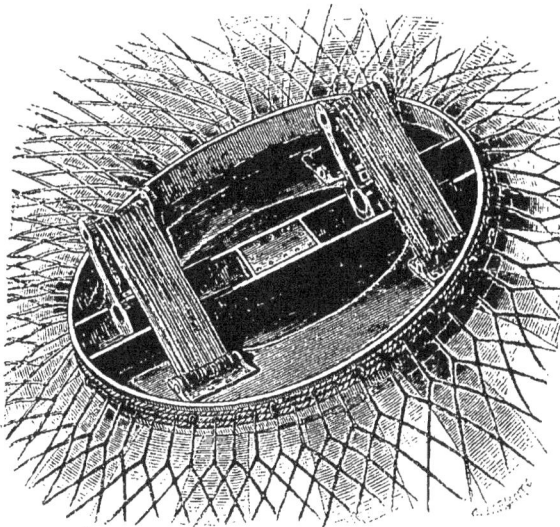

La soupape de l'*Entreprenant*.

Calais à travers les nuages.

CHAPITRE IV.

MES DÉBUTS. — VOYAGE AU-DESSUS DE LA MER DU NORD.

(G. Tissandier.)

> Hélas! le corps n'a point d'ailes à joindre si aisément
> à celles de l'esprit, et pourtant il n'est personne que son
> sentiment n'emporte au delà des nuages, chaque fois
> qu'en dessus de nous, perdue dans le bleu de l'air,
> l'alouette jette son trille aigu, et qu'au-dessus des
> plaines et des mers la grue regagne sa patrie.
>
> GOETHE.

L'illustre auteur des *Harmonies de la nature* avoue qu'il ne regardait jamais les nuages sans une profonde émotion, et qu'il
prenait un indicible plaisir à contempler les mille changements
de ces masses mobiles « semblables à des groupes de montagnes
qui voguent à la suite les unes des autres sur l'azur des cieux. »
Qui pourrait, en effet, rester indifférent au beau spectacle de l'air
limpide que découpent capricieusement des vapeurs blanchâtres,

et voir l'immensité de l'atmosphère sans aspirer à connaître les mystères qui se tiennent cachés dans ses profondeurs? Zéphyr ou tempête, vent doux ou cyclone terrible, offrent d'admirables tableaux au véritable ami de la nature, et l'air, comme l'océan, exerce sur l'imagination certaines attractions invincibles.

Quoi qu'en disent nombre de prétendus physiciens qui cherchent à dénigrer les ballons, la science a tout à gagner dans les voyages aériens : « Il faudrait un volume, a dit Lavoisier, pour faire l'énumération des services que les aérostats peuvent rendre à l'humanité, » et Arago prenait le plus grand intérêt à l'étude des ballons. La plupart des vrais savants comprennent l'utilité scientifique de ces navires aériens, qu'on peut appeler, avec raison, de « véritables observatoires flottants » qui, transportant le savant au milieu de l'atmosphère, le mettent en présence de quelques-uns des grands phénomènes de la nature, et peuvent lui permettre de dévoiler les rouages qui font agir le mécanisme des courants aériens.

Flots mystérieux et aériformes, courants rapides et insaisissables, vous déroberez-vous toujours au regard de la science, et les causes qui vous mettent en marche au-dessus de nos têtes, resteront-elles éternellement à l'état de problèmes insolubles? Honneur au marin de l'atmosphère qui dévoilera les *gulf-stream* de l'air, et qui jettera les bases de la véritable météorologie! en s'aventurant au milieu des régions aériennes, en parcourant dans tous les sens cet océan si mobile, s'il ne peut rencontrer, comme Colomb, quelque continent nouveau, il peut au moins enrichir de vastes découvertes le livre de la science moderne.

Mais à côté de l'intérêt scientifique n'y a-t-il pas encore l'attrait d'un voyage bizarre, le charme de l'inconnu, qui ne sont pas choses à dédaigner dans les excursions aériennes, et si le touriste aime à gravir péniblement le glacier des Alpes, ne pourrait-il pas sans déroger promener quelquefois ses rêveries dans le vaste domaine des nuages? Pour ma part, je n'ai jamais vu passer un ballon au-dessus de ma tête sans éprouver l'ambition de m'élancer dans les airs; mais hélas! qu'il y a loin du désir à la possession, du projet au fait accompli!

C'est *le Géant* qui a décidé de ce que je voudrais appeler ma *vocation aérienne;* je n'oublierai jamais le départ de ce bel aérostat au milieu du Champ de Mars, accompagné du petit ballon *l'Impérial;* je vois encore ces deux ballons, l'un si grand, l'autre si petit, qui vont fendre l'air et traverser la nue comme le faucon

Gaston Tissandier.

qui prend l'escape. Je vois *le Géant* quitter majestueusement la
terre au signal du « Lâchez tout!... » Un nuage de sable tombe de
la maison d'osier, qui disparaît bientôt sous un épais rideau de
vapeurs.... Autour de moi les bras se lèvent, les cœurs tres-
saillent, et chacun s'en retourne en songeant aux aéronautes!

Que de jours s'écoulèrent entre l'apothéose de Ñadar et le moment où, trempé jusqu'aux os, je devais prendre place dans la
nacelle du *Neptune*.

C'est une affiche, une grande affiche rouge qui réveilla en moi
mes instincts aérostatiques assoupis par mille vaines tentatives.
J'étais à Calais le 12 août 1868, quand je vis annoncé sur un
mur une ascension aérostatique à l'occasion des fêtes du 15 août
1868, pour le dimanche 16. Ce voyage devait être exécuté par un
aéronaute dont je n'avais jamais entendu parler, M. J. Duruof.
— On annonçait aussi pour le même jour des régates qui devaient
avoir lieu entre les deux jetées.

Les régates n'excitent que médiocrement mon attention, mais
il n'en est pas de même du voyage du ballon *le Neptune*, auquel
je ne puis m'empêcher de penser jusqu'au soir.

Le lendemain matin, j'entre de bonne heure à l'hôtel de Dunkerque; je demande M. Duruof, et je ne tarde pas à voir entrer un jeune homme, qui est le capitaine de l'expédition prochaine. Après un quart d'heure d'entretien, nous étions les meilleurs amis du monde, et Duruof m'offre généreusement une place
dans sa nacelle, en me donnant ainsi l'occasion de débuter dans
la carrière aérostatique, et de faire heureusement mes premières
armes aériennes.

Je le quitte transporté de joie, mais quelle n'est pas ma stupéfaction quand des amis accueillent mon projet avec la plus profonde indifférence, et regrettent même de me voir engagé dans une
aussi triste aventure; ils me racontent que Duruof a essayé de faire
déjà une ascension à Calais, qu'il a crevé son ballon exprès, au
moment du départ, qu'il ne partira pas encore cette fois, et je
m'aperçois pour la première, mais non pour la dernière fois,
de la malveillance et de l'injustice d'une certaine partie du
public. J'avais en outre à Calais une partie de ma famille, qui me
témoigna la plus vive inquiétude en me donnant les meilleures raisons possibles pour ne pas faire une ascension certainement dangereuse, sur le bord de l'Océan, entre la Manche et la mer du
Nord: « Ces parages, me disait-on, sont funestes pour les ballons

et les aéronautes. Pilâtre a trouvé la mort non loin d'ici, et Deschamps a failli périr sur notre plage; le vent est toujours violent sur nos côtes, et c'est vraiment folie de s'engager dans une telle expédition. »

Toutefois je tiens bon; je me montre ferme et résolu; le samedi 15, je passe ma journée à aider Duruof, à chercher et à boucher les trous de la toile de notre ballon; je cours à la Société humaine demander des ceintures et des bouées de sauvetage, car il ne faut pas oublier que nous sommes sur le bord de la mer, bien près de « la grande tasse », comme dit le capitaine du *Neptune*.

Le soir, je m'endors, et je ne tarde pas à faire mille rêves plus ou moins bizarres : tantôt j'aperçois le ballon qui crève au départ, et je me vois l'objet des moqueries et des railleries de tous; tantôt, au contraire, nous volons triomphalement dans l'espace, puis nous sommes précipités au milieu des flots; je ne vois que périls ou accidents, entremêlés de succès et de victoires, enfin mille péripéties insensées se heurtent vaguement dans mon cerveau, quand je me sens secouer par un bras vigoureux.

« Monsieur, il faut vous lever, il est cinq heures et demie; vous m'avez bien recommandé de ne pas vous laisser dormir. »

C'est le garçon de l'hôtel qui vient me rappeler à la réalité. Je m'habille à la hâte, et je cours sur la place d'Armes.

Duruof et son aide Barret étaient debout; *le Neptune* gisait tristement à terre, et la pluie tombait à torrent! Triste spectacle, qui me remplit de confusion, quand je pense que nous ne pourrons peut-être pas gonfler l'aérostat. Comment aurais-je pu soupçonner, en effet, que ces toiles boueuses allaient bientôt nous entraîner au milieu des nuages!

« Croyez-vous, dis-je à Duruof avec anxiété, qu'il sera possible de gonfler avec un pareil temps? »

Le capitaine du *Neptune* me regarde avec fermeté :

« Je vois que vous ne me connaissez pas assez; sachez que j'ai été malheureux sur cette place même; le vent n'a pas voulu que je parte la dernière fois; mais j'ai une revanche à prendre, et je ne crains pas la pluie. Soyez tranquille, nous ferons l'ascension quand même et quoi qu'il arrive. »

Cependant le tuyau à gaz ne tarde pas à se gonfler sous la pression; il est engagé dans l'appendice du *Neptune*, et à force de soulever la soupape, de tendre le filet, de déplacer les sacs de lest, la tête du ballon commence à se soulever de terre. Les passants se rassemblent, et le rire d'incrédulité ne tarde pas à faire place à une attention presque bienveillante. A midi la pluie cesse, et le ballon bientôt domine majestueusement la place d'Armes, en présence du buste du duc de Guise, qui semble regarder avec étonnement tout ce spectacle.

La foule grossit à vue d'œil, Duruof attache la nacelle aux cordes du cercle; *le Neptune* soulève des chapelets de soldats qui se pendent à ses câbles, et, comme un coursier fougueux, il semble impatient de partir. Un Anglais s'approche alors, il regarde l'étoffe du ballon avec un soin scrupuleux, touche les cordes de la nacelle, examine attentivement tout l'appareil; cette investigation me terrifie! S'il allait offrir à Duruof une somme importante pour s'élever avec lui, il me prendrait ma place, et ma bourse ne saurait certainement pas rivaliser avec la sienne! Quelle angoisse! Si j'allais encore manquer une si belle occasion!

Un ami s'approche de moi :

« Vous paraissez inquiet, me dit-il, auriez-vous quelque crainte?

— Oui, lui répondis-je, j'ai très-peur.... d'être obligé de rester à terre. »

Un ballon d'essai est lancé dans l'espace, et mille regards le suivent des yeux. D'un bond il est jeté sur le clocheton de l'hôtel de ville, puis il s'élève encore, et le voilà qui se dirige dans la direction de la mer du Nord.

Je regarde Duruof; il est toujours calme et résolu. Quant à l'Anglais, il s'est évaporé; la perspective d'une descente au milieu de l'océan lui a sans doute donné à réfléchir.

A quatre heures, Duruof, Barret et moi nous montons dans la nacelle. Les hommes de manœuvre nous soulèvent et nous conduisent, sous les ordres du capitaine, à l'angle de la place, opposé à l'hôtel de ville. « L'excellente musique » dont parlait l'affiche fait entendre ses mélodieux accords....

Lâchez tout!!!

Nous voilà dans l'espace, escortés par le hourra enthousiaste d'une foule ébahie.

Quelle joie pour le débutant qui se sent mollement bercé par les efforts de la brise, quelle émotion quand il aperçoit la terre qui s'enfuit, les villes qui diminuent, l'horizon qui s'élargit, surtout quand, pour la première fois, il peut contempler de si haut le double panorama de la terre et de l'océan!

En voyant mille vapeurs qui s'échappaient au loin du sein des flots, qui couraient à la file comme une légion d'êtres surnaturels, il me semblait que ces nuages allaient s'animer, et s'écrier comme dans la comédie d'Aristophane : « Nuées éternelles, paraissons! élevons-nous des mugissants abîmes de l'océan, notre père; volons vers les hautes montagnes; étendons nos voiles humides sur les moissons dorées et sur les flots retentissants de la mer. Montrons aux regards des hommes notre face qui change à chaque instant, et qui cependant durera autant que l'éternité! Élançons-nous frémissantes du sein de notre père Océan! gravissons sans perdre haleine le sommet neigeux des montagnes! soutenons-nous à ces hauteurs d'où nous ne pouvons plus apercevoir notre image réfléchie sur le miroir azuré des mers! Nous cessons d'entendre le son grave murmuré par les flots, mais nous pouvons écouter la sublime harmonie des fleuves divins. Que notre rôle est merveilleux! n'est-ce point nous qui avons reçu de Jupiter la mission de faire briller aux yeux des hommes toutes les richesses du firmament? n'est-ce point de notre sein fécond que tombent les pluies qui mettent en mouvement le cycle de la vie terrestre? Enfin, n'est-ce point encore nous qui protégeons la nature créée par les dieux contre la plus cruelle des destinées? ne sommes-nous point la gaze légère qui sépare le monde vivant du froid impitoyable du domaine de la mort éternelle [1]? »

Quel étonnement de se sentir immobile dans la nacelle d'osier, bouée flottante suspendue dans l'espace, sans que le moindre frottement, la moindre sensation de mouvement paraisse l'animer.

D'un bond *le Neptune* a gravi le sommet des nuages, que nous traversons avec rapidité; nous voilà déjà à 1200 mètres de haut, et la mer s'étend sous notre nacelle. Duruof regarde la boussole : « Nous nous dirigeons vers l'Angleterre, » s'écrie-t-il. Mais hélas! notre joie est de courte durée, nous regardons avec plus de soin notre direction; nous marchons rapidement vers le nord-est, et c'est dans le milieu de la mer du Nord que le vent nous entraîne.

Je regarde Duruof; ses yeux sont animés, il semble réfléchir profondément.

« Que faisons-nous? me dit-il visiblement ému.

— Je vous ai dit que je vous suivrai partout, répondis-je avec calme.

— Advienne que pourra! Marchons toujours, les Calaisiens ne diront plus que je suis un lâche! »

---

1. *Les Nuées*, comédie d'Aristophane.

Je pensais alors à Deschamps, ce pauvre aéronaute dont on m'avait parlé, qui s'était trouvé, à Calais même, dans une circonstance analogue à la nôtre. Pour éviter d'aller se perdre au large, il avait ouvert sa soupape, et était tombé lourdement sur la plage où il avait failli périr.

La mer agit comme un objectif dangereux qui amplifie le péril. Malheur à l'aéronaute qui se laisse prendre à ce vertige; qu'il ait confiance en son navire aérien, qu'il se laisse entraîner par le souffle de l'air. N'a-t-il pas de longues heures devant lui, et le vent ne peut-il pas changer brusquement; qu'il se confie aux caprices de la brise. *Audaces fortuna juvat.*

Du reste, la splendeur du panorama qui se déroule à nos yeux subjugue notre admiration. Aussi nul sentiment de crainte réelle ne peut avoir prise en notre esprit, et nous songeons à peine à la marche rapide qui nous entraîne vers les immensités de la mer du Nord.

A notre gauche nous apercevons la ville de Calais qui se dresse comme une cité en miniature sur un rivage lilliputien; nous voyons distinctement les jetées du port, et une nuée de spectateurs microscopiques ne tardent pas à s'y porter comme l'armée d'une fourmilière. A nos pieds, la mer transparente s'étend à l'infini comme un vaste champ d'émeraude que viennent colorer brillamment les rayons solaires; tout ce spectacle est séparé par une légion de nuages floconneux qui glissent sur un même plan horizontal, et qui semblent prendre naissance d'un côté de l'horizon pour se disperser de l'autre. En jetant nos regards vers le ciel nous voyons d'autres nuages violacés qui semblent être soutenus dans l'air à une grande hauteur, car ils sont très-éloignés de nous, et nous sommes à 1800 mètres d'altitude. La température est de 15° centésimaux, nous sommes à l'aise dans notre nacelle, et j'éprouve une paisible émotion au milieu de cette implacable sérénité du pays des nuages.

Je n'oublierai jamais cette étonnante procession de nuages qui marchaient avec une extrême rapidité sous notre nacelle. On aurait dit une infinité de filaments de laine, entraînés par une force invisible. On voyait cette armée de nuées prendre naissance dans le lointain, à l'endroit où la mer se confondait avec le ciel; ces cumulus blanchâtres semblaient s'échapper des flots. Comment la peur où l'émotion auraient-elles pu nous troubler quand des scènes si nouvelles, si merveilleuses s'offrent de toutes parts à nos yeux! A peine ai-je cessé de regarder les nuages, qu'un phénomène de mirage bien inattendu vient ajouter à mon étonnement. Nous cherchons les falaises de Douvres et nous nous étonnons bientôt de ne pas voir les côtes de l'Angleterre qui ne sont pas bien distantes de notre aérostat; elles sont cachées par un immense rideau de vapeurs plombées, qui s'étend vers ce côté de l'horizon. Je lève la tête pour chercher la limite de cette muraille de nuages, et quelle n'est pas ma stupéfaction quand j'aperçois dans le ciel une nappe verdâtre qui ressemble à l'image de l'océan; bientôt un petit point semble se mouvoir dans cette plage céleste, c'est un bateau, gros comme une coquille de noix, et en y fixant avec soin mes regards, je ne tarde pas à constater qu'il navigue à l'envers sur cet océan retourné; ses mâts sont en bas et sa quille en haut. Un moment après je vois l'image du bateau à vapeur qui vient de partir de Calais pour l'Angleterre, et, avec ma lunette, je distingue la fumée qui s'échappe de son tuyau. Voici bientôt deux ou trois autres barques qui apparaissent au milieu de cette mer magique, tableau vraiment saisissant, d'une éblouissante fantasmagorie du mirage.

La jetée de Calais n'est pas plus grande qu'une allumette, mais je distingue encore la foule qui s'y porte; la plage est couverte de spectateurs; et parmi eux j'ai des affections, des amis qui me regardent encore! Je pense alors à notre route maudite; je commence à distinguer le phare de Gravelines; Dunkerque n'est pas loin; nous sommes au-dessus de la mer du Nord, et je sens que nous, notre nacelle et notre ballon, nous ne sommes qu'un infime grain de sable, que les flots pourraient bien facilement engloutir.

Cependant nous observons attentivement les nuages inférieurs qui se meuvent toujours rapidement sous nos pas, et qui courent comme une myriade de flocons de neige. O miracle! ils se dirigent tous vers Calais. Tandis qu'à l'altitude de 1600 mètres nous voguons vers le nord-est, ces cumulus, que nous avons traversés à 600 mètres de haut, suivent une marche opposée, et s'élancent vers le sud-ouest. Nous comprenons alors qu'en laissant descendre l'aérostat dans la couche d'air inférieur, il reviendra sur Calais, au milieu de ces nuages que nous bénissons, car ils nous apparaissent comme des messagers qui nous apprennent comment nous pourrons revenir au port.

« Nous pouvons continuer notre promenade en mer, dit Duruof avec joie; quand nous voudrons, nous reviendrons à terre. »

Nous nous laissons donc emporter, sans inquiétude, par la

C'est un navire qui navigue à l'envers sur cet océan retourné.

brise supérieure; nous savons que près de la mer le vent souffle vers le rivage. Pendant que nous nous réjouissons à l'idée de notre retour inattendu, la foule continue à se porter sur la plage de Calais, et une profonde émotion y règne au milieu d'un lugubre silence.

De vieux marins nous regardent avec leurs lunettes :

« Ils sont perdus, disent-ils avec attendrissement! Pauvres fous! Qu'allaient-ils faire dans cette nacelle! »

Il y avait une heure que nous avions quitté le port; nous avions fait 7 lieues au-dessus de la mer, et nous pensons que notre promenade a été d'une durée assez longue; nous cessons de jeter du lest, et le ballon, rappelé à la surface de la mer par la pesanteur, descend rapidement; nous traversons une deuxième fois les nuages, et nous voilà à 400 mètres au-dessus des flots. Il est cinq heures!

Nous voyons quelques barques qui accourent à notre secours, et l'une d'elles tire des bordées pour venir nous rejoindre; mais nous ne tardons pas à comprendre que nous allons nous passer de ce secours.

La brise superficielle nous entraîne, nous volons rapidement au-dessus des flots, et nous voyons Calais qui grandit à vue d'œil; le vent nous ramène au point de départ.

En un quart d'heure nous sommes revenus, et voilà bientôt le *Neptune* qui traverse Calais aux applaudissements frénétiques de toute la foule. En passant au-dessus de la jetée, je regarde attentivement les groupes de spectateurs, et quelle n'est pas ma surprise quand j'aperçois mon frère qui me regarde et me fait signe de la main! — Étrange effet du hasard ou d'un magnétisme mystérieux! Il y a là dix mille regards qui se croisent avec le mien, et mes yeux sont attirés vers celui que je cherche avec le plus d'émotion! — Nous revoyons la place d'Armes qui est déserte, car tout le monde est sur le rivage; je distingue encore le buste du duc de Guise, qui seul ne lève pas la tête!

L'équipage du *Neptune* est dans la joie; je serre la main à Duruof, à Barret, et je leur fais judicieusement observer que notre excursion en mer ne nous a donné ni nausées, ni mal de cœur. Une pincée de lest nous fait monter de nouveau, et cette fois nous admirons la campagne qui se déroule à notre vue. Je regarde le guide-rope qui pend de notre nacelle :

« Attention, Duruof, l'extrémité de notre corde va toucher terre.

— Êtes-vous fou! nous sommes à 1400 mètres au-dessus du sol. »

Notre guide-rope avait 130 mètres de long; mes yeux m'en faisaient voir l'extrémité contre le sol, ils ne me trompaient que de 1270 mètres! Simple erreur d'un débutant inaccoutumé à voir les objets de haut.

Plus loin ce sont des points blancs qui s'agitent lentement dans une prairie; je cherche en vain à donner un nom à ces singulières formes qui m'intriguent; ma lunette me montre quelques vaches qui paissent tranquillement sans se soucier du regard indiscret qui leur est lancé du ciel.

A 5 h. 35 nous sommes revenus près de terre, notre guide-rope rase un champ, et fait voltiger autour de lui les bottes de foin qu'on y a placées; des paysans accourent, et nous leur demandons où nous sommes :

« Route de Boulogne, » s'écrient-ils.

L'un d'eux va saisir notre corde, mais nous ne voulons pas encore revenir à terre. Duruof me dit de jeter du lest, et dans mon inexpérience j'en vide un sac presque entier; nous sommes lancés dans l'air jusqu'à 1800 mètres de haut, et à ce moment nous nous trouvons enveloppés par des nuages tellement épais, tellement denses que nous perdons de vue l'aérostat; c'est à peine si nous pouvons nous voir et il nous semble que nous sommes soutenus dans la brume grisâtre par des liens invisibles. Les impressions qui occupent mon esprit sont alors confuses et étranges; elles ressemblent assez bien à celles d'un rêve invraisemblable, ma vue est bornée par ces vapeurs denses et lourdes qui nous environnent, et le Neptune est caché sous ce voile opaque; notre panier d'osier paraît immobile, et c'est la raison seule qui peut nous guider et nous rappeler que nous sommes à 2 kilomètres au-dessus du niveau des passions humaines!

Depuis le matin nous avions rudement travaillé au gonflement, et notre estomac était vide. J'ouvre une des boîtes de la nacelle, et j'en tire un poulet que nous dévorons avec un appétit aérien; nous buvons un verre de vin, et nous soupons au milieu d'un bain de vapeur. Je jette par-dessus bord un os que je viens de ronger, et Duruof me fait observer que je commets une imprudence en délestant ainsi l'aérostat; je crois qu'il plaisante, mais je suis forcé de me rendre à l'évidence en regardant le baromètre.... Nous montons de 20 à 30 mètres.... tant est sensible le ballon bien équilibré dans l'air. Une plume, dans certain cas, pourrait en changer l'altitude.

Cependant les vapeurs semblent se dissiper, des nuages épais nous cachent la terre, mais nous voyons le soleil qui disparaît à l'horizon.... il est rouge comme un disque de feu; mille rayons étincelants illuminent le ciel, et projettent au loin notre ombre sur l'immense vallée de nuages qui s'étend autour de nous. Ce sont de vastes mamelons blanchâtres qui ne ressemblent plus à des vapeurs légères, mais à des montagnes de neige; des ombres foncées s'étendent au milieu de mystérieux ravins, et donnent un imposant relief aux ondulations de ce monde féerique.

Où sommes-nous actuellement? Le vent ne nous a-t-il pas portés sur les continents? Ne nous aurait-il pas lancés une seconde fois sur mer? Il est sept heures!

Barret nous fait observer qu'on entend un vague murmure sous les nuages; un son continu, mélodieux et tout à la fois menaçant et terrible, frappe nos oreilles.

Serait-ce la mer?

Un coup de soupape nous fait rapidement descendre, nous perçons les nuages, et nous voyons, non pas la terre, ni la verte campagne, mais la nappe immense de l'océan!

« La mer ouvre ses golfes brûlants à mes yeux étonnés.... Devant moi, le jour; derrière moi, la nuit; le ciel, au-dessus de ma tête; sous mes pieds, les flots[1]. »

Le soleil s'est sensiblement rapproché de l'onde qu'il nuance de mille tons vermeils, et la nuit commence à couvrir la mer de son obscur manteau... Quelle imprudence nous avons commise! N'est-ce pas trop tenter la fortune que d'être retourné encore au milieu de l'océan, après nous en être échappé une première fois, comme par miracle. Mais il n'est plus temps de délibérer, il faut agir.... Le souffle puissant de la brise superficielle nous entraîne, et nous n'oublions pas qu'il nous a sauvés déjà! Bientôt un cap s'étend devant nous comme une mince proéminence, et grandit à vue d'œil; mais le Neptune va-t-il pouvoir en atteindre la côte, ou en dépassera-t-il, au contraire, la pointe extrême pour continuer, en pleine mer, sa course rapide? Après la mer du Nord, nous avons la Manche comme perspective.

La nuit tombe, le ciel se voile; et chaque seconde d'hésitation compromet le succès d'une périlleuse descente. Le moment était

---

1. Gœthe.

vraiment solennel; tous trois à bord de notre frêle esquif, nous étions silencieux, regardant attentivement le phare qui domine la pointe du cap, et nous efforçant de deviner si nous allions aborder ces côtes qui étaient le seul espoir de salut. Je n'oublierai jamais ces quelques minutes d'angoisse, où l'idée d'une mort tragique envahissait malgré moi ma pensée. — Je croyais pour ma part que notre route nous conduisait bien au delà des falaises, et que nous allions être obligés de nous jeter à la mer, dans l'impossibilité où nous étions de flotter au hasard pendant la nuit dans les immensités de la Manche et de l'Océan ! Je regardais machinalement le disque solaire, que je n'avais jamais vu d'un rouge si sanglant; il planait sur l'immensité comme un aérostat enflammé, qui allait bientôt s'engloutir dans le sein des flots.... Par moments, mon imagination me le montrait comme une grande et bienfaisante figure qui me disait peut-être un dernier adieu ! Tantôt mes yeux se reportaient sur le rivage encore lointain, et il me semblait entrevoir tous ceux que j'aime qui allaient me recevoir dans leurs bras ; tantôt mon regard errait à la surface de la mer, où quelques barques bondissaient sur les vagues écumantes. C'était un sentiment confus, indécis, qui s'emparait de mon esprit; il y avait du rêve dans cette période de mon voyage. Je distingue cependant toutes les scènes de ce panorama, et j'entends le murmure monotone, sombre, de l'Océan, qui monte jusqu'à notre nacelle, et qui remplit notre âme d'un triste pressentiment !. . . . .

Tout à coup Duruof pousse un cri de joie; je me retourne, et cette fois nous ne pouvons plus douter que le vent nous jette sur le rivage. Il va falloir agir et le courage renaît chez l'équipage ! Nous sommes tirés brusquement de nos réflexions, l'espérance nous ranime. Duruof ouvre la soupape du ballon, qui rase bientôt la surface des flots; Barret s'empresse en même temps de jeter à la mer le grappin que nous remorquons à notre suite, et moi-même, rassuré par la froide énergie de mes compagnons, je ne tarde pas à lancer l'ancre sur le rivage, au commandement de notre vaillant capitaine. L'ancre est retenue par une dune de sable, et le *Neptune* vient s'affaisser, avec la rapidité de l'éclair, sur le sommet d'un monticule gazonné; un troupeau de moutons qui paissait ces maigres herbages, se sauve à toutes jambes comme poursuivi par quelque loup fantastique, et des jeunes paysannes, saisies d'un effroi pour le moins aussi grand, roulent effarées les unes sur les autres.

Le soleil couchant au-dessus de la mer

Cependant quelques hommes s'approchent résolûment; à leur tête est l'intrépide Maillard, le sous-gardien du phare du Gris-Nez, l'infatigable sauveteur; il a flairé un naufrage et vole au secours des passagers; ses pieds sont ensanglantés, il s'est précipité du haut de la falaise pour voler à notre aide. Il se jette aux câbles que lui lance Duruof, et deux pêcheurs qui le suivent imitent son élan. Malgré ce secours, *le Neptune* bondit encore; une rafale qui s'élève va nous enlever, nous et nos sauveteurs, à la traîne; Duruof a vu la mer de l'autre côté du cap, il sait qu'un bond va nous relancer dans l'océan; il saisit à deux mains la corde de déchirure qui ouvre le ballon et l'affaisse instantanément sur nos têtes.

En nous serrant la main avec effusion, le brave Maillard raconte qu'il a vu bien loin, en pleine mer, une petite poire qui se découpait sur l'horizon; sur le premier moment, il croyait avoir au bout de son télescope un ballonneau échappé des mains d'un enfant; c'est en nous voyant nous agiter dans la nacelle qu'il comprit son erreur, et il crut alors que, comme Blanchard et Green, nous venions de traverser la Manche. Loin d'être rassuré en nous voyant sains et saufs, il nous avoue qu'il ne craindrait pas de se hasarder en pleine Atlantique sur un radeau de sauvetage, mais que pour un million il ne se déciderait jamais dans le plus beau ballon du monde [1].

Il nous apprend aussi que de l'autre côté du cap, à quelques centaines de mètres du *Mont-Aigu* où nous avons atterri, s'élève le tombeau d'un aéronaute; c'est celui de l'illustre Pilâtre des Roziers, qui vint se briser sur les rochers, il y a près d'un siècle! Le lendemain, nous devions aller rendre visite à cette âme intrépide, et nous prosterner devant la pierre près de laquelle le plus grand des aéronautes trouva la plus glorieuse des morts! Je n'oublierai jamais cette humble pierre où repose cette vaste et intrépide intelligence que son courage, que son amour pour la science

1. Voici le certificat de notre descente:

MAIRIE D'AUDINGHEM.

Je soussigné, maire d'Audinghem (Pas-de-Calais), certifie que le 17 août 1868 à 7 h. 55 m. les habitants des hameaux de la commune d'Audinghem ont aperçu en mer, à une grande distance, un aérostat qui, venant du Nord, se dirigeait vers la pointe du cap Gris-Nez, où il a pu atterrir à 8 h. 30 m. sur la partie du cap nommée *Mont-Aigu*, sans occasionner ni dommage ni accidents.

Cet aérostat *le Neptune* était dirigé par M. Duruof, assisté de M. Barret, et accompagné de M. G. Tissandier, chimiste.

conduisirent au néant. « Que n'as-tu vécu plus longtemps, ô brave
Pilâtre! Mais ton esprit si ardent et si passionné nous anime!
S'il y avait encore aujourd'hui beaucoup d'hommes de ta trempe,
que de progrès s'accompliraient dans l'art de l'aérostation, vivifié sans cesse par de nouvelles inspirations! Mais la force de
la matière inerte est aveugle, les éléments dans leur fureur écra-
sent le fort comme le faible, et ta destinée te conduisit au mar-
tyre, quand tu avais à peine pris possession de la vie! »

La nuit couvre bientôt de son manteau les dunes et les falaises,
et tandis que dans l'obscurité nous nous occupons de démêler le
filet du *Neptune* et de replier son étoffe, l'autorité fait son apparition sous les traits d'un douanier qui demande nos passe-ports, et
se met en demeure de visiter notre nacelle et tous nos bagages.
Un peu plus, il entrerait dans le ballon lui-même : Ne pourrait-il
pas, en effet, être gonflé de *Lanternes!*

Je laisse Duruof et les pêcheurs continuer leur besogne au milieu des ténèbres, et je cours au Sémaphore envoyer à Calais une
dépêche télégraphique qui va rassurer notre famille et nos amis. Je
n'avais pour me guider au milieu des rochers qu'une mauvaise
lumière, et je me serais cent fois cassé les jambes, sans le secours
d'un pêcheur bienveillant qui me prévenait des mauvais pas;
l'employé du télégraphe dormait déjà, mais il se met à son poste
avec une rare complaisance, il envoie ma dépêche, et je reçois
immédiatement une réponse qui m'apprend que tout le monde est
dans la joie. Je retourne trouver mes compagnons; *le Neptune*
était plié dans la nacelle, les paysans, les marins, les pêcheurs
étaient accourus en foule, et nous revenons triomphalement au
village d'Audinghem. Les braves gens qui nous accompagnent
sont dans l'enthousiasme. Ces hardis pêcheurs, qui vivent sans
cesse au milieu des flots, parmi les dangers et les tempêtes, nous
regardent comme des héros, et cependant la frêle barque à la cime
des vagues est plus exposée que l'aérostat au milieu des airs!
Mais ces marins n'ont jamais vu de ballons, et leur admiration
les aveugle. Ils nous considèrent comme des demi-dieux, qu'un
miracle a sauvés d'une mort certaine! Nous cheminons lentement
à travers les dunes, et nous arrivons bientôt au milieu d'un
humble village où nous trouvons l'hospitalité dans une auberge.
Nous nous faisons servir de la bière et nous trinquons avec tous
ces pêcheurs qui nous accablent de questions; nous parlons de
nos aventures. Pour ma part, j'éprouve une indicible joie à me
retrouver à terre, et je ne puis m'empêcher de me réjouir en

Descente au cap Gris-Nez.

entendant, cette fois sans inquiétude, les rafales du vent et le mugissement lointain de la mer.

Notre festival se prolonge jusqu'au milieu de la nuit, et nous nous couchons, mes compagnons de voyage et moi, dans trois lits placés dans une même pièce, lits comme on n'en a jamais vu, et dont les matelas semblaient bourrés des silex de la plage. Épuisé de fatigue, je veux m'endormir, mais ma couche est habitée par de nombreux insectes qui me dévorent et qui me torturent

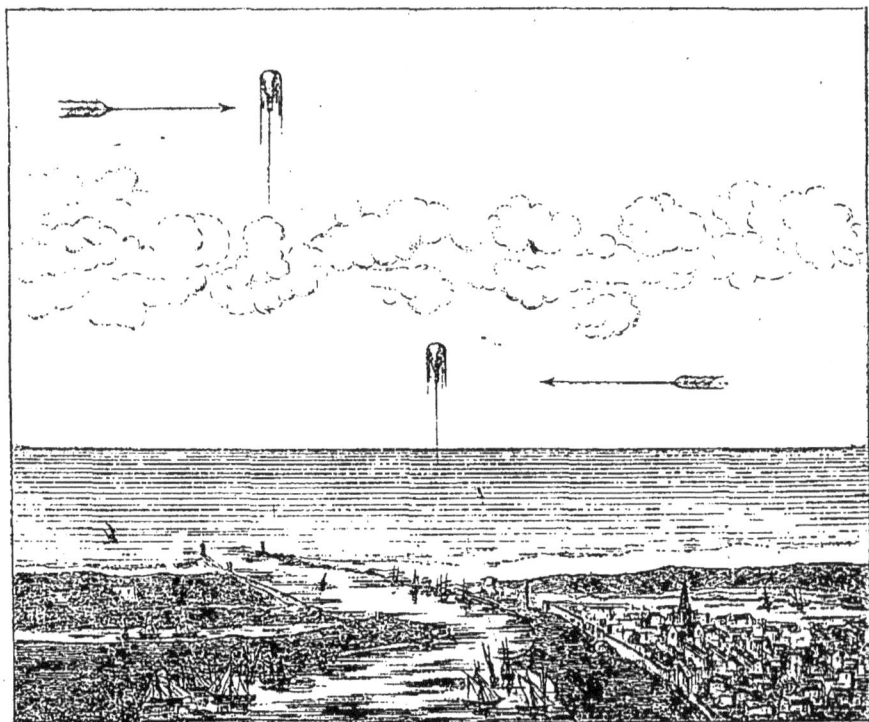

Direction des courants aériens pendant le voyage de Calais. (G. Tissandier.)

à un tel point qu'il m'est impossible de fermer l'œil. En les chassant, je m'aperçois qu'ils appartiennent à la classe des parasites qui n'ont pas d'ailes. Sont-ils jaloux des aéronautes? Duruof et Barret ne sont pas plus ménagés que moi. Nous allumons les chandelles et nous causons, puis nous essayons encore de dormir, mais nos ennemis sont affamés. Contraints d'abandonner la place, nous quittons le champ de bataille, c'est-à-dire nos lits; nous nous levons à trois heures du matin et nous allons nous promener au milieu des falaises escarpées du Gris-Nez. Nous

parcourons d'immenses rochers que la vague a détachés des côtes
pierreuses, et nous admirons ce désordre vraiment grandiose, cet
entassement formidable, cette architecture fantastique que la main
de la nature façonne sans cesse avec un art indicible. Ces récifs
du Gris-Nez, une des plus admirables merveilles des côtes de la
France, sont fort peu connus; il n'est pas nécessaire de monter
en ballon pour les visiter, et nous conseillons au lecteur d'y faire
une excursion, quand il passera à Calais ou à Boulogne. Nous allons retrouver notre aérostat, et à cinq heures, Maillard, le douanier, et quelques pêcheurs de l'endroit viennent nous joindre.
Nous louons une charrette qui ramène *le Neptune* à la gare de Marquise, éloignée de quelques lieues, et nous trouvons un char à
bancs qui nous conduit au même endroit.

A deux heures, le chemin de fer nous avait ramenés au port, à
Calais, où une grande foule nous attendait : tout le monde nous
questionne, nous acclame, on ne nous laisse pas le temps de changer de vêtements, on nous entraîne à dîner, et le champagne
remplit nos verres.

Le train de Paris ne part que vers une heure du matin, et pour
finir dignement une soirée si bien commencée, nous allons nous
promener sur la jetée de Calais, une des plus longues qui soit en
France. L'Océan est en fureur, et les lames se heurtent avec fracas
contre les assises de bois, cimentées dans le sable. — L'obscurité
du ciel est complète, mais la mer est phosphorescente, et jette
dans l'air mille feux éblouissants; l'écume blanchâtre est remplacée par des rubans de lumière, et chaque vague, en roulant sur
elle-même, brille d'une mystérieuse clarté: c'est la danse nocturne
d'une infinité d'êtres imperceptibles qui donne naissance à cette
illumination féerique que nous admirons immobiles, suspendus
au-dessus des flots dont le fracas est vraiment épouvantable.
Quelle est la cause de cette fantastique procession? Pourquoi
ces animalcules viennent-ils aujourd'hui surgir au-dessus de
la mer, tandis qu'hier ils se tenaient cachés dans ses profondeurs? Y a-t-il vraiment une certaine corrélation entre leur
apparition et la variation de pression atmosphérique, comme le
croit un habile et consciencieux observateur? Seraient-ce les changements de température qui appellent ces légions de noctiluques
phosphorescents à la surface de l'onde? Viennent-ils au contraire, comme le prétend M. Decharme, nous prédire une tempête?
Que de mystères encore cachés dans l'immensité de ces plages
liquides, qu'anime tout un monde d'êtres vivants! Que de secrets

enfouis sous ces flots étincelants ! Quelle source d'admiration pour
un ami de la nature qui contemple ces scènes grandioses ! — Que
ne pouvons-nous encore gonfler ce *Neptune* pour nous élever dans
l'espace et assister, du haut des airs, à la sarabande des infiniment petits qui transforment l'immensité des flots en un vaste
océan d'étincelles. . . . .

Bientôt la locomotive m'entraînait sur les rails de fer, je re-
passais dans mon esprit toutes les péripéties de mon premier

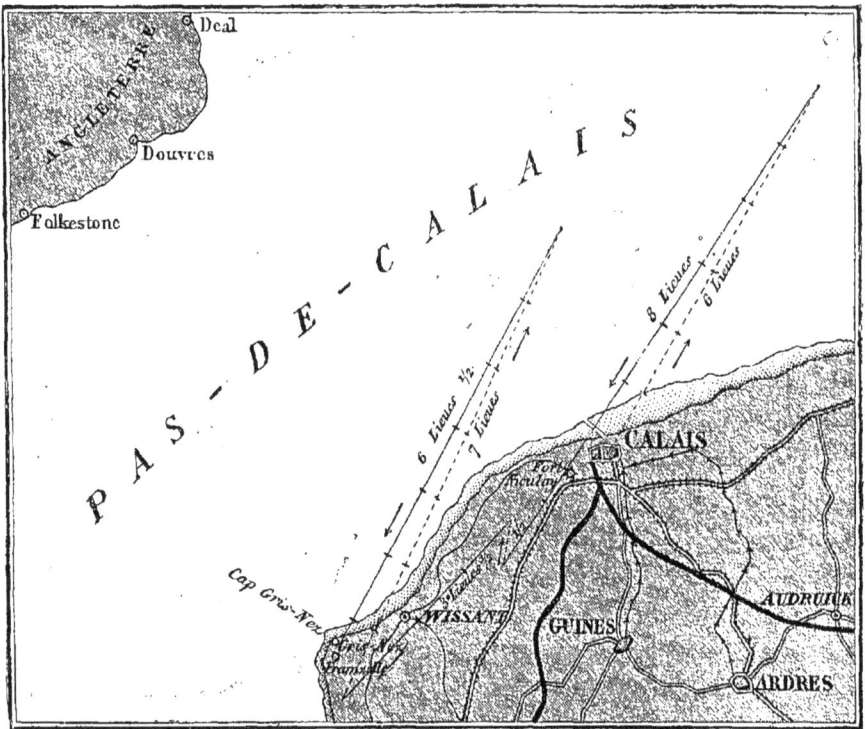

Carte du voyage de Calais. (G. Tissandier.)

voyage et je pensais aux mille sujets d'étude qu'offrent surtout les
courants aériens.

Dans notre expédition maritime nous avons eu le rare bonheur
de nettement constater la marche en sens inverse de deux couches
d'air superposées, et de profiter avec succès de leur action,
comme l'indique la carte ci-dessus, qui retrace les deux voyages
successifs, impunément entrepris au-dessus de la mer, dans l'espace de trois heures. Ce fait ne montre-t-il pas qu'il reste encore à l'art de l'aérostation un vaste champ à conquérir dans
l'usage de la direction des vents?

Nous ne doutons pas que bien souvent l'atmosphère est ainsi découpée en couches aériennes qui se meuvent dans des directions différentes, et que bien souvent aussi l'aéronaute pourrait se diriger, si, comme l'oiseau, il planait à diverses altitudes dans le courant aérien qui lui est favorable. Sans la nuit qui allait nous envahir, nous aurions pu confirmer brillamment cette assertion, en répétant un grand nombre de fois la première manœuvre faite en face de Calais; on aurait vu le *Neptune* suivre alternativement, à des hauteurs différentes, deux routes opposées, et gagner peu à peu les côtes d'Angleterre, en tirant des bordées comme un navire à voiles. La question capitale qui s'offre à l'aéronaute est celle de l'étude des courants aériens. Que sait-on sur le mécanisme des mouvements généraux de l'atmosphère? Presque rien, et comment pourrait-il en être autrement, puisque les observations maritimes ou terrestres se bornent toujours à constater la marche des vents qui effleurent la surface du globe, où mille causes locales viennent compliquer leur action? Qui nous dit que l'aéronaute ne dévoilera pas dans l'air une véritable circulation avec ses veines et ses artères, ses courants réguliers ou périodiques, véritables *gulf-streams*, dont il suivra la marche, comme le bateau qui glisse sur l'onde d'un fleuve terrestre?

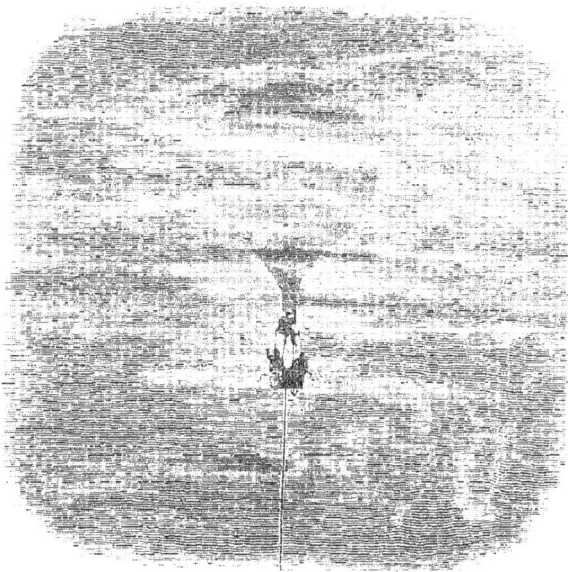

Le *Neptune* dans les nuages.

Le Neptune aux Arts et Métiers.

CHAPITRE V.

HEUR ET MALHEUR. — VOYAGE DES ARTS ET MÉTIERS.

(W. de Fonvielle et G. Tissandier.)

Le lendemain matin, à sept heures, j'étais à Paris; il y avait deux nuits que je n'avais fermé l'œil, mais je me trouvais encore tellement surexcité, que la fatigue ne se faisait nullement sentir en moi; quelques amis m'attendaient, et voilà qu'il faut que je raconte tout mon voyage que j'ai déjà raconté cent fois! On m'apporte le *Figaro* de la veille, où l'on avait déjà parlé de l'expédition de Calais, mais on avait omis de mentionner le fait le plus intéressant, c'est-à-dire l'existence de deux courants superposés. Il faut donc que je coure rue Coq-Héron pour rectifier ce récit; j'entre dans les bureaux du *Figaro*, et je mets au courant de toutes les péripéties de mon expédition un des rédacteurs, qui le soir avait fait un charmant article à ce sujet. Dans l'après-midi je me rends au Conservatoire des Arts et Métiers, je rencontre à la porte de cet établissement mon ami Fonvielle, que je n'avais pas vu depuis le moment où nous nous communiquions réciproquement nos plans pour la *Bibliothèque des Merveilles*, pour laquelle nous avons rédigé chacun plusieurs volumes. — Fonvielle m'aborde avec enthousiasme, me demande mille et un détails sur mon ascension, et me fait force félicitations sur ma belle expédition aérostatique. Je commençais à sentir l'effet d'une profonde fatigue, mais son activité me gagne, nous dînons ensemble, il rédige, tout en mangeant, un récit du voyage de Calais qu'il insère le lendemain dans la *Liberté*, il me démontre que j'ai fait une des plus belles ascensions maritimes qu'on ait jamais signalées. Il me prédit que ce voyage va vivement intéresser le public, et il m'en dit tant et tant, qu'après le dessert je me redresse avec orgueil, persuadé qu'il y a en moi l'étoffe d'un grand aéronaute.

Nous parlons de l'usage scientifique des ballons, des nombreuses expériences qu'il y aurait à tenter; de Fonvielle me retrace ses tentatives préliminaires, et, en ma qualité de chimiste, je lui expose certains projets que j'ai en vue, sur la composition de l'air, sur l'examen des poussières atmosphériques, des cristallisations instantanées. Nous continuons à nous échauffer la cervelle, et bientôt, la main dans la main, nous signons le pacte solennel d'une association cordiale, et nous décidons que désormais nous joindrons nos efforts pour faire de la véritable aérostation scientifique.

Comme ni l'un ni l'autre nous ne sommes pas hommes à nous endormir sur un projet, nous décidons qu'il faut rapidement exécuter une première ascension et ouvrir au plus vite la série de nos expériences. Duruof ne demandera pas mieux que de me confier son ballon. D'où partirons-nous? Frapperons-nous à l'Observatoire? M. Le Verrier est absent pour le moment.

J'ai longtemps travaillé comme chimiste dans un des laboratoires des Arts et Métiers, nous jetons par conséquent notre dévolu sur ce bel établissement, où Gay-Lussac a exécuté sa remarquable ascension. Le lendemain j'allais voir le directeur, M. le général Morin, qui avait déjà lu dans les journaux les détails de mon voyage; il m'accueille avec la plus grande bienveillance, et m'encourage à entreprendre des études aériennes. En sortant, il me dit : « Songez-vous à diriger les ballons? — Nullement, m'écriai-je, je voudrais seulement prouver qu'ils peuvent servir la cause de la science, et qu'ils sont dignes d'être employés à d'autres usages que de réjouir le public des fêtes ou des hippodromes. » A ces mots, il me dit en me serrant la main : « A la bonne heure, vous n'êtes pas de ces utopistes qui croient qu'une paire de rames ou une aile artificielle va remorquer les aérostats et changer la face du monde. »

Duruof revient de Calais, je le présente à Fonvielle, et quelques jours après le nouvel équipage du *Neptune* dresse son plan de campagne. Nous méditons nos expériences et nous courons chez les constructeurs emprunter les appareils qui nous sont nécessaires. M. Richard nous confie son plus beau baromètre; M. Tresca, sous-directeur du Conservatoire met à ma disposition un beau chronomètre anglais, un anémomètre et un psychromètre ; nous nous munissons, en outre, de toute une série de thermomètres, d'une bonne boussole, d'une lunette, et nous organisons notre laboratoire aérien. Mon ami et collègue M. L'Hôte, qui est expert sur la question de l'ozone, me prépare des papiers ozonométriques sensibles, tandis qu'au laboratoire de l'Union nationale j'emprisonne, dans des ballons de verre, des liqueurs sursaturées de sulfate de soude, et que je monte des tubes remplis de coton-poudre pour recueillir les corpuscules en suspension dans l'atmosphère. Un médecin nous conseille de compter le nombre de nos pulsations à terre et à différentes hauteurs, pour étudier l'influence de la pression sur le mouvement artériel, et je songe alors au merveilleux sphygmographe de notre ami M. le docteur Marey : je vole chez le constructeur Mathieu, qui me prête un de ces appareils et m'en apprend le maniement. Au milieu de ces occupations multiples, il faut que nous songions au ballon qui a besoin de quelques réparations, que nous allions demander au directeur de la Compagnie Parisienne le gaz qui nous est nécessaire, solliciter et obtenir une réduction de prix, faire tous nos préparatifs, courir à l'Observatoire pour demander l'humble faveur d'être mis au courant de l'état probable du temps le jour de notre ascension; mais nous ne trouvons là que le concierge qui nous annonce qu'il est quatre heures et qu'il n'y a plus personne. M. Marié-Davy est absent; d'ailleurs nous devons partir un dimanche, et les observations météorologiques ne se font jamais le dimanche! Heureusement que l'Observatoire de Greenwich est bien disposé pour nous; mais n'est-il pas triste de demander à Londres des renseignements météorologiques quand nous sommes à la porte de l'Observatoire de Paris ?

Quiconque n'a pas organisé une expédition en ballon ne peut se douter de toutes ces occupations préliminaires; pour ma part,

je n'oublierai pas ces journées, si remplies, où nous arpentions
Paris d'un bout à l'autre, pour aller demander renseignements ou
appareils : heures de préoccupations, d'émotions et d'inquiétudes,
mais aussi moments de joie et d'espérance, où le rêve tant désiré
est à la veille de prendre corps, où les projets vont enfin s'accomplir!

Le dimanche 13 septembre arrive enfin. Dès le matin Duruof
avait disposé *le Neptune* sur la pelouse du jardin des Arts et Métiers, et à huit heures l'employé du gaz tournait le robinet du
tuyau qu'on avait branché à la conduite de la rue. A dix heures,
le ballon se dresse déjà au milieu des arbres trop rapprochés, le
monde arrive et par malheur le vent s'élève; les cordes équatoriales maintiennent difficilement l'aérostat, qui s'agite avec impatience. Fonvielle et moi nous regardons avec crainte les branches
placées au-dessus de nos têtes, et nous craignons de commencer
notre ascension par un naufrage; nous voyons avec non moins
d'inquiétude les toits des galeries du Conservatoire hérissés de
deux paratonnerres menaçants; le vent va nous pousser sur l'un
d'eux, c'est une épée de Damoclès retournée sous notre nacelle.

Mais pourquoi m'inquiéter ainsi? le bon vent de Calais ne sou-
fle-t-il pas au-dessus de ma tête; un pauvre paratonnere m'ef-
frayera-t-il plus que l'immensité de la mer, que j'ai cependant
si bien évitée? Duruof est tout au gonflement, il jette sur son
ballon l'œil du maître; quoique le vent semble l'inquiéter, il
manœuvre avec sang-froid, et soulève adroitement les sacs de
lest accrochés aux mailles du filet.

Nous exposons aux yeux du public tous nos appareils; Gabriel
Mangin arrive avec la Compagnie des aérostiers, et met à notre
disposition une lampe à toile métallique que l'on peut impunément allumer en ballon sans craindre d'enflammer le gaz qu'il
contient; je m'étudie au maniement de l'anémomètre, je fais fonctionner le sphygmographe sur le bras de Fonvielle, et après
avoir tout emballé, je cours déjeuner dans un restaurant du voisinage. A mon retour le ballon est gonflé, mais le vent souffle avec
violence, et pousse contre les arbres notre machine aérienne; nous
sommes dans un état d'émotion indicible, car nous redoutons une
déchirure! Dans quelle situation grotesque et ridicule nous serions
si *le Neptune* allait se crever au moment du départ. Quelqu'un a eu
la malheureuse idée de fixer à un arbre une des cordes attachées
à l'équateur du ballon; une rafale inattendue brise cette corde
comme un fil, on entend un grondement sonore, tout le monde

croit que le ballon est ouvert! Quelle angoisse et quelle stupeur! Nous osons à peine lever la tête dans la crainte de voir une bles-sure immense qui va vider l'aérostat! Mais par un bonheur pro-videntiel, qui ferait vraiment croire qu'il y a un dieu pour les aéronautes, *le Neptune* résiste! Nous montons précipitamment dans la nacelle, où nous avons entassé lest, instruments et provisions. A midi vingt minutes, Duruof donne le signal de départ, le ballon quitte terre, nous jetons un sac de lest, puis un second, coup sur coup. Ce délestage nous fait monter avec une force ascensionnelle énorme, mais nécessaire, car les arbres et le paratonnerre ont été rasés de bien près.

D'un bond, nous montons à 1200 mètres de haut, et nous ne tardons pas à perdre de vue le Conservatoire des Arts et Métiers qui a subitement pris des dimensions lilliputiennes.

Le temps est limpide, et Paris, que nous traversons rapidement, nous offre un spectacle merveilleux. Comme les rues en sont droites et nettement alignées, on dirait un beau jeu de dominos! Jamais préfet de la Seine n'a si bien vu le plan de sa capitale. Nous passons au-dessus du bois de Boulogne, dont les lacs nous semblent être des gouttes de rosée suspendues sur un brin d'herbe, et nous apercevons enfin la Seine et les réservoirs de Marly. Nous suspendons au cercle nos instruments, nous descendons notre guide-rope, et nous nous disposons à exécuter nos expériences, que nous avons opérées pendant quatre heures consécutives avec au-tant de précision que dans un laboratoire terrestre.

Nous passerons sous silence les observations thermométriques, barométriques et hygrométriques, enregistrées de quart d'heure en quart d'heure et qui doivent toujours former la base de toute observation aérienne. Nous nous bornerons à dire que l'aéronaute est, plus que tout autre, à même de constater l'imperfection de nos thermomètres, qui s'impressionnent trop lentement, et qui montent quelquefois encore quand l'organisme accuse par un fris-son subit l'approche incontestable d'une zone de froid. Nous re-gardions nos instruments avec un zèle de néophytes, croyant que les thermomètres peuvent dire la vérité aussi bien qu'à terre. Quoi-que ces instruments aient été gradués par Dollfus-Ausset, nous re-connaissons maintenant qu'ils ne se sont pas fait faute de mentir dans les nuages.

Il va sans dire que nous n'avons pas employé l'hygromètre à cheveu, dont l'insuffisance est reconnue par les physiciens, et que nous nous sommes pourvus d'un psychromètre, que M. le général

Morin a bien voulu mettre à notre disposition, avec plusieurs autres instruments de précision.

Une de nos toquades scientifiques était d'étudier les poussières atmosphériques, dont Fonvielle était amoureux, sous le prétexte que dans la *Bibliothèque des Merveilles* il a publié un volume sur le *Monde invisible*. Quelle illusion plus attrayante que de croire qu'il suffit de percer le couvercle nuageux de la terre pour mettre d'accord MM. Pasteur et Pouchet! Car dans ces lointaines solitudes il semble que les effluves du sol ne viendront plus troubler les expérimentations, et on est en droit d'espérer la rencontre d'un air immaculé auquel nos poumons ne sont pas habitués.

Nous nous sommes pourvus à l'avance de tubes minces de verre dans lesquels nous avons introduit du coton-poudre destiné à retenir les corpuscules aériens. Le résidu insoluble trouvé après avoir dissous dans l'éther ce véritable filtre doit être étudié sur une lame de verre et soumis à l'analyse d'un puissant microscope auquel rien de matériel ne peut échapper. A ce tube de verre, nous avons attaché un caoutchouc cylindrique adapté à la base d'un soufflet lançant l'air à travers la colonne de coton. A terre, nous avions trouvé l'invention admirable d'un commun accord. Mais en l'air, ce fut autre chose, car ce soufflet, il faut le faire mouvoir, et, malgré le zèle qui nous anime, cette opération est vraiment fastidieuse. Nous nous promettons de construire dans l'avenir un aspirateur, ou une pompe que pourrait mettre en mouvement une petite machine à vapeur; au besoin nous prendrions un écureuil qui nous servirait de moteur en tournant sa roue!

Quand, revenus au laboratoire, nous soumettons à l'analyse les résidus arrêtés dans notre filtre en fulmi-coton, nous trouvons, faut-il le dire, des brins de fil et des grains de sable. C'étaient des débris de notre ballon et des fragments de notre lest, que nous avions ramassés! Cela valait bien la peine de s'occuper de ces maudits tubes, au milieu de tant de splendeurs.... Cette leçon vaut bien une expérience de plus, car elle montre qu'il ne faut pas faire fonctionner les tubes de prise d'air tant que 'on est en descente.

Nous avons encore tenté une expérience un peu fantastique.... On sait que des dissolutions sursaturées de sulfate de soude restent limpides aussi longtemps que le tube qui les renferme est soudé à la lampe, et que le vide s'y maintient. Mais aussitôt qu'on en brise la pointe, la masse, liquide, se prend en un cristal solide. D'où provient ce mystérieux phénomène? S'il faut en croire l'explication fournie par les beaux travaux de M. Gernez, les coupables sont de menus cristaux de sulfate de soude qui, on ne sait pourquoi, voltigent dans le milieu aérien. L'atmosphère, où les anciens ne voyaient que le vide, est un réceptacle où les chimistes trouvent maintenant toutes les substances connues, tous les germes dont ils ont besoin. A 3000 mètres l'expérience réussit aussi bien qu'à terre. Faut-il admettre que des cristaux microscopiques de sulfate de soude se promènent à ces hauteurs? Duruof est surpris de ce phénomène étrange; il nous en demande l'explication, que nous aurions bien voulu lui donner, car dans ce cas nous l'aurions eue à la disposition de nos lecteurs.

Dans l'air il y a encore un principe peu connu, l'*ozone*, que, pour le désespoir des chimistes et des aéronautes, Schœnbein a découvert.

Cet ozone est une modification de l'oxygène, mais en réalité on ne connaît pas sa nature. On constate sa présence par l'action qu'il exerce sur un papier sensibilisé, qu'il bleuit instantanément. Au sommet de notre course nous voyons apparaître la teinte sacramentelle. Victoire! Nous respirons donc à pleine poitrine cet air ozoné, nectar disent les uns, qui prétendent que ce sont des gouttelettes tombées sans doute de la table de Jupiter, quand Ganymède remplit trop son verre; poison prétendent les autres, plus soupçonneux médecins. Mais le gaz qui s'échappe du ballon agit sur le papier sensibilisé comme l'ozone: affreuse alternative dans laquelle la science s'égarerait si un papier, imbibé de teinture de tournesol, ne servait à constater, quand il reste rouge, que le gaz du ballon n'est pas venu troubler l'expérience. Cette précaution nous a permis de constater nettement la présence de l'ozone dans l'air.

Ne désespérons de rien : un jour viendra où nous pourrons promener au-dessous des étoiles filantes de novembre des plaques de verre, couvertes de glycérine, et sur lesquelles viendront se coller les détritus des combustions célestes..., comme Phipson, en Angleterre, a déjà pu le faire!

Contrairement à l'opinion, généralement admise, que les ballons participent complétement au mouvement des courants aériens où ils sont plongés, un anémomètre a pu fonctionner à différentes reprises; il est vrai que l'hélice métallique ne tournait qu'à de rares intervalles et pendant une courte durée, mais cependant une expérience précise a pu être exécutée à 1 h. 26 m., à la pression de 658 millimètres : elle a donné 627 tours à la minute. D'après la formule de tare spéciale à l'appareil employé, nous avons

trouvé que la vitesse de ce mouvement différentiel était de $1^m,37$
par seconde. Nous faisions donc $1^m,37$ de moins que le courant
aérien dans lequel nous étions plongés ; nous nous déplacions
avec une vitesse de 10 mètres par seconde ; la différence s'élevait
à 12 pour 100 de la translation de l'aérostat. Nous sommes heureux d'ajouter que c'est à M. Tresca que nous devons l'idée de
recourir à l'anémomètre, qui, judicieusement employé, peut être
appelé à résoudre quelques problèmes aérostatiques. Cette expérience ne réussit que deux fois dans tout le courant du voyage. Il
est probable qu'à ces moments le mouvement de l'air éprouvait une
variation brusque, à laquelle l'aérostat n'avait point encore eu le
temps de s'accommoder. Car dans un mouvement parfaitement
régulier ballon et vent marchent avec la même vitesse, de sorte
que les aéronautes ne ressentent aucun courant d'air horizontal.
Sans la grande attention que nous avons portée à ce phénomène,
nous serions tombé dans la même erreur que tous les débutants,
et nous n'aurions pu saisir une circonstance exceptionnelle, mais
cependant importante à analyser.

On a souvent étudié en montagnes l'influence de la pression
sur les fonctions physiologiques ; mais l'expérience faite dans ces
circonstances offre de graves inconvénients : le sujet sur lequel
on opère est toujours fatigué par la marche, et les observations
faites à terre et à une grande altitude ne sont plus comparables
entre elles. Nous avons employé le merveilleux sphygmographe
du docteur Marey, et les courbes obtenues sur Fonvielle, à terre
avant le départ et à 2400 mètres d'altitude, sont très-différentes
de ce qu'on attendait : en général le mouvement artériel est plus
accusé à une grande hauteur, et il ne semble guère admissible
qu'il puisse en être autrement, puisque le mouvement respiratoire
doit être plus actif dans une atmosphère raréfiée. Mais un peu
avant l'ascension Fonvielle était saisi d'une espèce de mouvement
fébrile par crainte que quelque nouvel accident ne vînt interrompre le gonflement. Il entendait ce son sinistre des cordes d'équateur violemment brisées. En l'air, au contraire, plus d'inquiétude
possible, plus de mauvaise rencontre qui vienne interrompre le
voyage. Aussi, malgré la diminution de pression, son pouls s'est-il
sensiblement ralenti ; cependant la courbe analysée par des connaisseurs indique une grande tension nerveuse : en effet, tous les sens
éveillés ont été dirigés sur l'observation de tous les phénomènes
possibles qui peuvent surgir à chaque instant. Nous nous trouvons au milieu d'une espèce de caléidoscope ; ce n'est point assez

de tous nos sens, de toute notre raison, pour en admirer les tableaux toujours changeants.

L'étude des nuages offre le plus grand intérêt, et les masses vaporeuses de l'atmosphère fournissent à l'aéronaute les panoramas les plus saisissants et les plus variés : tantôt on se trouve enveloppé dans un brouillard tellement confus que le ballon tout entier y disparaît; tantôt on aperçoit à ses pieds des cumulus blanchâtres qui se meuvent lentement et avec majesté, non plus comme une masse vaporeuse, mais comme un monde solide que viennent brillamment colorer les rayons du soleil; on se trouve transporté dans un pays magique, où des montagnes blanchâtres dessinent des ombres capricieuses sur des vallées étincelantes, où quelquefois aussi des flocons légers et disséminés courent avec rapidité et ne permettent d'entrevoir qu'à de rares intervalles la terre qui apparaît au loin, comme sous un voile transparent.

Pendant toute la durée de notre voyage, nous avions l'air d'être suspendus au milieu d'un cercle de nuages ayant un diamètre apparent d'au moins 150 degrés de valeur angulaire. Ce cercle, très-régulier, très-homogène, un peu plus noir du côté de l'orient, semblait se déplacer en même temps que l'aérostat et produisait un spectacle vraiment admirable. Le ciel était d'un bleu très-pur, surtout dans le voisinage du zénith, et la terre s'apercevait constamment au-dessous de nos pieds, même au moment où l'aérostat est parvenu à sa plus grande hauteur. Cette apparence circulaire de nuages placés à l'horizon était analogue à celle décrite dans la dernière ascension de l'*Entreprenant*, singulier phénomène dont nous n'avons pu donner alors l'explication. En effet, nous nous étions trouvés au centre d'un vaste cirque, surmonté d'une voûte de nuages, élégante et gracieuse. Il était semblable à celui que nous avons sous les yeux, à cette seule différence près que dans le voyage de l'*Entreprenant* la terre était cachée pendant toute la durée du phénomène, et que nous pouvions voir au-dessus de nos têtes un baldaquin de nuages pommelés entre lesquels nous apercevions parfois le bleu du ciel. Le cirque d'avril était en outre plus épais, plus noirâtre que celui que nous admirons aujourd'hui; dans les deux cas, l'effet est probablement dû à la transparence de certains nuages qui ne se laissent entrevoir que sous une certaine épaisseur.

Près du zénith cette épaisseur n'est pas suffisante pour dissimuler complétement le bleu du ciel : la lumière n'est éteinte que dans le voisinage de la courbe d'horizon; comme cette courbe est circulaire, la courbe d'extinction l'est aussi, et la nacelle se trouve constamment au centre d'une banquette noirâtre qu'elle paraît traîner avec elle pendant toute la durée de l'ascension. Le dessin qui accompagne notre récit représente très-fidèlement le phénomène, tel que nous l'avons aperçu. Comme les nuages étaient très-peu denses en septembre, le diamètre du cercle était beaucoup plus grand que dans sa première apparition, et la voute céleste était d'un bleu parfait, au lieu d'être en partie dissimulée par des cumulus arrondis. Que l'on suppose un aérostat microscopique nageant dans une plaque de verre légèrement dépolie ; en regardant en haut ou en bas, les observateurs placés dans la nacelle verront les objets comme si aucun milieu n'était interposé. Mais qu'ils jettent les yeux à la hauteur de leur niveau, ils ne verront plus qu'un cercle opaque : ils pourraient penser que la tranche de la plaque de verre dans laquelle ils se trouvent a été émaillée.

Quand un aérostat s'élève au commencement de la journée, par un beau soleil, on aperçoit très-nettement son ombre sur le sol, et cette ombre peut servir à d'importantes déterminations auxquelles on n'avait pas encore songé jusqu'ici. Le mouvement de cette ombre, comparé à la direction de l'aiguille aimantée, donne très-nettement l'angle de la route ; son observation peut encore servir à étudier les rotations souvent fréquentes de l'aérostat, ce qui fournit le moyen d'introduire des corrections dans les observations relatives aux oscillations de l'aiguille aimantée.

L'ombre du ballon, si longtemps dédaignée des aéronautes, est encore appelée à déterminer la déclinaison du soleil avec une précision supérieure à celle de nos instruments de passage ; il suffirait de l'observer à midi dans un lieu dont on connaît la longitude, la latitude et l'altitude. Elle peut enfin servir à vérifier la fameuse loi des hauteurs barométriques, et peut-être le moment est-il proche où les formules empiriques du marquis de Laplace seront remplacées par celles que fournira l'aérostat transformé en un gnomon d'un nouveau genre. Pour arriver à de telles déterminations, il suffirait, connaissant le diamètre réel du ballon, de mesurer le diamètre apparent de l'ombre avec une lunette à réticule mobile autour d'un cercle gradué ; un fil à plomb donnerait la verticale : on aurait ainsi la longueur de la ligne menée du centre de l'ombre au centre de l'aérostat, la valeur de l'angle qu'elle forme avec la verticale, et, pour avoir l'altitude vraie du ballon, il n'y aurait plus qu'à résoudre un triangle rectangle.

La graduation de la lunette serait d'une grande simplicité. Il

Effet de cirque de nuages.

suffirait de placer un disque de diamètre connu au-dessus d'un monument élevé; du haut de ce monument on observerait d'heure en heure l'ombre du disque sur le sol à l'aide d'une lunette, dans le champ de laquelle un vernier pourrait être mis en mouvement; on déterminerait la grandeur apparente, dans le champ de la lunette, de l'ombre donnée par un cercle de diamètre et d'altitude connus, et on aurait ainsi les bases nécessaires pour trouver la distance réelle et inconnue de l'ombre du ballon.

Pendant que nous avions ainsi observé notre ombre sur le sol, je m'étais risqué à jeter par-dessus bord une des nombreuses bouteilles qui nous encombraient; je la vois qui tombe lentement et je la suis des yeux avec intérêt. Mais jamais je n'avais fait l'expérience de la chute des corps sur une aussi vaste échelle, et je ne pouvais pas supposer qu'elle mettrait plus d'une minute à toucher la terre. Qui plus est, participant encore au mouvement du ballon, elle ne parcourt pas la verticale, et tout en se dirigeant vers le sol, elle suit notre nacelle. Je l'avais lancée au-dessus d'un champ, mais elle tombe toujours et la voici qui arrive au-dessus d'un village. Si elle touche une maison, elle va certainement la traverser, tombant de si haut, depuis le toit jusqu'à la cave. Heureusement qu'elle continue toujours sa promenade rapide et ne touche terre que dans un champ très-éloigné.

Cette histoire me rappelle l'anecdote que rapporte Arago sur la chaise de Gay-Lussac, et que je reproduis textuellement.

« La gravité du sujet ne doit pas m'empêcher, dit Arago en parlant de l'ascension de Gay-Lussac, de rapporter une anecdote assez singulière dont je dois la connaissance à Gay-Lussac. Parvenu à 7000 mètres, il voulut essayer de monter plus haut encore, et se débarrassa de tous les objets dont il pouvait rigoureusement se passer. Au nombre de ces objets figurait une chaise en bois blanc que le hasard fit tomber sur un buisson tout près d'une jeune fille qui gardait les moutons. Quel ne fut pas l'étonnement de la bergère! comme l'eût dit Florian. Le ciel était pur, le ballon invisible. Que penser de la chaise, si ce n'est qu'elle provenait du paradis? On n'avait à opposer à cette conjecture que la grossièreté du travail; les ouvriers, disaient les incrédules, ne pouvaient, là-haut, être si inhabiles. La dispute en était là, lorsque les journaux, en publiant toutes les particularités du voyage de Gay-Lussac, y mirent fin, et rangèrent parmi les faits naturels ce qui jusqu'alors avait paru un miracle. »

Pendant toute la durée de nos expériences, nous avons souvent été interrompus par les soins qu'il fallait donner à notre aérostat; l'appendice était penché sur le cercle, comme la tête d'Alexandre sur ses épaules, et nous supposions, avec raison, que la rupture de la corde équatoriale avait dû produire des trous dans *le Neptune*. Le ballon avait, en effet, une singulière allure, et il se mettait quelquefois à descendre avec une vitesse inusitée; une fois même sa chute fut si étonnamment accélérée, que nous faillîmes être lancés contre le sol, et nous ne pûmes remonter qu'en jetant

VOYAGE DES ARTS ET MÉTIERS. W. DE FONVIELLE ET TISSANDIER.
Tableau synoptique de l'Ascension dressé d'après les pressions barométriques.

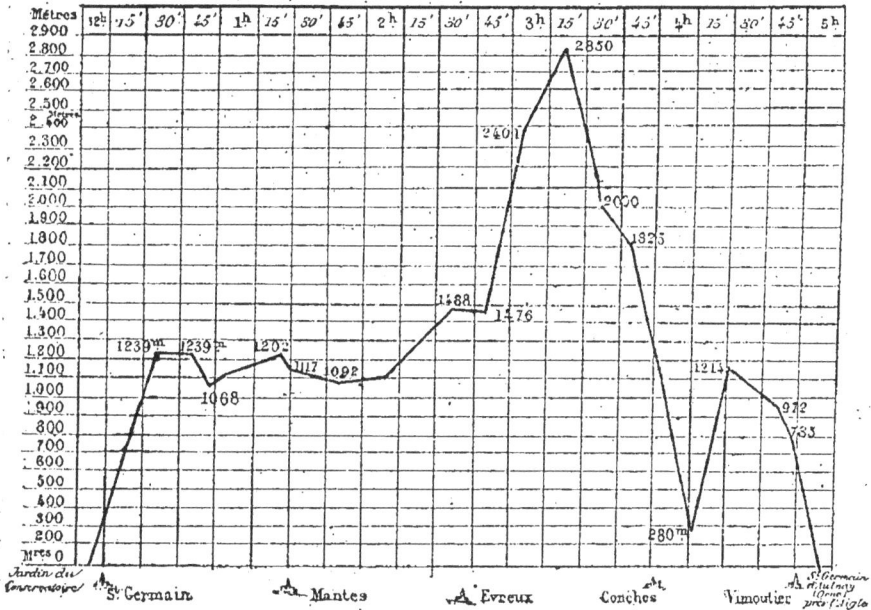

coup sur coup, quatre sacs de lest. Ce lest, véritable pluie de sable, nous criblait, et nous en étions littéralement saupoudrés.

Ce fait peut paraître invraisemblable, mais il n'a cependant rien que de très-naturel, en réfléchissant que le ballon peut, en vertu de la vitesse acquise, descendre beaucoup plus vite que le lest, et que celui-ci, par conséquent, peut retomber sur ceux qui l'ont lancé.

Nous atteignons l'altitude de 2400 mètres, et nous éprouvons un effet physique très-curieux: une sensation de froid très-pénétrant unie à une impression d'intolérable chaleur causée par les rayons solaires; du reste, pour citer les faits dans leur ordre logique, je recopie quelques passages de notre registre de bord, qui est très-volumineux.

1 h. 26 m. — Nous faisons fonctionner l'anémomètre, ce qui nous fournit l'occasion d'échanger quelques paroles; un écho très-sensible et régulier nous donne d'excellentes inspirations. Quelle est cette voix bienfaisante qui vient se mêler à notre conversation? C'est le ballon lui-même, qui de sa large poitrine daigne nous lancer par son appendice, bouche toujours ouverte, quelques précieux avis !

1 h. 1/2. — Nous sommes au milieu d'une brume générale, l'horizon est voilé, on entend le souffle du vent sur la terre, le ballon oscille constamment. On distingue toujours l'ombre de l'aérostat à travers le brouillard opalin. Toujours bruit et bourdonnement analogue à celui d'un orage lointain....

Nous cherchons à voir si les arbres s'agitent et nous les voyons à l'aide de la lunette qui semblent immobiles, comme des sentinelles sous les armes. Tout à coup nous apercevons un nuage de fumée et d'étincelles. Est-ce un cratère qui vient de s'ouvrir et qui va nous lancer quelques bombes volcaniques? C'est un haut fourneau, car nous distinguons bientôt tout l'arsenal de la métallurgie, et ce bourdonnement est produit par un formidable ventilateur accompagné des coups redoublés du marteau-pilon.

2 h. 45 m. — Nous songeons au repas; nous mangeons raisins et pain. Les bouteilles de vin et d'eau débouchées dégagent des bulles comme du champagne. Tout à coup le tableau terrestre change; au lieu de plaines, fades, nues, pauvres, ternes, nous voyons surgir une riche verdure. Le décor se transforme subitement. De gais pommiers s'arrondissent. Des prairies verdoyantes s'étalent, de petits cours d'eau argentins brillent au soleil. C'est la Normandie qui commence.

3 h. 18 m. — Les nuages semblent se dissiper. Une petite ville s'étend sous nos pas. Avec la lunette on distingue les groupes qui nous regardent; si petits qu'ils soient, leur ébahissement est si grand que nous nous en apercevons.

4 h. 30 m. — Le ballon tourne.... Descente rapide....

Ici le registre de bord est interrompu, car nous n'avons plus de lest, et il faut songer au retour à terre.

On entend le sifflement du vent dans les arbres, et un pressentiment secret semble nous avertir que la descente sera rude. Nous nous mettons à faire en toute hâte les préparatifs de l'atterrissement, c'est-à-dire à emballer notre verrerie, serrer nos in-

struments, nos bouteilles pleines de vin, de café, pour pouvoir
fraterniser avec les habitants de la terre chez lesquels nous allons
avoir l'honneur de descendre.

Quand le sol n'est plus qu'à une soixantaine de mètres, quand
le guide-rope touche, Duruof laisse filer son grappin, mais vainement, le grappin glisse sans mordre avec une vitesse vertigineuse,
à travers des prés, coupés de haies touffues, et semés de grands
peupliers. L'ancre, lancée à son tour dans la terre labourée, creuse
un profond sillon, en faisant voltiger les mottes à droite et à
gauche, et en nous imprimant de violentes secousses. Notre situation se révèle; les arbres, qui nous semblaient calmes du haut des
airs, agitent leurs têtes avec une fureur menaçante, on dirait que
les rameaux frissonnent d'épouvante; l'orage superficiel gronde et
mugit, il a saisi sa proie, il nous traîne avec une force irrésistible; la corde de la soupape s'échappe. Duruof monte sur le rebord
de la nacelle pour la saisir. Nous sommes déracinés de la cime
des arbres et enlevés par un tourbillon terrible qui semble sortir de terre; un souffle incompréhensible nous soulève. Je me
baisse pour ramasser des bouteilles qui, dans un choc précipité,
doivent ouvrir d'effrayantes blessures. Accroupi au fond de la
nacelle, empoignant avec frénésie tous ces débris, je m'épuise en
efforts presque superflus. Tout d'un coup un craquement. Duruof
crie : « Le ballon est crevé! » *Le Neptune* s'ouvre : un des hémisphères se transforme en un faisceau de lanières et s'aplatit sur
l'autre. *Le Neptune* n'est plus qu'un disque, entouré de franges.
Voici la terre qui arrive. Choc brisant. Duruof disparaît. Nous
nous lançons au cercle. Le cercle nous tombe sur la tête; nous
nous courbons, et nous sommes renversés les pieds en haut. En
même temps tous les objets qui reposaient au fond de la nacelle
nous tombent sur le corps, nous sommes aveuglés par un nuage
de poussière. Nous roulons. Tout est noir. D'où provient cet obs-
curcissement? Ai-je les yeux crevés? Sommes-nous enfouis? Est-
ce le traînage qui commence? A quoi se raccrocher alors? Non.
Rien ne bouge! Une demi-seconde de réflexion. Pas même le
temps d'avoir peur. La voix de Duruof nous crie : « Sortez donc
de là-dessous, vous autres. » On s'empresse d'obéir au commandement, et cachés sous la nacelle comme la muscade de l'esca-
moteur sous son gobelet, ou comme des souris dans une ratière,
nous soulevons notre couvercle !!!

Le soleil est radieux, la nature verdoyante, et le vent qui siffle
pour le commun des mortels nous paraît s'être apaisé.... Quel-

Le ballon est crevé !

ques lambeaux d'étoffes voltigent au loin. Le ballon est aplati. Il n'y a plus un atome de gaz sous les toiles…. Notre premier mouvement à tous les trois est de rire en voyant une situation à laquelle nous ne pouvons rien comprendre.

Des paysans accourent, la figure bouleversée, la tête renversée, la bouche béante : ils nous ont aperçus poussés par la rafale, arracher les branches d'arbre, bondir par-dessus les maisons; ils ont vu le ballon s'ouvrir; ils nous ont vus tomber comme la foudre. Ils viennent ramasser des cadavres. Ils trouvent trois joyeux compagnons, dont leur effroi redouble le rire : « Allons, les enfants, rattrapez les bouteilles ! Il y a du bordeaux, non pas retour de l'Inde, mais, ce qui vaut mieux, retour des nuages…. Serrez ce poulet et ce saucisson, de crainte que ce caniche ne les dévore. Aidez à ramasser nos toiles, chacun aura une bonne paye, une poignée de main, une pipe de tabac et nous dînerons en famille. »

Une fois Duruof en train de recueillir les lambeaux de son *Neptune*, nous allons explorer les environs, et la corde d'ancre, encore pendue à la cime des peupliers, est le fil d'Ariane qui nous permet de débrouiller l'énigme de notre chute précipitée. — Nous parvenons à nous rendre compte de tout ce qui s'est passé. Rien n'est plus élémentaire. L'ancre qui en glissant suivait tous les accidents du sol, arrive au bord d'une mare, elle y tombe, elle racle le fond de bourbe, et, continuant son mouvement, veut sortir. Malheureusement un des côtés de cette maudite mare est revêtu d'un mur en maçonnerie, sous lequel le bec de l'ancre s'avise de prendre, et se fixe d'une manière invincible. La voilà, en un dixième de seconde, devenue inébranlable. La corde se tend comme une barre de fer, l'appendice penché du côté du vent s'aplatit sur le filet et s'étrangle. Le gaz n'a plus d'issue. Il ne peut plus sortir. Le ballon, comprimé par l'orage, crève comme une bombe. Mais le vent qui nous a crevé, nous sert maintenant d'auxiliaire, car *le Neptune* n'est plus un ballon, c'est un cerf-volant qui pique une tête de la hauteur des tours de Notre-Dame. Le vent, c'est une justice à lui rendre, nous dépose assez mollement à terre, car, pendant que nous décrivons cet immense arc de cercle, il souffle les débris du ballon qu'il gonfle comme une voile; mais, une fois les toiles soustraites à son influence, nous sommes abandonnés à la tension de la corde d'ancre qui s'est allongée sous cette formidable traction. N'ayant plus à lutter, elle se détend, se raccourcit, tire à elle le cercle. Le cercle saute par-

dessus la nacelle,.et la nacelle fait la cabriole. Duruof qui est sur
le bord est jeté à terre, nous autres nous sommes mis en cage.

Nous sommes à Saint-Germain-d'Aulnay, canton de Vimoutiers
(Orne), à 140 kilomètres de Paris; notre chute s'est effectuée auprès de la maison d'une brave fermière qui nous invite à dîner,
elle accepte.que nous payions notre écot en nature, et refuse avec
une gracieuse opiniâtreté l'argent que nous lui offrons. Mais elle
réclame avec insistance.... quoi? une bouteille d'eau qui descend
avec nous des nuages; elle ajoute qu'elle y tient, parce que c'est
la seule fois qu'elle a pu boire de l'eau de Paris. Pendant le dîner,
nous passons à l'état d'animaux rares, ou de phénomènes ambu-
lants; c'est une procession incessante autour de nos tables. Le pos-
tillon de la diligence accourt et nous apprend que le vent a été si
violent dans la journée, qu'il a dû abriter sa voiture dans un bois
pour éviter l'ouragan; c'est ce moment que nous avons habilement choisi pour effectuer notre descente. Toutes nos bouteilles
ne sont pas brisées, il y a encore de quoi trinquer à la santé des
aéronautes.

Bientôt le maître d'école arrive à la tête de son régiment d'écoliers, nous leur offrons à boire, puis ils disparaissent. Je cherche
Fonvielle, je le trouve au milieu d'un cercle d'enfants qu'il exhorte
chaleureusement à devenir de petits aéronautes ! . . . .

. . . .

Quelques jours après, *le Neptune* revenait tristement au logis
comme un vieil invalide couvert de blessures. Nous l'examinons,
et nous sommes saisis d'étonnement en voyant avec quelle force
le vent a déchiré son étoffe. L'appendice a été collé à la soupape,
le ballon s'est retourné sur lui-même comme une peau de lapin.
Le cercle est cassé, il s'est transformé en ellipse, l'ancre est tordue, et, chose remarquable, la corde d'ancre, qui avait 70 mètres
au départ, en a 77 maintenant! C'est l'effort du vent qui l'a allongée. Manière économique d'augmenter son matériel.

Duruof n'avait pas voulu emporter l'anneau de caoutchouc de
M. Giffard : malgré nos pressants avis, il le trouvait trop lourd;
il est maintenant bien persuadé de l'utilité de cet engin, et la
leçon lui coûtera 500 francs de couture; mais *le Neptune* n'est pas
mort encore, il se réparera entre les mains habiles de son capitaine, il volera à de nouveaux dangers, à de nouveaux triom-
phes !

UN ÉCHEC AU HAVRE.

Le succès de notre voyage du Conservatoire des Arts et Métiers, les encouragements qui nous furent donnés par M. le général Morin et d'autres savants, l'accueil favorable de l'Académie des sciences à la note que nous lui présentâmes, le bienveillant appui que nous trouvâmes auprès de nos collègues de la presse, de nombreux articles, des récits flatteurs insérés dans plusieurs de nos grands journaux, produisirent dans notre esprit une véritable excitation qui se traduisit par le désir de poursuivre activement nos expéditions scientifiques au-dessus des nuages. Nous sommes dans un moment favorable pour soulever les esprits en notre faveur, le vent du succès souffle au-dessus de nos têtes, il faut en profiter au plus vite. Nous étions loin de soupçonner alors que, sans exécuter d'ascension, des aéronautes peuvent faire des chutes dangereuses.

De Fonvielle était désireux de faire une ascension maritime, et nous nous mettons à rêver ensemble une traversée de la Manche.

Au Havre, la mer est beaucoup plus large qu'à Boulogne, mais on a moins à craindre une déviation vers l'Océan du nord, et puis il y a l'Exposition maritime universelle qui nous offre la perspective d'avoir le gaz gratuitement. A cette époque de l'année les vents sont généralement favorables, nous semble-t-il, pour tenter la traversée; Duruof écrit au maire, Fonvielle parle de notre projet dans la *Liberté*. L'autorité se montre très-froide, elle répond qu'il n'y a pas d'emplacement commode, mais l'article avait produit son effet, le public avait été allumé par la perspective d'une expédition aussi hasardeuse.

Le jeudi 24 septembre 1868, je reçois la visite de Duruof, qui, sans se désespérer, avait écrit au directeur de l'arène des Taureaux au Havre, et lui avait demandé huit cents francs pour exécuter l'ascension projetée. Il me montre une dépêche, ainsi conçue : « Accepté vos conditions pour dimanche prochain ; refus s'il y a un retard. »

Nous pouvons mettre *l'Entreprenant* à sa disposition, car *le Neptune* n'est pas encore guéri. Nous courons chez Fonvielle qui accepte notre proposition, et Duruof télégraphie au Havre que le départ aura lieu dimanche prochain à deux heures. Nous chargeons Duruof et Charles Chavoutier d'inspecter le ballon, de l'emballer s'ils le trouvent en état de service. Mais Duruof a accepté à tout hasard, il remet l'examen au Havre, craignant, dit-il, de ne pas le trouver favorable : singulière façon de brûler, non pas ses vaisseaux, mais ses ballons dans l'air.

Samedi matin, Fonvielle et Duruof partent avec *l'Entreprenant*, et le soir je les rejoins à minuit au Havre; je vois Fonvielle qui est consterné. « Mon cher ami, me dit-il, nos noms sont sur l'affiche, et tout le monde parle de notre voyage de demain. Le vent souffle vers l'Angleterre, mais notre ballon est percé de mille trous microscopiques, c'est une écumoire qui ne nous permettra pas de tenir l'air plus d'une heure. Que faire? »

Nous rentrons à l'hôtel, Duruof paraît accablé et nous tenons conseil. Nous sommes engagés avec le public, il faut partir; au lieu de nous décourager, agissons, passons la nuit à réparer le ballon; les Chavoutier arrivent par le train suivant, et à quatre heures du matin, tous armés de vernis et de baudruche, nous pansons les blessures de notre vétéran. « C'est égal, disons-nous, que ceci nous serve de leçon, nous voulons jouer les aéronautes de profession, nous voyons les agréments du métier. — Comment allons-nous faire, si le vent souffle vers l'Angleterre? nous sommes venus ici pour entreprendre la traversée, le public le sait, nous ne pouvons pas rester à terre avec le bon vent. — Dans ce cas, il faut partir, mais comme il faut aussi rester peut-être quatre heures en l'air pour descendre chez nos voisins, nous devons économiser nos poids et avoir le plus de lest possible. — Nous laisserons, s'il le faut, Duruof à terre, il se récriera, mais le ballon n'est pas à lui : nous n'emporterons au besoin ni ancre ni guide-rope, et nous arriverons quand même. »

Armés de cette ferme résolution dont nous gardons le secret, nous laissons Duruof et les frères Chavoutier procéder au gonflement au milieu de l'arène des Taureaux; le vent s'élève, il souffle impétueux, nous allons sur la jetée, c'est à peine si l'on peut rester debout. Le vent a tourné dans la matinée, il pousse vers la Belgique, et nous ferons peut-être un voyage terrestre. Mais les marins nous disent que le vent suit les côtes, qu'il nous conduira certainement dans la mer du Nord, à travers le détroit du Pas-de-Calais!

Cette conversation que nous tenons en présence de l'immensité des flots, au bruit des rafales, nous donne à réfléchir, et nous montre quelles imprudences nous avons commises en nous fiant à d'autres yeux que les nôtres. Enfin, si nous en revenons, nous aurons reçu pour l'avenir une bonne leçon qui vaut bien un petit plongeon. Nos pensées assez peu riantes ne nous empêchent pas de déjeuner gaiement, et telle est l'influence d'une bonne digestion, que malgré le vent, malgré la mer, malgré nos trous, nous revenons à l'arène des Taureaux, et nous sentons notre espoir renaître en voyant le ballon qui se soulevait déjà sous la pression du gaz. Le monde afflue et remplit peu à peu les gradins, mais la foule se promène surtout en dehors et n'envahira l'arène qu'au dernier moment.

Le vent souffle avec une violence extrême, mais, grâce à nos efforts, à nos soins, le ballon se gonfle ; il est rempli aux deux tiers, et une grappe de soldats peut à peine le maintenir en se pendant à ses câbles. Telle est l'impression exercée par l'aérostat sur de vrais aéronautes que la vue de notre machine augmente notre courage ; de beaux nuages sillonnent le ciel avec rapidité ; nous allons partir, et, avec la grâce de Dieu, nous ferons peut-être un voyage qui marquera dans les annales de la science et surtout dans les nôtres.

Nous gonflons nos ceintures de sauvetage avec un soin dont nous ne nous serions pas crus capables, nous disposons nos paletots, nos appareils. Nous allons partir !

Tout à coup un soldat qui tient les mailles du filet s'écrie que le ballon est troué par le vent ; Duruof accourt, saisit la déchirure et veut la raccommoder. Cette déchirure a un mètre de long, et le vent, qui est toujours d'une violence extrême, fait pencher l'aérostat de manière à nous montrer toute l'étendue du désastre. Il est de toute impossibilité de le réparer, surtout à la hâte, au milieu d'un ouragan. La foule accourt. Que faire ? Le directeur de l'arène voit notre embarras, il a vu nos efforts, il est certain que c'est bien le vent qui a déchiré le ballon et non pas un aéronaute ; il se prête à tous nos désirs. « Fermez, lui disons-nous, les portes de l'arène, afin que la foule ne grossisse pas davantage ; nous nous chargeons de faire évacuer les gradins sans bruit si vous voulez rendre l'argent. »

Il nous donne carte blanche, nos ordres sont exécutés ; Fonvielle fait un discours d'un côté, pendant que je confère de l'autre. Nous exposons au public nos embarras, et nous lui disons que nous ne sommes pas venus ici pour faire une recette, mais bien pour exécuter des expériences sérieuses, que notre ballon vient de s'ouvrir et qu'il est de toute impossibilité de le réparer avec un vent semblable....

A peine avions-nous terminé, que le ballon s'affaisse subitement : une autre déchirure s'est produite et tout le gaz s'est échappé. Succès inattendu, le public nous applaudit chaleureusement, Alexandre Dumas, qui assistait à notre malheur, vient nous serrer les mains, le maire arrive et nous félicite; tout le monde, effrayé de la violence du vent, semble plus heureux que nous de ne point avoir eu le spectacle d'un voyage aussi périlleux.

Notre défaite se change en véritable triomphe, et jamais aéronautes n'ont été accueillis, au retour, comme nous l'avons été sans partir. Le soir on nous offre à dîner, et tout le monde boit chaleureusement à nos efforts et à nos succès futurs! Nous n'avons eu qu'un seul moment d'embarras, c'est en sortant de l'arène des Taureaux. Un groupe de gamins qui s'étaient étendus sur l'herbe, et qui n'avaient en aucune façon l'air de *spectateurs payants possibles*, exhalaient leur mécontentement d'une façon bruyante. S'ils nous avaient reconnus, ils n'auraient pas manqué de nous accueillir à coups de pierres! C'est cette catégorie de spectateurs gratis qui est le plus à craindre des aéronautes mal heureux.

Fonvielle et les écoliers.

Un départ à l'usine de la Villette.

CHAPITRE VI.

LA NEIGE ET LE COUCHER DU SOLEIL.

(G. Tissandier.)

> Peut-être par nos enfants sera inventée herbe, moyen-
> nant laquelle pourront les humains visiter les sources
> des greslcs, les bondes des pluies et l'officine des foudres.
>
> RABELAIS.

Fonvielle est à Londres, tout occupé d'une ascension que nous voulons organiser dans un immense ballon de dix mille mètres cubes; M. Henri Giffard, avec sa libéralité accoutumée, a bien voulu mettre à notre disposition cet admirable matériel. Pendant que mon compagnon a de longues entrevues avec M. Glaisher et avec M. Green, le célèbre aéronaute anglais, je veux tenter une nouvelle expédition aérienne. Mon frère devant être chargé d'exé-cuter les dessins des *Voyages aériens*, ne faut-il pas qu'il ait tâté quelque peu des nuages qu'il doit peindre ?

29

Quelques jours avant mon départ, je reçois de Fonvielle une longue lettre qui m'excite à exécuter mon voyage : il me dit que si je réussis, il aura entre les mains de nouvelles armes pour soulever l'opinion en faveur de notre grande ascension future; il ajoute qu'il a vu Green, avec lequel il a eu un long entretien qui s'est prolongé toute une journée. Tout le monde croyait que l'illustre aéronaute anglais était mort, mais mon collaborateur, bien renseigné, ne tarde pas à découvrir la vérité à ce sujet, et finit par trouver la petite maison où habite Green. Un hasard assez étrange, presque mystérieux, met Fonvielle sur les traces du doyen de la navigation aérienne. Il prend un cab, et fouille un quartier de Londres, éloigné des brouillards de la Tamise.... Upper Holloway, situé sur une hauteur. Les maisons sont groupées au milieu de bosquets. Une d'elles, construite avec élégance, se nomme *Aerial villa*, la villa des airs. Pour le coup Green n'est pas loin. Il frappe à la porte de l'aéronaute, et une bonne le conduit auprès d'un vieillard de quatre-vingt-quatre ans, courbé par l'âge, la tête couronnée de cheveux blancs, qui l'accueille avec affabilité. Fonvielle lui dit quel est le but de sa visite, il lui parle de nos ascensions, et le vieux Green, rajeuni par ses souvenirs, se soulève de son siége, prend mon compagnon par la main, le conduit dans une salle à manger modeste, fait monter de la cave une vieille bouteille de sherry, lui montre dans un coin un gros carton tout bourré de paperasses : « Là sont enfermés, dit-il, tous les souvenirs de mes voyages, tous les articles qui ont été publiés à cet égard, toutes les lettres que j'ai reçues à ce sujet; je ne vous ferai pas lire tous ces documents épars, car la vie d'un homme ne suffirait peut-être pas pour les mettre en ordre. Ils sont nombreux, car j'ai exécuté dans ma vie plus de six cents voyages aériens! J'ai traversé trois fois la Manche, et j'ai emmené dans ma nacelle plus de sept cents passagers, parmi lesquels je citerai les plus grands noms de l'Angleterre. Parmi ces sept cents passagers, je vous mentionnerai cent vingt femmes, qui ont toutes montré la plus grande énergie. Voyez-vous, mon jeune ami, croyez-en l'expérience d'un vieillard et d'un marin de l'air : si vous voulez que les ballons deviennent populaires en France, commencez par enlever les femmes, vous êtes bien certain que les hommes ne tarderont pas à les suivre. »

Après avoir ainsi parlé, Green se lève et dit à Fonvielle de le suivre. Il le conduit au fond d'une cour étroite, et ouvre

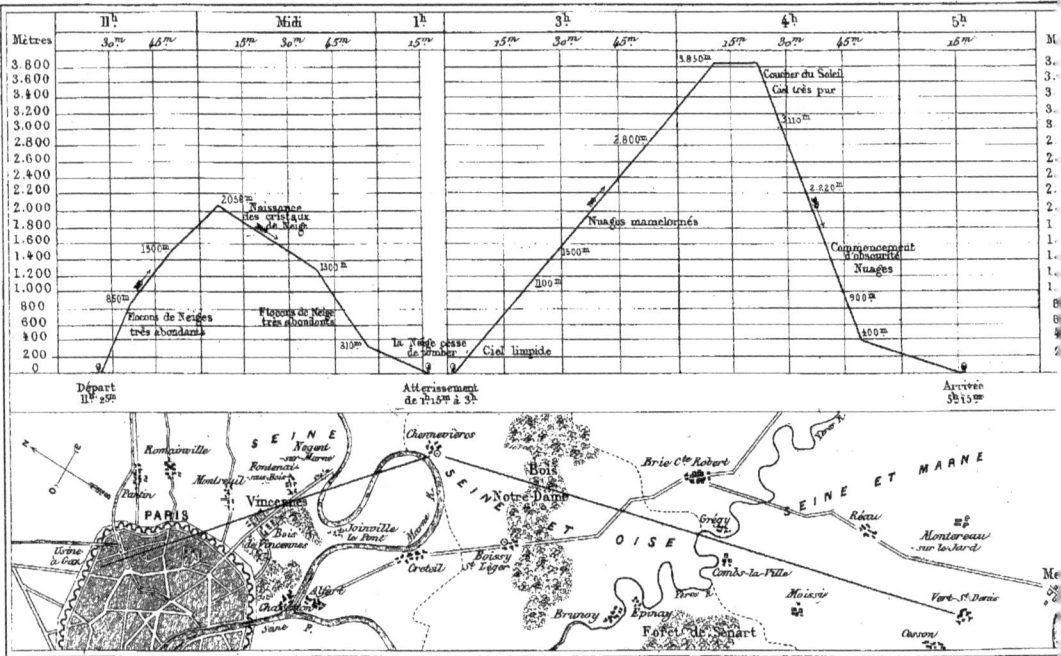

| | 11ʰ | | Midi | | | 1ʰ | | 3ʰ | | | 4ʰ | | | 5ʰ | |

Mètres

3.800
3.600
3.400
3.200
3.000
2.800
2.600
2.400
2.200
2.000
1.800
1.600
1.400
1.200
1.000
800
600
400
200
0

2058ᵐ — Naissance des cristaux de Neige

1500ᵐ

1300ᵐ

850ᵐ — Flocons de Neiges très abondants

Flocons de Neige très abondants

310ᵐ — La Neige cesse de tomber — Ciel limpide

2.800ᵐ

Nuages mamelonnés

1500ᵐ

1100ᵐ

3.850ᵐ

Coucher du Soleil
Ciel très pur

3110ᵐ

2.220ᵐ

Commencement d'obscurité
Nuages

900ᵐ

400ᵐ

Départ
11ʰ 29ᵐ

Atterrissement
de 1ʰ 15ᵐ à 3ʰ

Arrivée
5ʰ 15ᵐ

Gravé par Erhard.

Paris — Imp. F

Voyage aérien de M. G. Tissandier
Chapitre VI   La Neige et le Coucher du Soleil

religieusement la porte d'un hangar ; c'est là que repose le ballon *le Nassau*, qui s'est signalé par tant d'exploits. Le vieil aéronaute, tout ému en face de l'aérostat qui l'a si souvent emporté dans les airs, ne semble y toucher qu'avec respect : « Voici ma nacelle, dit-il, qui comme son pilote se repose après une vie bien active ; là est le *guide-rope* que j'ai imaginé, et qui rend aujourd'hui, comme vous devez le savoir, bien des services à tous les aéronautes ; là enfin est *le Nassau*, pauvre ballon que j'aime comme un enfant ; il a exécuté cent trente ascensions, et a fait le voyage de Londres au centre de l'Allemagne.

« Que vous êtes heureux, jeune expérimentateur, vous pouvez faire de l'aéronautique en savant et en artiste ; c'est ce que j'ai toujours rêvé ; mais moi, je n'ai pas agi à ma guise ; j'aurais voulu aussi diriger à mon gré ma machine aérienne ; mais j'ai été un aéronaute de métier, il fallait gagner son pain, et le maudit argent que je n'avais pas, m'a toujours empêché de conduire mes expéditions au gré de mes désirs. Ma vie est usée, mon temps est passé, mais laissez-moi vous serrer la main, et vous souhaiter bonne chance, de toute la sincérité de mon cœur. Il y a dans l'aéronautique quelque chose de grand qui élève et qui séduit, il y a dans cette science encore en enfance le germe de bien des découvertes ! Honneur à vous qui marchez sur la trace de vos ancêtres de l'air, jeune génération, vous ferez ce que n'ont pas pu exécuter vos pères, aujourd'hui affaiblis par l'âge. Pour moi, si ma tête a blanchi, si mes membres sont impuissants à vous aider, mon esprit peut encore vous guider de son expérience et mon cœur vous suivre de ses vœux. »

En disant ces mots, le vieux Green serrait avec effusion la main de Fonvielle, qui crut voir une larme perler dans sa prunelle encore étincelante. C'est à une heure assez avancée de la nuit que Green se décide à rompre une conversation qui le ramène à quarante ans en arrière. Il ne parle pas un mot de français, mais, comme tous les aéronautes, il aime la France, cette grande nation qui, en donnant les ballons au monde, a permis à l'humanité de porter la Révolution dans les airs. C'est la France qui doit continuer de donner l'impulsion aérienne. Les grandes ascensions peuvent se tenter partout après qu'elles auront réussi en France. La patrie des Montgolfier a charge d'âmes. . . .

. . . .

Le ciel était fort brumeux dans la matinée du dimanche 8 novembre 1868; j'avais fixé ce jour pour mon ascension, je ne voulais pas m'exposer par un retard à rencontrer un temps peut-être moins favorable. Dès le matin, Gabriel Mangin commence le gonflement avec son habileté accoutumée ; à onze heures, le ballon *l'Union* se berce gracieusement sous les ondulations du vent ; mon frère et moi nous prenons place dans la nacelle avec notre nouveau capitaine. Un photographe qui est venu armé d'une chambre noire portative demande à cueillir un cliché : nous faisons grouper les spectateurs autour de l'aérostat et nous ne bougeons plus ; malgré l'obscurité du ciel, l'artiste parvient à nous fixer convenablement sur la plaque daguerrienne qui nous a permis de reproduire en tête de ce chapitre l'épisode de notre départ.

Nous sommes tous les trois dans la nacelle, je vais donner le signal du départ quand on me crie d'arrêter ; le directeur de l'usine à gaz, M. Cury, me remet une dépêche télégraphique qui arrive de Londres : c'est l'ami Fonvielle qui a pensé à nous, et qui nous envoie l'opinion des astronomes de Greenwich sur l'état probable du temps. Je lis le message à haute et intelligible voix ; voici son contenu :

« *Courant général du nord-ouest ; Europe couverte de nuages épais. Temps brumeux. Neige probable.* »

A peine ai-je pris connaissance de cette missive, que d'épais flocons de neige viennent confirmer par leur chute cette remarquable prévision, à laquelle notre collaborateur M. James Glaisher n'est certainement pas étranger. Cette neige à point nommé, qu'on eût dit de commande, aurait excité des applaudissements si tous les spectateurs n'eussent craint de nous voir égarés dans les glaciers inconnus de l'immense océan aérien. Comme si l'on pouvait geler quand on doit admirer de si belles scènes !

Nous nous élevons lentement au milieu de la neige qui tombe en grande abondance, et bientôt nous ne distinguons presque plus la terre, qui s'étend bien loin sous nos pieds.... Dans le lointain nous apercevons encore les gazomètres de l'usine, et le groupe des amis qui nous salue de la main nous apparaît confusément à travers les blancs flocons qui nous entourent. Nous offrons du reste, à ce que nous avons su plus tard, un remarquable spectacle pour tous ceux qui nous regardent ; l'aérostat dans les airs attire à lui les parcelles de neige qui se heurtent à sa surface, il paraît entouré d'une auréole, d'une blancheur étin-

Nous nous élevons lentement au milieu de la neige.

celante : c'est un énorme glaçon flottant au milieu d'un tourbillon de neige.

Cette croûte de glace nous appesantit singulièrement et nous ne montons qu'en vidant à la fois plusieurs sacs de lest ; grâce à ce délestage, nous nous élevons à 1800 mètres d'altitude et nous assistons à l'admirable tableau de la formation de la neige. Tout à l'heure de gros flocons voltigeaient autour de la nacelle et formaient mille tourbillons irréguliers sous le souffle de l'air ; maintenant ce sont des paillettes brillantes, presque irisées, qui s'attirent, s'agglomèrent et grossissent à vue d'œil, à quelques centaines de mètres sous la nacelle. Au-dessus de nos têtes, la nuée est moins épaisse, plus transparente, et on devine que le soleil n'est pas loin ; mais notre aérostat chargé d'une carapace de neige n'a plus la force de monter. La température n'est pas très-basse, car le thermomètre marque 1 degré seulement au-dessous de zéro. Du reste on ne se lasserait pas d'admirer ce jeu de la cristallisation de l'eau que nous saisissons pour ainsi dire sur le fait, et mon frère, en sa qualité d'artiste, manifeste surtout sa profonde admiration ; c'est la première fois qu'il a quitté la terre ferme dans la nacelle d'un ballon, mais il oublie qu'il est suspendu dans les airs, et il prend un croquis de ce qu'il voit, tout comme s'il était encore sur le plancher des dessinateurs.

J'ai emporté avec moi bien des instruments, notamment un psy-chromètre qui m'indique que l'air n'est nullement humide ; je regrette vivement de n'avoir pas pensé au microscope : j'aurais regardé la forme des paillettes cristallines qui se fixent sur mon paletot ; mais qui eût supposé que cet instrument aurait pu être utile en ballon ! Je changerais bien à présent ma lunette qui ne me sert à rien, contre la loupe la plus ordinaire, car mes yeux sont impuissants à dévoiler les angles de ces cristaux solidi-fiés par le froid, et je me contente de les voir capricieusement voltiger autour de moi ; ils se livrent à une danse vraiment fantastique, qui remplit notre esprit d'une impression étrange.... Tout autour de nous, en haut, en bas, à droite, à gauche, jusqu'à perte de vue, c'est la même sarabande de cristaux microscopiques qui décrivent de toutes parts mille courbes capricieuses, mille sinuosités bizarres, qui s'attirent, se repoussent, s'agglomèrent et retombent en tourbillonnant jusqu'à la surface du sol !

Midi. Nous nous sommes décidés à sacrifier du lest, et, malgré la neige, nous montons encore. Je voudrais lancer notre aérostat à travers cette brume demi-transparente qui me cache encore les rayons solaires, je voudrais traverser ces vapeurs translucides et voir le soleil qui nous donnerait des ailes. — En sept minutes nous montons de 200 mètres seulement; quelle pénible ascension, mais comment vaincre ce poids qui charge sans cesse les épaules de notre coursier? Tout ce que nous pouvons faire, c'est de dépasser le niveau de 2000 mètres. — Les parcelles de glace sont très-ténues; on dirait une infinité d'aiguilles cristallines. Encore un effort et nous verrons le soleil; nous avons assez de lest pour franchir ces dernières plages aériennes au-dessus desquelles le flambeau de la nature doit lancer ses rayons.

Midi 15. Nous tenons un conseil de guerre, et d'un avis unanime nous décidons qu'il ne faut pas songer à nous élever encore. Pour dépasser ces dernières assises de vapeurs, il faudra épuiser nos forces, c'est-à-dire sacrifier le dernier lest qui est notre salut. — Si nous avons le malheur de plonger notre navire aérien dans l'océan de lumière qui brille au-dessus de nos têtes, la couche de neige qui nous appesantit ne manquera pas de fondre, nous perdrons cette eau solidifiée qui n'aurait jamais dû se condenser sur nos toiles, et, délestés d'un poids considérable, nous serons entraînés malgré nous vers de hautes régions. Quand nous quitterons les zones admirables de l'air où nous aurons pu admirer d'en haut les nuages chargés de neige, quand nous reviendrons à terre appelés par cette force invincible de la pesanteur, de nouveaux flocons nous alourdiront encore, ils augmenteront de moment en moment la vitesse de notre descente, et comme nous n'aurons plus alors de lest à jeter, comme nous aurons dû gaspiller ce qui est notre vie dans les plaines atmosphériques, nous toucherons la terre avec une force telle que nous serons sans doute brisés par le choc. — Gravir encore les pentes aériennes serait témérité, il faut regagner lentement le fond de notre océan gazeux qu'on appelle la terre.

Midi 25. Nous entendons distinctement des voix humaines, et le roulement d'une voiture.... Jamais bruit terrestre n'avait frappé mon oreille à cette altitude (1800 mètres). La neige, qui a débarrassé l'air de l'humidité qu'il renfermait, l'a sans doute rendu meilleur conducteur des rayons sonores.

Midi 45. Nous voilà rapidement revenus à l'altitude de 1000 mètres au-dessus du niveau du sol. Je retrouve les mêmes flocons de neige qui, plus abondants, plus épais que tout à l'heure, exécutent toujours leur danse aérienne. L'air est encore presque sec comme l'indique le psychromètre, et la terre ne se montre pas

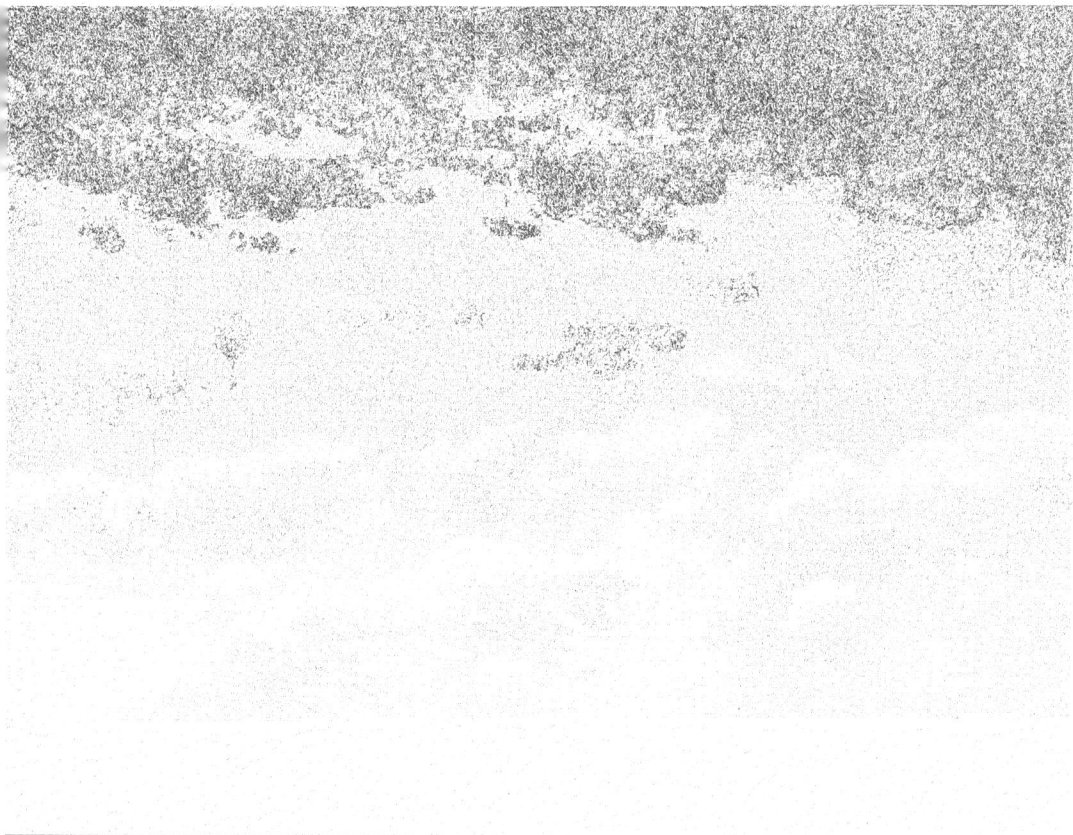

Le ballon plane un moment immobile; nous voulons commencer notre repas, mais il faut toujours semer le sable sur notre route. La neige se précipite sans cesse abondante et serrée. — Quand donc cesserez-vous de vous former, cristaux merveilleux qui naissez sous mes yeux au milieu d'une température assez douce, sans que je puisse pénétrer les mystères de votre formation? Par quelle force les molécules de vapeur aérienne peuvent-elles se souder entre elles pour former cette architecture merveilleuse du flocon de neige? Par quelle puissance de création la nature sait-elle ciseler toutes ces merveilles de la cristallisation, qui s'agitent de toutes parts autour de nous. Atomes invisibles, la force qui vous attire, la puissance qui vous unit est aussi celle qui préside à la gravitation des mondes, qui régit la marche des corps planétaires, et autour de notre nacelle, errante dans les plaines de l'air, nous assistons à la formation d'une infinité de mondes corpusculaires auxquels un art divin donne naissance! — Voilà le ballon qui se met à descendre rapidement, je suis des yeux la banderole qui voltige, et cette observation m'empêche de finir ma tirade philosophique.

Mangin achève de me ramener à la triste réalité en me disant qu'il ne lui reste plus guère qu'un seul sac de lest; la banderole de soie qui s'agite au-dessus de nos têtes nous apprend que nous descendons; il faut quitter ce pays enchanté, ce monde si curieux, où nous avons surpris les secrets de la formation de la neige! Nous revenons en vue de terre avec une grande rapidité; les flocons, très-épais à cette hauteur, nous cachent à quelques paysans de la localité que nous apercevons sur une route et que nous appelons en vain à notre aide de toute la force de nos poumons. Nos cris les font retourner cependant les uns après les autres, mais aucun d'eux ne lève la tête et ne semble se douter que nous planons au-dessus. La brume terrestre serait-elle plus transparente de haut en bas que dans le sens inverse? Je l'ignore, mais je constate cependant ce fait curieux que nous avons pu observer à plusieurs reprises; nous nous trouvions dans la situation de cette princesse des *Mille et une Nuits* qui, cachée derrière une fenêtre magique, voyait sans pouvoir être vue. Nous rasons la surface du sol.... Notre guide-rope touche bientôt, et la nacelle de *l'Union* est brusquement jetée au milieu d'un champ. Je détache l'ancre qui mord, tandis que Mangin ouvre la soupape, puis la referme subitement, car nous sommes arrêtés par notre corde. Des paysans accourent et nous apprennent que nous sommes à

Chennevières-sur-Marne.... Notre course n'a pas été rapide, car il y a une heure et demie que nous avons quitté Paris ; il n'est pas tard, et je ne veux pas encore dégonfler notre aérostat, pensant que le manteau qui le recouvre ne tardera pas à fondre. Le temps paraît un peu s'éclaircir, et si le soleil allait se montrer, il sécherait bien vite nos toiles et nous permettrait peut-être d'exécuter une seconde ascension.

Les habitants de la localité grossissent en nombre, et un aimable propriétaire de Chennevières, M. Rouzé, qui a couru avec ses deux fils après notre guide-rope, au moment où il rasait les champs, nous invite à déjeuner. J'accepte l'offre aimable d'une hospitalité inattendue, mais cependant je ne veux pas quitter mon cheval aérien, craignant qu'il ne prenne le mors au dent pendant mon absence.

« Ne vous inquiétez de rien, me dit notre hôte, je vais vous faire porter à la porte de ma maison. »

Ce qui est dit est fait : quelques bras vigoureux nous saisissent, soulèvent notre nacelle dans laquelle nous demeurons tranquillement assis et nous voilà triomphalement remorqués à travers champ par une bande joyeuse qui nous acclame. Ce ballon couvert de neige, soulevé par quelques hommes et penché par le vent, ces paysans qui l'entourent en poussant des cris de joie, ces chasseurs et leurs chiens, ce garde champêtre, forment le plus curieux tableau. Notre voyage, quoique terrestre, n'en offre pas moins le charme d'une excursion aérienne. Nous franchissons ainsi la terre labourée jusqu'à la route de Chennevières, que nos conducteurs nous font traverser habilement sans qu'aucune branche ait atteint le ballon. Nous passons encore, sans difficultés cette fois, au-dessus d'une autre plaine, et je donne le signal de la halte sur un avis de notre hôte, qui m'a appris que nous étions chez lui. Mangin, mon frère et moi nous descendons de la nacelle et je remplace notre poids par celui de quelques grosses pierres que j'aperçois sur une route voisine. Pour faciliter le transport de ces matériaux, j'organise une chaîne humaine avec les paysans de bonne volonté et je charge notre panier d'osier de pavés et de moellons, qui le rivent solidement à la terre labourée. Ces manœuvres, si simples qu'elles paraissent, ne s'exécutent pas facilement, car l'enthousiasme des gamins qui accourent toujours en grand nombre, en pareille occurrence, est difficile à maintenir. Les uns se pendent à nos cordes et y voltigent comme sur une balançoire; les autres frappent

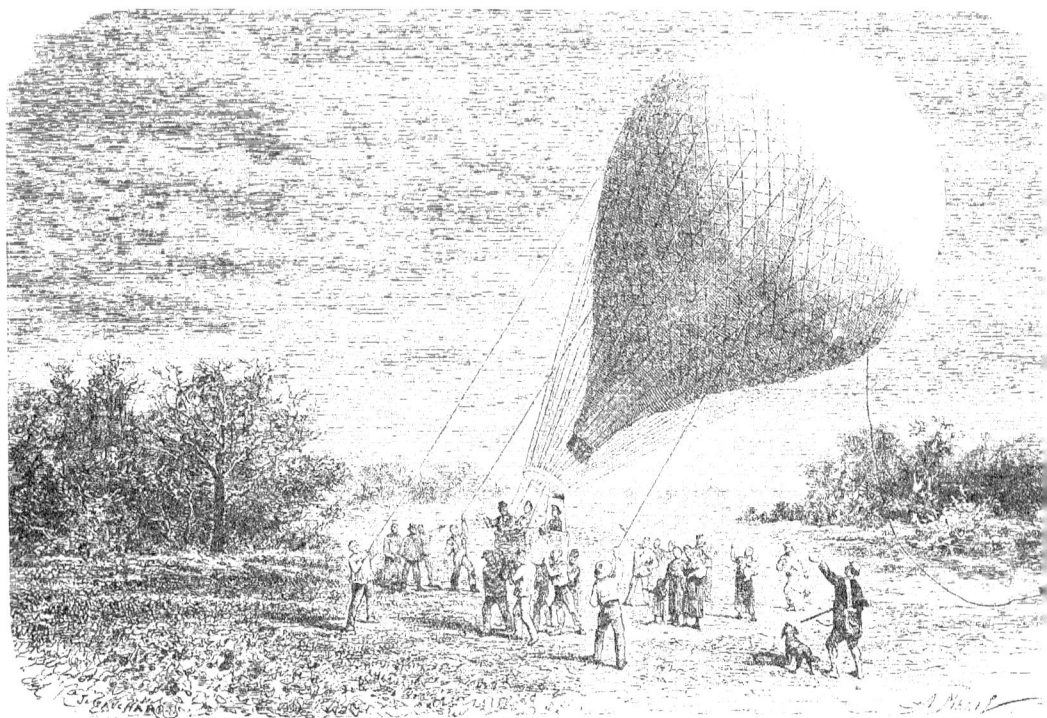

Quelques bras vigoureux nous saisissent...

l'étoffe du ballon, et, sans penser à mal, ils mettraient tout en pièces si l'on n'y mettait ordre.

Moyennant une faible gratification, j'ai conquis le dévouement de deux paysans que je poste en sentinelles, avec recommandation d'empêcher les curieux de rien toucher, et d'interdire aux fumeurs d'approcher. « Une pipe qu'on allumerait, leur dis-je, vous ferait tous sauter en l'air.... vous voilà bien avertis.... » Cette recommandation semble suffire à mes gardiens improvisés. En me retirant, je vois déjà l'un d'eux qui vient d'allonger une claque à un gamin qui s'était avisé de se pendre à une de nos cordes équatoriales; et cette démonstration sévère, énergique, me prouve que mes cerbères sont décidés à faire leur devoir en toute conscience.

M. Rouzé nous fait entrer dans sa charmante villa, et nous sommes admirablement reçus par une société si aimable que je doute qu'on en trouve de préférable au ciel même. On a garni la table en notre honneur de bons plats et d'excellent vin, et nous faisons très-bon accueil à tout ce qui nous est offert. La neige nous a valu un violent appétit, et tout en maniant la fourchette, je ne peux m'empêcher de rire à l'idée que nos amis qui nous ont vus partir, supposent sans doute que nous sommes en train de geler dans les hautes régions de l'atmosphère! Comme ils sont loin de soupçonner que nous déjeunons dans une bonne salle à manger, bien chaude et bien confortable!... N'avais-je pas bien raison de dire au départ que le touriste en ballon ne peut battre ces buissons aériens qu'on nomme les nuages, sans faire quelque rencontre étrange, imprévue?

La conversation s'anime, et, en causant avec nos hôtes, je regarde le ciel de temps en temps et je vois avec une indicible joie que le soleil perce la nue; la neige est fondue et le ballon se débarrasse de cette maudite robe blanche. « Nous vous avons donné, dis-je bientôt, le spectacle d'une descente en ballon qui a paru vous intéresser vivement, vous me permettrez après le dessert de vous offrir celui d'une ascension; je tiens à m'en aller par la voie qui m'a conduit ici. » On accueille ma proposition avec incrédulité, mais Mangin affirme que l'ascension est possible et nous quittons bientôt la table pour retourner à notre aérostat.

Nos deux cerbères avaient accompli leur devoir, je serre la main à M. Rouzé et à ses amis en leur promettant de descendre encore chez eux quand les caprices d'Éole nous feront passer au-dessus de Chennevières. Mangin, mon frère et moi nous montons dans la nacelle, après en avoir extrait une à une toutes les pierres; mais, hélas! nous sommes trop lourds! Le ballon ne veut pas quitter terre. Le soleil se montre, l'air est calme, Mangin se décide à abandonner son pesant guide-rope, le ballon fait un effort, mais il ne s'envole pas encore et il est impossible, pour aider son mouvement ascensionnel, de renoncer à notre dernier sac de lest qui peut être utile à la descente.

Nous sommes encore trop pesants de quelques kilogrammes.... Nous regrettons, mais trop tard, d'avoir si bien déjeuné!

Il faut cependant partir.... Si je laissais mon frère à terre, me dis-je en moi-même, quel fameux délestage! L'amour de la navigation aérienne me pousse même, je l'avoue à ma honte, à émettre une proposition aussi égoïste; mais mon frère oppose une résistance digne d'un aéronaute et il se refuse avec une obstination invincible de quitter la nacelle. Je m'adresse alors à Mangin; je déploie toutes les ressources de la persuasion pour lui faire comprendre que nous pouvons partir sans lui. « Vous avez fait, lui dis-je, un grand nombre de voyages en ballon, vous en ferez toute votre vie, que vous importe une ascension de plus ou de moins? J'aurai soin de votre aérostat comme de moi-même. S'il y a quelques réparations à faire à la suite de la descente, je m'en charge, je m'engage à vous restituer votre matériel intact. Mon bon ami, je vous en conjure, délestez-nous de votre poids. » Mais Mangin est amoureux de son art, et le ciel est si beau, si pur, qu'il appelle vraiment à lui tout aéronaute de cœur et d'âme. Notre pilote ne veut pour rien au monde quitter sa nacelle, et tous trois nous nous regardons, ne sachant quelle décision prendre. Ces petites scènes de ménage aérostatique ne manquent pas de vivement égayer tous ceux qui nous regardent, mais ils n'excitent pas chez nous la même hilarité. .

Cependant l'heure s'écoule et nous restons à terre. Il faut sortir de cette situation.... Je décharge la nacelle de mes instruments dont je me passerai cette fois. Ils n'ont pas le droit de réclamer; je les laisse à terre.... Je ne garde qu'un thermomètre et le baromètre. Nous nous dépouillons en outre de nos lourds paletots, couvertures, je supprime notre corde d'ancre assez pesante, et je la remplace par une mince cordelette que l'on m'apporte; je jette tous les sacs de lest qui sont vides. Je crois, Dieu me pardonne, que j'aurais, s'il l'avait fallu, laissé la nacelle à terre, plutôt que de rester dans cette situation ridicule. Tous trois perchés dans le cercle, nous aurions pu encore nous tirer d'embarras. Grâce à tout

D'un bond, nous perçons l'épais massif des nuages.

ce délestage et surtout grâce au soleil qui chauffe notre gaz, le ballon cette fois donne signe de vie.... il est prêt à partir. Au moment du départ, un propriétaire de l'endroit me réclame cinq francs pour le *délit* que j'ai commis dans son champ.... Il voulait dire dégât, le pauvre homme, mais il ne se doutait pas que des aéronautes rompent aisément toute discussion, en criant énergiquement : « Lâchez tout ! »

Nous montons rapidement ; d'un bond, nous perçons l'épais massif des nuages et nous nageons bientôt dans les couches aériennes où le soleil est plus ardent. L'étoffe de l'aérostat se sèche.... Il est trois heures, et nous avons encore un beau voyage devant nous....

Nous montons, nous montons toujours sans toucher à notre unique sac de lest.... La température s'abaisse : 3 degrés au-dessous de zéro à 3000 mètres.

Les nuages éclairés par le soleil ont une couleur étrange : ils paraissent violacés, roses et forment des lignes élégantes régulièrement étagées à l'horizon ! Mais ceci n'est que le prélude du tableau que va nous fournir tout à l'heure le coucher du soleil.

. . . .

L'astre bientôt disparaît sous un rideau de nuages qui nous cache une illumination magique ; on voit surgir sous un manteau de pourpre mille rayons d'or, tellement éblouissants que l'œil peut à peine en supporter l'éclat. Ils semblent émaner d'un même centre qui se devine sans être vu.... Jamais poëte n'a pu rêver un soleil aussi radieux, jamais peintre n'a pu concevoir des lignes de feu aussi étincelantes.... Nous montons jusqu'à 3800 mètres, au milieu du calme absolu qui règne dans la nature, à l'heure solennelle du crépuscule !

Sublime harmonie des couleurs, de la lumière et du silence !... Suspendus dans l'immensité, nous saluons avec émotion ces derniers feux ; et nous contemplons avec admiration les nuages qui en reçoivent les clartés célestes. Comme Faust quand il dirige ses regards vers le ciel, nous pourrions dire : « Regarde comme aux feux du couchant étincellent ces cabanes noyées dans la verdure. Le soleil décline et s'éteint, le jour expire, mais il s'en va porter en d'autres contrées une vie nouvelle. »

Saisis d'une sorte d'extase, nous regardons la terre, qui ne nous apparaît plus que sous la brume transparente, comme masquée derrière un voile de mousseline rose. Ici la Marne sillonne la campagne et un long ruban de vapeurs s'exhale de ses eaux azurées; plus loin c'est un aqueduc que l'on entrevoit au milieu de ce décor, comme le seul vestige de tout travail humain! Quelle joie paisible nous éprouvons à regarder de si haut cette campagne microscopique et à jeter les yeux sur ces bas-fonds, sans faire partie de leur substance boueuse. Nous nous sentons seuls au milieu de l'infini, face à face avec la nature, loin des hommes, et notre âme s'abandonne avec ivresse aux transports de cette muette contemplation. L'esprit s'élargit devant un si imposant spectacle, et les pensées confuses qui se succèdent, semblent atteindre des sphères de plus en plus grandes comme les ondes sonores qui, s'éloignant sans cesse de leur centre de production, forment des rayonnements jusqu'à l'infini!

Jamais je n'avais été aussi surpris des changements de nuance et de couleur qui se manifestent au milieu des nuages, éclairés par les feux couchants du soleil. A mesure que l'astre baisse pour aller éclairer d'autres contrées, les tons vifs s'effacent peu à peu. D'abord c'est une richesse de nuances incomparable... : la pourpre colore des mamelons vaporeux dont une frange dorée termine les contours, le ciel est d'un bleu indigo le plus franc, le plus foncé, la terre est verdâtre comme une pâle émeraude, et la Marne est aussi rose que le pétale d'une fleur naissante; nous sommes enveloppés dans ces deux hémisphères formés par le ciel et la terre, et notre aérostat trace son invisible sillage au milieu de toutes ces merveilles. Mais peu à peu l'harmonie des couleurs se dissipe, les nuages passent du violet pourpre à des tons plus gris; la campagne se voile d'une mousseline plus opaque, plus foncée, comme un crêpe de deuil. Tout ce qui vit, va sommeiller au milieu du silence de la nuit! Le disque solaire va s'éteindre et comme pour dire un dernier adieu à ces vastes prairies qu'il égayait, à ces beaux nuages qu'il colorait de pourpre et d'or; il jette un dernier feu étincelant sur ces palais enchantés de vapeurs. L'air s'embrase pendant un instant et se colore d'une nuance rouge-orange comparable aux reflets d'un incendie lointain; les nuages, l'espace, bleu tout à l'heure, la terre elle-même, se revêtent subitement de cette nouvelle parure, et nos yeux aveuglés perdent bientôt le pouvoir d'admirer ce reflet de splendeurs, renfermées dans les zones où les ballons n'ont pas encore pénétré. A peine avons-nous le temps de nous rendre compte de ce beau phénomène, que tout se dissipe avec une rapidité inconnue aux crépuscules terrestres, où la lumière lutte longtemps contre l'obscurité; le grand flambeau de notre humble planète vient de se

Nous atterrissons mollement dans un champ.

cacher sous l'écran de l'horizon, et avec lui meurent la lumière et les couleurs! Nous avons voulu reproduire l'aspect si singulier de l'atmosphère dans ces heures merveilleuses. Espérons que la planche en couleur qui accompagne notre récit complétera la description de ce tableau fantastique.

Que ne pouvons-nous maintenir dans l'espace notre ballon jusqu'à l'heure de l'aurore, jusqu'au moment où le soleil va venir de nouveau animer la nature entière! Quels regrets en pensant qu'il va falloir regagner la terre, et que demain, à cette même place, renaîtront encore, toujours splendides, toujours nouveaux, d'admirables tableaux colorés par ces jeux de la lumière. Ils ne pourront être contemplés par aucun œil humain. Une fois revenu sur le plancher terrestre, l'architecture bizarre, grandiose, des nuages n'est plus la même; si imposante qu'elle puisse être à terre, elle ne ressemble plus à celle qui s'offre au regard de l'aéronaute. Les cumulus, les masses de vapeurs aériennes, vus d'en bas sur le sol ou d'en haut dans les airs, offrent des aspects différents; on dirait qu'ils ont deux parures distinctes. Contrairement à l'agate qui est éblouissante quand un rayon lumineux la traverse, et qui est terne lorsqu'on la place sur un objet opaque, les nuages ne revêtent leur plus brillant éclat que pour l'œil privilégié qui a pu traverser le grossier épiderme formé par les nuées inférieures.

Là-haut, c'est un Alhambra d'une richesse inouïe, où les feux du rubis rivalisent avec les reflets de l'opale et l'éclat du saphir; ici-bas, c'est le même palais enchanté dont on a caché les couleurs!

. . . .

Mon frère a eu le temps de prendre plusieurs croquis de tous ces beaux paysages, et j'ai par moments interrompu mes méditations pour lire le thermomètre et le baromètre. Notre hauteur maximum a été de 3900 mètres environ : c'est la plus grande à laquelle je sois jusqu'ici parvenu, et jamais je n'ai mieux constaté que la terre semble se creuser en offrant l'aspect d'une vaste cuvette. — Notre température minimum a été de 5 degrés centésimaux au-dessous de zéro.

Quoique basse, elle n'est pas sibérienne comme se l'imaginent ceux que nous avons laissés à terre. Nous ne sommes pas véritablement saisis par le froid, cela tient sans doute à ce qu'il n'y a pas de vent en ballon, et qu'aucune brise ne peut vous fouetter le visage. Notre respiration n'est nullement embarrassée, et la seule remarque que je puisse faire, c'est que nos paroles ne se propa-

gent pas facilement dans cet air raréfié ; il faut un peu crier pour
se faire entendre. J'éprouve un certain bourdonnement dans les
oreilles, une douleur insensible dans le tympan ; l'air contenu
dans le tuyau auditif se dilate par suite de la diminution de pression extérieure et peut, dans certains cas, causer une véritable
souffrance.

Mangin me fait observer qu'il est bientôt 5 heures et qu'il serait prudent de descendre ; le ballon est bien équilibré dans
l'espace et il faut jouer de la soupape pour le faire osciller. A
mesure que nous approchons de terre, le dernier rayonnement
de la lumière solaire disparaît ; les couches d'air se foncent et deviennent blafardes, la campagne est obscure et la nuit va la couvrir
bientôt de son manteau.

Nous atterrissons mollement dans un champ aux environs de
Melun, à Vers-Saint-Denis (Seine-et-Marne), en face des bouquets
d'arbres qui sont les avant-postes de la forêt de Sénart. — Le vent
nous traîne quelques instants dans la terre labourée, le ballon se
couche sur le flanc et nous sommes couverts de boue et de terre
détrempée. Triste retour ! c'est le réveil après un beau rêve !

La neige.

L'Hirondelle, gonflée, se couche sur le flanc....

CHAPITRE VII.

ASCENSIONS DE VENTÔSE. — LE TRAÎNAGE.

(W. de Fonvielle et G. Tissandier.)

Notre attention s'était dirigée depuis longtemps sur l'étude de l'irradiation solaire. Il ne faut pas, en effet, beaucoup d'imagination pour comprendre que les études faites dans les observatoires de terre pèchent par la base, car les nuages viennent introduire dans la chaleur constatée un coefficient dont il est impossible d'évaluer même approximativement l'importance. Or, comment faire de la météorologie sérieuse si l'on ignore comment se comporte la source de toute lumière et de toute chaleur? Cette mesure en unités absolues du calorique rayonné par l'astre est un desidératum que nous n'avons point eu l'ambition de combler à nous seuls. Nous avons fait part de nos espérances, de nos désirs à M. Jamin, de l'Institut, qui a immédiatement accepté les principes de la méthode et qui a mis son laboratoire de la Sorbonne à notre disposition pour les recherches préparatoires. Un des buts que nous nous sommes proposés, est de jauger le grand fleuve de feu qui, partant du soleil, descend sur la terre, ce grand fleuve inépuisable où les pôles et l'équateur trouvent annuellement leur ration de chaleur. Nous avons fait construire une sphère de cuivre noirci de 10 centimètres de diamètre, au centre de laquelle nous avons disposé un thermomètre à boule ronde; l'appareil rempli d'eau était placé en présence d'une flamme intense, et nous avons constaté que, dans ces conditions, l'ascension du mercure dans le thermomètre était beaucoup trop lente. Nous avons remplacé l'eau par l'air, après avoir enduit intérieurement la sphère de cuivre de noir de fumée, et enfin, sur les indications de M. Aguilar, directeur de l'Observatoire de Madrid, nous nous sommes décidés à employer un instrument analogue à ceux que l'on emploie dans cet établissement, et qui consiste en un thermomètre dont le réservoir est placé au centre d'une sphère de cuivre dans laquelle on a fait le vide. Le temps que nécessitait l'étude de ce nouvel instrument aurait été de trop longue durée pour qu'il fût possible de l'employer immédiatement; aussi avons-nous résolu de l'abandonner provisoirement pour continuer la série de nos observations accoutumées; nous lui avons toutefois donné le nom de *thermhéliomètre,* pour le distinguer du *pyrhéliomètre* de Pouillet.

Le 10 janvier 1869, le ballon *l'Entreprenant,* que M. Giffard avait fait réparer depuis le Havre, se gonflait à l'usine à gaz de la Villette. A peine le gaz a-t-il soulevé la soupape, qu'une large déchirure s'ouvre dans sa partie supérieure; on la ferme rapidement avec des baudruches enduites de vernis, mais nous ne tardons pas à nous apercevoir que l'étoffe est toute desséchée; on ne peut y toucher sans y pratiquer une ouverture, et la seule pression du gaz la met en lambeaux. Nous arrêtons l'opération à son début, et nous constàtons avec tristesse que *l'Entreprenant* est mort, et que ni pièces, ni coutures ne le feront revivre. Ce contre-temps était d'autant plus fâcheux, que nous avions reçu des télégrammes des observatoires de Zurich et de Madrid indiquant l'existence d'un vent sud-est très-favorable.

Nous voilà sans ballons! Auquel songerons-nous? *Le Neptune* n'est pas remis à neuf; M. Giffard a bien encore *l'Hirondelle,* mais sa partie supérieure est profondément altérée; elle nécessiterait une réparation sérieuse. Nous racontons notre situation à M. Giffard, notre mécène aérien, qui ne regarde pas, pour nous obliger, aux frais de couture et de vernis; il fait la dépense d'étoffe neuve, avec laquelle on recouvre ce petit ballon. On le vernit à neuf et on le transporte à l'usine à gaz le samedi 6 février.

Mais ce ballon ne cube que 650 mètres ! nous nous demandons s'il pourra nous enlever l'un et l'autre. Pour sortir de ces incertitudes, nous pesons scrupuleusement tous nos engins, puis nous prenons la densité du gaz à la suite d'une expérience minutieuse. Nous acquérons ainsi la conviction que l'ancre et le guide-rope qu'on a mis à notre disposition sont trop lourds si nous voulons enlever avec nous quelques sacs de lest. Nous courons alors chez Duruof, nous lui prenons une ancre de très-faibles dimensions, et notre guide-rope est réduit à la proportion d'un faible câble. Nous savons bien que ces agrès si faibles peuvent nous faire courir quelque danger si nous rencontrons un vent violent, mais nous avons demandé au ministre de la maison de l'Empereur de mettre à notre disposition le ballon *l'Impérial*, et il nous a été répondu par un refus catégorique. Il ne nous reste donc qu'une ressource, car notre honneur aéronautique ne nous permet pas de demeurer à terre, c'est de nous confier à *l'Hirondelle* avec des engins d'atterrissage dont nous n'avons pas cessé un seul instant de reconnaître l'insuffisance.... et nous sommes bientôt en *ventôse !*

Le lendemain, Chavoutier se charge du gonflement, qu'il exécute dans d'excellentes conditions, mais le vent souffle par rafales ; *l'Hirondelle*, gonflée, se couche sur le flanc, et les hommes pendus à sa nacelle ont peine à en retenir les élans. On nous lâche, nous fuyons la terre-écueil avec la rapidité de la flèche, et notre départ a sensiblement effrayé les assistants, car nous n'entendons pas les applaudissements qu'on ne manque pas de nous adresser habituellement, et qui aujourd'hui ont été étouffés par l'émotion.

C'est la première fois que nous nous trouvons tous deux seuls en tête-à-tête dans une nacelle d'aérostat, nous voilà transformés en aéronautes ; une banderole est fixée à la nacelle et Fonvielle à la main au lest, qu'il est obligé de prodiguer pour maintenir *l'Hirondelle* sur l'horizontale ; on arrime avec quelque peine le guide-rope qui s'est emmêlé sans qu'il y ait de notre faute. La nacelle était si petite et le vent si intense ! L'ancre est descendue pour que tout soit prêt à la descente. Nous sommes à 1000 mètres d'altitude, et la chaleur est accablante ; à terre nous avions seulement une température de 13° centésimaux, ici le thermomètre, sorti de sa gaîne, marque 28°. C'est une chaleur lourde, accablante, qui fait ruisseler la sueur sur nos fronts; c'est un soleil de plomb qui nous darde ses rayons en pleine figure. Ce soleil est sans pitié pour de pauvres aéronautes empêtrés dans les nuages, et travaillant comme des manœuvres. Le ballon tourne sans cesse; c'est sans doute une conséquence de lois mécaniques qui veulent qu'il n'y ait point de translation rapide sans rotation correspondante. Le ciel est pur, et nous voyons au-dessus des campagnes que nous traversons, quelques nuages floconneux qui se confondent avec les prairies au-dessus desquelles ils sont suspendus; à l'horizon s'étend un manteau de mamelons argentés d'un merveilleux effet. Du reste, nous n'avons pas le temps de nous occuper de ces observations, car le ballon prend une allure qui nous inquiète, l'appendice est flasque et il paraît se vider. Nous jetons constamment du lest, et quatre sacs sont vidés coup sur coup. Nous sommes partis à 11 heures 35 minutes, il n'est pas midi, et nous voilà déjà à bout de ressources.

Quelques craquements se font entendre au-dessus de nos têtes, le ballon est soumis à de brusques rotations, et nous le voyons même osciller plusieurs fois sur lui-même; il y a décidément dans l'atmosphère quelque phénomène insolite dont nous ne pouvons nous rendre compte.

A midi 5 minutes, le ballon descend avec rapidité, mais nous voyons que nous nous dirigeons sur des carrières, des ravins et des précipices; nous entamons le dernier sac de lest, et un coup de vent nous jette au-dessus d'une plaine très-étendue, à l'extrémité de laquelle s'étend un bois d'une grande dimension.

C'est là que nous devons atterrir; l'*Hirondelle* approche de terre, l'ancre est jetée et la nacelle vient se heurter contre le sol avec une force effroyable; Tissandier se pend de toutes ses forces à la corde de la soupape, et voit que Fonvielle est couvert de sang. Le cercle lui a frappé le crâne, et y a ouvert une blessure profonde, le sang jaillit en abondance. Le choc a été terrible, sec et impitoyable, la nacelle a heurté la terre comme un projectile. Elle rebondit comme une balle et les secousses que nous éprouvons sont atroces. Notre ancre voltige au-dessus des champs et ne veut pas mordre; on dirait un bouchon de liége pendu à un fil! Nous sommes saisis par une force épouvantable, qui tantôt nous fait bondir dans l'espace et tantôt nous précipite contre la terre.

C'est le traînage qui commence au milieu d'un ouragan furieux!

Nous volons avec une telle rapidité que nous ne voyons pas les

Les arbres plient sous l'effort de la nacelle.

objets qui nous environnent, et nous sommes en moins d'une seconde jetés sur la cime des arbres qui terminent la plaine. Nous espérons que ces arbres vont ouvrir le ballon et mettre fin à notre course fantastique, mais nous avons compté sans le vent furieux qui nous entraîne. L'ancre vient d'être brisée, et au bout de notre corde l'anneau seul reste attaché; c'est notre planche de salut qui vient de voler en éclats!

Cramponné à la corde de la soupape, accroupi au fond de la nacelle, Tissandier continue à tirer de toutes ses forces. L'Hirondelle est lancée d'arbre en arbre; chêne ou peuplier, chacun plie sous le poids de l'aérostat furibond, puis se redresse en nous lançant dans l'espace, et en nous donnant un nouveau et terrible élan, comme un puissant tremplin! On entend le vent qui siffle! Notre nacelle craque et nos cordes gémissent! c'est l'élasticité de tous ces organes qui nous sauve. Mais sommes-nous sauvés? Quand finira cette course furibonde? L'aérostat paraît un peu se dégonfler, mais il offre à l'ouragan une prise encore énorme.

Nous n'oublierons jamais cette lutte suprême qui s'accomplit au milieu du péril! Suspendus dans un frêle panier, le vent se joue de nos efforts, et nous fait voltiger au-dessus des obstacles, ou nous heurte contre les arbres! Est-ce la crainte qui remplit nos âmes, est-ce l'effroi? Non. C'est une sorte d'émotion calme, une espèce de vertige qui n'est pas exempte d'un certain charme; le ballon se vide, car Tissandier maintient la soupape béante, et le vent sera dompté. Il y a réellement dans ces moments de combat contre les forces de la nature quelque chose de grand et de majestueux. On ne peut se défendre d'un certain sentiment de fierté quand, se sentant si faible, on résiste cependant à des forces que l'on comprend si grandes. Le marin, au milieu des vagues immenses qui vont briser son navire, n'a-t-il pas un sentiment d'orgueil, quand il s'est joué impunément de l'armée des flots, et n'est-il pas tenté de dire à ces légions d'écumes soulevées par la tempête : « Vagues puissantes et furieuses, ma volonté vous a vaincues; déchaînées contre la frêle coquille, vous n'avez pas pu l'écraser! » Cependant dans notre course folle, furieuse, nous continuons à briser les branches élevées, puis nous tombons au milieu des broussailles, et nous gravissons, une seconde après, les cimes les plus hautes! Voilà notre nacelle qui est précipitée dans un taillis épais; serons-nous arrêtés cette fois? Nullement; une branche maladroite vient se briser sur le pied de Fonvielle, lui enlève le talon de sa bottine et lui donne une entorse qui lui cause la plus vive douleur. *L'Hirondelle* se redresse ; dans un bond suprême elle s'arrache de l'étreinte des arbres dont les rameaux l'enlacent comme des bras de fer, elle retombe lourdement à terre, dans un choc brisant, et la voilà lancée sur une nouvelle plaine qui s'ouvre devant nous !

Elle a déjà perdu un volume considérable de gaz. Le vent la creuse avec une certaine élégance ; il la transforme en une voile concave qui nous entraîne toujours à la surface de la terre labourée. Tout à l'heure, nouveaux Mazeppas, nous volions attachés à la croupe d'un coursier fougueux, maintenant nous rasons le sol avec

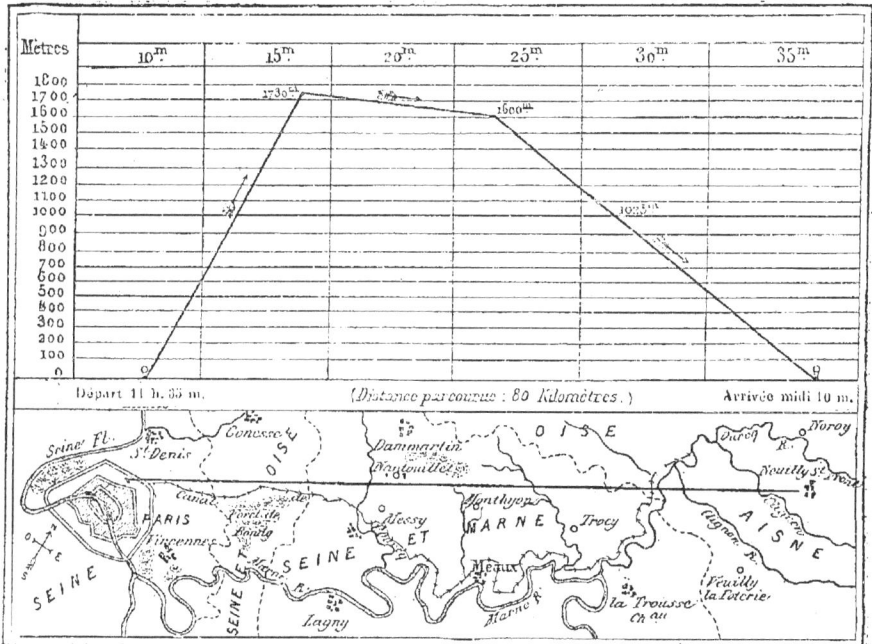

Carte du voyage de Paris à Neuilly-Saint-Front.

la rapidité du traîneau que des chiens esquimaux font glisser sur la glace. Nos câbles voltigent çà et là, et nous crions aux paysans qui nous regardent de les arrêter ! Tissandier a la main brisée par la corde de la soupape qu'il tire toujours avec une égale énergie, ses forces sont épuisées. « A moi, Fonvielle, mes doigts vont lâcher prise ! » Bientôt une grappe humaine a saisi notre guide-rope.

. . . .

Nous sortons de la nacelle, Tissandier est couvert de contusions légères qui l'engourdissent, mais il n'a pas une écorchure. Le sang qui le couvre ne lui appartient pas ; deux têtes humaines dans la nacelle ont sans cesse carambolé dans des chocs, et une

seule blessure a suffi pour inonder deux visages. Fonvielle a peine
à-se tenir debout, son pied est foulé et sa tête est fendue, mais
quelques jours de repos le guériront, et nous pourrons encore nous
enlever ensemble.

Nous demandons où nous sommes. « A Neuilly-Saint-Front, arrondissement de Château-Thierry, 88 kilomètres de Paris par le
chemin de fer ! » Nous regardons notre montre avec stupéfaction, il
y a trente-cinq minutes que nous avons quitté l'usine de la Villette,
et nous avons par conséquent marché avec une vitesse de quarante-
cinq lieues à l'heure ! Jamais aérostat avant ce jour n'avait fendu
l'air avec une telle rapidité !

Tissandier dégonfle le ballon, le replie dans sa nacelle, et une
charrette qui est accourue enlève notre matériel. Nous nous dirigeons vers Neuilly-Saint-Front, escortés par une foule considérable qui nous acclame. La charrette ouvre la marche, chargée de
l'Hirondelle ; tous deux nous suivons l'aérostat. Fonvielle peut à
peine marcher, il s'appuie sur l'épaule de son compagnon, et
donne le bras à un paysan. La foule grossit à vue d'œil, et prend
part à cette procession du retour des aéronautes.

Nous sommes reçus à Neuilly par M. Charpentier, maire de la localité, qui nous accueille avec la plus grande affabilité ; le médecin arrive, soigne Fonvielle, et lui annonce qu'il ne sera pas long
à se guérir ; on nous questionne, on nous raconte notre traînage, et
je me fais suivre des témoins qui ont assisté à notre descente pour
mesurer la longueur du chemin parcouru. Nous retrouvons sur
les champs les traces de nos chocs, les marques des sillons que
nous avons ouverts, nous revoyons les arbres brisés par notre nacelle, et les débris de notre banderole sont encore suspendus à la
cime de chênes qui ont plus de vingt mètres de haut, et qui, vus
de la nacelle, nous paraissaient des arbrisseaux. Nous retrouvons
après une longue course l'endroit où la nacelle a choqué la terre
pour la première fois, et, après avoir mesuré ce sillage, nous acquérons la certitude que le traînage s'est effectué sur une longueur
de plus de trois kilomètres. Les spectateurs racontent qu'ils ont
été épouvantés de voir avec quelle vitesse une masse immense
(car le plus petit ballon est un géant pour les habitants de la
terre) jouait à saute-mouton par-dessus les futaies. Ils prétendent
que nous marchions bien plus vite qu'un train express : il faut le
croire, car notre course vertigineuse n'a certainement pas duré plus
de cinq minutes !

Au retour, les témoins donnent au maire tou ces renseignements, et nous faisons dresser un procès-verbal de l'épisode de notre descente, afin que plus tard on ne puisse pas dire : « A beau mentir qui descend du ciel[1]. »

La soirée se passe très-gaiement avec des aimables habitants du théâtre de notre demi-naufrage, puis on se rend auprès de Fonvielle qui est couché, mais non endormi, et qui est le premier à rire de l'effroi dont il est la cause involontaire. En définitive il n'a qu'une légère foulure au pied. Notre voyage si accidenté a mis en évidence à nos yeux une vitesse de vent et une température exceptionnelles. Nous avons ajouté à la physique aérienne quelques faits nouveaux qui valent bien une foulure et un peu de sang. Pourquoi ne serions-nous pas enchantés de notre voyage, et pour quel motif cesserions-nous d'attendre avec impatience le moment d'une prochaine expédition ?

La blessure de Fonvielle mit plus de temps à guérir que nous ne le croyions. Mais il était urgent de vérifier le résultat que nous avions obtenu dans notre ascension tempêtueuse. — Nous prions donc MM. Cassé et Delahogues de bien vouloir monter dans l'air pour nous dire comment les choses se passent là-haut pendant que nous ne pouvons surveiller le soleil. Ils partent et tombent à Châlons, après avoir constaté une température de 16 degrés à l'ombre, rien qu'en montant à 1000 mètres au-dessus du niveau de la terre presque gelée. Ils confirment ainsi, à notre grande joie,

---

1. Voici la reproduction textuelle de cette pièce :

MAIRIE DE NEUILLY-SAINT-FRONT
Chef-lieu de canton (Aisne).

Nous Louis-Marie-Jules Charpentier, maire de Neuilly-Saint-Front, arrondissement de Château-Thierry (Aisne),

Attestons que le ballon l'*Hirondelle*, à bord duquel se trouvaient MM. W. de Fonvielle, rédacteur scientifique de la *Liberté*, et G. Tissandier, directeur du laboratoire de l'*Union nationale*, qui étaient partis de Paris, dans le but de continuer leurs études météorologiques, a touché terre à midi dix minutes, à cinq kilomètres de Neuilly-Saint-Front, comme ont pu le constater un grand nombre de personnes présentes, qui ont été témoins des difficultés d'une descente opérée pendant un vent d'une très-grande intensité.

Le ballon, emporté par la rafale, a rasé les champs et les arbres qu'il rencontrait, et pendant le traînage, qui n'a duré que quatre ou cinq minutes, un espace de plus de trois kilomètres a été parcouru. L'ancre a été brisée, et ce n'est que grâce au secours empressé de quelques habitants que les voyageurs ont pu effectuer leur descente sans blessures graves.

En foi de quoi nous avons donné le présent certificat.

En la mairie de Neuilly-Saint-Front, le 7 février 1869.

Le maire

CHARPENTIER.

Le retour des aéronautes.

les curieux résultats de notre précédente expérience. Quelle révélation dans ces bouffées de chaleur que l'air dirige au-dessus des
nuages, et comment n'être pas frappé, devant ces faits singuliers,
de l'imperfection des connaissances de physique aérienne? Qui
sait s'il ne viendra pas un jour où il sera plus économique d'aller
se chauffer là-haut que d'allumer un poêle? Nos descendants auront peut-être des villas aériennes analogues à la fameuse ville
flottante de Gulliver, et, au lieu de se rendre à Nice et à Monaco,
ils iront chauffer leurs rhumatismes au-dessus des nuages!

Quinze jours après, nous prenions la résolution de faire une
nouvelle ascension, mais notre dessinateur, Albert Tissandier, a
besoin de s'inspirer encore dans les hautes régions pour exécuter
les dessins de ce livre, et nous lui cédons la place. Malheureusement l'ascension qu'il entreprit avec un de ses amis, M. Moreau, ne
fut pas heureuse.

Un accident imprévu est venu mettre un terme prématuré à une
expédition qui semblait s'annoncer très-brillante. Car le soleil
était radieux, l'air était pur, et le vent, quoique soufflant par rafales, n'avait pas une intensité très-grande.

Au moment où Mangin prononçait le *Lâchez tout!* le ballon est
rejeté avec force dans la direction des vannes destinées à régler
l'écoulement du gaz dans les grandes artères de la canalisation.
Un des ouvriers de la Compagnie, M. Webber, commet la généreuse imprudence de vouloir le retenir. Il est rejeté avec violence et retombe à terre, la main foulée, la figure couverte de
sang. Il a reçu un coup terrible à la tête. La nacelle heurte
contre un des montants en fonte du distributeur du gaz. Cette
barre, épaisse de trois centimètres, large de six, vole en éclats
comme du verre. Les *habitants de la nacelle*, revenus d'un moment
de surprise, jettent à la hâte deux sacs de lest, mais il est trop
tard.... Le ballon va heurter avec force contre un des énormes gazomètres de la Compagnie Parisienne, transformé en écueil. Le filet
s'accroche, le ballon se déchire, il retombe lourdement à terre,
non sans avoir entraîné à dix pieds dans les airs, en un bond suprême, un des membres de la Société aérostatique, qui s'était
cramponné aux cordages. Ce généreux sauveteur a reçu une légère
blessure, mais aucun des aéronautes n'a eu la moindre égratignure.

Tous ces incidents se sont passés en moins d'une minute, et la
foule qui assistait à l'ascension a eu le spectale imprévu d'une
descente.

Le ballon s'est trouvé fendu depuis l'appendice jusqu'à la soupape, mais la réparation n'a été ni longue ni chère. La perte matérielle la plus sérieuse, en dehors des blessures reçues par ceux qui voulaient secourir les aéronautes, fut celle du gaz. En moins d'une seconde, plus de 1000 mètres cubes se sont évaporés dans l'air.

Les employés de la Compagnie ont fait preuve du plus grand sang-froid et du plus grand dévouement pour opérer le sauvetage.

Cet accident est analogue à celui qui est arrivé dans l'Hippodrome, quand Eugène Godard a abordé *le Captif*, qui, retenu par ses haubans, oscillait à petite distance de terre. Mais *le Captif*, étant en étoffe, s'est ouvert sous le choc et s'est affaissé sur lui-même, tandis que le capitaine de *l'Union*, n'ayant pu crever les gazomètres de la Compagnie Parisienne, a vu son ballon mis en lambeaux et a été précipité à terre.

Fonvielle avait eu un pied foulé dans une ascension précédente, un ouvrier au départ avait eu le doigt démis. Il n'en fallut pas plus pour donner prise aux rieurs, qui ne manquèrent pas de se moquer de nous; quelques-uns d'entre eux publièrent même que décidément les ballons ne pouvaient guère servir qu'à attraper des horions. Heureusement nous ne manquâmes pas d'autre part de précieux encouragements, comme l'attestent les lettres ci-contre, adressées à Tissandier, et que nous publions pour répondre à ceux qui ont quelquefois si injustement attaqué l'aérostation.

« Paris, le 4 mars 1869.

« Les ascensions aérostatiques offrent un des moyens les plus précieux, et jusqu'ici les moins utilisés en France, d'étudier les rapports qui lient les conditions atmosphériques supérieures à celles des couches inférieures de l'air. Or ces rapports, une fois connus, deviendront assurément l'élément le plus important et le plus instructif de tout essai sérieux de prévision. La météorologie a donc tout à gagner à des entreprises faites avec toute garantie de succès, comme celles que vous voulez exécuter.

« CHARLES SAINTE-CLAIRE-DEVILLE,

« Membre de l'Institut, Président de la Commission d'organisation de l'Observatoire météorologique de Montsouris. »

« Hauteville-House, 9 mars 1869.

« Je crois, monsieur, à tous les progrès. La navigation aérienne est consécutive à la navigation océanique ; de l'eau l'homme doit passer à l'air. Partout où la création lui sera respirable, l'homme pénétrera dans la création. Notre seule limite est la vie. Là où cesse la colonne d'air dont la pression empêche notre machine d'éclater, l'homme doit s'arrêter. Mais il peut, doit et veut aller jusque-là, et il ira. Vous le prouvez. Je prends le plus grand intérêt à vos utiles et vaillants voyages perpendiculaires. Votre ingénieux et hardi compagnon, M. W. de Fonvielle, a l'instinct supérieur de la science vraie. Moi aussi j'aurais le goût superbe de l'aventure scientifique. L'aventure dans le fait, l'hypothèse dans l'idée, voilà les deux grands procédés de découverte. Certes, l'avenir est à la navigation aérienne, et le devoir du présent est de travailler à l'avenir. Ce devoir, vous l'accomplissez. Moi, solitaire, mais attentif, je vous suis des yeux et je vous crie: Courage!

« VICTOR HUGO. »

« 19 mars 1869.

« Monsieur,

« Je vous regarde d'en bas et avec admiration. Que d'esprit ! que de courage ! N'attribuez pas d'importance à mon opinion sur l'art sublime que vous créez. Je ne puis que contempler, lire, réfléchir sur les conséquences que tout ceci, grâce à vous, aura dans l'avenir.

« Je vous serre la main avec une vive sympathie, ainsi qu'à M. de Fonvielle, dont je reçois le livre à l'instant. Je vais le lire avidement.

« J. MICHELET. »

« Zurich, 21 mars 1869.

« Si vous voulez m'indiquer d'avance le jour et les heures de votre ascension, je ferai faire à mon observatoire des observations suivies sur la température, la pression, la direction du vent et (s'il y en a) des nuages. Je tâcherai aussi de faire faire dans quelques-unes des hautes stations de notre pays les mêmes observations, mais; si cela vous convient, il est indispensable que vous m'annonciez vos ascensions plusieurs jours d'avance, pour que j'aie assez de temps pour écrire à ces observateurs éloignés.

« Professeur R. WOLF,

« Directeur de l'Observatoire national suisse. »

Fonvielle a reçu de son côté bien des preuves d'intérêt de M. Tyndall, de M. Jacoby et d'Alexandre Herschell. Ce dernier a annoncé qu'il avait rendu compte de la tentative d'observation des étoiles filantes, en ballon, à l'Association Britannique. L'amiral Devies, directeur de l'Observatoire national de Washington, a exprimé le désir que ce mode d'observation soit étendu, généralisé.

Mentionnons, outre ces lettres si élogieuses, des félicitations de la part de MM. le général Morin, le baron Larrey, Jamin, en France, de M. Aguilar, directeur de l'Observatoire de Madrid, en Espagne, etc., etc., et nous ferons facilement comprendre comment quelques attaques d'envieux et de faux savants ne pouvaient ni nous atteindre ni nous décourager.

Le traînage.

Le congrès des Sociétés savantes.

CHAPITRE VIII.

UN CALME PLAT. — DEUX HEURES AU-DESSUS DE PARIS.

(W. de Fonvielle et G. Tissandier.)

Quand le 25 août 1783 on enleva au Champ de Mars le premier ballon gonflé de gaz hydrogène, celui qui alla se faire exorciser à Gonesse, les astronomes du temps prirent la peine de le suivre dans les airs. Des observateurs postés sur le sommet de l'École militaire, du Garde-Meuble, de l'Observatoire et des tours Notre-Dame, relevaient les angles avec des théodolites comme ils auraient fait pour le passage d'un météore. Le ciel était couvert de nuages, de sorte que les visées furent peu nombreuses et très-incertaines. Cependant Meusnier, officier du génie, qui devait plus tard se distinguer dans les guerres de la République et dans l'aéronautique savante, sut se servir de ces renseignements pour déterminer avec une grande approximation la route que l'aérostat avait suivie dans les airs. Un mois après, une montgolfière s'enlevait à Versailles devant le roi Louis XVI. Elle était encore le point de mire des lunettes de deux astronomes, placés l'un sur la terrasse et l'autre sur le rez-de-chaussée de l'Observatoire. Meusnier parvenait encore à indiquer, à l'aide des chiffres recueillis, quel avait été le mouvement du globe, qui portait cette fois des êtres vivants : une cage dans laquelle étaient renfermés un mouton, un coq et un lapin, prédécesseurs des aéronautes, qui malgré eux allaient goûter l'air jusqu'à ce jour réservé aux oiseaux.

Mais depuis que Pilâtre et le marquis d'Arlandes ont pris possession de l'atmosphère au nom de l'humanité future, ces procédés d'observation ont été abandonnés. Cependant les aéronautes qui se trouvent dans la nacelle peuvent coopérer au succès de l'entreprise et rapporter à terre une multitude de renseignements susceptibles de contrôler les observations recueillies à terre. La détermination rigoureuse de la trajectoire permet de vérifier l'exactitude des instruments dont les aéronautes se servent pour déterminer à chaque instant leur hauteur. D'autre part, les astronomes peuvent arriver, par une sorte de réaction nécessaire, à contrôler leurs propres observations.

Quelle occasion merveilleuse pour déterminer les lois de la réfraction atmosphérique, l'efficacité des mesures micrométriques, apprendre l'art difficile d'apprécier le diamètre apparent des astres, enfin, de savoir si l'on peut compter sur le synchronisme des lectures d'altitude ou d'azimut, etc.! Une portion des considérations précédentes a été exposée dans un mémoire que nous avons présenté au Congrès des Sociétés savantes, et dont M. Le Verrier nous a fait l'honneur d'adopter les conclusions principales, en lisant dans la grande salle de la Sorbonne une note que nous lui avions nous-mêmes fournie. Nous nous faisons un devoir de rendre hommage aux excellentes dispositions dont l'éminent astronome fit preuve dans cette circonstance. Nous le trouvâmes plein de bienveillance et il nous donna plusieurs avis fort précieux que nous espérons être un jour à même de suivre. De leur côté, les délégués des Sociétés savantes firent quelques observations pleines de justesse sur différents points de notre communication, et acceptèrent avec plaisir notre proposition d'assister à notre prochaine ascension.

En tête de ce chapitre nous avons représenté la salle de la Sorbonne au moment où avait lieu cette séance, si intéressante pour l'aéronautique.

Nous ne croyons point que jamais savant digne de ce nom ait eu fantaisie de nier en principe l'intérêt qu'un pareil ordre de recherches pourrait offrir. Cependant quelques personnes occupant un rang distingué dans la Physique et dans la Météorologie nous ont fait remarquer qu'il était à craindre que les aérostats ne disparussent trop rapidement de l'horizon pour qu'il fût possible de les viser avec une précision suffisante. Le nombre des observations auxquelles on pourrait se livrer pendant qu'ils ont la complaisance de rester en vue, serait-il en rapport avec l'importance des préparatifs que l'on serait obligé de faire? Est-ce que les anciens astronomes auraient renoncé à ces expériences s'ils n'avaient reconnu l'impossibilité d'en tirer des résultats ayant quelque valeur, ajoutait-on, non sans quelque apparence de raison?

Nous avions répondu d'avance à cette objection en citant le témoignage de M. Glaisher, qui, comme le lecteur doit s'en souvenir, a observé le ballon de M. John Welsh pendant tout le temps d'une ascension commencée au Crystal-Palace et terminée à Portsmouth. Cependant, comme il ne faut laisser aucune prise à la critique, nous avons résolu d'exécuter une expérience dans des conditions telles que le doute ne fût plus possible. Il s'agissait de rendre notre ballon à peu près immobile, afin que tout Paris pût le voir stationnaire. Ce résultat ne demandait point seulement un air pur, il fallait un repos presque absolu de l'air, ou l'existence simultanée d'une série de petits courants alternes régnant à différentes hauteurs.

Nous avons été assez heureux pour planer pendant longtemps au-dessus de notre point de départ. Visibles à la vue simple pendant deux heures entières, nous avons été servis par le hasard mieux qu'il n'était possible de l'espérer. Puisqu'il y a un Dieu pour les ivrognes, pourquoi n'y en aurait-il point pour les aéronautes?

Nous avions l'intention de partir le dimanche 4 avril, à bord du ballon l'Union, que Gabriel Mangin avait mis obligeamment à notre disposition, à condition de nous accompagner dans les airs, exigeance d'autant plus naturelle, que notre excellent confrère est très-léger. On dirait presque qu'il est sur le point de s'envoler tout seul et sans ballons, dans les nuages. M. Le Verrier avait même convoqué en notre nom les délégués des Sociétés savantes pour assister à notre ascension; mais l'état extraordinairement agité de l'atmosphère nous obligea de remettre à huitaine l'exécution de notre expérience. Une pluie abondante se joignant au vent eût rendu la tentative plus ridicule encore que dangereuse.

Ce contre-temps nous priva de la présence d'un grand nombre

de physiciens distingués, qui, ayant promis de suivre nos expériences, auraient continué sur le terrain les observations, les remarques, si brillamment inaugurées à la Sorbonne. Mais avions-
nous le droit de nous plaindre? Notre impuissance n'était-elle
point une démonstration de l'insuffisance des ascensions exécutées dans les hippodromes? Comment tirer des résultats scientifiques d'expériences faites au milieu de pareils hasards? Donc
l'absence absolue d'un budget de la navigation aérienne oblige
fatalement les aéronautes à se contenter des résultats que le hasard leur fournit.

Huit jours après notre humide échec, nous nous livrons à une
nouvelle tentative; mais cette fois il faut partir, quand même le
ciel nous enverrait des hallebardes. Car nous pouvons avoir comme
témoins quelques savants attardés, l'arrière-garde du congrès.
Notre devoir est strict, il faut nous entourer de toutes les précautions pour que nous ayons presque le droit de prononcer le mot
impossible en parlant du *non-départ*. Nous prenons la résolution de
ventiler le ballon nous-mêmes, de le gonfler d'air par nos propres
mains; nous occupons la matinée à pénétrer dans son intérieur
afin de voir par transparence s'il n'est pas percé de quelques
trous qui auraient échappé à une première investigation. Si nous
avions le temps, nous passerions notre inspection à la loupe,
précaution qui peut paraître ridicule, mais qui n'est pas aussi su-
perflue qu'on pourrait le croire. Car des trous qu'on ne voit pas
à l'œil nu laissent écouler un jet continu de gaz. Il n'y a pas de
fente qui ne serve de porte à ce captif subtil qui se nomme l'hydrogène carboné, presque aussi difficile à saisir que l'hydrogène
pur.

L'aérostat *l'Union* est étalé sur le gazon, un ventilateur est
adapté à son appendice, deux ouvriers le font agir, l'air s'engouffre dans le ballon qui se gonfle, se soulève et domine la pelouse
où il se dresse. Mangin et moi, nous pénétrons dans le véhicule
aérien; la température est suffocante, et le thermomètre s'élève à
33° centésimaux, tandis qu'au dehors il ne marquait que 25°. Ce
fait n'a rien qui doive surprendre, car il en est d'une étoffe trans-
lucide comme des vitres d'une serre qui laissent filtrer les rayons
lumineux du soleil et emmagasinent la chaleur obscure. Le ballon
vu de l'intérieur offre en conséquence un très-singulier aspect;
on se trouve dans un vaste dôme, que font osciller les mouvements de l'air; la lumière tamisée par l'étoffe est douce et sobre,
l'ombre des promeneurs qui sont en dehors, se projette sur le

Intérieur du ballon gonflé à l'air.

ballon et apparaît comme des ombres chinoises. Voilà un trop curieux tableau pour qu'on puisse se contenter de le décrire; Albert
Tissandier accourt avec papier et crayon, il s'enfonce dans l'orifice
et nous *croque* séance tenante, pendant que l'un de nous bouche un
trou, et que l'autre arrime la corde de notre soupape; une ombre
chinoise s'agite à droite avec impétuosité : c'est Fonvielle, qui vient
de voir un petit trou et qui demande qu'on se hâte d'accourir
armé d'une baudruche et de vernis.

Le lendemain, dimanche 11 avril, le temps se montra sous un
bon aspect. Depuis la veille le baromètre était d'une fixité remarquable, depuis quelques jours les nuages supérieurs n'offraient
aucune de ces stries menaçantes que Turner excelle si bien à reproduire dans ses ciels agités qui, suivant ce que nous avons cru
remarquer, annoncent l'approche de la tourmente. Au moment où
commença le gonflement, le ciel était d'un bleu foncé. Dès le
matin nous sondions les hautes régions atmosphériques à l'aide
d'un charmant aérostat captif de 15 mètres cubes, que Duruof a
construit avec un soin merveilleux : gaiement bariolé de blanc et
de rouge, il est d'une légèreté et d'une solidité extraordinaires.

La manœuvre du gonflement s'effectua beaucoup plus lentement que d'ordinaire. Quoique le gaz entre dans le tuyau avec la
pression réglementaire de 15 centimètres d'eau, nous sommes
loin d'avoir un écoulement de 1 mètre cube par centimètre carré
de section à l'heure, chiffre qui résulte de la moyenne des résultats de la Compagnie Parisienne. Pourquoi notre Pégase est-il si
long à recevoir sa ration? Pendant la tentative de dimanche dernier, *l'Union* se trouvait étendue sur le gazon de l'usine, et la
soupape, qui est de construction assez mauvaise, s'est gonflée en
recevant l'ondée. Elle a gondolé d'une façon affreuse. Il y a entre
le siége et les clapets un vide qui permet de passer le doigt. Hier
nous nous sommes aperçus de ce bâillement effrayant, qui a été
sur le point de nous faire renoncer au voyage. Nous nous sommes
efforcés de rendre aux volets leur forme plane primitive, en les y
contraignant à l'aide de ressorts supplémentaires. Mais nous ne
sommes parvenus à rétablir l'ordre dans cette partie vitale de l'aérostat que d'une façon peu satisfaisante. Nous avons augmenté à
profusion le cataplasme, lut grossier, seul argument dont se servent les aéronautes pour maintenir le gaz.... Est-ce que ce maudit
cataplasme est insuffisant? Mais en promenant l'oreille le long des
tuyaux qui serpentent sur le gazon, nous entendons un sifflement
assez énergique. Un morceau de toile, maladroitement rabattu,

diminue la section en un point du parcours. Il n'en faut pas davantage pour que nous nous trouvions en retard de deux heures,
tant est grande la précision avec laquelle les aéronautes doivent
procéder à toutes les manœuvres, pour que le public qui les contemple ne soit point exposé à attendre pendant de longues heures.
Ici nul ne s'impatiente : les enfants cabriolent à leur aise sur le
gazon, mais les observateurs que le directeur de l'Observatoire de
Zurich a établis dans les Alpes sont à leur poste. S'y trouveront-ils
encore quand nous prendrons possession du nôtre?

Pendant que l'on bouche les dernières fissures, Fonvielle installe
un observatoire terrestre tout à fait primitif, rudimentaire. Il consiste en une lunette à pied de bois, que l'on a armée d'un limbe
vertical gradué. On a tracé sur le sable une rose des vents. Cet appareil permettra d'indiquer la succession des directions opposées
que notre aérostat va prendre.

A cette lunette se placent alternativement MM. Thorel et Tournier, deux futurs confrères aériens. On note la distance zénithale
et l'azimut, avec autant de soin que dans le meilleur observatoire.

Nous avions imaginé, avec une espèce de simple pied-droit de
cordonnier, de construire un appareil pour mesurer notre diamètre apparent, mais nous avions reconnu dès avant le départ que
le degré d'exactitude auquel il était possible de parvenir était loin
d'être suffisant. Nous aurions bien voulu laisser nos amis armés
d'un micromètre, mais notre but unique est de montrer par preuve
tout à fait démonstrative qu'un aérostat peut rester en vue des
heures entières. Moins la lunette sera bonne, plus nous serons satisfaits, plus la démonstration sera éclatante. Le comble de la joie
serait que tout Paris, celui qui regarde en l'air, pût nous voir sans
mettre ses lunettes. Nous avons la faiblesse de croire qu'en finissant par montrer que nous avons raison, nous cesserons d'avoir
tout à fait tort!

Nous montons dans la nacelle et Mangin adopte pour le départ
un procédé très-simple, très-prudent. Il veut mesurer son essor et
n'entend pas se lancer tête baissée dans l'océan aérien! Il tient à la
main une corde à laquelle s'attellent cinq ou six amis de terre, et
il suffit de lâcher un nœud coulant pour les quitter pendant quelques heures. Le câble tombe, et nous montons avec une rapidité
que j'accélère. Un sac jeté pour faire bonne mesure nous donne
une vitesse honnête dont, à moins d'être bien difficile, un vautour
se contenterait.

Le soleil se met de la partie, et les toiles de l'aérostat se tendent, comme la fortune d'un parvenu, qu'un accès d'orgueil peut rompre! Les banderoles retombent en gracieux festons; on dirait qu'elles ont de la peine à nous suivre!

Si la soupape était nette et étanche, nous pourrions arrêter d'un geste l'essor croissant de notre globe. Il suffirait d'un léger soubresaut pour prononcer notre *quos ego* et revenir doucement vers la terre. Un ballon se conduit comme un empire, qui doit osciller, à ce qu'il paraît, entre les deux pôles de la liberté et du pouvoir arbitraire; tantôt la main de l'aéronaute doit jeter un peu de lest despotique pour s'élever dans les régions sereines, tantôt aussi il faut qu'il fasse son sacrifice à la pesanteur et qu'il redescende dans les régions inférieures.

Mais la soupape, trempée par les dernières révolutions de l'atmosphère, ne repose point carrément sur son siége, il serait imprudent d'y porter la main. Que notre corde reste oisive, tant pis, si, le soleil aidant, notre Pégase s'emporte, et nous entraîne vers des régions inconnues. Nous devons compter sur les pertes involontaires, sur la porosité, sur l'orifice inférieur qui envoie le trop-plein de notre gaz dans cet océan infini des plaines de l'air; nous devons nous contenter de subterfuges, au lieu de naviguer comme Machiavel veut que l'on règne.

Nous nous apercevons heureusement que notre démonstration dépasse tout ce qu'il était possible d'espérer. Les objets environnants sont d'une fixité surprenante. Les écarts faits à droite et à gauche, au nord et au sud, se compensent presque rigoureusement. Nous allons, nous venons, en montant et descendant. Nous valsons mollement en planant au-dessus de la pelouse où tout à l'heure l'aérostat recevait son gaz si nonchalamment.

Nous nous attachons à observer beaucoup plus qu'à noter. Dédaignant très-souvent de prendre des chiffres, devenus pour ainsi dire superflus, on s'exerce à étudier le mouvement de l'aiguille sur le baromètre. Il m'est toujours possible de compter mentalement plusieurs secondes pendant que la pointe parcourt une division. On voit l'instrument vibrer devant soi. Quelquefois on imprime un petit choc brusque, en frappant avec l'index pour aider le ressort à se détendre ou à se contracter, suivant les caprices de l'air.

Jamais nous n'avons pris tant de plaisir à voir l'instrument obéir à la main qui jette le sable. Il nous paraît marcher d'accord avec les banderoles, qui frissonnent comme lui, qui serpentent quand il trébuche, et la soie ne parle point autrement que le cuivre.

En ce moment, nous faisons une rencontre imprévue, inouïe....
Nous voyons flotter un fil blanc, soyeux, long de plusieurs mètres. Fonvielle tend la main, le saisit.... pousse un cri de surprise. C'est un fil de la Vierge! Est-ce un aérostat fabriqué par
une araignée microscopique qui s'abandonne au gré des vents?
Trouverons-nous dans cette coque soyeuse un petit aéronaute qui
vient fraterniser avec nous? Est-ce le produit d'une industrie mystérieuse, inconnue, d'êtres vivant dans les régions supérieures?
Fil léger, viens-tu des champs que les hommes arrosent de leur

Voyage de Paris à Clichy.

sueur? Descends-tu de ces plages que hantent les étoiles filantes
et les éclairs en boule? As-tu été formé à la clarté de la lune, du
soleil ou des étoiles? Es-tu le produit de la rosée lumineuse que
Sirius rayonne au-dessous des Trois Mages, à distance respectueuse
de Procyon?

Une autre fois, nous serons armés d'instruments plus puissants.
Nos yeux, abrités derrière un microscope, pourront pénétrer quelques-unes des merveilles, quelques-uns des mystères de ta structure. Mais cette fois nous sommes pris au dépourvu, nous ne pou-

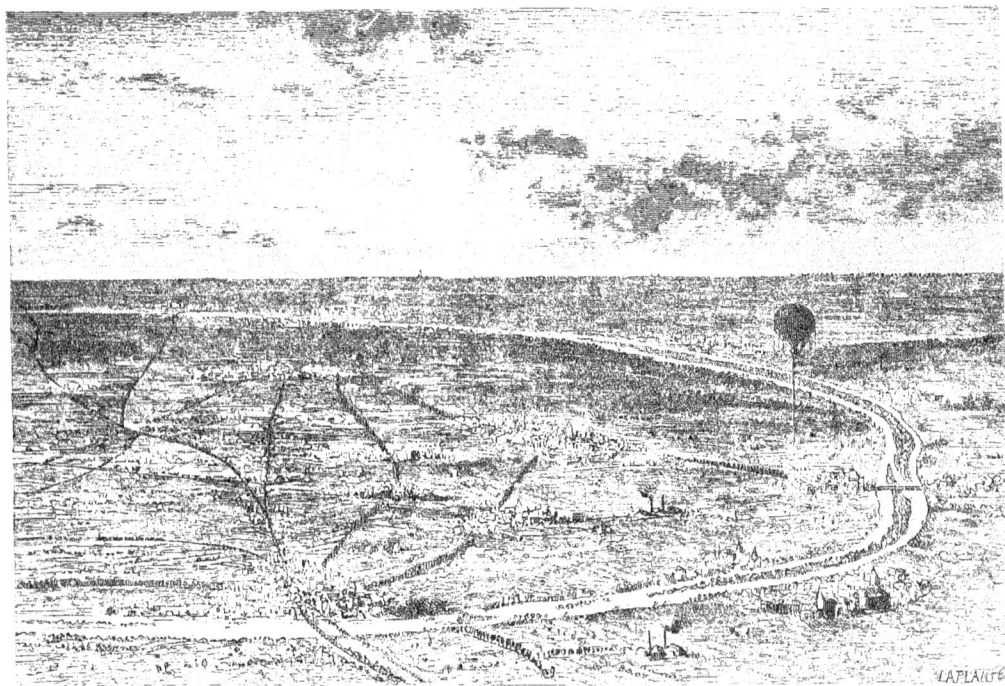

La Seine en vue d'Asnières.

vions espérer faire une rencontre quelconque dans ces plages, que notre science croit désertes, inhabitées, et où se meut peut-être un monde que ce fil léger représente pour nous.

En ce moment, la scène que nous contemplons est si belle que nous oublions le danger qui nous menace. Nous ne craignons plus de descendre au milieu des rues de Paris. La campagne est toute verdoyante, nous entrevoyons la Seine qui se déroule comme une élégante écharpe aux vives couleurs. Argenteuil au vin piquant apparaît à l'horizon. A nos pieds, c'est Asnières, où nous distinguons encore les canotiers qui, tout en ramant de toute la force de leurs biceps, nous semblent complétement immobiles; de l'autre côté Paris s'étale à nos yeux.

Nous voyons à l'horizon une brume circulaire qui règne jusqu'à la hauteur de l'œil; au sommet de cette espèce de puits à parois semi-translucides, dont l'aérostat occupe le centre, plane un gracieux chapelet de petits nuages pommelés, blancs d'argent, d'une forme gracieuse. Quelques-uns sont à cheval sur cette nébulosité : on dirait des peaux de cygne que les sylphes ou les gnomes auraient posées délicatement sur le rebord extérieur de l'excavation gigantesque au fond de laquelle ondule gracieusement notre aérostat.

D'abord élevés à 1600 mètres, nous montons à 1950 mètres au milieu d'une température accablante de 24° centésimaux. Nous sommes complétement immobiles, et on dirait que mille liens invisibles nous retiennent au rivage terrestre. Avec une lunette je distingue Paris tout entier, on voit les sportsmans aux courses et les promeneurs aux Tuileries, on reconnaît les églises, les monuments et chacun de nous a tout le loisir de chercher sur ce plan en relief la rue où il demeure.

Ordinairement la terre paraît plate, mais telle n'était point l'apparence qu'offre la campagne. On aperçoit des ondulations assez sensibles, tenant peut-être à la différence des quantités de lumière réfléchies par les surfaces, suivant leur inclinaison par rapport au soleil. Quant à l'ombre portée par le ballon et dont nous comptions nous servir, il est impossible de reconnaître sa situation. Ce fait ne tenait pas sans doute tant à notre grande hauteur qu'à notre immobilité presque absolue. En effet, quand le ballon voyage, une tache noirâtre, quelquefois très-petite, le suit, mais elle se découvre facilement, parce qu'elle court avec rapidité sur les champs et les maisons. On ne peut la confondre avec de simples accidents de terrain de forme circulaire, à cause de sa rapide locomotion.

Nous étions donc dans la situation du héros d'Hoffmann qui a perdu son ombre, lorsqu'une observation involontaire vint nous distraire de notre recherche infructueuse. A mesure que le ballon descendait, une voix confuse se faisait entendre. Elle ressemblait à celle des flots se brisant sur des dunes de sable, un peu moins monotone cependant. C'était le bruit de la grande ville qui venait nous atteindre jusqu'à 800 mètres de hauteur, et qui disparaissait aussitôt que la projection du lest nous faisait dépasser cette altitude. Nous avions au-dessous de nos pieds un océan de pensées et de rumeurs! Que de vagues intellectuelles, que de passions, que de désirs, que de crimes, de vertus, d'idées grotesques, d'inventions ridicules se fondaient dans cette harmonie immense, innommée! Que de gens pensent à nous! que d'esprits hardis voudraient, comme nous, s'élever au-dessus des brumes, et se plonger dans l'azur du firmament! Car Paris, la grande cité généreuse, est bien la vraie patrie des aéronautes. C'est elle qui est le grand, le noble cerveau de la France. C'est la grande ville de Voltaire et Rousseau, qui palpite anxieuse, amoureuse de l'avenir, avide de liberté! C'est de là que l'idée s'élance dans l'horizon infini des siècles, et que, voguant toujours, elle fait route.

Pendant que nous nous entretenons, Mangin laisse glisser son ancre. Malheureusement, il néglige de suivre la recommandation que nous lui avons faite. Il ne prend pas la précaution de la suspendre de travers par une cordelette, afin qu'elle ne saisisse jamais sans notre autorisation les toits, menaçants écueils qui se dressent de tous côtés. Nous essayons de réparer cette omission, mais il est trop tard, car nos efforts pour ramener l'ancre à notre bord impriment à la nacelle des oscillations qui peuvent devenir dangereuses, surtout si l'on songe à l'état de vétusté du ballon, à l'imperfection du lut garnissant la soupape.

Il faut donc naviguer comme l'on se trouve, et sans réparer les suites de cette faute, qui rend jusqu'à un certain point notre situation précaire. Si nous pouvions nous maintenir rigoureusement à une horizontale déterminée, nous profiterions de la brise légère, et rien ne nous empêcherait de fuir dans la campagne; mais nous avons dépensé trois sacs de lest dans la première heure, nous ne pouvons espérer de nous maintenir élevés à 1500 mètres avec l'unique sac qui reste à bord; si nous traçons une coupe horizontale, elle nous coûtera trop cher de sable pour qu'il soit possible de franchir tout Paris. Nous préférons continuer nos oscillations en nous rapprochant de plus en plus de terre.

Une sorte de conseil de guerre assez court nous permet de régler le mouvement de l'aérostat pour exécuter la descente. Comme notre corde traînante est plus longue que notre ancre, c'est ce brin de chanvre qui devient notre planche de salut.

La multitude énorme qui remplit les rues et dont par intervalles nous entendons les clameurs viendra à notre aide, des mains bienveillantes guideront nos mouvements quand nous nous trouverons assez près de terre. Si le hasard du vent nous conduit au-dessus d'un espace libre, de dimensions suffisantes, nous nous précipiterons en ouvrant la soupape, sauf à modérer la chute par la projection d'un peu de lest, afin d'éviter un choc brisant, qui peut compromettre les extrémités inférieures de nos corps. Vers 4 h. 40, nous sommes saisis par un courant inférieur qui nous conduit avec quelque rapidité dans une direction parallèle à celle du front des fortifications. Nous passons au-dessus de la gare des marchandises de Batignolles et nous voyons au-dessous de nous un cimetière. En face s'étend le chemin de fer Saint-Lazare que sillonnent les locomotives, à droite, à gauche, de tous côtés, des maisons et des usines, et sous nos pas le cimetière de Clichy. C'est le seul emplacement convenable pour la descente. Nous ne sommes pas longs à délibérer et, faute de mieux, nous allons atterrir au milieu des tombes, espérant bien sortir vivants de la demeure des morts. Aussitôt, malgré Mangin, Tissandier saisit la corde de la soupape. Nous nous rapprochons majestueusement de terre. Les tombes se détachent de la façon la plus pittoresque. Les croix fourmillent. Une nuée de corbeaux prend son vol et s'enfuit du côté du nord. Une femme, qui priait sans doute sur la tombe de son mari, se sauve en poussant des cris aigus ; elle emporte dans ses bras un enfant évanoui.

Fonvielle, qui au besoin sait en ballon atteindre le Parnasse, a rimé cet épisode dramatique :

> Mais notre ombre assombrit la nuit du cimetière
> Où gémit à genoux une veuve en prière ;
> Ce noir trouble son deuil. Elle lève les yeux,
> Croyant trouver au moins une lumière aux cieux ;
> Elle voit *l'Union* à la silhouette informe,
> Planant sur les cyprès comme un vautour énorme.
> Hideux, épouvantés, sortent de cent tombeaux
> Chouettes et corneilles, éperviers et corbeaux.
> Puis le démon volant fait tomber une foudre

Ou de fer ou d'acier qui soulève la poudre;
Avec son bec aigu vient-il sucer les morts,
Ce gnome sacrilége arrachant sans remords
Grilles, colonnes, croix de marbre ou d'ébène,
Réveillant le sépulcre avec un bruit de chaînes?
O triple désespoir, de sinistres esprits,
Riant de son effroi, seuls entendent ses cris;
Elle veut s'arracher à ce lieu solitaire;
Cloués par un satan, ses pieds restent à terre!

Notre ancre a pris sur le revers d'une fosse que l'on vient d'ouvrir.... Quelques hommes saisissent la corde traînante. Nous arrivons à la surface de la terre avec une légèreté singulière, étrange; nous sommes posés sur le sol, comme pour donner un démenti à toutes ces terreurs. A peine les croix de bois qui garnissent la fosse commune sont-elles obligées de s'écarter pour nous livrer passage.

Dans notre dernière ascension nous avions fait vingt lieues en trente-cinq minutes; aujourd'hui il nous aurait fallu plus de cinq jours pour parcourir la même route. L'Océan aérien, qui a ses tempêtes comme la Manche, a aussi ses calmes plats comme la mer des Tropiques!

La foule envahit l'asile des morts et gravit toutes les barrières; notre ballon tend encore à se précipiter sur un mur du cimetière qu'il va culbuter peut-être, mais mille mains nous retiennent. Le premier qui accourt est un chiffonnier nommé Petiteau, à qui nous donnons un napoléon pour récompense. Jamais de sa vie il n'a fait un pareil coup de crochet. Oh! s'il pouvait mettre dans sa hotte le chiffon qui lui tombe des nuages! Il n'y a pas loin pour se faire enterrer ici! me suis-je écrié en mettant pied à terre, mais ce n'est sans doute pas dans ce cimetière que doit être creusée notre tombe. Moi qui étais partisan décidé de la crémation, je m'aperçois que décidément les cimetières sont bons à quelque chose.

Albert Tissandier, qui nous avait suivis des yeux du haut des buttes Montmartre, a eu le temps de venir à pied jusqu'au lieu de notre descente; s'il s'était un peu pressé, il aurait pu marcher quatre fois plus vite que notre ballon. C'est un des premiers visages que nous ayons pu discerner. Descendre du ciel pour tomber dans les bras du frère d'un des nôtres! Qu'on aille dire après cela que les aéronautes n'ont point l'instinct de la famille!

M. Wolf, directeur de l'Observatoire de Zurich, a fait exécuter des observations météorologiques à différentes altitudes pendant la

Descente dans le cimetière de Clichy.

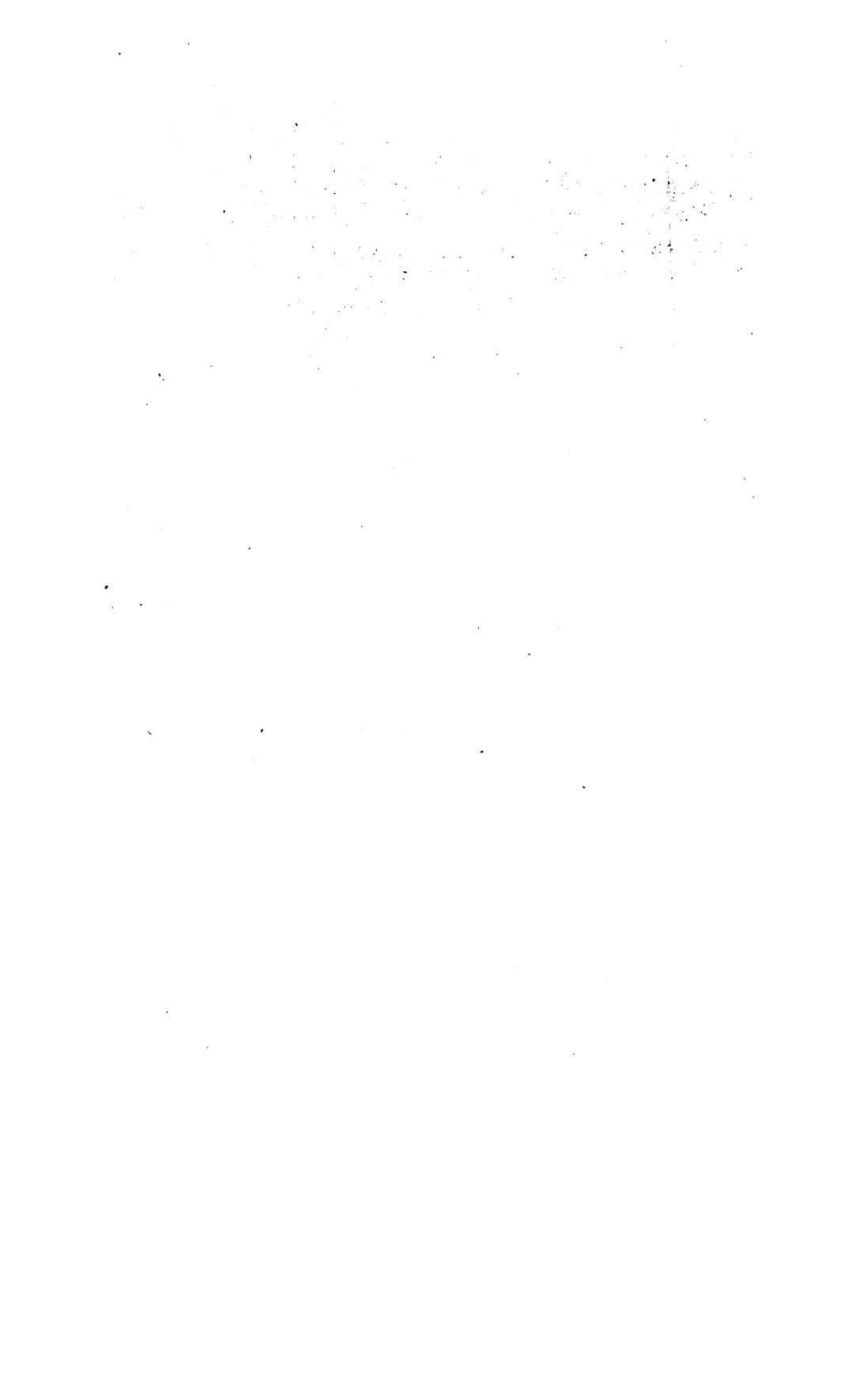

durée de l'ascension qui se termine dans un cimetière comme la vie d'un honnête bourgeois. La température qui a été constatée a été sensiblement moindre que celle que nous avons observée nous-mêmes aux altitudes correspondantes. Ceci peut ne sembler qu'un détail, mais certainement on ne saurait soutenir que ce détail manque d'importance. Probablement les glaciers de la Suisse n'é-taient point sans influence sur ce refroidissement du ciel helvéti-que, presque glacé si on le compare à notre ciel parisien. L'action du massif alpestre se manifestait bien nettement par une éton-nante variété dans la direction des courants aériens. Ainsi à Zurich le vent était est fort; à Berne, sud-est faible; à Casta-gna, sud-ouest insensible; à Sainte-Croix, nord-est faible; à Clos-ter, sud-est faible; à Beners, sud faible; à Duber, est; à Chau-mont, est faible; à Neuchâtel, sud-ouest faible. Dans plusieurs stations, on a observé le tonnerre, les éclairs, les orages et le vent sur les Alpes. A Sainte-Croix d'énormes cumulus couvraient l'ho-rizon, et la pluie tombait à torrents. A Berne, on entendait gronder le tonnerre. Qui douterait que les Alpes ne soient coupables de ces révolutions célestes? Sans elles les compatriotes de Guillaume Tell auraient eu le délicieux ciel d'azur à travers lequel l'aé-rostat *l'Union* a paru jeter son ancre.

Ces observations, dues à M. Wolf, que nous sommes heureux de remercier pour l'intérêt qu'il a bien voulu porter à nos expériences, ont en effet une grande importance; elles font ressortir l'influence que peuvent exercer les massifs de montagnes sur l'état de l'atmo-sphère. Tandis qu'à Paris notre aérostat immobile était mollement suspendu dans les plages de l'air, en Suisse le tonnerre grondait, et les vents impétueux se précipitaient en fureur dans certaines vallées! Que de progrès rapides dans la météorologie, si de sem-blables expériences étaient fréquentes! Que de faits nouveaux en-richiraient sans cesse la *science de l'air*, si des ascensions com-paratives s'exécutaient fréquemment dans un grand nombre de localités! On pourrait suivre, en quelque sorte, les courants aériens à différents niveaux, et, en embrassant à la fois une im-mense étendue de l'atmosphère, les observations ne manqueraient pas d'être fécondes.

Que saurait-on de l'Océan, si quelques marins s'étaient seule-ment contentés de naviguer en vue du port? Aurait-on aujourd'hui soupçon de cette grande circulation maritime qui a ses fleuves, ses artères, et dont le but est d'équilibrer la chaleur, du pôle à l'équateur? Aurait-on découvert la mer des Sargasses, les bancs de madrépores? aurait-on jeté les bases de la véritable physique océanique? — Il en est de même pour cet autre océan gazeux qui s'agite au-dessus de nos têtes. Aujourd'hui que la télégraphie met en relation tous les peuples de la terre, pourquoi, dans les observatoires du monde entier, ne ferait-on pas des ascensions simultanées à certaines époques de l'année? Pourquoi ne se déciderait-on pas à sonder régulièrement les flots invisibles de l'air, qui doivent aussi avoir leurs marées?

Dans notre ascension de ventôse, nous sommes montés dans un courant aérien thermique, véritable bouche de chaleur de la nature. — D'où venait ce fleuve aérien qui pendant un mois s'est écoulé, au-dessus des nuages, et qu'aucun observateur de la terre n'aurait révélé? A quelle source de chaleur a-t-il puisé son calorique? Venait-il des pays tropicaux? Aujourd'hui, pourquoi l'air est-il immobile comme l'eau stagnante d'un lac? Que de problèmes grandioses, bien dignes d'attirer l'attention des savants et de tous les amis de la nature!

Gonflement du ballon au ventilateur.

Construction du ballon captif de Londres.

CHAPITRE IX.

LE GRAND BALLON CAPTIF DE LONDRES.

(W. de Fonvielle et G. Tissandier.)

L'enceinte du ballon de Londres est située près de *Cremorne Gardens*, jardin célèbre dans les annales de l'aérostation anglaise. Représentez-vous une charpente circulaire de la hauteur d'une maison de cinq étages, toute garnie de toiles et formant un cylindre de 175 mètres de diamètre. Au milieu de cette arène se dresse l'aérostat, qui n'a pas moins de 12 000 mètres cubes, volume qui dépasse celui de nos gazomètres, et dont la hauteur totale est de 37 mètres. Le Captif est suspendu au-dessus d'une grande cuvette au fond de laquelle le câble est retenu par une poulie de fer ; il est maintenu en outre par une centaine de cordes attachées à son équateur et fixées à la charpente circulaire. Le câble, qui a 650 mètres de longueur, pèse environ 3000 kilogr. et a été éprouvé à une tension de 20 000 kilogr. ; attaché au ballon par un système fort ingénieux muni d'un peson (fig. 1), il s'engage autour d'une poulie mobile située au fond de la cuvette (fig. 2);

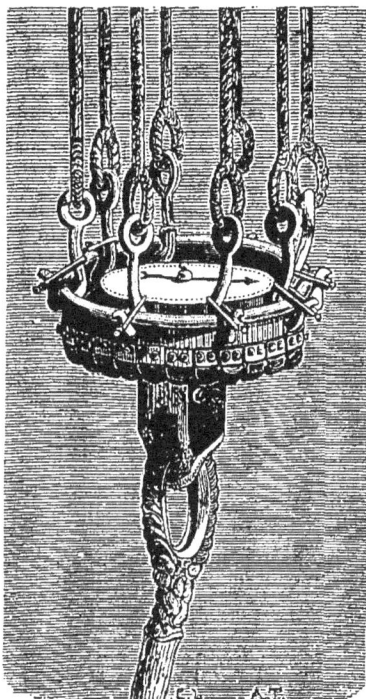

Le peson (fig. 1).

il s'étend ensuite dans un petit tunnel souterrain et va s'enrouler autour de l'immense bobine de fer que fait agir la vapeur. Le

La poulie (fig. 2).

cylindre où s'enroule le câble a 7 mètres de longueur et 2 mètres de diamètre ; le nombre de spires faits par la corde est de

100. Deux machines à vapeur de la force de 150 chevaux mettent en mouvement tout cet effrayant mécanisme.

Le ballon captif est gonflé avec du gaz hydrogène pur, et la grande difficulté qu'a dû vaincre M. Giffard était d'obtenir une étoffe imperméable. L'étoffe de l'aérostat est formée de plusieurs tissus superposés collés ensemble ; une feuille de caoutchouc est enveloppée dans deux tissus de toile, puis le tout est couvert d'une seconde couche de caoutchouc, d'un tissu de mousseline, au-dessus de laquelle on applique une couche de vernis à la gomme laque, et six couches successives de vernis à l'huile. Grâce à cette construction particulière, l'aérostat est tout à fait imperméable, et, le jour de sa première ascension, il y avait déjà deux semaines qu'il était gonflé. L'étoffe du ballon captif ne pèse pas moins de 2800 kilogr.; sa surface est de 2500 mètres carrés, et, pour coudre tous les fuseaux d'étoffes à la mécanique, il a fallu faire 4 kilomètres de couture ! Ce merveilleux aérostat est, à ceux qui l'ont précédé, ce que le *Great-Eastern* est aux navires ordinaires qui, avant lui, ont fendu les vagues écumantes.

Le lundi 3 mai 1869, nous avons assisté à l'inauguration de cet appareil qui représentait si dignement l'aéronautique française, devant nos émules, nos rivaux d'outre-Manche. — Il était temps que la patrie des Montgolfier fût vengée des échecs répétés qu'elle avait reçus depuis quelque temps à Londres. Car une grande montgolfière française, pompeusement annoncée, avait piteusement brûlé, la veille de l'exposition de la Société aéronautique d'Angleterre. Les gazons de la grande pelouse du Crystal-Palace avaient été témoins d'un splendide incendie, d'une effrayante déconfiture. — A une heure, on détache les cordes équatoriales, la vapeur fait mouvoir les pistons, et voilà l'aérostat qui s'élève lentement, emportant avec lui dans les airs son câble de 600 mètres, et 1500 kilogr. de lest supplémentaire. Lorsqu'on s'est aperçu que les organes jouent convenablement, on retire les sacs de sable et on les remplace par vingt-huit voyageurs, parmi lesquels se trouvaient M. J. Glaisher, directeur de l'Observatoire météorologique de Greenwich. Nous nous élevons avec une vitesse de 100 mètres à la minute, et nous planons bientôt à 600 mètres au-dessus de l'arène ; le vent est d'une faible énergie, et nous sommes mollement suspendus dans l'espace. Le brouillard nous entoure, mais nous distinguons cependant la terre, nous voyons la foule qui nous acclame et nous apercevons la Tamise qui s'étend sous nos pas. M. J. Glaisher, avant la descente, avait déjà résolu d'organiser à bord un poste d'observations météorologiques, et il se promet d'y apporter prochainement tous les instruments nécessaires. Le succès est complet, la machine ramène lentement le ballon à son point de départ, et l'immense aérostat, ce fils de l'air, est vaincu; il oscille à l'extrémité de sa corde à la façon d'un vaste pendule; il bondit sous les efforts de la brise, avec laquelle il voudrait s'envoler; mais la vapeur et le câble sont là, et le grand captif rentre lentement dans sa prison.

Le mercredi suivant, 5 mai, les principaux rédacteurs de la presse anglaise étaient convoqués pour examiner le ballon captif, qui, ce jour-là, a exécuté deux belles ascensions malgré l'intensité du vent, dont la vitesse était d'environ vingt lieues à l'heure, d'après les observations faites avec les anémomètres de Greenwich. Nous prenons place dans la nacelle, nous sommes vingt-neuf, et M. Glaisher, pour prouver la confiance que lui inspire l'admirable mécanisme de M. Giffard, a emmené avec lui son jeune fils, presque encore un enfant. Le vent est très-violent et la brise souffle dans les cordages, l'aérostat se penche, et la nacelle oscille violemment; malgré la force ascensionnelle qui est de 4000 kilogr., nous sommes entraînés à 200 mètres de l'arène, au-dessus du chemin de fer; l'enceinte du départ nous paraît loin de nous, mais le câble nous y attache et nous y ramènera! Si l'on s'en rapportait à son impression physique, on craindrait à chaque moment de voir se rompre le câble, et deux journalistes anglais se couchent dans la nacelle avec une émotion visible, tandis que de jeunes *ladies* restent impassibles; quant à M. Glaisher, il est superbe de sang-froid, il n'écoute ni le vent qui siffle, ni l'air qui mugit, il ne voit pas les oscillations du ballon et les mouvements de la nacelle, il ne consulte que le peson : il n'y a rien à craindre, le peson indique un effort de 3000 kilogr., et le câble peut supporter impunément une traction équivalente à un poids quatre fois supérieur! Le ciel offre un aspect admirable, le soleil apparaît au milieu de montagnes de nuages et lance sur la Tamise des rayons qui en font un fleuve de feu. Les maisons, les routes paraissent sortir d'une boîte de joujoux, et l'aspect général est tout à fait semblable à celui qu'on admire dans les ascensions libres. Dans nos voyages aériens, nous avons fréquemment atteint des altitudes de 3000 mètres, et le paysage n'est guère plus étonnant que celui qui fournit le ballon captif. M. Glaisher mesure la température qui est de 7 degrés

Vue d'ensemble du ballon captif de Londres.

centésimaux, prend le point de rosée, et explique dans tous ses détails son mode d'observations aérostatiques.

Jamais nous n'oublierons l'enthousiasme du savant aéronaute anglais, enlevé par ce formidable engin, que nul météorologiste n'a pu rêver d'avoir à son service, et dont il ne pouvait lui-même soupçonner la puissance surprenante.

Quand l'air est calme, le ballon captif s'élève avec majesté, sans nullement dévier de la verticale. Mais ce qui est plus étrange encore, c'est qu'un vent même sensible ne produise qu'une déviation presque insignifiante. Ce résultat est ce que nous nommerons un effet de masse ; s'appuyant en quelque sorte sur sa force ascensionnelle, le ballon ne se dérange point de la verticale, sans cause réellement sérieuse. La régularité de l'ascension est protégée par le parallélogramme des forces. Il faut que l'agitation de l'air atteigne un degré assez élevé pour que le ballon sorte sensiblement du périmètre de l'enceinte. Cependant il y a des rafales et des coups de vent de telle force, que nous avons vu quelquefois le Captif se projeter à une distance réellement effrayante.

Les conditions de l'ascension sont extraordinairement différentes des voyages libres, car on sent un vent très-violent, tempétueux quelquefois. On dirait qu'on se trouve en mer pendant une tourmente, et la nacelle, comme la barque du pêcheur, bondit à la surface des flots invisibles de l'Océan aérien ! Cette circonstance qu'il est facile de prévoir, puisque l'aérostat attaché à son câble oppose une résistance au vent, agit d'une façon étonnante sur les aéronautes de profession. Habitués à ne sentir en l'air aucun courant d'air, ils se croient en quelque sorte en danger sérieux. Aussi, malgré nos plus vives réclamations, leur timidité est extrême. Dès que le moindre vent ride la surface de la Tamise, ou imprime une ondulation aux rameaux des arbres, ils se hâtent de ramener le ballon sur ses amarres, ou se contentent de l'envoyer en l'air, chargé de sacs de lest ; ils le regardent alors d'un air anxieux, et s'étonnent de le voir tourbillonner dans l'espace, en décrivant des oscillations majestueuses. Ces fausses manœuvres ont glacé l'enthousiasme naissant des Anglais, qui, au lieu d'être entraînés, soutenus par leurs pilotes aériens, ont été retenus au port, cloués sur le rivage terrestre, par la timidité des prétendus hommes de l'art. Que de fois, indignés tous les deux, nous avons demandé de remplacer quelques-uns des sacs de lest qui planaient doucement sur les brouillards de Londres ! Mais notre proposition était toujours repoussée comme téméraire !

Au point de vue financier, le ballon captif a été un échec, mais au point de vue technique il a été un succès immense.

Quelle admirable mécanisme! Quelles combinaisons puissantes dans tous ces organes si complexes! Et quels merveilleux spectacles on peut admirer au-dessus des brouillards britanniques! Il faisait noir et obscur à la surface de la terre; les vastes rues de Londres étaient boueuses et sombres; nous montons dans la nacelle avec M. Glaisher et Albert Tissandier, toujours armé de ses crayons. A 600 mètres nous avons percé la brume de vapeur, mêlée de charbon, qui forme sur la grande cité un couvercle compacte. Noūs entrevoyons le soleil qui lance ses rayons dorés sur ces massifs de nuées grisâtres, et qui semble illuminer la Tamise, que nous voyons se dérouler sous une épaisse mousseline, comme un serpent aux écailles de feu! Le vent était assez violent; une houle menaçante sifflait dans nos cordages; le froid nous saisit; le vent cherche à enlever nos chapeaux, à arracher nos couvertures, et, comme le voyageur de La Fontaine, nous devons lutter contre les efforts de Borée! Nous restons un quart d'heure environ en présence de ce décor magique — et nous cherchons des yeux la grande capitale britannique qui a disparu sous ses exhalaisons vaporeuses. Qui pourrait croire que sous ce lac humide une immense cité, laborieuse, active, intelligente, travaille sans trêve ni relâche? Qui pourrait soupçonner que sous nos pas s'agitent les passions humaines? Mais voilà bientôt que la machine appelle le câble de chanvre, et, docile esclave, le grand Captif est attiré vers le sol. — Nous revoyons le cercle de toile dont le vent nous a chassés, nous décrivons au-dessus de ce cylindre quelques oscillations d'une amplitude extraordinaire, et, après nous être balancés comme à l'extrémité d'un vaste mouvement pendulaire, nous revenons, aspirés par la vapeur, au port d'où nous étions partis!

Le ballon captif n'est pas seulement un instrument de villégiature aérienne, il peut être employé à une série d'observations scientifiques des plus intéressantes: il peut constamment servir à mesurer l'intensité, la direction des différentes couches aériennes, indiquer tous les jours l'état hygrométrique et la température de l'air à différentes altitudes; concourir puissamment, en un mot, aux progrès de cette science nouvelle qu'on appelle la *météorologie*. Si l'aurore boréale brille dans le ciel, le ballon captif peut immédiatement conduire l'observateur au-dessus des nuages, et le mettre en présence de cet imposant phénomène; si les étoiles filantes

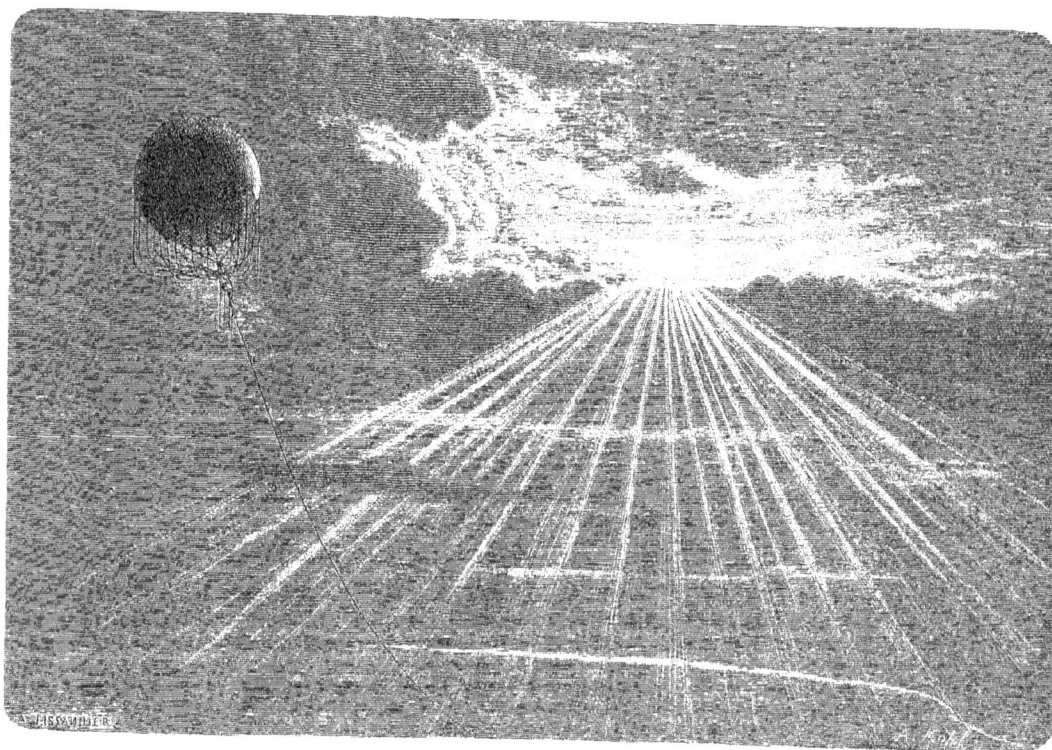

Le Captif de Lourdes. — Coucher du soleil au-dessus de la Tamise.

doivent sillonner l'espace, l'astronome peut encore s'élancer dans la nacelle et y recueillir des observations fructueuses.

Nous ne craignons pas d'affirmer que les aérostats captifs joueront un grand rôle dans les progrès de la *véritable science de l'air*, et quand cette affirmation cessera de passer pour une utopie, on rendra justice à M. Giffard, qui a ouvert à l'aéronautique et à la science des horizons nouveaux pleins d'espérance et de conquêtes !

Depuis le jour où les Montgolfier étonnèrent le monde par la découverte des aérostats, depuis l'heure à jamais mémorable où Charles créa le premier ballon à gaz hydrogène, les ballons oubliés semblaient être abandonnés de tous. Nés tout d'une pièce, ils restèrent stationnaires pendant soixante-dix ans, et c'est à dater du jour où le ballon de l'Exposition universelle s'élevait dans les airs, que M. Giffard a pris rang à côté des premiers fondateurs d'un art si admirable.

Le premier aérostat captif, de Coutelle, a valu à la république française la victoire de Fleurus; espérons que le grand Captif de Londres dotera aussi la science de sérieuses conquêtes, qu'il cessera bientôt d'être le seul observatoire flottant que les savants puissent mettre à profit, et que l'on comprendra enfin que, pour étudier l'air et faire progresser la science du temps, il faut aller dans l'air et ne pas craindre de quitter le rivage terrestre, surtout quand des ballons, comme celui de M. Giffard, vous y ramènent aussi sûrement.

Malgré le charme des voyages aériens, les Anglais, comme nous l'avons dit, paraissent hésitants, et, pour cause, ne se confient qu'avec une visible émotion à la nacelle du grand ballon d'Ashburnham Park. Pour enlever le succès, nous conseillons au directeur de convoquer les journalistes anglais, mais pour les avoir il faut les attirer par une cérémonie désirable. Quoi de mieux que de donner un repas dans l'enceinte du ballon captif, et pourquoi ce lunch ne serait-il pas offert dans la nacelle même de l'aérostat ?

Quelques jours après, les principaux rédacteurs de la presse recevaient la lettre suivante :

« Le propriétaire du ballon captif présente ses compliments au rédacteur du.... (ici le nom du journal) et le prie de vouloir bien assister, jeudi 13 mai, à deux heures, au déjeuner qu'il doit donner en ballon. »

A l'heure dite nous montions dans la nacelle, nous étions une vingtaine. Parmi les invités qui se trouvaient avec nous, nous

avons remarqué : lord Dufferin, président de la Société aérostatique, lord Richard Grosvenor, vice-président de la même Société, M. Glaisher, M. Rascol, du *Courrier de l'Europe*, M. J. Har-
ley, de *l'International*, M. Dixon, de *l'Athenæum*, M. Copping, du
Daily News, M. Perry Nursey, du *Mechanic's Magazine*, M. Wyman,
du *Scientific Opinion*, M. Thomas Cargill, de *l'Engineer*, M. Breary,
secrétaire honoraire de la Société aérostatique, M. Rodolph Blind,
M. William Stuart, M. Maurice Coste, etc.

A peine avions-nous quitté la terre, que le déjeuner commence
sous la présidence de M. Glaisher, qui donne le signal en pêchant,
dans une boîte de fer-blanc, avec un hardi coup de fourchette, la
première sardine qui ait eu l'honneur d'être consommée en l'air.
Mais, à cent mètres, le vent s'est mis à souffler avec une extrême
violence et a fait insolemment osciller la nacelle comme l'esquif suspendu sur les flots. On s'imagine facilement la danse vertigineuse
qu'exécutaient les assiettes et les verres : « Messieurs, à vos bouteilles ! » s'écria le directeur. Avec cet instinct de conservation,
propre à tout homme qui n'a pas fini son luncheon, chacun saisit
son couvert, tout en se cramponnant à la nacelle, et les ravages ne
furent pas considérables. Quelques assiettes restèrent sur le champ
de bataille, une boîte de sardines fut versée sur le pantalon d'un
convive, une bouteille de vin tomba dans le gilet d'un autre, mais
à ceci se bornèrent les désastres.

Un déjeuner dans de telles conditions n'était guère possible,
aussi avons-nous rapidement repris notre station inférieure, et le
repas s'est continué à ras de terre ; c'était beaucoup moins origi-
nal, mais infiniment plus confortable.

Les toasts ont bientôt commencé. Si l'on avait été dans le ciel, on
aurait lancé dans l'espace, à chaque santé, une banderole portant
les initiales de la personne *toastée*. Après avoir porté le *loyal
toast* à la reine Victoria, le président a proposé la santé de M. Giffard, propriétaire et constructeur du ballon captif. Jamais santé n'a
été bue avec tant d'enthousiasme, même sur le solide plancher
des banquets ordinaires.

M. Perry Nursey, du *Mechanic's Magazine*, a répondu au toast
porté par le président à la presse anglaise, et W. de Fonvielle
a pris la parole au nom de la presse française.

L'orateur aérien s'excuse de l'infériorité dans laquelle se trouvent les journaux français qu'il représente, malgré les efforts
qu'un grand nombre d'écrivains éminents font pour s'élever dans
les cieux, au risque de se perdre dans les nuages. Mais le Captif,

à bord duquel ses confrères se trouvent, est retenu par un câble qu'ils ne peuvent rompre. Ce câble, qu'il n'appartient pas à eux de couper, c'est la loi sur la Presse et le droit du Timbre. Il espère qu'un jour viendra où les ballons français pourront librement saluer le sol de la vieille Angleterre.

Malgré tous les obstacles dont nous avons parlé plus haut, le ballon captif allait sans doute marcher dans la voie du succès, quand un accident imprévu vint tout bouleverser. Le vendredi 28 mai, on apprit à Paris que le géant d'Ashburnham Park s'était envolé. Le *Figaro* racontait même que quarante personnes se trouvaient dans la nacelle lors de la rupture du câble!

La vérité était que, par un vent assez intense, le machiniste ramenant l'aérostat avait commis l'imprudence de rendre du câble au moment où il croyait que la nacelle allait toucher la charpente circulaire. A ce moment la nacelle se posa en effet sur les poutres, et cessa de faire subir une forte traction à la corde, qui s'enroula sur le rebord de la poulie. Un coup de vent lance l'aérostat dans l'espace, et la corde amoncelée dans la roue est tirée avec une force irrésistible, elle sort de la gorge de la poulie, elle est broyée, machurée par les bords métalliques. Le ballon disparaît dans la nue comme un projectile, le bout de câble tout échevelé qu'il emmène avec lui a choqué l'enceinte en charpente et a arraché quelques grosses poutres qui tombent en dehors de l'arène. Le Captif apparaît bientôt comme un point, et ce point ne tarde pas lui-même à s'évanouir à son tour. Les personnes présentes sont dans la consternation, quoiqu'il n'y ait pas un seul voyageur dans la nacelle. L'effroi se communique de proche en proche, et l'on croit que le grand Captif, chargé d'une cargaison humaine, va se précipiter dans les flôts de l'Atlantique. Heureusement la construction du ballon de Londres est, comme nous l'avons dit, un chef-d'œuvre, et l'accident de la rupture du câble, qui semblait impossible, a été prévu par son habile constructeur. Le danger est écarté par le jeu d'organes automatiques.

Il est évident que le bond initial a dû être sérieux, rapide, que, semblable à un projectile, l'immense aérostat a été jeté dans l'espace à 4 ou 5 kilomètres de haut. Un aéronaute qui se serait trouvé dans la nacelle aurait évidemment passé un mauvais quart d'heure, mais il n'aurait couru aucun danger sérieux, excepté celui d'être suffoqué par cette course échevelée dans l'espace. Quoi qu'il en soit, nous aurions bien vivement souhaité de nous trouver suspendu dans les airs, à bord de la grande nacelle de Londres, tant nous avions confiance dans le mécanisme de M. Giffard.

En vertu de sa grande force ascensionnelle, le ballon a dû s'élever à 4000 mètres environ; mais, pour atteindre cette altitude, il a perdu une quantité de gaz considérable débitée par la soupape de sûreté inférieure. Une fois équilibré, il n'a pas dû tarder à descendre, grâce à la contraction produite par la diminution de température. Il a touché terre à vingt lieues de Londres, et il ne pouvait pas, comme on l'a cru et même imprimé, faire le tour de la terre, ou se perdre dans les Océans. Un ballon abandonné à lui-même monte, puis descend, mais il ne séjourne pas dans l'air, si la main d'un aéronaute ne compense les pertes de gaz dues à la diminution de pression, la perte de force ascensionnelle due au refroidissement, par la projection de lest. Une seule fois un ballon livré à lui-même alla de Paris à Rome, mais il portait avec lui un grand lustre chargé de godets où brûlait de l'huile. L'huile disparaissait progressivement par la combustion, délestait le ballon avec régularité et lui permit de séjourner longtemps dans l'atmosphère. Ce ballon fut lancé lors du couronnement de Napoléon Ier; il alla échouer sur le tombeau de Néron à Rome, et l'Empereur, à ce que l'on prétend, prit les ballons en haine depuis cette époque.

Quand le ballon captif fut envolé, il était donc certain qu'il allait bientôt redescendre. Il tomba en effet près de Linslow, à vingt lieues de Londres. Le morceau du câble qu'il avait arraché, long de 50 mètres environ, lui servit de guide-rope, et il s'arrêta de lui-même dans une plaine, après avoir accompli quelques bonds vertigineux. A ce moment des paysans accourent et se cramponnent aux cordes, un enfant est déjà monté dans le filet. Voilà un coup de vent qui s'élève, le ballon s'agite et repart, tout le monde a lâché prise. Le malheureux enfant est resté dans le filet, son pied s'est emmêlé dans les cordages; il est suspendu à 40 mètres au-dessus du sol! L'aérostat retouche terre une seconde fois et l'enfant est sauvé, mais son sauveteur, en redescendant des cordes, tombe sur le sol et se brise une épaule. Il faisait nuit; un habitant monte à cheval et court au galop chercher un médecin à la ville voisine. Sur la route il se précipite sur une voiture qu'il ne voyait pas, son cheval est embroché dans le brancard, il tombe raide mort et casse la jambe à son cavalier!

Le ballon était échoué près d'un grand chêne faisant partie d'une propriété appartenant à M. Harry Verney. Le colonel Pratt, de la milice du Buckshire, qui était accouru sur les traces du géant inconnu, lui fit passer la nuit, sous la garde d'un piquet de quinze hommes. Le lendemain, il fit télégraphier aux aéronautes que leur ballon était retrouvé.

Les journaux d'outre-Manche ont longuement parlé de l'escapade du grand Captif, qui a quelque peu terrifié les Anglais, déjà timides. Ils ont abondé de récits curieux occasionnés par cet accident dramatique, et l'un d'eux plaisante assez bien un astronome de Linslow, qui, apercevant le grand ballon dans les airs, ne tarde pas à acquérir la conviction qu'il contient des voyageurs. « Voyez, disait-il en regardant dans sa lunette, ce nuage de fumée qui descend sans cesse de la nacelle, c'est la pluie de sable que la main d'un aéronaute ne cesse de jeter ! » Ce nuage de fumée était une illusion ! Il était formé par le bout du câble de chanvre qui, broyé au départ avec une force invincible, s'était transformé en une véritable chevelure ! Le journal anglais ajoute spirituellement que, si le ballon n'était pas revenu à terre pour donner un démenti au savant astronome, ses affirmations auraient convaincu la Société royale d'Angleterre.

Que d'erreurs semblables doivent régner dans l'opinion des savants ! Oh ! si les planètes approchaient de terre, si le soleil, la lune arrivaient à se montrer à nous, que de démentis ! que de cordes prises pour des nuages dans ces immenses ballons flottants qu'on nomme les corps planétaires !

Le grand Captif, bientôt réintégré dans son domicile, fut en mesure de reprendre ses fonctions. Mais l'accident a été exploité par tous les trembleurs. — Les ballons sont encore trop nouveaux pour que les meilleures raisons du monde aient pu rassurer les entêtés décidés à avoir peur quand même. Un maître d'école du voisinage, nommé le révérend Cromwell, nom ironique, s'imagina que le ballon allait dégringoler sur la tête de ses élèves. Un pépiniériste jaloux d'élever un mur Guilloutet au-dessus de son cottage crut que l'on s'occupait de ce qui se faisait dans sa taupinière, comme si les aéronautes n'avaient point assez à faire de s'occuper de ce qui se passe au-dessus des nuages, comme si c'était pour regarder un point imperceptible qui s'agite à ses pieds, que l'on montait à plus de 600 mètres ! Le maître d'école et le pépiniériste se coalisèrent et traduisirent le ballon captif devant la cour de vice-chancellerie, pour obtenir une injonction ordonnant de cesser les ascensions. Ce n'était point assez de la féodalité du sol, de la propriété du sous-sol, voilà le droit de M. Vautour britannique qui veut s'élever plus haut que plusieurs pyramides

d'Égypte. Ce procès grotesque fut sérieusement plaidé, et presque
perdu, malgré les savants *affidavit* de M. Glaisher!

Une vieille femme de cent ans fit honte à ces farouches propriétaires. C'était une pauvre veuve, qui, ayant perdu son fils âgé de
soixante-quinze ans, s'écria avec douleur : « Je savais bien que je
n'élèverais jamais ce pauvre enfant. » Depuis quarante ans elle
habitait le workhouse de Lambeth. Le Master lui demandant ce qui
pouvait lui faire le plus de plaisir pour célébrer son centenaire,
elle répondit qu'elle caressait le projet de faire une ascension dans
le ballon captif. — On mit la nacelle à sa disposition; on lui servit une collation à elle et à ses vieilles amies.

Cette petite fête eut lieu le jour où se célébrait à Ajaccio le
centenaire de Napoléon Ier, cet ennemi des ballons, qui était né
précisément le même jour que la pauvre vieille pensionnaire du
workhouse !

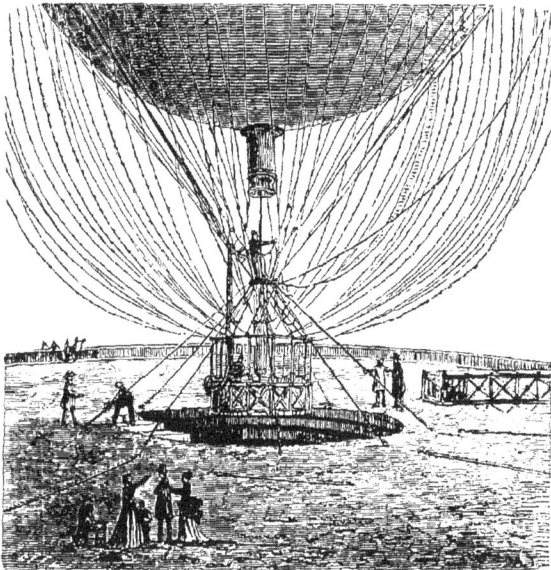

La nacelle du Captif de Londres.

Le Pôle Nord dans les airs.

CHAPITRE X.

(W. de Fonvielle et G. Tissandier.)

I. Les démarches.

A M. Gustave Lambert, chef de l'expédition au pôle Nord.

« Paris, le 15 février 1869.

« Monsieur,

« M. H. Giffard a bien voulu mettre à notre disposition un immense aérostat de 10.500 mètres cubes, le plus grand et le plus merveilleux qui ait été construit jusqu'ici. Mon ami de Fonvielle et moi, nous songeons à continuer dans cet admirable ballon nos pérégrinations aériennes, mais comment subvenir aux frais considérables que nécessite un voyage exécuté dans un tel engin ? Il faut évidemment recourir au public. Toutefois

nous ne voulons pas, si nous faisons une ascension payante, béné-
ficier d'aucune recette, nous tenons formellement à rester étrangers à toute spéculation.

« Pour tout concilier, voici l'offre que j'ai l'honneur de vous
proposer.

« Le ballon s'appellerait *le Pôle Nord;* il ferait une ou plusieurs
ascensions publiques au bénéfice de votre grande expédition dans
les mers glaciales. Nous pourrions ainsi continuer nos expériences aériennes sur une vaste échelle, et imprimer peut-être un
nouvel élan à l'œuvre si méritante à laquelle vous vous êtes consacré avec un si généreux dévouement. Notre patriotisme est ou-
tragé en voyant que toutes les nations rivales de la France organisent des expéditions arctiques; apôtre d'une grande idée, vous
dépensez votre éloquence, votre énergie, sans arriver à vos fins;
quelle joie pour nous si nous pouvions vous venir en aide; et
quel exemple de solidarité scientifique si la navigation aérienne
allait tendre la main à la navigation océanique!

« Il va sans dire, monsieur, que nous vous offrons une place
dans la nacelle, en vous faisant observer que votre présence parmi
nous ne manquerait pas de contribuer au succès de l'entreprise.

« Veuillez me croire votre tout dévoué,

« GASTON TISSANDIER. »

A M. Gaston Tissandier, directeur du laboratoire de l'Union
nationale.

« Paris, 17 février 1869.

« Monsieur,

« En arrivant de Caen, où ma 114ᵉ conférence a reçu un bienveillant accueil, je trouve votre aimable lettre et je m'empresse
d'y répondre.

« Ce n'est pas la première fois que je vous dois service. Déjà l'an
dernier, si je ne me trompe, vous avez eu la bonté de changer la
date d'une de vos conférences à la mairie de l'Élysée, pour faciliter ma mission.

« Votre proposition, monsieur, me séduit profondément, et plus
que je ne saurais le dire. Vous avez touché à une des grandes
préoccupations de ma vie, et j'ai fait sur la *locomotion mécanique
dans l'air et dans l'eau* des recherches étendues, dont une partie
a été publiée.

« L'offre que vous me faites est donc pour moi l'occasion d'une des tentations les plus attrayantes que je puisse concevoir, et c'est avec un *chagrin réel, accentué*, que je me vois forcé, pour le moment, de renoncer à monter en ballon avec vous.

« Vous savez comme l'on est en France; si je paraissais m'occuper de quoi que ce puisse être concurremment à l'œuvre à laquelle je me dévoue corps et âme, je nuirais énormément à mon apostolat, et de plus on ne manquerait pas de dire que *j'ai coupé la queue de mon chien* à la façon d'Alcibiade, pour faire de la *pose* à côté de mon sujet spécial. — Cela serait ainsi, et je suis bien sûr qu'après réflexion, votre jugement donnera raison à ce lien de fer qui me fait décliner un honneur et un plaisir des plus excessifs.

« Je regretterai cette situation bien plus encore, si cela vous empêchait de donner à votre ballon le nom de *Pôle Nord*.

« Je crois que cet hommage de confraternité dans les grandes recherches scientifiques de ce temps serait bien vu de tous, et j'espère que vous conserverez ce nom, qui ne peut être que profitable à vos expériences ainsi qu'à la tâche terrible que je poursuis contre vents et marées, indifférence et hostilité. Quant à la recette, cela est autre chose, et je ne me permets pas d'avoir une opinion quelconque sur ce sujet délicat.

« Toutefois, si vous jugez devoir annoncer qu'une partie de la recette est consacrée à la souscription au pôle nord, mon bulletin hebdomadaire, adressé à tous les comités, constaterait ce fait; et vous et vos amis seriez classés parmi ceux qui auraient le plus contribué à hâter la réalisation d'une grande œuvre de science et d'initiative, dont le contre-coup en tous genres sera considérable.

« Je suis ici jusqu'à la fin de la semaine, je serais bien heureux de vous serrer la main très-affectueusement et de causer avec vous.

« Croyez-moi votre très-sympathique et très-reconnaissant,

« GUSTAVE LAMBERT. »

Quelques jours après j'envoyais à l'Empereur une pétition, apostillée par MM. le général Morin, le baron Larrey et Ch. Sainte-Claire-Deville. Je demandais à Sa Majesté de mettre à ma disposition l'esplanade des Invalides pour exécuter des ascensions scientifiques au bénéfice de l'expédition au pôle Nord. Plein d'enthousiasme et de confiance, je ne savais pas dans quelle voie j'allais m'engager, et je ne me doutais guère que plusieurs mois de sollicitations, de démarches, de déboires, de difficultés étaient nécessaires pour organiser une ascension si simple en apparence.

J'attendis un mois la réponse de l'Empereur. Le 12 avril, je reçus de son cabinet une lettre dans laquelle on me disait que l'esplanade des Invalides, protégée sur les bas côtés par des arbres, offrait de graves inconvénients, dans un cas de rassemblement; mais que si je voulais m'adresser au préfet de police, j'obtiendrais l'autorisation de disposer du Champ de Mars.

J'écris à la préfecture de police; j'ai une entrevue avec le secrétaire du préfet, qui me fait attendre une bonne heure dans son antichambre. Il me reçoit enfin pour me dire que le Champ de Mars appartient au ministre de la guerre; c'est à ce dernier qu'il faut s'adresser. Je me hâte d'envoyer une pétition au maréchal Niel. Huit jours, quinze jours se passent! Rien. Rien. Je cours dans les bureaux. On m'apprend que le ministre de la guerre a dû consulter le génie militaire, que le génie militaire gardera ma lettre au moins huit jours dans ses bureaux, et qu'il ne pourra pas donner son avis avant d'avoir consulté le directeur des fortifications, qui consultera lui-même le maréchal commandant la place de Paris. Il faudra en outre aller frapper à la porte de l'entrepreneur des travaux du Champ de Mars pour lui demander si les terres seront aplanies pour le 27 juin, car on travaille toujours à combler les vallons creusés dans la vaste plaine par le Palais de l'Exposition universelle. Deux mois presque tout entiers s'écoulèrent!!! Enfin le 24 mai 1869, je reçus la réponse du ministre de la guerre; on me disait qu'on me donnait l'autorisation de faire deux ascensions au Champ de Mars, après m'être entendu, avec les Fortifications, le Génie militaire, la Place de Paris, et l'entrepreneur des travaux. Il fallut courir de la rue de Bellechasse à la place Vendôme, et de la place Vendôme au Champ de Mars, attendre dans les bureaux, et se ronger les poings d'impatience dans les antichambres! O administration, qui ne s'est pas perdu dans le labyrinthe de tes corridors, si farouchement gardés par ces cerbères féroces qu'on appelle garçons de bureaux, qui n'a pas vu l'accueil froid, guindé, quelquefois insolent de subalternes prétentieux, tout gonflés d'orgueil, ne saura jamais l'intensité du supplice que va chercher celui qui a besoin de toi!!! C'est là que la pétition passe sans cesse de filière en filière, là que la consigne remplace l'intelligence, que le mot d'ordre donné arrête et ajourne, qu'une phrase est remplacée par mille discours, et qu'un rien à obtenir devient une montagne à soulever!

Cependant j'apprends que l'immense ballon envoyé de Londres, où il était emmagasiné dans les hangars du ballon captif, est arrivé à Paris au port Saint-Nicolas. Nous sommes le 31 mai, l'ascension est pour le 27 juin, il n'y a plus un moment à perdre.... je cours chercher le ballot de 4500 kilogrammes qui m'est envoyé. Hélas! j'avais compté sans la douane. Un douanier rébarbatif à qui je m'adresse me dit que le ballon arrivé de Londres, que rien ne lui prouve qu'il est d'origine française, que son étoffe *caoutchoutée* doit payer un droit d'entrée de 100 francs par 100 kilogrammes (le ballon pèse 1600 kilogr.), que le filet est du chanvre qui paye 25 francs par 100 kilogr. (le filet pèse 1200 kilogr.!) Je m'élance dans une voiture, et je cours chez le directeur des douanes, j'use de toute mon éloquence la plus persuasive pour exprimer l'importance de notre ascension; je lui demande de me livrer le ballon immédiatement, en promettant de lui prouver qu'il a été fabriqué chez M. Flaud, au Champ de Mars, je lui dis qu'un retard peut faire manquer une grande expédition aérostatique, je tâche de lui inspirer quelque sympathie en lui disant que je ne cherche à faire aucune spéculation, que l'amour de la science, le désir de venir en aide à une œuvre nationale, sont mes seuls mobiles. Le directeur des douanes, ou plutôt son premier commis (on ne pénètre pas aussi facilement auprès des soleils levants qui éclairent nos administrations), se contente de me dire poliment que je n'aurai jamais mes caisses, si je ne lui donne pas copie de la date de leur expédition de Paris à Londres. « Allez chez le fabricant de l'aérostat qui l'a expédié, me dit-il avec une douceur pleine d'aménité, prenez une feuille de papier timbré, faites copier la facture relative à l'envoi du ballon, faites signer cette facture, portez le livre et la copie chez le maire, ou chez le commissaire de police ou chez le juge de paix, demandez à l'un de ces fonctionnaires de déclarer par écrit que la copie est conforme au modèle, revenez ici muni de ces pièces, et nous pourrons peut-être arranger l'affaire. — Mais, monsieur, lui dis-je, M. Flaud n'est pas un fabricant de ballons, il n'a ni facture ni lettre d'expédition, l'aérostat a été fabriqué chez lui sous les ordres de M. Giffard qui le destinait à exécuter des ascensions captives à Londres, mais à aucun prix il ne me paraît possible d'obtenir ce que vous exigez de moi. — Alors il faudra payer! »

Je me sauve épouvanté, car les droits d'entrée qu'on me récla-

mait s'élevaient à peu près à la somme de 3000 fr.! Au Champ
de Mars, je vais trouver un des premiers employés de M. Flaud,
qui sur mes instances prend une feuille de papier timbré et déclare que le ballon a été fabriqué dans la maison; il a en outre
l'extrême obligeance de venir avec moi chez le commissaire de
police, qui apostille la pièce. Armé de ce document, je retourne
chez le directeur des douanes, qui était sorti. Je reviens le lendemain. On me dit que cette pièce ne signifie rien, et on me renvoie
au port Saint-Nicolas! Sur mes instances, on consent cependant à
demander par écrit des renseignements au vérificateur des douanes
de ce port. Il y avait déjà trois heures que ma voiture me prome-
nait du Champ de Mars à la rue de l'Entrepôt et au commissariat
de police.... je commençais à me demander si je sortirais jamais de
cette impasse! Comme je suis naïf! me disais-je. Depuis plusieurs
mois, je n'ai fait que méditer sur les difficultés du voyage dans
un aérostat gigantesque, j'ai calculé le poids de guides-ropes et
de cordes d'arrêt qu'il faut enlever, j'ai rêvé quelquefois de
traînages et de périls; mais qu'est-ce que tout cela à côté d'un
douanier, qui est maître chez lui, et qui peut au moindre mot
devenir votre tyran et empêcher la réalisation d'un projet longuement mûri?

Grâce au ciel, le vérificateur du port Saint-Nicolas eut pitié de
moi! Il voulait bien s'en rapporter à l'affirmation de l'employé de
MM. Gaudet frères, qui lui déclara que le même ballon avait été
expédié de Paris à Londres, l'an dernier! — « Demain, me dit-il,
les caisses seront transportées chez M. Flaud! »

Aussitôt le ballon arrivé, nous nous occupons de faire construire
une vaste nacelle de neuf mètres carrés de superficie, et des cordes
d'arrêt. M. Giffard, avec sa générosité habituelle, veut que tout s'exécute à ses frais, et, apprenant le but de notre ascension, il souscrit
même pour une somme importante à l'expédition de Gustave
Lambert. Pendant que ces préparatifs sont en voie d'exécution, j'ai
encore bien des démarches à faire avec Saint-Félix qui a accepté la
tâche la plus humble, la plus difficile et la plus hasardeuse, celle
d'administrateur de notre entreprise. Avant d'être administrateur
du *Pôle Nord*, Saint-Félix a été passager du *Géant*. Il a été écrasé
par la nacelle dans la catastrophe du Hanovre. Voilà ce qui explique son enthousiasme et sa hardiesse. Qui a bu boira, dit le proverbe, qui a monté montera encore, et en attendant fera monter les
autres.

Il faut s'occuper du gaz, et la Compagnie Parisienne, qui s'est toujours montrée d'une rare obligeance et d'une louable générosité, semble disposée à nous faire une réduction importante sur le prix de la canalisation, mais il y a deux cent cinquante mètres de tuyaux à poser, et quinze cents mètres cubes de gaz à fournir : le tout est une dépense de 10 000 francs. Pour Gustave Lambert la facture se réduira à 4000 francs. Pendant que Saint-Félix s'occupe de l'affichage, des clôtures, etc., je me charge d'obtenir les troupes qui sont nécessaires pour maintenir l'ordre pendant la journée du gonflement.

J'adresse une demande au maréchal Canrobert, commandant le premier corps d'armée ; mais nous sommes au milieu des émeutes de juin, on me dit que l'ascension n'aura pas lieu si les troubles continuent et qu'il faut m'adresser au ministre de la guerre.

Je me conforme à cet avis. Mais je ne peux m'empêcher de trembler en pensant à toutes les difficultés qui s'élèvent à mesure que le moment décisif approche. De grandes affiches ont déjà appris à tout Paris que l'ascension aura lieu le 27 juin ; il n'y a plus à reculer. Quelle semaine nous avons passée, Saint-Félix et moi, avant ce dimanche qui fera époque dans notre vie ! Outre les troupes, il fallait encore songer à la police, tout en s'occupant de la nacelle, des réparations que nécessitait le ballon, des instruments à se procurer pour nos expériences, de lettres à écrire relativement à une infinité d'autres détails auxquels il fallait songer, des billets à distribuer à nos amis pour l'enceinte des manœuvres, etc., etc.

Le 21 juin je n'avais encore reçu aucune réponse du ministère de la guerre et la préfecture de police refusait d'envoyer des agents (indispensables cependant pour la surveillance des bureaux de recette) si la Place de Paris ne nous donnait pas ses troupes. Je me rends auprès de M. le général Soumain, commandant la place de Paris, qui seul peut me tirer d'embarras. Je lui expose ma situation, et quel n'est pas mon étonnement quand il m'interrompt brusquement en me disant qu'il connaît l'affaire qui m'amène. Il se met à maudire l'autorisation qu'on m'a donnée de disposer du Champ de Mars qui a été enlevé si longtemps aux manœuvres par l'Exposition universelle, qui n'est pas fait pour des ascensions : « Quant aux troupes, me dit-il, vous ne les aurez pas ; vous me demandez aussi une musique militaire, vous ne l'aurez pas. L'armée n'est pas destinée à faire la police, la musique militaire n'est pas destinée à amuser les badauds. »

· J'objecte à cet aimable général que la troupe fait toujours la police aux courses de printemps, d'été, d'hiver ou d'automne, et qu'elle ne serait pas déshonorée en prêtant son concours à une expérience aérostatique. Je lui fais comprendre que son refus nous met dans la situation la plus ridicule, et qu'en empêchant notre ascension, il peut nuire à l'œuvre de Gustave Lambert. Il me répond toujours très-brusquement et je finis par lui faire comprendre qu'il n'est pas le seul maître, et que le ministre de la guerre à qui je vais m'adresser pourra peut-être me donner ce qu'il refuse. M. Soumain bondit et me crie encore de toutes ses forces que, quoi que je fasse, je n'aurai pas de troupes au Champ de Mars. L'affaire tournait au mélodrame.

Le ministre de la guerre était au camp de Châlons avec l'Empereur, et, sans entrer dans le détail de certaines protections précieuses qui me permirent de triompher, je me contenterai de dire que comme par enchantement je reçois deux jours après une lettre du ministère de la guerre.

Quelle ne fut pas mon émotion en décachetant cette missive, et quelle fut ma joie en y lisant ces mots : « Par lettre de ce jour, je prescris à M.... de mettre à votre disposition deux cents hommes d'infanterie et cent cinquante artilleurs.... » Le lendemain, je reçus en outre la visite d'un excellent chef de musique militaire, qui venait me soumettre le programme du charmant concert qu'il devait exécuter pendant le gonflement du *Pôle Nord*. — Qui m'eût fait soupçonner que cet artiste, qui nous prêta son concours avec une si gracieuse complaisance, allait plus tard être la victime d'une colère rentrée d'un de ses chefs, et « payer les pots cassés, » pour nous servir d'une expression triviale mais juste! Le lendemain de notre départ, il eut des nouvelles de M. le général commandant la place de Paris, qui lui offrit huit jours d'arrêts, pour être resté au Champ de Mars jusqu'à six heures quarante-cinq, quand l'ordre lui avait été donné de n'y demeurer que jusqu'à cinq heures! Le fait, aussi peu croyable qu'il soit, est pourtant véridique, et je me suis promis de le raconter. Quels châtiments terribles m'attendraient si les aéronautes dépendaient de certains généraux! Mais heureusement que le navigateur aérien plane au-dessus des nuages où la salle de police n'a pas d'entrée, et qu'un sac de lest, vidé à propos, l'entraîne bien loin des mesquineries terrestres.

Du reste, à part ces quelques obstacles inattendus que nous avons surmontés, hâtons-nous de dire que nous avons rencontré de toutes parts un très-favorable accueil, les plus précieux encouragements, de fort utiles conseils, heureux symptômes de l'avenir des ballons, signes de bon augure pour la navigation aérienne! L'Académie des sciences s'est préoccupée de nos projets, et une commission nommée dans son sein nous a prêté le plus solide appui. Les membres de cette commission, MM. le baron Larrey, le général Morin et Ch. Sainte-Claire-Deville, n'ont rien omis pour nous assurer le succès. Ils ont étudié un remarquable programme d'expériences aériennes, et si des accidents imprévus nous ont empêchés de le mettre à exécution dans son ensemble, qu'il nous soit permis de dire que ce qui est différé n'est pas perdu. L'observatoire de Montsouris nous a confié ses plus beaux instruments, et la Société météorologique de France a fait un appel à tous les postes d'observation de l'Europe, pour exécuter des expériences comparatives avec les nôtres. N'oublions pas enfin d'adresser nos plus sincères remercîments à M. Husson, directeur de l'Assistance publique, qui, en faveur de Gustave Lambert, a réduit le droit des pauvres à une somme insignifiante; à M. le général d'Auvergne, qui a mis à notre disposition des artilleurs intelligents pour aider nos manœuvres; à nos collègues de la presse qui, sans exception, nous prêtèrent le concours précieux de leur publicité; à la Compagnie Parisienne du gaz, enfin, qui continua à se montrer à notre égard de la plus rare obligeance. Tous ces esprits éminents contribuèrent au succès de l'entreprise, et nous sommes heureux de leur témoigner notre plus vive reconnaissance.

N'oublions pas non plus notre vaillant ami Gustave Lambert, dont le dévouement s'est montré au-dessus de tout éloge. O illusion! ô cruelle déception! Nous rêvions un grand succès financier, nous espérions remplir les caisses de l'expédition du pôle Nord, mais ce public de Paris, si intelligent, si généreux, à ce qu'on dit, n'a pas voulu porter son obole à l'infatigable pionnier, qui consacre sa vie, sa fortune, ses forces à une grande œuvre nationale. Ils le condamnent à voir partir de tous les pays civilisés des expéditions ayant pour but de conquérir ce Pôle où il a juré de planter le drapeau de la France. Mais une considération nous console. L'expédition du pôle Nord et la Navigation aérienne se sont un instant donné la main : touchante union de deux nobles causes, également délaissées, également malheureuses !

II. Le voyage.

Le samedi 26 juin, l'équipage du *Pôle Nord* était sur pied dès six heures du matin; le ballon est porté par soixante artilleurs au milieu du Champ de Mars. On attache son appendice sur le tuyau de gonflement et on fixe à sa partie supérieure la magni-

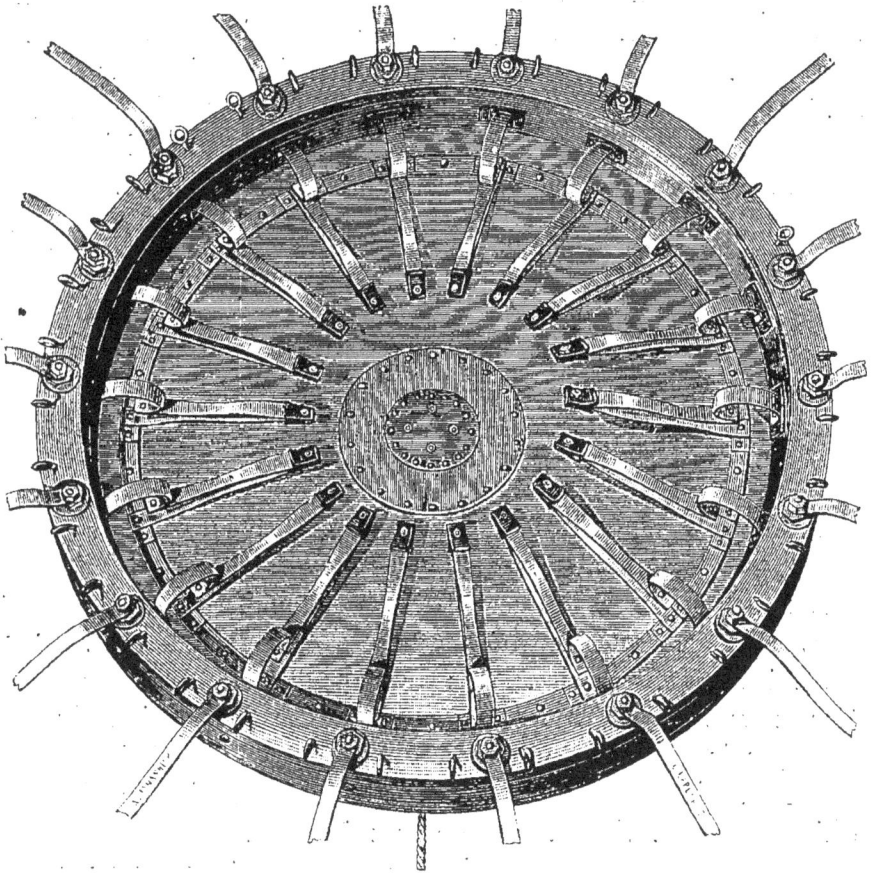

La soupape du ballon *le Pôle Nord*.

fique soupape de M. Giffard, formée d'un grand disque métallique de $1^m,20$ de diamètre, retenu à un cercle de bois par dix-huit ressorts d'acier. La journée se passe au milieu des préparatifs, on fixe les haies des enceintes, on remplit les six cents sacs de lest dont nous avons besoin, et le soir à neuf heures les aéronautes dînent avec Gustave Lambert, qui a fait preuve pour nous aider du plus généreux dévouement. Nous sommes décidément onze voyageurs, parmi lesquels nous mentionnerons MM. Amédée Tardieu, interne à la Charité, Sonrel, astronome à l'Observatoire, Albert Tissandier, Tournier, chimiste, Mangin, Menue et Moreau, architectes, etc.

Le soir, nous laissons Gustave Lambert auprès du ballon, il a tenu à veiller son enfant chéri pendant toute la nuit.

Dans notre expédition, nous avions, comme nous l'avons dit, un double but à remplir, mais il nous reste. à indiquer combien la partie financière a été sacrifiée, hélas!

La différence entre les dépenses et les recettes peut être évaluée à 4000 francs, que nous espérions, il est vrai, combler par une seconde ascension. Mais les mois se sont écoulés, sans que la tentative ait pu être renouvelée par notre administrateur.

Nous avions établi trois espèces de places: les places à 20 francs dans une enceinte faisant le tour de l'arène de manœuvres; les places à 1 franc dans une enceinte concentrique à la première, et enfin les places à 50 centimes. Nous nous étions réservé de faire entrer dans l'enceinte de manœuvres les personnes que les détails scientifiques pourraient intéresser directement, qui avaient besoin de voir de près toutes ces opérations; mais la pression de la curiosité a été si grande, qu'il nous a été impossible de maintenir le public dans l'enceinte des places réservées. La masse des spectateurs qui s'y trouvaient se sont infiltrés dans l'enceinte des manœuvres. Il est resté de l'autre côté des haies précisément des personnes à qui nous avions réservé dans notre pensée les honneurs d'une inspection privilégiée. Quelques-uns de nos confrères qui n'ont pu franchir les portes et qui, du reste, n'avaient rien fait pour se faire reconnaître, ont même, dans un moment de mauvaise humeur, fait quelques réclamations à cet égard. L'enceinte de manœuvres pouvait contenir un millier de personnes appartenant à la presse, aux professions savantes, nos familles, les personnes qui nous avaient aidés dans l'expérience, les constructeurs d'instruments de physique, l'usine où le ballon a reçu l'hospitalité, la grande fabrique qui avait mis des cordages à notre disposition, les personnes qui m'avaient aidé dans mes innombrables démarches, etc., etc. Dans ce public d'élite, je citerai MM. Duruy, le baron Larrey, M. Émile de Girardin, Gustave Doré, Olympe Audouard, etc., qui sont venus nous serrer la main avant notre départ. Il y avait, en outre, des escouades de soldats appartenant les uns à l'artillerie et les autres, en moindre nombre, à l'infanterie. Quant aux payants, ils étaient rares, comme l'a dit spirituellement un de nos amis : *Apparent rari nantes in gurgite vasto.*

Le roi d'Espagne et le prince des Asturies faisaient partie des spectateurs. O vicissitudes humaines! le jeune héritier découronné se croit encore de l'autre côté des Pyrénées. Malgré des défenses formelles, sans rien demander, il enjambe les parois de notre nacelle, il s'y installe et prend plaisir à chasser les enfants de son âge qui veulent approcher. *Enlevez le moutard!* retentit à ses oreilles, et un bras robuste le déracine de ce trône improvisé. O ballons! ô aéronautes! que vous êtes impitoyables pour les majestés en herbe de la terre!

La seconde enceinte était mieux garnie : il y avait environ trois mille spectateurs payants et peut-être mille entrées de faveur. Les spectateurs à 50 centimes étaient beaucoup plus nombreux, on en comptait environ huit mille, appartenant pour la plupart aux classes laborieuses de la Capitale, parmi lesquelles l'ascension avait excité un vif intérêt, et qui ont toujours été si sympathiques à la cause de Gustave Lambert. Mais en dehors des enceintes payantes se trouvait une multitude que l'on n'a pas évaluée à moins de cent mille personnes, et qui a stationné pendant des heures entières, contemplant avec un intérêt fébrile toutes les péripéties de l'ascension. C'est surtout sur le Trocadéro qu'était cette multitude économe, parmi laquelle on a reconnu des banquiers, de hauts fonctionnaires, de grands propriétaires qui n'ont pas craint de donner cette hideuse preuve d'indifférence pour le succès de l'expédition de Gustave Lambert. Il y avait même, à ce que j'ai pu voir avec une lorgnette, un grand nombre d'équipages.

L'aéronaute Wells m'a raconté une anecdote, que je vous prierai de rapporter à ces héros du Trocadéro, si par hasard vous en rencontrez quelqu'un. Wells venait de faire avec grand succès une ascension à New-York, lorsqu'il rencontre un voyageur qui s'approche de lui et lui dit: « Monsieur, j'étais dans la rue quand votre ballon est passé au-dessus de ma tête, j'ai si bien vu que je dois vous remettre le prix d'une place de première. » En disant ces mots, il lui remet une pièce de deux dollars que l'aéronaute empocha avec une satisfaction facile à comprendre.

Ce n'est point à nous qu'il faut remettre les pièces de deux dollars, mais c'est à Gustave Lambert, que les spectateurs du Trocadéro ont certainement frustré, puisque l'ascension a eu lieu à son profit.

Le *Sic vos non vobis* n'a jamais été pratiqué sur une plus large échelle, et nous vous prions de nous permettre d'insister sur quelques détails grotesques qui ont leur intérêt.

On m'a signalé une maison en construction où l'on avait établi des échafaudages qui étaient garnis de spectateurs; de sorte que l'entrepreneur, qui sans doute pense très-peu à Gustave Lambert, a fait une excellente journée. L'administrateur Saint-Félix avait fait établir un restaurant dans les enceintes; quoique l'on n'ait exigé aucun loyer de la personne qui le tenait, elle n'en a pas moins perdu une somme importante. Tous les bénéfices ont été pour les restaurants du voisinage, qui ont fait des journées excellentes, meilleures que du temps de l'Exposition. L'un de ces gargotiers a osé m'avouer que le nombre des bocks vendus chez lui s'est élevé d'une douzaine à plus de deux mille. On dit que ces intéressants industriels signent une pétition à l'Empereur pour le prier de faire partir *le Pôle Nord* régulièrement, comme si *le Pôle Nord* lui appartenait.

Un accident est arrivé pendant le gonflement d'un petit ballon qui devait accompagner *le Pôle Nord*. Le ballon *l'Hirondelle*, poussé par un coup de vent, dont *le Pôle Nord* ne s'est point aperçu, a crevé soudainement. En moins de temps qu'il n'en faut pour le dire, le pauvre petit ballonneau s'est abîmé sur lui-même, après avoir exhalé quelques torrents de fumée jaunâtre. Au lieu de plaindre l'aéronaute, qui perdait en quelques secondes le fruit de longs travaux, chacun s'est mis à rire. Le bruit a couru dans la foule que *l'Hirondelle* n'était pas un ballon sérieux, que c'était une mauvaise vessie. C'est dans cette vessie que nous avons fait le voyage de Neuilly-Saint-Front. Quant au capitaine, qui prétendait à l'honneur de commander *l'Hirondelle*, M. Bertaux, c'est lui qui vient d'accompagner Duruof dans sa grande ascension maritime de Monaco, et qui, par conséquent, a fait de propos délibéré une descente dans la mer (voir l'Appendice).

Quand notre ascension a eu lieu, la foule qui a envahi toutes les enceintes, a aperçu les bâches sur lesquelles *le Pôle Nord* avait été soigneusement plié, et qui sont formées avec des débris de vieux ballons. On s'est imaginé qu'on avait sous les pieds le cadavre du *Petit crevé du Champ de Mars*, et l'on s'est arraché les morceaux, disputés comme une épave appartenant au premier occupant. En même temps, d'autres intrus vidaient les sacs de lest qui avaient servi au gonflement, et voulaient à toute force les emporter en souvenir de nous. Nos ouvriers ont été obligés de défendre le matériel, et pour parvenir à opérer le sauvetage, ils ont dû payer une prime de 10 centimes aux gamins qui rapporteraient des sacs vides à l'atelier.

Notre départ a eu lieu vers sept heures, tandis que nous l'avions annoncé pour cinq heures. Si le Pôle Nord n'avait pu partir, la multitude économe du Trocadéro effectuait sa descente, et nous mettait nous et notre ballon en lambeaux! Rien n'égale la colère de ceux qui n'ont pas payé. Les circonstances qui ont retardé notre départ méritent d'être brièvement racontées, car elles ne sont pas sans avoir exercé une influence considérable sur l'ensemble de nos opérations.

Le ballon est renfermé, comme chacun le sait, dans un filet, lequel est solidement attaché à la soupape. Ce filet, dans l'aérostat le Pôle Nord, est composé de grosses cordes formant trente-huit mille mailles. Il est garni à sa partie inférieure de cordages au nombre de soixante-quatre ; ces cordages se réunissent sur le cercle auquel s'attache la nacelle par l'intermédiaire de seize cordes beaucoup plus grosses. Les soixante-quatre cordes qui rattachent le filet au cercle ont 3 mètres chacune de long, et avec les nœuds qui les terminent pèsent chacune plus d'un kilogramme.

Un aéronaute qui devait prendre le commandement du ballon s'était chargé de mettre le matériel-cordage en état. Nous avions confiance en lui, parce qu'il devait nous accompagner. Cette confiance était naturelle, et nous n'avions point vérifié les paquets. Au moment où il s'agit d'attacher le cercle, cet aéronaute s'aperçoit que les soixante-quatre cordes ont été oubliées dans son atelier. Tissandier devient pâle d'indignation et de désespoir, la foule arrive de toutes parts et l'on voit s'élever à l'horizon sinistre l'effrayante perspective d'un départ manqué! Aussitôt nous envoyons chercher des cordages supplémentaires dans un magasin du voisinage, pour réparer cette inconcevable omission. Quand nous disons inconcevable, il faut s'entendre; elle n'est que trop concevable, puisque l'aéronaute n'est point parti. Mais il faut mettre soixante-quatre cordages de longueur, et faire cent vingt-huit nœuds; ce qui, malgré l'activité de nos cordiers, consomme un temps prodigieux : et des cris, des huées, des bruits venant du dehors nous montrent qu'il faut partir sur l'heure.

Soixante-quatre cordes d'équateur permettent à trois cents artilleurs de maintenir le ballon de la façon la plus gracieuse et la plus sûre. La tête de la soupape, quoique pesant une centaine de kilos, s'est en quelque sorte dressée d'elle-même. Cependant il est bientôt sept heures, et nous avons encore à arrimer tous nos cordages, nos ancres, nos guides-ropes. Tout cela doit être amarré au cercle, placé systématiquement par paquets, des deux côtés de la nacelle. Ce travail est urgent, car s'il arrive un accident en l'air, et que nous n'ayons point nos organes d'arrêt disposés pour la descente, nous devons nous considérer comme perdus ; mais que faire ? Nous entendons la foule qui brise les haies, qui viole les enceintes. Nous entassons pêle-mêle les cordages, qui ne peuvent s'embrouiller sans nous mettre en péril de mort, et nous sautons dans la nacelle. Nous avouerons que la vue de l'affreux désordre qui y règne nous fait éprouver à l'un et l'autre un sentiment pénible.

Mais ce fut un éclair d'hésitation dont nul n'eut le temps de s'apercevoir. Tissandier appelle les voyageurs : le docteur Tardieu, Sonrel, Tournier, Albert Tissandier, Mangin, Moreau, Menue se lancèrent dans la nacelle. Nous n'étions que neuf au lieu de onze. Il y avait de la place ; Fonvielle appelle un de ses élèves, qui s'enfuit épouvanté. Gustave Lambert, craignant que nous ne manquions de bras, veut partir. Il enjambe les parois de la nacelle. On le repousse, car sa place n'est point à bord. Gustave Lambert a sa mission à accomplir à terre. Mangin fait monter un aéronaute de ses amis, Tissandier le chasse en disant de le remplacer par deux sacs de lest. A six heures quarante-cinq minutes, il crie le *lâchez tout* de toute la force de ses poumons, car il avait définitivement pris le commandement, et le voilà improvisé capitaine. Quelle lourde responsabilité qui, sans l'effrayer, l'inquiète ! Il se trouve dans la situation d'un canotier à qui l'on confierait le commandement d'un trois-mâts !

Nous avions l'intention de passer la nuit en l'air, si les circonstances atmosphériques s'y prêtaient ; mais le vent poussait les couches inférieures de l'atmosphère du côté de la mer. Il fallait donc aller chercher le courant dont nous avions besoin dans les régions supérieures. Nous arrivons à une hauteur de trois mille mètres avec une vitesse inouïe, incalculable. Nous sentons un vent violent, produit d'une part par le déplacement du ballon, et de l'autre par la résistance qu'il oppose au mouvement de l'air. Heureusement ce courant cesse, le ballon se ralentit. O bonheur ! il s'ébranle en sens inverse de la direction du courant inférieur. Fonvielle s'est installé au baromètre, qu'il examine avec une attention scrupuleuse, il ne perd pas de vue une seule de ses oscillations, car nous ne voulons pas que la masse énorme acquière une vitesse sensible qu'on serait promptement hors d'état de dompter. Tournier est sous ses ordres, et, dans le cas où Tournier ne suffirait pas, Amédée Tardieu doit lui donner main-forte. Pendant les entr'actes il peut tâter son pouls, compter le nombre d'inspirations de ses poumons, et se livrer à d'autres observations du ressort de sa spécialité. Rien ne doit venir troubler la sécurité des travailleurs suant sang et eau pour préparer les indispensables agrès de sauvetage. Le pont offre en ce moment l'aspect d'un véritable chantier volant, chacun travaille avec une activité qu'augmente le désir d'augmenter la dose de sécurité dont on dispose, en contribuant à une expérience que les prétendus hommes de l'art trouvent trop périlleuse pour y prendre part.

Ce devait être vraiment un beau spectacle que celui du *Pôle Nord* dans les airs ! Qu'on se représente un ballon gigantesque, dix fois plus gros que les aérostats ordinaires, une masse de 10 000 mètres cubes, plus volumineuse que bien des maisons de cinq étages, flottant doucement dans les plages aériennes ! Soixante-quatre câbles entourent l'équateur de cette sphère immense. Au-dessous est pendu un plateau, une nacelle d'osier, où neuf passagers travaillent sans relâche ; les uns descendent des cordages, d'autres vident des sacs de sable, d'autres enfin notent leurs instruments.

Au-dessus de ces nuages mamelonnés, si quelque observateur perché sur ces falaises vaporeuses pouvait nous voir, il ne manquerait pas d'admirer ce navire, plus grandiose, plus émouvant encore que l'embarcation qui, soulevée par les flots de la mer, glisse à la surface de l'Océan !

Mais nous ne sommes parvenus dans le courant supérieur que par suite de notre vitesse acquise. Pour ne pas retomber, il faut jeter le lest par sacs. Nous ne sommes point assez riches pour nous permettre une prodigalité pareille. Après avoir vogué pendant quelques instants, nous redescendons et le vent nous ramène sur nos pas, nous prenons la direction qui nous conduit à la mer. (Voir la courbe du voyage.) Mais cette manœuvre, inutile au point de vue de la direction, n'est point complétement perdue pour la science. Fonvielle constate deux phénomènes étranges ou pour le moins curieux. Au commencement il recommandait à Tournier d'écraser les mottes pour éviter qu'elles ne blessent les passants ; quelques·unes de ces mottes lui échappent, et on ne tarde point à s'apercevoir qu'elles se brisent, tamisées par l'atmosphère : inutile de prendre le soin de les écraser. Nous laissons derrière nous de petits nuages qui paraissent stationnaires pendant longtemps, ils jalonnent notre route, et, jusqu'à un certain point, ils peuvent servir de repères pour déterminer notre sillage. Si nous avions

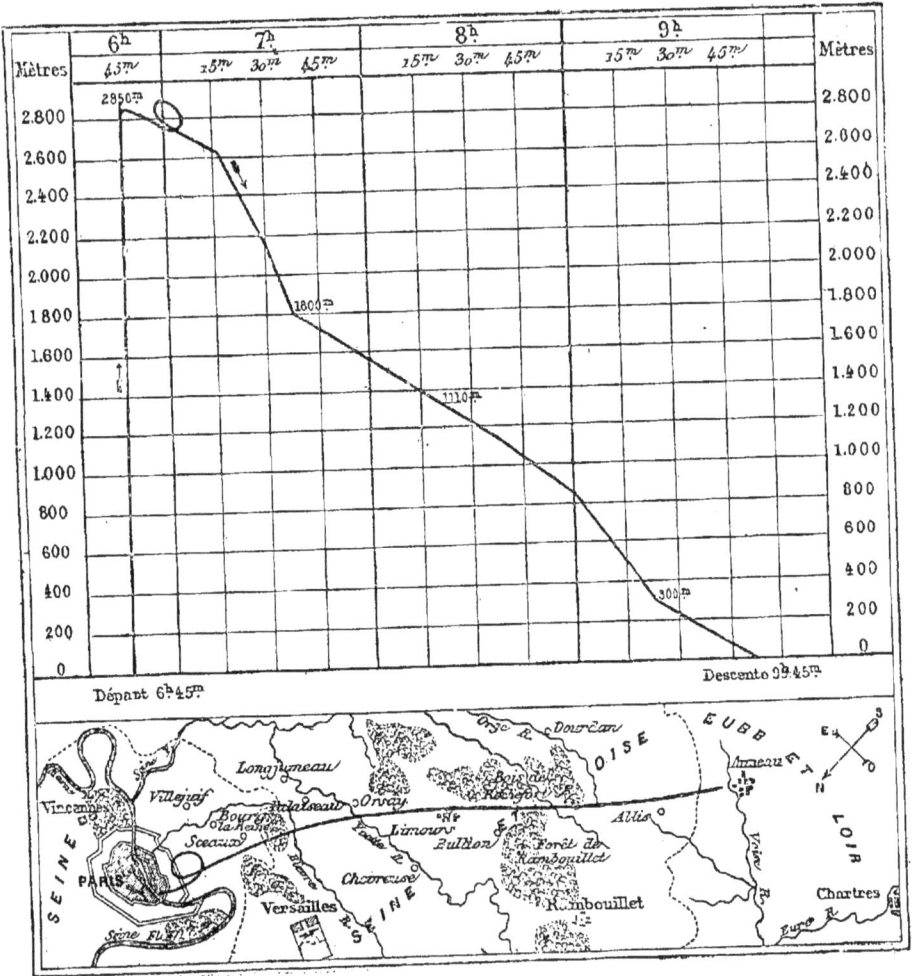

Ascension du ballon *le Pôle Nord*, le 27 juin 1869.

perdu la terre de vue, ces traînées pourraient nous aider à retrouver notre route dans les espaces.

Une portion de notre lest se compose de sable jaune, que l'on a été recruter à la dernière heure dans les caves des cafés du voisinage. Il est chargé d'humidité. Les grains sont couverts d'une petite couche d'eau sur laquelle s'effectue la dispersion de la lumière, et Moreau aperçoit un petit arc-en-ciel qui descend vers la terre. Ce beau spectacle a son importance, mais ce qui en possède une bien plus considérable encore, c'est la remarque si simple que nous venons de faire tout à l'heure. Dorénavant les aéronautes ont le moyen de déterminer leur route au-dessus des nuages. Ils peuvent laisser derrière eux des témoins de leur passage, qui, pendant quelques instants, servent de point de repère.

Pendant que Sonrel exécute ses expériences avec Tardieu, que Fonvielle règle le jeu de lest, Tissandier s'occupe de l'arrimage de la nacelle, travail de galérien, car il y a un poids de 600 kilog. de cordages à descendre, avec deux ancres de 80 kilog. Mangin et Menue l'aident avec la plus louable activité, et son frère s'occupe, pendant ce temps, à dessiner. Jamais à terre crayon n'avait marché si vite !

Nous nous dirigeons vers Versailles et nous ne tardons pas à passer entre les deux étangs de Trappes. Le soleil est déjà dans le voisinage de l'horizon et les deux pièces d'eau sont éclairées par des rayons obliques. Elles apparaissent comme deux louis d'or brunis, de l'effet le plus poétique, le plus merveilleux. C'est bien la couleur des portes du château d'Armide. Bientôt le soleil lui-même ne tarde pas à se plonger dans la brume. Il prend à ce moment une magnifique teinte cramoisie, et son diamètre horizontal s'allonge dans une proportion étonnante ; on dirait un fanal électrique noyé dans le sein d'une nappe d'eau limpide !

En effet de toutes parts des vapeurs transparentes ont surgi de la campagne, elles cachent le sol d'une façon presque complète ; de tous les objets terrestres on n'aperçoit que les étangs enflammés qui percent ce brouillard comme deux astres jumeaux sombrés au fond d'un Océan sans rivages. Ces vapeurs n'ont rien qui rappelle les nuages : plus de mamelons, plus de rides, plus d'ombres, tout est uniforme, comme la teinte de vagues limpides et profondes ; la nuance grisâtre a quelque chose qui fait songer au lac de Genève par un temps de pluie ; c'est une mer infinie, on n'attend plus qu'un bateau à vapeur.

Après avoir assisté à l'entrée du soleil dans les brumes voisines de l'horizon, petit coucher préliminaire, nous assistons au vrai coucher astronomique. Dans son extinction graduelle l'astre conserve le diamètre horizontal beaucoup plus grand que le diamètre vertical ; la même illusion d'optique continue jusqu'aux derniers rayons de lumière.

LE BALLON AU PÔLE NORD — COUCHER DU SOLEIL

Nous sommes tous immobiles et silencieux devant ce panorama grandiose et saisissant; mollement bercés dans l'atmosphère, loin de la terre, nous voyons le grand disque solaire, rouge comme une plaque de fonte ardente, disparaître peu à peu dans la brume lointaine.

Nous avons essayé de rendre dans notre planche coloriée tous les effets, toutes les teintes de cette scène extraordinaire; grâce aux efforts d'Albert Tissandier qui, en face de cette révélation des couleurs surhumaines, a pris tous les détails, noté jusqu'aux plus légères nuances, grâce au talent de Cicéri, qui a cherché à se surpasser lui-même, nous espérons donner une idée de ces splendeurs autant qu'il est possible de le faire par un procédé mécanique, toujours inférieur à la palette du peintre. Ces couchers du soleil fantastiques des hautes régions resteront inconnus à terre aussi longtemps que les Claude Lorrain et les Turner ne se décideront pas à emporter leurs pinceaux au-dessus des nuages.

Après avoir admiré ce spectacle, nous faisons le recensement des sacs de lest. Il n'en reste que dix-huit. La nuit est sur le point de nous envelopper de ses ténèbres; continuer notre route serait une imprudence, qui pourrait jusqu'à un certain point compromettre le succès de la navigation aérienne. Tissandier prend donc à regret la résolution de descendre, et il examine avec une attention soutenue le paysage. Sans interrompre le jeu de lest, il laisse descendre le ballon plus rapidement que jusqu'alors, pas assez cependant pour que la banderole se redresse. Car, phénomène sans exemple en aéronautique, nous sommes descendus si paisiblement que la banderole est toujours restée verticale. Cependant elle est faite en papier léger. Cette circonstance prouve l'aveuglement des aéronautes qui se contentent d'observer ses allures pour guider les mouvements de leur aérostat. C'est seulement lorsque la descente a acquis une rapidité effrayante qu'ils s'en aperçoivent. Mais alors pour la modérer il faut qu'ils jettent le lest par sacs.

Avec le baromètre Richard, les choses se passent bien autrement, la moindre dénivellation se manifeste avec une sensibilité surprenante.

Les gros aérostats sont doués d'une assez grande stabilité qui constitue une portion de leurs avantages, mais dont il faut tenir compte dans l'opération toujours difficile de la descente.

Tissandier voit une plaine d'un aspect riant, et il fait ouvrir la soupape, mais le ballon persiste à rester en l'air plus longtemps

sans contredit que n'aurait plané un aérostat de force ordinaire.
Des bois menaçants s'avancent, quelques sacs de lest jetés à propos
rétablissent l'équilibre. Aussitôt que nous avons franchi ce rideau, une nouvelle plaine se présente; elle est couverte de moissons, mais il faut à tout prix descendre. Maintenant que l'opération est commencée, il faut qu'elle s'exécute avant l'invasion
des ténèbres définitives, car les guides-ropes ont déjà mordu. On
les sent qui tirent, et le ballon commence à s'incliner, comme s'il
voulait donner un coup d'épaule.

Aussitôt que les guides-ropes sont sortis d'un bois où ils semblent vouloir s'accrocher, on les entend qui frôlent les herbes; ils
rendent alors un son presque musical; on ne saurait mieux le
comparer qu'au *froufrou* d'une robe de soie. Nous sommes en
train d'admirer cette mélodie fantastique, lorsque nous sentons
un choc, mais bien plus léger que celui que nous nous attendions
à recevoir. Rarement la première caresse de la terre a été aussi
douce. Ce choc est naturellement suivi d'un ressaut un peu plus
vif. Nous nous cramponnons à la corde de soupape que nous ouvrons béante, et le ballon retombe en avant. La nacelle s'incline,
et nous commençons le traînage par un vent qui, sans être fort,
ne manque pas d'une certaine vigueur. Les paysans qui nous ont
vus passer, nous ont raconté que nous courions avec la vitesse
d'un cheval à la course, et que de temps en temps nous faisions
des bonds d'une trentaine de mètres. Des bonds d'une trentaine
de mètres sont peu de chose quand on se trouve dans une bonne
nacelle d'osier flexible renforcée par de solides traverses. Les
chocs ne sont pas violents, mais le panier rase le sol et se penche sur le côté; nous sommes six sur un angle de la nacelle qui
est inclinée sens dessus dessous, et nous recevons dans la tête
les jambes pendantes de Tardieu et de Tournier, qui se cramponnent aux cordages au-dessus de nous et qui se livrent aux cabrioles les plus fantastiques. Il est vraiment à craindre qu'un des
passagers ne soit lancé en dehors de notre véhicule, mais nous
tenons ferme, et personne ne manifeste la moindre frayeur.

Les Mazeppas aériens ont peu de risques à courir quand leur
ballon les remorque dans un terrain habilement choisi: mais il y
aurait intérêt à abréger cette partie du voyage, ce qui serait facile si nous avions armé notre aérostat d'un câble de déchirure,
qui est aux aérostats ce que l'ancre de miséricorde est aux navires; avec un simple fil cousu dans l'étoffe le long des côtes,
nous serions maîtres de supprimer les toiles gonflées au-dessus

Le ballon commence à s'incliner.

de nos têtes, d'éventrer le ballon artificiellement, de nous donner le spectacle de la crevaison de *l'Hirondelle*. Cet aérostat impétueux qui nous entraîne, qui dévore l'espace, ne serait plus qu'un amas confus de cordes et de toiles tombant à nos pieds.

Le traînage, du reste, était très-doux, parce que nous pouvions nous mouvoir à notre aise et nous cramponner aux différentes parties du bordage. Seul Mangin étouffait; il avait Menue sur le corps, et le plus menu des deux n'est pas celui que l'on pense.

Nous venions de tomber dans un fossé de deux mètres de hauteur à peine. Ce n'est point le moment de rappeler ici le proverbe : au bout du fossé la culbute. Comme le ballon commençait à râler, ce léger temps d'arrêt avait suffi pour briser son impétuosité. Deux ou trois paysans, plus robustes, plus hardis que les autres, se précipitent sur nos guides-ropes, auxquels ils se cramponnent avec toute la force que peut donner l'humanité à de solides biceps campagnards. Nous leur passons la corde de soupape qu'ils saisissent à travers les cordages, nos bras épuisés commençaient à ne tirer que pour la forme : la sortie du gaz, trouvant une ouverture plus grande, s'accélère. Une fois notre présence devenue inutile, nous songeons à nous tirer de la nacelle, et nous nous laissons couler les uns après les autres du côté des guides-ropes.

Nous étions partis au son de la musique militaire, et c'est la musique civile qui accueille notre retour. Les braves gens que nous avons rencontrés si fort à propos sont les trombonnes de la fanfare d'Auneau, petite ville de la Beauce.

Auneau appartient à l'histoire. Le seigneur de cette commune était le fameux duc de Joyeuse, le favori de Henri III, que le Béarnais mit en déroute et qui périt si gaiement, offrant lui-même une riche récompense au soldat heureux qui viendrait prendre sa tête. C'est sur le territoire d'Auneau que Guise le Balafré mit en déroute une armée de plusieurs milliers de reîtres que les protestants avaient appelés à leur secours, au moment où les ligueurs appelaient l'Espagne; car pendant les guerres de religion tous les partis invoquaient l'étranger, ligueurs et religionnaires faisaient ravager à l'envi notre belle France!

Combien faudrait-il de descentes de ballons pour créer des désastres pareils à ceux qu'un de ces jours de guerre civile affreuse a infligés aux plaines fertiles de la Beauce?

Ce n'est pas la première fois qu'un ballon descend dans la commune d'Auneau, quoique les paysans qui nous entourent en aient perdu le souvenir. Avant de tenter sa grande ascension avec une machine à feu, M. Giffard s'est plusieurs fois essayé avec des aérostats ordinaires. Une de ces ascensions, la dernière, s'est terminée par un traînage, dans l'endroit même où nous venons de traîner tout à l'heure. Auneau est voisin de Voves, petite commune qui réveille dans le cœur de Fonvielle de lugubres souvenirs. C'est là qu'est mort, il y a six ans, un de ses meilleurs compagnons d'exil, Giroudot, ingénieur de talent, de génie peut-être, dont les inventions ont péri de misère et d'oubli. Giroudot, vaincu par la phthisie, s'était retiré chez des parents avares. Il est mort dans le délire, appelant Fonvielle que le vent amène aujourd'hui, mais un peu tard.

Nous passons la nuit à veiller le ballon que nous n'avons pu entièrement dégonfler, et nous établissons notre campement autour d'une meule. Le ciel était clair, nous avions de bonnes lunettes et la lune nous lançait ses rayons argentés. Nos soutes étaient pleines de vivres que Moreau, notre échanson, y avait entassés avec une véritable prodigalité. Jamais veillée ne se passa plus gaiement. Après le souper, nous étions brisés de fatigue, et nous dormons profondément sur nos lits de foin; seuls Tournier et Sonrel restent debout. Ils admirent, à travers la lunette, la lune qui nous regarde, et veille sur notre sommeil. Nous n'avions qu'un regret, c'était d'avoir abrégé notre voyage au lieu de continuer à voguer dans les airs. Débarrassés de nos cordages, ces entraves de la nacelle, nous aurions fait des observations bien précieuses. Mais, comme nous ne saurions trop le répéter, les aéronautes qui se piquent de faire sérieusement de la navigation aérienne ne *doivent* jamais s'écarter des règles de la plus excessive prudence. Le plus grand ennemi des ballons, c'est la terreur qu'inspire le souvenir encore vivant de catastrophes produites presque toujours par quelque erreur, quelque témérité des aéronautes. Ce serait bien mal comprendre l'intérêt de la grande cause que d'augmenter le nombre des catastrophes aériennes dont les adversaires des ballons savent faire un si triste usage.

Le cheval aérien n'est point comme le cheval de sang qui revient tout seul à l'écurie. Hélas.... notre lettre de voiture marquait 4500 kilogrammes! En comptant notre poids, c'était plus d'un demi-wagon chargé qui était arrivé par l'air! Il a fallu une chèvre, trois chevaux et dix hommes pour ramener tout notre bagage à la gare du chemin de fer.

par G. Tissandier

Trajectoire de l'Aérostat (*Élévation*)

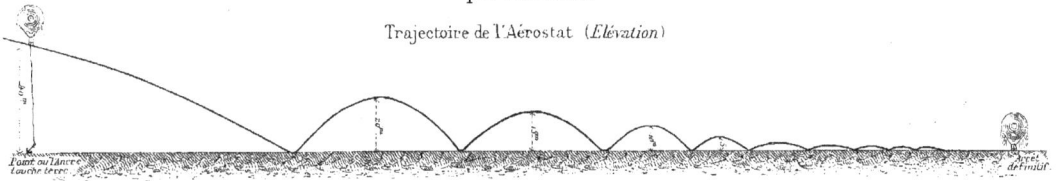

Point ou l'Ancre
touche terre

Arrêt
définitif

Courbe de Trainage ___ (*Plan*)

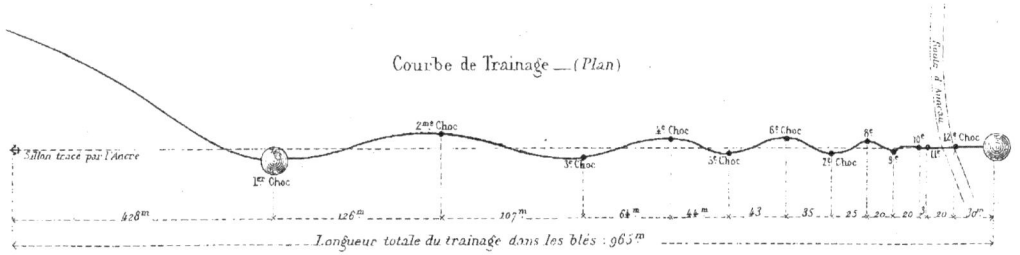

Ballon tracé par l'Ancre

2.me Choc

4.e Choc

6.e Choc

8.e

10.e

12.e Choc

1.er Choc

3.e Choc

5.e Choc

7.e Choc

9.e

11.e

428 m

126 m

107 m

64 m

44 m

43

35

25

20

20

20

10 m

Longueur totale du trainage dans les blés : 965 m

Nota ___ En Élévation les hauteurs sont à une échelle double de celle du plan.

ave par Erhard

Paris _ Imp. Prall

Un champ entier était couvert de notre matériel avant que le déménagement fût commencé. Des milliers de paysans exécutent toute la journée des pèlerinages. Nous les recevons à bras ouverts, en leur distribuant nos provisions. Nous avions emporté un fût de trente litres, rempli de vin, dix litres d'eau-de-vie et autant de café. Le garde champêtre de la localité fit une rude brèche à ces liquides! Aussi, le soir, il nous avait pris en profonde amitié. Il fallait le voir, marchant d'un pas mal assuré et discourant comme un orateur. Il avait trouvé dans la nacelle notre porte-voix, et son plaisir était d'y crier à tue-tête. Quels bons rires et quelles bonnes causeries toutes ces scènes nous valurent! Quels charmants souvenirs! Les habitants d'Auneau en nous voyant se frottaient les yeux et semblaient douter de la réalité du spectacle auquel ils assistaient. Peut-être, malgré les explications que j'ai prodiguées à tous nos visiteurs, s'est-il trouvé quelques incrédules. Quelques-uns s'obstinaient à regarder les objets éloignés avec le gros bout de nos lorgnettes et ne pouvaient comprendre que ces instruments fussent destinés à rapprocher les objets. Un de ces entêtés affectait d'appeler notre nacelle un *wagon*, sans doute pour insinuer que tout cela était arrivé par chemin de fer. Cependant les blés et les seigles portaient des traces manifestes de notre passage.

Il fallut bon gré mal gré se livrer séance tenante à une expertise à laquelle présida avec un sérieux comique notre ami le garde champêtre. Nous avions traversé douze propriétés et le montant des réclamations s'élevait à 67 fr. suivant état officiel. Parmi les réclamants figurent pour *un franc* des enfants mineurs! Le plus important est un millionnaire qui tend la main pour 18 francs de dommages tout à fait problématiques, car les seigles et l'avoine de ce monsieur peuvent se relever, de l'avis des connaisseurs. Le propriétaire du champ sur lequel nous sommes descendus, et qui est nu comme la main, aurait volontiers demandé un loyer, comme si la nécessité de servir de débarcadère aux ballons, sauf équitable réparation du dommage réel causé, n'était point une des charges de toutes les propriétés de la terre. Quelques abonnés du journal la *Liberté* eurent l'idée généreuse de demander au conseil municipal de se charger de la dépense. C'était justice, car notre arrivée avait été un jour de fête pour la commune. Le spectacle de la descente d'un ballon de la taille du *Pôle Nord* vaut bien 67 francs; mais le conseil municipal paraît hésiter. Représentants d'Auneau, vous avez bu notre vin! Délibérez en paix, l'assignation qui nous fera payer les soixante francs n'est pas encore timbrée!

. . . .

On a toujours cru jusqu'ici, par un singulier préjugé, que les gros ballons offraient des dangers proportionnés à leur volume. Notre ascension, exécutée par un vent assez intense, a donné un démenti à cette manière de voir entièrement contraire au plus simple calcul. Il n'est pas besoin d'être un géomètre bien habile pour savoir que dans la sphère le volume ne croît pas avec la surface; quand on double le diamètre d'une sphère, on octuple son volume, tandis que l'on quadruple seulement sa surface. C'est la bataille des cubes contre les carrés qui démontre que plus un ballon est gros, meilleur il est. Il va sans dire qu'il y a une certaine limite que la pratique doit assigner au constructeur, et qui doit donner des restrictions à cet axiome. En outre, par les mêmes raisons, plus un ballon est grand, plus son étoffe peut offrir de résistance. Ainsi l'enveloppe du *Pôle Nord* possède une ténacité considérable, que l'on n'aurait jamais pu donner à un aérostat de moindre dimension, et relativement à la force ascensionnelle dont on dispose, elle est plus légère que l'étoffe d'un petit ballon de baudruche.

Un aérostat de 10 000 mètres cubes n'offre pas, à beaucoup près, une prise au vent égale à celle d'un ballon de dimension ordinaire, par l'éternelle raison que sa surface est relativement plus petite : dans un ballon de 1000 mètres cubes, on a seulement un guide-rope de 40 kilogrammes; *le Pôle Nord*, dix fois plus grand, peut facilement emporter des guides-ropes pesant, non pas dix fois plus, mais vingt fois plus, tout en laissant une marge proportionnellement plus grande pour les autres agrès, le lest, les vivres et les voyageurs.

Toutefois ces avantages exigent une plus grande dose d'instruction de la part de ceux qui veulent en faire usage, car les erreurs sont plus graves. Lorsqu'on a laissé cette masse énorme prendre maladroitement un mouvement de descente, il peut être impossible de l'interrompre. On comprend donc que les aéronautes, ignorant les principes de physique, redoutent les grands ballons, car ils ont le sentiment de leur impuissance à tirer parti des qualités qui les distinguent. Ils ont instinctivement devant les yeux les conséqences d'erreurs inévitables; ces routiniers sont dans la position d'un

Des milliers de paysans exécutent toute la journée des pèlerinages.

maître pêcheur de Boulogne qu'on voudrait charger de mener le *Great-Eastern*.

Mais que de ressources n'offrent pas ces immenses aérostats qui, depuis la construction de M. Giffard, ont cessé d'être une chimère, et que nous avons eu l'honneur de conduire pour la première fois en liberté dans les nuages! Gonflé d'hydrogène pur, le ballon *le Pôle Nord*, avec tous ses voyageurs et tous ses agrès, donnerait place à une machine à vapeur de 5000 kilogrammes! Un ballon dix fois plus gros encore enlèverait facilement un poids vingt fois plus considérable; IL OFFRIRAIT ENCORE RELATIVEMENT MOINS DE PRISE AU VENT, il serait incomparablement plus avantageux à tous égards, et il devient facile de concevoir des évolutions mécaniques avec des engins de cette nature. Tout cela n'est point un rêve, tout cela résulte de calculs sérieux qu'aucun géomètre ne pourra démentir, tout cela s'appuie sur l'expérience que nous avons accomplie aux yeux de tout Paris. Que de gens, la veille, nous prédisaient que nous payerions de notre vie notre entreprise insensée, et que de gens maintenant ont oublié déjà les résultats que nous avons mis en lumière!

La nacelle du *Pôle Nord*.

CONCLUSION.

(W. DE FONVIELLE ET G. TISSANDIER.)

Si on a suivi avec quelque attention les pages véridiques que nous avons écrites, on doit voir que nous avons rapporté de nos croisades atmosphériques une foi profonde dans l'avenir de la navigation aérienne.

Est-ce à dire que nous ayons notre système de direction à mettre sous les yeux du public? Dieu nous en garde, car nous sommes persuadés qu'il arrivera aux ballons ce qui est arrivé aux chemins de fer, aux bateaux à vapeur et même aux navires ordinaires. Le chemin de fer était trouvé en principe dès le jour où un ouvrier inconnu a fait rouler des wagons dans une mine, sur un bandage de fer. Le *Great-Eastern* était virtuellement découvert le jour où le premier sauvage a eu l'audace de se lancer sur un fleuve ou sur les flots de la mer, en se cramponnant à un morceau de bois que la nature avait creusé par hasard !

Les ballons ne sont pas loin de cet état d'enfance. Pourquoi? Est-ce parce qu'il faut des efforts inouïs d'intelligence pour les en tirer? Est-ce parce qu'il est nécessaire d'avoir recours à des principes nouveaux, comme se l'imaginent en désespoir de cause les avocats du *plus lourd que l'air?* En aucune façon. Non que l'intervention d'une mécanique plus savante que celle de notre époque ne puisse leur permettre de réaliser des effets inconnus, nouveaux, inespérés. Mais il s'en faut encore qu'ils aient été conduits par nos ingénieurs aussi loin que le permet l'état actuel de nos connaissances mécaniques. La construction d'un ballon dirigeable n'est que le résultat d'une longue patience, de tâtonnements de détails pour la combinaison d'organes nouveaux. C'est l'opinion que nous a exprimée, à différentes reprises, notre savant ami

M. Giffard. C'est l'opinion que développait par intuition M. Émile de Girardin dans son célèbre article du 23 septembre 1852.

Dans l'Appendice, nous avons reproduit textuellement cette opinion, précédant le récit détaillé des expériences faites par M. Giffard et rédigé par lui-même. Cet écrit, auquel nous n'avons point touché, permettra de comprendre l'importance des expériences auxquelles il est dorénavant possible de procéder avec des chances de succès. Depuis cette époque, M. Giffard a recommencé la tentative dans des conditions à peu près analogues. C'est par ces deux ascensions qu'il a préludé à la construction des ballons captifs qui ont tant éclairé l'aéronautique, et sur lesquels nous aurons sans doute à parler souvent encore. — Comme nous ne saurions trop le dire, il est à désirer que les ballons, captifs ou non, deviennent la source de véritables spéculations industrielles, et qu'après avoir trouvé les moyens d'exploiter la terre et l'eau, on trouve également le moyen d'exploiter l'air.

C'est là une opinion sur laquelle on ne saurait trop insister, car actuellement le gouvernement est bien loin d'encourager les tentatives aériennes. La seule industrie aéronautique qui ait fait vivre ceux qui l'exercent est le spectacle des départs. Mais chaque fois les aéronautes sont obligés d'acquitter le droit des pauvres, eux qui sont trop souvent les premiers des pauvres.

Il est très-rare que les fêtes dites nationales et que les fêtes patronales des différentes communes donnent lieu à des ascensions en ballon, sous prétexte que ces exhibitions sont usées, ce qui ne serait vrai que si les lampions et les feux d'artifice l'étaient également. Pourquoi ne pas stimuler, dans ce cas, le zèle des aéronautes en donnant des prix à ceux qui resteraient le plus longtemps en l'air, qui iraient le plus loin ou qui s'élèveraient le plus haut ? Ne pourrait-on point accorder une prime à ceux qui sauraient se servir des contre-courants aériens, pour naviguer dans une direction différente du vent régnant à la surface, pour se diriger, en mettant à profit l'étude de l'air ? Pourquoi ne donnerait-on pas aux grandes écoles un ballon, comme Napoléon Ier leur avait donné une pile électrique, à l'époque où la pile ne pouvait encore remplir qu'un seul but : exécuter des expériences curieuses ? Combien l'intelligence des élèves gagnerait à cette gymnastique sublime des ascensions ! Les étudiants des universités d'Oxford et de Cambridge luttent entre eux sur les cours d'eau de la Grande-Bretagne, serait-il insensé que la France ait ses yachts aériens, ses luttes pacifiques au-dessus des nuages ?

Nous ne parlerons pas de l'emploi des aérostats pour l'étude
des questions aériennes, astronomiques ou autres : il n'est personne qui puisse mettre en doute qu'un vaste champ d'exploration s'ouvre à la science dans des ascensions suivies, fréquentes
et bien dirigées. Admettons que ces expériences coûtent trop cher,
que la France ne soit pas assez riche pour payer sa gloire scientifique, bien des services seraient encore à rendre par la grande
invention des Montgolfier !

L'Académie des sciences possède une commission permanente
des ballons. Pourquoi cette commission reste-t-elle dans une inertie permanente? Que ne cherche-t-elle à centraliser les récits d'ascensions, à généraliser le goût des observations scientifiques
parmi les aéronautes, à modifier les instruments dont ils peuvent
se servir? Sera-t-il dit qu'une des plus grandes découvertes dont
puisse s'honorer le génie français reste perdue dans l'oubli, et ne
prospère pas, faute de culture ?

M. Giffard a, pendant trois années consécutives, organisé à
grands frais des ascensions captives dont nous avons donné une
idée par nos récits. Pourquoi ne pas encourager une industrie
aussi intéressante pour les progrès de l'aéronautique, pour la véritable conquête de l'air? On n'a pas apprécié à sa juste valeur ce
merveilleux mécanisme. Pour le commun des mortels, les ballons
captifs de M. Giffard sont des aérostats ordinaires attachés à une
corde : pour tous ceux qui ont su regarder, ils constituent une
véritable conquête scientifique de la plus grande importance. Qui
oserait dire qu'il n'y a pas autre chose qu'un sentiment de curiosité
dans ces excursions captives au milieu des nuages ? Est-ce que ce
grand spectacle n'est pas fait pour agir sur l'imagination ? Est-ce
que cet air exceptionnellement frais et pur ne peut point être regardé comme une énergique médication ? Nous ne parlerons point
de l'usage scientifique des ballons captifs, qui se prêtent à un si
grand nombre d'observations de tous les jours, de toutes les heures,
nous dépasserions trop facilement les bornes que nous avons dû
nous tracer dans cette courte esquisse. Mais qui pourrait nier
qu'un ballon captif n'est pas un monument vivant digne de couronner l'édifice d'une grande capitale? Ne faut-il pas montrer à
tous ce qu'on a fait de Paris, qui a coûté tant de millions à
embellir, à transformer en vraie Babylone? Quel est l'irréconci-
liable qui ne se réconcilierait pas avec les dépenses, en admirant
de 2000 pieds de haut un ensemble de merveilleuses artères,
changées le soir en fleuves de feu?

Nous reviendrons seulement en quelques mots sur ce qui a été dit à propos des aérostats à la guerre, à peine étudiés, mais qui ont trouvé cependant de nombreux défenseurs[1]. L'école aérostatique de Meudon, supprimée dans un moment de mauvaise humeur, et sans raison sérieuse, ne devrait-elle pas être reconstituée? Attendra-t-on qu'une guerre éclate pour former des aéronautes et pour improviser des ballons? Ce serait une imprudence, une folie des plus grandes, car dans notre siècle les guerres vont vite, et le sort d'un empire pourrait bien avoir été décidé pendant qu'on ajusterait ensemble les fuseaux d'un ballon. Mais nous n'avons pas besoin de parler au futur; il nous suffira de rappeler ce qui s'est passé dans les plaines de la Lombardie, au vu et au su du général Lebœuf, aujourd'hui ministre de la guerre.

Les aérostats imparfaits, qu'on voulait employer pour jeter les yeux sur l'ennemi, furent culbutés dans le gonflement; il fallut avoir recours à des ballons imperméables; mais quand ces ballons arrivèrent, le traité de Villafranca avait mis un terme à la guerre.

Un autre inconvénient de ne point former des aéronautes militaires, c'est qu'on ne peut avoir confiance dans les aéronautes d'amphithéâtre. La mollesse et l'indécision de l'aéronaute des États-Unis nuisit beaucoup aux services que les aérostats auraient pu rendre aux armées fédérales, s'ils avaient été conduits par des hommes sensibles aux prescriptions de l'honneur militaire. Vainement on chercherait à remplacer les aéronautes trop timides par des officiers plus hardis. Si ces officiers ne sont point habitués aux ascensions, ils ne sauront pas voir, art très-compliqué, quand on a sous les yeux un panorama immense! Quoi qu'il en soit, on ne devrait pas oublier que les aérostats ont valu à la France la victoire de Fleurus, et qu'ils auraient pu éviter la défaite de Waterloo. Un ballon, dans cette journée néfaste, aurait sauvé Napoléon. Du haut de cet observatoire, on aurait vu l'arrivée de Blucher, on aurait deviné l'inertie de Grouchy!

Nous ferons remarquer au lecteur qui a la patience de nous suivre, qu'il n'y a, dans tout ce que nous disons ici, rien qui ne soit praticable, incontestable, rien qui sente le parti pris et l'esprit de système. Le plus grand obstacle que les ballons aient à redouter, c'est ce préjugé ridicule si répandu, qui consiste à croire qu'avec un ballon il n'y a rien à faire. C'est ce préjugé absurde qui, chez des esprits éminents dévoués à la navigation

1. Voir l'Appendice. Opinion des généraux républicains, etc.

aérienne, a donné lieu au *plus lourd que l'air*. Nous ne voulons détourner personne de recherches d'aucune nature, car il y a dans toutes les tentatives sérieuses un côté utile par lequel on peut quelquefois trouver comme un sublime rattrapage. Mais il nous est impossible de ne pas signaler ce dangereux entraînement qui va jusqu'à produire la création d'un journal spécial nommé l'*Aéronaute*, comme les furies s'appelaient les Euménides, car cet organe déclare qu'il ne racontera jamais rien de ce qui se passe dans les ascensions, où, dit-il, il n'y a rien à apprendre! Gardons-nous d'être aussi exclusifs, mais ne tombons pas dans l'ornière ouverte devant les pas de ceux qui veulent abandonner les ballons avant d'avoir utilisé toutes les ressources qu'ils ont en eux. Que dirait-on du navigateur qui aurait, il y a un siècle, abandonné les vaisseaux à voile parce qu'il entrevoyait dans l'avenir les bateaux à vapeur? Que dirait-on de l'homme des temps passés qui se serait refusé de monter dans une carriole parce que son intuition lui faisait prévoir les chemins de fer?

La direction des ballons n'a du reste rien d'absolu. Dans notre ascension du cimetière de Clichy, où notre nacelle se trouvait plongée dans un air complétement immobile, nous nous serions sans doute dirigés, avec les simples palettes de Guyton de Morveau, avec les rames de Blanchard. Dans notre ascension de ventôse, nous doutons que l'appareil plus lourd que l'air, le mieux combiné, le plus pesant qu'on puisse rêver, eût pu résister à l'impétuosité du courant atmosphérique. Car la tempête était assez grande pour qu'un navire appuyé sur les flots, poussé par une machine puissante, n'eût pu naviguer vent debout. Plus le moteur sera parfait, plus l'organe sera mieux combiné, plus on résistera à des vents puissants. En tout cas, on ira dans ce genre de progrès pas à pas, petit à petit, et sans révélateur! La navigation aérienne deviendra une vérité sans avoir eu besoin de prophète!

Il y a un autre système de navigation, éminemment propre à l'air, auquel il serait absurde de renoncer, et qui plane sur tous les systèmes. C'est l'emploi des courants aériens naturels, que l'on peut aller chercher dans les airs, en changeant de niveau, soit par un procédé analogue à celui du général Meusnier, soit en jetant du lest. M. Glaisher a fait voir par ses voyages que presque toujours il y a dans l'air des courants superposés, et de directions différentes. Nous avons surabondamment démontré dans le récit de l'ascension maritime de Calais, et de celle du *Pôle Nord*, que l'emploi de ces courants alternes n'est pas une chimère. Nos

prévisions se sont trouvées confirmées par la brillante démonstration récemment exécutée à Monaco par MM. Duruof et Bertaux, et
racontée en détail dans l'Appendice. Chaque année de nouveaux
faits viendront confirmer une théorie basée sur l'analyse, la raison,
l'expérience. Nul ne peut limiter l'avenir de ce procédé, d'autant plus fécond que l'on connaîtra mieux le milieu céleste, que
l'on appréciera mieux la vitesse, la direction relative des différentes couches aériennes, que l'on connaîtra mieux les allures atmosphériques, suivant les situations géographiques, les heures et
les saisons de l'année, que l'on aura appris à discerner les courants offrant une certaine régularité, les vents temporaires ou intermittents! Tout ceci demande, non-seulement des ballons perfectionnés, mais encore et surtout que le flair aéronautique se développe chez les équipages!

Pour gagner facilement les hautes régions de l'air, pour monter
et descendre facilement dans l'atmosphère, sans jeter du lest et
sans perdre de gaz, on pourrait chercher à réaliser soit le procédé
du général Meusnier [1], soit celui de Pilâtre; on pourrait enfin faire
fonctionner dans de grands aérostats des hélices horizontales que
ferait agir la vapeur. Nous donnerions jusqu'à présent la préférence au procédé de Pilâtre, modifié et régularisé. Mais les terribles accidents qui ont épouvanté le monde entier, à différentes
reprises, lorsqu'on a voulu associer le gaz et le feu pour gouverner
les aérostats suivant la verticale, imposent des précautions nombreuses. Tous les détails des appareils doivent être étudiés, médi-
tés, expérimentés. Ici, nul champ n'est ouvert à l'improvisation.
Mais avant toutes choses il faut s'initier à l'air, et voyager dans
l'air! Au proverbe vulgaire, mais très-vrai : « C'est en forgeant
qu'on devient forgeron, » nous en ajouterons un autre, non moins
exact : « *C'est en ballonnant que l'on devient aéronaute.* »

Depuis l'époque où nous avons écrit ces lignes, nous avons
exécuté l'un et l'autre plusieurs ascensions intéressantes à Reims
et à Dijon; mais n'ayant pu trouver le temps de faire graver les
planches nécessaires au récit de ces excursions, nous avons préféré
les réserver pour une publication ultérieure. Les résultats que nous
avons constatés n'ont du reste en rien modifié les opinions que
nous avons émises dans le cours de cet ouvrage.

1. Voir l'Appendice.

Sans doute, plus d'un lecteur nous reprochera de n'être pas revenus les mains pleines du haut des airs, de n'avoir pas fait une plus ample moisson de vérités dans le pays des cumulus, de ne point importer nos lois nouvelles, de n'avoir pas encore jeté les bases de la Météorologie de l'Avenir.

Le long récit de nos préfaces terrestres ne plaide-t-il point des circonstances trop atténuantes? Que de difficultés à vaincre pour s'enlever même avec un ballon de pacotille, brûlé par le vernis, miné par l'oxydation! Que de peines pour fermer une soupape approximative sur laquelle le meilleur cataplasme ne veut pas mordre!

Qu'il en serait autrement si notre ballon était en soie, au lieu d'être en vieux calicot, si notre soupape jouait avec une précision digne des organes de la mécanique moderne, si l'hydrogène pur pouvait arrondir les flancs de notre navire modèle, si nous étions toujours maîtres de choisir l'instant de nos expériences, de prendre les jours d'éclipses, les nuits d'aurore boréale ou d'étoiles filantes, les moments où le télégraphe annonce l'arrivée d'une tempête! Si ces ascensions pouvaient être nombreuses, soutenues, suivies, alors on aurait vraiment le droit de nous jeter la pierre, si nous revenions bredouille. Mais dans l'atelier aérien il n'y a pas de bon ouvrier qui avec de mauvais outils puisse faire de bon ouvrage.

Cependant ce livre — nous croyons pouvoir l'affirmer — fera époque dans l'histoire de l'aérostation, car c'est la première fois que l'on publie des scènes aériennes telles qu'elles ont été observées par des aéronautes. — C'est la première fois que des artistes ont exécuté des ascensions dans le but de se familiariser avec les scènes qu'ils sont appelés à retracer. Si l'on excepte M. Ruschine, l'apôtre des idées de Turner, c'est la première fois que la critique artistique s'exerce au-dessus du couvercle de la terre. Une pareille tentative ne restera point isolée, M. Albert Tissandier et la maison Hachette trouveront de nombreux imitateurs; ces placers aériens, si riches, inépuisables, ces filons célestes, auront aussi leurs mineurs! Pour l'artiste il y a là-haut une véritable Californie!

Quand bien même ces ballons si dédaignés ne serviraient qu'à ouvrir aux yeux de l'explorateur, des scènes incomparables; des horizons infinis qui rapetissent les Alpes, qui éteignent les couchers de soleil terrestres, qui noient l'Océan lui-même dans un Océan nouveau de lumière, ne feraient-ils point assez pour la gloire de Montgolfier et de Pilâtre?

Là-haut, l'art trouvera des routes nouvelles, des impressions sublimes, des teintes ignorées, des couleurs révélées ! L'harmonie des mondes célestes a un écho, sur le pêle-mêle des nuages ! La transformation du cumulus, du nimbus, du cirrus donne l'idée d'une vie universelle. Mieux encore que sur les cimes de nos glaciers, on peut goûter dans la nacelle de l'aéronaute ce qu'on a si poétiquement appelé le réveil des hautes régions. C'est à ce réveil que les ballons convient tous les artistes, vraiment dignes du nom d'artistes, tous les poëtes vraiment dignes du nom de poëte, car poëtes et peintres qui doivent tout peindre et tout reproduire, doivent aussi tout voir.

Quant à l'homme riche, qui sème sur sa course des billets de banque dans ses voyages de touriste, quant à ceux qui dépensent des sommes énormes pour voir couler les flots du Nil, quant à tous ceux pour qui la vie est un voyage, que d'émotions ils perdent, en s'entêtant à suivre péniblement tous les contours de la terre, en s'enfermant dans des wagons étroits ! S'ils avaient le facile courage de confier au ballon leur vie et leur fortune, que d'épisodes ils verraient jaillir tout le long de leur route ! Que d'aventures à la descente ! Que de scènes de mœurs ! Que de renseignements sur l'état social des contrées ! Le vent vous les jette au hasard ! Que de récits au retour ! Que de pittoresque dans ces paysages que l'on peut à volonté agrandir ou resserrer, suivant que l'on jette quelques poignées de sable, ou qu'on perd quelques litres de gaz !

Quant au philosophe lui-même, il pourra toujours vivifier sa pensée dans le monde mobile et changeant des nuages, dans les plaines calmes et silencieuses de l'air ! Lorsque ses méditations l'éloigneront des misères terrestres, il ira retremper son âme en présence des grands spectacles de la nature ; face à face avec le soleil immuable, seul en présence de l'infini, isolé sur les flots mobiles de l'océan aérien, il laissera flotter son imagination rêveuse sur les plages invisibles, et trouvera sans cesse, dans le vaste domaine de la contemplation, des pensées consolatrices !

APPENDICE

APPENDICE.

VOYAGES DE M. J. GLAISHER
RÉSUMÉ DES OBSERVATIONS SCIENTIFIQUES

CHAPITRE III. — VOYAGE DU 18 AOUT 1868.

HEURES.	BAROMÈTRE.	HAUTEUR.	THERMOMÈTRE.			HEURES.	BAROMÈTRE.	HAUTEUR.	THERMOMÈTRE.		
			Sec.	Humide.	Point de rosée.				Sec.	Humide.	Point de rosée.
h. m. s.	mill.	mètr.	0	0	0	h. m. s.	mill.	mètr.	9	0	0
0. 53. 0	745.2	149	+...	+...	....	1.32. 0	579.1	2332	10.7	7.8	4.8
0.56. 0	745.2	149	19.0	15.6	+12.8	1.34. 0	615.9	....	+...	+...	+...
1. 5. 0	732.5	344	16.9	13.9	11.4	1.37.30	621.3	1804	13.8	10.3	7.1
1. 6. 0	725.1	433	....	....	....	1.38. 0	637.0	1774	13.9	10.3	7.0
1. 6.20	717.5	522	14.6	13.1	.11.7	1.40. 0	.....	....	14.4	10.8	7.6
1. 7. 0	706.1	622	12.8	12 1	11.4	1.41. 0	637.0	1533	14.9	11.1	7.7
1. 8. 0	677.4	1020	....	....	....	1.41.30	649.0	1381	....	....	..
1. 8.20	.....	....	...	....	....	1.43. 0	649.7	1365	15.6	11.9	8.8
1. 9. 0	667.3	1129	10.0	9.9	9.8	1.46. 0	674.6	1048	16.1	11.9	8.4
1.10. 0	656.8	1261	....	....	....	1.48. 0	679.7	981	16.1	11.9	8.3
1.10.25	.....	....	9.9	8.4	6.8	1.52. 0	655.3	1290	15.0	12.2	9.8
1.11. 0	642.6	1453	9.3	7.6	5.7	1.52.30	650.0	1356	11.9	9.6	7.2
1.11.30	.....	(1567)	....	....	....	1.53. 0	.....	....	....	....	....
1.12. 0	650.2	1679	....	....	....	1.55. 0	637 0	1530	11.2	9.2	7.1
1.12.30	624.8	1679	8.8	6.4	3.8	2. 0. 0	607.8	1924	10.6	8.8	6.9
1.13.20	.....	....	....	....	....	2. 1. 0	604.0	1978	....	....	...
1.14. 0	600.2	2007	...	....	....	2. 9. 0	573.5	2404	11.9	7.8	3.7
1.15. 0	576.3	2349	....	....	....	2.10.30	563.4	2612	10.6	7.5	4.3
1.17. 0	550.9	2723	6.7	3.6	0.6	2.11. 0	.....	....	10.6	7.1	3 6
1.18.45	530.8	3033	4 4	2.8	1.9	2.11.40	555.7	2673	....	....	....
1.18.55	.....	....	5 0	1.6	— 1.0	2.13. 0	555.7	2673	....	....	....
1.20. 0	505.5	3433	....	....	....	2.13.50			11.8	6.9	1.6
1.20. 5	.....	....	2.9	0.6	— 3.9	2.14. 0	633.1	3018	....	....	....
1.20.35	502.9	3474	2.2	— 0.3	— 4.0	2.15. 0	537.0	2955	10.3	5.8	1.1
1.21. 0	501.6	3496	4.2	0.0	— 5.4	2.17. 0	514.1	3311	....	2.8	— 2.6
1.22. 0	515.6	3304	5.6	+ 2.2	— 1.9	2.21. 0	486.4	3768	6.7	1.4	— 5.4
1.24. 0	530 8	3013	7.2	3.3	— 1.2	2.22. 0	490.5	....	6.7	+ 1.0	....
1.24.15	530.8	3013	....	....	....	2.23. 0	475.2	3944	6.7	0.0	— 7.8
1.24.50	543.0	....	7.9	4.2	0.0	2.44. 0	460.0	4222	3.9	— 0.3	— 5.8
1.25.10	.....	....	8.4	4.7	+ 0.6	2.25.20	447 3	4399	....	....	....
1.26 30		2543	....	....	....	2.29. 0	416 8	4980	3.1	— 2.7	—10.6
1.27. 0	574.5	2388	10.6	8.1	5.4	2.32. 0	404.7	5229	4.2	— 0.3	— 6.1

HEURES.	BAROMÈTRE.	HAUTEUR.	THERMOMÈTRE. Sec.	THERMOMÈTRE. Humide.	THERMOMÈTRE. Point de rosée.	HEURES.	BAROMÈTRE.	HAUTEUR.	THERMOMÈTRE. Sec.	THERMOMÈTRE. humide.	THERMOMÈTRE. Point de rosée.
h. m. s.	mill.	mètr.	0	0	0	h. m. s.	mill.	mètr.	0	0	0
2.32.20	402.3	5279	....	....	....	3. 7. 0	328.2	6920	— 0.8	— 8.6	— 31.4
2.35. 0	396.2	5498	..		....	3.12.30	328.2	6920	+ 3.4	— 1.9	....
2.36. 0	....	....	3.1	— 0 3	— 4.9	3.13.15	345.9	6698	....		
2.36.30	381.7	5657	....		....	3.18 30	341.6	6738	....	....	
2.37 50	....	....	2.3	— 0.3	— 4 7	3.19.30	....	....	+ 1.1	— 1.6	— 6.4
2.38.10	377.7	5791	....		....	3.25. 0	346 7	6501	....	....	
2 38.50	....	....	3.9	— 0.4	— 6.1	3.33. 0	426.2	4872	....		
2.39. 0	371.3	5931	....	.. .	....	3.34. 0	445.0	4060	+ 3.1	— 3.9	—12.9
2.39 10	376.4	5975	....		....	3.36. 0	472.9	3796	5.6	— 1.8	—10.8
2.39.20	....	....	....		....	3.38. 0	....	....	6.7	— 0.3	—14.8
2.39 30	370.8	6096	....		.. .	3.39. 0	508.5	3238	6.8	— 0.8	— 9.8
2.42.10	358.6	6205	.. .	....	.. .	3.40 0	526.3	3116	7.5	— 1.1	— 9.8
2.49. 0	345.9	6434	....	....		3.41.30	549.0	2671	....		
2.49.50	348.0	....	....		....	3.43. 0	578.4	2482	....	+ 6.7	..2
2.59. 0	325 9	7060	+ ...	+ ...	+ ...	3.43.10	....	....	10.3		+ 2.6
2.59.10	322.8	7076	....		....	3.43.30	577.6	2267	....		
2 59.20	320.3	7125	....		....	3.46 10	606.5	1844	...		
2.59.40	328.2	6937	....		....	3.46.30	607.8	1822	....		
3. 0. 0	333 3	6795	....		....	3.48. 0	609 1	1804	11.9	6.4	+ 0.8
3. 2.20	333.3	6795	....	.. .		3.49. 0	616.7	1713	.. .		
3. 3. 0	333.3	6795	....		....	3.50. 0	....	....	11.9	8.3	+ 4.7
3. 4.30	833.5	6822	....		....	3 50.20	637.9	1530	....		
......	328.2	6890	....		....	3 50.10	637.0	1469	11.2	8.9	+ 6.6
3. 5.40	328.2	6890	....		....	3 51. 0	643.9	1378	10.8	9.6	+ 7.2
3. 6. 0	326.1	7017	..;	....		3.53. 0	....	....	10.6	10.0	+ 9.4

CHAPITRE III. — VOYAGE DU 5 SEPTEMBRE 1862.

HEURES.	BAROMÈTRE.	HAUTEUR.	THERMOMÈTRE. Sec.	THERMOMÈTRE. Humide.	THERMOMÈTRE. Point de rosée.	HEURES.	BAROMÈTRE.	HAUTEUR.	THERMOMÈTRE. Sec.	THERMOMÈTRE. Humide.	THERMOMÈTRE. Point de rosée.
h. m s.	mill.	mètr.	0	0	0	h. m. s.	mill.	mètr.	0	0	0
0. 0. 0	746.8	149	+15.3	+12.3	+ 9.7	1.24. 0	475.0	3837	....	....	....
1. 5. 0	740.9	219	15.0	12.5	10.3	1.25.30	454.7	4180	— 3.6	— 3.9	— 5.4
1. 5.10	735.8	277	....			1.27. 0	429.3	4628	....		
1. 5.20	....	277	14.0	11.9	10 1	1.28. 0	421.8	4727	....	— 8 3	....
1. 5.30	725.7	393	....			1.29. 0	406.5	5035	— 8.6		
1. 5.50	....	....	13.6	11.4	8.8	1.30.15			— 8.9	—10.5	—22.9
1. 6. 0	720.8	451	13.1	10.6	8.3	1.32. 0	388.8	5361	— 9.4	—11.1	—23.5
1.10. 0	665.2	1116	7.5	6.4	5.1	1.35. 0	370.9	5758	....		
1.11. 0	....	1255	6.8	5.8	4.7	1.36. 0	368.4	5811	+....		+....
1.11.30	647.4	1337	....			1.37. 0	368.4	5811		+....	+....
1.12. 0	634.7	1500	5.6	4.7	3.7	1.37.10	....	....	— 9.4	—11.6	—27.8
1.12.30	632.2	1527	5.0	4.3	3.5	1.37.30	365.9	5859	....		
1.13. 0	617.2	1730	4.2	3.4	2.5	1.37.50	....	....	— 9.7	—12.1	—25.0
1.13.30	615.9	1744	3.3	2.9	2.3	1.38.10	....	....	—10 4	—12.2	—26.0
1.14.30	602.0	1929	2.5	2.5	2.4	1.38.20	378.6	6084	....		
1.16. 0	593.1	2051	....			1.38.25	....	6161	....		
1.16.30	....	....	2.4	2.4	2.4	1.39. 0	348.1	6215	—13.3	—15.3	
1.17. 0	589.3	2107	....			1.40 15	....	....	—12.1	—13.3	—22.3
1.17.20	....	....	3.4	2.3	0.7	1.41.20	337.9	6486	....		
1.17.40	575.6	2309	3.9	1.8	— 1.0	1.44. 0	322.7	6821	—13.3	—15.4	—32.2
1.21. 0	526.3	3025	0.8	— 0.5	— 3.6	1.48. 0	302.3	7308	—17.8	—20.0	—37.3
1.22. 0	509.8	3283	— 0.5	— 0.8	— 1.7	1.50. 0	284.6	7736	....		

HEURES.	BAROMÈTRE.	HAUTEUR.	THERMOMÈTRE.			HEURES.	BAROMÈTRE.	HAUTEUR.	THERMOMÈTRE.		
			Sec.	Humide.	Point de rosée.				Sec.	Humide.	Point de rosée.
h. m. s.	mill.	mètr.	0	0	0	h. m. s.	mill.	mètr	0	0	0
1.51. 0	274.3	8031	−20.6	....	....	2.20. 0	....	....	1.8	− 2.8	−10.1
1 53.±	246.5	8839	....	....	....	2.20.20	559.8	2533	....	....	....
2. 7. 0	....	7117	−18.9	....	....	2.20.40	564.9	2466	4.5	− 1.6	− 9.3
2. 8. 0	312.5	7017	....	....	....	2.22. 0	....	....	5.7	− 0.6	− 8.2
2. 8.20	317.6	6905	....	....	....	2.23.20	575 1	2324	5.6	....	....
2. 8.45	332.9	6599	....	....	....	2.23.50	582.4	2213	....	....	....
2. 9. 0	355.7	6102	− 8 3	−11.7	−37.1	2.24. 0	585.0	2179	....	....	....
2. 9.30	414.2	4909	....	....	....	2.25. 0	592.6	2076	5.6	....	....
2. 9.40	432.0	4553	....	....	....	2.26. 0	596.1	2024	....	....	....
2.10. 0	....	....	− 5.3	9.0	−32.8	2.26.15	....	....	7.3	+ 1.2	− 5.8
2.11. 0	449.6	4271	....	....	....	2.29.30	622.5	1676	9.6	2.2	− 5.7
2.14. 0	457.3	4121	....	....	....	2.31.30	....	....	9.6	7.1	− 6.8
2 15. 0	467.5	3952	+....	+....	+....	2.32. 0	645.2	1378	....	....	....
2.16. 0	....	3734	− 3.1	− 7.7	30.2	2.32.30	....	....	10.3	2.2	− 6 2
2.16.10	501.6	3398	....	....	....	2.33. 0	655.3	1250	....	....	....
2.16.20	509.3	3286	....	....	....	2.33.30	....	....	10.6	2.8	− 5.4
2.16.50	524.5	3069	− 0.5	− 4.9	−16.4	2.38. 0	670.6	1092	11.7	7.2	+ 2.8
2.17.30	511.8	2856	....	....	....	2.39. 0	701.0	708	....	....	....
2 18. 0	....	....	+ 0.6	− 3.9	−12.6	2.39.20	....	....	12.2	8.9	5.6
2.19. 0	....	....	1.2	− 3.4	−11.5	2.39.40	....	....	....	....	....
2.19.30	555.0	2600	....	....	....	3. 6. 0	....	....	14.0	11.6	8.9

CHAPITRE IV. — VOYAGE DU 18 AVRIL 1863.

HEURES.	BAROMÈTRE.	HAUTEUR.	THERMOMÈTRE.			HEURES.	BAROMÈTRE.	HAUTEUR.	THERMOMÈTRE.		
			Sec.	Humide.	Point de rosée.				Sec.	Humide.	Point de rosée.
h. m. s.	mill.	mètr.	0	0	0	h. m. s.	mill.	mètr.	0	0	0
0.12. 0	....	....	+16.1	+12.9	+10.1	1.35.30	437.0	(6217)	− 8.2	−10.6	−28.3
0.15. 0	....	....	15.3	11.9	9.1	1.40. 0	411.6	4868	−11.1	−14.4	−29.2
1.13. 0	752.4	....	16.0	12.5	4.5	1.42. 0	401.5	5361	−11.1	−14.9	−45 2
1.14. 0	753.4	....	16.4	12.3	8.8	1.43. 0	401.3	5541	−11.1	−15.0	−45.3
1.17.-0	740.9	314	15.1	12.2	9.0	1.47. 0	391.3	5567	−11.1	−15.3	−47.7
1.17.+0	725.7	489	14.0	10.6	7.5	1.48. 0	401.8	5765	−11.1	−15.1	−45.7
1.18. 0	710.4	666	13.3	10.3	7.4	1.49. 0	375.9	6135	−11.1	−15.1	−45.7
1.18.30	....	(725)	12.9	9.4	6.2	1.50. 0	....	6135	−11.1	−14.4	−40.8
1.19. 0	700.3	785	12.2	8.9	5.7	1.52. 0	363.4	6381	....	....	....
1 20. 0	....	1084	9.6	6.1	2.4	1.52.50	....	6550	−11.4	....	....
1.21.10	655.1	1339	8.4	6.0	1.2	1.54. 0	358.3	7849	−11.1	−14.4	−35.9
1.22.30	622.3	1755	5.1	1.7	− 2.5	1.55. 0	355.7	6607	. . ..	....	....
1.24. 0	....	....	4.7	2.8	+ 0.9	1.56. 0	355.7	6607	....	....	....
1.24.15	607.1	1957	3.9	....	....	2. 0. 0	348.1	6803	−10.0	−14.4	−48.0
1.24.30	599.7	2056	2.8	1.8	0.4	2. 2. 0	355.7	6636	....	....	....
1.25.30	589.5	2188	1.4	0.7	− 0.5	2.12. 0	337.9	7031	....	....	....
1.26. 0	578.4	2345	....	....	....	2.13. 0	....	7069	....	....	....
1.27.30	576.6	2366	....	....	....	2.15. 0	335.4	7104	....	....	....
1.29. 0	....	3255	0.0	− 3.4	−11.1	2.15.30	335.3	7160	− 8.9	−14.3	−56.3
1.29.30	524.0	3360	....	....	....	2.22.30	....	7456	−10.8	−17.8	....
1.30. 0	511.0	3591	− 0.3	− 4.3	−14.5	2.28 30	....	7621	....	....	....
1.32. 0	485.9	3982	....	....	....	2.29. 0	317.5	7621	....	....	....
1.32.30	....	(4093)	− 5.0	− 0.6	....	2.30.30	337.9	7716	−10.8	−17.5	....
1.35. 0	....	(4743)	− 6.1	− 1 1	....	2.31. 0	315.1	7646	....	....	....

HEURES.	BAROMÈTRE.	HAUTEUR.	THERMOMÈTRE.			HEURES.	BAROMÈTRE.	HAUTEUR.	THERMOMÈTRE.		
			Sec.	Humide.	Point de rosée.				Sec.	Humide.	Point de rosée.
h. m. s.	mill.	mètr.	°	°	°	h. m. s.	mill.	mètr.	°	°	°
2.33. 0	320.2	7507	....	....	....	2.40.30	459.8	4415	— 8.6	—13.2	—39.8
2 33.10	.....	7441	—10.8	—17.2	....	2.41.30	.....	....	— 8.3	— 9.7	—20.3
2.34. 0	345.6	6883	—10.5	—16.1	—57.7	2.42. 0	506.5	3606	— 7.8	— 9.2	—19.6
2.37.30	4!1.7	5197	— 9.2	—13.9	—48.7	2.43. 0	509.0	3574	— 6.7	— 7.7	—15.2
2.38.30	437.0	4862	....	....	....	2.43. 0	514.1	3503	— 4.4	— 7.2	—23.7
2.39. 0	.....	(4765)	— 8.6	—12.9	—45.6	2.44. 0	531.9	2929	— 3.3	— 6.7	—23.6
2.40. 0	447.1	4658	....	....	....						

CHAPITRE IV. — VOYAGE DU 11 JUILLET 1863.

HEURES.	BAROMÈTRE.	HAUTEUR.	THERMOMÈTRE.			HEURES.	BAROMÈTRE.	HAUTEUR.	THERMOMÈTRE.		
			Sec.	Humide.	Point de rosée.				Sec.	Humide.	Point de rosée.
h. m. s.	mill.	mètr.	°	°	°	h. m. s.	mill.	mètr.	°	°	°
4.44. 0	765.0		+24.0	+16.7	+11.5	5.24.30	.....	....	+18.6	+14.3	+10.8
4.45. 0	765.0		23.8	16.7	11.6	5.26. 0	.....	....	18.6	14.2	10.6
4.46. 0	765.0	à terre	23.6	16.7	11.6	5.28. 0	678.2	1091	18.6	13.9	10.1
4.47. 0	765.0		23.4	16.4	11.2	5.29. 0	676 9	1123	17.9	13.6	10.1
4.51. 0	.....		23.4	16.1	10.8	5.29.30	.....	....	17.7	13.6	10.2
4.53. 0	764.8		23.3	16.5	11.4	5.29.45	679.4	1091	17.9	13.6	10.1
4.54. 0	.....	....	23.1	15.8	10.5	5.30. 0	687.1	974	18.3	13.9	10.2
4.55.+	756.9	159	....	....	....	5.32. 0	698.6	843	18.3	13.9	10.3
4.56.30	750.6	228	....	....	....	5.33. 0	703.6	785	18.4	13.9	10.2
4.57. 0	745.5	283	21.1	13.9	8.3	5.34. 0	707.4	753	18.4	13.9	10.2
4.58. 0	740.4	351	....	....	10.2	5.35. 0	711.2	697	18.3	13.8	10.0
4.58.20	732.8	455	18.3	13.9	8.3	5.36. 0	709.9	711	....	....	....
4.58.50	725.2	545	....	....	....	5.37. 0	706.1	753	18.4	13.8	9.9
4.59. 0	718.8	621	17.1	10.8	5.5	5.38. 0	708.7	724	18.3	13.8	10.0
4.59.10	711.2	726	....	....	6.3	5.39. 0	707.4	739	....	....	....
4.59.38	702.3	803	16.7	11.1	....	5.40. 0	707.4	739	18.9	13.3	8.8
5. 1.30	678.2	1091	15.3	10.6	6.4	5.41. 0	706.1	753	18 9	13.1	8.3
5. 2. 0	674.5	1137	....	....	....	5.42. 0	706.1	753	18.9	13.1	8.3
5. 2.30	673.1	1152	....	....	....	5.43. 0	706.1	753	....	....	....
5. 4. 0	669.3	1198	15.0	11.1	7.7	5.43.30	705.6	758	18.6	13.3	9.1
5. 5. 0	668.0	1213	16.4	12.3	8.8	5.44. 0	705.9	758	18.5	13.3	9.1
5. 5.30	666.7	1228	15.8	11.8	8.2	5.45. 0	705.6	758	18.3	13.4	9.3
5. 5 45	663.2	1271	15.7	11.9	8.7	5.47.30	698.5	842	18.1	13.9	10.4
5. 6. 0	661.7	1290	15.1	12.3	9.7	5.48. 0	697.2	859	18.3	13.9	10.2
5. 7. 0	660.4	1331	15.0	12.2	9.8	5.49. 0	697.2	860	18.4	14.1	10.5
5. 7.30	654.8	1405	15.6	12.7	10.2	5.50. 0	697.2	860	18.6	14.3	10.9
5.13. 0	670.6	1177	17.8	13.3	9.7	5.51. 0	698.5	842	18.6	14.0	10.2
5.14. 0	670.6	1177	17.5	12.0	8.8	5.52. 0	699.8	825	18.6	14.3	10.9
5.14.30	670.0	1168	....	....	....	5.52.30	698.5	842	18.6	14.0	10.2
5.15. 0	.....	....	16.4	12.3	8.8	5.53. 0	694.7	892	18.3	13.4	9.4
5.16. 0	662.9	1271	16.7	12.8	9.4	5.53.30	690.9	928	18.3	13.4	9.4
5.17.30	662.9	1271	....	....	....	5.54. 0	688.3	962	17.9	13.6	9.9
5.19. 0	672.6	....	17.2	13.3	10.1	5.54.30	685.8	995	17.9	13.3	9.6
5.21. 0	676.9	1149	17.8	13.4	9.8	5.55. 0	.....	....	17.8	13.3	9.7
5.22. 0	678.2	1116	18.3	13.6	9.7	5.56. 0	680.2	1076	17.5	13.3	9.9
5.23. 0	678.2	1100	18.3	13.9	10.2	5.57. 0	679.4	1086	17.5	13.3	9.9
5.24. 0	680.2	1074	18.3	13.9	10.2	5.59. 0	679.4	1086	17.3	13.3	10.0
5.24. 0	688.3	981	18.9	14.2	10.3	6. 0. 0	678.7	1102	17.3	13.3	10.0
						6. 1. 0	.....	....	17.3	13.4	10.1

HEURES.	BAROMÈTRE.	HAUTEUR.	Sec.	Humide.	Point de rosée.
h. m. s.	mill.	mètr.	0	0	0
6. 2. 0	680.2	1076	+17.3	+13.4	+10.1
6. 3. 0	687.1	991	17.2	13.4	10.2
6. 3.30	687.1	991	17.2	13.6	9.9
6. 4. 0	687.1	991	17.2	13.6	9.9
6. 5. 0	680.2	1076	16.7	12.8	9.6
6. 5.30	675.1	1134	16.1	12.3	8.9
6. 7. 0	664.2	1260	15.6	11.6	8.0
6. 8. 0	655.3	1405	14.7	11.4	8.4
6. 9. 0	655.3	1405	14.6	11.3	8.3
6.12. 0	647.2	1495	13.8	11.7	9.7
6.13. 0	642.6	1556	13.8	11.7	9.7
6.14. 0	638.8	1607	13.8	11.2	8.8
6.15. 0	637.5	1624	13.8	11.4	9.2
6.16. 0	636.3	1640	13.9	11.2	10.7
6.17. 0	632.5	1692	13.8	11.1	8.7
6.18. 0	629.4	1732	13.4	10.8	8.4
6.19. 0	628.6	1743	13.4	10.8	8.4
6.20. 0	627.4	1759	13.4	10.7	8.1
6.21. 0	626.1	1776	13.4	10.6	8.0
6.22. 0	624.0	1793	13.3	10.3	7.5
6.22.30	621.0	1845	13.1	9.7	6.2
6.24. 0	612.1	1966	11.9	8.4	4.9
6.27. 0	608.3	2019	12.7	8.1	3.7
6.28. 0	608.3	2019	11.2	8.2	5.2
6.29. 0	609.1	2008	11.4	8.3	5.3
6.31. 0	614.7	1928	11.7	8.3	5.4
6.32. 0	617.7	1885	11.7	8.4	5.1
6.33. 0	617.7	1885	11.7	8.3	5.0
6.34. 0	617.7	1885	11.7	8.3	5.0
6.35. 0	917.2	1893	11.7	8.3	5.0
6.38. 0	622.3	1821	11.7	9.0	6.3
6.40. 0	621.0	1838	11.7	8.6	5.6
6.46. 0	619.8	1855	11.4	8.3	5.3
6.47. 0	621.0	1838	11.2	8.8	6.3
6.47.30	....	....	11.3	8.6	5.8
6.48. 0	614.7	1932	10.0	8.4	6.1
6.49. 0	613.4	1940	10.8	8.4	6.0
6.50. 0	612.1	1957	10.6	8.2	5.8
6.51. 0	612.1	1917	10.6	8.1	5.5
6.52. 0	611.4	1967	10.7	7.5	4.2
6.53. 0	610.9	1974	10.6	7.8	4.8
6.54. 0	....	....	10.6	8.1	5.4
6.54.30	609.6	1990	10.6	7.8	5.4
6.55. 0	608.3	2008	10.6	7.8	5.4
6.55.30	608.3	2008	10.6	7.8	5.4
6.56. 0	609.6	1990	10.8	7.8	4.7
6.56.30	609.6	1990	10.8	7.8	4.7
6.57. 0	617.7	1876	10.8	8.2	5.7
6.58. 0	622.3	1821	12.2	8.8	5.3
6.59. 0	632.5	1683	11.2	8.4	5.6
7. 0. 0	637.5	1615	11.4	8.9	6.5
7. 1. 0	636.3	1632	11.8	9.1	6.3
7. 1.30	641.3	1570	12.1	9.5	6.9
7. 2. 0	645.2	1522	12.3	10.0	7.7
7. 2.30	649.0	1475	12.2	10.0	7.8
7. 3. 0	652.3	1434	12.3	10.3	8.6
7. 3.30	652.8	1428	12.3	10.6	8.8
7. 3.45	656.6	1381	12.8	10.6	8.6
7. 4. 0	660.4	1335	12.9	10.6	8.4
7. 5.15	668.5	1233	....	....	....
7. 5.45	668.5	1233	13.4	10.6	8.9
7. 6. 0	670.6	1207	13.8	10.6	7.6

HEURES.	BAROMÈTRE.	HAUTEUR.	Sec.	Humide.	Point de rosée.
h. m. s.	mill.	mètr.	0	0	0
7. 6.30	673.1	1175	+13.9	+10.6	+ 7.5
7. 7. 0	674.4	1159	13.9	10.3	7.0
7. 7.30	678.2	1111	14.0	10.6	7.4
7. 8. 0	687.1	999	14.7	10.3	6.1
7. 9. 0	690.9	951	15.3	10.0	5.3
7. 9.30	692.1	935	15.3	10.3	5.8
7. 9.45	696.0	887	15.3	10.3	5.8
7.10. 0	696.0	887	15.1	10.3	5.9
7.10.15	698.5	855	15.1	10.3	5.9
7.10.30	701.5	817	15.3	10.0	5.3
7.10.45	703.6	791	15.3	10.1	5.6
7.11.30	711.2	695	15.6	10.3	5.6
7.12. 0	713.2	670	15.8	10.6	6.7
7.12.30	715.8	639	16.1	10.6	5.7
7.13. 0	718.3	612	16.2	10.6	5.6
7.13.30	721.4	572	16.3	10.7	5.8
7.13.45	....	....	16.3	10.8	6.1
7.14. 0	721.4	572	16.4	10.8	6.1
7.14.30	721.4	572	16.6	10.8	5.9
7.15. 0	721.4	572	16.7	11.0	6.1
7.15.30	721.4	572	16.8	11.0	6.1
7.15.45	721.4	572	16.8	11.0	6.1
7.16. 0	722.1	572	16.8	11.0	6.1
7.16.30	723.9	541	16.9	11.0	5.9
7.17. 0	725.2	526	17.1	11.2	6.1
7.17.30	726.2	514	16.9	11.4	6.7
7.18. 0	728.5	488	17.1	11.6	6.8
7.18.30	728.5	488	17.3	11.6	6.7
7.19. 0	729.0	482	17.3	11.7	6.7
7.19.30	730.2	467	17.4	11.7	6.9
7.20. 0	731.5	453	17.5	11.9	7.3
7.20.30	731.5	453	17.5	12.3	7.9
7.21. 0	732.8	438	17.7	12.3	7.8
7.21.30	734.1	423	17.8	12.5	8.1
7.22. 0	736.6	393	17.9	12.5	8.0
7.23. 0	746.8	276	18.1	12.5	7.9
7.24. 0	746.8	276	18.6	13.1	8.5
7.24.30	746.8	276	18.6	13.3	9.0
7.25. 0	746.8	276	18.7	13.3	9.0
7.25.30	746.8	276	18.8	13.9	9.9
7.26. 0	744.2	303	18.9	13.6	9.3
7.26.30	740.4	314	19.0	13.4	8.9
7.27. 0	738.6	314	19.0	13.1	8.5
7.27.15	737.9	341	19.2	13.1	8.1
7.27.30	737.1	388	19.3	12.8	7.5
7.27.45	736.1	400	19.3	12.7	7.3
7.28. 0	735.3	409	18.9	12.7	7.6
7.28.15	735.3	409	18.9	12.3	6.9
7.29. 0	735.3	409	19.2	12.5	7.1
7.29.30	735.3	409	19.0	12.5	7.3
7.30. 0	737.9	375	19.0	12.5	7.3
7.30.15	738.6	367	19.0	12.5	7.3
7.30.30	739.1	361	....	....	....
7.31. 0	741.7	335	19.0	12.8	7.8
7.31.30	741.7	335	19.3	13.1	8.0
7.32. 0	741.7	335	19.3	12.8	7.5
7.32. 0	741.7	335	....	....	....
7.32.30	735.3	409	19.0	12.3	6.9
7.33. 0	731.5	454	19.2	11.9	6.1
7.34. 0	725.2	528	19.3	11.7	5.6
7.34.15	721.4	574	19.0	11.2	4.9
7.34.30	716.3	634	18.9	11.2	4.9

HEURES.	BAROMÈTRE.	HAUTEUR.	THERMOMÈTRE. Sec.	Humide.	Point de rosée.	HEURES.	BAROMÈTRE.	HAUTEUR.	THERMOMÈTRE. Sec.	Humide.	Point de rosée.
h. m. s.	mill.	mètr.	0	0	0	h. m. s.	mill.	mètr.	0	0	0
7.34.45	745 0	649	+18.8	+11.2	+4.9	8. 4.30	736.6	393	+18.0	+13.9	+10.0
7.35. 0	707.4	739	18.6	11.4	5.9	8. 5. 0	737.9	378	18.3	13.9	10.2
7.35.30	704.1	779	18.4	11.4	5.4	8. 5.15	737.9	378	18.3	13.9	10.2
7 36. 0	704.1	779	18.4	11.4	5.6	8. 6. 0	739.1	363	18.4	13.9	10.3
7 36.30	703.6	785	18.1	11.4	6.7	8. 6.30	740.4	349	18.4	13.9	10.3
7.36.45	702.3	800	17.8	11.4	6.1	8. 7. 0	741.7	334	18.4	13.9	10.3
7.37. 0	702.0	800	17.7	12.8	8.1	8.17.15	742.9	319	18.4	13.9	10.3
7.37.30	700.8	819	17.5	11.7	6.7	8. 8. 0	742.9	319	18.4	13.9	10.3
7.38 0	701.5	810	17.3	11.7	7.9	8. 9. 0	740.4	349	18.4	13.9	10.3
7.38.30	703.1	792	17 3	11.7	7.0	8. 9.30	729.5	476	18.1	13.4	9 6
7.38.45	703 6	785	17.3	12.1	7.0	8.10. 0	727.7	497	18.0	13.6	9.6
7.39. 0	703.6	785	17.2	12.1	7.6	8.10.15	727.7	497	19.7	13.2	9.4
7.40. 0	705.6	761	17.2	12.1	7.8	8.10.45	725.9	517	17.9	13.1	8.9
7.40.30	706.1	755	17.2	12.1	7.8	8.11. 0	725.9	517	18.1	13.1	8.9
7.41. 0	706.6	749	17.3	13.1	9.8	8.11.30	725.9	517	....	....	....
7.42. 0	713.2	670	17.5	11.8	6.5	8.12. 0	727.7	497	17.9	13.1	9.1
7.42.15	715.8	639	17.3	11.8	7.0	8.13. 0	730.2	467	17.9	12.9	8.8
7.43. 0	720.1	587	17.5	11.7	6.8	8.14. 0	730.2	467	17.9	13.3	9.6
7.43.30	721.4	572	17.5	11.7	6.9	8.14.30	732.8	437	17.9	13.3	9.6
7.44. 0	722.6	557	17.6	11.7	6.7	8.15. 0	739.1	382	17.7	13.4	9.9
7.44.30	725.4	523	17.7	11.6	6.4	8.15.30	740.4	348	17.7	13.6	10.2
7.45. 0	725.4	523	17.7	11.7	6.7	8.16. 0	741.7	334	17.9	13.6	10.1
7.46. 0	729.0	482	17.9	12.3	7.7	8.16.15	742.9	319	17.9	13.9	10.6
7.46.30	730.2	467	17.9	12 5	8.1	8.17. 0	745.5	290	18.1	13.9	10.4
7.46.45	731.5	452	17.9	12.7	8.3	8.17.30	745.5	290	18.1	13.9	10.4
7 47. 0	731.5	452	17.9	12.7	8.3	8.18. 0	745.5	290	18.1	13.9	10.4
7.48. 0	731.5	452	17.9	12.8	8.7	8.18.15	747.3	269	18.2	13.9	10.3
7.48.30	731.5	452	17.9	13.1	9.1	8.18.30	748.8	251	18.2	13.9	10.3
7.49. 0	731.5	452	17.8	13.3	9.7	8.19. 0	749.8	240	18.2	14.0	10.6
7.49.30	731.5	452	17 9	13.3	9.6	8.19.30	750.6	232	17.9	13.9	10.7
7.50. 0	735.3	408	18.1	13.4	9.6	8.20. 0	750.6	232	18.6	13.9	10.1
7.50.30	736.6	393	18.1	13.3	9.4	8.20.15	749.3	246	18.4	13.9	10.3
7.50.45	736.6	393	18.1	13 4	9.6	8.20.45	748.8	251	18.4	14.0	10.3
7.51.30	737.9	378	18.1	13.4	9.6	8.21. 0	744.2	304	18.4	13.9	10.3
7.52. 0	738.6	369	18.2	13.3	9.3	8 22. 0	737.9	378	18.2	13.4	9.4
7.52.30	740.4	349	18.2	13.4	9.4	8.22.30	736.6	393	18.2	13.4	9.4
7.53.30	742.9	320	18.2	13.4	9.4	8.23. 0	731.0	458	18.1	13.4	9.6
7.54. 0	743.7	311	18.2	13.6	9.8	8.23.30	729.0	482	18.1	13.3	9.4
7.54.30	744.2	305	18.3	13.7	10.0	8.24. 0	727.2	502	18.1	13.4	9.7
7.55. 0	744.2	305	18.3	13.8	10.0	8.25. 0	725.9	517	17.8	12.9	8.9
7.56.30	744.2	305	18 3	13.8	10.0	8.26. 0	727.2	502	17.9	13.3	9.6
7.56.45	743 5	311	18.4	14.0	10.4	8.27. 0	729.2	479	17.9	13.3	9.6
7.57. 0	744.2	305	18.3	14.0	10.4	8.27 30	732.8	438	17.9	13.9	10.6
7.57.15	743.4	314	18.4	13.8	9.9	8.28. 0	739.1	365	17.9	13.6	10.1
7.58. 0	744.2	305	18.4	13.9	10.3	8.29. 0	739.1	365	17.9	13.7	10.2
7.58.30	744.2	305	18 4	13.9	10.3	8 30. 0	744.2	306	17.9	13.9	10.7
7.59. 0	744.2	305	18.4	13 9	10.3	8.31. 0	744.2	306	17.9	13.9	10.7
7.59.30	745.5	290	18 4	13.4	10.3	8 31.30	749.3	248	16.4	13.9	10.6
7.59.45	749.3	246	18.6	14.2	10.5	8.32. 0	749.8	243	16.4	14.0	10.7
8. 1. 0	750.6	232	18.6	14.2	10.5	8.32.30	753.1	203	18.4	14.6	11.4
8. 2. 0	748.0	261	18.4	14.0	10.4	8.33. 0	750.1	238	18.4	14.6	11.4
8. 3. 0	746.2	281	18.9	13.9	9 8	8.33.30	744.7	299	18.4	14.0	10.4
8. 3.30	740.4	349	18.6	13.8	9.9	8.34. 0	741.9	331	18.3	13.9	10.3
8. 4. 0	737.9	378	18.6	13.8	9.9	......	....	....	....	....	....

CHAPITRE V. — VOYAGE DU 26 JUIN 1863.

HEURES.	BAROMÈTRE.	HAUTEUR.	Sec.	Humide.	Point de rosée.	HEURES.	BAROMÈTRE.	HAUTEUR.	Sec.	Humide.	Point de rosée.
h. m. s.	mill.	mètr.	0	0	0	h. m. s.	mill.	mètr.	0	0	0
1. 2. 0	754.4	....	+	+	+	1.43. 0	....	6293	— 6.1	— 8.9	—28.3
1. 4. 0	740.4	269	18.3	13.3	.9.3	1.44. 0	353.2	6293	— 6.7	— 8.9	—24.7
1. 4.30	725.7	440	16.7	12.2	8.4	1.45. 0	350.6	6356	....	....	....
1. 6. 0	....	....	16.6	11.9	8.0	1.46. 0	345.5	6482	— 5.6	— 8.8	—30.4
1. 6 15	720.3	506	16.4	11.7	7.7	1. 47. 0	343.1	6509	— 5.6	— 8.9	—30.9
1. 6.30	707.6	655·	15.3	10.8	6.9	1.48. 0	337.9	6699	....	....	....
1. 7. 0	694.9	808	14.0	10.7	7.6	1.49. 0	335.4	6722	....	....	....
1. 8.50	641.9	1441	9.2	....	....	1.50. 0	335.5	6722	— 5 6	— 8.9	—30.8
1. 9. 0	631.7	1604	8.3	4.4	0.1	1.51. 0	....	6727	— 5.7	— 8.9	—30.1
1.13. 0	....	2225	5.1	— 0.6	— 7.7	1.53. 0	332.3	6737	....	....	....
1.13.30	579.1	2289	3.9	— 1.6	— 8.7	1.53.30	332.8	6737	— 7.1	— 8.8	—21.4
1.14. 0	....	(2420)	2.9	— 3.3	—12.0	1.54. 0	332.5	6908	— 7.5	— 8.9	—19.2
1.15. 0	554.2	2681	....	....	....	1.54.30	....	(7017)	— 7.5	— 8.9	—19.2
1.15.20	....	(2690)	2.2	— 3.3	11.5	1.54.40	320.2	7044	— 7.8	....	....
1.16.30	....	2834	— 0.4	0.0	....	1.54.50	....	(7071)	— 8.8	— 8.8	—12.1
1.17.45	506.2	3415	— 1.1	— 0.6	....	1.55. 0	330.3	6999	....	....	....
1.18.20	503.7	3457	— 0.5	— 0.6	....	1.58. 0	332 8	6757	— 7.2	....	....
1.19. 0	488.4	3711	....	....	....	1.58.30	343.0	6540	....	....	....
1.20. 0	477.5	3884	— 0.8	— 0.8	....	1.59. 0	345.6	6493	....	....	....
1.20.10	469.9	4015	....	....	....	2. 0. 0	350.6	6381	— 3.5	— 5.7	—17.8
1.21. 0	459.8	4195	....	....	....	2. 1. 0	360.8	6147	....	....	....
1.21.10	457.3	4240	— 0.6	— 0 6	....	2. 2. 0	360.8	6147	— 3.3	— 5.6	—17.1
1.23. 0	447.1	4429	0.0	— 1.7	....	2. 2.30	360.8	6147	....	....	....
1.24. 0	434.4	4662	....	....	....	2. 2.45	360.8	6147	....	....	....
1.25. 0	429.3	5056	— 1.1	— 1.7	....	2. 3. 0	365.9	6066	— 3.3	— 4.4	—10.1
1.25.20	426.8	5107	— 1.1	— 1.7	....	2. 4.30	370.9	5904	— 5.0	....	....
1.26. 0	424.3	4857	— 1.7	— 3.3	— 9.3	2. 4.45	....	....	— 4.9	— 4.9	— 4.9
1.27. 0	421.7	4701	— 1.1	— 3.3	—10 3	2. 5. 0	365.9	6066	— 5 0	— 5.6	— 9.0
1.28. 0	421.7	4901	0.0	— 2.4	— 8.3	2. 6.45	....	....	— 3.9	— 5.0	—11.1
1.29. 0	419.2	4960	0.0	— 2.8	— 9.2	2. 7. 0	355.7	6288	— 1.7	— 5.0	—16.9
1.29.20	....	(4960)	+ 0.6	— 1.9	— 8.4	2. 7.30	363.3	6103	— 2.2	— 4.6	—14.1
1.29.45	....	5025	— 1.7	— 1.1	— 5.6	2. 8. 0	370.9	5913	— 2.5	— 4.7	—14.9
1.30. 0	....	(5044)	1.7	— 1.2	— 5.8	2. 9. 0	382.0	5714	— 2.2	— 4.4	—13.6
1.31. 0	411.6	5119	....	....	....	2. 9 30	....	....	— 1.6	— 4.9	—17.2
1.31 30	....	5142	1.4	— 1.6	— 8.1	2.10. 0	388.7	5558	....	....	....
1.32. 0	406.5	5225	....	....	....	2.10.45	393.8	5452	— 1.4	— 4.2	—13.6
1.32.10	406.5	5225	....	....	....	2.11. 0	406.5	5280	— 1.4	— 4.2	—13.6
1.32.30	406.5	5125	....	....	....	2.11.15	411.6	5116	....	....	....
1.33. 0	403.9	5253	....	....	....	2.11.45	....	....	— 0.3	— 3.3	—11.0
1.33.30	401.5	5284	....	....	....	2.12. 0	416.7	500.2	0.0	— 3.3	—11.1
1.34. 0	401.4	5327	1.2	— 2.2	— 8.1	2.12.30	....	....	+ 0.3	— 3.2	—10 8
1.35.30	391.4	5503	0.6	— 4.9	—15.9	2.13. 0	426.8	4804	0.0	— 2.8	— 9.2
1.36. 0	388.6	5575	....	....	....	2.13.30	429.5	4731	....	....	....
1.36.20	386.2	5619	— 1.6	— 6.0	—22.1	2.14. 0	439.6	4519	....	....	....
1.36.30	386.2	5619	....	....	....	2.14.30	447.1	4420	....	....	....
1.36.45	383.6	5655	— 3.2	— 6 1	—20.6	2.14.45	452.2	4327	....	....	....
1.37. 0	....	5657	— 3.9	— 7.2	—25.6	2.14.50	457.3	4235	+ 0.5	— 1.6	— 5.8
1.38. 0	....	(5737)	— 3.9	— 7.5	— 8.1	2.15. 0	....	....	0.5	— 1.6	— 5.8
1.39. 0	376.0	5796	— 5.7	....	....	2.15.45	....	....	0.6	— 1.4	— 5.3
1.40. 0	373.5	5845	— 6.3	— 8 8	—25.9	2.16. 0	502.2	3478	....	....	....
1.40.40	....	(5919)	— 6.4	— 8.9	— 9.2	2.16.30	....	....	0.6	— 2 5	— 8.7
1.41. 0	368.4	5957	....	....	....	2.17. 0	519.2	3203	0.6	— 2.8	— 9.5
1.41.10	368.4	5957	— 6.7	— 8.9	—24.7	2.18. 0	527.6	3051	0.6	— 3 1	—10.3
1.41.45	363.3	6068	— 6.4	— 8.9	— 9.2	2.19. 0	527.6	3051	0.8	— 3.3	—11.2
1.42. 0	360.7	6147	— 6.1	— 8.9	—28.3	2.19.30	530.6	3023	....	....	....
1.42.30	360.8	6147	— 6.1	— 8.9	—23.3	2.19.45	540.8	2866	....	....	....

HEURES.	BAROMÈTRE.	HAUTEUR.	THERMOMÈTRE.			HEURES.	BAROMÈTRE.	HAUTEUR.	THERMOMÈTRE.		
			Sec.	Humide.	Point de rosée.				Sec.	Humide.	Point de rosée.
h. m. s.	mill.	mètr.	0	0	0	h. m. s.	mill.	mètr.	0	0	0
2.20.20	545.8	2788	+ 0.8	− 3.3	−11.2	2.26. 0	678.2	1004	+ 8.3	+ 6.1	+ 3.6
2.20.30	567.2	2471	1.3	− 2.7	− 9.5	2.27. 0	715.	552	....	....	....
2.21. 0	....	(1789)	3.3	....	....	2.27.30	730.5	384	....	....	....
2.22. 0	627.9	1621	4.0	+ 0.6	− 4.0	2.28. 0	743.2	237	....	....	....
2.25.30	675.6	1034	7.9	6.2	+ 4.2	2.28 +	764.5	à terre	19.2	15.6	12.6

CHAPITRE V. — VOYAGE DU 21 JUILLET 1863.

HEURES.	BAROMÈTRE.	HAUTEUR.	THERMOMÈTRE.			HEURES.	BAROMÈTRE.	HAUTEUR.	THERMOMÈTRE.		
			Sec.	Humide.	Point de rosée.				Sec.	Humide.	Point de rosée.
h. m. s.	mill.	mètr.	0	0	0	h. m. s.	mill.	mètr.	0	0	0
4.50. 0	749.8	...	+16.4	+16.2	+15.3	5.16.15	693.4	683	+....	+....	+....
4.51. 0	....	...	16 3	16.2	16.1	5.16.30	693.4	683			
4.52. 0	749.5	...	16.3	16.2	16.1	5.17. 0	....	...	12.3	12.1	12.2
4.52.10	747.3	...	15.8	15.6	15.3	5.17 30	688.3	770	12.2	11.7	11.9
4.52.20	740.4	159	15.8	15.2	14.5	5.18. 0	683.3	833	12.8	11.7	12.2
4.52.30	731 5	262	....	....	....	5.18.30	678 2	895	....	....	....
4.52.40	726.4	320	15.6	....	....	5.19. 0	674.4	941	11.9	11.4	11.7
4.52.50	721.9	374	15 1	14.4	13.8	5.19.30	671.1	981	11.7	10.8	11.2
4.53. 0	716.3	439	14.6	13.9	13.4	5 20. 0	670.6	988	11.8	10.4	11.1
4.54. 0	709.9	512	14.2	13.4	12.7	5.20.30	669.3	1005	11.8	11.0	11.4
4.54.30	703.6	556	13.6	13.1	12.5	5.20.40	670.0	992	....	....	....
4.55. 0	696.5	639	13.3	13.3	13.3	5.21. 5	670.3	986	11.9	1014	11.2
4.55.30	692.1	717	12.7	12.7	12.7	5.21.30	670.6	981	11.4	10.6	11 0
4.56. 0	687.1	789	12.2	12.2	12.2	5.22. 0	673.1	956	11.2	10.4	11.2
4.56.30	683 2	835	11.9	11.9	11.9	5.22.30	673.1	996	11.2	11.2	11.2
4.57. 0	680.7	867	12.3	12.3	12.3	5.23. 0	678.2	891	....	....	....
4.57.30	683.3	835	12.2	12.2	12.2	5.23.10	679.4	875	11.2	11.2	11.2
4.58. 0	684.5	850	12.3	12.3	12.3	5.23.35	684.5	809	....	....	....
4.58.30	687.1	789	11.9	11 9	11.9	5.24. 0	693.4	727	12.2	11.7	11.9
4.59. 0	....	(779)	11.8	11.8	11.8	5.24.30	697.2	681	....	....	....
4.59.30	....	(769)	12.1	11.8	11.8	5.25. 0	698.5	664	12.8	11.9	12.3
5. 0. 0	689.6	758	12.8	12.8	12.8	5.26. 0	703.6	597	13.1	11.5	12.3
5. 1. 0	686.6	796	12.8	12.8	12.8	5.27. 0	711.2	496	....	....	....
5. 1.30	684.5	823	12.5	12.5	12.5	5.28. 0	726.4	318	15.0	15.0	15.0
5. 2. 0	680.7	859	12.3	12.3	12.3	5.28.30	727.7	303	16.1	16.1	16.1
5. 2. 0	679.4	884	12.2	12.1	12.1	5.29. 0	728.0	301	16.2	16.2	16.2
5. 3. 0	679.4	884	11.9	11.8	11.7	5.29.30	729.0	289	16.2	16.2	16.2
5. 3.30	677.7	904	11.9	11.7	11.4	5.30. 0	730.2	274	16.4	16.4	16.4
5. 4. 0	678.2	898	11.9	11.4	10.8	5.30.30	730.2	274	16.4	16.4	16.4
5. 5. 0	679.4	881	12.1	11.2	10.4	5.31. 0	735.3	215	16.6	16.6	16.6
5. 6. 0	682.0	838	11.9	11.8	11.6	5.31.30	736.6	198	....	....	....
5. 7. 0	....	...				5.32. 0	736.6	198	16.4	16.4	16.4
5. 7.30	688 3	773	11.6	11.8	11.6	5.32.30	734.1	230	....	....	....
5. 7.45	670.9	744	12.3	11.9	11.6	5.32.45	729.5	283	15.8	15.8	15.8
5. 8. 9	693.4	713	12.3	11.9	11.6	5.33. 0	722.6	359	....	....	....
5. 8.15	694.7	698	12.3	11.9	11.6	5.33.15	719.6	396	14.7	14.7	14.7
5. 8.30	698.5	650	12.8	12.3	11.8	5.34. 0	708.7	522	....	....	....
5. 9. 0	701.0	616	12.8	12.3	11.9	5.34.15	701.0	597	14.0	14.0	14.0
5. 9.30	705.6	561	13.1	12.3	11.5	5.34.30	701.0	597	14.2	14.0	13.8
5. 9.45	706.1	555	13.1	12.2	11.4	5.34.45	701.0	597	14.2	14.2	14.2
5.10 30	711.2	498	13.3	12.8	12.4	5.35. 0	703.1	579	14.2	14.2	14.2

HEURES.	BAROMÈTRE.	HAUTEUR.	THERMOMÈTRE.			HEURES.	BAROMÈTRE.	HAUTEUR.	THERMOMÈTRE.		
			Sec.	Humide.	Point de rosée.				Sec.	Humide.	Point de rosée.
h. m. s.	mill.	mètr.	0	0	0	h. m. s.	mill.	mètr.	0	0	0
5.10.45	....	...	+13.4	+12.3	+12.8	5.35.30	705.6	549	+14.3	+14.2	+14.3
5 11. 0	716.3	436	13.4	13.0	13.2	5.35.45	706.1	543	14.7	14.3	14.7
5.11.30	719.6	396	13.4	13.2	13.3	5.36. 0	711.2	498	14.9	14.7	14.9
5.12. 0	....	(341)	14.0	13.2	13.6	5.36.30	715.8	443	14.8	14.9	14.8
5.12.15	729.0	314	14.3	....	....	5.37. 0	718.8	405	15.1	14.8	14.9
5 13. 0	731.5	262	....	....	....	5.37.30	723.9	345	15.3	15.0	14.3
5 13.30	729.0	291	....	....	....	5.37.45	726.4	317	....	15.3	15..
5.14. 0	726.4	320	14.0	14.0	14.0	5.39. 0	727.7	304	15.6	....	....
5.14.30	723.9	350	14.2	14.2	14.2	5.40. 0	729.0	290	16.1	....	....
5.15. 0	721.4	378	14.2	14.2	14.2	5.41. 0	730.2	276	16.3	....	....
5.15.15	712.5	451	13.4	13.3	13 4	5.42. 0	737.9	194	16.4	....	....
5.15.30	706.1	530	13.1	13.1	13.1	5.43. 0	745.5	95	16.4	....	....
5.15.45	704.8	545	12.7	12.7	12.7	5.45. 0	751.3	à terre	16.4	15.8	...3
5.16. 0	702.3	576	12.3	12.3	12.3	....	.....	.....	16.4	15.7	15.0

CHAPITRE VI. — VOYAGE DU 29 MAI 1866.

HEURES.	BAROMÈTRE.	HAUTEUR.	THERMOMÈTRE.			HEURES.	BAROMÈTRE.	HAUTEUR.	THERMOMÈTRE.		
			Sec.	Humide.	Point de rosée.				Sec.	Humide.	Point de rosée.
h. m. s.	mill.	mètr.	0	0	0	h. m. s.	mill.	mètr.	0	0	0
6.12. 0	758.9	...	+14.4	+12.8	+11.2	6.55. 0	639.1	1425	+ 3.9	+ 3.9	+ 3.9
6.14.30	744.5	171	14.0	12.8	11.8	6.56. 0	640.3	1409	4.2	3.9	3.6
6.15. 0	725.4	380	12.9	11.7	10.6	6.57. 0	644.1	1362	4.7	3.7	1.8
6.16. 0	722.9	408	12 5	11.4	10.2	6.58. 0	645.4	1346	4.9	3.4	1.5
6.17. 0	....	...	11.9	10.6	9.2	6.59. 0	645.9	1339	5.0	3.4	1.3
6.17.30	711.4	543	11.4	8 9	6.4	7. 0. 0	.....	....	4.0	3.1	1.8
6.18. 0	707.6	588	11.4	8.4	5.3	7. 1. 0	632.7	1504	3.3	2.5	1.4
6.19. 0	705.1	618	11.2	8.1	4.8	7. 2. 0	629.2	1548	2.9	2.3	1.4
6.20. 0	705.1	618	11.6	8.4	5.3	7. 3. 0	626.6	1579	2.9	1.7	0.1
6.21. 0	708.1	582	11.2	8.6	5.9	7. 4. 0	620.0	1667	1.7	1.4	0.9
6.21 30	710.2	557	11.7	8.3	5.0	7. 6. 0	619.8	1670	1.4	1.1	0.7
6.21.45	710.2	557	11.5	8.3	5.1	7. 7. 0	613.7	1749	1.7	1.4	0.9
6.22. 0	705.4	615	11.4	8.5	5.6	7. 8 0	613.7	1749	1.8	1.2	0.2
6.23. 0	700.0	678	10.1	7.2	4.2	7. 9. 0	613.1	1756	1.7	1.2	0.4
6.24. 0	693.7	753	9.6	7.1	4.4	7.10. 0	613.1	1756	1.8	0.9	— 0.4
6.27. 0	687.3	828	8.9	6.7	4.2	7.11. 0	614.9	1729	2.1	0.9	— 0.7
6.31.30	681.0	902	8.6	6.7	4 5	7.12. 0	618.7	1673	2.2	0.8	— 1.2
6.32. 0	681.0	902	8.4	6.7	4.7	7.14. 0	613.4	1761	— 0.1	— 1.1	— 3.4
6.33. 0	677.7	943	8.2	6.7	4.9	7.15. 0	611.1	1778	— 0.6	— 1.1	— 2.6
6.36. 0	675.9	967	8.4	6.2	3.6	7.16. 0	607.3	1828	— 0.8	— 1.6	— 3.8
6.37. 0	673.3	999	9.0	5.6	1.8	7.17. 0	603.5	1878	— 1.4	— 2.2	— 5.0
6.39. 0	669.8	1042	9.4	5.6	1.4	7.18. 0	599.7	1928	— 1.4	— 2.2	— 5.0
6.40. 0	668.3	1042	8.4	5.3	1.7	7.19. 0	601.0	1911	— 0.8	— 1.9	— 5.1
6.43. 0	660.6	1157	8.4	5.6	2 3	7.20. 0	603.5	1878	— 0.6	— 2.2	— 6.8
6.45. 0	659.4	1173	7.9	5.3	2.3	7.21. 0	606.0	1845	— 0.6	— 2.2	— 6.8
6.46. 0	658.1	1189	6.4	4.4	2.1	7.22. 0	607.3	1828	— 0.3	— 1.8	— 5.7
6.47. 0	654.8	1230	6.4	4.1	1.3	7.23. 0	609.1	1805	— 0.0	— 1.4	— 4.6
6.48. 0	649.2	1300	6.2	4.3	2.1	7.24. 0	606.5	1838	— 0.1	— 1.6	— 5 0
6.51. 0	647.9	1315	6.4	4.4	2.2	7.26. 0	612.4	1765	— 0.1	— 1.1	— 3.4
6.52. 0	646.7	1331	6 3	4.6	2.5	7.27. 0	616.2	1712	+ 0.1	— 0.3	— 1.1
6.53. 0	644.6	1355	6.2	4.5	2.4	7.28. 0	620.0	1662	0.6	— 0.4	— 2.4
6.54. 0	641.6	1394	5.3	4.2	2.8	7.29. 0	622.5	1631	0.6	— 0.4	— 2.4

HEURES.	BAROMÈTRE.	HAUTEUR.	THERMOMÈTRE. Sec.	Humide.	Point de rosée.	HEURES.	BAROMÈTRE.	HAUTEUR.	THERMOMÈTRE. Sec.	Humide.	Point de rosée.
h. m. s.	mill.	mètr.	0	0	0	h. m. s	mill.	mètr.	0	0	0
7.30. 0	626.4	1584	+ 0.7	— 0.6	— 2 9	8.21.45	600.2	1937	+ 1.8	+ 1.7	+ 1.4
7.31. 0	628.9	1548	1.1	— 0.4	— 3.2	8.22.15	603.8	1889	2.2	1.8	1.3
7.32. 0	630.2	1532	1.4	— 0.1	— 2.6	8.22.30	604.0	1885	2.2	1.8	1.3
7.33. 0	632.7	1499	1.4	+ 0.1	— 2.1	8.22.45	607.3	1841	2.2	1.8	1.3
7.34. 0	642.1	1379	1.9	0.6	— 1.4	8.23. 0	608.6	1823	2.2	1.8	1.3
7.35. 0	644.4	1351	2.3	1.2	— 0.3	8.23.15	610.6	1796	1.9	1.8	1.4
7.37. 0	649.7	1283	2.2	1.5	0.2	8.23.30	610.6	1796	1.7	1.2	0.5
7 38. 0	654.3	1225	2.3	1.7	0.7	8.23.45	608.1	1830	1.9	1.4	0.7
7.39. 0	656.8	1194	2.8	2.1	1.1	8.24. 0	606.8	1851	2.2	1 4	0.2
7.40. 0	664.5	1102	3.3	2.5	1.4	8.25. 0	606.0	1858	2.2	1.3	— 0.2
7.41. 0	668.3	1055	3 8	2.6	1.0	8.26. 0	606 0	1858	2.3	1.2	— 0.4
7.42. 0	673.3	994	4.0	2.8	1.2	8.27. 0	606.5	1851	2.2	1.2	— 1.1
7.43. 0	674.1	984	4.7	3.1	0.9	8.28. 0	604.0	1885	·2.0	1 1	— 0.4
7 44. 0	687.3	828	5 1	3.2	0.9	8.29. 0	605.5	1865	2.2	1.1	— 0.6
7.45. 0	688.6	813	5.1	3.3	1.2	8.30. 0	606.5	1851	2 2	1.0	— 0.8
7.46. 0	688.6	813	5.6	3.6	1.2	8.31. 0	611.1	1790	2.0	0.8	— 1.0
7.47. 0	695.4	734	6.4	4.4	2.1	8.32. 0	614.4	1747	2.1	0.8	— 1.1
7.48. 0	697.5	710	6 7	4.6	2.1	8.33. 0	619.2	1685	2.5	1.2	— 0.6
7.49. 0	702.3	653	7.2	4.6	1.6	8.34. 0	622.5	1642	2.7	1.3	— 0.7
7.50. 0	707.6	590	7.2	4.7	1.9	8.35. 0	631.4	1527	2.7	1.3	— 0.6
7.51. 0	710.7	555	7.2	4.9	2.3	8.36. 0	637.8	1445	2.9	1.7	+ 0.1
7.52. 0	720.3	444	7.9	5.6	2.9	8.37. 0	646.7	1330	2.9	2.1	1.1
7.53. 0	722.1	425	8.3	5.7	2.7	8.38. 0	654.8	1230	3.7	3.4	2.9
7.54. 0	722.9	416	8.9	5.8	2 4	8.39. 0	660.6	1159	3.9	218	1.4
7.59. 0	724.1	402	8.9	5.8	2.4	8.40. 0	664.5	1111	4.1	2.9	1.3
7.59.30	...	...	9.0	6.2	3.2	8.40.30	665 7	1096	4.4	3.2	1.6
8. 0. 0	731.8	314	9.0	6.2	3.2	8.41. 0	670.8	1034	4.8	3.2	1.2
8. 1. 0	733.5	293	9.1	6.3	3.2	8.41.30	671.6	1024	5.0	3.3	1.1
8. 3. 0	734.3	286	9.1	6.3	3.2	8.42. 0	672.6	1012	5.0	3.3	1.2
8. 4. 0	736.8	257	9.4	6.9	4.8	8.43. 0	679.7	927	6.4	4.7	2.8
8. 5. 0	738.1	244	9.7	6.9	3.9	8.43.30	681.0	912	6.5	4.7	2.6
8. 6. 0	741.9	202	10.7	7.8	4.8	8 44. 0	681.5	906	6.4	4.7	2.7
8. 7. 0	742.2	199	10.7	7.8	4.8	8.45. 0	685.3	860	6.7	4.8	2.7
8. 8. 0	742.2	199	10.7	7.8	4.8	8.46. 0	695.4	740	6.9	5.0	2.7
8. 9. 0	747.0	146	12.2	8.8	5.4	8.46.30	703.8	641	7.2	5.1	2.6
8.10. 0	729.9	338	11.1	8 1	4.9	8 47. 0	711.4	552	8.1	5.6	2.8
8.11. 0	722.9	420	10.6	7.9	5.1	8.48. 0	713.2	431	8.3	6.1	3.6
8.12. 0	717.8	479	10.3	7.5	4.6	8.48.30	722.4	426	9.0	...	...
8.13. 0	708.1	597	9.5	6.7	3.7	8.49. 0	728.5	361	9.6	7.3	4.8
8.14. 0	697.5	720	9.0	6.5	3.8	8.50. 0	734.3	295	11.4	8.8	6.1
8.15. 0	686.0	852	8.3	6.1	3.6	8.51. 0	736.8	266	11.7	8.6	5 4
8.15.30	677.2	961	6.8	5.4	3.9	8.52. 0	738.6	244	11.8	8.6	5.3
8.16. 0	667.5	1079	6.4	4.9	3.1	8.53. 0	740.7	220	12.1	9.0	6,0
8.16.30	661.9	1146	5.7	4.7	3.6	8.54. 0	740.7	220	12.1	9.9	7.9
8.17. 0	657.1	1205	5.0	4.9	4.9	8.55. 0	740.7	220	12.1	9.9	7.9
8.17.30	651.2	1279	4.3	3.4	2.3	8.56. 0	740.7	220	12.1	9.9	7.9
8.17.45	646.4	1337	3.9	3.3	2.6	8.57. 0	740.7	220	12.1	9.9	7.9
8.18. 0	641.9	1396	3.8	3.4	2.9	8.58. 0	740.7	220	12.2	9.8	7.5
8.18.15	637.0	1456	3.8	3.6	3.3	8.59. 0	740.7	220	12.2	...	...
8.18.20	631.9	1521	3.8	3.6	3.3	9. 0. 0	740.7	220	12.2	9.6	7.1
8.18.45	628.4	1568	3.8	3.6	3.3	9. 1. 0	743.7	185	12.1	9.4	6.8
8.19. 0	623.8	1627	3.8	3.6	3.3	9. 2. 0	741.7	208	11.9	...	...
8.19.15	619.2	1686	3.6	3.5	3.5	9. 3. 0	739.1	237	12.1	8.6	5.2
8.19.30	616.7	1720	3.3	3.3	3.3	9. 4. 0	736.8	264	12.2	7.9	3.7
8.19.45	608.6	1821	1.4	1.2	0.9	9.10. 0	740.7	220	12.1	7.2	2.4
8.20. 0	603.5	1889	0.8	0.7	0.6	9.12. 0	734.3	293	12.2	7.5	2.9
8.20.15	601.0	1925	0.9	0.8	0.7	9.13. 0	749.7	220	12.1	7.4	2.8
8.20.30	600.5	1933	1.1	1.1	1.1	9.14. 0	743.2	192	11.7	7.4	3.2
8.20.45	600.5	1933	1.4	1.4	1.4	9.15. 0	744.5	178	11.5	7.4	3.3
8.21. 0	600.5	1933	1.4	1.4	1.4	9.25. 0	750.6	...	10.1	7.2	4.2
8.21.15	599.7	1944	1.7	1.6	1.6	......	...	...	....	...	...
8.21.30	598.9	1955	1.7	1.6	1.4	......	...	...	....	...	...

CHAPITRE VII. — VOYAGE DU 21 OCTOBRE 1865.

HEURES.	BAROMÈTRE.	HAUTEUR.	THERMOMÈTRE.			HE RES.	BAROMÈTRE.	HAUTEUR.	THERMOMÈTRE.		
			Sec.	Humide.	Point de rosée.				Sec.	Humide.	Point de rosée.
h. m. s.	mill.	mètr.	0	0	0	h. m. s.	mill.	mètr.	0	0	0
5.25. 0	762.0		+16.2	+14.7	+13.3	7. 4. 0	732.5	340	+14.8	+14.2	+13.6
5.35. 0	762.2		15.4	13.6	11.9	7. 5. 0	732.3	343	14.8	14.2	13.6
5.45. 0	762.2	à terre	14.9	13.9	13.0	7. 7. 0	732.5	340	14.8	14.2	13.7
5.55. 0	762.2		14.3	13.3	12.3	7. 9. 0	732.5	340	14.8	14.1	13.5
6.15. 0	762.2	....	13.9	....	....	7.11. 0	737.6	282	14.8	14.1	13.5
6.16. 0	762.2	....	13.9	....	....	7.12. 0	736.3	296	14.8	....	....
6.17. 0	762.2		13.6	....	....	7.15. 0	737.6	282	14.6	13.8	13.1
6.20. 0	.. ..	....	13.3	....	....	7.16. 0	740.1	255	14.0	13.2	12.5
6.22. 0	759.5	33	13.3	... .	....	7.17. 0	741.4	241	14.1	13.2	12.4
6.25. 0	736.3	295	13.9	....	....	7.18. 0	745.2	200	14.2	13.4	12.8
6.26.30	731.8	346	14.6	....	...	7.19. 0	737.6	282	14.6	13.1	11.8
6.28. 0	728.5	386	14.8	14.0	13.3	7.21. 0	738.9	268	14.9	13.8	12.9
6.29. 0	727.4	397	14.9	14.2	13.4	7.22. 0	742.7	227	14.6	13.8	12.1
6.30. 0	735.1	308	14.7	....	....	7.24. 0	740.7	249	... .	....	....
6.31. 0	735.1	308	14.6	13.6	12.8	7.27. 0	740.7	249	14.7	13.6	12.6
6.32. 0	....	.. .	14.4	13.6	12.9	7.30. 0	740.7	249	14.7	13.9	13.1
6.33. 0	742.7	222	14.3	13.9	13.5	7.32. 0	745.2	194	14.4	13.7	13.1
6.35. 0	736.3	295	14.3	13.7	13.5	7.35. 0	747.8	164	14.2	13.4	12.7
6.36. 0	728.7	383	14.6	14.0	13.5	7.37. 0	742.7	224	14.4	13.6	12.9
6.37. 0	736.9	403	14.3	14.0	13.7	7.39. 0	737.4	289	14.8	....	....
6 38. 0	727.4	397	14.4	14.0	13.6	7.44. 0	750.6	158	14.0	13.4	12.9
6 40. 0	726.9	403	14.4	14.1	13.7	7.46. 0	747.8	188	13.9	12.8	11.6
6 41. 0	724.7	429	14.4	14.1	13.7	7.48. 0	746.5	202	14.4	13.2	12.6
6 42. 0	725.4	421	14.3	14.0	13.7	7.50. 0	740.7	244	14.4	13.3	12.7
6 43. 0	724.9	426	14.6	14.2	13.8	7.52. 0	738.1	274	14.8	....	....
6.45. 0	725.4	421	14.6	14.2	13.8	7.55. 0	735.1	314	14.7	13.3	12.1
6.46. 0	726.7	406	14.6	14.1	12.6	7.58. 0	735.1	314	14.7	....	....
6.48.30	727.4	397	14.6	....	....	8. 0. 0	742.7	229	13.8	12.6	11.4
6 50. 0	728.7	382	14.4	14.1	13.8	8. 2. 0	747.8	171	13.9	....	....
6.52. 0	727.4	397	14.4	14.1	13.8	8. 4. 0	745.7	194	14.0	13.1	12.2
6.53. 0	727.4	397	14.4	14.2	13.9	8.10. 0	740.1	258	14.3	....	....
6.54. 0	720.8	473	14.9	14.4	13.9	8.12. 0	745.7	194	13.8	12.5	11.3
6.55. 0	714.7	544	15.0	14.6	14.2	8.15. 0	738.9	271	14.0	12.8	11.7
6 56. 0	710.4	594	15.3	14.8	14.3	8.16. 0	742.7	230	14.2	12.7	11.3
6 58. 0	722.6	454	15.0	14.5	14.1	8.18. 0	752.1	123	14.1	13.3	12.7
7. 0. 0	730.5	363	15.2	14.5	13.9	8.20. 0	....	à terre	13.3	....	....
7. 2. 0	728.0	392	14.9	14.0	13.2	....	....	...	...	....	....

ADDITION

AUX VOYAGES DE M. FLAMMARION.

ÉTUDES MÉTÉOROLOGIQUES FAITES EN BALLON. — COMMUNICATIONS LUES A L'INSTITUT (ACADÉMIE DES SCIENCES) DANS SES SÉANCES DES 25 MAI, 1er JUIN, 15 JUIN ET 13 JUILLET 1868.

Les ascensions scientifiques que j'ai accomplies m'ont amené à la découverte et à la constatation de faits importants dont la connaissance me paraît de nature à jeter quelque lumière sur les problèmes encore si obscurs de la météorologie. Pénétré de la conviction que tous les mouvements de l'atmosphère sont soumis à des lois régulières aussi bien que ceux des corps célestes dont la mesure constitue aujourd'hui l'édifice inébranlable de l'astronomie moderne, j'ai pensé qu'il serait utile à la fondation de la science du temps, de chercher à voir de près le méca- nisme de la formation des nuages, la circulation des courants, l'état physique des différentes couches d'air, en un mot d'observer, en s'y transportant, le monde atmosphérique dans son action multiple et permanente. La perspective des bien- faits que la science météorologique répandra un jour sur le travail de l'homme, l'examen de la connexion de cette science avec l'astronomie et la physique du globe d'une part, avec la physiologie de la vie des plantes, des animaux et de l'homme lui-même d'autre part, ont soutenu ma confiance en l'utilité de ces excur- sions aériennes. Je viens soumettre à l'Académie les principaux résultats dus à dix voyages, effectués en diverses conditions atmosphériques, de nuit comme de jour, le matin et le soir, par un ciel couvert comme par un ciel pur. Quelques-uns de ces voyages ont eu une durée de douze ou quinze heures. J'ai établi mon pro- gramme d'après les séries entreprises par Biot et Gay-Lussac en 1804, Barral et Bixio en 1850, Welsh et Glaisher en Angleterre, séries auxquelles j'ai ajouté les indications données à cet égard par Arago, et celles que des circonstances nou- velles dans la science m'ont engagé à leur adjoindre.

Le programme est vaste et complexe. Je présente aujourd'hui les résultats que je considère comme le plus solidement acquis par mes diverses séries d'expérien- ces. Ces observations peuvent être énoncées dans l'ordre suivant :

1º Loi de la variation de l'humidité dans l'air suivant l'altitude;

2º Accroissement du pouvoir diathermane de l'air et de la radiation solaire avec la décroissance de l'humidité;

3º Circulation des courants; leur déviation giratoire et les mouvements géné- raux de l'atmosphère; intensité et vitesse des courants;

4° Loi du décroissement de la température de l'air ;

5° Nuages ; forme, hauteur, dimensions ; état hygrométrique et calorifique ; phénomènes, etc.;

6° Expériences diverses relatives à l'acoustique, à l'optique, à la mécanique, à la physique du globe, à l'astronomie, etc.

Pour faire ces expériences, je me suis tour à tour servi de deux aérostats. L'un, appartenant à l'Empereur, a été mis avec bienveillance, par M. le maréchal Vaillant, ministre de la maison de l'Empereur, à la disposition de la Société aérostatique de France, de concert avec laquelle j'ai accompli une partie de mes voyages aériens ; cet aérostat cube 800 mètres. Le second, cubant 1200 mètres, appartient à Eugène Godard, aéronaute, en compagnie duquel j'ai fait d'ailleurs tous mes voyages, dans l'un comme dans l'autre ballon. Mon pilote aérien avait la direction matérielle de l'aérostat, non-seulement pour les préparatifs des ascensions et les soins qui suivent la descente, mais encore pendant la durée des voyages. Cette condition m'a paru être la meilleure pour assurer la liberté des observations scientifiques.

Ma première ascension ayant eu lieu le jour de l'Ascension 1867, la suite s'est accomplie pendant l'été. La dernière est du 15 avril 1868. Je n'en ai point exécuté pendant l'automne et l'hiver.

J'exposerai les résultats de mes observations dans l'ordre des chapitres énoncés plus haut.

§ 1.

LOI DE LA VARIATION DE L'HUMIDITÉ DANS L'AIR SUIVANT L'ALTITUDE.

Dans dix séries d'observations spéciales représentant environ cinq cents positions différentes, la distribution de la vapeur d'eau dans les couches d'eau atmosphériques a suivi une règle constante que l'on peut énoncer en ces termes :

1° L'humidité de l'air s'accroît à partir de la surface du sol jusqu'à une certaine hauteur ; 2° elle atteint une zone où elle reste à son maximum ; 3° elle décroît à partir de cette zone et diminue constamment ensuite à mesure que l'on s'élève dans les régions supérieures.

La zone à laquelle je donnerai le nom de *zone d'humidité maximum* varie de hauteur suivant les heures, suivant les époques et suivant l'état du ciel.

Je ne l'ai trouvée qu'en de rares circonstances (principalement à l'aurore) voisine de la surface du sol.

Cette marche générale de l'humidité est constante, que le ciel soit pur ou couvert, et elle se manifeste dans les observations faites pendant la nuit aussi bien que dans les observations diurnes.

Les tableaux hygrométriques construits après chaque voyage montrent avec évidence la permanence de cette loi.

Il se présente des différences considérables relativement à la hauteur de la zone maximum et à la proportion de l'accroissement de l'humidité. Ainsi, le 10 juin 1867, à 4 heures du matin (vent N. E.), au lever du soleil et sur la lisière de la forêt de Fontainebleau, la zone maximum était à 150 mètres seulement de la surface du sol. L'hygromètre construit spécialement pour ces études marque 93 degrés au niveau du sol et s'élève rapidement jusqu'à 98, qu'il atteint à 150 mètres. A partir de là, il redescend désormais à mesure que l'aérostat s'élève, marquant 92 à 300 mètres, 86 à 750, 65 à 1100, 60 à 1350, 54 à 1700, 48 à 1900, 43 à 2200, 36 à 2400, 30 à 2600, 28 à 2900, 26 à 3000, 25 à 3300 mètres. L'atmosphère était d'une très-grande pureté et sans le moindre nuage.

Dans une autre ascension, le 15 juillet, à 5 h. 40 m. du matin (vent S. O.), descendant d'une altitude de 2400 mètres au-dessus du Rhin, sur Cologne, j'ai trouvé la zone maximum à 1100 mètres. Le ciel n'était pas entièrement pur. L'humidité relative de l'air était de 62 degrés à 2400 mètres, de 64 à 2200, de 75 à 2000, de 85 à 1800, de 90 à 1600, de 92 à 1550, de 95 à 1330, de 98 à 1100 mètres. C'est la zone maximum. Puis, à mesure que l'aérostat descend, l'humidité diminue. A 890 mètres elle est déjà descendue à 92 degrés, à 706 à 90, à 510 à 87, à 240 à 84, à 50 mètres du sol à 83, et à la surface à 82 degrés. Suivant la même descente, le thermomètre s'était élevé de 2 à 18 degrés centigrades.

Le 15 avril dernier, à 3 heures après midi (vent N.), parti du jardin du Conservatoire impérial des Arts et Métiers, j'ai constaté une marche analogue dans la variation de l'humidité. Au départ, dans le jardin, l'hygromètre marque 73 degrés, s'élève à 74 à 776, donne 75 à 900, 76 à 1040, 77 à 1150. C'est la position de la zone maximum. L'humidité décroît ensuite progressivement et constamment; elle est de 76 degrés à 1230 mètres, de 73 à 1345, de 71 à 1400, de 69 à 1450, de 67 à 1490, de 64 à 1545, de 62 à 1553, de 59 à 1608, de 56 degrés à 1650 mètres. A 2000 mètres l'humidité ambiante est descendue à 48 degrés, à 2400 mètres elle est de 36, à 3000 de 31, à 4000 mètres de 19 degrés.

Cette ascension a été faite par un ciel nuageux. Le maximum d'humidité était un peu au-dessous de la surface inférieure des nuages.

Le 23 juin 1867, à 5 heures du soir (vent N. N. E.), l'humidité croît de la surface du sol à 500 mètres, et s'élève de 67 à 65 degrés.

Le résultat général montre donc que l'humidité augmente de la surface du sol jusqu'à une certaine hauteur variable, et décroît ensuite jusqu'aux plus grandes hauteurs. Je ne me crois pas encore en droit de préciser ces variations proportionnelles; des causes complexes rendent les règles difficiles à dégager. Indépendamment de la hauteur, l'humidité de l'air varie selon l'heure, selon la hauteur du soleil sur l'horizon, selon l'état du ciel et parfois aussi selon la nature sèche et humide des terrains au-dessus desquels passe l'aérostat. Mais la loi générale énoncée plus haut ne m'en paraît pas moins pouvoir être adoptée comme une remarque constante. J'insiste d'autant plus fortement sur ce point, que la connaissance de la variation de l'humidité relative de l'air est regardée comme l'élément le plus important des bases météorologiques.

§ 2.

ACCROISSEMENT DE POUVOIR DIATHERMANE DE L'AIR ET DE LA RADIATION SOLAIRE AVEC L'ALTITUDE ET AVEC LE DÉCROISSEMENT DE L'HUMIDITÉ.

Lorsqu'on a dépassé les régions inférieures de l'atmosphère, et en général l'altitude de 2000 mètres, on ne peut s'empêcher de constater l'accroissement très-sensible de la chaleur du soleil relativement à la température de l'air ambiant. Ce fait ne m'a jamais plus impressionné que dans la matinée du 10 juin 1867, lorsque, nous trouvant à 7 heures du matin à une hauteur de 3300 mètres, nous avons eu pendant une demi-heure 15 degrés de différence entre la température de nos pieds et celle de nos têtes; ou, pour mieux dire, entre la température de l'intérieur de la nacelle (ombre) et celle de l'extérieur (soleil). Le thermomètre à l'ombre marquait 8 degrés; le thermomètre au soleil, 23 degrés. Tandis que nos pieds souffraient du froid relatif, un ardent soleil nous brûlait le cou, les joues, et en général les parties du corps directement exposées à la radiation solaire.

« L'effet de cette chaleur est encore augmenté par l'absence du plus léger courant d'air.

« Dans une ascension postérieure à celle-ci, j'ai éprouvé en même temps la différence singulière de 20 degrés entre la température de l'ombre et celle du soleil, à 4150 mètres d'altitude. Le premier thermomètre marquait 9°,5 au-dessous de zéro, le second, 10°,5 au-dessus de zéro.

« Cet écart du rapport de la température de l'air à celle d'un corps exposé au soleil s'accuse et se manifeste en raison de la décroissance de l'humidité. La radiation solaire, la différence entre la chaleur directement reçue de l'astre radieux et la température de l'air, *augmente* à mesure que *diminue* la quantité de vapeur d'eau répandue dans l'atmosphère. Cette constatation permanente de la transparence de l'air privé d'eau par la chaleur établit que c'est la vapeur d'eau qui joue le plus grand rôle dans l'action de conserver la chaleur solaire à la surface du sol.

« Ces résultats doivent être mieux dégagés de toute influence étrangère que ceux qui proviennent d'observations faites sur les montagnes, car, dans ce dernier cas, la présence des neiges et du rayonnement doit avoir un effet constant, tandis que les observations aéronautiques s'accomplissent dans des régions absolument libres. »

Après avoir exposé les résultats obtenus sur la variation de l'humidité dans l'air suivant l'altitude et sur l'accroissement du pouvoir diathermane de l'air et de la radiation solaire, j'arrive au chapitre des courants.

§ 3.

CIRCULATION DES COURANTS. LEUR DÉVIATION GIRATOIRE ET LES MOUVEMENTS GÉNÉRAUX DE L'ATMOSPHÈRE. INTENSITÉ ET VITESSE.

« Immergé dans le courant atmosphérique qui l'emporte, l'aéronaute se trouve situé dans la meilleure condition possible pour connaître la direction constante du courant, comme pour en mesurer la vitesse. J'ai eu soin, dans chaque voyage, de tracer exactement sur la carte de France ou d'Europe la projection de la ligne aérienne suivie par l'aérostat, à l'aide de points de repère qu'on prend avec la plus grande facilité lorsque le ciel est pur, et qu'on peut toujours arriver à obtenir, même sous un ciel nuageux, soit en profitant des éclaircies, soit en descendant de temps en temps au-dessous des nuages.

« L'aérostat marque si bien la direction et la vitesse absolues du courant, que la première sensation éprouvée en naviguant dans les airs est celle d'une immobilité complète. C'est une impression toute particulière et toujours surprenante de se voir voguer avec la vitesse du vent et de ne sentir aucun souffle d'air, la moindre brise, le plus léger mouvement, même lorsqu'on se trouve emporté avec furie dans l'espace par la plus violente tempête. Je n'ai éprouvé qu'une seule fois une bonne brise, le 15 avril dernier, pendant quelques minutes : je l'attribue à ce que l'aérostat, lancé alors avec une vitesse de 55 kilomètres à l'heure, est arrivé dans une région où l'air se déplaçait moins rapidement.

« Un fait capital ressort avec évidence du tracé de mes différentes lignes aériennes. Ces routes inclinent les unes et les autres dans le même sens, en vertu d'une déviation giratoire générale.

« Ainsi, par exemple, le 23 juin 1867, l'aérostat, conduit par un vent du nord, file d'abord dans la direction du sud, puis il forme vers l'ouest un angle léger avec la ligne du méridien de Paris ; cet angle, d'abord très-faible, puisque le ballon passe à l'est d'Orléans en traversant le 48e degré de latitude, s'accuse ensuite de plus en plus. En traversant le 47e degré, la direction devient sud-sud-ouest. En arrivant au 46e, elle est tout à fait sud-ouest, et c'est ainsi que nous descendons, à 4h 20m du matin, à Larochefoucault, près Angoulême. Étant partis de Paris la veille à 4ʰ 45ᵐ, nous avions parcouru 480 kilomètres en onze heures trente-cinq minutes, avec des vitesses croissantes dont il sera question ci-après.

« Ce mouvement de giration des couches atmosphériques, accusé par ce voyage, s'est manifesté d'une manière analogue en différentes traversées. Le 18 juin, nous partons sous un vent est-nord-est, et, voguant d'abord ouest-sud-ouest, nous passons au zénith de Versailles. Coupant l'angle de la forêt de Rambouillet après avoir traversé l'étang de Saint-Hubert, nous allons jeter l'ancre à Villemeux, au sud-est de Dreux. Remorqués à ballon captif jusqu'à cette ville, nous nous élevons de nouveau pendant la nuit, et dès lors nous voguons tout à fait vers l'ouest. Du 1ᵉʳ au 2ᵉ degré de longitude, la rotation continue de s'accentuer. Nous passons sur Verneuil et Laigle et allons descendre à Gacé (Orne), conduits dans la direction ouest inclinée déjà vers le nord.

« Dans la nuit du 9 au 10 juin, après être venus le soir de Paris en inclinant vers le sud et nous être arrêtés à la lisière de la forêt de Fontainebleau, à Barbizon, nous remontons le matin dans l'atmosphère, et suivant une courbe qui s'est de plus en plus accentuée pendant notre escale, malgré l'état de calme de l'atmosphère, nous allons tourner au sud-ouest et descendre près de Lamothe-Beuvron, au sud d'Orléans.

« Le 15 avril dernier, parti du Conservatoire, l'aérostat vogue d'abord vers le sud-ouest-sud, passe au zénith de l'Observatoire, laisse à l'ouest Bourg-la-Reine et Lonjumeau et passe sur Arpajon et Étampes. Nous suivons sensiblement la ligne du chemin de fer d'Orléans, en laissant à notre droite Angerville, Arthenay, Chevilly ; puis, traversant la forêt d'Orléans, nous arrivons bientôt sur la Loire, en tournant de plus en plus vers le sud-ouest. Après avoir laissé Orléans à la gauche de notre route, nous suivons le cours de la Loire pour descendre à Beaugency, ayant de la sorte constamment dessiné un arc de cercle nous emportant vers le sud-ouest.

« Il me paraît difficile de croire que ces observations constantes ne révèlent pas un fait général. Au-dessus de la France, les courants atmosphériques sont déviés suivant un cercle qui paraît marcher dans le sens sud-ouest-nord-est-sud. Ces observations correspondent-elles à la loi de giration des vents signalés par Dove ? Ces mouvements atmosphériques sont-ils dus, comme le supposent Fitz-Roy et d'autres observateurs, à l'action de la chaleur solaire et aux variations diurnes de la température générale de l'atmosphère ? Sont-ils dus, comme l'a supposé Hadley, et comme M. Bourgeois l'a récemment vérifié, aux variations de la vitesse de rotation autour de l'axe terrestre sur les différents parallèles ? Est-ce enfin le courant général des vents alizés décrit par Maury ? Je ne veux pas encore aujourd'hui chercher l'explication absolue de ces observations. Je crois seulement important de constater que j'ai observé cette déviation des courants principalement vers le sud-ouest (sans doute parce que le vent du nord ou du nord-est soufflait en ces voyages) et que je n'ai observé qu'une déviation très-légère vers la fin d'une route de 150 lieues allant du sud-ouest au nord-ouest, suivie pendant mon voyage de Paris à Solingen (Prusse rhénane). Je notifierai aussi que, d'après les états météorologiques des différents jours de mes ascensions, états que M. Marié-Davy a bien voulu relever pour moi sur les bulletins de l'Observatoire, des causes éventuelles ou locales peuvent influencer la direction du courant.

« A cette constatation de la déviation des courants, j'ajouterai maintenant quelques autres remarques moins générales sur leur vitesse.

« Dans le voyage de Paris à Angoulême, mon journal de bord enregistre la proportion suivante dans l'*accroissement* de vitesse : 4ᵐ,67 par seconde au sortir de Paris, 7ᵐ,40 de Fontenay-aux-Roses à Sermaises, 8ᵐ,17 de Sermaises à la Loire, 10ᵐ,25 de la Loire à la Creuse, et 12ᵐ,12 de la Creuze à Larochefoucault. Notre plus grande hauteur correspond à la vitesse de 9 mètres.

« Le 30 mai, de Paris à Fontainebleau, la vitesse est de 7ᵐ,16 au départ, et de 10ᵐ,33 à l'arrivée.

« Le 19 juin, dans une ascension nocturne de 1ʰ 26ᵐ du matin à 3ʰ 25ᵐ, de Dreux à Gacé, la vitesse moyenne de l'aérostat est de 10ᵐ,40 pendant la première heure et de 11ᵐ,95 pendant la seconde.

« Le 14 juillet, de Paris à Cologne, la vitesse s'est accrue jusqu'à minuit, et le maximum (14 mètres) s'est manifesté au-dessus de la Belgique, de Dinant à Namur, au milieu de la nuit et à la hauteur de 1600 mètres.

« Le 15 avril dernier, la vitesse a été, en moyenne, suivant une progression croissante. Un maximum cependant (14ᵐ,20) s'est manifesté au milieu du voyage, à notre plus grande hauteur.

« J'ai également constaté qu'il est extrèmement rare de trouver plusieurs courants de directions différentes en s'élevant dans l'atmosphère. Si deux couches de nuages nous paraissent marcher en sens contraire, c'est ordinairement en raison de leur différence de vitesse réelle ou apparente (selon la perspective). Je ne parle pas des petits courants partiels qui se manifestent à la surface du sol et qui dépendent des accidents du terrain.

« De ces dernières remarques il résulte que, dans l'état normal, la vitesse du vent est plus grande à quelques centaines de mètres qu'à la surface du sol, qu'elle reste à peu près la même sur une large zone, et diminue ensuite sensiblement, pour augmenter de nouveau au-dessus de 1000 mètres. Les courants paraissent, d'autre part, augmenter de vitesse en marchant. »

§ 4.

OBSERVATIONS SUR LE DÉCROISSEMENT DE LA TEMPÉRATURE SELON LA HAUTEUR.

« La décroissance de la température de l'air, qui joue un si grand rôle dans la formation des nuages et dans les éléments de la météorologie, est loin de suivre une loi régulière et constante. Elle varie selon les heures, les saisons, l'état du ciel, l'origine des vents, l'état de la vapeur d'eau, etc. Ce n'est que par un très-grand nombre d'observations qu'on pourra parvenir à dégager une règle déterminée, l'action de plusieurs causes secondaires agissant sans cesse et devant d'abord être connue et éliminée.

« Il résulte de 550 observations aérostatiques, faites au sein de ces conditions si dissemblables, et pourtant moins mauvaises que les conditions des observations faites sur les montagnes, il en résulte, dis-je, que la décroissance de la température de l'air diffère d'abord selon que le ciel est pur ou couvert : elle est plus rapide lorsque le ciel est pur ; elle est plus lente lorsque le ciel est couvert.

« Dans un ciel pur, l'abaissement moyen de la température a été trouvé de 4 degrés pour les 500 premiers mètres à partir de la surface du sol ; de 7 degrés pour 1000 mètres ; de 10°,5 pour 1500 mètres ; de 13 degrés pour 2000 mètres ; de 15 degrés pour 2500 mètres ; de 17 degrés pour 3000 mètres ; de 19 degrés pour 3500 mètres. Moyenne : 1 degré pour 189 mètres.

« Dans un ciel nuageux, l'abaissement de la température a été trouvé de 3 degrés pour les 500 premiers mètres ; de 6 degrés pour 1000 mètres ; de 9 degrés pour 1500 mètres ; de 11°,5 pour 2000 mètres ; de 14 degrés pour 2500 mètres ; de 16 degrés pour 3000 mètres ; de 18 degrés pour 3500 mètres. Moyenne : 1 degré pour 194 mètres.

« La température des nuages est supérieure à celle de l'air situé au-dessous et au-dessus.

« Le décroissement est plus rapide dans les régions voisines de la surface du sol et se ralentit à mesure qu'on s'élève.

« Le décroissement est plus rapide le soir que le matin, et pendant les journées chaudes que pendant les journées froides.

« On rencontre parfois dans l'atmosphère des régions plus chaudes ou plus froides que la moyenne de l'altitude, et qui traversent l'atmosphère comme des fleuves aériens. Ces variations n'empêchent pas la loi générale énoncée plus haut d'être l'expression de la réalité. »

Comme on l'a vu au § 2, la différence entre les indications du thermomètre de l'ombre et celles du thermomètre du soleil augmente à mesure qu'on s'élève dans les hauteurs de l'atmosphère.

§ 5.

NUAGES, FORMES, DIMENSIONS, ÉTAT HYGROMÉTRIQUE ET CALORIFIQUE.

« La multitude des formes revêtues par les nuages, que les météorologistes ont essayé de classer sous huit dénominations distinctes, me paraît être à chaque instant une cause d'erreur pour l'observateur. On ne s'entend généralement pas sur la véritable signification de chaque nom, et au surplus cette signification précise n'a pu être déterminée. C'est pourquoi je me bornerai à deux désignations plus simples et plus spécialement caractéristiques. J'appellerai *cumulo-stratus* les nuages qui, couvrant ordinairement la surface du sol, ressemblent à d'énormes bouffées de vapeur grise, à des balles de coton lorsqu'on regarde au zénith, et paraissent se toucher en vertu de la perspective lorsque le regard approche de l'horizon. J'appellerai *cirrus* les petites nuées blanches qui apparaissent dans les hauteurs de l'azur, sont légères, colorées le soir, parfois pommelées, et planent ordinairement sous la forme de filaments déliés. Je laisserai de côté les *stratus*, qui n'existent pas pendant le jour, et paraissent n'être qu'une forme due à la perspective, et les *nimbus*, qui ne désignent que l'aspect du nuage au moment où il se résout en pluie. Il n'y aurait ainsi que deux grandes classes spéciales.

« Les premiers, les cumulo-stratus, sont situés à la distance moyenne de 1000 à 1500 mètres de la terre. On en rencontre au-dessous comme au-dessus de ces limites.

« Les seconds, les cirrus, ne sont pas inférieurs à cinq fois cette distance moyenne des premiers.

« Pendant la journée du 23 juin 1867 le temps était resté brumeux, et les nuages s'étendaient comme une immense nappe grise formée de vastes cumulo-stratus. A 5 heures du soir, nous atteignîmes la surface inférieure de cette nappe à la hauteur de 630 mètres. La surface supérieure était à 810 mètres. Ainsi ces nuages, qui ne laissaient pas percer le soleil, n'avaient pas 200 mètres d'épaisseur.

« Le maximum d'humidité relative s'est manifesté sous la surface inférieure des nuages. L'hygromètre, marquant là 90 degrés, marque 89 à 650 mètres, 88 à 680, 87 à 720, 86 à 800, 85 à 840, au-dessus de la surface supérieure des nuages ; puis il continue de décroître.

« La chaleur s'accroît, d'autre part, à mesure qu'on s'élève dans le sein des nuages. Le thermomètre, qui marquait 20 degrés au niveau du sol, est descendu jusqu'à 15 à 600 mètres. Entrant dans la nue, il s'élève à 16 à 650 mètres, à 17 à 700, à 18 à 750, à 19 à 810 mètres ; puis il décroît à l'ombre et continue d'augmenter au soleil.

« En me reportant à cette première traversée des nuages dans l'aérostat solitaire, je ne puis m'empêcher de notifier ici l'impression qui correspond dans l'âme à ces variations sensibles. En sortant de la sphère inférieure, grise, monotone, sombre et triste, et en s'élevant dans les nues, on éprouve une sensation de joie indéfinissable, résultant sans doute de ce qu'une lumière inconnue se fait insensiblement autour de nous, dans cette région vague qui blanchit et s'illumine à mesure qu'on s'élève dans son sein. Et lorsque, parvenu au niveau supérieur, on voit tout à coup se développer sous ses regards l'immense océan des nuages, on se trouve toujours agréablement surpris de planer dans un ciel lumineux, tandis que la terre reste dans l'ombre. Un effet inverse se produit lorsqu'on redescend sous les nuages. On éprouve quelque tristesse à se voir retomber du ciel dans l'obscurité vulgaire et sous le lourd plafond qui couvre si souvent notre globe.

« Le jour de l'ascension dont je parle, étant resté près de douze heures dans l'atmosphère, j'ai pu renouveler plusieurs fois les expériences relatives au niveau supérieur et inférieur des nuages. Deux heures après l'observation rapportée plus haut, c'est-à-dire à sept heures, la surface supérieure était abaissée à 760 mètres, et la surface inférieure à 590 mètres.

« A 8 heures, avant le coucher du soleil, la surface supérieure était à 700 mètres et l'inférieure à 550.

« A 9 heures, les nuages, planant à la même hauteur moyenne, sont plus étendus en nappes légères.

« Dès avant le coucher du soleil ils sont moins épais et plus transparents, il nous arrive souvent de voir la terre au travers.

« Lorsqu'il fait déjà nuit sur la terre, en remontant au-dessus des nuages, on jouit d'une clarté relative qui permet de lire et écrire très-facilement.

« Les indications thermométriques et hygrométriques donnent chaque fois des résultats analogues à ceux que j'ai rapportés plus haut : l'humidité relative maximum est au-dessous du nuage ; dans le sein du nuage l'humidité est moindre et la chaleur plus forte. A 9 heures, par exemple, l'hygromètre marque 96 de 200 mètres à 400 mètres ; puis il descend à 95, 94, 93 et 92 jusqu'à 700 mètres, surface supérieure. Le thermomètre marque 15 degrés à 500 mètres, 16 à 600 ; dans le nuage : 15 à 660, 13 à 710, 12 à 730.

« Les nuages tombent lorsque leur chute n'est pas neutralisée par des courants d'air ascendants. Lorsqu'ils s'élèvent, ils sont évidemment portés par de l'air qui monte lui-même.

« Le 15 juillet 1867, au lever du soleil, j'ai pu observer lentement la formation des nuages au-dessus du bassin du Rhin. Nous voyons le soleil se lever à 3h 40m ; l'aérostat plane à 2000 mètres de hauteur au-dessus d'Aix-la-Chapelle. A 4h 25m, des nuages commencent à se former bien au-dessous de nous, dans une zone située à la moitié de notre hauteur environ. La terre, qui jusqu'à ce moment était restée visible, est dérobée ici et là par d'immenses flocons.

« Suspendus légèrement dans le sein de l'atmosphère, les nuages se dissipent sur un point, s'épaississent sur un autre avec une étonnante facilité. De plus, les lambeaux qui flottent de part et d'autre se rapprochent comme par attraction.

« Le soleil devient plus chaud à mesure qu'il s'élève davantage au-dessus de l'horizon, et fait monter notre ballon. Le même effet se produit sur les nuages ; ils s'élèvent insensiblement et relativement plus vite que nous. En une heure ils se sont élevés de 800 mètres, et leur surface supérieure arrive presque à notre nacelle comme un marchepied.

« Peu à peu ils se fondent avec la même facilité qu'ils sont apparus : les derniers errent çà et là et disparaissent bientôt.

« Le thermomètre marque 2 degrés.

« L'hygromètre s'est incliné à la sécheresse, allant de 82 à 62, de 1900 à 2400 mètres. En opérant un peu plus tard notre mouvement de descente, nous avons trouvé 90 degrés à 1600 mètres, 98 à 1100, 90 à 706, 84 à 240 et 82 à la surface.

« Le 15 avril dernier, j'ai trouvé les nuages non pas étendus suivant une nappe uniforme, comme je l'ai généralement constaté, mais disséminés à divers étages d'une même zone, et assez rapprochés pour paraître en nappe vus d'en bas. L'altitude moyenne de leur surface inférieure était de 1200 mètres et celle de leur surface supérieure 1450. Cette observation est de 3ʰ 80ᵐ. A 5ʰ 30ᵐ, la surface inférieure était de 1100 mètres, la supérieure à 1380, et ces nuages étaient beaucoup plus transparents, plus légers et plus rares. Les nuages se fondent souvent par leur partie supérieure et s'épaississent par l'inférieure.

« Lorsqu'on vogue au-dessus de cette région des nuages inférieurs (cumulo-stratus), et que des cirrus planent dans le ciel, ces derniers nuages paraissent aussi élevés au-dessus de l'observateur que s'il n'avait pas quitté la terre. On se trouve de la sorte entre deux cieux bien différents. En arrivant à 4000 mètres, le ciel des cirrus perd sa concavité, et celui des cumulo-stratus se creuse. Lorsque l'atmosphère est pure, le même effet se produit pour la terre, et l'on est surpris de voir sous ses pieds une surface concave au lieu d'une surface convexe.

« Que les nuages soient dus à la condensation de l'*humidité relative* de l'air, c'est ce qui paraît résulter de toutes les observations faites sur ce point : des courants ascendants s'exhalent d'une région humide et traversent une certaine zone qui rend visible leur vapeur invisible. Un jour que nous passions en ballon au-dessus de la forêt de Villers-Coterets, nous avons été fort surpris de voir pendant plus de vingt minutes un petit nuage, qui pouvait avoir 200 mètres de long sur 150 de large, et qui était suspendu *immobile* à 80 mètres environ au-dessus des arbres. En approchant, nous en vîmes bientôt cinq ou six plus petits, disséminés et également immobiles. Cependant l'air marchait en raison de 8 mètres par seconde : quelle ancre invisible retenait ces petits nuages? En arrivant au-dessus, nous reconnûmes que le principal était suspendu au-dessus d'une pièce d'eau, et que les autres marquaient le cours d'un ruisseau.

« Relativement à la formation des brouillards, je dirai que lorsqu'on arrive en ballon, au lever de l'aurore, sur des paysages inconnus, on reconnaît facilement les vallées d'avec les plateaux, selon leurs teintes : tandis que les plateaux restent noirs, les vallées grisonnent et blanchissent. La vapeur d'eau y est visiblement condensée, et en descendant j'ai ordinairement constaté qu'à ce moment l'air y est plus froid que sur les plateaux. C'est ce que j'ai spécialement constaté entre autres, le 19 juin 1867, à 3 heures du matin, en descendant dans la vallée de la Touques (Orne). Le thermomètre s'abaissa de 11 degrés à 6 de 400 mètres au niveau du sol ; et le 24 juin, à 4 heures du matin, en descendant dans la vallée de la Charente, le thermomètre s'abaissa de 16 degrés à 14 de 300 mètres au niveau du sol. Dans ces deux circonstances il y avait un maximum d'humidité à la surface, sans préjudice du maximum général signalé précédemment.

« En résumé, la hauteur moyenne des deux couches principales de nuages est celle que j'ai signalée au commencement de cette Note. Le maximum d'humidité n'est pas dans leur sein, mais dans le plan de leur surface inférieure. La température à l'ombre est plus élevée dans les nuages cumulo-stratus qu'au-dessous comme au-dessus d'eux. Ces nuages ne sont pas autre chose qu'un état visible de la vapeur d'eau répandue dans l'air sous forme ordinairement invisible. Ils marchent avec l'air et peuvent redevenir invisibles en traversant certaines régions. Leur hauteur varie selon les heures ; c'est vers le milieu du jour qu'elle est la plus élevée. Leur vitesse varie également selon la marche de l'air dans lequel ils planent, relativement immobiles comme l'aérostat. La moyenne de cette vitesse, obtenue par mes observations, est de 10 mètres par seconde. »

Les questions fondamentales de la météorologie ont fait l'objet des communications précédentes. Je terminerai aujourd'hui cette série d'observations par quelques remarques, généralement relatives à la physique, faites en diverses circonstances. Elles compléteront, sous certains aspects, les chapitres spéciaux qui précèdent.

§ 6.

EXPÉRIENCES DIVERSES.

« A. *Transmission du son, intensité, vitesse.* — L'intensité des sons émis à la surface de la terre se propage sans s'éteindre jusqu'à de grandes hauteurs dans l'atmosphère. Pour en citer quelques exemples, le sifflet d'une locomotive s'entend à 3000 mètres de hauteur, le bruit d'un train à 2500 mètres, les aboiements jusqu'à 1800 mètres ; un coup de fusil se perçoit à la même distance ; les cris d'une population se transmettent parfois jusqu'à 1600 mètres, et l'on discerne également bien le chant du coq et le son d'une cloche. A 1400 mètres on entend très-distinctement les coups de tambour et tous les sons d'un orchestre. A 1200 mètres le cahot des voitures sur le pavé est bien perceptible. A 1000 mètres on reconnaît l'appel de la voix humaine ; pendant la nuit silencieuse, le cours d'un ruisseau ou d'une rivière un peu rapide produit à cette hauteur l'effet de chutes d'eau puissantes et sonores. A 900 mètres, le coassement des grenouilles laisse entièrement apprécier son timbre plaintif. Il n'est pas jusqu'aux bruits crépusculaires du grillon champêtre (*cri-cri*) qu'on n'entende très-distinctement jusqu'à 800 mètres de hauteur.

« Il n'en est pas de même pour les sons dirigés de haut en bas. Tandis que nous entendons une voix qui nous parle à 500 mètres au-dessous de nous, on n'entend pas clairement nos paroles à plus de 100 mètres.

« Le jour où j'ai été le plus frappé par cette étonnante transmission des sons suivant la verticale de bas en haut, c'est pendant mon ascension du 23 juin 1867. Plongé dans le sein des nuages depuis quelques minutes, nous étions environnés de ce voile blanc et opaque nous cachant le ciel et la terre, et je remarquais avec étonnement l'accroissement singulier de lumière qui se faisait autour de nous, lorsque tout à coup les sons d'un orchestre mélodieux viennent frapper nos oreilles. Nous entendions le morceau exécuté aussi distinctement et aussi parfaitement que si l'orchestre eût été dans le nuage même, à quelques mètres de nous. Nous étions alors au-dessus d'Antony (Seine-et-Oise). Ayant relaté le fait dans un journal, j'ai reçu avec plaisir, quelques jours après, une lettre du président de la Société philharmonique de cette ville me rapportant que cette Société, réunie dans la cour de la mairie, avait aperçu l'aérostat par une éclaircie et nous avait adressé l'un de ses morceaux nuancés le plus délicatement, dans l'espérance qu'il servirait à mes expériences d'acoustique. En vérité, on ne pouvait être mieux inspiré.

« Dans cette circonstance, l'aérostat flottait à 900 mètres du lieu du concert et presque à son zénith. A 1000 mètres, 1200 mètres et même 1400 mètres de distance, nous continuâmes d'apprécier distinctement les parties. Cette observation a été renouvelée en cinq circonstances, et j'ai toujours constaté la permanence de l'intensité des sons, et de *tous* les sons, qui marchent tous avec la même vitesse et apportent le morceau de musique dans son intégrité.

« Les nuages n'opposent aucun obstacle à la transmission du son.

« Quant à la vitesse, je n'ai pu faire d'expériences qu'à l'aide de l'écho, par un bon chronomètre. Les vitesses moyennes que j'ai obtenues, composées de la double marche du son, de la nacelle à la terre et de la terre à la nacelle, sont placées entre 333 et 340 mètres.

« La meilleure surface pour renvoyer l'écho est celle d'une eau tranquille. Il arrive parfois qu'un lac renvoie distinctement une première moitié de phrase, tandis que la seconde partie est difficilement achevée par la surface irrégulière du terrain de la rive.

«B. *Optique*. — *Ombre lumineuse du ballon*. — En même temps que le ballon vogue emporté par le courant, son ombre voyage soit sur la campagne, soit sur les nuages. Cette ombre est ordinairement noire, comme toute ombre. Mais il arrive fréquemment aussi qu'elle se détache en clair sur le fond de la campagne et paraît ainsi lumineuse.

« En examinant cette ombre à l'aide d'une lunette, on trouve qu'elle se compose d'un noyau foncé et d'une pénombre en forme d'auréole. Cette auréole, souvent très-large relativement au diamètre du noyau central, s'éclipse à la simple vue, de sorte que l'ombre tout entière paraît comme une nébuleuse circulaire se projetant en jaune sur le fond vert des bois et des prés. J'ai remarqué qu'en général cette ombre lumineuse est d'autant plus accentuée que l'humidité est plus grande à la surface du sol.

« Sur les nuages, cette ombre présente parfois un aspect étrange. Il m'est arrivé plusieurs fois, en sortant du sein des nues et en arrivant dans le ciel pur, d'apercevoir tout à coup, à 20 ou 30 mètres de moi, un second aérostat parfaitement dessiné se dégageant en gris sur le fond blanc des nuages. Ce phénomène se manifeste au moment où l'on revoit le soleil. On distingue les plus légers détails de l'armature de la nacelle, et notre ombre reproduit curieusement nos gestes.

« Le 15 avril dernier, l'ombre du ballon nous est apparue environnée de cercles concentriques colorés, dont la nacelle formait le centre. Elle se détachait admirablement sur un fond jaune-blanc. Un cercle bleu pâle ceignait ce fond et la nacelle en forme d'anneau. Autour de cet anneau s'en dessinait un second jaunâtre; puis une zone rouge-gris, et enfin, comme circonférence extérieure, une légère nuance de violet se fondant insensiblement avec la tonalité grise des nuages.

« Ces causes ne sont pas seulement dues à un effet de contraste, et la théorie des auréoles accidentelles n'explique pas entièrement leur production.

« C. *Photométrie*. — *Clarté de l'aurore*. — *Lumière de la Lune et des étoiles*. — A l'époque du solstice d'été, quand l'atmosphère est sereine et la lune absente, une élévation de 200 mètres, à minuit, hors de la brume inférieure, est suffisante pour observer au nord, nettement dessinée, la clarté du crépuscule.

« Lorsque la lune brille dans sa plénitude, il est facile de suivre la comparaison de sa lumière avec celle de l'aurore. C'est ce que j'ai fait entre autres pendant la nuit du 18 au 19 juin 1867. Comparant simultanément la lumière de la lune, qui venait de passer au méridien avec celle de l'aurore et suivant l'accroissement de celle-ci, j'ai reconnu que les deux clartés se sont égalées à $2^h 45^m$ du matin, 1 heure 13 minutes avant le lever du soleil. A partir de cet instant la lumière de l'aurore alla augmentant sur celle de la lune.

« Ce qui me surprit le plus dans cette expérience, ce fut de reconnaître que la blancheur légendaire de la lumière de la lune n'est blanche que par comparaison à nos lumières artificielles. Elle rougit devant celle de l'aurore, comme celle du gaz devant elle.

« Une différence remarquable distingue également la lumière de l'aurore et celle de la lune. Lors même qu'elle n'a pas encore atteint l'intensité de la seconde, la première *pénètre* les objets de la nature, tandis que celle de la lune *glisse* à leur surface et les estompe vaguement.

« Même par le ciel le plus pur, les régions qui avoisinent la terre paraissent d'en haut toujours voilées et troublées par des vapeurs.

« La scintillation des étoiles est plus faible dans les hauteurs de l'atmosphère qu'à la surface du sol.

« D. *Couleur et transparence du ciel*. — Au-dessus de 3000 mètres de hauteur, le ciel paraît obscur et impénétrable. Sa nuance est un gris-bleu foncé dans les régions qui environnent le zénith; il est bleu-azur dans la zone élevée de 40 à 50 degrés, bleu pâle et blanchissant en approchant de l'horizon. L'obscurité du ciel supérieur est ordinairement proportionnelle à la décroissance de l'humidité. Lorsque l'atmosphère est très-pure, il semble qu'un léger voile bleu transparent s'interpose au-dessus de nous, entre la nacelle et les intenses colorations de la surface terrestre.

« E. *Influence apparente de la Lune sur la condensation de la vapeur d'eau.* — Il nous est arrivé, vers le milieu de la nuit, nous trouvant au-dessous de nuées légères, de les voir se fondre insensiblement sous la lumière de la lune et disparaître tout à fait, comme il arrive sur une échelle plus vaste pendant le jour, sous l'action du soleil. Il suffit de passer deux heures, vers l'époque de la pleine lune, dans le sein de l'atmosphère, pour s'apercevoir que certaines nuées légères se dissolvent en même temps que la lune s'élève à une plus grande hauteur. Est-ce une simple coïncidence? Est-ce vraiment l'influence directe de la lune?

« Telles sont les principales séries d'observations qu'il m'a été possible d'effectuer dans mes dix voyages aéronautiques. Il en est d'autres qui ne sont pas assez avancées pour être présentées maintenant: et je m'arrêterai ici. Tous les résultats que j'ai esquissés dans ce travail ne doivent pas sans doute être considérés comme absolus et définitifs; mais j'aime à les présenter comme des jalons utiles à ceux qui se livrent à l'étude de la météorologie, et j'ai l'espérance qu'un certain nombre de mes constatations pourront servir à la fondation de cette science.

« Je ne puis mieux terminer cette communication qu'en émettant le vœu que ces sortes d'observations et d'études se multiplient dans notre pays. Le but de la météorologie, dirai-je en interprétant une assertion de Humboldt, doit être « de reconnaître l'unité dans l'immense variété des phénomènes et de découvrir par le libre exercice de la pensée et par la combinaison des observations la constance des phénomènes au milieu de leurs changements apparents. » Le monde atmosphérique est encore voilé pour la science. Ce n'est que par le nombre autant que par la sévérité de nos investigations que nous parviendrons à arracher à la nature quelques-uns de ses secrets. »

OBSERVATIONS FAITES PENDANT LE VOYAGE DE PARIS EN PRUSSE.

Le fragment suivant, que je transcris des tableaux de mon journal de bord, donnera une idée de la variation de la température et de l'humidité et de la méthode que j'emploie pour l'enregistrement des instruments. On m'a souvent demandé de reproduire quelques-uns de ces tableaux. Je donnerai donc celui-ci en terminant. J'ajouterai que ces colonnes occupent le verso des feuilles du journal, et que le recto est occupé par les observations générales d'astronomie, de météorologie, de géographie, par les dessins, les remarques, etc., etc.

Heure.	Barom. mercu.	Son therm.	Barom. anér.	Therm. libre.	Hygro- mètre.	Hauteur en mètres.
5 h. 30 m.	580	2	581	2	62	2200
» 33	620	4	615	5	90	1615
» 36	641	5	639	7	94	1372
» 39	660	6.5	657	8	98	1120
» 42	680	7.5	678	10	92	890
» 45	695	9	693	11.5	90	706
» 49	712	11	908	14	87	510
» 53	735	12.7	734	15	85.7	250
» 57	753	17	753	18	83	53

A terre, le thermomètre marquait 19° et l'hygromètre 82. On voit au premier coup d'œil que la température de l'air augmente progressivement à mesure que l'on approche de la terre, et que l'humidité n'augmente pas suivant une loi régulière, mais varie suivant les couches traversées. Ici le maximum était à 1100 mètres.

NOTES ET ADDITIONS

AUX VOYAGES DE MM. DE FONVIELLE ET TISSANDIER.

---

1. LE GONFLEMENT DE L'AÉROSTAT DE LA RÉPUBLIQUE.

(Chapitre II.)

Nous trouvons dans la *Revue Encyclopédique* des détails très-intéressants sur le temps que prenait la décomposition de la vapeur d'eau par le fer surchauffé. Les détails sont ajoutés en note à une communication de Coutelle, capitaine de *l'Entreprenant.* « A Maubeuge, pendant que je remplissais mon aérostat, une indisposition me força à me reposer pendant quelques heures. Un des officiers crut avancer l'opération en poussant le feu. Deux tuyaux furent percés ! Il fallut en disposer d'autres pendant que le fourneau refroidissait. L'opération, qui devait être terminée en quarante-huit heures, dura huit jours et sept nuits, sans qu'il me fût possible de prendre aucun repos. A Borcette, près d'Aix-la-Chapelle, les briques qui formaient les bouches de mon fourneau fondirent et obstruèrent les deux entrées. Je fus obligé de faire des briques avec moitié d'argile et moitié de vieux creusets réduits en poudre. Après une demi-cuisson, je refis les bouches du fourneau. Le travail ne fut suspendu que pendant peu de temps, et l'aérostat fut rempli en cinquante-deux heures. Ma compagnie suffisait à tout le travail. Aucun de nous n'avait vu faire de briques. En arrivant près de Bruxelles, un coup de vent porta l'aérostat sur un éclat de bois qui le fendit. Une petite partie du gaz s'échappa pendant que l'on réparait l'aérostat endommagé par cet accident. J'avais heureusement dans mes équipages un petit tuyau; j'entrai dans le parc d'artillerie, où je formai une enceinte avec une simple ficelle qui fut respectée ; j'établis un petit fourneau au moyen duquel je remplaçai le gaz perdu ; nous regagnâmes l'armée à marches forcées. »

On sait généralement que l'école aérostatique de la République avait été établie au château de Meudon. Ce que l'on ignore, c'est que la réparation de *l'Entreprenant,* avant de partir pour l'armée, fut faite dans la salle des Maréchaux mise à la disposition de Coutelle pour cet objet. Le premier tuyau de fonte qui servait à la décomposition de l'eau avait trois pieds de long sur quinze pouces de vide intérieur. On y entassait à chaque chauffe cent livres de tournure et de copeaux de fer débarrassés de leur rouille par une sorte de vannage très-pénible. L'opération dura trois jours et quatre nuits, pour préparer 500 mètres cubes de gaz. Il fallut remplacer par des tuyaux de cuivre soudés à la soudure forte les tuyaux de fer-blanc indiqués par Guyton, et qui fondaient quoiqu'ils fussent plongés dans l'eau. A l'issue ·de ces expériences, on construisit un·-autre·fourneau qui donnait 1000 mètres en quinze heures.. Il contènait sept tuyaux ·pesant chaçun 1600 livres. Ils avaient huit pieds de long et douze pouces seulement, de vide'intérieur. On entassait à l'aide d'un mouton, dans chacun d'eux, 800 livres de limaille ou tournure de fer.

---

2. INCENDIE DU COLOSSE.

(Chapitre III.)

Un accident, pareil à celui dont nous parlons dans le récit de la première ascension de *l'Entreprenant*, est arrivé à M. Eugène Godard dans les environs de Florence, à la suite d'une ascension du *Colosse* qui avait très-bien réussi. Comme M. Eugène Godard ne parlait point l'italien, il n'a pu se faire comprendre de paysans qui se sont obstinés à fumer malgré ses avis : le ballon a brûlé comme une allumette, heureusement sans blesser personne. Les habitants de ·Florence, se considérant comme solidaires de la stupidité de leurs compatriotes, ont organisé une souscription dont les produits ont servi à construire un nouveau ballon, *la Ville de Florence*, dans lequel nous avons, cette année, exécuté plusieurs ascensions. M. Green, dont l'habileté et la prudence sont proverbiales, craignait toujours de descendre la nuit dans les environs de Londres, à cause du grand nombre de becs de gaz que l'on y peut rencontrer.

(Extrait des registres aux délibérations de la mairie de la ville de Calais.)

3. PASSAGE EN BALLON DE DOUVRES A CALAIS, LE 7 JANVIER 1785, PAR M. BLANCHARD, ACCOMPAGNÉ DE M. LE Dr JEFFRIES.

(Chapitre IV.)

- Le 7 janvier 1785, à une heure et demie de l'après-midi, les maire et officiers municipaux de la ville de Calais ayant été informés que le ballon aérostatique de M. Blanchard, qui était attendu d'Angleterre, paraissait à l'horizon du côté de Douvres, se sont aussitôt placés dans un endroit convenable pour observer son arrivée.

Il fut de suite reconnu que ce ballon dirigeait sa course vers le Bianez, objet·le plus élevé et le plus distinctif de la côte de France, et qui devait servir naturellement de guide à un voyageur aussi prudent que M. Blanchard. A deux heures, l'on vit que le ballon se trouvait vers le milieu du détroit, où il est resté stationnaire à la hauteur d'environ 4500 pieds au-dessus de la mer, autant qu'il a été possible d'en juger à l'aide d'instruments ; après quoi il a continué sa course, tantôt· en s'élevant, tantôt en s'abaissant, au point d'occasionner des craintes, d'autant que le vent avait varié de plusieurs points vers l'ouest, ce qui pouvait l'emporter dans la mer du Nord, et ce qu'il n'a évité qu'en dirigeant son ballon dans le plus près du vent.

Le vent s'étant encore porté plus au sud jusqu'au ouest-quart-sud-ouest, les autorités et le public ont été à même de reconnaître les talents supérieurs de M. Blanchard dans l'art aérostatique, par la direction de son ballon qu'il a encore porté plus à l'ouest, ce qui retardait, à la vérité, son voyage, mais le rendait parfaitement sûr et faisait cesser toute crainte.

A trois heures, on entendit un coup de canon du fort Rouge qui annonçait que le ballon avait franchi le passage de la mer, et, au même moment, l'on aperçut qu'il cherchait à descendre et à prendre terre, mais que le vent le reportait vers la mer, ce qui obligea les voyageurs à remonter et à poursuivre leur course au-dessus des marais de Fréthun et de Guines, dans lesquels ils ne pouvaient prendre terre sans danger à cause des eaux dont ils sont couverts. A trois heures et demie, l'on vit le ballon descendre aux environs de la pointe de la forêt de Guines, distante de la côte de six lieues et demie.

Pour perpétuer le souvenir de ce voyage et donner à M. Blanchard un témoignage de leur estime, les magistrats de la ville de Calais ont arrêté, le même jour, que des lettres de citoyen de cette ville seraient présentées le lendemain à M. Blanchard dans une boîte d'or ornée d'un médaillon relatif à son voyage ; que les mêmes sentiments d'estime seraient exprimés à M. le docteur Jeffries, avec le regret de ne pouvoir lui offrir, attendu sa qualité d'étranger, le titre de citoyen de Calais sans une autorisation spéciale de la Cour.

---

4. NOUVELLE ASCENSION MARITIME.

(Chapitre V.)

Le Neptune, dont nous avons raconté les brillantes ascensions et qui nous a reçus comme passagers à son bord, exécute en ce moment une série d'expériences aérostatiques dans la ville de Monaco. Depuis sa belle excursion maritime de Calais, notre hardi confrère M. Duruof affectionne les côtes de la mer. A défaut de l'Océan, il se contente de la Méditerranée.

Le Neptune est parti le 26 septembre 1869, à deux heures quarante-cinq minutes, devant une immense multitude effrayée de le voir disparaître dans les nuages et qui, inquiète, a parcouru les rues de Monaco et les jardins de la Société des jeux jusqu'à une heure avancée de la nuit, attendant inutilement des nouvelles des aventureux aéronautes.

Trois personnes, M. Duruof, M. Bertaux et un ouvrier mineur, montaient la nacelle du *Neptune* dans cette mémorable ascension, dont les divers journaux n'ont encore publié que des récits tronqués.

Le vaillant aérostat n'eut pas de peine à traverser la couche des nuages élevés de 500 mètres, et qui semblaient attachés aux flancs des montagnes. L'épaisseur de ce véritable couvercle de la terre ne dépassait pas 800 mètres ; de sorte qu'à 1600 mètres, où ils flottaient dans un air pur, les voyageurs apercevaient au-dessous d'eux un spectacle inouï. Cette mer de vapeurs, qui leur cachait la mer réelle au-dessus de laquelle ils naviguaient, laissait passer çà et là quelques hauts pics dont le front était couvert de neiges éternelles. Il fallait une très-grande habitude pour distinguer la montagne réelle de la fausse montagne imitée par les nuées !

Craignant de rencontrer quelque pic-écueil sur lequel leur nacelle se serait brisée, les aéronautes ont pris un parti qui semblera téméraire, le seul pourtant qui fût prudent, celui de se laisser entraîner sur la Méditerranée. Le ballon à ce moment se reflétait sur la surface des nuages, boursouflée de mille manières différentes ; on eût dit qu'il était entouré d'une flotte d'aérostats. Fantasmagorie décevante qui semblait destinée à faire oublier aux aéronautes les dangers de leur position. Mais les phénomènes constatés par Tissandier et Duruof, dans l'ascension maritime de Calais, se reproduisaient en vertu des mêmes lois dynamiques avec une constance dont Duruof sut admirablement profiter. Le vent du sud, qui entraînait le ballon vers la pleine mer, était tout à fait distinct de la brise de terre, à laquelle obéissaient les nuages et qui les précipitait sur la chaîne de la rivière de Gênes, vers laquelle les aéronautes les voyaient marcher avec une grande vitesse.

Après avoir été entraînés assez de temps pour être certains de n'avoir plus que les vagues au-dessous de leur nacelle, les aéronautes se laissèrent tomber avec une vitesse très-grande. Accélérée par le poids d'un gros nuage qui mouilla les cordages et l'étoffe de leur nacelle, leur chute devint vertigineuse. En moins de cinq minutes ils firent deux mille mètres.

Quand ils parvinrent à tempérer un peu leur vitesse, ils s'aperçurent que le vent les poussait vers la côte, dont ils n'étaient plus qu'à un ou deux kilomètres, et où ils n'auraient pas tardé à aborder. Mais le promontoire vers lequel ils se dirigeaient est planté d'arbres; on y voit une rangée de maisons, terribles écueils que jamais les aéronautes n'affrontent sans effroi. Derrière ces arbres et les maisons se trouve la montagne. Aussi le capitaine Duruof continue à ouvrir sa soupape, et le ballon pique une tête en plein dans la Méditerrannée. Les aéronautes sont engloutis; mais le ballon, délesté de tout leur poids, rejaillit à une centaine de pieds, il retombe et, merveille facile à comprendre, il se maintient en équilibre à la surface des flots. Poussé par le vent, il glisse comme un traîneau sur une plaine de neige; la nacelle ne fait plus qu'effleurer l'eau. Les aéronautes, devenus navigateurs, ne tardent point à aborder sans accident.

Nous devons féliciter M. Duruof et M. Bertaux de la présence d'esprit qu'ils ont montrée dans cette belle expérience, à laquelle nous aurions bien voulu assister. Vainement nous avons essayé de réaliser au Havre une entreprise analogue; on se rappelle que l'ouragan qui éventra l'*Entreprenant* ne nous permit pas de nous enlever. Mais il y a des noms prédestinés, et le *Neptune*, plus heureux que l'*Entreprenant*, semble en passe de s'immortaliser en domptant les flots.

Quoi qu'il en soit, nous devons faire remarquer à nos lecteurs que nous ne nous étions point trompés en annonçant que l'ascension maritime de Calais serait le point de départ de nouvelles manœuvres aériennes, et qu'un jour viendrait où l'on verrait de vrais aéronautes exécuter des bordées célestes, auxquelles les aéronautes d'amphithéâtre n'auraient jamais songé.

---

5. ASCENSION D'UN BALLON REMPLI D'AIR.

(Chapitre VIII.)

Le 29 mai 1784, le ballon de l'Académie de Dijon avait été enflé d'air commun. Les commissaires jugèrent bon de le laisser en cet état jusqu'au lendemain soir, pour faire sécher quelques endroits qui venaient d'être recouverts de vernis. Ils avaient observé que le thermomètre y était monté à 39 degrés, tandis qu'il n'était que de 23 exposé au soleil. Quelques jours auparavant, ils avaient constaté qu'il s'était élevé jusqu'à 60 dans les mêmes circonstances, sans noter cependant la température extérieure. Les températures sont probablement données en degrés Réaumur, à peu près seuls en usage à cette époque.

Le 30 mai, vers midi et demi, il s'éleva un vent violent qui commença à agiter le ballon. Deux hommes, laissés à sa garde, voulurent le retenir par les mailles

du filet. Les morceaux leur en restèrent dans la main et l'aérostat leur échappa.
Il s'éleva d'abord dans la cour au-dessus de l'une des perches de quarante-trois
pieds qui avait été placée pour élever le filet, emportant, outre le filet, des cordes
et le cercle équatorial, en tout 250 livres, y compris le poids de l'enveloppe.

Le ballon était retenu par trois cordeaux passés sur une grosse corde tendue
entre les deux perches. Il en cassa deux et emporta le piquet du troisième. Il sortit
de la cour par-dessus un bâtiment situé à l'est. S'étant abaissé dans une autre
cour, derrière ce bâtiment, le nommé Crosnier, âgé de seize ans, pesant soixante
et onze livres, saisit courageusement une des cordes pour le retenir et la tourna
autour de son poignet. Il fut entraîné dans l'instant par-dessus un mur de clôture
de neuf pieds, et retomba de l'autre côté. Le ballon continua sa route, passa sur
la première allée du cours de la porte Bourbon, au grand étonnement du peuple
qui accourut pour le voir. Il alla retomber à plus de deux cent cinquante pas,
malheureusement sur deux arbres replacés nouvellement, dont les tiges nues le
crevèrent sur toute la longueur en plusieurs endroits.

Les commissaires inclinaient à croire que la qualité de l'air contenu dans le
ballon avait pu être altérée et rendu plus léger par son séjour dans l'intérieur du
ballon. Cette idée, manifestement absurde, ne se fût présentée sans l'influence de
la théorie fausse des Montgolfier; car l'action du soleil produisant une différence
de 20 degrés centigrades avec l'air extérieur, ou une dilatation de 6 pour 100 du
volume, suffit largement, le vent aidant, pour produire l'ascension. En effet, dans
ce cas, la seule dilatation aurait fait sortir du globe, dont la capacité était de
104 000 mètres cubes, près de 7000 pieds cubes d'air, masse dont le poids eût été
de près de 30 kilogrammes.

---

6. TEMPÉRATURE DU GAZ DU BALLON.

(Chapitre VIII.)

M. Coxwell a exécuté l'expérience que nous avons indiquée dans plusieurs publi-
cations dont il a omis de parler. Il a essayé de se rendre compte des variations de
température du gaz du ballon, à l'aide d'un thermomètre à maxima et à minima,
comme celui dont nous avons conseillé l'emploi. Cette observation a eu lieu
dans une ascension exécutée le premier lundi d'octobre 1869, à l'usine à gaz de
Homsey, dans le voisinage d'Alexandra Park. L'air était très-calme, car pendant
plus de trois heures le ballon n'a parcouru que 12 milles anglais en ligne droite.
L'aérostat cubait 1800 pieds cubes de gaz, et M. Coxwell était accompagné de
P. Ashtorecq, de Mimwood House, Herts. La descente eut lieu vers le Nazing, à
six heures du soir.

Voici les chiffres constatés par M. Coxwell :

Heure.	Hauteur barométrique.	Température air.	gaz.	Différence.
3ʰ 20	30,2	63°	61°	2°
3 30	28,4	59	56	3
3 40	27,9	56	54	2
4 10	27,2	53	53	0
5 42	26,8	51	51	0
5 46	26,2	48	47	1

Le ciel était couvert de nuages qui arrêtaient les rayons du soleil. Mais comment
expliquer l'infériorité de la température du gaz renfermé dans l'enveloppe? Peut-
être par la dilatation qui est, comme on le sait, une cause de froid.

7. SUR LA TEMPÉRATURE ET L'HUMIDITÉ DE L'AIR DEPUIS LA SURFACE DU SOL
JUSQU'A UNE ALTITUDE DE 1000 PIEDS ANGLAIS, PAR JAMES GLAISHER.

(Chapitre IX.)

Sous ce titre, M. James Glaisher a publié un travail très-intéressant, qui est destiné à paraître dans le prochain volume des Transactions de l'Association britannique (meeting d'Exeter). Nous ne pouvons conserver à ce document, que nous avons sous les yeux, la forme un peu aride que l'auteur a été obligé de lui donner. Nous demanderons donc au lecteur la permission d'en abréger certaines parties, et d'entrer dans quelques développements destinés à remplacer ceux que M. Glaisher a donnés verbalement aux membres de l'Association britannique. Ayant fait nous-même deux voyages à Londres, et ayant été témoin des ascensions dont il est question dans ce remarquable travail, nous pouvons être à même de suppléer notre illustre collaborateur dans les éclaircissements nécessaires en pareille matière. Comme les lecteurs ne l'ont pas oublié, la majeure partie des ascensions de M. Glaisher ont eu lieu à de grandes hauteurs. Le savant directeur de l'observatoire météorologique a donc été obligé de quitter le sol avec une immense rapidité. En effet, il fallait en temps calme que le ballon eût une force ascensionnelle considérable, pour ne pas perdre de temps dans les régions inférieures. Dans beaucoup de circonstances, les aéronautes ont eu à éviter un naufrage au départ. Ils ont dû éviter que l'aérostat ne se brisât contre les arbres ou les édifices voisins, en cherchant un prompt refuge dans les nuages. Il en résulte que les ballons montés par M. Glaisher dans les brillantes ascensions libres dont il a si bien rendu compte au commencement de ce volume, ont presque toujours passé comme une flèche dans les régions inférieures, et que les mesures prises par l'habile physicien n'ont presque jamais fourni de données exactes sur la distribution de la chaleur et de la vapeur d'eau dans la couche inférieure, dans celle où nous vivons nous-mêmes, et que, par conséquent, nous avons le plus d'intérêt à connaître.

Toutefois, un expérimentateur aussi exercé que M. Glaisher ne pouvait faire trente ascensions, et autant de descentes, sans saisir quelques faits dans cette couche intéressante, difficile à explorer, sur laquelle, dans quelques occasions favorables, notre savant collaborateur avait concentré son attention.

Ainsi, dans chacun de ses Rapports si intéressants, de 1862, 1863, 1864, M. Glaisher déclare qu'il ne faut pas ajouter foi à l'opinion scientifique vulgaire, en vertu laquelle la température s'accroît de 1 degré Fahrenheit chaque fois qu'on s'élève de de 300 pieds anglais au dessus du niveau du sol. Dans certains cas, il semble que l'on aurait constaté une chute beaucoup plus grande, si on était parvenu à garder le ballon stationnaire à une hauteur de 100 pieds au plus seulement, c'est-à-dire le tiers de celle qu'assigne la théorie. Dans d'autres cas, au contraire, la décroissance a été d'une lenteur excessive, et même, comme M. Glaisher l'a indiqué dans ses conclusions scientifiques, la température a paru s'élever à mesure que l'on s'éloignait de la surface de la terre.

M. Glaisher avait aussi remarqué que les ascensions faites le soir offraient un caractère remarquable. Le décroissement de la température était moins énergique pendant la seconde partie de l'ascension que pendant la première. A mesure que l'on s'approchait du coucher du soleil, il semblait que le refroidissement céleste fût moindre. Symptôme précieux qui attira son attention, car il se trouvait sur la trace d'un des grands phénomènes de la nature. Il était sur une des pistes de ces découvertes qui renversent de fond en comble les opinions si reconnues du vulgaire. Les faits soupçonnés furent reconnus exacts dans deux ascensions que M. Glaisher a décrites en partie dans le présent ouvrage. La première est celle du

2 octobre 1865, et la seconde est celle du 2 décembre de la même année. La première eut lieu dans un ciel serein, et, comme il arrive toujours en pareille circonstance, donna des résultats plus précis. La vapeur d'eau ne peut se montrer à l'état de vapeur visible, sensible, palpable, sans venir altérer les lois de la répartition de la quantité de chaleur. Comment, en effet, ne pas comprendre que la vapeur invisible qui se condense, répand au dehors une certaine quantité de chaleur devenue tout à coup sensible, et que l'eau qui se dissimule sous forme de vapeur invisible, ne le fait jamais sans absorber une certaine quantité de la chaleur ambiante. C'est sans doute la vapeur d'eau ambiante qui produisit une perturbation notable dans la seconde de ces ascensions nocturnes; car la chaleur commença à décroître, comme elle aurait fait en plein jour, puis elle se mit à croître pour décroître de nouveau jusqu'au sommet de l'ascension. La descente fut accompagnée de phases analogues en sens inverse. C'est par un ciel serein, lorsque la terre est exposée au refroidissement nocturne, que M. Glaisher constata d'une façon nette cette inversion remarquable des lois considérées comme générales. Faut-il insister sur le caractère étrange de ce symptôme inattendu? Car il semblerait qu'en ces moments où la rosée se dépose et mouille tous les objets terrestres, le ciel doive contenir une glacière flottante.

La météorologie, dont tant de physiciens impatients croient prématurément avoir découvert les lois, renferme encore bien des mystères. Quand on les aura pénétrés, et comment saurait-on le faire sans une série d'ascensions sérieuses? on pourra essayer peut-être la prévision rationnelle du temps, ce qui, de nos jours, semble n'être encore qu'une dangereuse chimère.

Le ballon captif d'Ashburnham-Park offrit à M. Glaisher une ressource précieuse, pour mettre en évidence les lois si importantes des variations de la température dans la couche immédiate la plus dense, celle dont la considération est la plus importante, ainsi que nous l'avons déjà dit, pour l'étude des réfractions atmosphériques. Le propriétaire du ballon captif mit son magnifique appareil à la disposition entière de M. Glaisher, avec un désintéressement digne des plus grands éloges.

Quoique l'exploitation ne produisît que des résultats financiers insignifiants, il consentit, à la demande de M. Glaisher, à différer, pendant plus d'un mois, la fermeture des ascensions captives, afin de lui donner le loisir d'exécuter ses expériences; mais M. Glaisher ne put vaincre la timidité excessive, révoltante, de l'équipage que l'ascension du *Pôle Nord* n'avait point réconcilié avec les gros ballons, et qui avait toujours sous les yeux la dernière escapade. Ni promesses, ni pour-boire, ni raisonnements ne prévalurent. Il aurait fallu une plainte en règle pour vaincre cette obstination incompréhensible, si les aéronautes de l'équipage n'eussent été étrangers à toutes les notions de physique et de mécanique. Cette pusillanimité, dont il est facile de comprendre les désastreux effets au point de vue du public, empêcha M. Glaisher de réaliser ses ascensions nocturnes, nouvelle preuve démontrant trop victorieusement, hélas! qu'il faut que le physicien se fasse aéronaute, et que l'aéronaute devienne physicien à son tour. Nous en avons donné plus d'un exemple dans notre ouvrage. Nous ne reviendrons point sur ce que nous avons dit à cet égard.

Les instruments employés par M. Glaisher dans ses ascensions captives d'Ashburnham-Park furent les mêmes que ceux dont il se servit lors de ses ascensions libres, avec quelques différences indiquées par l'usage, et qui auraient une très grande influence sur l'exactitude des observations faites dorénavant dans les ascensions libres elles-mêmes. Le thermomètre humide fut conservé sous l'abri de son cône, afin de diminuer l'influence perturbatrice d'un nouvel élément, le vent, qui vient compliquer la question d'une façon singulière. Quant au thermomètre sec, il fut exposé à l'air libre, afin qu'il pût prendre rapidement la température du milieu extérieur. Ces précautions étaient rendues nécessaires par la présence d'un vent quelquefois violent, et qui fait souvent défaut en ballon; car l'on marche généralement avec le courant aérien qui vous entraîne. On ne sent que le résultat du déplacement dans la verticale, comme nous l'avons expliqué à plusieurs reprises. Mais nous nous sommes demandé si cette précaution est elle-même suffisante pour se soustraire à cette influence perturbatrice dans les ascensions captives, et par conséquent si elle doit être négligée dans les ascensions libres!

L'état hygrométrique de l'air est mesuré de deux manières différentes. La plus compliquée est celle qui consiste à refroidir artificiellement, par l'évaporation d'une certaine quantité d'éther, une boule de platine sur laquelle vient se déposer de la rosée. Il faut noter avec soin le moment où l'on voit apparaître les premières perles d'humidité; mais est-on sûr de ne point commettre d'erreur? Est-ce que tous les observateurs feront commencer au même instant le dépôt de cette eau atmosphérique? Est-ce que le vent, qui vient lécher la surface du métal, ne dissoudra point les premières parties d'humidité à mesure qu'elles se formeront? Ces objections ne paraissent-elles pas permettre de préférer le moyen compliqué, au moyen plus simple, de déterminer la température de l'évaporation à l'aide du thermomètre humide?

Mais alors surgit une autre question importante. La boule du thermomètre est enveloppée d'une couche d'humidité. Est-ce que l'interposition de cette eau ne nuira point à la constatation des températures? Est-on sûr que, dans les mêmes circonstances, le thermomètre sec donnerait les mêmes valeurs? Peut-on donc affirmer que dans tous les cas la différence est due au refroidissement que produit l'évaporation?

Nous aurons même à nous demander si les tables et les expériences faites à la surface de la terre conviennent à des régions où la pression est sensiblement moindre; car le fait seul de la diminution de pression est une cause évidente de refroidissement. Les lois du mouvement de la chaleur dans les gaz sont beaucoup plus mystérieuses qu'on ne le croit. Les travaux remarquables dont M. Regnault a commencé la publication dans les *Comptes rendus* (octobre 1869) en sont la preuve éloquente.

Nous ne reviendrons point sur les explications si intéressantes que M. Glaisher a données lui-même dans la première partie de cet ouvrage; mais nous ne pouvons nous empêcher de faire part au lecteur de nos doutes et de nos réserves.

Nous avons exécuté une trentaine d'ascensions captives, dans lesquelles les mesures thermométriques ne jouaient, s'il nous est permis de nous exprimer ainsi, qu'un rôle secondaire; car nous cherchions à chaque instant à corroborer leurs indications par nos impressions personnelles. Nous avions plus de confiance sur le froid, l'humide et le chaud révélé par nos organes, que sur les impressions recueillies par notre thermomètre sec ou humide à boule transparente ou à boule noircie.

Nous avons nettement constaté des faits analogues, dans leur ensemble, à ceux que M. Glaisher est arrivé à démêler, grâce à son immense habitude dans les ascensions captives. Nous les indiquerons après avoir résumé les résultats qu'il a présentés à l'Association britannique; mais nous devons encore ajouter une remarque nécessaire à l'intelligence de ses nombres.

En général, la constitution atmosphérique est telle, que la quantité de chaleur va en diminuant à mesure qu'on s'élève, et en augmentant à mesure qu'on s'approche de la surface de la terre. Il en résulte que, dans la première phase de l'ascension, le thermomètre va en baissant, et qu'il va en montant dans la seconde. Les observateurs ont toujours pris le soin de faire stationner le ballon à la limite supérieure de son excursion, de sorte que l'on peut croire qu'il est parvenu à prendre la température du milieu ambiant à cette altitude; mais il est loin d'en être de même dans les zones intermédiaires, car la vitesse de l'ascension, quoique beaucoup plus faible que celle des ascensions libres, n'en est pas moins bien supérieure à celle des mouvements correspondants du mercure.

Une preuve, c'est que, pendant une ou deux minutes au moins, j'ai vu baisser la colonne mercurielle chaque fois que je l'ai regardée avec soin au sommet de l'excursion. M. Glaisher a très-habilement paré à une partie de cet inconvénient en combinant les nombres constatés dans l'ascension, avec ceux qui ont été constatés dans la descente. Chacun des nombres présentés à l'Association britannique étant lui-même le résultat de plusieurs lectures successives, on peut admettre qu'il ait été soustrait à peu près complétement à l'influence d'erreurs accessoires; mais, même dans cette habile combinaison, n'y a-t-il point une cause d'erreur systématique?

En effet, le *thermomètre* est un instrument qui ne marche point également pour absorber de la chaleur ou pour en perdre. La perte paraît plus difficile que l'absorption, car il est connu qu'un thermomètre s'échauffe plus rapidement qu'il ne se refroidit. Il résulte fatalement de ces prémisses, que les températures constatées à la descente sont moins en retard que celles qui ont été constatées pendant l'ascension. Le fait est vrai dans les ascensions libres aussi bien que dans les ascensions captives. Malheureusement, dans les ascensions libres, on ne peut guère profiter de cette circonstance, parce que la vitesse de la descente est généralement bien supérieure à celle de l'ascension.

Il n'en est pas de même quand on se trouve à bord d'un ballon captif; car la résistance à la traction est d'autant plus grande que la force ascensionnelle augmente, et cette force ascensionnelle augmente de tout le poids du câble qui a été enroulé sur le treuil. En conséquence, je préférerais peut-être à la méthode précédente, une méthode d'observation dans laquelle on ferait abstraction des températures observées pendant la première phase. On resterait stationnaire à la station supérieure, jusqu'à ce que le thermomètre ait cessé de descendre, et l'on mesurerait l'échauffement progressif à mesure que l'on se rapprocherait de la surface de la terre.

Je me hâte d'ajouter que ces manœuvres nécessitent le concours d'un équipage exercé, dévoué aux recherches scientifiques et comprenant l'importance des opérations auxquelles il prend part. Ces conditions étaient bien loin d'être remplies à Londres, où le Captif, admirablement construit, a dû être considéré comme un corps sans âme. Il n'en sera pas de même à Paris, si les expériences de l'Exposition universelle, de l'Hippodrome et d'Ashburnham-Park sont répétées sur une échelle grandiose, comme il est encore question de le faire, si l'on trouve à Paris un emplacement convenable où l'exploitation puisse avoir lieu dans des conditions sérieuses. Mais, si l'on a des reproches à faire aux aéronautes, que de reproches ne doit-on pas adresser aux corps savants, à l'Académie des sciences, qui n'a pas pris une seule fois les ballons captifs sous son patronage!

Le tableau suivant fera juger du soin avec lequel M. Glaisher a calculé les observations recueillies par ses soins. Car chacune de ces ascensions captives a donné lieu à un tableau analogue. L'ascension dans laquelle ce tableau a été calculée à la lieue, de 5 heures 36 à 6 heures 4. En ce moment, le ciel était presque entièrement débarrassé de nuages, mais l'atmosphère était chargée d'humidité. Le vent soufflait de l'E. N. E. Sa force était beaucoup plus grande à une altitude de 1000 pieds anglais qu'à la surface du sol.

Tous les calculs sont faits au moyen de tables hygrométriques que M. Glaisher a dressées et publiées. Nous n'avons pas effectué les calculs de réduction en mesures françaises, parce qu'on n'aurait pu le faire sans bouleverser le mode de fractionnement des distances, des interpolations et des approximations. Il y a des résultats numériques qui ne peuvent se transposer sans perdre de leur exactitude. Puissant, irrésistible argument en faveur de l'idée si éminemment française de l'unité des poids et des mesures pour tous les peuples du monde. Le beau Mé moire que M. Glaisher a présenté à l'Association britannique contient vingt-sept tableaux différents, dressés avec le même soin, pour des hauteurs qui vont quelque-fois jusqu'à 1700 pieds. Le 24 juillet, de 7 heures 19 à 7 heures 42, le thermomètre

TEMPÉRATURE			POIDS DE L'EAU contenue dans un pied cube.	DEGRÉ D'HUMIDITÉ, la saturation étant 100.
De L'AIR.	Du THERMOMÈTRE humide.	Du POINT de rosée.		
Au niveau du sol. 54.9	50 8	46.9	3.7	74
100 pieds...... 54.1	50.2	46.4	3.6	75
200 pieds...... 53.6	50.2	46.9	3.6	78
300 pieds...... 59.9	49.5	46.2	3.6	79
400 pieds...... 59.1	49.0	45.8	3.5	80
500 pieds...... 51.4	48.4	45.3	3.4	80
600 pieds...... 51.3	48.1	44.8	3.4	79
700 pieds..... 51.0	48.6	46.1	3.5	84
800 pieds...... 50.0	47.9	45.7	3.5	85
900 pieds...... 49.4	47.2	44.8	3.4	85
1000 pieds...... 49.2	47.5	45.7	3.5	88
1100 pieds..... 49.1	47.7	46.2	3.6	90
1200 pieds...... 47.6	46.5	45.3	3.4	92
1300 pieds...... 47.3	46.5	45.7	3.5	94

n'avait perdu que 5 degrés 4 pour cette élévation. Au contraire, si l'on jette un coup d'œil sur le tableau que nous avons reproduit plus haut, on verra que le thermo-mètre avait perdu 7 degrés 6 pour une différence de niveau de 1300 pieds seule-ment. Le 24 juillet, M. Glaisher exécuta une série de neuf ascensions différentes. La température du sol, qui était de 76 degrés 2 à 3 heures 23, était tombée à 70 degrés 9 à 7 heures 19; elle avait donc perdu 5 degrés 3 à une hauteur de 1100 pieds.

La température était descendue de 68 3 à 67 4, c'est-à-dire qu'elle n'avait perdu que 0 degré 9 de degré. Est-il besoin d'une démonstration plus éclatante du fait signalé par M. Glaisher, à la suite des ascensions libres dont il a entre-tenu le lecteur dans la première partie de cet ouvrage?

A mesure qu'on s'approche du coucher du soleil, la température de l'air tend à s'équilibrer. Nul doute qu'il n'eût constaté, par des mesures exactes, la curieuse inversion qu'il a signalée, s'il avait pu triompher de la résistance des aéronautes et de leur répugnance pour les ascensions nocturnes; mais il a été obligé de se contenter d'inductions qui, quoique démonstratives, ne valent pas le fait brutal que le dernier paysan peut tenir dans le creux de sa main.

Pendant toute la durée des opérations qui, comme on le voit, ont été longues, pendant cette remarquable journée d'études, le ciel est resté complètement dé-gagé de nuages; et cependant l'air était chargé d'humidité, un calme complet régnait dans le voisinage de la terre, mais il y avait un vent très-sensible à la hauteur de 1000 mètres. M. Glaisher évalue la pression qui en résultait à au moins cinq kilos par mètre carré de surface. Le calme complet des régions inférieures se manifestait d'une façon tout à fait éloquente par la direction des fumées qui se dirigeaient dans un azimut quelconque.

La veille, 23 juillet, le ciel était couvert et les nuages venaient en grand nombre du S. S. O. L'humidité était très-abondante, et le vent commençait à se faire sentir dès que le Captif s'élevait à une hauteur appréciable. M. Glaisher exécuta neuf ascensions depuis 6 heures 2 jusqu'à 7 heures 30, et les résultats permirent déjà de prévoir ceux que les onze ascensions du lendemain devaient mettre en évidence d'une façon victorieuse. En effet, la température de l'air au pied du câble décrut de 3 degrés 8 pendant la durée des ascensions, et, à une altitude de 1000 pieds, elle n'avait décru que de 1 degré 8 pendant le même temps. La vitesse du refroidissement avait été moitié moindre dans les hautes régions (1000 pieds) qu'à la surface de la terre.

Fonvielle a profité des indications recueillies par M. Glaisher dans une ascension exécutée à Reims, le 29 août, un peu avant le coucher du soleil, avec le ballon *la Civita di Firenze* montée par M. Eugène Godard. Il avait emporté avec lui un indice différentiel inventé et gradué par M. Walferdin, ancien représentant de la Constituante, et un des meilleurs amis de François Arago. Les mouvements de l'indice permettent d'évaluer les moindres oscillations de la chaleur avec une précision telle, que la bulle indicatrice marche aussi vite que les impressions recueillies sur la peau. Accompagné de ce complément indispensable de toute ascension scientifique, le thermomètre devient aussi rapidement impressionnable que l'organisme humain lui-même. Ce sont les sensations qui se trouvent dosées de la sorte au moment même où elles se perçoivent.

Grâce à cet appareil de haute précision, nous avons pu constater des variations de 1 à 2 degrés d'amplitude provenant de l'action de la surface du sol, dont nous nous trouvions alors à une distance de 150 ou 200 mètres. Quand nous passions au-dessus de roches qui avaient été échauffées par l'action des rayons solaires, notre thermomètre s'élevait immédiatement de 5 à 6 degrés Fahrenheit. Lorsque des arbres passaient au-dessous de la nacelle, le mercure descendait avec une rapidité indiquant un refroidissement instantané de la même valeur. Nous avions donc une preuve directe de l'influence des rayonnements à distance, qui troublent les lois générales du réchauffement et du refroidissement atmosphérique dans les régions inférieures, les seules où les physiciens qui restent à terre puissent porter les thermomètres, et qui les suivent dans toutes les ondulations de la surface quand ils font des ascensions, fût-ce sur le sommet des Andes, comme Humboldt, ou de l'Himalaya, comme les frères Schlagintweit.

Est-il possible de concevoir une démonstration plus éclatante de la folie des physiciens qui, sans quitter l'enveloppe terrestre, ont fait des calculs à perte de vue sur le refroidissement dans l'espace, et sont arrivés à déterminer follement ce qu'ils nomment la température du vide planétaire? En serait-on venu à émettre ces paradoxes absurdes, si on avait pratiqué les ballons, si on s'était donné le problème de les faire réellement servir à l'étude de l'atmosphère, en attendant que l'on sache les diriger peut-être?

M. Glaisher a résumé le résultat de ses vingt-sept ascensions captives dans un tableau qui donne le refroidissement de 100 en 100 pieds, jusqu'à une hauteur de 1700 pieds anglais. La perte de chaleur a été quelquefois nulle, quelquefois elle s'est élevée à 1 degré 7, quelquefois elle a varié brusquement. Ainsi, le 24 juin, en passant de 1000 à 1100 pieds, on a trouvé 1 dixième de degré de différence, et 1 degré en passant de 1100 à 1200 pieds. Le 23 juin, on avait encore trouvé 1 dixième de degré en passant de 1100 à 1200 pieds; mais de 1000 à 1100 pieds, et de 1200 à 1300 pieds, la perte était de 5 dixièmes, cinq fois plus grande en dessus et en dessous de cette zone de température relativement constante! En combinant les trois ou quatre cents nombres contenus dans les tableaux précédents, M. Glaisher a établi une loi de décroissance jusqu'à l'altitude de 1700 pieds. M. Glaisher observant depuis 3 heures jusqu'à 11 heures du soir, a séparé les résultats constatés avec le ciel pur, de ceux qui l'étaient avec le ciel serein; il a représenté graphiquement tous les nombres ainsi obtenus, la hauteur étant prise comme ordonnée, et la vitesse du refroidissement servant d'abscisses. Il a mené une ligne courbe par les différents points ainsi obtenus, en faisant éprouver cependant de légères déviations pour respecter la loi de continuité. En opérant de la sorte, il a formé deux tableaux définitifs, jusqu'à la hauteur de 1000 pieds seulement, parce que beaucoup d'ascensions n'ont point dépassé cette zone.

Le premier de ces précieux résumés convient aux observations faites avec un ciel pur.

HAUTEURS.	HEURES DE L'APRÈS-MIDI				
	De 3 à 4.	De 4 à 5.	De 5 à 6.	De 6 à 7.	De 7 à 7 1/2.
Pieds.					
0 à 100	0.5	0.1	0.9	0.5	0.0
100 à 200	0.8	0.7	0.6	0.5	0.1
200 à 300	0.8	0.7	0.6	0.5	0.3
300 à 400	0.7	0.6	0.6	0.5	0.4
400 à 500	0.6	0.6	0.6	0.8	0.3
500 à 600	0.5	0.5	0.5	0.4	0.3
600 à 700	0.5	0.5	0.4	0.4	0.4
700 à 800	0.5	0.4	0.4	0.4	0.4
800 à 900	0.5	0.4	0.4	0.4	0.3
900 à 1000	0.4	0.4	0.3	0.3	0.2

Les résultats constatés avec l'hygromètre étaient trop peu concordants, pour qu'il fût possible de chercher à les réduire en loi, même provisoire, comme celle dont nous nous occupons en ce moment pour déterminer la décroissance de la température. J'ai cru cependant remarquer que la couche humide s'approchait de terre à mesure que le soleil descendait plus près de l'horizon, et qu'au-dessus de cette couche l'air était d'une sécheresse plus grande. (Voir le récit de nos ascensions captives dans le corps de l'ouvrage.)

Le second tableau est destiné pour le ciel couvert. Les observations qui ont servi à le composer sont plus nombreuses que celles qui ont servi pour le ciel pur. En effet, chacun sait que le ciel couvert est beaucoup plus commun en Angleterre, même en été, que le ciel pur.

Le second de ces tableaux types convient au contraire au ciel couvert.

HAUTEURS.	HEURES DU SOIR				
	De 3 à 4.	De 4 à 5.	De 5 à 6.	De 6 à 7.	De 7 à 7 1/2.
Pieds.					
0 à 100	1.2	4.5	0.6	0.5	0.5
100 à 200	0.9	1.2	0.6	0.6	0.5
200 à 300	0.9	0.6	0.6	0.5	0.5
300 à 400	0.6	0.5	0.6	0.5	0.4
400 à 500	0.4	0.6	0.6	0.4	0.5
500 à 600	0.4	0.4	0.5	0.5	0.5
600 à 700	0.4	0.4	0.5	0.4	0.4
700 à 800	0.5	0.4	0.5	0.5	0.5
800 à 900	0.4	0.4	0.5	0.5	0.5
900 à 1000	0.5	0.4	0.4	0.4	0.5

Les nombres insérés dans tous ces tableaux prouvent d'une façon irrécusable que le décroissement de la température, signalé par notre savant collaborateur

M. Glaisher, possède bien une valeur notablement différente aux diverses heures de la journée. C'est bien à midi et dans les heures voisines que le changement est, comme il l'a annoncé, le plus notable; et ce rapide refroidissement domine encore dans les premières heures de l'après-midi, c'est-à-dire précisément à l'époque où la valeur absolue de la température est la plus élevée. Ce rapide refroidissement fait place, comme nous l'avons dit également, à une température presque uniforme qui règne jusqu'à une distance de plusieurs centaines de pieds de la surface de la terre.

M. Glaisher cherche ensuite à employer une construction graphique pour représenter la loi observée avec un ciel pur, loi qui mérite beaucoup plus d'attention que l'autre. En effet, elle exempte évidemment de toutes les vicissitudes, de toutes les alternations que l'on constate facilement avec un ciel couvert, et qui empêchent, à cause des innombrables variations de l'état hygrométrique, d'arriver à des résultats de quelque précision ou de quelque généralité. M. J. Glaisher propose de prendre des lignes proportionnelles aux hauteurs où se trouvait successivement l'aérostat comme les ordonnées d'une courbe dont les abscisses représenteraient les degrés thermométriques observés.

Si on essaye de représenter ainsi les chiffres que nous avons donnés plus haut, on obtiendra une branche de courbe dont la concavité sera tournée du côté de l'origine des coordonnées, et qui sera de forme hyperbolique, car le refroidissement va en se ralentissant avec la hauteur, de manière à atteindre une valeur limitée correspondant à la direction de l'asymptote.

A mesure que l'époque des observations s'éloignera de midi, la concavité de la courbe prendra une valeur plus grande; mais comme la température devient stationnaire, il arrive un moment où la concavité est tellement grande que la courbe s'aplatit et devient une parallèle à l'axe des x. A partir de ce moment, la courbure de la courbe change de sens, puisque les températures nocturnes semblent distribuées de telle manière que les couches inférieures soient les plus froides. Les courbes vont en se courbant de plus en plus jusqu'à une époque inconnue de la nuit. Les phénomènes recommenceront dans le même ordre le jour suivant, mais on ignore comment la chaleur sera distribuée lors du lever du soleil où le froid atteint son maximum. Est-ce en ce moment que la chaleur de l'air atteint son maximum aussi? Les observations sont trop peu nombreuses pour que nous croyions prudent de généraliser, pour ce moment, les inductions de M. Glaisher. Nous préférons nous abstenir de le suivre jusque-là, et considérer comme tout à fait inconnue la loi qui régit la succession des températures.

Quoi qu'il en soit, en faisant abstraction de ce qui se passe dans les heures voisines du coucher du soleil, on peut concevoir que la représentation graphique de la succession des températures, pour des altitudes croissantes, donnerait lieu, pour chaque lieu de la terre, à une série d'hyperboles toutes différentes, suivant la longitude, l'altitude, la latitude du point de départ. D'un jour à l'autre, les paramètres de ces hyperboles varient certainement, et quelquefois, avec une grande rapidité.

Quand le ciel est chargé de nuages, il ne doit plus y avoir de formes régulières et, partant, de moyens de représenter un phénomène dont la complication dépasse les ressources de l'analyse mathématique!

En admettant que l'idée de M. Glaisher, pour représenter la loi de variation des températures, soit admissible, il ne faudrait s'y fier que jusqu'à une altitude bien inférieure aux limites de sa grande ascension. Que sont les 10 ou 11 000 mètres que notre vaillant collaborateur a si intrépidement parcourus, auprès de l'épaisseur de l'atmosphère à laquelle il est impossible d'attribuer moins de 150 à 200 kilomètres, quelque envie que l'on ait de la rétrécir.

Cependant il se trouve des savants qui, à l'aide de simples progressions logarithmiques, ont cru pouvoir déterminer la température du vide planétaire, avant de savoir si le *vide* lui-même existait!!! avant de se demander s'il peut y avoir de la chaleur et, par conséquent, une température quelconque dans un milieu que nulle matière ne remplirait.

Dans la séance du 18 novembre, M. Regnault a présenté à l'Académie des sciences une communication pour les précautions à prendre dans l'étude des températures à la surface de la terre. Ces températures sont, comme on le comprendra sans que nous ayons besoin de le dire, bien plus faciles encore à saisir que celles du milieu aérien. Cependant, c'est à peine si on peut arriver à répondre des chiffres que l'on observe à terre. En l'air, l'incertitude est plus grande encore.

Que dire des algébristes qui veulent, avec leurs formules, planer à des hauteurs infiniment plus grandes que celles qu'atteindront jamais les observateurs? On aurait porté les instruments de notre physique jusque dans les astres, que leurs formules ne se contenteraient point de ces glorieux résultats, et qu'ils promèneraient leurs chiffres dans toutes les nébuleuses qui remplissent l'immensité.

Au moment de clore cet article, on nous envoie d'Angleterre le cinquième rapport annuel de l'inspecteur, établi par l'*Alkali act*, acte du Parlement sur l'établissement des manufactures insalubres.

M. Augus Zunth a eu l'heureuse idée de soumettre à l'inspection microscopique des gouttes de pluie reçues sur des lames de verre où on les a fait évaporer.

Des gravures accompagnent ce beau travail, et montrent qu'il n'y a pas, pour ainsi dire, deux pluies qui offrent des résidus identiques. Ce procédé, si simple, suggère naturellement un moyen direct d'étudier la composition des détritus et des poussières de l'air.

L'aéronaute ne devra point négliger l'étude des pluies recueillies avec certaines précautions spéciales, pour se garantir des égouttures des ballons. En effet, comme Arago l'a dit avec une précision admirable, la pluie donne à l'air un gigantesque coup de balai.

Les pluies voisines de l'époque des étoiles filantes doivent être observées avec un soin spécial, pour déterminer la présence ou l'absence d'oxyde de fer. Ces observations n'ont pas besoin d'être faites en tableau, car la pluie ramasse tout ce qu'elle trouve sur son passage, et les sondes aérostatiques dans ce cas particulier ne peuvent avoir qu'un seul but : déterminer la hauteur de laquelle tombent les dépôts.

D'après des nouvelles récemment reçues de Londres (octobre 1869), la compagnie du Palais de Cristal ne demande pas mieux que d'offrir l'hospitalité au ballon captif d'Ashburnham-Park. Il est donc à présumer que ce magnifique aérostat ne restera point inutile sous un hangar, et que la prochaine saison le verra courrir à de nouvelles aventures. Débarrassé cette fois des mains inintelligentes, qui se sont si mal prêtées aux expériences innombrables dont il pouvait être l'objet, il servira à de nouvelles recherches, de nouvelles déterminations.

Notre savant collaborateur, M. James Glaisher, fera des études nouvelles plus approfondies, et nous sommes certains que ces communications, au futur meeting de décembre (1870), épuiseront bien des questions qu'il nous a été à peine possible d'esquisser.

8. MÉMOIRE DE MEUSNIER.

(Chapitre X.)

Voici l'analyse du Mémoire de Meusnier relatif à la direction des aérostats. Il a été beaucoup parlé de ce Mémoire, qui a été mal compris et dont la lecture inintelligente avait conduit à donner deux enveloppes au ballon.

« L'hydrogène est contenu dans un ballon de taffetas enduit de caoutchouc. Cette enveloppe doit être aussi légère que possible, plus grande que le volume de gaz qu'elle contient, afin qu'elle ne soit jamais tendue. On la nomme enveloppe *imperméable*. La seconde enveloppe, dite *de force*, peut être de toile, d'autant plus épaisse que l'aérostat est plus grand. On la fortifie encore à l'extérieur par un réseau de cordes. Elle doit être imperméable seulement à l'air atmosphérique comprimé. On laisse entre les deux enveloppes un assez grand espace qui, à l'aide d'un tuyau de même étoffe que l'enveloppe de force, communique avec une pompe foulante établie dans la nacelle. On peut, au moyen de cette pompe, condenser l'air entre les deux enveloppes, et augmenter ainsi la pesanteur spécifique moyenne du fluide contenu dans l'aérostat, parce que l'*enveloppe de force* n'est presque pas extensible. Tout le poids de l'air introduit vient s'ajouter à celui de l'aérostat, qui ne peut rester en équilibre et qui descend à une station inférieure. Si on veut remonter, on ouvre un robinet et l'air comprimé se dégage. Ce procédé est complété par un système de rames dont nous ne parlerons point. »

Le système de Meusnier n'a jamais été appliqué. Il fut exposé dans les Mémoires de l'Académie des sciences, pour l'année 1782. Meusnier mourut des suites d'une blessure reçue au genou dans le siége de Cassel, qu'il défendait en 1793 contre les Prussiens. Le roi de Prusse, qui lui avait envoyé des remèdes et des rafraîchissements, exprima ses regrets de la mort du savant officier. On rapproche souvent de l'idée du général Meusnier une idée assez étrange de Monge, qui voulait remplacer le ballon unique par une série de petits ballonneaux.

---

9. OPINION DES GÉNÉRAUX RÉPUBLICAINS SUR LES BALLONS.

(Chapitre X.)

Quelques détails sur les opérations militaires auxquelles les ballons furent employés ont été donnés par Jourdan, en 1818, dans les Mémoires du maréchal Gouvion Saint-Cyr, *sur les campagnes des armées de Sambre-et-Meuse, et de Rhin-et-Moselle, depuis 1792 jusqu'au Traité de Campo Formio*. — A l'issue de la campagne de 1796, malheureuse, mais si glorieuse pour la France, Jourdan fut remplacé par Beurnonville, puis par Hoche qui prit le commandement en février 1797. Le général refusa de se servir des ballons auxquels il se montra franchement hostile. Il communiqua son hostilité à Championnet, qui servit sous ses ordres et s'élève contre l'usage des aérostats dans les Mémoires arrangés ou publiés par Saint-Albin, chez Poulet-Malassis en 1858. — Saint-Albin croit devoir protester contre l'opinion de l'homme de guerre distingué qui, ami et admirateur de Hoche, devait peut-être fatalement hériter de ses prétentions. Les ballons furent de nouveau en usage lorsque Hoche eut succombé au mal rapide, inexplicable, qui l'enleva à la fleur de l'âge, alors que le Directoire exécutif venait de concentrer entre ses mains le commandement des armées de Sambre-et-Meuse et de Rhin-et-Moselle.

Guyton de Morveau, qui, comme on le sait, avait fait adopter les ballons pour les expéditions militaires, avait été envoyé comme commissaire à l'armée de Sambre-et-Meuse lorsqu'on en fit l'essai. Il sortit du conseil des Cinq-Cents le 20 mai 1797, et, depuis cette époque, il ne s'occupa plus -d'administration.

Les aérostiers furent envoyés en Égypte avec un ballon qui fut détruit à Aboukir. Le chef de bataillon Coutelle, qui devait commander les aérostiers comme à l'armée du Rhin, occupa ses loisirs à faire une expédition aux Cataractes, où il constata des températures excessives.

Carnot n'a pas parlé des ballons dans son traité de l'attaque et de la défense des places fortes; mais il est constant qu'il était partisan de leur usage, et qu'il exécuta plusieurs ascensions captives. Il paraît toutefois qu'il n'avait pas de ballon lors du siége d'Anvers, contrairement à ce qui a été imprimé à plusieurs reprises. Il ne reste pas de traces de la construction d'un ballon dans le journal du siége que son fils, M. Carnot, ancien député, possède encore.

---

10. LE GRAND EULER ET LES BALLONS.

(Chapitre X.)

Quelques jours après la découverte de Montgolfier, le grand Euler, qui était alors à Saint-Pétersbourg, apprit la grande nouvelle! Dès le lendemain même, on trouva l'ardoise sur laquelle l'illustre aveugle écrivait ses calculs, couverte de chiffres. Il avait calculé la hauteur à laquelle pourrait s'élever un ballon d'une force ascensionnelle donnée, en supposant l'enveloppe non dilatable, et que le surplus du gaz poussé par la dilatation s'échappât au dehors. Ce beau travail, peu connu, a été envoyé à l'Académie, non par lui, mais par un de ses fils; car, circonstance touchante bien digne d'être notée, ce remarquable travail, dans lequel Euler a développé toutes les ressources de son génie mathématique, est le dernier qu'il ait exécuté. Il est mort deux ou trois jours après! Quand on célébra ses funérailles, le calcul sur les ballons était encore sur son ardoise.

---

11. LE RISQUE ET L'INVENTION. (*Extrait de la Presse.*)

(Chapitre X.)

Hier vendredi 24 septembre 1852, un homme est parti imperturbablement assis sur le tender d'une machine à vapeur, élevée par un ballon ayant la forme d'une immense baleine, navire aérien pourvu d'un mât servant de quille, et d'une voile enant lieu de gouvernail.

Ce Fulton de la navigation aérienne se nomme Henri Giffard.

C'est un jeune ingénieur qu'aucun sacrifice, aucun mécompte, aucun péril n'ont pu décourager ni détourner de cette entreprise audacieuse, où il n'avait pour appui que deux jeunes ingénieurs de ses amis, MM. David et Sciama, anciens élèves de l'école Centrale.

Il est parti de l'Hippodrome. C'était un beau et dramatique spectacle que celui de ce soldat de l'idée, affrontant, avec l'intrépidité que l'invention communique à

'Inventeur, le péril, peut-être la mort, car, à l'heure où j'écris ces lignes, j'ignore encore si la descente a pu s'opérer sans accident, et comment elle a pu s'opérer.

Le courage porte bonheur. J'espère qu'il aura réussi cette descente et qu'elle se sera accomplie assez heureusement pour qu'une nouvelle expérience, recommencée par M. Henri Giffard, puisse avoir lieu sans retard, aux acclamations d'un public sympathique assez considérable, pour faire rentrer les trois jeunes ingénieurs dans une partie des avances dont ils portent péniblement le poids.

En assistant à cette audacieuse épreuve, je faisais deux réflexions d'une nature opposée.

Je me disais : Comment tous les inventeurs ne se réunissent-ils pas, et ne forment-ils point une vaste société d'assurance mutuelle où le risque serait évalué ou centralisé? au moyen d'une retenue du dixième ou du cinquième versé dans une caisse centrale, il suffirait qu'un inventeur sur dix inventeurs, ou qu'un perfectionnement sur dix perfectionnements donnât des bénéfices, pour que ces bénéfices permissent de faire certaines expériences et certaines avances, conformément aux termes des statuts qui auraient été délibérés et adoptés par la majorité de l'universalité des inventeurs. Si cette société d'assurance mutuelle entre inventeurs existait, nul doute qu'elle n'obtînt de l'État la restitution annuelle des sommes perçues par lui en payement de brevets qu'il délivre à cette mention spéciale : sans garantie du Gouvernement. Ce serait justice, car si le Gouvernement ne garantit rien, pourquoi donc frappe-t-il d'un impôt les conceptions de ces martyrs volontaires du progrès, que poursuit sans relâche l'esprit d'invention? N'est-ce donc pas assez qu'ils se consument dans les veilles et les privations, et que souvent cet esprit d'invention et de perfectionnement leur coûte non-seulement la santé, mais encore la fortune?

J'ajoutais : Comment le Gouvernement, qui n'hésite pas, le jour d'une fête, à dépenser 900 000 fr. en constructions de fontaines, moitié plâtre, moitié calicot, qu'il faut démolir et découdre le lendemain, n'ouvre-t-il pas un crédit d'un million pour hâter la solution du problème de la navigation aérienne?

Est-il pour la France une solution plus importante?

La navigation maritime à vapeur a changé toutes les conditions relatives d'existence insulaire et européenne de la Grande-Bretagne; ce que l'Angleterre pouvait entreprendre il y a cinquante ans contre la France, elle ne pourrait plus l'essayer sans s'exposer aux terribles représailles d'un débarquement qui pourrait faire craindre à la ville de Londres le sort de la ville de Copenhague.

La navigation aérienne à vapeur peut également changer toutes les conditions relatives de puissance continentale et militaire de la Russie. En effet, on comprend que toutes les combinaisons de la guerre seront changées le jour où, au lieu de lancer certains projectiles, il n'y aura plus qu'à les laisser tomber au milieu d'un carré d'infanterie.

Ce n'est là qu'un des points par lesquels la navigation aérienne à vapeur s'élève à la hauteur d'une immense question politique; ce qui explique la place donnée ici à ces réflexions sommaires et rapidement écrites.

ÉMILE DE GIRARDIN.

Au moment de mettre sous presse, nous recevons la description et la narration qu'on va lire :

A M. Émile de Girardin.

DESCRIPTION DU PREMIER AÉROSTAT A VAPEUR.

L'appareil aéronautique dont je viens de faire l'expérience a présenté pour la première fois dans l'atmosphère la réunion d'une machine à vapeur et d'un aérostat d'une forme nouvelle et convenable pour la direction.

Cet aérostat est allongé et terminé par deux points, il a 12 mètres de diamètre au milieu, et 44 mètres de longueur; il contient environ 2500 mètres cubes de gaz; il est enveloppé de toutes parts, sauf à la partie inférieure et aux pointes, d'un filet dont les extrémités ou *pattes d'oie* viennent se réunir à une série de cordes fixées à une traverse horizontale, en bois, de 20 mètres de longueur; cette traverse porte à son extrémité une espèce de voile triangulaire assujettie par un de ses côtés à la dernière corde partant du filet, et qui lui tient lieu de charnière ou axe de rotation.

Cette voile représente le gouvernail et la quille; il suffit, au moyen de deux cordes qui viennent se réunir à la machine, de l'incliner de droite à gauche pour produire une déviation correspondante à l'appareil et changer immédiatement de direction. A défaut de cette manœuvre, elle revient aussitôt se placer d'elle-même dans l'axe de l'aérostat, et son effet normal consiste alors à faire l'office de quille ou girouette, c'est-à-dire à maintenir l'ensemble du système dans la direction du vent relatif.

A 6 mètres au-dessous de la traverse sont suspendus la machine à vapeur et tous ses accessoires.

Elle est posée sur une espèce de brancard en bois, dont les quatre extrémités sont soutenues par des cordes de suspension, et dont le milieu, garni de planches, est destiné à supporter les personnes et l'approvisionnement d'eau et de charbon.

La chaudière est verticale et à foyer intérieur sans tubes : elle est entourée extérieurement, en partie, d'une enveloppe en tôle qui, tout en utilisant mieux la chaleur du charbon, permet aux gaz de la combustion de s'écouler à une plus basse température; la cheminée est dirigée de haut en bas, et le tirage s'y opère au moyen de la vapeur qui vient s'y élancer avec force à sa sortie du cylindre, et qui, en se mélangeant avec la fumée, abaisse encore considérablement sa température tout en les projetant rapidement dans une direction opposée à celle de l'aérostat.

La combustion du charbon a lieu sur une grille complétement entourée d'un cendrier, de sorte qu'en définitive il est impossible d'apercevoir extérieurement la moindre trace du feu.

Le combustible que j'emploie est du coke de bonne qualité.

La vapeur produite se rend aussitôt dans la machine proprement dite ; celle-ci est à un cylindre vertical dans lequel se meut un piston qui, par l'intermédiaire d'une bielle, fait tourner l'arbre coudé placé au sommet. Celui-ci porte à son extrémité une hélice à 3 palettes de 3 m. 40 de diamètre, destinée à prendre le point d'appui sur l'air et à faire progresser l'appareil. La vitesse de l'hélice est d'environ 110 tours par minute, et la force que développe la machine pour la faire tourner est de 3 chevaux, ce qui représente la puissance de 25 à 30 hommes. Le poids du moteur proprement dit, indépendamment de l'approvisionnement et de ses accessoires, est de 100 kil. pour la chaudière, et de 58 kil. pour la machine ; en tout 150 kil. ou 50 kil. par force de cheval, ou bien encore 5 à 6 kil. par force d'homme ; de sorte que s'il s'agissait de produire le même effet par ce dernier moyen, il faudrait, ce qui serait impossible, enlever 25 à 30 hommes représentant un poids moyen de 1800 kil., c'est-à-dire un poids douze fois plus considérable. De chaque côté de la machine sont deux bâches, dont l'une contient le combustible et l'autre l'eau destinée à être refoulée dans la chaudière au moyen d'une pompe mue par la tige du piston. Cet approvisionnement représente également la quantité de lest dont il est indispensable de se munir même en assez grande quantité, pour parer aux fuites du gaz par les pores du tissu, de sorte qu'ici la dépense de la machine, loin d'être nuisible, a pour effet très-avantageux de délester graduellement l'aérostat, sans avoir recours aux projections de sable ou à tout autre moyen employé habituellement dans les ascensions ordinaires.

Enfin l'appareil moteur est monté tout entier sur quelques roues mobiles en tous sens, ce qui permet de le transporter facilement à terre; cette disposition pourrait en outre être utile dans le cas où la machine viendrait toucher le sol avec une certaine vitesse horizontale.

Si l'aérostat était rempli de gaz hydrogène pur, il pourrait enlever en totalité 2800 kil., ce qui lui permettrait d'emporter une machine beaucoup plus forte et un certain nombre de personnes. Mais vu les difficultés de toutes espèces de se procurer actuellement un pareil volume, il est nécessaire d'avoir recours au gaz à éclairage dont la densité est, comme on sait, très-supérieure à celle de l'hydrogène. De sorte que la force ascensionnelle totale de l'appareil se trouve diminuée de 1000 kil. et réduite à 1800 kil. environ, distribués comme suit:

Aérostat avec la soupape. . . . . 320 kil.
Filet. 150
Traverse, corde de suspension, gouvernail, cordes d'amarrage. 300
Machine et chaudière vide. 150
Eau et charbon contenus dans la chaudière au moment du départ. 60
Châssis de la machine, brancard, planches, roues mobiles, bâches à eau et
    charbon. 420
Corde traînante pour arrêter l'appareil en cas d'accident. 80
Poids de la personne conduisant l'appareil. 70
Force ascensionnelle nécessaire au départ. 10
                                                                        _____
                                                                        1560 kil.

Il reste donc à disposer d'un poids de 248 kil. qu'il est plus prudent d'affecter uniquement à l'approvisionnement d'eau, de charbon et par conséquent de lest. Tout ceci posé, le problème à résoudre pouvait être envisagé sous deux points de vue principaux, la suspension convenable d'une machine à vapeur et de son foyer sous un aérostat de forme nouvelle pleine de gaz inflammable, et la direction proprement dite de tout le système dans l'air.

Sous le premier rapport, il y avait déjà des difficultés à vaincre. En effet, jusqu'ici les appareils aérostatiques enlevés dans l'atmosphère s'étaient bornés invariablement à des globes sphériques ou ballons, tenant suspendu par un filet un poids quelconque, soit une nacelle ou espèce de panier pouvant contenir une ou plusieurs personnes, soit tout autre objet plus ou moins lourd; toutes les expériences tentées en dehors de cette primitive et unique disposition avaient eu lieu, ce qui est infiniment plus commode et moins dangereux, sur de petits modèles tenus captifs par l'expérimentateur; le plus souvent elles étaient restées à l'état de projet ou de promesse.

En l'absence de tout fait antérieur suffisamment concluant et malgré les indications de la théorie, je devais encore concevoir certaines craintes sur la stabilité de l'appareil; l'expérience est venue pleinement rassurer à cet égard, et prouver que l'emploi d'un aérostat allongé, le seul que l'on puisse espérer diriger convenablement, était sous tous les autres rapports aussi avantageux que possible, et que le danger résultant de la réunion du feu et d'un gaz inflammable pouvait être complètement illusoire.

Pour le second point, celui de la direction, les résultats obtenus ont été ceux-ci: dans un air parfaitement calme la vitesse de transport en tous sens est de 2 à 3 mètres par seconde; cette vitesse est évidemment augmentée ou diminuée par rapport aux objets fixes de toute la vitesse du vent, s'il y en a, et suivant qu'on marche avec ou contre, absolument comme pour un bateau montant ou descendant un courant quelconque; dans tous les cas l'appareil a la faculté de dévier plus ou moins de la ligne du vent et de former avec celle-ci un angle qui dépend de la vitesse de ce dernier.

Ces résultats sont d'ailleurs conformes à ceux que la théorie indique, et je les avais à peu près prévus d'avance à l'aide du calcul et des faits analogues relatifs à la navigation maritime.

Telles sont les conditions dans lesquelles se trouve ce premier appareil : elles sont certainement loin d'être aussi favorables que possible ; mais si l'on réfléchit aux difficultés de toute nature qui doivent entourer ces premières expériences, faites avec des moyens d'exécution excessivement restreints et à l'aide de matériaux incomplets et imparfaits, on sera convaincu que les résultats obtenus, quelque incomplets qu'ils soient encore, doivent conduire dans un avenir prochain à quelque chose de positif et de pratique. Pour cela que faut-il ? un appareil plus considérable permettant l'emploi d'un moteur relativement beaucoup plus puissant, et ayant à sa disposition toutes les ressources pratiques accessoires sans lesquelles il lui est impossible de fonctionner convenablement.

Je me propose d'ailleurs d'aller au-devant de toutes les objections, en faisant connaître les principes généraux, théoriques et pratiques sur lesquels je crois que la navigation aérienne par la vapeur doit être basée.

Les diverses explications que je viens de donner me dispensent d'entrer dans de longs détails sur le voyage aérien que j'ai fait : je suis parti seul de l'Hippodrome, le 24, à 5 heures un quart ; le vent soufflait avec une assez grande violence ; je n'ai pas songé un seul instant à lutter directement contre le vent, la force de la machine ne me l'eût pas permis : cela était prévu d'avance, et démontré par le calcul ; mais j'ai opéré avec le plus grand succès diverses manœuvres de mouvement circulaire et de déviation latérale.

L'action du gouvernail se faisait parfaitement sentir, et à peine avais-je tiré légèrement une de ses deux cordes de manœuvres, que je voyais immédiatement l'horizon tournoyer autour de moi ; je suis monté à une hauteur de 1500 mètres, et j'ai pu m'y maintenir horizontalement à l'aide d'un nouvel appareil que j'ai imaginé, et qui indique immédiatement le moindre mouvement vertical de l'aérostat.

Cependant la nuit approchait, je ne pouvais rester plus longtemps dans l'atmosphère ; craignant que l'appareil n'arrivât à terre avec une certaine vitesse, je commençai à étouffer le feu avec du sable ; j'ouvris tous les robinets de la chaudière, la vapeur s'écoula de toutes parts avec un fracas horrible ; j'eus un moment la crainte qu'il ne se produisît quelque phénomène électrique, et pendant quelques instants je fus enveloppé d'un nuage de vapeur qui ne me permettait plus de rien distinguer. J'étais en ce moment à la plus grande élévation que j'ai atteinte : le baromètre marquait 1800 mètres ; je m'occupai immédiatement de regagner la terre, ce que j'effectuai très-heureusement dans la commune d'Éancourt, près Trappe, dont les habitants m'accueillirent avec le plus grand empressement et m'aidèrent à dégonfler l'aérostat. A dix heures j'étais de retour à Paris. L'appareil a éprouvé à la descente quelques avaries insignifiantes qui seront bientôt réparées, et alors je m'empresserai de renouveler cette expérience soit par moi-même, soit en la confiant à l'habileté et à la hardiesse de mes collaborateurs. Je ne terminerai pas sans faire savoir que j'ai été puissamment secondé dans cette entreprise par MM. David et Sciama, ingénieurs civils, anciens élèves de l'école Centrale ; c'est grâce à leur dévouement sans bornes, aux sacrifices de toute espèce qu'ils se sont imposés et à leur concours intelligent, que j'ai pu exécuter ma première expérience. Sans eux, il m'eût été probablement impossible de la mettre à exécution dans un avenir prochain.

Je saisis avec empressement cette occasion de leur en témoigner publiquement toute ma reconnaissance ; c'est pour moi un devoir et une vive satisfaction.

Veuillez, etc.   HENRI GIFFARD.

TABLE DES GRAVURES.

PREMIÈRE PARTIE.

J. GLAISHER.

DEUXIÈME PARTIE.

C. FLAMMARION.

TROISIÈME PARTIE.

W. DE FONVIELLE ET GASTON TISSANDIER.

CARTES ET DIAGRAMMES TIRÉS HORS TEXTE.

CHROMOLITHOGRAPHIES.

TABLE DES MATIÈRES.

PREMIÈRE PARTIE.

VOYAGES DE J. GLAÏSHER.

DEUXIÈME PARTIE.

VOYAGES DE C. FLAMMARION.

TROISIÈME PARTIE.

VOYAGES DE W. DE FONVIELLE ET G. TISSANDIER.

10795. — Imprimerie générale de Ch. Lahure, rue de Fleurus, 9, à Paris.

www.ingramcontent.com/pod-product-compliance
Lightning Source LLC
Chambersburg PA
CBHW060831220326

41599CB00017B/2304